科技部科技基础性工作专项（2013FY113000）系列成果

国家科学技术学术著作出版基金资助出版

中国石炭纪牙形刺

Carboniferous
Conodonts
in
China

王志浩 王成源 祁玉平 胡科毅 王秋来 著

ZHEJIANG UNIVERSITY PRESS
浙江大学出版社

图书在版编目（CIP）数据

中国石炭纪牙形刺 / 王志浩等著. — 杭州：浙江大学出版社，2020.11

ISBN 978-7-308-20032-5

Ⅰ．①中… Ⅱ．①王… Ⅲ．①石炭纪-牙形刺-研究-中国 Ⅳ．①Q913.85

中国版本图书馆CIP数据核字（2020）第025810号

中国石炭纪牙形刺

王志浩　王成源　祁玉平　胡科毅　王秋来　著

策划编辑	徐有智　许佳颖
责任编辑	伍秀芳（wxfwt@zju.edu.cn）
责任校对	王安安
封面设计	程　晨
出版发行	浙江大学出版社
	（杭州市天目山路148号　　邮政编码　310007）
	（网址：http://www.zjupress.com）
排　　版	杭州林智广告有限公司
印　　刷	浙江海虹彩色印务有限公司
开　　本	787mm×1092mm　1/16
印　　张	26
字　　数	616千
版 印 次	2020年11月第1版　2020年11月第1次印刷
书　　号	ISBN 978-7-308-20032-5
定　　价	148.00元

前　言

　　牙形刺是划分和对比石炭纪地层最重要的化石门类之一，石炭系的底界、顶界和中间界线都是根据牙形刺的演化阶段来划分的。世界各地正在进行的石炭系各阶界线的划分也离不开对牙形刺化石的研究，其中多数阶的界线定义及其全球层型剖面和点位（Global Stratotype Section and Point，GSSP）的确立需要以牙形刺一些属种的演化谱系来决定。

　　牙形刺化石在我国石炭纪海相地层中分布广泛，种类繁多，特征明显。由于牙形刺在地质历史的长河中演化迅速，而且比较容易被获取和识别，因此，在我国石炭纪生物地层的研究中，牙形刺已经成为最具权威和分辨率最高的生物化石门类之一。

　　我国石炭纪牙形刺的研究与相关地层时代的确定、地层的划分和对比以及 GSSP 的研究和确立密切相关。我国在泥盆—石炭系、石炭—二叠系、石炭系中间界线以及石炭系内部各阶界线的划分及 GSSP 的确立研究中，都把牙形刺研究作为重点任务之一，并已取得了一系列的重要成果，如泥盆—石炭系界线全球副层型剖面及石炭系维宪阶的 GSSP 已分别确立在我国广西桂林南边村剖面和柳州碰冲剖面，在贵州罗甸地区尚有可能争取到 1~2 个阶的 GSSP。

　　多成分器官种的引用和研究，也是从在石炭纪地层中发现牙形刺集群开始的。而之前的多数牙形刺学者，如非常著名的 Ulrich & Bassler（1926）、Branson & Mehl（1934）认为每一个不同形态的牙形刺化石都代表了一个完整的牙形刺个体。此后，Schmidt（1934）和 Scott（1934）几乎同时分别在欧洲莱茵地区和美国蒙大拿上石炭统黑色页岩中发现了牙形刺动物的自然集群（natural assemblage），即在黑色页岩表面见到因不同形态而归属于不同属种的牙形刺有规律地、成对成行地排列在一起，这应该是一个牙形刺动物死后原样保存下来的硬体。因此，研究石炭纪牙形刺，不仅对地层的划分和对比以及 GSSP 的确立有着十分重要的意义，而且对牙形刺动物的生物分类和演化也极为重要。

　　在最近的 30 多年中，随着石油地质事业的蓬勃发展，经过众多古生物学者的努力，石炭系各阶界线层型和牙形刺生物地层得到深入研究，并取得了一系列成果。为了便于区域地质调查、地层及古生物研究领域的科研人员及高校师生的学习和工作，笔者对 2016 年以前在国内外发表的我国牙形刺属种及其相关地层资料进行了系统性的收集和整理，综合分析并提出了新的认识，同时对一些属种进行厘定，特别着重属种之特征，让初学者易于识别、鉴定，这也将有助于同行进行更深入的研究。在编著过程中，笔者发现在一些发表的文献中，相当大部分属种仅有图版而没有描述和鉴定特征，因此，本书根据图版，补充和完善了这些属种的描述、特征和比较等内容，以供读者参考。总之，本书是对前人成果的汇总和厘定，其资料主要来源或出处都已列入每个属种的同义名表中。尚需指出的是，可能由于资料收集不全或原著无描述及图版不清等原因，少数或个别属种没有或无法编入本书。

在编写过程中我们还发现，以前发表的牙形刺属种基本上都是形态属种，即仅仅根据个别或少量不同形态的牙形刺标本（特别是一些齿枝型分子）鉴定甚至建立了一些新属、新种，但这种鉴定和描述方法已明显不符合当前的牙形刺研究理念，因为这些齿枝型分子大多是与P分子共同组成器官属种中的S分子或M分子。由于在属种鉴定及地层划分和对比中大多是依据P分子的特征，我们在编写过程中以P分子为主要的器官属种，零散报道而无法与P分子匹配组合的S分子或M分子则没有收入本书。以前人们在描述和报道石炭纪牙形刺属种时，只注意到了具地层意义的齿台型或齿片型分子，即P分子，尚无完整组合牙形刺器官属种的概念，因而大多数M分子和S分子没有与P分子同时被描述，或者在挑样时就已被放弃了；即使有少量这类分子被描述或报道，其中大多也被单独描述为形态种或部分被描述为新的形态属种。由于没有共生的齿台型P分子，无法组成其器官组合，这类新属、新种基本上都不能成立，因此本书没有将它们收入。还有个别新属、新种是根据P分子建立的，但仅是单个、破碎不完整的标本，这也很难确定其可靠性，本书也未将它们收入。

我们在实践中也发现，在处理的牙形刺样品中，绝大多数都是齿台型或齿片型的P分子，同时出现的M分子、Sa分子、Sb分子、Sc分子和Sd分子则很少，因此，在描述石炭纪牙形刺属种时，很少像描述奥陶纪牙形刺属种那样发现有六类分子或七类分子同时存在的情形，这也可能与化石的保存和样品处理有关。其实，用来划分和对比石炭纪地层的牙形刺仅齿台型和齿片型分子两大类，特别是齿台型分子，即牙形刺器官种的P分子。考虑到地层划分和对比及层型剖面确立的需要，在无确切的M分子和S分子同时存在的情况下，本书着重描述了器官属种的P分子，这些P分子大多又是齿台型的P1分子。

个别根据少量标本建立的新属、新种以及仅有模糊图像发表的老属种，在无P分子或无法观察到实际标本的情况下，我们很难对其进行验证或重新认识及厘定，也没有收入本书。

本书的研究工作和出版得到国家自然科学基金项目（资助号：41630101、41672142、41521061和41372023）、中华人民共和国科学技术部基础性工作专项资助基金（资助号：2013FY113000）以及中国科学院先导专项B类课题项目（XDB26000000和XDB18000000）的资助。本书的完成还得到了中国科学院南京地质古生物研究所的支持和赞助。本书编写过程中难免有疏漏和不当之处，敬请批评指正。

目　录

1 研究简史

20世纪70年代，随着国家对石油天然气的工业需求加大，中国科学院南京地质古生物研究所（以下简称南古所）与当时的中国石油工业部合作，在我国西南地区开展了各时代的地层和古生物研究，这是当时的国家重点攻关项目。南古所为此开创了几个新的化石门类学科研究，牙形刺学科就是其中之一。当时北京大学地质系安太庠也举办了多期"牙形石培训班"，为来自全国各地的石油、地质高校和科研系统的地质和古生物工作者进行了有关牙形刺化石的知识普及和培训，但其主要目的和任务是研究中国寒武纪和奥陶纪牙形刺。

王成源（1974）在《西南地区地层古生物手册》描述了广西下石炭统同车江组几个保存在页岩表面的牙形刺标本，其中包括3个形态种、4个形态未定种，这是石炭纪牙形刺在我国的首次报道。我国从灰岩中处理出石炭纪牙形刺实体标本并对其进行详细研究始于20世纪70年代后期和80年代初。王成源和王志浩（1978）发表了"黔南晚泥盆世和早石炭世牙形刺"一文，首次发现了下石炭统重要化石 *Siphonodella*。此后，王志浩和王成源（1983）、王成源（1987）、Wang et al.（1987a，1987b）先后发现了我国西北地区石炭纪牙形刺，如甘肃靖远和宁夏中卫石炭系靖远组的牙形刺，为第十一届国际石炭纪地层和地质大会中组织参观考察石炭系中间界线的剖面起到了促进作用。侯鸿飞等（1985）、Yu（1988）分别研究了贵州睦化和广西桂林南边村泥盆—石炭系界线上下地层中的牙形刺，详细建立了牙形刺带序列，后者又争取让我国广西桂林南边村剖面成为泥盆—石炭系界线的辅助层型剖面（即"银钉子"）。王成源和殷保安（1984，1985）、季强等（1984，1985，1988）、季强（1985，1987a，1987b，1987c）、苏一保等（1988，1989，1991）、Wang（1990）、Ji & Ziegler（1992a，1992b）等对我国华南地区泥盆—石炭系界线和下石炭统的牙形刺生物地层做了大量的工作，产出了一系列成果。几乎与此同时，熊剑飞和陈隆治（1983）、熊剑飞和翟志强（1985）、王志浩等（1987）、Wang et al.（1987b）、Wang & Rui（1987）、Wang & Higgins（1989）发表了贵州石炭系特别是中、上石炭统牙形刺的首批成果。随着我国石油、煤炭地质事业的大规模展开以及国际年代地层划分和各时代界线层型剖面的研究和确立工作在我国的兴起，牙形刺化石愈加显示出其优越性，因此在20世纪80年代，研究石炭纪牙形刺的文章像雨后春笋般不断涌现，研究区域主要集中在华南和华北两大地区。在华南地区，以季强、王成源等为代表，为了建立泥盆系—石炭系界线层型剖面和下石炭统牙形刺序列，他们着重研究这一界线层和下石炭统的牙形刺动物群，发表了一系列有影响的论文。如上面已提到的季强、王成源、王志浩、熊剑飞、殷保安和苏一保等，在他们的努力下，华南地区泥盆—石炭系界线、下石炭统和上石炭统的牙形刺序列基本完成。这里特别要指出的是，季强在攻读硕士学位时发表的论文描述了16个新种（季强，1987a），并在《湖南江华早石炭世牙形刺及其地层意义——兼论岩关阶内部事件》一文中又描述了11个新种（季强，1987c）。另外，董致中（1986，1987）、董致中等（1987）、董致中和季强（1988）先后发表了云南地区石炭纪牙形刺的首批研究成果。

在华北，万世禄、丁惠、赵松银和王志浩等结合华北煤田开发，进一步划分和对比石炭—二叠系，展开了该区域地层的牙形刺化石研究，发表了华北地区石炭—二叠系地层牙形刺的一系列研究成果（万世禄等，1983；赵松银，1981，1982；丁惠和赵庆生，1985；赵松银和万世禄，1983；丁惠等，1983，1991；万世禄和丁惠，1984，1987；赵松银等，1984；王志浩和李润兰，1984；王志浩和文国忠，1987；王志浩和张文生，1985；张文生等，1988），主要描述了华北和东北地区石炭—二叠纪的牙形刺动物群，以解决石炭—二叠系的划分对比。另外，安太庠等（1983）、安太庠和郑昭昌（1990）也描述了部分石炭系牙形刺。

20 世纪 80 年代初，结合大西北地区的油气开发，赵治信（1988）、赵治信等（1984，1986）研究了新疆地区的石炭纪牙形刺。另外，史美良和赵治信（1985）发现了北祁连山的石炭纪牙形刺序列，Wang et al.（1987a）发表了我国西北地区石炭纪牙形刺序列和动物群的研究成果，董振常（1987）、杨式溥和田树刚（1988）、曾学鲁等（1996）则发表了有关中南、西南和西北地区石炭纪牙形刺序列和动物群的重要著作。

到了 20 世纪 90 年代和 21 世纪初，人们仍集中于更高精度的牙形刺生物地层以及相关的地层划分对比，并据此建立石炭系内部各阶的界线层型。王志浩和祁玉平（2002a，2002b，2003，2007）、Wang & Qi（2003a，2003b）、王志浩等（2004a，2004b，2008）对华南特别是贵州罗甸地区密西西比系谢尔普霍夫阶和宾夕法尼亚亚系的牙形刺带进行了更精细的划分。其中，Wang & Qi（2003a，2003b）首先提议把维宪阶与谢尔普霍夫阶的界线置于牙形刺 *Lochriea ziegleri* 带之底，王志浩等（2008）则再次提议把巴什基尔阶与莫斯科阶、莫斯科阶与卡西莫夫阶、卡西莫夫阶与格舍尔阶之界线分别置于 *Diplognathodus ellesmerensis*、*Idiognathodus sagittalis* 和 *I. simulator* 带之底。当前，为争取 GSSP 在我国确立，王向东及其带领的研究团队正对我国石炭系内部各阶候选层型剖面进行了更深入的研究，并在维宪阶与谢尔普霍夫阶、巴什基尔阶与莫斯科阶、莫斯科阶与卡西莫夫阶等界线地层研究中取得了一系列成果（祁玉平，2008；Qi et al.，2014a，2014b，2016；王秋来，2014；王秋来等，2014；胡科毅，2012，2016；Hu & Qi，2017；Hu et al.，2016，2017），特别是祁玉平（2008）和胡科毅（2012，2016）详细研究了华南贵州罗甸纳庆和罗悃两条剖面的宾夕法尼亚亚纪早、中期的牙形刺，描述了 51 个较为重要的属种，分别识别了 10 个和 16 个牙形刺带并进行全球对比，同时提出了几个重要属种的演化谱系。

另外，田树刚和 Coen（2004）、Tian & Coen（2005）发表了关于华南石炭纪岩关阶—大塘阶界线层牙形刺地层分带和杜内阶—维宪阶界线层牙形刺演化和层型标志等文章，为我国取得维宪阶 GSSP 作出了贡献；赵治信等（2000）、董致中和王伟（2006）描述了新疆、云南等地区石炭纪牙形刺序列及其动物群；纪占胜等（2007）开展了对我国西藏申扎地区的石炭纪牙形刺研究，并已取得了不少成果。

2 牙形刺形态构造简介

在对牙形刺进行描述之前，这里首先简单介绍石炭纪牙形刺的形态构造。石炭纪牙形刺主要有两大类，即齿片复合型和齿台型，特别是齿台型尤为常见。石炭纪牙形刺形态构造的几种主要类型分别如图 2.1—2.14 所示。

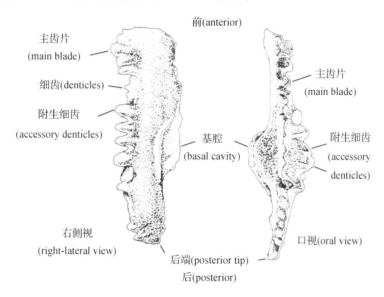

图 2.1　*Bispathodus* Müller，1962 属的形态构造示意图（据 Ziegler in Ziegler，1975）

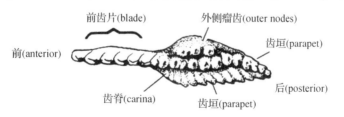

P分子，口视或上视(P element，oral or upper view)

图 2.2　*Declinognathodus* Dunn，1966 属的形态构造示意图（据 Sweet in Ziegler，1975）

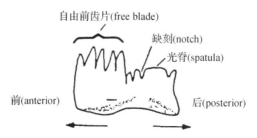

图 2.3　*Diplognathodus* Kozur & Merrill，1975 属的形态构造示意图（据 Sweet in Ziegler，1977）

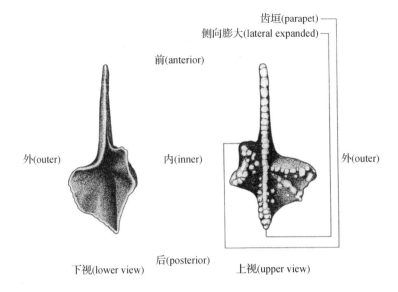

图 2.4 *Gnathodus* Pander，1856 属的形态构造示意图（据 Ziegler in Ziegler，1981）

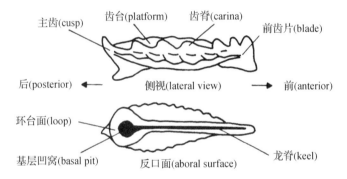

图 2.5 *Gondolella* Stauffer & Plummer，1932 属的形态构造示意图（据 Sweet in Ziegler，1973）

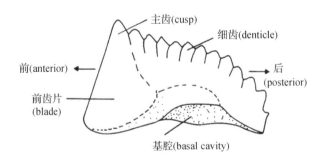

图 2.6 *Hindeodus* Rexroad & Furnish，1964 属的形态构造示意图（据 Sweet in Ziegler，1973 修改）

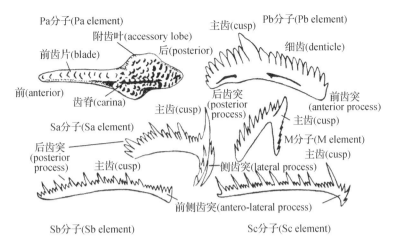

图 2.7 *Idiognathodus* Gunnell，1931 属的形态构造示意图（据 Sweet in Ziegler，1975 修改）

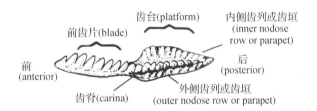

P分子，口视或上视(P element，oral or upper view)

图 2.8 *Neognathodus* Dunn，1970 属的形态构造示意图（据 Sweet in Ziegler，1975）

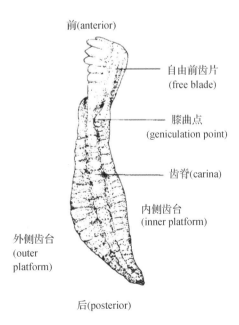

图 2.9 *Polygnathus* Hinde，1879 属的形态构造示意图（据 Klapper & Ziegler in Ziegler，1973）

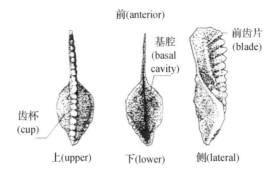

图 2.10　*Protognathodus* Ziegler，1969 属的形态构造示意图（据 Ziegler in Ziegler，1973）

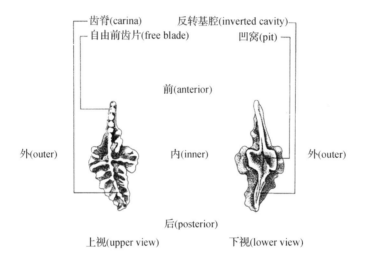

图 2.11　*Pseudopolygnathus* Branson & Mehl，1934 属的形态构造示意图（据 Klapper in Ziegler，1981）

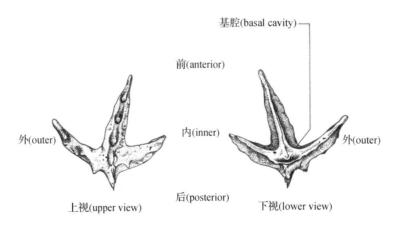

图 2.12　*Scaliognathus* Branson & Mehl，1941 属的形态构造示意图（据 Ziegler in Ziegler，1981）

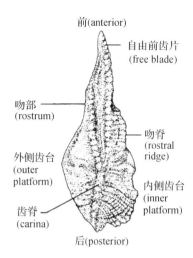

图 2.13 *Siphonodella* Branson & Mehl，1944 属的形态构造示意图（据 Klapper in Ziegler，1973）

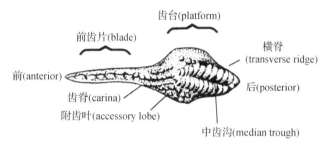

P分子，上视（P element，upper view）

图 2.14 *Streptognathodus* Stauffer & Plummer，1932 属的形态构造示意图（据 Sweet in Ziegler，1975）

　　复合型牙形刺，大多由单锥型牙形刺的前、后缘或口方缘脊延伸发育并分化出细齿而成，大致分为齿耙型（bar type）和齿片型（blade type）两大类（图 2.3 和 2.7 的Pb、M、Sa、Sb、Sc 分子）。前者形如梳耙，在细长的骨棒上生长数量不等和大小不同的细齿（denticle），其中最大的细齿称为主齿，主齿前面的齿耙称为前齿耙（anterior/ventral bar），主齿后面的齿耙称为后齿耙（posterior/dorsal bar）。后者刺体齿片状，高大于宽，形如锯、犁和铲等，在中间为一较大的主齿，主齿的前、后齿片分别称为前齿片和后齿片（anterior/ventral and posterior/dorsal blade）。复合型牙形刺的细齿分离、密集或愈合，向后倾，有细齿的一边为口方（oral side）或上方（upper side），相对的一边则为反口方（aboral side）或下方（lower side）；主齿下方的空腔称为基腔（basal cavity）或基底凹窝（basal pit）。

　　齿台型牙形刺，由复合型牙形刺向两侧膨大形成大小不等和形态各异的齿台（图 2.13—2.14），齿台上有齿脊（carina）、肋脊（costae）、横脊（transverse ridge）、沟（furrow）、槽（trough）和瘤齿（node）等构造。具细齿或瘤齿的一方为口面，相对的另一面则称为反口面。反口面有基腔（basal cavity）、龙脊（keel）和齿槽等构造。具齿片的一方为前。细齿或主齿一般弯曲，其凸面为前，凹面为后。

3 牙形刺生物地层

3.1 华南斜坡相和盆地相区

石炭系牙形刺序列主要根据斜坡相和盆地相剖面的牙形刺化石建立。早年，为确立泥盆—石炭系界线的GSSP，研究人员最早在广西桂林南边村辅助层型剖面、睦化和峡口剖面建立起了石炭纪早期的牙形刺序列（熊剑飞，1983；王成源和殷保安，1984；侯鸿飞等，1985；Yu et al., 1988；王增吉等，1990；姜建军，1994），在我国华南地区的杜内阶自上而下建立了 *Scaliognathus anchoralis*、*Gnathodus semiglaber*—*Gn. typicus*、*Siphonodella isosticha*—Upper *Si. crenulata*、Lower *Si. crenulata*、*Si. sandbergi*、Upper *Si. duplicata*、Lower *Si. duplicata*、*Si. sulcata* 等带。几乎与此同时，Wang et al.（1990）也在我国华南斜坡相和盆地相区的岩关阶、大塘阶自上而下建立了 *Gnathodus bilineatus bollandensis*、*Lochriea nodosa*、*Gnathodus bilineatus bilineatus*、*Lochriea commutata*、*Pseudognathodus homopunctatus*—*Gnathodus taxanus*、*Scaliognathus anchoralis*、*Gnathodus semiglaber*—*Gn. typicus*、Upper *Siphonodella crenulata*—*Si. isosticha*、Lower *Si. crenulata*、*Si. sandbergi*、Upper *Si. duplicata*、Lower *Si. duplicata*、*Si. sulcata* 等这一类似的牙形刺带序列。

在研究石炭系中间界线、石炭—二叠系界线及石炭系牙形刺序列方面，熊剑飞和陈隆治（1983）、熊剑飞和翟志强（1985）首次报道了贵州罗甸纳庆（原称纳水）剖面的石炭纪牙形刺，王志浩和芮琳也详细研究了贵州罗甸纳庆剖面的牙形刺和有孔虫化石（王志浩等，1987；芮琳等，1987；Wang et al., 1987a, 1987b；Wang & Higgins, 1989）。此后，随着对石炭系内各阶界线和可能的层型剖面研究的深入，南古所专门研究华南地区石炭纪地层的团队建立了从维宪阶中部到石炭系顶部的32个牙形刺带，有望作为我国或国际石炭系划分和对比的标准（王志浩和祁玉平，2002a，2002b；Wang & Qi, 2003a, 2003b；Qi & Wang, 2003, 2005；王志浩等，2004a，2004b，2008；祁玉平，2008；马兆亮等，2013；胡科毅，2012，2016；Qi et al., 2014a, 2014b；2016；王秋来，2014；Hu et al., 2017）。这些牙形刺带自上而下为：宾夕法尼亚亚系格舍尔阶（Gzhelian）：*Streptognathodus wabaunsensis*、*St. tenuialveus*、*St. virgilicus*、*Idiognathodus nashuiensis* 和 *I. simulator* 带；卡西莫夫阶（Kasimovian）：*Streptognathodus zethus*、*Idiognathodus eudoraensis*、*I. guizhouensis*、*I. magnificus* 和 *I. turbatus* 带；莫斯科阶（Moscovian）：*Swadelina makhlinae*、*Sw. subexcelsa*、*Idiognathodus podolskensis*、*Mesogondolella donbassica*—*Me. clarki* 和 *Diplognathodus ellesmerensis* 带；巴什基尔阶（Bashkirian）："*Streptognathodus*" *expansus* M2、"*St.*" *expansus* M1、*Idiognathodus primulus*、*Neognathodus symmetricus*、*Idiognathoides sinuatus* 和 *Declinognathodus noduliferus* sensu lato 等带；密西西比亚系谢尔普霍夫阶

（Serpukhovian）：*Gnathodus postbilineatus*、*Gn. bollandensis* 和 *Lochriea ziegleri*；维宪阶（Visean）：*Lochriea nodosa*、*Gnathodus bilineatus bilineatus*、*Lochriea commutata* 等带。董致中和王伟（2006）也识别出了与贵州罗甸类似的石炭纪牙形刺系列。

盆地及斜坡相的石炭系牙形刺带由上而下可描述如下。

（1）二叠系底部

• *Streptognathodus isolatus* 带

石炭系之顶界已于1996年获得国际地科联的批准，以牙形刺 *Streptognathodus isolatus* 的首次出现（First Appearance Datum，FAD）作为二叠系的开始（Davydov et al.，1998）。

（2）宾夕法尼亚亚系（Pennsylvanian）

1）格舍尔阶（Gzhelian）

• *Streptognathodus wabaunsensis* 带

本带分别以 *Streptognathodus wabaunsensis* 和 *St. isolatus* 的首次出现为其底界和顶界。在二叠系底界GSSP的哈萨克斯坦艾达拉拉什（Aidaralash）剖面，*Streptognathodus wabaunsensis* 带是宾夕法尼亚亚系格舍尔阶最顶部的一个牙形刺带（Chernykh & Ritter，1997），石炭—二叠系界线就位于 *St. isolatus* 带之底。*Streptognathodus wabaunsensis* 在北美、欧洲及亚洲都有广泛分布且易于直接对比（Wang & Qi，2003a）。本带也可与我国北方的 *Streptognathodus elegantulus—St. oppletus* 带部分相当（王志浩和祁玉平，2003）。

• *Streptognathodus tenuialveus* 带

本带分别以 *Streptognathodus tenuialveus* 和 *St. wabaunsensis* 的首次出现为其底界和顶界。除带分子外，其他主要分子还有 *Streptognathodus bellus*、*St. firmus*、*St. elegantulus*、*St. elongatus*、*St. simplex* 等。*Streptognathodus tenuialveus* 带是哈萨克斯坦艾达拉拉什（Aidaralash）剖面格舍尔阶的牙形刺带，与本剖面的同名带可直接对比（Chernykh & Ritter，1997）。

• *Streptognathodus virgilicus* 带

本带分别以 *Streptognathodus virgilicus* 和 *St. tenuialveus* 的首次出现为其底界和顶界。本带与北美（Ritter，1995；Barrick et al.，2013）、莫斯科盆地（Goreva & Alekseev，2010）和南乌拉尔（Chernykh，2002，2012）的同名带相当。

• *Idiognathodus nashuiensis* 带

本带分别以 *Idiognathodus nashuiensis* 和 *Streptognathodus virgilicus* 的首次出现为其底界和顶界。本带大致相当于北美（Barrick et al.，2013）、莫斯科盆地（Goreva & Alekseev，2010）和南乌拉尔（Chernykh，2012）的 *Streptognathodusvitali* 带。

• *Idiognathodus simulator* 带

本带分别以 *Idiognathodus simulator* 和 *I. nashuiensis* 的首次出现为其底界与顶界。本带与北美（Barrick et al.，2013）、莫斯科盆地（Goreva & Alekseev，2010）和南乌

拉尔地区（Chernykh，2002）的同名带大致相当。本带之底界对应格舍尔阶之底界（Barrick & Heckel，2000；王志浩等，2008）。

2）卡西莫夫阶（Kasimovian）

• *Streptognathodus zethus* 带

本带分别以 *Streptognathodus zethus* 和 *Idiognathodus simulator* 的首次出现为其底界与顶界。王秋来（2014）在贵州纳庆和纳饶剖面识别出该带。本带是 Wang & Qi（2003a）建立的 *Idiognathodus guizhouensis* 带顶部，相当于北美的同名带（Barrick et al.，2004，2013）、莫斯科盆地（Goreva et al.，2010）和乌拉尔地区（Chernykh，2012）的 *Streptognathodus firmus* 带。

• *Idiognathodus eudoraensis* 带

本带分别以 *Idiognathodus eudoraensis* 和 *Streptognathodus zethus* 的首次出现为其底界与顶界。本带建立于北美，最初称 *Idiognathodus* aff. *simulator* 带（Barrick et al.，2004），随后 Barrick et al.（2008）依据 *I*. aff. *simulator* 建立新种 *I. eudoraensis* Barrick et al.，2008。Barrick et al.（2013）正式使用 *Idiognathodus eudoraensis* 带，其底界和顶界分别以 *I. eudoraensis* 和 *Streptognathodus zethus* 的首次出现作为标志。王秋来（2014）在贵州纳庆和纳饶剖面识别出本带。本带相当于 Wang & Qi（2003a）的 *Idiognathodus guizhouensis* 带上部，与北美同名带相当（Barrick et al.，2013），并对应莫斯科盆地 *I. toretzianus* 带上部（Goreva & Alekseev，2010）。

• *Idiognathodus guizhouensis* 带

本带分别以 *Idiognathodus guizhouensis* 和 *I. eudoraensis* 的首次出现为其底界与顶界。本带是在贵州纳庆剖面建立的牙形刺带（Wang & Qi，2003a），大致相当于北美的 *Streptognathodus gracilis* 带（Ritter，1995）和莫斯科盆地的 *Idiognathodus toretzianus* 带下部（Goreva & Alekseev，2010）。

• *Idiognathodus magnificus* 带

本带建立于贵州纳庆剖面，其底界和顶界分别以 *Idiognathodus magnificus* 和 *I. guizhouensis* 的首次出现为标志（胡科毅，2012）。本带对应的 *Streptognathodus cancellosus* 带（王志浩和祁玉平，2007），大致相当于北美的 *Idiognathodus confragus* 带和 *I. cancellosus* 带（Barrick et al.，2013），以及莫斯科盆地的 *I. cancellosus* 带和 *I. toretzianus* 带下部（Goreva et al.，2007）。

• *Idiognathodus turbatus* 带

Idiognathodus turbatus 和 *I. magnificus* 的首次出现分别代表了本带的底界和顶界（胡科毅，2012）。本带与北美同名带大致相当（Barrick et al.，2013），可与莫斯科盆地（Goreva & Alekseev，2010）和顿涅茨盆地（Nemyrovska，2017）的 *I. sagittalis* 带进行对比。*Idiognathodus turbatus* 和 *I. sagittalis* Kozitskaya，1978 均为卡西莫夫阶潜在的底界定义分子（Villa & Task Group，2008），两者在华南均有发现（胡科毅，2016；Hu & Qi，2017），但 *I. turbatus* 的演化关系清晰，首次出现层位也略低，因此暂以该种作为华南卡西莫夫阶的底界。

3）莫斯科阶（Moscovian）

• *Swadelina makhlinae* 带

本带的底界和顶界分别以 *Swadelina makhlinae* 和 *Idiognathodus turbatus* 的首次出

现为标志。本带与莫斯科盆地同名带（Alekseev & Goreva，2010）和北美的 *Swadelina nodocarinata* 带（Barrick et al.，2004）相当，大致对应顿涅茨盆地的 *Sw. subexcelsa* 带上部（Nemyrovska，2011）。

• *Swadelina subexcelsa* 带

本带的底界和顶界分别以 *Swadelina subexcelsa* 和 *Sw. makhlinae* 的首次出现为标志。本带相当于莫斯科盆地的同名带（Goreva & Alekseev，2010），大致对应北美的 *Swadelina neoshoensis* 带（Barrick et al.，2004）。

• *Idiognathodus podolskensis* 带

本带分别以 *Idiognathodus podolskensis* 和 *Swadelina subexcelsa* 的首次出现为其底界与顶界。本带相当于莫斯科盆地的 *Idiognathodus podolskensis*—*Neognathodus medexultimus* 带和 *N. inaequalis* 带（Alekseev & Goreva，2001），可与北美的 *Idiognathodus amplificus/ I. obliquus* 带和 *I. rectus/I. iowaensis* 带（Barrick et al.，2013）、顿涅茨盆地的 *Swadelina dissecta* 带和 *Sw. gurkovaensis* 带下部（Nemyrovska，2017）进行对比。

• *Mesogondolella donbassica*—*Me. clarki* 带

本带分别以 *Mesogondolella clarki/donbassica* 和 *Idiognathodus podolskensis* 的首次出现为其底界与顶界。本带可大致与莫斯科盆地的 *Streptognathodus transtivus* 带、*Neognathodus bothrops* 带、*N. medadultimus* 带、*Swadelina concinnus*—*Idiognathodus robustus* 带（Alekseev and Goreva，2001），顿涅茨盆地的 "*Streptognathodus*" *transitivus*—*Neognathodus atokaensis* 组合带和 *Idiognathodus izvaricus* 带（Nemyrovska，2017）以及南乌拉尔地区的 *Neognathodus uralicus* 带和 *Idiognathoides planuus* 带（Nemirovskaya & Alekseev，1994）进行对比，大致相当于北美的 *Neognathodus colombiensis* 带（Barrick et al.，2013）。

• *Diplognathodus ellesmerensis* 带

本带分别以 *Diplognathodus ellesmerensis* 和 *Mesogondolella clarki* 或 *M. donbassica* 的首次出现为其底界与顶界。带分子 *Diplognathodus ellesmerensis* 全球分布广泛，与 *Declinognathodus donetzianus* 出现层位相当，二者均为莫斯科阶底界的潜在定义分子。本带相当于顿涅茨盆地、莫斯科盆地和南乌拉尔地区的 *Declinognathodus donetzianus* 带（Nemyrovska，1999；Alekseev & Goreva，2001；Kulagina & Pazukhin，2002）以及亚马逊盆地（Cardoso et al.，2017）的同名带。本带可与北美的 *Neognathodus atokaensis* 带下部或 *Idiognathodus incurvus* 带上部（Grayson，1984；Barrick et al.，2013）、南乌拉尔地区的 *Neognathodus atokaensis* 带（Nemirovskaya & Alekseev，1994）以及南美的 *Idiognathodus incurvus* 带（Scomazzon et al.，2016）进行对比。本带底界大致相当于莫斯科阶之底界（王志浩等，2008）。

4）巴什基尔阶（Bashkirian）

• "*Streptognathodus*" *expansus* M2 带

本带分别以 "*Streptognathodus*" *expansus* M1 和 "*St.*" *expansus* M2 的首次出现为其底界与顶界。本带源自贵州纳庆剖面的 *Streptognathodus expansus* 带（Wang & Qi，2003a）。Qi et al.（2016）识别出带分子的两种形态类型，即原始类型 M1 和先进类型 M2。Hu et al.（2017）在贵州罗悃剖面识别出 "*Streptognathodus*" *expansus* M2 带，其底界和顶界分别由 "*St.*" *expansus* M2 和 *Diplognathodus ellesmerensis* 的首次出现来

定义。本带可与顿涅茨盆地（Nemyrovska，1999）和南乌拉尔地区（Nemirovskaya & Alekseev，1995；Kulagina et al.，2009）的 *Declinognathodus marginodosus* 带、北美的 *Idiognathodus klapperi* 带（Lane & Straka，1974）以及亚马孙盆地的 *Diplognathodus coloradoensis* 带（Cardoso et al.，2017）进行对比。

· "*Streptognathodus*" *expansus* M1 带

本带分别以 "*Streptognathodus*" *expansus* M1 和 "*St.*" *expansus* M2 的首次出现来定义底界和顶界。本带源自 Qi et al.（2011）建立于纳庆剖面的 "*Streptognathodus preexpansus*" 带。Hu et al.（2017）在贵州罗悃剖面识别出 "*Streptognathodus*" *expansus* M1 带。本带可与英国的 *Idiognathoides sulcatus parvus* 带（Higgins，1975），以及南乌拉尔地区（Nemirovskaya & Alekseev，1994；Kulagina et al.，2009）、北美（Lane & Straka，1974）和顿涅茨盆地（Nemyrovska，1999）的 *Idiognathodus sinuosus* 带进行对比。

· *Idiognathodus primulus* 带

本带分别以 *Idiognathodus primulus* 和 "*Streptognathodus*" *expansus* M1 的首次出现为其底界与顶界。可与北美的 *Neognathodus bassleri* 带（Lane & Straka，1974）、南乌拉尔的 *N. askynensis* 带上部（Nemirovskaya & Alekseev，1995）以及顿涅茨盆地的 *Idiognathoides sinuatus—Id. sulcatus* 带上部（Nemyrovska，1999）进行对比。

· *Neognathodus symmetricus* 带

本带分别以牙形刺 *Neognathodus symmetricus* 和 *Idiognathodus primulus* 的首次出现为其底界和顶界。本带基本相当于北美（Lane，1977）、日本（Koike，1967）、中亚南天山（Nigmadganov & Nemirovskaya，1992）和贵州店子上剖面（Qi et al.，2014a）的同名带，可与南乌拉尔地区的 *Neognathodus askynensis* 带下部（Nemirovskaya & Alekseev，1994）、顿涅茨盆地的 *Idiognathoides sinuatus—Id. sulcatus* 带中部（Nemyrovska，1999）和亚马孙盆地的同名带下部（Cardoso et al.，2017）进行对比。

· *Idiognathoides sinuatus* 带

本带分别以牙形刺 *Idiognathoides sinuatus* 和 *Neognathodus symmetricus* 的首次出现为其底界和顶界。本带相当于北美（Lane，1977）、南美（Nascimento et al.，2005）、伊朗（Boncheva et al.，2007）、南乌拉尔地区（Nemirovskaya & Alekseev，1995）、英国（Higgins，1975）、法国比利牛斯山（Perret，1993）和我国的祁连山地区（房强，2014）、华北、东北（王志浩和祁玉平，2003）的同名带，以及爱尔兰西部的 *Idiognathoides corrugatus—Id. sulcatus* 带（Fallon & Murray，2015）。本带可与顿涅茨盆地的 *Idiognathoides sinuatus—Id. sulcatus* 带下部（Nemyrovska，1999）、西班牙坎塔布连山（Cantabrian Mountains）的 *Id. asiaticus* 和 *Id. sinuatus* 带（Nemyrovska et al.，2011）以及伊朗中部（Bahrami et al.，2014）的 *Id. sinuatus—Rhachistognathus minutus* 组合带进行对比。

· *Declinognathodus noduliferus sensu lato* 带

本带分别以牙形刺 *Declinognathodus noduliferus sensu lato* 和 *Idiognathoides sinuatus* 的首次出现为其底界和顶界。本带是全球宾夕法尼亚亚系巴什基尔阶最底部的一个牙形刺带，同时也是华南罗苏阶最底部的标志性牙形刺带。本带在我国西北地区见于甘肃靖远的红土洼组（原名靖远组上部）和宁夏中卫的中卫组（Wang et al.，1987a，1987b；王志浩和祁玉平，2003），可与新疆的 *Declinognathodus noduliferus—De.*

lateralis 带（赵治信等，2000）进行对比。1996 年，以牙形刺 *Gnathodus girtyi simplex*—*Declinognathodus noduliferus* 演化谱系中 *Declinognathodus noduliferus s. l.* 的首次出现作为宾夕法尼亚亚系的开始（Lane et al.，1985，1999；Brenckle et al.，1997），这一标准获国际地科联批准。*Declinognathodus noduliferus s. l.* 是密西西比亚系开始的标志化石，在世界各地广泛分布（Wang & Qi，2003a；王志浩等，2008）。

（3）密西西比亚系（Mississippian）

1）谢尔普霍夫阶（Serpukhovian）

• *Gnathodus postbilineatus* 带

本带分别以 *Gnathodus postbilineatus* 和 *Declinognathodus noduliferus sensu lato* 的首次出现为其底界和顶界。Hu et al.（2017）在贵州罗悃剖面识别出本带。本带与中亚南天山地区（Nigmadganov & Nemirovskaya，1992a，1992b）、顿涅茨盆地（Nemyrovska，1999）、西班牙坎塔布连山（Nemyrovska et al.，2011）和爱尔兰西部（Fallon & Murray，2015）的同名带相当，对应英国（Higgins，1975）的 *Gnathodus bollandensis* 带上部，还可与土耳其（Atakul-Özdemir et al.，2012）、伊朗中部（Bahrami et al.，2014）和北美（Baesemann & Lane，1985）的 *Rhachistognathus muricatus* 带上部进行对比。

• *Gnathodus bollandensis* 带

本带分别以牙形刺 *Gnathodus bollandensis* 和 *Gn. postbilineatus* 的首次出现为其底界和顶界。本带在欧亚地区广泛发育，相当于顿涅茨盆地的 *Gnathodus bollandensis*—*Adetognathus unicornis* 带（Nemyrovska，1999），南乌拉尔地区（Pazukhin et al.，2010）、中亚（Nigmadganov & Nemirovskaya，1992）、爱尔兰西部（Fallon & Murry，2015）、我国甘肃和宁夏（王志浩和祁玉平，2003）的同名带。本带可与西班牙坎塔布连山的 *Gnathodus truyolsi* 带（Nemyrovska et al.，2011）、英国的 *Gn. bollandensis*—*Cavusgnathus naviculus* 组合带（Higgins，1975）、德国的 *Gnathodus bilineatus schmidti* 带（Meischner，1970）、北美的 *Adetognathus unicornis* 带和 *Rhachistognathus muricatus* 带下部（Lane，1977；Abplanalp et al.，2009）进行对比。

• *Lochriea ziegleri* 带

本带分别以牙形刺 *Lochriea ziegleri* 和 *Gnathodus bollandensis* 的首次出现为其底界和顶界。*Lochriea ziegleri* 等具强烈瘤（脊）饰的 *Lochriea* 种的出现，是 *Lochriea* 种系演化上的一个重要阶段，这一标志性层位在整个欧亚地区都非常容易被识别。*Lochriea ziegleri* 带是莫斯科盆地和乌拉尔地区谢尔普霍夫阶最早出现的一个牙形刺带（Nikolaeva et al.，2002；Qi & Wang，2003）。在德国，*Lochriea ziegleri* 等的首次出现层位同样可与菊石进行对比，它非常接近 Namurian 阶的第一个菊石带，即 *Emstites pseudocoronula*—*Cravenoceras leion* 带的底部（Meischner & Nemyrovska，1999）。

2）维宪阶（Viesean）

• *Lochriea nodosa* 带

本带分别以 *Lochriea nodosa* 或 *L. mononodosa* 和 *Gnathodus bilineatus bollandensis* 的首次出现作为其底界和顶界。与带化石共生的常见分子还有 *Lochriea commutata* 和 *Gnathodus bilineatus bilineatus* 等。本带见于贵州、广西的密西西比亚系和云南东部地

区的尖山营组（董致中和王伟，2006）。*Lochriea nodosa* 的出现是该属在种系演化上的重要阶段，它在整个欧亚大陆都可以进行追溯。*Lochriea nodosa* 带是莫斯科盆地和乌拉尔地区维宪阶最顶部的一个牙形刺带，在欧洲和亚洲的深水相和浅水相剖面均可识别（Nikolaeva et al.，2002；Qi & Wang，2003）。*Lochriea nodosa* 在靖远石炭系中间界线附近也有发现，但未能建带（Wang et al.，1987a，1987b）。

• *Gnathodus bilineatus* 带

本带分别以 *Gnathodus bilineatus remus* 或 *Gn. bilineatus romulus* 和 *Lochriea nodosa* 的首次出现为其底界和顶界。*Gnathodus bilineatus* 最早的亚种 *Gn. bilineatus remus* 和 *Gn. bilineatus romulus* 在本带的出现，标志着 *Gn. bilineatus* 种群重要演化阶段的开始。本带见于贵州、广西的密西西比亚系和云南东部地区的尖山营组（董致中和王伟，2006），以及我国大塘阶的下部（相当于上维宪阶下部）（祁玉平，2008）。本带可与陕甘宁地区大塘阶臭牛沟组（王志浩和祁玉平，2003）和新疆地区的同名带相对比（赵治信等，2000）。本带在欧洲和北美均可识别。

• *Lochriea commutata* 带

本带分别以 *Lochriea commutata* 和 *Gnathodus bilineatus* 的首次出现作为其底界和顶界。与带化石 *Lochriea commutatus* 共生的常见分子还有 *Gnathodus texanus*、*Gn. semiglarber*、*Gn. cuneiformis*、*Pseudognathodus homopunctatus* 等。本带见于贵州、广西的密西西比亚系和云南东部地区的尖山营组（董致中和王伟，2006），并可以进行世界性对比。

• *Gnathodus texanus*—*Pseudognathodus homopunctatus* 带

本带分别以 *Pseudognathodus homopunctatus* 和 *Lochriea commutata* 的首次出现为其底界和顶界。除带分子外，其他重要分子还有 *Gnathodus pseudosemiglaber*、*Gn. texanus*、*Gn. typicus* 等。本带见于贵州、广西的密西西比亚系和云南东部地区的尖山营组（田树刚和Coen，2005；董致中和王伟，2006），并可以进行世界性对比（Lane et al.，1980）。

3）杜内阶（Tournasian）

• *Scaliognathus anchoralis* 带

本带分别以 *Scaliognathus anchoralis* 和 *Pseudognathodus homopunctatus* 的首次出现为其底界和顶界。除带分子外，其他常见分子还有 *Gnathodus semiglaber*、*Gn. cuneiformis*、*Gn. typicus*、*Polygnathus inornatus* 等。本带见于湖南江华的密西西比亚系的大圩组（季强，1987a）、广西和云南地区的尖山营组或相当层位中（田树刚和Coen，2005；董致中和王伟，2006），以及甘肃迭部洛洞克组（曾学鲁等，1996）等，并可以进行世界性对比（Lane et al.，1980）。

• *Gnathodus semiglaber*—*Gn. typicus* 带

本带分别以 *Gnathodus semiglaber* 和 *Scaliognathus anchoralis* 的首次出现为其底界和顶界。除带分子外，其他重要分子还有 *Gnathodus delicatus*、*Gn. cuneiformis*、*Polygnathus communis communis*、*P. communis carinas*、*P. inornatus*、*Pseudopolygnathus multistriatus*、*Ps. pinnatus*、*Eotaphrus bultyncki*、*Dollymae bouckaerti* 等。另外，*Siphonodella isosticha* 在本带下部灭绝。本带见于广西柳州、忻城里苗密西西比亚系的里苗组或相当地层中（田树刚和Coen，2005；王成源和徐珊红，1989），可与北美同

名带对比（Lane et al.，1980）。

• *Siphonodella isosticha*—Upper *Si. crenulata* 带

本带分别以 *Gnathodus delicatus* 和 *Gn. semiglaber* 的首次出现为其底界和顶界。本带除带化石 *Siphonodella crenulata* 显著发育外，*Siphonodella* 属的其他种都在本带内灭绝。本带见于云南东部地区的尖山营组，并可进行世界性对比（Sandberg et al.，1978）。

• Lower *Siphonodella crenulata* 带

本带之界和顶界分别以 *Siphonodella crenulata* 和 *Gnathodus delicatus* 的首次出现为标志，其他常见分子还有 *Siphonodella duplicate* Morphotype 1、*Si. duplicate* Morphotype 2、*Si. duplicate* sensu Hass、*Si. lobata*、*Si. obsolete*、*Si. quadruplicate*、*Si. sandbergi* 和 *Si. sulcata* 等。本带见于贵州长顺睦化的睦化组（侯鸿飞等，1985）和云南地区的尖山营组（董致中和王伟，2006）等，并可以进行世界性对比（Sandberg et al.，1978）。

• *Siphonodella sandbergi* 带

本带之底界和顶界分别以 *Siphonodella sandbergi* 和 *Si. crenulata* 的首次出现为标志，其他共生分子有 *Si. sulcata*、*Si. duplicata* Morphotype 1、*Si. duplicata* Morphotype 2、*Si. carininthiaca*、*Si. lobata*、*Si. obsoleta*、*Si. quadruplicata*、*Pseudopolygnathus dentilineatus*、*Ps. primus*、*Ps. triangulus*、*Polygnathus communis communis*、*P. purus*、*P. inornatus*、*Bispathodus stabilis* 和 *B. aculeatus* 等。本带见于广西桂林南边村密西西比亚系底部的南边村组、贵州长顺睦化的王佑组（Yu，1988；侯鸿飞等，1985）和云南地区的尖山营组或香山组（董致中和王伟，2006）等，并可以进行世界性对比（Sandberg et al.，1978）。

• Upper *Siphonodella duplicata* 带

Siphonodella cooperi Morphotype 1 或 *Si. duplicata* sensu Hass 的首次出现为本带的底界，而 *S. sandbergi* 的首次出现则为本带之顶界。本带的常见分子还有 *Si. cooperi* Morphotype 1、*Si. cooperi* Morphotype 2、*Si. cooperi*、*Si. lobata*、*Si. sulcata*、*Si. caringulus*、*Pseudopolygnathus dentilineatus*、*Ps. Primus*、*Ps. triangulus*、*Polygnathus communis communis*、*P. purus*、*P. inornatus*、*Bispathodus stabilis* 和 *B. aculeatus* 等。本带见于广西桂林南边村密西西比亚系底部的南边村组、贵州长顺睦化的王佑组（Yu，1988；侯鸿飞等，1985）和云南地区的尖山营组或香山组（董致中和王伟，2006）等，并可以进行世界性对比（Sandberg et al.，1978）。

• Lower *Siphonodella duplicata* 带

本带之底以 *Siphonodella duplicata* Morphotype 1 的首次出现为标志，其顶则以 *Si. cooperi* Morphotype 1 或 *Si. duplicata* sensu Hass 的首次出现为标志。本带的常见分子还有 *Siphonodella duplicata* Morphotype 2、*Si. sulcata*、*Pseudopolygnathus dentilineatus*、*Ps. primus*、*Polygnathus communis communis*、*P. purus*、*P. inornatus*、*Protognathus meischneri*、*Pr. kockeli*、*Pr. kuehni*、*Pr. collinsoni*、*Bispathodus stabilis* 和 *B. aculeatus* 等。本带见于广西桂林南边村密西西比亚系底部的南边村组、贵州长顺睦化的王佑组（Yu，1988；侯鸿飞等，1985）和云南地区的尖山营组或香山组（董致中和王伟，2006）等，并可以进行世界性对比（Sandberg et al.，1978）。

• *Siphonodella sulcata* 带

本带的底与顶分别以 *Siphonodella sulcata* 和 *Si. duplicata* 的首次出现为标志，其常见的其他分子还有 *Si. presulcata*、*Protognathus meischneri*、*Pr. kockeli*、*Pr. kuehni*、*Pr. collinsoni*、*Polygnathus communis communis*、*P. purus*、*P. inornatus*、*Bispathodus stabilis* 和 *B. aculeatus* 等。本带见于广西桂林南边村密西西比亚系底部的南边村组、贵州长顺睦化的王佑组（Yu，1988；侯鸿飞等，1985）和云南地区的尖山营组或香山组（董致中和王伟，2006）等，并可以进行世界性对比（Sandberg et al.，1978）。石炭系底界于 1989 年获国际地科联批准，以牙形刺 *Siphonodella presulcata—Si. sulcata* 演化谱系中 *Si. sulcata* 的首次出现为标志。

3.2 华南浅水相区

由于牙形刺化石较贫乏和研究程度相对较低，华南地区浅水相区的牙形刺序列不及深水相区那么精细。它们不能以带分子的首次出现作为带之底界，只能以特征或重要分子的大量出现作为带之特征。根据以前发表的资料（季强，1985，1987a，b，c；Ji & Ziegler，1992b；苏一保等，1988，1989），王成源和王志浩（2016）将浅水相区石炭纪牙形刺带由上而下综合为：宾夕法尼亚亚系格舍尔阶 *Streptognathodus elongatus* 和 *St. wabaunsensis* 带；卡西莫夫阶 *St. elengatulus* 带；莫斯科阶 *Idiognathodus podolskensis*、*Neognathodus basseleri*、*Idiognathoides corrugatus—Id. sinuatus* 和 *Declinognathodus noduliferus* 等带；谢尔普霍夫阶 *Adetognathus unicornis—Gnathodus bilineatus* 带；维宪阶 *Gnathodus bilineatus—Mestognathus beckmanni* 和 *Scaliognathus anchoralis* 等带；杜内阶 *Siphonodella eurylobata*、*Si. sinensis* 和 *Si. levis* 等带。华南地区浅水相区的石炭系虽牙形刺带发育不全，不易与外界精细对比，但它的研究历史长，大化石研究程度较高，所以我国石炭系的地方阶除罗苏阶外，都是在这一相区中建立的。

对于浅水相区的牙形刺动物群，Ji & Ziegler（1992b）建议用 *Siphonodella* 的各特征种为参照将其分为 6 个生物带，并建立了华南深水相及浅水相牙形刺对比序列（表3.1）。

表 3.1　华南深水相及浅水相牙形刺对比序列

阶	华南地区	
	浅水相区	深水相区
杜内阶	Late *eurylobata* 带	Late *crenulata—isosticha* 带
	Early *eurylobata* 带	Early *crenulata* 带
	dasaibaensis 带	*sandbergi* 带
		Late *duplicata* 带
	sinensis 带	Early *duplicata* 带
	levis 带	*sulcata* 带

3.3 华北、西北地区

由于北方石炭—二叠系为海陆交互相沉积，牙形刺化石仅产于浅海相灰岩夹层中，因而不能像在华南那样可在连续的海相沉积中详细地划分牙形刺带，但仍能以最新的和最具特征的分子划分牙形刺带。王志浩和祁玉平（2003）曾总结了北方地区的牙形刺序列并进行了详细描述，现介绍如下。

（1）二叠系底

• *Streptognathodus isolatus* 带

王成源和康沛泉（2000）首先更正了我国学者把 *Streptognathodus isolatus* 归入 *St. wabaunsensis* 和 *St. gracilis* 的认识，并在华南得到确认（王志浩和祁玉平，2002b）。本带在华北仅见于内蒙古鄂尔多斯地区以及甘肃和宁夏地区的太原组，以出产 *Streptognathodus isolatus* 为特征，并可与 *St. wabaunsensis*、*St. gracilis* 和 *St. elongatus* 等共生。由于尚未发现其与 *Streptognathodus barskovi* 共生，因此本文把上述地区的太原组划归为 *St. isolatus* 带。

（2）宾夕法尼亚亚系（上石炭统）

• *Streptognathodus elegantulus*—*St. oppletus* 组合带

此组合带首先由赵松银（1981）报道，当时命名为 *Streptognathodus elegantulus*—*Idiognathodus* 组合带。这一组合带见于晋祠组（原太原组下部）产 *Triticites* 的地层中，以出产 *Streptognathodus elegantulus* 和 *St. oppletus* 为特征。虽然不同学者对这一组合带的提法也不统一，如 *Streptognathodus elegantulus*—*Idiognathodus hebeiensis* 组合带（万世禄等，1983；万世禄和丁惠，1987）、*Streptognathodus elegantulus*—*St. oppletus* 组合带（万世禄和丁惠，1984；夏国英等，1996）、*St. elegantulus*—*St. oppletus*—*Idiognathodus hebeiensis* 组合带（万世禄和丁惠，1987b）等，但基本上都是以 *Streptognathodus elegantulus*、*St. oppletus* 和 *Idiognathodus* 命名。由于 *Idiognathodus hebeiensis* 分布较少且其有效性尚待讨论，因此以 *Streptognathodus elegantulus*—*St. oppletus* 命名此组合带较为合适。

• *Idiognathodus magnificus*—*Neognathodus roundyi*—*Streptognathodus parvus* 组合带

万世禄等（1983）首先在本溪组上部建立了此组合带，当时命名为 *Neognathodus roundyi*—*Streptognathodus parvus* 组合带。1984 年，万世禄和丁惠把此组合改名为 *Streptognathodus parvus*—*Idiognathodus magnificus* 组合带，于 1987 年又更名为 *Neognathodus roundyi*—*Streptognathodus cancellosus* 组合带。丁惠等（1990）则用 *Idiognathodus magnificus*—*I. shanxiensis* 组合带这一名称。虽然名称不同，但总的来讲，在我国北方的本溪组产有丰富的 *I. magnificus*，同时与 *I. delicatus*、*I. claviformis*、*I. shanxiensis* 和 *Neognathodus roundyi* 等共生。由于 *Idiognathodus magnificus* 最为丰富，而 *Neognathodus roundyi* 也为此层位中的标志化石，因此本书采用 *Idiognathodus magnificus*—*Neognathodus roundyi*—*Streptognathodus parvus* 命名此组合带。另外，万世

禄和丁惠（1987a，1987b）列出的 *Streptognathodus cancellosus* 标本（仅为同一个标本）的鉴定尚有疑问，本书不再引用。

• *Idiognathodus delicatus—Neognathodus bothrops* 组合带

万世禄等（1983）在华北地区的本溪组中下部建立了 *Neognathodus bassleri—Idiognathodus shanxiensis* 组合带，后又改名为 *Idiognathodus delicatus—Neognathodus bassleri* 组合带（万世禄和丁惠，1984；丁惠和万世禄，1986）。虽然名称稍有不同，但此组合带在本溪组中下部以 *Idiognathodus delicatus* 为特征，并与 *I. shanxiensis* 和 *Neognathodus bassleri* 等共生。但根据万世禄等（1983）、万世禄和丁惠（1984，1987a，1987b）所列的图版，这些被鉴定为 *Neognathodus bassleri* 的标本中，并无真正的 *N. bassleri*，其中有的应为 *N. bothrops*，有的可能是 *N. medadultimus* 或 *N. colombiensis*，个别的可能是 *N. atokaensis*。它们绝不可能是 *N. bassleri*，因为这些标本的齿脊呈脊状或愈合的瘤齿状并达齿台之末端，而 *N. bassleri* 的齿脊在齿台后部呈现分离的瘤齿状，未到达齿台末端就终止。另外，由于对 *Idiognathodus shanxiensis* 的有效性尚待讨论，因此本文以 *Idiognathodus delicatus—Neognathodus bothrops* 为代表命名此组合带。在这一组合带中，产有丰富的 *Idiognathodus delicatus* 和 *Neognathodus bothrops*，并以此为特征。

• *Idiognathoides corrugatus—Id. sinuatus* 组合带

此组合带首先由丁惠和万世禄（1986）发现于辽宁复州湾的本溪组底部。一年后，本带又见于甘肃靖远红土洼组和宁夏中卫靖远组（Wang et al.，1987）。这是华北地区上石炭统近底部的一个牙形刺带，其主要分子为 *Idiognathoides corrugatus*、*Id. postsulcatus*、*Id. sinuatus* 和 *Id. sulcatus*，有时可产 *Declinognathodus noduliferus*。

• *Declinognathodus noduliferus* 带

本带首先由 Wang et al.（1987a，1987b）报道存在于甘肃靖远红土洼组（原名靖远组上部）和宁夏中卫中卫组，并以 *Neognathodus higginsi*（= 原文中的 *N. symmetricus*）、*Declinognathodus noduliferus noduliferus*、*De. inaequalis* 和 *De. lateralis* 为特征。这是上石炭统底部的第一个牙形刺带，*Declinognathodus noduliferus* 的首次出现为上石炭统的开始。

（3）密西西比亚系（下石炭统）

• *Gnathodus bilineatus bollandensis* 带

本带首先由王志浩等（1987a）报道存在于甘肃靖远县靖远组下部和宁夏中卫中卫组，以产 *Gnathodus bilineatus bollandensis* 为特征，同时可与由下部层位中上延而来的 *Gn. bilineatus bilineatus*、*Lochriea commutata*、*L. mononodosa* 和 *L. nodosa* 等共生。

• *Gnathodus bilineatus bilineatus* 带

本带见于甘肃靖远臭牛沟组，以产 *Gnathodus bilineatus bilineatus* 为特征，并与 *Lochriea commutata* 和 *L. nodosa* 等共生。

北方地石炭系牙形刺带的分带及分布可简要地介绍如下：

1）辽宁

a. 本溪

本溪组：3. *Idiognathodus magnificus—Neognathodus roundyi* 组合带

此组合带见于本溪组的上部，除 *Idiognathodus magnificus* 和 *Neognathodus roundyi* 外，还有 *Streptognathodus parvus*、*Idiognathodus delicatus* 和 *Neognathodus bothrops* 等。

2. *Idiognathodus delicatus* — *Neognathodus bothrops* 组合带

此组合带见于本溪组的中部和下部，除 *Idiognathodus delicatus* 和 *Neognathodus bothrops* 外，还有 *Idiognathodus sinuosus*、*Idiognathoides sinuatus* 和 *Id. sulcatus* 等。

1. *Idiognathoides sinuatus* — *Id. corrugatus* 组合带

此组合带见于本溪组的底部，其动物群主要为 *Idiognathoides corrugatus*、*Id. sinuatus* 和 *Id. sulcatus* 等。

b. 复县及复州湾

晋祠组（原太原组下部）：*Streptognathodus elegantulus* — *St. oppletus* 组合带

此组合带见于晋祠组的灰岩夹层中，其主要分子为 *Streptognathodus elegantulus*、*St. oppletus* 和 *St. gracilis* 等。

本溪组：*Idiognathoides sinuatus* — *Id. corrugatus* 组合带

此组合带见于本溪组的底部，主要产 *Idiognathoides corrugatus*、*Id. sinuatus* 和 *Id. sulcatus* 等。

2）河北

a. 唐山

晋祠组（原开平组下部）：*Streptognathodus elegantulus* — *St. oppletus* 组合带

此组合带见于晋祠组的灰岩夹层中，除 *Streptognathodus elegantulus* 和 *St. oppletus* 外，还含 *St. parvus*、*St. gracilis* 和 *Idiognathodus delicatus*。

唐山组：*Idiognathodus delicatus* — *I. magnificus* 组合带

此组合带见于唐山组的灰岩夹层中，其主要分子为 *Idiognathodus delicatus*、*I. magnificus* 和 *I. sinuosus* 等。

b. 峰峰

太原组：*Streptognathodus barskovi* 带

本带见于太原组的灰岩夹层中，除 *Streptognathodus barskovi*、*St. isolatus* 和 *St. wabaunsensis* 外，还含 *St. elongatus* 和 *St. gracilis*。

晋祠组：*Streptognathodus elegantulus* — *St. oppletus* 组合带

此组合带见于晋祠组（原太原组底部）含 *Triticites* 的灰岩夹层中，其主要分子为 *Streptognathodus elegantulus*、*St. oppletus* 和 *St. gracilis* 等。

本溪组：*Idiognathodus delicatus* 组合

在本溪组的灰岩夹层中，仅见 *Idiognathodus delicatus*。

3）河南平顶山

晋祠组：*Streptognathodus elegantulus* — *St. oppletus* 组合带

此组合带见于晋祠组（原太原组底部）含 *Triticites* 的灰岩夹层中，其主要分子为 *Streptognathodus elegantulus*、*St. oppletus* 和 *St. gracilis* 等。

4）鲁南、苏北和淮北

本溪组：3. *Idiognathodus magnificus* 组合

此组合带见于本溪组的上部，以 *Idiognathodus magnificus* 为特征，还含 *I. delicatus* 和 *I. sinuosus* 等。

2. *Idiognathodus delicatus—Neognathus bothrops* 组合带

此组合带见于本溪组的中部，以 *Idiognathodus delicatus*、*I. sinuosus* 和 *Neognathodus bothrops* 为常见分子。

1. *Idiognathoides corrugatus—Id. sinuatus* 组合带

此组合带见于本溪组的底部，其常见分子为 *Idiognathoides corrugatus*、*Id. sinuatus* 和 *Id. sulcatus* 等。

5）山西

a. 太原

晋祠组：*Streptognathodus elegantulus—St. oppletus* 组合带

此组合带见于晋祠组（原太原组底部），以产 *Streptognathodus elegantulus* 和 *St. oppletus* 为特征。

本溪组：2. *Idiognathodus magnificus—Neognathodus roundyi* 组合带

此组合带见于本溪组的上部，以 *Idiognathodus magnificus* 和 *Neognathodus roundyi* 为特征，还含 *Idiognathodus delicatus*、*I. sinuosus*、*I. claviformis* 和 *Streptognathodus parvus* 等。

1. *Idiognathodus delicatus—Neognathodus bothrops* 组合带

此组合带见于本溪组的下部，以 *Idiognathodus delicatus* 为特征，还含 *I. sinuosus* 和 *Neognatrhodus bothrops* 等。

b. 附城

晋祠组：*Streptognathodus elegantulus—St. oppleus* 组合带

此组合带见于晋祠组（原太原组底部）的灰岩夹层中，并以 *Streptognathodus elegantulus* 为特征。另外，此组合带还含 *St. gracilis*。

本溪组：2. *Idiognathodus magnificus—Neognathodus roundyi* 组合带

此组合带见于本溪组的上部，并以 *Idiognathodus magnificus* 和 *Neognathodus roundyi* 为特征，还含 *Idiognathodus claviformis* 和 *I. delicatus* 等。

1. *Idiognathodus delicatus—Neognathodus bothrops* 组合带

此组合带见于本溪组的下部，并以 *Idiognathodus delicatus* 和 *Neognathodus bothrops* 为特征。

6）内蒙古

a. 桌子山地区

太原组：*Streptognathodus isolatus* 带

本带见于太原组的灰岩夹层中，主要产 *Streptognathodus isolatus*、*St. wabaunsensis* 和 *St. elongatus* 等，并以 *St. isolatus* 为特征。

本溪组：2. *Idiognathodus delicatus—I. sinuosus* 组合带

此组合带见于本溪组灰岩夹层中，以 *Idiognathodus delicatus* 和 *I. sinuosus* 为特征，还含 *Declinognathodus noduliferus*、*De. inaequalis* 和 *Idiognatrhoides sinuatus* 等。

1. *Idiognathoides sinuatus—Id. sulcatus* 组合带

此组合带见于本溪组底部的灰岩夹层中，常见分子为 *Idiognathoides sinuatus*、*Id. corrugatus* 和 *Id. sulcatus* 等。

b. 乌海乌达地区

太原组：*Streptognathodus isolatus* 带

本带见于太原组的灰岩夹层中，并以 *Streptognathodus isolatus* 为特征，其他共生分子还有 *St. gracilis*、*St. wabaunsensis* 和 *St. elongatus* 等。

c. 阿拉善葫芦斯太地区

太原组：*Streptognathodus isolatus* 带

本带见于太原组的灰岩夹层中，以 *Streptognathodus isolatus* 为特征，其常见分子为 *St. wabaunsensis* 和 *St. elongatus* 等。

晋祠组：*Streptognathodus elegantulus*—*St. oppletuss* 组合带

此组合带见于晋祠组（原太原组底部）含 *Triticites* 的灰岩夹层中，其常见分子为 *Streptognathodus elegantulus*、*St. gracilis* 和 *St. oppletus* 等。

根据以上资料，华北、东北地区牙形刺带可以综合如下：

太原组底：*Streptognathodus isolatus* 带。

晋祠组：*Streptognathodus elegantulus*—*St. oppletus* 组合带。

本溪组：3. *Idiognathodus magnificus*—*Neognathodus roundyi* 组合带；

2. *Idiognathodus delicatus*—*Neognathodus bothrops* 组合带；

1. *Idiognathoides corrugatus*—*Id. sinuatus* 组合带。

7）甘肃靖远地区

羊虎沟组：*Idiognathodus delicatus*—*I. magnificus* 组合带

此组合带见于羊虎沟组的灰岩夹层中，其常见分子为 *Idiognathodus delicatus*、*I. magnificus*、*I. sinuosus* 和 *Streptognathodus parvus* 等。

红土洼组：2. *Idiognathoides corrugatus*—*Id. sinuatus* 组合带

此组合带见于红土洼组的灰岩夹层中，以 *Idiognathoides corrugatus* 和 *Id. sinuatus* 为特征，还含 *Id. sulcatus*、*Id. postsulcatus*、*Declinognathodus noduliferus*、*De. inaequalis* 和 *De. lateralis*。

1. *Declinognathodus noduliferus* 带

本带见于红土洼组下部的灰岩中，以 *Neognathodus higginsi*、*Declinognathodus noduliferus*、*De. inaequalis* 和 *De. lateralis* 为特征。

靖远组：*Gnathodus bollandensis* 带

本带见于靖远组的灰岩夹层中，以 *Gnathodus bollandensis* 为特征，并与 *Lochriea commutata* 和 *L. nodosa* 等共生。

臭牛沟组：2. *Gnathodus bollandensis* 带

本带与靖远组的同名带相同。

1. *Gnathodus bilineatus bilineatus* 带

本带见于该组的灰岩夹层中，以 *Gnathodus bilineatus bilineatus* 为特征，并与 *Gn. girtyi*、*Lochriea commutata* 和 *L. nodosa* 等共生。

8）宁夏中卫地区

太原组：*Streptognathodus isolatus* 带

本带见于太原组的灰岩夹层中，并以 *Streptognathodus isolatus* 为特征，常见分子还有 *St. wabaunsensis* 和 *St. elongatus*。

羊虎沟组：*Idiognathodus delicatus*—*I. magnificus* 组合带

此组合带见于羊虎沟组的灰岩夹层中，常见分子有 *Idiognathodus delicatus*、*I.*

magnificus、*I. sinuosus* 和 *I. incurvus* 等。

红土洼组：2. *Idiognathoides sinuatus—Id. corrugatus* 组合带

此组合带见于红土洼组的中上部，以 *Idiognathoides corrugatus* 和 *Id. sinuatus* 的出现为特征。

1. *Declinognathodus noduliferus* 带

本带见于红土洼组下部灰岩中，以 *Declinognathodus noduliferus*、*De. inaequalis* 和 *De. lateralis* 等出现为特征。

靖远组：*Gnathodus bollandensis* 带

本带见于靖远组灰岩中，以 *Gnathodus bollandensis* 为特征，并与 *Lochriea commutata* 和 *L. nodosa* 等共生。

臭牛沟组：2. *Gnathodus bollandensis* 带

本带与靖远组的同名带相同。

1. *Gnathodus bilineatus bilineatus* 带

本带见于靖远组下部，以 *Gnathodus bilineatus bilineatus* 为特征，并与 *Lochriea commutata* 和 *L. nodosa* 等共生。

9）陕西韩城

太原组：*Streptognathodus isolatus* 带

本带见于太原组的灰岩夹层中，并以 *Streptognathodus isolatus* 为特征，常见分子还有 *St. wabaunsensis* 和 *St. elongatus*。

晋祠组：*Streptognathodus elegantulus—St. oppletus* 组合带

此组合带见于晋祠组（原太原组底部）的灰岩夹层中，其常见分子为 *Streptognathodus elegantulus*、*St. oppletus* 和 *St. gracilis* 等。

根据以上资料，甘肃、宁夏、陕西地区牙形刺带可综合如下：

上晋祠组：*Streptofnathodus elegantulus—St. oppletus* 组合带。

羊虎沟组：*Idiognathodus delicatus—I. magnificus* 组合带。

红土洼组：2. *Idiognathoides corrugatus— Id. sinuatus* 带；

1. *Declinognathodus noduliferus* 带。

靖远组：*Gnathodus bollandensis* 带。

臭牛沟组：2. *Gnathodus bollandensis* 带；

1. *Gnathodus bilineatus bilineatus* 带。

10）新疆地区

根据赵治信等（2000）的研究得出，在新疆塔里木盆地西南缘和巴楚小海子地区的石炭系由上而下的牙形刺序列为：

塔哈奇组：*Streptognathodus elegantulus—St. oppletus* 组合。

阿孜干组或小海子组：*Streptognathodus parvus—St. suberectus—Gondolella bella* 组合。

卡拉乌依组：2. *Idiognathoides corrugatus—Idiognathodus delicatus—Neognathodus bassleri* 组合；

1. *Declinognathodus noduliferus—De. lateralis* 组合。

和什拉甫组：3. *Rhachistognathus muricatus* 带；

2. *Gnathodus bilineatus* 带；

1. *Mestognathus beckmani* 带。

克里塔格组和巴楚组上部生屑灰岩段：

3. *Shiphonodella isosticha*—*St. obsoleta* 组合；

2. *Polygnathud inornatus*—*P. purus purus*—*Pseudopolygnathus fusiformis* 组合；

1. *Polygnathus communis communis*—*Clydagnathus cavusformis*—*Bispathodus aculeatus* 组合。

我国石炭系深水相和浅水相区、华南地区与北方地区牙形刺带的对比较困难，只能根据一些相同或类似的种及其序列进行大致对比（表3.2）。

表 3.2　我国斜坡相、盆地相及浅水台地相的牙形刺生物地层对比

亚系	阶	华南地区		北方地区
		深水相区 [*]	浅水相区 [**]	浅水相区 [***]
宾夕法尼亚亚系	格舍尔阶	*Streptognathodus wabaunsensis*	*Streptognathodus wabaunsensis*	*Streptognathodus wabaunsensis*
		Streptognathodus tenuialveus	*Streptognathodus elongates*—*Streptognathodus elegantulus*	*Streptognathodus elegantulus*—*Streptognathodus oppletus*
		Streptognathodus virgilicus		
		Streptognathodus nashuiensis		
		Streptognathodus simulator		
	卡西莫夫阶	*Streptognathodus zethus*		
		Idiognathodus eudoraensis		
		Idiognathodus guizhouensis		
		Idiognathodus magnificus		*Idiognathodus delicatus*—*Idiognathodus magnificus*
		Idiognathodus turbatus		
	莫斯科阶	*Swadelina makhlinae*		
		Swadelina subexcelsa		
		Idiognathodus podolskensis	*Idiognathodus podolskensis*	
		Mesogondolella donbassica—*Mesogondolella clarki*		
		Diplognathodus ellesmerensis		

亚系	阶	华南地区		北方地区
		深水相区 [*]	浅水相区 [**]	浅水相区 [***]
宾夕法尼亚亚系	巴什基尔阶	"Streptognathodus" expansus M2	Neognathodus bassleri	Neognathodus symmetricus
		"Streptognathodus" expansus M1		
		Idiognathodus primulus		
		Neognathodus symmetricus		
		Idiognathodus sinuatus	Idiognathodus sinuatus—Idiognathodus corrugatus	Idiognathodus sinuatus—Idiognathodus corrugatus
		Declinognathodus noduliferus s. l.	Declinognathodus noduliferus	Declinognathodus noduliferus
密西西比亚系	谢尔普霍夫阶	Gnathodus postbilineatus Gnathodus bilineatus bollandensis Lochriea ziegleri	Adetognathus unicornis—Gnathodus bilineatus	Gnathodus bilineatus bollandensis
	维宪阶	Lochriea nodosa	Gnathodus bilineatus—Mestognathus beckmanni	Gnathodus bilineatus
		Gnathodus bilineatus		
		Lochriea commutata		
		Gnathodus texanus—Pseudognathodus homopunctatus		
	杜内阶	Scalinognathodus anchoralis	Scalinognathodus anchoralis	无牙形刺带
		Gnathodus semiglaber—Gnathodus typicus	Siphonodella eurylobata	
		Siphonodella isosticha—Upper Siphonodella crenulata		
		Lower Siphonodella crenulata	Siphonodella dasaibaensis	
		Siphonodella sandbergi		
		Upper Siphonodella duplicata		
		Lower Siphonodella duplicata	Siphonodella sinensis Siphonodella levis	
		Siphonodella sulcata		

注：[*] 季强和熊剑飞，1985；Yu，1988；Wang，1990；Wang & Qi，2002b，2003a，b；[**] 王志浩等，2004a，b，c，2008；Qi et al.，2014a，b；王成源和殷保安，1985；季强，1987c；苏一保等，1988；[***] Wang et al.，1987a，b；王志浩和祁玉平，2003。

宾夕法尼亚的牙形刺带各地稍有不同，但根据相同的带化石及其特征分子和以前建立的牙形刺仍可进行对比（表 3.3）。

表 3.3　华南贵州罗甸地区宾夕法尼亚亚系牙形刺带的国际对比

亚系	阶	中国南方 *	俄罗斯、乌克兰地区 **	北美 ***	英国 ****
宾夕法尼亚亚系	格舍尔阶	*Streptognathodus wabaunsensis*	*Streptognathodus wabaunsensis*	*Streptognathodus wabaunsensis*	
		Streptognathodus tenuialveus	*Streptognathodus tenuialveus*	*Streptognathodus brownvillensis*	
		Streptognathodus virgilicus	*Streptognathodus virgilicus* *Streptognathodus firmus*	*Streptognathodus virgilicus* *Streptognathodus deflectus*	
		Streptognathodus nashuiensis	*Streptognathodus zethus*	*Streptognathodus zethus*	
		Streptognathodus simulator	*Streptognathodus simulator*	*Streptognathodus simulator*	
	卡西莫夫阶	*Streptognathodus zethus*			
		Idiognathodus eudoraensis	*Streptognathodus gracilis*	*Streptognathodus gracilis*	
		Idiognathodus guizhouensis	*Streptognathodus cancellosus*	*Streptognathodus cancellosus*	
		Idiognathodus magnificus			
		Idiognathodus turbatus	*Idiognathodus sagittalis*	*Idiognathodus eccentricus*	
	莫斯科阶	*Swadelina makhlinae*	*Swadelina makhlinae*	*Swadelina nodocarinata*	
		Swadelina subexcelsa	*Swadelina subexcelsa* *Neognathodus roundyi*	*Swadelina neoshoensis*	
			Neognathodus inaequalis *Idiognathodus podolskensis*	*Neognathodus roundyi*	
		Idiognathodus podolskensis		*Neognathodus asymmetricus*	无牙形刺带

亚系	阶	中国南方*	俄罗斯、乌克兰地区**	北美***	英国****
宾夕法尼亚亚系	莫斯科阶	*Mesogondolella donbassica — Mesogondolella clarki*	*Streptognathodus concinnus— Idiognathodus robustus*	*Neognathodus caudatus*	
		Diplognathodus ellesmerensis	*Neognathodus medadultimus*	*Neognathodus bothrops*	
			Neognathodus bothrops *Neognathodus atokaensis* *Streptognathodus transtivus* *Declinognathodus donetzianus*	*Neognathodus atokaensis*	
	巴什基尔阶	*"Streptognathodus" expansus* M2	*Idiognathodus ouachitensis* *Streptognathodus expansus*	*Idiognathodus convexus* *Idiognathodus klapperi*	*Idiognathodus sulcatus parvus*
		"Streptognathodus" expansus M1			*Idiognathodus primulus— Idiognathodus sinuatus*
		Idiognathodus primulus	*Idiognathodus sinuosus*	*Idiognathodus sinuosus* *Neognathodus bassleri*	
		Neognathodus symmetricus	*Neognathodus askynensis— Neognathodus symmetricus*	*Neognathodus symmetricus*	*Idiognathodus sulcatus— Idiognathodus corrugatus*
		Idiognathodus sinuatus	*Idiognathodus corrugatus*	*Idiognathodus sinuatus*	
		Declinognathodus noduliferus s. l.	*Declinognathodus noduliferus*	*Declinognathodus noduliferus*	*Declino-gnathodus noduliferus*

注：*Wang & Qi, 2003a；王志浩等，2008；Qi et al., 2014b；Hu et al., 2016；**Nemyrovska, 1999；Nikolaeva et al., 2001；Isakova et al., 2001；Davydov, 2001；Alekseev et al., 2003, 2004；***Lane & Straka, 1974；Ritter, 1995；Barrick & Heckel, 2000；Lambert et al., 2001；Heckel et al., 2002；Heckel, 2004；****Higgins, 1975, 1985。

我国华南密西西比亚系杜内阶的牙形刺带与欧洲、北美等地的牙形刺带几乎一致，根据相同的带化石可逐带对比（表3.4）。

表 3.4 华南地区密西西比亚系牙形刺带的国际对比

亚系	阶	中国华南地区 [*]	欧洲地区 [**]	北美地区 [***]
密西西比亚系	谢尔普霍夫阶	*Gnathodus postbilineatus*	*Gnathodus bilineatus bollandensis*	*Rhachistognathus muricatus*— *Adetognathus unicornis*
		Gnathodus bilineatus bollandensis		
		Lochriea ziegleri	*Lochriea cruciformis*	*Cavusgnathus naviculus*
			Lochriea ziegleri	
	维宪阶	*Lochriea nodosa*	*Lochriea nodosa*	
		Gnathodus bilineatus	*Gnathodus bilineatus*	*Gnathodus bilineatus*
		Lochriea commutata	*Lochriea commutata*	*Lochriea commutata*
		Gnathodus texanus— *Pseudognathodus homopunctatus*	*Gnathodus texanus*— *Pseudognathodus homopunctatus*	*Gnathodus texanus*— *Pseudognathodus homopunctatus*
	杜内阶	*Scalinognathodus anchoralis*	*Scalinognathodus anchoralis*	*Scalinognathodus anchoralis*
		Gnathodus semiglaber— *Gnathodus typicus*	*Gnathodus semiglaber*— *Gnathodus typicus*	*Gnathodus semiglaber*— *Gnathodus typicus*
		Siphonodella isosticha— Upper *Siphonodella crenulate*	*Siphonodella isosticha*—Upper *Siphonodella crenulata*	*Siphonodella isosticha*— Upper *Siphonodella crenulata*
		Lower *Siphonodella crenulata*	Lower *Siphonodella crenulata*	Lower *Siphonodella crenulata*
		Siphonodella sandbergi	*Siphonodella sandbergi*	*Siphonodella sandbergi*
		Upper *Siphonodella duplicata*	Upper *Siphonodella duplicata*	Upper *Siphonodella duplicata*
		Lower *Siphonodella duplicata*	Lower *Siphonodella duplicata*	Lower *Siphonodella duplicata*
		Siphonodella sulcata	*Siphonodella sulcata*	*Siphonodella sulcata*

注: [*] 季强和熊剑飞，1985；Wang，1987；Wang，1990；Wang & Qi，2003a，b；Qi et al.，2014a，b；
[**] Sandberg et al.，1978；Lane et al.，1980；Nemyrovska，2005；Nemyrovska et al.，2006；Nikolaeva et al.，2001；[***] Lane & Straka，1974；Sandberg et al.，1978；Lane & Brenckle，2001。

3.4 石炭系的划分和几条界线的说明

王向东和金玉玕（2000，2005）曾先后两次对石炭系的划分方案及全球界线层型进展作阶段性的总结和介绍，但到目前为止，除了石炭系底界、顶界、中间界线和杜内阶—维宪阶的界线层型剖面和点位已确立以外，尚有四个阶的界线划分和界线层型剖面及点位仍在研究和讨论中。我国贵州罗甸地区的纳庆剖面是这四条尚未确定 GSSP 的候选层型剖面之一。

石炭系底界于 1989 年获国际地质科学联合会（以下简称地科联）批准，法国的 La Serra 剖面为全球泥盆—石炭系界线层型剖面，德国的 Hasselbachtal 剖面和我国的广西桂林南边村剖面为辅助层型剖面，以牙形刺 Siphonodella praesulcata—Si. sulcata 演化谱系中 Si. sulcata 的首次出现作为石炭系的开始。侯鸿飞等（1985）和俞昌民等（1988）分别详细研究了我国贵州睦化和广西柳州南边村的泥盆—石炭系界线地层和牙形刺分带，确立了以牙形刺 Siphonodella praesulcata—Si. sulcata 演化谱系中 Si. sulcata 的首次出现作为石炭系的底界。Wang CY et al.（1987）在广西宜山地区也同样发现和描述了这一界线。

由于法国 La Serra 全球泥盆—石炭系界线层型剖面存在一些问题，如在地层上缺少其他重要的标志化石和在界线处存在再沉积（Ziegler & Sandberg，1996；Casier et al.，2002；Kaiser，2009），所以 Corradini et al.（2016）在泥盆—石炭系界线层又建立了一牙形刺带序列，提出了新的界线定义，同时建议重新寻找 GSSP。他们的 D/C 界线层牙形刺序列由上而下为：Siphonodella hassi、Si. duplicata、Si. bransoni、Protognathodus kockeli、Bispathodus ultinus、Bi. costatus 和 Bi. aculeatus aculeatus 带，并提议以 Si. bransoni 或 Protognathodus kockeli 的首次出现作为石炭系底界，但他们尚未报道这两个种的演化谱系，所以重新寻找到石炭系底界的标志种和 GSSP 尚须相当长时间的努力。在未找到更合适的石炭系底界的标志种和 GSSP 之前，本书仍以牙形刺 Siphonodella praesulcata—Si. sulcata 演化谱系中 Si. sulcata 的首次出现作为石炭系底界。

石炭系中间界线于 1996 年获国际地科联批准，以美国内华达州南部的 Arrow Canyon 剖面作为全球石炭系中间界线，即巴什基尔阶底界和宾夕法尼亚亚系底界的层型，并以牙形刺 Gnathodus girtyi simplex—Declinognathodus noduliferus 演化谱系中 De. noduliferus 的首次出现作为宾夕法尼亚亚系的开始（Lane et al.，1985，1999；Brenckle et al.，1997）。Wang et al.（1987a，1987b）在详细研究了我国南方贵州罗甸地区和北方甘肃靖远地区石炭系的牙形刺生物地层后，同样提议以 De. noduliferus 的首次出现作为石炭系的中间界线，并详细分析了这一划分标准的优越性。

石炭系之顶界于 1996 年获国际地科联的批准，以哈萨克斯坦北部的 Aidaralash Creek 作为全球石炭—二叠系界线层型，以牙形刺 Streptognathodus isolatus 的首次出现作为二叠系的开始（Davydov et al.，1998）。王志浩（1991）曾在贵州罗甸纳水剖面提议以 Streptognathodus barskovi 的首次出现作为二叠系之底界，此后也接受了以 Streptognathodus isolatus 的首次出现作为二叠系的开始的标准（王志浩和祁玉平，2002，2003）。

密西西比亚系的杜内阶—维宪阶界线于 2008 年经国际地层委员会和国际地质科学联合会批准，以我国广西柳州北乡碰冲剖面为其 GSSP，以底栖有孔虫 *Eoparastaffella ovalis* 种群至 *E. simplex* 谱系中 *E. simplex* 的首次出现为标志。该界线向上 5 m 处为牙形刺 *Pseudognathodus homopunctatus* 首次出现，而向下 30 cm 则为牙形刺 *Scaliognathus anchoralis* 的最高出现（侯鸿飞和周怀玲，2008）。剖面详细描述见 Devuyst et al.（2003）和侯鸿飞等（2004）的文章。

有关维宪阶—谢尔普霍夫阶界线，Nikolaeva et al.（2002）曾提议以 *Lochriea cruciformis* 带底界作为谢尔普霍夫阶之开始，因为它在南乌拉尔地区接近根据菊石确定的维宪阶—谢尔普霍夫阶界线。王志浩与祁玉平根据贵州罗甸纳水剖面所产的牙形刺、有孔虫化石及传统的界线划分方案，提议在 *Lochriea ziegleri* 带之底，即 *Lochriea nodosa—L. ziegleri* 的演化系列中以后者的首次出现代表谢尔普霍夫阶的开始（Wang & Qi，2003；Qi & Wang，2005）。有关维宪阶—谢尔普霍夫阶界线标志及其层型的研究现仍在积极开展之中，祁玉平等已成功地在 *Lochriea nodosa—L. ziegleri* 的演化谱系中发现了大量的过渡型标本（Qi et al.，2014a），为纳庆剖面争取成为层型剖面打下了基础。

关于巴什基尔阶—莫斯科阶界线，在乌克兰和俄罗斯，牙形刺 *Declinognathodus donetzianus* 带底界代表了莫斯科阶的底界（Nemyrovska，1999；Isakova et al.，2001；Alekseev et al.，2001），但本带也可根据 *Idiognathoides postsulcatus* 和 *Diplognathodus ellesmerensis* 的出现识别。王志浩与祁玉平（2002，2003）将贵州罗甸纳水剖面 *Diplognathodus ellesmerensis* 带与乌克兰 *Declinognathodus donetzianus* 带相对比，并以 *Diplognathodus ellesmerensis* 首次出现为特征，代表了莫斯科阶的开始。*Declinognathodus donetzianus* 仅见于乌克兰和俄罗斯等少数地区，而它在我国和北美地区至今都未见报道。另外，*Idiognathoides postsulcatus* 在贵州罗甸地区至少已在"*Streptognathodus*" *expansus* M2 带就已出现了，明显低于欧洲莫斯科阶的传统底界。*Idiognathoides postsulcatus* 特征不明显，与 *Id. sulcatus* 呈过渡系列，两者很难区分。因此，以 *Diplognathodus ellesmerensis* 首次出现代表莫斯科阶的开始是一个不错的选择，因为它的出现在乌克兰和莫斯科盆地代表了莫斯科阶的底界（Nemyrovska，1999；Isakova et al.，2001；Alekseev et al.，2001），同时此种在欧洲北美和我国都有广泛分布，且数量多，易于识别（王志浩等，2008）。目前，祁玉平和胡科毅等正在对这一界线的牙形刺进行更深入的研究，并已取得很大进展，特别是发现了许多 *Diplognathodus aff. orphanus—D. ellesmerensis* 之间过渡型标本，证实了这两种之演化谱系（胡科毅，2016），这为纳庆剖面争取成为层型剖面打下了牢固的基础。目前有关巴什基尔阶—莫斯科阶界线的划分标志及层型剖面的确定仍在积极准备与争取之中。

关于莫斯科阶—卡西莫夫阶界线，王向东和金玉玕（2005）、王志浩等（2008）都曾对几种假设作了详细介绍和分析。根据 Villa 和这界线的工作组（Villa et al.，2004），提出三个划分这一界线的方案，其中两个是根据蜓类 *Protriticites* 的进步型和 *Montiparus* 的首次出现划分，另一方案是根据牙形刺 *Idiognathodus sagittalis* 的首次出现划分。但蜓类具有明显的地区性，很难进行大范围对比；另外以属一级演化作为阶之划分标志也不太适宜。王志浩等（2008）根据贵州罗甸纳水剖面的牙形刺序列，引用了第三种方案，即把牙形刺 *Idiognathodus sagittalis* 的首次出现视为卡西莫夫阶之底界。随着对贵州罗甸地区这一界线附近牙形刺的大量发现以及更深入的研究，胡科毅（2012）提出罗甸地区纳庆剖面（纳水剖面）的 *Idiognathodus sagittalis* 可能就是 *I. swadei*—*I. turbatus* 演化谱系中的过渡分子，而后胡科毅（2016）进一步提出原王志浩和祁玉平定为的 *Idiognathodus sagittalis* 就是 *I. turbatus*，认为 *I. turbatus* 的首次出现更适合作为卡西莫夫阶之底界。目前，划分这一界线的标志种和层型剖面的确定仍在研究中。

关于卡西莫夫阶－格舍尔阶界线，王志浩和祁玉平曾在贵州罗甸纳水剖面把此界线置于 *Idiognathodus simulator* 带之顶界，后在 2003 年把这一界线改置于本带之底界（Wang & Qi，2003a）。Barrick 等在 2004 年西班牙奥维耶多的界线工作组会议上也提议以 *I. simulator* 的首次出现作为格舍尔之底界（王向东和金玉玕，2005）。目前该种已被确定为卡西莫夫阶－格舍尔阶界线的标志化石（Heckel et al.，2008），但其 GSSP 的最终确定还在研究讨论之中。

4 属种描述

本书收集和描述的属种主要来自王成源和王志浩（1978）、王志浩和王成源（1983）、安太庠等（1983）、熊剑飞（1983）、王成源和殷保安（1984）、季强等（1984）、倪世钊（1984）、赵松银等（1984）、赵治信等（1984，1986，2000）、季强等（1985，见侯鸿飞等）、季强（1985，1987a，1987b，1987c）、史美良和赵治信（1985）、赵治信等（1986）、董振常（1987）、董致中等（1987）、侯鸿飞等（1985）、Wang et al.（1987）、万世禄和丁惠（1987）、Wang et al.（1987a，1987b）、王志浩和文国忠（1987）、董致中和季强（1988）、杨式溥和田树刚（1988）、Wang & Ying（1988）、丁惠和万世禄（1989）、Jim et al.（1989）、Wang & Higgins（1989）、王成源和徐珊红（1989）、赵松银（1989）、应中锷等（1993）、李罗照等（1996）、王志浩（1996a，1996b）、朱伟元（见曾学鲁等，1996）、王志浩和祁玉平（2002a，2002b，2007）、Wang & Qi（2003a，2003b）、田树刚和科恩（2004）、夏凤生和陈中强（2004）、王志浩等（2004a，2004b，2004c，2008）、Qi & Wang（2005）、董致中和王伟（2006）、王平和王成源（2006）、李志宏等（2014）、Qi et al.（2014a，2014b，2015）、Qie et al.（2014，2016）、胡科毅（2016）、Hu & Qi（2017）、Hu et al.（2019）等公开发表的著作，并已在各个属种描述的同义名表中列出。属种描述按照科名、属名和种名拉丁文第一字母的排列顺序依次描述，那些暂无归属的属种则在最后另按属、种名拉丁文第一字母的排列顺序依次描述。

脊索动物门　CHORDATA Bateson，1886

  脊椎动物亚门　VERTEBRATEA Cuvier，1812

    牙形动物纲　CONODONTA Pander，1856

      奥泽克刺目　OZARKODINIDA Dzik，1976

    近颚刺科　ANCHIGNATHODONTIDAE Clark，1972

      双颚刺属　*Diplognathodus* Kozur & Merrill，1975

模式种　*Spathognathodus coloradoensis* Murray & Chronic，1965

特征　Pa 分子由前齿片和齿杯组成，前齿片细齿高，中齿脊光滑或细齿低矮。齿杯口面光滑无饰。反口面基腔宽大、中空。

分布与时代　欧洲、北美和亚洲，宾夕法尼亚亚纪（晚石炭世）至二叠纪。

科罗拉多双颚刺　*Diplognathodus coloradoensis*（Murray & Chronic，1965）

（图版 1，图 1—6）

1965 *Spathognathodus coloradoensis* Murray & Chronic，pp. 606—607，pl. 72，figs. 11—13.

1980 *Diplognathodus coloradoensis*. —Bender，p. 9，pl. 4，figs. 8—10，12—14.

1984 *Diplognathodus coloradoensis*. —Grubbs，p. 69，pl. 1，figs. 1—2.

1984 *Diplognathodus coloradoensis*. —Manger & Sutherland，pl. 1，figs. 2—3.

1985 *Diplognathodus coloradoensis*. —Boogaard & Bless，pp. 141，144，figs. 6.5—6.7.

1984 *Diplognathodus minutus* Ni. —倪世钊，280 页，图版 45，图 22—23，30.

1988 *Diplognathodus coloradoensis*. —杨式溥和田树刚，图版 4，图 2—3.

1993 *Diplognathodus minutus*. —应中锷等（见王成源），223 页，图版 42，图 16.

1999 *Diplognathodus coloradoensis*. —Alekseev & Goreva in Makhlina et al.，pp. 115—116，pl. 17，fig. 2.

2003a *Diplognathodus coloradoensis*. —Wang & Qi，pl. 4，figs. 3—5.

2008 *Diplognathodus coloradoensis*. —祁玉平，图版 23，图 23；图版 21，图 13—14.

特征　Pa 分子齿台之齿脊光滑，细齿化不明显，前齿片与齿台相连处齿杯明显降低下凹。

描述　Pa 分子由前齿片和齿杯组成。前齿片细齿侧扁，大部愈合而顶端分离，前部较高，向后延伸至齿杯，并在齿杯中央形成中齿脊。中齿脊光滑，细齿低矮，侧视时其高度明显低于前齿片，并延伸至齿杯末端。齿杯卵圆形，中部最宽，向前后收缩变窄，口面光滑无饰。前齿片与齿台相连处齿杯明显降低下凹。反口面基腔卵圆形，宽大、中空。

比较　此种与 *Diplognathodus ellesmerensis* 和 *D. orphanus* 较相似，但此种齿脊光滑，细齿化不明显。

产地层位　贵州罗甸纳庆，密西西比亚系 "*Streptognathodus*" *expansus* M2 带—宾夕法尼亚亚系带至 *Diplognathodus ellesmerensis* 带。

无齿双颚刺　*Diplognathodus edentulus*（von Bitter，1972）
（图版 1，图 7—11）

1972 *Anchignathodus edentulatus* von Bitter，pp. 66—67，pl. 7，figs. 1a—1b.

1973 *Spathognathodus ohioensis* Merrill，pp. 308—309，pl. 3，figs. 10—19.

1977 *Diplognathodus edentulus*. —Sweet in Ziegler，pp. 93—94，*Diplognathodus*—pl. 1，fig. 6.

1984 *Anchignathodus edentulatus*. —赵松银等，246 页，图版 104，图 3，7—8，13—14；图版 105，图 13.

?1996 *Diplognathodus edentulus*. —李罗照等，62 页，图版 29，图 18—26；图版 30，图 14，16.

特征　Pa 分子齿片前部有两个大细齿，其前边缘近直立，齿片后部上缘刀刃状，侧视平直，其高度与大细齿后细齿大致相当。

描述　Pa 分子由前齿片和齿杯组成。前齿片短，由侧扁的细齿愈合而成，前端有两个长钉状大细齿，其前缘近直立，大细齿后部发育几个近等长或向后逐渐变低的细齿。前齿片向后延伸至齿杯，在齿杯口面中央形成中齿脊，并延伸至齿杯末端。中齿脊前端为细齿状，中后部无细齿，呈光滑的脊状，侧视上缘直而平。齿杯卵圆形，后缘近垂直，口面光滑无饰，反口面为一中空的卵圆形基腔，其长度可达刺体长之 2/3，腔壁薄。

比较　von Bitter（1972）在建立此种时认为此种与 *Diplognathodus coloradoensis* 非常近似，区别在于后者前齿片与齿杯连接处明显下凹，侧视时中齿脊高度明显低于前齿片。

产地层位　河北、山西等地，宾夕法尼亚亚系（上石炭统）晋祠组；新疆巴楚小海子，密西西比亚系（下石炭统）巴楚组。

艾利思姆双颚刺　*Diplognathodus ellesmerensis* Bender，1980
（图版 1，图 13—18）

1974 *Spathognathodus orphanus* Merrill，p. 236，pl. 2，figs. 10，11（only）.

1980 *Diplognathodus ellesmerensis* Bender，pp. 9—10，pl. 4，figs. 5—7，11，15—21，23—25.

1984 *Diplognathodus orphanus*. —Grayson，p. 48，pl. 2，figs. 24—25.

1984 *Diplognathodus orphanus*. —Grubbs，p. 69，pl. 1，figs. 3— 4.

1999 *Diplognathodus ellesmerensis*. —Nemyrovska，pl. 11，figs. 14—15.

1999 *Diplognathodus ellesmerensis*. —Nemyrovska et al.，fig. 6.6.

2001 *Diplogn*athodus ellesmerensis. — Alekseev & Goreva in Makhlina et al.，p. 116，pl. 14，fig. 17；pl. 17，fig. 21.

2003a *Diplognathodus ellesmerensis*. — Wang & Qi，pl. 4，figs. 6—7.

2008 *Diplognathodus ellesmerensis*. —祁玉平，图版 21，图 15—16；图版 23，图 22；图版 24，图 8.

特征　Pa 分子前齿片与齿台连接处具一明显凹缺，齿脊由低的细齿愈合而成，上缘脊能见到细齿齿尖。

描述　Pa 分子由前齿片和齿杯组成，前齿片细齿侧扁，大部愈合而顶端分离，前后细齿大致等高，但最后几个细齿可稍大。前齿片向后延伸至齿杯，并在齿杯中央形成中齿脊。中齿脊由低的细齿愈合而成，上缘脊能见到细齿齿尖。在前齿片与中齿脊连接处，中齿脊高度突然降低形成一明显缺刻。齿杯卵圆形，中部最宽，向前后收缩变窄。口面光滑无饰。反口面基腔宽大、中空。

比较　此种与 *Diplognathodus coloradoensis* 和 *D. orphanus* 较为相似，它与 *D. coloradoensis* 的区别在于后者中齿脊光滑无饰，与 *D. orphanus* 的区别在于前者前齿片与齿台中齿脊连接处具一明显的凹缺口。

产地层位　贵州罗甸纳庆，宾夕法尼亚亚系（上石炭统）*Diplognathodus ellesmerensis* 带—*Idiognathodus podolskensis* 带下部。

莫尔双颚刺　*Diplognathodus moorei*（von Bitter，1972）
（图版 1，图 12）

1972 *Anchignathodus moorei* von Bitter，p. 68，pl. 7，fig. 3a.

1977 *Diplognathodus moorei*. —Sweet in Ziegler，p. 101，*Diplognathodus*—pl. 1，fig. 10.

1984 *Anchignathodus moorei*. —赵松银等，247—248 页，图版 104，图 9.

特征　Pa 分子前齿片和齿脊都发育细齿，前齿片与齿杯连接处较凹，但有明显的细齿。

描述　Pa 分子由前齿片和齿杯组成。前齿片短，由几个较大的侧扁的细齿组成。前齿片向后延伸至齿台，在齿台中央形成中齿脊，并延伸至齿台末端。中齿脊前部与前齿片连接处变低而下凹，但发育有明显的细齿，其顶端分离；中后部细齿较多，显著变高，顶端明显分离，后端细齿近直立。齿杯卵圆形，向两侧膨大，口面光滑无饰。反口面为一向两侧膨胀的基腔，前后延伸长，可达刺体长之 2/3。

比较 此种与 *Diplognathodus edentulus* 较为相似，但后者中齿脊中后部无细齿；此种与 *D. coloradoensis* 的区别在于后者中齿脊细齿化不明显，细齿非常小；此种与 *D. ellesmerensis* 的区别是后者前齿片与齿台连接处具一明显凹缺，齿脊由低的细齿愈合而成，齿杯明显低于前齿片，其上缘脊仅能见到细齿齿尖。

产地层位 河北、山西等地，宾夕法尼亚亚系（上石炭统）。

薄暗双颚刺 *Diplognathodus orphanus*（Merrill，1973）
（图版 1，图 19—23）

1973 *Spathognathodus orphanus* Merrill, p. 309, pl. 3, figs. 45—56.

1977 *Diplognathodus*? *orphanus*. —Ziegler, pp. 107—108, *Diplognathodus*—pl. 1, figs. 3a—c.

1984 *Anchignathodus orphanus*. —赵松银等，248 页，图版 101，图 11，12。

1988 *Diplognathodus*? *orphanus*. —杨式溥和田树刚，图版 4，图 1。

2003a *Diplognathodus orphanus*. —Wang & Qi, pl. 4, figs. 1—2.

2004 *Diplognathodus orphanus*. —王志浩等，图版 3，图 4—5。

2008 *Diplognathodus orphanus*. —祁玉平，图版 21，图 9；图版 24，图 10。

特征 Pa 分子由前齿片和齿杯组成，齿杯卵圆形，但末端尖，口面中齿脊由一列低而分离的细齿组成。细齿切面圆，钉子状。前齿片中部最高，由侧扁细齿组成。侧视时，前齿片与中齿脊连接处逐渐变低，无明显突变。

描述 Pa 分子由前齿片和齿杯组成。前齿片长而直，中部最高，并向前后逐渐变低，由侧扁的细齿愈合而成，但顶端分离。前齿片向后延伸至齿杯，在齿杯口面中央形成一中齿脊，并延伸至齿杯末端。中齿脊由低而分离的钉状小细齿组成，细齿切面圆。口面侧视时，从前齿片至中齿脊末端高度逐渐降低，未见明显的突变。齿杯为卵圆形，中前部最宽，向后收缩变窄，末端尖。口面除一中齿脊外光滑无饰。反口面为一开阔的基腔，中前部最宽，向后变窄变浅。

比较 此种与 *Diplognathodus ellesmerensis* 较为相似，但后者中齿脊在前齿片与齿杯口面中齿脊连接处高度明显变低；此种与 *D. coloradoensis* 也较相似，但后者齿杯口面中齿脊光滑，细齿化不明显。

产地层位 贵州罗甸纳庆和水城，密西西比亚系"*Streptognathodus*" *expansus* M2 带—宾夕法尼亚亚系带至 *Diplognathodus ellesmerensis* 带。

欣德刺属 *Hindeodus* Rexroad & Furnish，1964

模式种 *Trichonodella imperfecta* Rexroad，1957

特征 器官属由 Pa、Pb、M 和 S 分子等六种分子组成，Pa 分子为 spathognathiform 型，主齿位于最前端，为齿片的最高处。

分布与时代 欧洲、北美、亚洲和澳大利亚，石炭纪至三叠纪。

冠状欣德刺 *Hindeodus cristulus*（Youngquist & Miller，1949）
（图版 2，图 3，8—9）

1949 *Spathognathodus cristula* Youngquist & Miller, p. 621, pl. 101, figs. 1—3.

1987 *Hindeodus cristula*. —von Bitter & Print, pp. 358—359, figs. 2.9, 3.11, 3.15, 3.16.

1987 *Spathognathodus cristulus*. 一董振常，83页，图版9，图21—22.

1987a *Spathognathodus cristulus*. 一季强，269页，图版6，图21—22.

1996a *Hindeodus cristula*. 一王志浩，268页，图版1，图4.

2014 *Hindeodus cristula*. 一Qie et al.，fig. 5.12.

特征　器官种 *Hindeodus cristulus* 是由 P 分子、M 分子和 S 分子组成。P 分子侧视近三角形，最前方一个细齿最大，为三角形，向后逐渐变低，其前缘无细齿。基腔大，呈泪珠形，两侧膨胀，位于刺体中后部伸达或几乎伸达齿台后端。

描述　仅见一 P 分子，齿片型，刀片形或三角形，由一系列侧扁的细齿愈合而成。最前端的一个细齿三角形，为最大最高的一个细齿，并由此向后逐渐变低，末端最低。前缘直，与反口缘稍斜交，无细齿。反口缘前端较直，前基角钝角状，稍向前下方伸。中后部稍上凹，为一稍向两侧膨大的基腔，中前部最宽，向后逐渐收缩变窄，伸达或几乎伸达齿台后端。

比较　此种与 *Hindeodus minutus* 十分相似，但后者齿脊在后 1/4 处突然下降。

产地层位　广西南丹巴坪和贵州罗甸纳庆，密西西比亚系（下石炭统）维宪阶。

微小欣德齿刺　*Hindeodus minutus*（Ellison，1941）
（图版 2，图 1—2，4—7）

1941 *Spathognathodus minutus* Ellison，p. 120，pl. 20，figs. 50—52.

1989 *Hindeodus minutus*. — Wang & Higgins，p. 279，pl. 13，figs. 6—7.

1993 *Anchignathodus minutus*. 一应中锷等（见王成源），219页，图版43，图12.

1993 *Hindeodus minutus*. 一王志浩和曹延岳（见王成源），253页，图版55，图4—7.

2008 *Hindeodus minutus*. 一祁玉平，图版20，图1—15.

特征　Pa 分子主齿最大、最高，位于齿片最前端，向后逐渐降低至后 1/4 处又突然迅速下降至反口缘。前基角锐角状。

描述　Pa 分子，齿片型，齿片短而直、薄，由侧扁的细齿愈合而成，反口缘稍上拱。主齿最高、最大，三角形，位于前片最前端，由此向后逐渐降低至大约 1/4 处又突然下降至反口缘。齿片前缘较直，向下稍向前伸，并与反口缘呈锐角相交。反口缘基腔稍膨大，成水滴状，前方稍宽圆，后方窄缝状。

比较　此种与 *Hindeodus cristula* 较为相似，两者区别在于前者齿脊在齿片后 1/4 处突然下降。

产地层位　华南、华北和西北地区，石炭系一二叠系。

漂亮欣德齿刺　*Hindeodus scitulus*（Hinde，1990）
（图版 2，图 10—11）

part in 1990 *Polygnathus scitulus* Hinde，p. 343，pl. 9，figs. 9，10（only）.

1960 *Spathognathodus scitulus*. — Clarke，p. 21，pl. 3，figs. 12—13.

1967 *Spathognathodus scitulus*. 一Grobensky，p. 447，pl. 66，figs. 7，17，21.

1979 *Spathognathodus scitulus*. 一Ruppel，pl. 2，figs. 15—16.

1982 *Spathognathodus scitulus*. 一von Bitter & Print，pl. 6，figs. 1—3.

1987 *Hindeodus? scitulus*. 一von Bitter & Print，p. 359，fig. 4.1.

1989 *Anchignathodus scitulus*. —Wang & Higgins, p. 275, pl. 14, figs. 6—7.

特征 Pa 分子齿片较短，反口缘向上拱曲，前齿片向前、向下伸展，侧视近三角形。基腔位于齿片中部，且仅限于中部向两侧膨大。

描述 Pa 分子齿状，齿片较短，主齿大，是齿片上最大的一个细齿，近直立或稍后倾，位于齿片最前端，其前缘可具少量微小的细齿。主齿后的几个细齿明显变低，但至中后部的几个细齿又明显变大、较高，再向后细齿则又明显变小变低。反口缘向上拱曲，前齿片向前、向下伸展，基腔位于齿片中部，近圆形，且仅限于中部向两侧膨大。

比较 此种与 *Hindeodus cristulus* 最为相似，两者区别在于后者主齿前缘无细齿，基腔呈泪珠形，向两侧膨胀可延伸至齿片中后部或几乎伸达后端。

产地层位 贵州罗甸纳庆，密西西比亚系（下石炭统）维宪阶。

凹颚刺科 CAVUSGNATHIDAE Austin & Rhodes，1981
自由颚刺属 *Adetognathus* Lane，1967

模式种 *Cavusgnathus lautus* Gunnell，1933

特征 Pa 分子刺体由前齿片和齿台组成，前齿片与齿台一侧相连，可有固定齿脊，但很短。齿台两侧的齿垣由瘤齿及横脊组成，并在中央被一中齿沟分开，但在末端相交。

分布与时代 北美、澳大利亚、欧洲和亚洲，石炭纪至二叠纪。

光洁自由颚刺 *Adetognathus lautus*（Gunnell，1933）
（图版 3，图 1—5）

1933 *Cavusgnathus lautus* Gunnell，p. 286，pl. 31，figs. 67—68；pl. 33，fig. 9.

1967 *Adetognathus lautus*. —Lane，p. 121，pl. 61，figs. 1，4.

1984 *Adetognathus lautus*. —Grayson，pl. 2，fig. 6；pl. 3，figs. 8—9，26—27.

1987 *Adetognathus lautus*. —Xu et al.，pl. 1，figs. 1—2.

1987 *Adetognathus lautus*. —董振常，68 页，图版 3，图 4—5.

1988 *Adetognathus lautus*. —杨式溥和田树刚，图版 2，图 8.

1989 *Adetognathus lautus*. —王成源和徐珊红，36 页，图版 4，图 14.

1993 *Adetognathus lautus*. —应中锷等（见王成源），218 页，图版 42，图 3—4.

1999 *Adetognathus lautus*. —Nemyrovska，p. 51，pl. 1，fig. 4.

特征 左旋型 Pa 分子齿台窄长，自由前齿片向后延伸至齿台与外齿台齿垣相连，无固定齿脊。前齿片的最大高度位于前齿片之前部或中部。

描述 Pa 分子刺体由前齿片和齿台组成，稍侧弯和微微向上拱曲。前齿片短，由几个侧扁的细齿愈合而成，但细齿顶端分离，中前部的细齿最高。前齿片与齿台一侧的齿垣相连，无固定齿片。齿台窄长，两侧各具一齿垣，由瘤齿及横脊组成，并在中央被一中齿沟分开。两齿垣向齿台末端延伸并相交。反口面基腔开阔，中前部最宽。

比较 此种与 *Adetognathus giganteus* 最为相似，区别在于后者有固定齿片，前齿片的最后一个细齿最大。

产地层位 广西南丹，密西西比亚系（下石炭统）顶部；贵州水城，密西西比亚系（下石炭统）德坞阶；江苏宜兴，宾夕法尼亚亚系（上石炭统）黄龙组底部白云岩段。

独角自由颚刺 *Adetognathus unicornis*（Rexroad & Burdon，1961）

（图版 3，图 6—10）

1961 *Spathognathodus unicornis* Rexroad & Burdon, p. 1157, pl. 138, figs. 1—9.

1967 *Adetognathus unicornis*. —Lane, p. 930, pl. 119, figs. 16—21.

1987 *Adetognathus unicornis*. —Xu et al., pl. 1, fig. 3.

1987 *Adetognathus unicornis*. —董振常，68 页，图版 3，图 1—3.

1988 *Adetognathus unicornis*. —杨式溥和田树刚，图版 2，图 1.

1993 *Adetognathus unicornis*. —应中锷等（见王成源），218—219 页，图版 43，图 2a—b，3a—b.

1996a *Adetognathus unicornis*. —王志浩，265 页，图版 1，图 5，7—8.

特征 Pa 分子齿台窄长，无固定齿片，最大细齿位于自由前齿片的最后端，且靠近外齿垣。两侧齿垣在末端相交，相交处尖。

描述 Pa 分子刺体由前齿片和齿台组成，稍侧弯。前齿片短，由几个侧扁的细齿愈合而成，但细齿顶端分离。齿台无固定齿片，最大细齿位于自由前齿片的最后端，且靠近外齿垣。齿台窄长，两侧各具一齿垣，由短的横脊组成，并在中央被一中齿沟分开。两齿垣向齿台末端延伸，并在末端相交，相交处尖。反口面基腔开阔，前部最宽。

比较 此种与 *Adetognathus giganteus* 最为相似，区别在于后者有固定齿片。此种与 *A. lautus* 的区别在于前者之最大细齿位于自由前齿片的最后端。

产地层位 广西南丹，密西西比亚系（下石炭统）顶部；南京茨山，密西西比亚系（下石炭统）老虎洞组。

凹颚刺属 *Cavusgnathus* Harris & Hollingsworth，1933

模式种 *Cavusgnathus altus* Harris & Hollingsworth，1933

特征 Pa 分子刺体由齿片和齿台组成。齿片短而高（包括自由前齿片和齿台上的固定齿片），由细齿愈合而成，后方细齿较高，向后延伸至齿台一侧并形成齿垣。齿台长，中部有纵向中齿沟，两侧边缘高，并由瘤齿或横脊组成齿垣。两侧齿垣在末端相连。

分布与时代 欧洲、北美、亚洲和澳大利亚，石炭纪。

中凸凹颚刺 *Cavusgnathus convexus* Rexroad，1957

（图版 3，图 11—12）

1957 *Cavusgnathus convexus* Rexroad, p. 17, pl. 1, figs. 3—6.

1969 *Cavusgnathus convexus*. —Rhodes et al., p. 80, pl. 14, figs. 2a—d.

1969 *Cavusgnathus convexus*. —Webster, p. 26, pl. 4, fig. 10.

1989 *Cavusgnathus convexus*. —丁惠和万世禄，166 页，图版 1，图 7a—b.

特征 齿片中部最高，其前后低矮，呈中凸形特征。中齿沟宽阔，沟中无瘤齿。

描述 Pa 分子齿台窄长，两侧缘直。两侧齿垣发育，延伸至齿台末端，由明显的横脊组成，内侧齿垣前部横脊变短成瘤齿。中齿沟宽，"U"字形，中间无瘤齿。齿片中部高凸，其前后低矮，细齿后倾。

比较 此种齿片中部高凸而前后低矮，宽的中齿沟内无瘤齿，可与其他已知种相区别。

产地层位 广东韶关，密西西比亚系（下石炭统）石磴子组。

鸡冠凹颚刺 *Cavusgnathus cristatus* Branson & Mehl，1941
（图版 3，图 13—14）

1941 *Cavusgnathus cristatus* Branson & Mehl，p. 177，pl. 5，figs. 26—31.

1958 *Cavusgnathus cristatus*. —Rexroad，p. 16，pl. 1，figs. 15—17.

1969 *Cavusgnathus cristatus*. —Rhodes et al.，pp. 80—81，pl. 14，figs. 3a—d.

1985 *Cavusgnathus cristatus*. —Varker & Sevanstopulo in Higgins and Austin，pl. 5.6，figs. 19，21.

1989 *Cavusgnathus cristatus*. —丁惠和万世禄，164—165 页，图版 1，图 1a—b.

特征 Pa 分子齿片高，其大部为固定齿片，由 6~7 个细齿组成，其后方 3 个细齿最高，由此向前明显变低，直立成鸡冠状。齿台两侧发育由横脊或瘤齿组成的齿垣，横脊伸达中齿沟，中央齿沟为"U"字形，其前半部深，向后变浅，齿沟末端中央有 3~4 个瘤齿。

描述 Pa 分子由齿片和齿台组成。齿片高，大部为右侧齿垣前端的固定齿片，由 5~6 个细齿组成，其后端的 3 个细齿最高，大小相近，由此向前明显变低，直立成鸡冠状。齿片的自由前齿片短，仅有 1~2 个细齿，向后延伸至齿台，并与齿台右侧缘的固定齿片相连成一个齿片。齿台口视披针形，两侧缘近直或微弯，两侧缘发育由横脊或瘤齿组成近等高的齿垣，中间为一个中齿沟，其前半部深，向后变浅，末端中央具 3~4 个瘤齿，最后一个为前倾的钩状刺。反口面基腔开阔，不对称，向内扩张明显，中央具向前后延伸的齿槽。

比较 此种和 *Cavusgnathus regularis* 较为相似，区别在于后者齿片低。此种特有的鸡冠状齿片可区别于其他已知种。

产地层位 广东韶关，密西西比亚系（下石炭统）石磴子组。

江华凹颚刺 *Cavusgnathus jianghuaensis* Ji，1987
（图版 3，图 15—16）

1987a *Cavusgnathus jianghuaensis* Ji. —季强，241 页，图版 1，图 20—21；插图 7.

特征 Pa 分子齿片短而高，三角形，最后第二个细齿为最大。齿片与右齿垣连接处外侧发育一个细齿。齿垣由瘤齿组成，中齿沟后端中央发育几个瘤齿组成的短齿列。

描述 Pa 分子由齿片和齿台组成，齿片短而高，侧视三角形，由几个侧扁愈合而顶部分离的细齿组成，向前迅速变低，最后第二个细齿最大，近直立或稍后倾。齿台矛形，较宽，最大宽度位于齿台中前部，向后逐渐收缩变窄，末端尖，向下微弯。齿台口面两侧各有一条由瘤齿组成的齿垣，右侧齿垣前端与齿片相连。齿片与右齿垣连接处外侧发育一个外侧细齿。两齿垣之间为一窄长的中齿沟，其前端洞开，后端中央发育几个瘤齿组成的短瘤齿列。反口面基腔膨大而浅，卵圆形，内侧膨胀甚于外侧，不达齿台后端。基腔之后发育一条反口脊，其长度约为齿台之 1/3。

比较 此种是由季强（1987a）建立的新种，以特征的前齿片和外侧细齿的发育区别于其他诸种。

产地层位 湖南江华，密西西比亚系（下石炭统）石磴子组。

船凹颚刺 *Cavusgnathus naviculus*（Hinde，1900）
（图版 3，图 17—22）

1900 *Polygnathus navicula* Hinde，p. 324，pl. 9，fig. 6.

1969 *Cavusgnathus naviculus*. —Webster，p. 28，pl. 4，fig. 3.

1970 *Cavusgnathus naviculus*. —Dunn，p. 329，pl. 6，figs. ?23，24，?25.

1974 *Cavusgnathus naviculus*. —Lane & Straka，pp. 68—70，pl. 32，figs. 6，8，10，14—18.

1975 *Cavusgnathus naviculus*. —Higgins，p. 26，pl. 8，figs. 3—5，12—13.

1985 *Cavusgnathus naviculus*. —Higgins，pl. 6.1，fig. 3.

1987 *Cavusgnathus naviculus*. —董振常，70 页，图版 3，图 23—24.

1987a *Cavusgnathus naviculus*. —季强，241—242 页，图版 1，图 22—23.

1993 *Cavusgnathus naviculus*. —应中锷等（见王成源），221 页，图版 43，图 1a—b，4a—b.

1996a *Cavusgnathus naviculus*. —王志浩，265 页，图版 1，图 9.

特征　Pa 分子齿台窄长，口面有一浅而窄的中齿沟，齿片短，向前明显变低，最后一个细齿特别大，与齿台右侧相连，形成自由齿片和固定齿片。反口面基腔膨大，卵圆形，不达齿台后端，最大宽度位于其前部 1/3 处。

描述　Pa 分子由齿片和齿台组成，齿片短而高，由几个侧扁愈合而顶部分离的细齿组成，向前迅速变低，最后一个细齿最大，近直立或稍后倾。齿台较窄长，两侧较直或微拱，最大宽度位于齿台之前端，向后逐渐收缩变窄，末端尖。齿台口面两侧边缘各有一条由横脊组成的齿垣，右侧齿垣前端与齿片相连，形成固定齿片。两齿垣较直，向后逐渐靠近并在末端交汇。两齿垣之间为一窄而浅的中齿沟。反口面基腔膨大，卵圆形，不达齿台后端，最大宽度位于其前部 1/3 处。

比较　此种与 *Cavusgnathus unicornis* 较为相似，区别在于后者口面具一深的 "U" 字形中齿沟；另外 *C. naviculus* 前齿片短而固定齿片长，而 *C. unicornis* 前齿片长及最后一个细齿后倾并拉长呈鱼鳍状。

产地层位　贵州罗甸纳庆，密西西比亚系（下石炭统）大塘阶；湖南江华，密西西比亚系（下石炭统）石磴子组；安徽巢县，密西西比亚系（下石炭统）和州组。

规则凹颚刺　*Cavusgnathus regularis* Youngquist & Miller，1949
（图版 3，图 25—26）

1949 *Cavusgnathus regularis* Youngquist & Miller，p. 619，pl. 101，figs. 24—25.

1965 *Cavusgnathus regularis*. —Rexroad & Nicoll，p. 18，pl. 1，figs. 17—18.

1975 *Cavusgnathus regularis*. —Higgins，p. 27，pl. 8，figs. 1—2.

1982 *Cavusgnathus regularis*. —Higgins & Varker，p. 158，pl. 18，figs. 12—13.

1985 *Cavusgnathus regularis*. —Varker & Sevanstopulo in Higgins & Austin，pl. 5.4，figs. 13—14.

1989 *Cavusgnathus regularis*. —丁惠和万世禄，165 页，图版 1，图 5.

特征　Pa 分子齿片细齿低而规则。

描述　Pa 分子由齿片和齿台组成。齿片低，由 4~5 个细齿组成，后两个细齿等大，向前稍变小，其长约为刺体长的 1/2；自由齿片很短，仅为齿片长的 1/6。两侧齿垣由横脊或瘤齿组成，外侧齿垣之瘤齿明显。中齿沟开阔，中间无瘤齿。基腔向内侧强烈扩张，不对称。

比较　此种以齿片低而规则区别于其他已知种。

产地层位　广东韶关，密西西比亚系（下石炭统）石磴子组。

韶关凹颚刺 *Cavusgnathus shaoguanensis* Ding & Wan，1989
（图版 4，图 22—25）

1989 *Cavusgnathus shaoguanensis* Ding & Wan. —丁惠和万世禄，165 页，图版 1，图 2—4.

特征 Pa 分子齿片末端一个细齿最大，向前逐渐变小。两侧齿垣由横脊或瘤齿组成，排列整齐，内齿垣瘤齿至前部变低、变小。中齿沟末端具 3~5 个瘤齿，形成短的中齿脊。

描述 Pa 分子齿台纺锤形至披针形，内缘近直，外缘略凸。两侧发育齿垣，由规则整齐的横脊或瘤齿组成，内侧齿垣前部的瘤齿变低、变小。中齿沟发育，中前部较深，无瘤齿，近末端中央有由 3~5 个小瘤齿组成的中齿脊。齿片短而高，由 5~6 个侧扁的细齿愈合而成，仅顶端分离。齿片最后一个细齿最大，稍向后倾，由此向前迅速变低、变小。自由齿片更短，仅由 1~2 个小细齿组成。

比较 此种与 *Cavusgnathus cristatus* 较为相似，但后者齿片高，其细齿为鸡冠状。此种与 *C. unicornis* 十分相似，很可能是后者的同义名，但由于本书作者无法见到标本，无法确定是否为同义名。

产地层位 广东韶关，密西西比亚系（下石炭统）石磴子组。

单角凹颚刺 *Cavusgnathus unicornis* Youngquist & Miller，1949
（图版 4，图 18—21）

1949 *Cavusgnathus unicornis* Youngquist & Miller，p. 619，pl. 101，figs. 18—23.

1969 *Cavusgnathus unicornis*. —Rhodes et al.，pp. 82—84，pl. 31，figs. 13a—b.

1985 *Cavusgnathus unicornis*. —Varker & Sevanstopulo in Higgins & Austin，pl. 5.6，figs. 18，20.

1987 *Cavusgnathus unicornis*. —董振常，70 页，图版 3，图 19—20.

1987a *Cavusgnathus unicornis*. —季强，242 页，图版 1，图 24—25.

1989 *Cavusgnathus unicornis*. —Wang & Higgins，pp. 275—276，pl. 13，figs. 2—4.

1989 *Cavusgnathus unicornis*. —丁惠和万世禄，165 页，图版 1，图 6，8.

特征 Pa 分子齿片短而高，最后一个细齿最大并拉长呈鱼鳍状。齿台宽，中齿沟宽而深，切面"U"字形。

描述 Pa 分子由齿片和齿台组成。齿片短，由几个侧扁愈合而顶部分离的细齿组成，向前迅速变低，最后一个细齿最大，后倾并拉长呈鱼鳍状，并在齿片前端形成固定齿片。齿台较宽大，两侧较直，最大宽度位于齿台之前端，向后逐渐收缩变窄，末端尖。齿台口面两侧边缘各有一条由横脊组成的齿垣，右侧齿垣前端与前齿片相连。两齿垣较直，向后逐渐靠近并在末端交汇。两齿垣之间为一宽而深的中齿沟，断面为"U"字形，其前端洞开，后端中央发育由几个瘤齿组成的短瘤齿列。反口面基腔膨大外胀，内侧大于外侧。

比较 此种与 *Cavusgnathus naviculus* 最为相似，区别在于前者前齿片最后一个细齿后倾并拉长呈鱼鳍状，中齿沟宽而深，断面为"U"字形。

产地层位 湖南江华和广东韶关，密西西比亚系（下石炭统）石磴子组。

克里德刺属 *Clydagnathus* Rhodes，Austin & Druce，1969
模式种 *Clydagnathus cavusformis* Rhodes，Austin & Druce，1969

特征 Pa分子齿台披针形或矛状,不对称,由一明显的中齿沟将两列边缘齿垣分开。中齿沟后方有一短的中齿脊。

分布与时代 欧洲、亚洲和澳大利亚,晚泥盆世至密西西比纪(早石炭世)。

凹颚型克里德刺 *Clydagnathus cavusformis* Rhodes,Austin & Druce,1969
(图版3,图23—24;图版4,图1—3)

1969 *Clydagnathus cavusformis* Rhodes,Austin & Druce,pp. 85—86,pl. 1,figs. 9—13d.

1969 *Clydagnathus nodosus* Druce,p. 52,figs. 1—2,text-fig. 13.

1979 *Clydagnathus cavusformis*. —Nicoll & Druce,pp. 22—23,pl. 6,figs. 7,9;pl. 7,figs. 1—3.

1987 *Clydagnathus cavusformis*. —董振常,71页,图版3,图21—22.

1996 *Clydagnathus cavusformis*. —李罗照等,61页,图版30,图8.

2000 *Clydagnathus cavusformis*. —赵治信等,235页,图版58,图3,6—10,13—15,17—19,21—22,24—27,30—31;图版81,图7—8,12,14—16.

2016 *Clydagnathus cavusformis*. —Qie et al.,figs. 8.1,8.4.

特征 Pa分子齿台不对称,前齿片与齿台中部或右侧齿垣相连接。左侧齿垣在成年标本中被中央齿沟与右侧齿垣隔开,但在生长早期则与前齿片相连。左侧齿垣向前延伸,常达相当于右侧前齿片之中部。后齿片随不同生长期而有变化。反口面基腔齿唇不对称,左侧大于右侧。

描述 Pa分子由前齿片和齿台组成。前齿片短,由一个至多个侧扁的细齿组成,细齿向后增大,最后一个最大,向后倾。前齿片向后延伸,与齿台右侧齿垣相连接。齿台矛状,一般较宽、稍短,前部最宽,向后收缩变窄,末端尖。齿台两侧缘较陡直,为由两列钉状或瘤状瘤齿组成的右侧和左侧齿垣,瘤齿数量较多,少的有4~5个,多的有14~16个。两侧齿垣间为一较深的中央齿沟,左侧齿垣向前延伸,常达相当于右侧前齿片之中部。齿沟后部中央发育3个或更多些的瘤齿,并向后延伸超出齿台后端,形成短的后齿片。反口面基腔向两侧膨大,位于齿台之前部,不对称,左侧大于右侧,并向后迅速收缩变窄。

比较 此种与 *Clydagnathus gilwernensis* 最为相似,区别在于前者齿台较宽短,齿垣瘤齿数较多,其左侧齿垣可向前延伸得更靠前。

产地层位 新疆塔里木盆地周缘,密西西比系(下石炭统)克里塔格组、巴楚组和井下生屑灰岩段。

吉尔沃克里德刺 *Clydagnathus gilwernensis* Rhodes,Austin & Druce,1969
(图版4,图4—8)

1969 *Clydagnathus gilwernensis* Rhodes,Austin & Druce,pp. 87—88,pl. 2,figs. 1a—d.

1979 *Clydagnathus gilwernensis*. —Nicoll & Druce,p. 23,pl. 6,figs. 6,8.

1988 *Clydagnathus gilwernensis*. —秦国荣等,62页,图版3,图5.

1996 *Clydagnathus gilwernensis*. —李罗照等,61—62页,图版22,图9,12—13,17—20.

2000 Clydagnathus gilwernensis. —赵治信等,235页,图版58,图1—2,4—5,11—12,16,20,28—29,32;图版61,图33—34;图版81,图1,3—4,6,9—11,13.

2014 *Clydagnathus gilwernensis*. —Qie et al.,figs. 3.5.

2016 *Clydagnathus gilwernensis*. —Qie et al., fig. 6.10.

特征 Pa 分子齿台较窄长，不对称，前齿片常与齿台中部或稍偏右侧齿垣相连接。左、右两侧齿垣的瘤齿数量较少，右侧齿垣一般为 2~6 个，左侧齿垣向前延伸，常仅达相当于右侧前齿片之末端。

描述 Pa 分子由前齿片和齿台组成。前齿片短，由一个至多个侧扁的细齿组成，细齿向后增大，最后一个最大，向后倾。前齿片向后延伸，与齿台中央齿沟或稍偏向右侧齿垣相连接。齿台矛状，一般较宽、稍短，前部最宽，向后收缩变窄，末端尖。齿台两侧缘较陡直，为由两列钉状或瘤状瘤齿组成的右侧和左侧齿恒，瘤齿数量相对较少，少的仅 2 个，多的也就 5~7 个。左侧齿垣向前延伸，常仅达相当于右侧前齿片之末端。两侧齿垣间为一较深的中央齿沟，齿沟后部中央发育有 0~4 个瘤齿，并可向后延伸超出齿台后端，形成短的后齿片。反口面基腔向两侧膨大，位于齿台之前部，不对称，左侧大于右侧，并向后迅速收缩变窄。

比较 此种与 *Clydagnathus cavusformis* 最为类似，区别在于前者齿台较窄长，前齿片常与齿台中部或稍偏右侧齿垣相连接，两侧齿垣的瘤齿数量较少，左侧齿垣向前延伸常仅达相当于右侧前齿片之末端。

产地层位 新疆塔里木盆地周缘，密西西比亚系（下石炭统）克里塔格组、巴楚组和井下生屑灰岩段。

拟凹颚型克里德刺 *Clydagnathus paracavusformis* Ni，1984

（图版 4，图 9—10）

1984 *Clydagnathus paracavusformis* Ni. —倪世钊，229 页，图版 44，图 9a—b.

特征 Pa 分子刺体明显侧弯上拱，齿台中齿沟深凹，后部有瘤状齿脊。后齿片较长，强烈向后下方斜伸，具 4~6 个较大的分离细齿。前齿片较高，最后一个细齿最高大，后缘近直立。

描述 Pa 分子刺体明显侧弯上拱，由前、后齿片和齿台组成。齿台略呈新月形，两侧缘各发育一条由瘤齿组成的齿垣，齿垣间具中齿沟，中齿沟前端深凹，后部有瘤状齿脊。后齿片较长，强烈向后下方斜伸，具 4~6 个较大的分离细齿，前面 2 个最大。前齿片较高，与外侧齿垣相连，且略偏向中间，最后一个细齿最高大，后缘近直立。内齿垣前端弯曲，封闭于齿台中齿槽前端。基腔大，向外张开，不对称，向前、后延伸。

比较 此种与 *Clydagnathus cavusformis* 较为相似，但前者后齿片较长，强烈向后下方斜伸，具 4~6 个较大的分离细齿。

产地层位 湖北松滋诱水沟，密西西比亚系（下石炭统）高骊山组。

单角克里德刺 *Clydagnathus unicornis* Rhodes，Austin & Druce，1969

（图版 4，图 11—12，16—17）

1969 *Clydagnathus unicornis* Rhodes，Austin & Druce，p. 88，pl. 2，figs. 2—3，5.

1984 *Clydagnathus unicornis*. —倪世钊，229 页，图版 44，图 24a—b.

1988 *Clydagnathus unicornis*. —董振常，71 页，图版 3，图 13—14.

1993 *Clydagnathus unicornis*. —应中锷等（见王成源），221 页，图版 40，图 1a—b.

2014 *Clydagnathus unicornis*. —Qie et al., fig. 3.6.

2016 *Clydagnathus unicornis.* —Qie et al.，figs. 6.13—6.14，8.2.

特征 Pa 分子刺体不对称，两列不规则的边缘齿垣低，由瘤齿组成，并被宽浅的中齿沟分开。齿台后部中齿沟内发育由几个瘤齿组成的中齿脊。前齿片短，由一个大细齿组成，三角形，与齿台右侧相连。左齿垣向前延伸至齿片中部。

描述 Pa 分子刺体由前齿片和齿台组成。前齿片短而高，三角形，由一个大细齿组成，向后倾，末端最高，并与右侧齿垣相连。齿台窄长，两侧边缘发育两列低而不规则的齿恒，中间由宽浅的中齿沟分开，并于齿台末端相连。齿台后部中齿沟内发育中齿脊，它仅由 4 个瘤齿组成。左齿垣向前延伸，能达自由前齿片之中部。基腔宽，向后变窄、变浅，向前形成一齿槽，并延伸至前齿片之下。

比较 前齿片短，由一个三角形的大细齿组成，并与齿台右侧相连，这一特征可与同属其他种相区别。

产地层位 江苏南京地区，密西西比亚系（下石炭统）金陵组。

佩特罗刺属 *Patrognathus* Rhodes，Austin & Druce，1969

模式种 *Patrognathus variabilis* Rhodes，Austin & Druce，1969

特征 Pa 分子齿台两侧对称，枪尖状。前齿片短，最后一个细齿高。齿台两侧各发育一由瘤齿组成的瘤齿列，并被一纵沟分隔。基腔大，占据了整个反口面，不对称。

分布与时代 欧洲、北美和亚洲，晚泥盆世至密西西比亚纪（早石炭世）。

雅水佩特罗刺 *Patrognathus yashuiensis* Xiong，1983

（图版 4，图 13—15）

1983 *Patrognathus yashuiensis* Xiong. —熊剑飞，330 页，图版 74，图 3a—c.

特征 Pa 分子前齿片短，仅有 2 个大细齿，齿台两齿列在齿台中后部合并成一列瘤齿列，基腔两侧对称。

描述 Pa 分子刺体由前齿片和齿台组成。前齿片短，仅有 2 个大细齿，后面一个更大，向后倾。齿台窄而长，矛形，前面稍宽，向后收缩变窄，末端尖。齿台两侧各有一由 3~4 个瘤齿组成的齿列，并被一中齿沟所分开，但在第 4 个瘤齿后，两瘤齿列合并为一瘤齿列，共有 7 个瘤齿，并延伸至齿台末端。基腔大，两侧近对称，在齿台中前部膨大，并延伸至整个齿台反口面。

比较 此种以前齿片仅有 2 个大细齿、齿台两齿列在齿台中后部合并成一列瘤齿列和基腔两侧对称等特征区别于其他已知种。

产地层位 贵州惠水雅水，密西西比亚系（下石炭统）杜内阶。

高低颚刺科 ELICTOGNATHIDAE Austin & Rhodes，1981

高低颚刺属 *Elictognathus* Cooper，1939

模式种 *Solenognathus bialata* Branson & Mehl，1934

特征 P 分子齿片形，由密集愈合的细齿组成。齿片中部稍上拱，前部稍向下伸，一侧近底缘窄，无齿饰；另一侧后部底缘向上翻转，发育一列细齿，并与主齿列平行。齿片一端扭转近 90°，并与侧齿脊相连。此弯曲部分也发育细齿。

分布与时代 欧洲、北美、亚洲和澳大利亚，密西西比亚纪（早石炭世）。

双翼高低颚刺　*Elictognathus bialatus*（Branson & Mehl，1934）
（图版 5，图 1—5）

1934 *Solenognathus bialata* Branson & Mehl，p. 273，pl. 22，fig. 11.

1934 *Solenognathus dicrocheila* Branson E.R.，p. 333，pl. 27，fig. 9.

1966 *Elictognathus bialata*. —Klapper，pp. 25—26，pl. 5，fig. 14.

1983 *Elictognathus bialata*. —熊剑飞，323 页，图版 73，图 2—3。

1984 *Elictognathus bialata*. —王成源和殷保安，图版 2，图 28。

1988 *Elictognathus bialata*. —Wang & Yin in Yu，p. 118，pl. 33，figs. 5—6.

1996 *Elictognathus bialatus*. —朱伟元（见曾学鲁等），225 页，图版 38，图 2，8。

2014 *Elictognathus bialatus*. —Qie et al.，fig. 5.11.

特征　P 分子齿片内侧下缘边发育侧缘脊，侧缘脊向内侧延伸，并以直角向上折曲，与平行于齿片和细齿化的齿垣相连。齿片外侧的侧缘脊不达齿片后端。反口面基腔窄长。

描述　P 分子齿片状，直或稍上拱，由一系列紧密排列的细齿组成。细齿较细长，大部愈合，仅顶端分离，向后倾，倾斜度由前向后逐渐增加，末端细齿几乎与底缘平行。齿片中前部最高，向后逐渐变低，但在近后端处向后则急剧变低。主齿明显，向后倾，位于前齿片之后端。齿片内侧下缘边发育侧缘脊，侧缘脊向内侧延伸，并以直角向上折曲，与平行于齿片和细齿化的齿垣相连。反口面基腔窄长，为窄缝状。

比较　此种特征明显，其齿片内侧下缘边发育侧缘脊，侧缘脊向内侧延伸，并以直角向上折曲，与平行于齿片和细齿化的齿垣相连，这与 *Elictognathus laceratus* 明显不同。

产地层位　广西桂林南边村，密西西比亚系(下石炭统)南边村组；甘肃迭部益哇沟，密西西比亚系（下石炭统）石门塘组。

片状高低颚刺　*Elictognathus laceratus*（Branson & Mehl，1934）
（图版 5，图 6—8）

1934 *Solenognathus laceratus* Branson & Mehl，p. 271，pl. 22，figs. 5—6.

1969 *Elictognathus laceratus*. —Rexroad，p. 15，pl. 1，figs. 15—19.

1988 *Elictognathus laceratus*. —Wang & Yin in Yu，pp. 118—119，pl. 33，fig. 7.

1993 *Elictognathus laceratus*. —应中锷等（见王成源），223 页，图版 42，图 19。

2005 *Elictognathus laceratus*. —王平和王成源，图版 4，图 2。

特征　P 分子前齿片前部急剧向下弯曲，其细齿较小，中后部细齿较大。后齿片高度向后逐渐降低，其细齿也小。齿片主齿位于刺体中偏后的位置，基部宽，为其他细齿的 2~3 倍。近基部的纵向侧脊发育较弱。

描述　P 分子刺体由前后齿片组成，细齿细而密，相互近平行，都向后倾，大部愈合，仅顶部分离。前齿片较长，前部较高，向下弯。主齿位于刺体中偏后处，即前齿片后端，其基部宽，为其他细齿宽度的 2~3 倍。后齿片稍短，由主齿向后明显变低。反口缘主齿下方明显向上拱曲，基腔就位于此处。基部侧缘的侧缘脊发育弱。基腔小，向前后齿片反口面延伸成窄的齿槽。

注　Rexroad（1969）在研究了此种不同发育期的标本后指出，成年个体具典型的带细齿的侧缘脊，而在未成年个体中侧缘脊发育不明显或缺失。随着个体的发育成长，侧缘脊越来越明显。所以应中锷等（1993，见王成源）所描述的标本应是其未成年个体。

产地层位 南京茨山，密西西比亚系（下石炭统）金陵组。

<h3 style="text-align:center">三翼高低颚刺 Elictognathus trialatus Zhu，1996</h3>
（图版 5，图 9—10）

1996 *Elictognathus trialatus* Zhu. —朱伟元（见曾学鲁等），226 页，图版 38，图 9a—b.

特征 P 分子齿片两侧均发育带细齿的侧缘脊。

描述 P 分子齿片状，直或稍上拱，由一系列紧密排列的细齿组成。细齿较细长，大部愈合，仅顶端分离，向后倾，倾斜度由前向后逐渐增加。末端细齿几乎与底缘平行，中前部最高，向后逐渐变低，但在近后端处向后急剧变低。主齿明显，向后倾，位于前齿片之后端。齿片内侧和外侧下方侧边缘发育细齿化的侧缘脊，内侧的侧缘脊可伸达齿片之后端，但外侧缘脊不达后端。反口面基腔窄长，为窄缝状。

比较 此种与 *Elictognathus bialatus* 最为相似，朱伟元（1996，见曾学鲁等）把齿片两侧都具侧缘脊的类型从后者分出另立新种，即前者齿片两侧都有侧缘脊而后者仅在一侧发育。但两者产于相同的层位，其外形也十分相似，它们很可能为同一器官种。

产地层位 甘肃迭部益哇沟，密西西比亚系（下石炭统）石门塘组。

<h3 style="text-align:center">管刺属 Siphonodella Branson & Mehl，1944</h3>

模式种 *Siphonodella duplicata*（Branson & Mehl，1934）

特征 Pa 分子具不对称矛状齿台，与前齿片相连处齿台口面发育吻脊。齿台口面中央具齿脊，并可伸至齿台前端与自由齿片相连。齿台反口面发育宽的假龙脊或龙脊。基腔小，缝状无齿唇。基腔后平，皱边宽。

分布与时代 欧洲、美洲、亚洲和大洋洲的澳大利亚，晚泥盆世最晚期至密西西比亚纪（早石炭世）杜内期。

<h3 style="text-align:center">布拉森管刺 Siphonodella bransoni Ji，1985</h3>
（图版 9，图 1—10）

1978 *Siphonodella duplicata*（Branson & Mehl）Morphotype 1, Sandberg et al., p. 105.

1984 *Siphonodella duplicata*. —王成源和殷保安，图版 1，图 10.

1985 *Siphonodella duplicata*. —季强等（见侯鸿飞等），133，135 页，图版 18，图 7—16.

1985 *Siphonodella branson* Ji. —季强，53 页，图版 2，图 3—4；插图 2.

2016 *Siphonodella branson*. —Corradini et al., fig. 6p.

特征 Pa 分子内外齿台横脊发育，前部两条吻脊近平行，反口面具假龙脊。

描述 Pa 分子由齿台和前齿片组成。前齿片中等长，直，前后近等高或中前部稍高，由侧扁的细齿愈合而成，细齿顶端分离。前齿片向后延伸至齿台形成由细齿愈合而成的中齿脊，其前部直、稍高，在齿台中部稍内弯和变低，并伸至齿台末端。齿台稍不对称，前部收缩成吻部，两侧边缘各发育一条原始状的吻脊，吻脊与中齿脊相互近平行。齿台口面两侧都发育横脊，并由两侧边缘向中齿脊延伸，被明显的近脊沟与中齿脊分开。反口面发育假龙脊。

· 47 ·

比较 此种有假龙脊而与 *Siphonodella duplicata* Morphotype 2 相区别；又以内外齿台都发育横脊而不同于 *Siphonodella hassi*。

产地层位 贵州长顺睦化，密西西比亚系（下石炭统）王佑组至睦化组。

厚脊管刺 *Siphonodella carinthiaca* Schönlaub，1969

（图版 5，图 11—16）

1969 *Siphonodella carinthiaca* Schönlaub，pp. 342—343，pl. 2，figs. 1—3.

1973 *Siphonodella carinthiaca*. —Ziegler，p. 453，*Siphonodella*—pl. 1，fig. 1.

1983 *Siphonodella* cf. *carinthiaca*. —熊剑飞，333 页，图版 75，图 8.

1983 *Siphonodella* aff. *crenulata*（Cooper）. —熊剑飞，图版 2，图 4.

1983 *Siphonodella carinthiaca*. —熊剑飞和陈隆治，图版 1，图 14.

1985 *Siphonodella carinthiaca*. —季强等（见侯鸿飞等），131 页，图版 23，图 1—10.

1989 *Siphonodella carinthiaca*. —Ji et al.，p. 95，pl. 15，figs. 7a—9b.

特征 Pa 分子齿台前部两条吻脊直，内侧齿台加厚隆起，高于齿脊或与齿脊融合，口面具小瘤纹饰。外侧齿台低，发育横脊，并可穿越中齿脊。

描述 Pa 分子由齿台和前齿片组成。前齿片较长，由侧扁愈合的细齿组成，细齿高度大致相似或中前部稍高，顶尖分离。前齿片向后延伸至齿台形成由细齿愈合而成的中齿脊，其前部直而高，在中后部变低和内弯。齿台矛状，明显内弯，前部强烈收缩成吻部，两侧各发育一条吻脊。吻脊直，与中齿脊近平行。中后部齿台明显膨大，外侧外拱呈弧形或半圆形。外侧齿台口面横脊发育，由外侧边缘向中齿脊放射状延伸，并能连接或穿越中齿脊。内侧齿台加厚隆起，高于齿脊或与齿脊融合，口面具小瘤纹饰和不明显的细脊。反口面基腔小，位于中部偏前处，并由此向前后延伸出锐利的龙脊。

比较 此种 Pa 分子齿台外形与 *Siphonodella duplicata* 较为相似，前者可能由后者演化而来，两者区别在于后者内侧齿台不加厚膨胀，外侧齿台口面横脊不穿越中齿脊。

产地层位 贵州长顺睦化、代化，密西西比亚系（下石炭统）王佑组。

库泊管刺 *Siphonodella cooperi* Hass，1959

1959 *Siphonodella cooperi* Hass，p. 392，pl. 48，figs. 35—36.

1966 *Siphonodella cooperi*. —Klapper，p. 16，pl. 2，figs. 10—11；pl. 3，figs. 1—4.

1978 *Siphonodella cooperi*. —王成源和王志浩，83 页，图版 8，图 9—10.

特征 Pa 分子齿台内侧有瘤齿，外侧为横脊，前端发育 2~3 条吻脊，其中最长的一条延伸至齿台侧缘。

此种可分为两种类型，现分别介绍如下。

库泊管刺 1 型 *Siphonodella cooperi* Hass，1959，Morphotype 1，Sandberg et al.，1978

（图版 7，图 1—4，15—16）

1959 *Siphonodella cooperi* Hass，p. 392，pl. 48，figs. 35—36.

1978 *Siphonodella cooperi* Hass，1959，Morphotype 1，Sandberg et al.，p. 107.

1985 *Siphonodella cooperi*. —季强等（见侯鸿飞等），131—132 页，图版 27，图 17—20.

1988 *Siphonodella cooperi*. —Wang & Yin in Yu，p. 137，pl. 19，figs. 8，11—12.

1996 *Siphonodella cooperi*. —曾学鲁等，244 页，图版 36，图 4a—b，5a—b.

特征 Pa 分子齿台两条吻脊长，沿齿台边缘延伸可达齿台之后部。

描述 Pa 分子由齿台和前齿片组成。前齿片较长，由侧扁愈合的细齿组成，细齿高度大致相似或中前部稍高，顶尖分离。前齿片向后延伸至齿台，形成由细齿愈合而成的中齿脊，其前部直而高，在中后部变低和内弯。齿台矛状，明显内弯，前部强烈收缩成吻部。中齿脊两侧各发育一条吻脊，吻脊很长，沿齿台边缘发育并伸达齿台后部。外侧齿台口面横脊发育，横脊较短，仅限于外侧边缘；内侧齿台口面为小瘤齿分布。反口面基腔小，位于齿台中部靠前处。

比较 此种与 *Siphonodella cooperi* Hass，1959，Morphotype 2 十分相似，区别在于后者内侧齿台前部吻脊缩短而仅限于齿台前部。此种与 *S. duplicata* 也很相似，前者可能由后者演化而来，两者区别在于后者吻脊短而直，近于平行，且仅限于齿台之吻部。

产地层位 贵州长顺睦化，密西西比亚系（下石炭统）王佑组；甘肃迭部县益哇沟，密西西比亚系（下石炭统）石门塘组。

库泊管刺 2 型 *Siphonodella cooperi* Hass，1959，Morphotype 2，Sandberg et al.，1978

（图版 7，图 5—12）

1959 *Siphonodella cooperi* Hass，p. 392，pl. 48，figs. 35—36.

1978 *Siphonodella cooperi* Hass，1959，Morphotype 2，Sandberg et al.，p. 108.

1978 *Siphonodella cooperi*. —王成源和王志浩，83 页，图版 8，图 9—10.

1984 *Siphonodella cooperi*. —季强等，图版 1，图 20—21.

1985 *Siphonodella cooperi*. —季强等（见侯鸿飞等），132 页，图版 24，图 1—12；图版 25，图 1—4，6—9.

1988 *Siphonodella cooperi*. —董致中和季强，图版 1，图 6—7.

1989 *Siphonodella cooperi*. —Ji et al.，p. 95，pl. 15，figs. 1a—4b.

1996 *Siphonodella cooperi*. —朱伟元（见曾学鲁等），244—245 页，图版 36，图 6a—b，7a—b；图版 37，图 1a—b，2a—b，4a—6b.

2006 *Siphonodella cooperi*. —董致中和王伟，195 页，图版 26，图 18，20；图版 27，图 5—8.

特征 Pa 分子齿台吻部具 2~3 条吻脊，内侧齿台吻脊短，仅限于吻部，外侧齿台吻脊长，沿齿台边缘延伸至后齿台。

描述 Pa 分子由齿台和前齿片组成。前齿片短，由侧扁愈合的细齿组成，细齿高度大致等高，顶尖分离。前齿片向后延伸至齿台，形成由细齿愈合而成的中齿脊，其前部直而高，在中后部变低和内弯。齿台矛状，明显内弯，前部强烈收缩成吻部，中齿脊两侧发育吻脊。内侧齿台吻脊短，仅限于吻部。外侧齿台吻脊长，有 1~2 条，沿齿台边缘发育并伸达齿台后部，或伸达齿台末端。外侧齿台口面横脊发育，横脊长，由齿台边缘向中齿脊延伸，并与中齿脊相连。内侧齿台口面布满了很小的瘤齿。反口面基腔小，位于齿台近中部，并由此向前后延伸成窄而尖锐的龙脊。

比较 此种由 *Siphonodella cooperi* Hass，1959，Morphotype 1 通过内侧齿台吻脊退缩变短演化而来，所以内侧齿台吻脊的长短是区分它们的主要标准，前者吻脊短，仅限于吻部，而后者的吻脊长，伸达齿台后部。此种与 *S. obsolata* 也较相似，区别在于后者外侧齿台口面光滑无饰。

产地层位 贵州长顺睦化、代化，密西西比亚系（下石炭统）王佑组至睦化组；云南宁蒗、丽江，密西西比亚系（下石炭统）尖山营组；甘肃迭部县益哇沟，密西西比亚系（下石炭统）石门塘组。

刻痕状管刺 *Siphonodella crenulata*（Cooper，1939）

1939 *Siphonognathus crenulata* Cooper，p. 409，pl. 41，figs. 1—2.

特征 Pa 分子外侧齿台宽大，强烈外扩，口面发育横脊；内侧齿台窄小，口面发育小瘤齿；吻部具 2~3 条短吻脊并向中齿脊汇聚。反口面龙脊前部凹陷。现可见两种类型，分别描述如下。

刻痕状管刺 1 型 *Siphonodella crenulata*（Cooper，1939），Morphotype 1,
Sandberg et al.，1978
（图版 7，图 13—14，17）

1939 *Siphonognathus crenulata* Cooper，p. 409，pl. 41，figs. 1—2.

1978 *Siphonodella crenulata*（Cooper），Morphotype 1，Sandberg et al.，pp. 110—111.

1984 *Siphonodella crenulata*. —王成源和殷保安，图版 1，图 23—24.

1985 *Siphonodella crenulata*. —季强等（见侯鸿飞等），133 页，图版 23，图 11—12.

1988 *Siphonodella crenulata*. —Wang & Yin in Yu，p. 138，pl. 20，fig. 6.

1989 *Siphonodella crenulata*. —Ji et al.，p. 96，pl. 13，figs. 6a—8b.

特征 Pa 分子强烈不对称，外侧齿台宽而外张，边缘锯齿状，口面横脊发育，散射状，向齿脊收敛，并在近齿脊处有小瘤齿。内齿台较窄，口面发育小而分散的瘤齿。吻部具 2~3 条短吻脊并向中齿脊汇聚。龙脊前部凹陷。

描述 Pa 分子由齿台和前齿片组成。前齿片短而高，由侧扁愈合的细齿组成。前齿片向后延伸至齿台，形成由细齿愈合而成的中齿脊，其前部直而高，在中后部变低和内弯，并伸至齿台末端。齿台强烈不对称，明显内弯。外侧齿台宽而外张，边缘锯齿状，口面横脊发育，散射状，向中齿脊收敛，并在近中齿脊处有小瘤齿。内侧齿台较窄，口面发育小而分散的瘤齿，前部强烈收缩成吻部。中齿脊两侧发育 2~3 条短吻脊，各有一条短吻脊并指向前侧方。反口面基腔小，位于齿台近中部。龙脊发育，后半部高而窄，其前方消失于基腔之后的凹陷内。

比较 此种与 *Siphonodella crenulata*（Cooper），Morphotype 2 的区别在于后者外齿台横脊不发育，边缘也无锯齿化。

产地层位 贵州长顺睦化、代化，密西西比亚系（下石炭统）王佑组。

刻痕状管刺 2 型 *Siphonodella crenulata*（Cooper，1939），Morphotype 2,
Sandberg et al.，1978
（图版 7，图 18—23；图版 8，图 1—5）

1959 *Siphonodella crenulata*（Cooper），Voges，pp. 307—308，pl. 35，figs. 23，30.

1978 *Siphonodella crenulata*（Cooper），Morphotype 2，Sandberg et al.，pp. 110—111.

1984 *Siphonodella crenulata*. —王成源和殷保安，图版 1，图 22.

1985 *Siphonodella crenulata.* —季强等（见侯鸿飞等），133—134 页，图版 23，图 13—16，20—22.

1988 *Siphonodella crenulata.* —董致中和季强，图版 1，图 12，14.

1988 *Siphonodella crenulata.* —Wang & Yin in Yu，p. 137，pl. 20，fig. 5.

1989 *Siphonodella crenulata.* —Ji et al.，p. 96，pl. 13，figs. 4a—5b.

1996 *Siphonodella crenulata.* —朱伟元（见曾学鲁等），245 页，图版 36，图 2a—b，3.

2006 *Siphonodella crenulata.* —董致中和王伟，196 页，图版 27，图 2—4.

2014 *Siphonodella crenulata.* —李志宏等，图版 2，图 21—24.

特征　Pa 分子齿台明显不对称，内侧齿台窄而外侧齿台宽大。外侧缘呈半圆形，口面光滑无饰。吻部具 2~3 条短吻脊并向中齿脊汇聚。反口面具凹陷型龙脊。

描述　Pa 分子由齿台和前齿片组成。前齿片较长，由侧扁愈合的细齿组成。细齿近等高，顶端分离。前齿片向后延伸至齿台形成由细齿愈合而成的中齿脊，其前部直、稍高，在吻部结束处明显内弯、变低，并伸至齿台末端。齿台明显不对称，内侧齿台窄而外侧齿台宽大。外侧缘外突呈圆滑的半圆形，口面光滑无饰或有十分微弱的瘤脊。吻部具 2~3 条短吻脊并向中齿脊汇聚。反口面同心生长纹发育，具凹陷型龙脊。

比较　此种与 *Siphonodella crenulata*（Cooper，1939），Morphotype 1 的主要区别是后者齿台口面发育显著的横脊和瘤齿等装饰，外侧边缘锯齿状；前者齿台口面更光滑，外侧边缘呈圆滑的半圆形。

产地层位　贵州长顺睦化、代化，密西西比亚系（下石炭统）王佑组；云南宁蒗、丽江，密西西比亚系（下石炭统）尖山营组；甘肃迭部县益哇沟，密西西比亚系（下石炭统）石门塘组。

大沙坝管刺　*Siphonodella dasaibaensis* Ji，Qin & Zhao，1990
（图版 5，图 17—19；图版 6，图 1—5）

1990 *Siphonodella dasaibaensis* Ji，Qin & Zhao.—季强等，119—120 页，图版 1，图 11，13—14.

1992 *Siphonodella dasaibaensis.* —Ji & Ziegler，pl. 2，figs. 7—12.

2014 *Siphonodella dasaibaensis.* —Qie et al.，pp. 390—391，fig. 4.10.

特征　齿台光滑无饰，外吻脊在齿台前半部未伸达或伸达齿台边缘。

描述　齿台匙形，近中部最宽，向后逐渐收缩变尖，口面光滑无饰，前部两侧各有一条吻脊。外侧吻脊较短，向后延伸并在齿台前半部中止；内侧吻脊较长，可向后延伸至齿台中部偏后处。反口面齿台中部明显凹陷，具较宽的假龙脊。

比较　此种与 *Siphonodella isosticha* 十分相似，区别在于前者齿台光滑无饰，外吻脊在齿台前半部，未伸达或伸达齿台边缘。

产地层位　华南地区，密西西比亚系（下石炭统）杜内阶下部。

双脊管刺　*Siphonodella duplicata*（Branson & Mehl，1934）

1934 *Siphonognathus duplicata* Branson & Mehl，pp. 296—297，pl. 24，figs. 16—17.

此种可分为多种形态类型，如有哈斯定义、Sandberg 等（1978）的已被普遍认同的两种形态型以及季强（1985）划分出的三种形态型，而这是尚待验证的新形态型，现分别描述如下。

双脊管刺 2 型　*Siphonodella duplicata*（Branson & Mehl，1934），

Morphotype 2，Sandberg et al.，1978

（图版 9，图 11—24）

1978 *Siphonodella duplicata*（Branson & Mehl，1934），Morphotype 2，Sandberg et al.，pp. 106—107.

1978 *Siphonodella duplicata*. —王成源和王志浩，83 页，图版 7，图 18.

1984 *Siphonodella duplicata*（Branson & Mehl），Morphotype 2，Sandberg et al. —王成源和殷保安，图版 1，图 11，15.

1984 *Siphonodella duplicata* sensu Hass. —王成源和殷保安，图版 1，图 16.

1985 *Siphonodella duplicata*（Branson & Mehl），Morphotype 2，Sandberg et al. —季强等（见侯鸿飞等），135—136 页，图版 19，图 1—23.

1988 *Siphonodella duplicata*. —董致中和季强，图版 1，图 8.

1989 *Siphonodella duplicata*. —Ji et al.，p. 98，pl. 12，figs. 8a—9b.

特征　Pa 分子齿台稍不对称，前部收缩成吻部，并具两条短而平行的吻脊。齿台口面横脊发育，反口面则为龙脊。

描述　Pa 分子由齿台和前齿片组成。前齿片中等长，直，前后近等高，由侧扁的细齿愈合而成，细齿顶端分离。前齿片向后延伸至齿台，形成由细齿愈合而成的中齿脊，其前部直、高，自齿台中部起明显内弯、变低，并伸至齿台末端。齿台明显不对称，前部收缩成吻部，两侧边缘各发育一条短吻脊，相互近平行。齿台中后部口面两侧都发育横脊，并由两侧边缘向中齿脊延伸，部分横脊能达中齿脊。成熟标本反口面发育龙脊，非成熟标本则为假龙脊。

比较　*Siphonodella duplicata* Morphotype 2 与 Morphotype 1 区别在于前者龙脊发育，吻脊短而平行。此种与 *Siphonodella duplicata* sensu Hass 的区别在于后者外侧齿台有横脊，内侧齿台有小瘤齿。

产地层位　广西桂林南边村和贵州长顺睦化，云南宁蒗、丽江，密西西比亚系（下石炭统）尖山营组；密西西比亚系（下石炭统）王佑组至睦化组。

双脊管刺 3 型　*Siphonodella duplicata*（Branson & Mehl，1934），

Morphotype 3，Ji，Xiong & Wu，1985

（图版 9，图 25—28；图版 10，图 1—14）

1984 Siphonodella duplicata（Branson & Mehl），Morphotype 3，Ji，Xiong & Wu. —季强等，图版 2，图 1—6.

1985 Siphonodella duplicata. —季强等（见侯鸿飞等），136 页，图版 20，图 1—6；图版 21，图 1—12；图版 23，图 18—19.

特征　Pa 分子齿台明显不对称，齿脊强烈内弯，齿台中部强烈外扩呈钝角状。

描述　Pa 分子由齿台和前齿片组成。前齿片短而直，前后近等高，由侧扁的细齿愈合而成，细齿顶端分离。前齿片向后延伸至齿台，形成由细齿愈合而成的中齿脊。中齿脊在中部强烈内弯，并延伸至齿台末端，其两侧有近脊沟。齿台强烈不对称，内侧齿台较窄，侧缘平直或稍内凹；外侧齿台向外强烈膨胀，侧缘呈半圆形或钝角形。

齿台前部明显收缩，两侧缘发育近平行的吻脊。齿台口面横脊发育，由两侧边缘向中齿脊放射状延伸。反口面发育龙脊。

比较　据季强等（1985，见侯鸿飞等）的研究，此种由 *Siphonodella duplicata*（Branson & Mehl）Morphotype 2 演化而来，它代表了 *S. duplicata* 向 *S. lobata* 演化的过渡类型。此种与 *S. lobata* 的区别在于后者外侧齿台前部发育成齿叶状，并可具次一级齿脊和龙脊。

产地层位　贵州长顺睦化，密西西比亚系（下石炭统）王佑组。

双脊管刺 4 型　*Siphonodella duplicata*（Branson & Mehl，1934），

Morphotype 4，Ji，Xiong & Wu，1985

（图版 10，图 15—24）

1985 *Siphonodella duplicata*（Branson & Mehl，1934），Morphotype 4，Ji，Xiong & Wu.—季强等（见侯鸿飞等），136—137 页，图版 20，图 15—22.

1989 *Siphonodella duplicata*. —Ji et al.，p. 98，pl. 12，figs. 6a—9b.

2006 *Siphonodella duplicata*. —董致中和王伟，196—197 页，图版 26，图 1，11.

特征　Pa 分子齿台吻脊短而直，仅限于吻部，内侧齿台口面发育小瘤齿，外侧齿台口面则为横脊。反口面具龙脊。

描述　Pa 分子由齿台和前齿片组成。前齿片窄而直，前后近等高，由侧扁的细齿愈合而成，细齿顶端分离。前齿片向后延伸至齿台，形成由细齿愈合而成的中齿脊。中齿脊在前部直而高，中部明显内弯，并延伸至齿台末端，其两侧近脊沟浅。齿台稍不对称，内外侧齿台近等宽。齿台前部明显收缩，两侧缘发育近平行的吻脊，吻脊短而直，仅限于吻部。外侧齿台口面横脊发育，由侧边缘向中齿脊放射状延伸；内侧齿台发育小瘤齿纹饰。反口面发育龙脊。

比较　据季强等（1985，见侯鸿飞等）的研究，此种系由 *Siphonodella duplicata*（Branson & Mehl）Morphotype 2 演化而来，仅其内侧齿台的纹饰由横脊退化为小瘤齿。此种齿台口面纹饰与 *Siphonodella duplicata* sensu Hass 较相似，区别在于后者的吻脊向后朝中齿脊汇聚，但前者则是相互近平行。

产地层位　贵州长顺睦化，密西西比亚系（下石炭统）王佑组。

双脊管刺 5 型　*Siphonodella duplicata*（Branson & Mehl，1934），

Morphotype 5，Ji，Xiong & Wu，1985

（图版 10，图 25—28；图版 11，图 1—4）

1985 *Siphonodella duplicata*（Branson & Mehl，1934），Morphotype 5，Ji，Xiong & Wu. —季强等（见侯鸿飞等），137—138 页，图版 18，图 17—24.

1989 *Siphonodella duplicata*. —Ji et al.，pp. 98—99，pl. 11，figs. 4a—7b.

特征　Pa 分子齿台两侧近对称，口面横脊由小瘤齿组成，两条吻脊近平行。

描述　Pa 分子由齿台和前齿片组成。前齿片短而直，前后大致等高，中前部可稍高些，由侧扁的细齿愈合而成，细齿顶端分离。前齿片向后延伸至齿台，形成由细齿愈合而成的中齿脊，中齿脊在前部直而高，中部可内弯，并延伸至齿台末端，其两侧近脊沟明显。齿台矛形，近对称或稍不对称，近中部最宽，向前收缩成吻部，两侧各有一条相互近平行的吻脊，向后收缩变窄明显，末端尖。齿台两侧发育横脊，并由两

侧边缘向中齿放射状延伸。横脊由明显的小瘤齿组成。反口面基腔小，位于齿台近中部，并由此向前后延伸出龙脊和齿槽。

比较 据季强等（1985，见侯鸿飞等）的研究，此种系由 *Siphonodella duplicata*（Branson & Mehl）Morphotype 1 演化而来，区别在于后者齿台具横脊，反口面为假龙脊，而前者的横脊由小瘤齿组成。此种与 *Siphonodella duplicata*（Branson & Mehl）Morphotype 2 的区别在于两者齿台口面纹饰不同。

产地层位 贵州长顺睦化，密西西比亚系（下石炭统）王佑组。

宽叶管刺 *Siphonodella eurylobata* Ji，1985

（图版 11，图 5—17）

1985 *Siphonodella eurylobata* Ji.—季强，p. 59, pl. 3, figs. 1—9, 14—24.

1987a *Siphonodella eurylobata*.—季强，266 页，图版 1，图 5—6，9—10.

1987 *Siphonodella eurylobata*.—董振常，81 页，图版 9，图 1—8.

1987c *Siphonodella eurylobata*.—季强，图版 1，图 18—19.

1988 *Siphonodella eurylobata*.—Wang & Yin in Yu, pp. 139—140, pl. 20, figs. 3—4.

2014 *Siphonodella eurylobata*.—李志宏等，图版 1，图 17.

2016 *Siphonodella eurylobata*.—Qie et al., fig. 9.10.

特征 Pa 分子齿台拱曲而表面光滑，吻部具 2~3 条几乎平行的吻脊。外齿台特别膨大，呈半圆形，而内齿台较窄。

描述 Pa 分子由齿台和前齿片组成。前齿片短而直或中等长，前后大致等高，但最前部几个细齿明显变低，中前部可稍高些，由侧扁的细齿愈合而成，细齿顶端分离。前齿片向后延伸至齿台，在齿台形成由侧扁细齿愈合而成的中齿脊。中齿脊向内侧弯，前部稍高，中后部低矮，伸达齿台末端，其两侧发育一条窄而深的近脊沟。齿台极不对称，向内弯，口面光滑无饰。内侧齿台较窄小，前端发育一吻脊。外齿台宽大，特别向外膨大，呈近半圆形，边缘稍向上翘，前部具两条吻脊。所有吻脊短而直，仅限于齿台前端之吻部。反口面具稀疏的同心纹生长线，基腔小，缝隙状，位于齿台中部偏前处，基腔之后无龙脊。

比较 此种以齿台光滑和外齿台特别膨大而区别于其他已知属种。

产地层位 湖南江华，上泥盆统一密西西比亚系（下石炭统）孟公坳组；广西桂林南边村，密西西比亚系（下石炭统）睦化组。

光秃管刺 *Siphonodella glabrata* Zhu，1996

（图版 11，图 18—21）

1996 *Siphonodella lobata glabrata* Zhu.—朱伟元（见曾学鲁等），246 页，图版 36，图 9a—b；图版 37，图 9a—b.

特征 Pa 分子外侧齿台中部强烈向外扩张，形成明显的外侧齿叶，但齿叶上无次级齿脊，齿台口面边缘也无横脊。除中齿脊和吻脊外，齿台口面光滑无饰。

描述 Pa 分子由齿台和前齿片组成。前齿片短而高，由侧扁的细齿愈合而成，细齿顶端分离。前齿片向后延伸至齿台，在齿台中央形成中齿脊。中齿脊在齿台前部直而高，齿片状，向后逐渐变低，至中部明显内弯并可延伸至齿台末端，但因齿台后端破碎，造成偏向齿台后部一侧的视觉感。齿台叶状，向内弯，前部明显收缩成吻部，两侧边缘上翘成吻脊并由较深的近脊沟与中齿脊隔开。齿台中部外缘明显向外突出，形成三角状外侧齿叶，齿叶光滑无饰。齿台中后部两侧无横脊，光滑无饰或有些小颗粒。齿台反口面中央有小的基腔，凹窝状。基腔后为低平区，龙脊贯穿整个齿台反口面中央，无次级龙脊，后部具同心生长纹。

比较 此种与典型的 *Siphonodella lobata* 十分相似，两者都发育显著的外侧齿叶，但后者外侧齿叶上发育次一级齿脊且齿台口面发育横脊。

产地层位 甘肃迭部县益哇沟，密西西比亚系（下石炭统）石门塘组。

哈斯管刺 Siphonodella hassi Ji，1985
（图版 8，图 6—26）

1959 *Siphonodella duplicata*（Branson & Mehl），Hass，p. 392，pl. 49，figs. 17—18.

1984 *Siphonodella duplicata* sensu Hass．—季强等，图版 4，图 17（only）.

1985 *Siphonodella hassi* Ji．—季强，59 页，图版 2，图 5—6；插图 14.

1985 *Siphonodella duplicata* sensu Hass．—季强等（见侯鸿飞等），134 页，图版 22，图 1—18.

1978 *Siphonodella duplicata* sensu．—Sandberg et al．，p. 107，fig. 1.

1988 *Siphonodella duplicata* sensu．—Wang & Yin in Yu，p. 138，pl. 19，figs. 6—7，14—15.

1989 *Siphonodella duplicata* sensu．—Ji et al．，p. 97，pl. 11，figs. 1a—3b.

2016 *Siphonodella hassi*．—Corradini et al．，fig. 6s.

特征 Pa 分子齿台不对称，外凸，但内外齿台宽度相近。前部两条吻脊短而直，并向后收敛。外齿台横脊发育，内齿台口面有分散的圆形小瘤齿。

描述 Pa 分子由齿台和前齿片组成。前齿片中等长，直，前后近等高，由侧扁的细齿愈合而成，细齿顶端分离。前齿片向后延伸至齿台，形成由细齿愈合而成的中齿脊，其前部直、稍高，在齿台中部明显内弯、变低，并伸至齿台末端。齿台不对称、外凸，但内外齿台宽度相近。前部两条吻脊短而直，并向后收敛。外齿台横脊发育，由外侧边缘向中齿脊放射状延伸，几乎与中齿脊相连。内齿台口面有分散的圆形小瘤齿。反口面基腔小，位于齿台中部偏前处，并由此向前后延伸出明显的龙脊。

比较 此种与 *Siphonodella bransoni* 的主要区别在于后者内外两侧齿台都发育横脊。此种与 *S. duplicata* Morphotype 2 的区别在于后者吻脊短而平行，反口面为假龙脊。此种与 *S. carinthiaca* 的区别在于后者内侧齿台隆起加厚，外侧齿台横脊可穿越中齿脊。

产地层位 贵州长顺睦化、代化，密西西比亚系（下石炭统）王佑组至睦化组。

同形简单管刺 Siphonodella homosimplex Ji & Ziegler，1992
（图版 6，图 6—17；图版 12，图 22—23）

1985 *Siphonodella simplex* Ji，图版 2，图 7，9，11，13，16—17（不是图 8，10，12，14，18—19= *Siphonodella levis*）.

1987a *Siphonodella simplex* Ji，图版 1，图 3—4（不是图 1，2= *Siphonodella levis*）.

1992 *Siphonodella homosimplex* Ji & Ziegler，pl. 1，figs. 1—4，7—22.

2014 *Siphonodella homosimplex*．—Qie et al．，pp. 390—391，figs. 4.5，4.8.

特征 Pa 分子齿台口面光滑无饰，两侧边缘上翘，吻脊不发育，两侧光滑无细齿化。

描述 齿台口面长卵圆形，近中部最宽，向前后收缩变尖，两侧缘近平行并向上翘起，与中齿脊之间形成明显的近脊沟。口面光滑无饰，前端未见明显的吻脊。反口面基腔小，有较宽的假龙脊。

比较　此类标本曾被季强（1985）命名为 *Siphonodella simplex*，但他把这类标本和 *Siphonodella levis* 一类标本都归入了他的 *S. simplex*，此后 Ji & Ziegler（1992）把部分与 *S. levis* 不同的一类标本改名为 *S. homosimplex*。此种与 *Siphonodella levis* 十分相似，但后者齿台前端明显收缩形成不明显的吻脊，前缘两侧边缘细齿化，而前者则光滑无细齿化

产地层位　华南地区，密西西比亚系（下石炭统）杜内阶下部。

等列管刺　*Siphonodella isosticha*（Cooper，1939）

（图版 11，图 22—27；图版 12，图 1—6）

1939 *Siphonognathus isosticha* Cooper，pl. 41，figs. 9—10.

1978 *Siphonodella isosticha*. —Sandberg et al.，p. 106，text-fig. 1.

1984 *Siphonodella isosticha*. —倪世钊，291 页，图数 44，图 17.

1984 *Siphonodella isosticha*. —王成源和殷保安，图版 1，图 7.

1987 *Siphonodella isosticha*. —董振常，82 页，图版 8，图 19—20.

1987a *Siphonodella isosticha*. —季强，266—267 页，图版 1，图 17—18.

1988 *Siphonodella isosticha*. —董致中和季强，图版 1，图 1—3.

1996 *Siphonodella isosticha*. —朱伟元（见曾学鲁等），245 页，图版 37，图 3a—b，8.

2004 *Siphonodella isosticha*. —田树刚和科恩，图版 1，图 28.

2006 *Siphonodella isosticha*. —董致中和王伟，197 页，图版 26，图 2, 6—7, 17; 图版 27，图 1, 9, 15.

2016 *Siphonodella isosticha*. —Qie et al.，fig. 10.6.

特征　Pa 分子稍不对称，齿台口面光滑或有微弱的小瘤齿和隐约可见的横脊。两条吻脊短而直，并与齿脊平行。由密集瘤齿组成的中齿脊向内微弯并达齿台后端。前齿片短、较高。反口面龙脊低而平。

描述　Pa 分子由齿台和前齿片组成。前齿片短而直或中等长，前后大致等高，由侧扁的细齿愈合而成，细齿顶端分离。前齿片向后延伸至齿台，在齿台形成由侧扁细齿愈合而成的中齿脊。中齿脊向内侧弯，前部稍高，中后部低矮，伸达齿台末端，其两侧发育一条窄而深的近脊沟。齿台矛形，近中部最宽，向前明显收缩成吻部，向后收缩较迅速，末端尖。齿台口面光滑或有微弱的小瘤齿和隐约可见的横脊。两条吻脊短而直，仅限于吻部，并与齿脊平行。反口面基腔明显，位于齿台中部偏前处。龙脊宽而平。

比较　*Siphonodella isosticha* 外侧齿台的吻脊比内侧齿台吻脊长，其后端向外弯曲，并可达齿台之边缘。

产地层位　贵州长顺睦化、代化，密西西比亚系（下石炭统）王佑组至睦化组；云南宁蒗、丽江，密西西比亚系（下石炭统）尖山营组；广西柳州碰冲，密西西比亚系（下石炭统）香山组；湖南江华，上泥盆统—密西西比亚系（下石炭统）孟公坳组；甘肃迭部县益哇沟，密西西比亚系（下石炭统）石门塘组。

等列管刺比较种　*Siphonodella* cf. *isosticha*（Cooper，1939）

（图版 12，图 7—16）

cf. 1939 *Siphonognathus isosticha* Cooper，pl. 41，fig. 9—10.

1971 *Siphonodella* cf. *isosticha*. —Klapper，pl. 1，fig. 16.

1978 *Siphonodella* cf. *isosticha*. —Sandberg et al.，pp. 105—106.

1984 *Siphonodella* cf. *isosticha*. —季强等，图版1，图18—19，24—25.

1985 *Siphonodella* cf. *isosticha*. —季强等（见侯鸿飞等），138 页，图版27，图 7—16.

1988 *Siphonodella* cf. *isosticha*. —董致中和季强，图版1，图4—5.

2006 *Siphonodella* cf. *isosticha*. —董致中和王伟，196—197 页，图版26，图13—14.

特征 Pa 分子齿台稍不对称，口面光滑无饰或具微弱的瘤齿或横脊，中齿脊后部外侧常见一列小瘤齿。吻脊短而直，与齿脊平行，仅限于吻部。

比较 此比较种与典型的 *Siphonodella isosticha* 的主要差别在于后者外侧齿台的吻脊较长，后端向外弯曲，可伸达齿台之边缘。

产地层位 贵州长顺睦化，密西西比亚系（下石炭统）王佑组；云南宁蒗、丽江，密西西比亚系（下石炭统）尖山营组。

平滑管刺　*Siphonodella levis*（Ni，1984）

（图版6，图18—19；图版12，图17—21，24—34）

1984 *Leiognathus levis* Ni. —倪世钊，283 页，图版44，图26a—b，27a—b.

1985 *Siphonodella simplex* Ji. —季强，55 页，图版2，图 8，10，12，14—15，18—19（不是图7，9，14，13，16—17= *Siphonodella homosimplex*）.

1987a *Siphonodella simplex*. — 季强，267 页，图版1，图1—2（only）（不是图3—4= *Siphonodella homosimplex*）.

1987 *Siphonodella levis*. —董振常，82 页，图版8，图21—26.

1993 *Siphonodella levis*. —应中锷等（见王成源主编），234 页，图版40，图2—3，9.

2014 *Siphonodella levis*. —Qie et al.，fig. 4.13.

2016 *Siphonodella levis*. —Qie et al.，fig. 7.6.

特征 Pa 分子齿台呈匙形，口面光滑无饰，中、后部两侧边缘向外微微拱曲，前部强烈收缩，未形成真正的吻脊，但两侧具小细齿。反口面基腔小，假龙脊宽而长。

描述 Pa 分子由齿台和前齿片组成。前齿片短、高，前后大致等高或中部稍高，由侧扁的细齿愈合而成，细齿顶端分离。前齿片向后延伸至齿台，形成由细齿愈合而成的中齿脊。中齿脊低矮，较直或稍内弯，延伸至齿台之末端，其两侧近脊沟明显。齿台呈匙形，中、后部较宽大，前部强烈收缩，但未形成真正的吻脊，两侧边缘向外微微拱曲，末端钝圆。口面光滑无饰，反口面基腔小，假龙脊宽而长。

比较 此种构造十分简单，但前部明显收缩，已基本形成原始吻部，两侧具小细齿或小细齿化，反口面基腔小，假龙脊发育，被季强（1985）归入 *Siphonodella simplex* 的部分标本应归入此种。此种与 *S. sulcata* 在地层中几乎同时出现，形态也很相似，但两者的明显区别在于后者齿台口面两侧发育横脊，前者则光滑无饰。

产地层位 湖南江华，上泥盆统—密西西比亚系（下石炭统）孟公坳组；湖南祁阳苏家坪、桂阳大圹背，密西西比亚系（下石炭统）桂阳组；江苏保应，密西西比亚系（下石炭统）老坎组。

叶形管刺　*Siphonodella lobata*（Branson & Mehl，1934）

（图版 13，图 1—17）

1934 *Siphonognathus lobata* Branson & Mehl, p. 297, pl. 24, figs. 14—15.

1978 *Siphonodella lobata.* —王成源和王志浩，84 页，图版 8，图 3—4.

1983 *Siphonodella lobata.* —熊剑飞，图版 75，图 9a—b.

1984 *Siphonodella lobata.* —季强等，334 页，图版 1，图 22—23.

1985 *Siphonodella lobata.* —季强等（见侯鸿飞等），138 页，图版 20，图 7—14；图版 21，图 13—20.

1989 *Siphonodella lobata.* —Ji et al., p. 99, pl. 14, figs. 3a—4b.

2014 *Siphonodella lobata.* —李志宏等，图版 2，图 9—10.

　　特征　Pa 分子外侧齿台中前部强烈向外扩张，形成明显的外侧齿叶，齿叶口面可具次级齿脊，反口面可具次级龙脊。齿台前部吻脊近平行或向前收敛。口面横脊发育，中齿脊内弯。

　　描述　Pa 分子由齿台和前齿片组成。前齿片直，中等长，前后大致等高，由侧扁的细齿愈合而成，细齿顶端分离。前齿片向后延伸至齿台，形成由细齿愈合而成的中齿脊，中齿脊在前部直而高，中部可内弯，并延伸至或接近齿台之末端，其两侧近脊沟明显。齿台宽，强烈不对称，外侧齿台强烈向外膨胀，其外侧缘形成明显的外侧齿叶，齿叶口面可具次级齿脊，反口面可具次级龙脊。内侧齿台稍窄，内侧缘较直或稍外凸。齿台前部明显收缩成吻部，吻脊近平行或向前收敛。齿台口面横脊发育，由两侧边缘向中齿脊放射状延伸。反口面基腔小，位于齿台近中部或稍偏前处，并由此向前后延伸成龙脊。

　　比较　此种以发育的外齿叶而区别于其他种。

　　产地层位　贵州长顺睦化、代化，密西西比亚系（下石炭统）王佑组至睦化组。

南垌管刺　*Siphonodella nandongensis* Li，2014

（图版 13，图 18—22）

2014 *Siphonodella nandongensis* Li. —李志宏等，277 页，图版 1，图 19—23.

　　特征　据李志宏等（2014），此种内齿台发育纵向脊或围绕齿台的短脊，齿台前半部有 5~6 条吻脊。

　　描述　齿台宽大，不对称，内齿台前半部有 3 条吻脊，吻脊光滑或有细而密的细齿。外齿台发育 2~3 条吻脊，有微弱的细齿，比内齿台的吻脊长，终止于齿台中部。外齿台发育横脊多，可达 18~20 条。反口面基腔小，较平坦，龙脊延伸到齿台后端。

　　比较　此种与 *Siphonodella sexplicata* 较为相似，区别在于前者内齿台发育纵脊或环形脊，外齿台吻脊可延伸至齿台中部。

　　产地层位　广西南垌，密西西比亚系（下石炭统）巴平组。

衰退管刺　*Siphonodella obsoleta* Hass，1959

（图版 14，图 1—11）

1959 *Siphonodella obsoleta* Hass, pp. 392—393, pl. 47, figs. 1—2.

1978 *Siphonodella obsoleta*. —Sandberg et al.，pp. 108—109.

1984 *Siphonodella obsoleta*. —倪世钊，291 页，图版 44，图 18。

1984 *Siphonodella obsoleta*. —季强等，图版 44，图 18。

1985 *Siphonodella obsoleta*. —季强等（见侯鸿飞等），139 页，图版 25，图 11—19；图版 26，图 1—8。

1987a *Siphonodella obsoleta*. —季强，267 页，图版 1，图 1—4。

1988 *Siphonodella obsoleta*. —董致中和季强，图版 1，图 9—11。

1989 *Siphonodella obsoleta*. —Ji et al.，p. 99, pl. 14, figs. 1a—2b.

1996 *Siphonodella obsoleta*. —朱伟元（见曾学鲁等），246 页，图版 36，图 8a—b；图版 37，图 7。

2000 *Siphonodella obsoleta*. —赵治信等，249 页，图版 59，图 13—16，18；图版 61，图 36；图版 79，图 12。

2006 *Siphonodella obsoleta*. —王伟，197 页，图版 26，图 19。

2014 *Siphonodella obsoleta*. —李志宏等，图版 1，图 9—11。

2014 *Siphonodella obsoleta*. —Qie et al.，fig. 4.11.

2016 *Siphonodella obsoleta*. —Qie et al.，fig. 10.7.

特征　Pa 分子内侧齿台较窄，前面具 1~2 条短吻脊，口面有小瘤齿纹饰。外侧齿台较宽，口面具一条几乎伸达齿台后端的长吻脊，吻脊与中齿脊间口面光滑无饰。

描述　Pa 分子由齿台和前齿片组成。前齿片短而直，前、后大致等高，由侧扁的细齿愈合而成，细齿顶端分离。前齿片向后延伸至齿台，形成由细齿愈合而成的中齿脊。中齿脊在前部直而高，中部可内弯，并延伸至齿台末端，其两侧近脊沟明显。齿台矛形，稍内弯，中部最宽，向前明显收缩成吻部，向后则迅速收缩变尖。内侧齿台较窄，前部具 1~2 条短吻脊，口面发育小瘤齿。外侧齿台较宽，口面发育一条几乎伸达齿台后端的长吻脊，吻脊与中齿脊之间的口面光滑无饰。反口面基腔很小，位于齿台近中部，并由此向前后延伸出明显的龙脊。

比较　根据季强等（1985，见侯鸿飞等），此种系由 *Siphonodella cooperi* Hass，1959，Morphotype 1 演化而来，两者区别在于后者发育两条长吻脊伸达齿台后端，外齿台口面发育横脊，而前者只有一条长吻脊，且外齿台口面光滑。此种与 *Siphonodella cooperi* Hass，1959，Morphotype 2 的区别是后者齿台口面发育横脊。此种与 *Siphonodella sandbergi* 的区别是后者具有 4~7 条吻脊。

产地层位　贵州长顺睦化，密西西比亚系（下石炭统）王佑组；云南宁蒗、丽江，密西西比亚系（下石炭统）尖山营组；湖南江华，上泥盆统—密西西比亚系（下石炭统）孟公坳组；甘肃迭部县益哇沟，密西西比亚系（下石炭统）石门塘组；新疆塔里木盆地井下，密西西比亚系（下石炭统）巴楚组。

先槽管刺 *Siphonodella praesulcata* Sandberg，1972
（图版 14，图 12—30；图版 15，图 1—37）

1972 *Siphonodella praesulcata* Sandberg. —Sandberg et al.，1972, pl. 1, figs. 1—17; pl. 2, figs. 10—19.

1984 *Siphonodella praesulcata*. —季强等，图版 1，图 1—6。

1985 *Siphonodella praesulcata*. —季强等（见侯鸿飞等），139—140 页，图版 13，图 1—20；图版 14，图 1—23。

1987 *Siphonodella praesulcata*. —Yu et al., pl. 2, figs. 1—10, 21—24; pl. 3, figs. 1—4; figs. 1—23.

1988 *Siphonodella praesulcata*. —Wang & Yin in Yu, pp. 140—141, pl. 13, figs. 1—11; pl. 14, figs. 1—12; pl. 15, figs. 1—10; pl. 16, figs. 1—8; pl. 17, figs. 1a—b; pl. 31, figs. 6a—b.

1989 *Siphonodella praesulcata*. —Ji et al., pp. 99—100, pl. 8, figs. 4a—9b.

2014 *Siphonodella praesulcata*. —Qie et al., fig. 3.1.

2016 *Siphonodella praesulcata*. —Qie et al., figs. 6.1—6.2, 8.14.

特征 Pa 分子齿台窄而两侧对称至近对称，微拱，两侧横脊弱或明显。齿台及中齿脊直或微弯，基腔深，位于齿台前方，后部反转成为一个窄长的假龙脊。

描述 Pa 分子由齿台和前齿片组成。前齿片较长，直或稍弯，前后大致等高，由侧扁的细齿愈合而成，细齿顶端分离。前齿片向后延伸至齿台，形成由细齿愈合而成的中齿脊。中齿脊在前部较直而稍高，中部直或可稍内弯，并延伸至齿台之末端，其两侧近脊沟明显。齿台矛形，较窄长直或略弯，微拱，两侧对称或近对称，中部或中前部较宽，向前稍收缩，吻部不明显，向后收缩较明显，末端尖。齿台口面两侧具明显或较弱的横脊，横脊短，相互平行，与中齿脊之间可有明显的近脊沟。反口面基腔较大较深，位于齿台之前端，腔唇外张，其后部反转成为一个长而窄的假龙脊。

比较 此种与 *Siphonodella sulcata* 最为相似，两者区别在于前者齿台较对称，齿台窄而直，口面纹饰较弱，反口面基腔位于齿台前端，假龙脊窄而直。此种与 *Siphonodella duplicata*（Branson & Mehl，1934），Morphotype 1 的区别在于后者齿台前部已收缩成完整的吻部，并具两条原始短吻脊。此种形态多变，Wang & Yin（1988，in Yu）曾将其区分为 4 种类型。Morphotype 1 齿台窄而对称，两侧较直，几乎平行或向前端明显收缩变尖，齿脊直或微弯；假龙脊高，与齿台等长，其前方与齿台近等宽；此种类型较典型，最接近正模标本。Morphotype 2 齿台对称或微不对称，外齿台稍宽，近前端明显收缩而后端突然变尖，前部边缘有明显的横脊和深的近脊沟；齿脊和假龙脊微弯，后者宽而高，前者在刺体中部有 3~6 个大的瘤齿。Morphotype 3 齿台近对称，两侧向前后收缩，齿台和中齿脊稍侧弯，近脊沟深；口面近光滑，反口面假龙脊窄而高。Morphotype 4 齿台卵圆形，中部最宽，并向前后收缩，边缘区上凸，发育横脊；中齿脊稍弯，近脊沟宽而浅，但向前端变深。

产地层位 广西桂林南边村，密西西比亚系（下石炭统）南边村组；贵州长顺睦化，密西西比亚系（下石炭统）王佑组。

四褶管刺 *Siphonodella quadruplicata*（Branson & Mehl，1934）
（图版 16，图 1—18）

1934 *Siphonognathus quadruplicata* Branson & Mehl, pp. 295—296, pl. 24, figs. 18—20.

1985 *Siphonodella quadruplicata*. —季强等（见侯鸿飞等），140 页，图版 24，图 13—20。

1988 *Siphonodella quadruplicata*. —Wang & Yin in Yu, p. 142, pl. 20, figs. 2, 10—13; pl. 21, fig. 9.

1988 *Siphonodella quadruplicata*. —董致中和季强，图版 1，图 15。

1989 *Siphonodella quadruplicata*. —Ji et al., p. 100, pl. 16, figs. 7a—8b.

1996 *Siphonodella quadruplicata*. —朱伟元（见曾学鲁等），247 页，图版 36，图 10，11a—b；图版 37，图 12—15。

2014 *Siphonodella quadruplicata*. —李志宏等，图版 1，图 8。

特征　Pa 分子外侧齿台口面发育近平行的横脊而内齿台则为散乱的瘤齿，齿台前部发育 3~5 条吻脊，内外侧齿台最内吻脊末端未伸达侧边缘，仅限于齿台前半部。

描述　Pa 分子由齿台和前齿片组成。前齿片较短，直，前后大致等高或中前部稍高，由侧扁的细齿愈合而成，细齿顶端分离。前齿片向后延伸至齿台，形成由细齿愈合而成的中齿脊，中齿脊在前部较直而稍高，中部明显内弯和变低，并延伸至齿台之末端，其两侧近脊沟浅而明显。齿台宽，中部最宽，向前明显收缩成吻部，向后逐渐收缩变尖。外侧齿台向外突，口面饰以相互平行的横脊，由边缘向中齿脊延伸，近边缘处较明显，向内变弱。内侧齿台边缘稍稍向上拱，口面则为散乱的瘤齿。齿台前部吻部发育 3~5 条吻脊，内外齿台最内吻脊末端未伸达侧边缘，仅限于齿台前半部。反口面龙脊细而窄，并纵贯整个齿台。

比较　此种与 *Siphonodella cooperi* 的区别在于后者内外齿台最内吻脊末端伸达侧边缘。

产地层位　广西桂林南边村，密西西比亚系（下石炭统）南边村组；贵州长顺睦化，密西西比亚系（下石炭统）王佑组；云南宁蒗、丽江，密西西比亚系（下石炭统）尖山营组；甘肃迭部县益哇沟，密西西比亚系（下石炭统）石门塘组。

桑得伯格管刺　*Siphonodella sandbergi* Klapper，1966

（图版 16，图 19—25）

1966 *Siphonodella sandbergi* Klapper，p.19，pl.4，figs.6，10—12，14，15.

1983 *Siphonodella sandbergi*. —熊剑飞，图版 1，图 3.

1985 *Siphonodella sandbergi*. —季强等（见侯鸿飞等），141—142 页，图版 26，图 10—18；图版 27，图 1—6.

1988 *Siphonodella sandbergi*. —Wang & Yin in Yu，p. 142，pl. 21，figs. 7—8.

1989 *Siphonodella sandbergi* Klapper，1966，Mophotype 1. —Ji et al.，p. 101，pl. 16，figs. 3a—4b.

1989 *Siphonodella sandbergi*. — Ji et al.，p. 101，pl. 16，figs. 3a—4b.

1989 *Siphonodella sandbergi* Klapper，1966，Mophotype 2. —Ji et al.，p. 101，pl. 16，figs. 5a—6b.

2014 *Siphonodella sandbergi*. —李志宏等，图版 1，图 12，18.

特征　Pa 分子外侧齿台较宽、外凸，吻部发育 2~7 条长度不等的吻脊，最内一条或内侧第二条吻脊较长并可延伸至齿台后缘。内侧齿台前方一般具两个短吻脊，后方则具小的瘤齿，倾向排列成行。

描述　Pa 分子由齿台和前齿片组成。前齿片短，直，前后大致等高或中前部稍高，由侧扁的细齿愈合而成，细齿顶端分离。前齿片向后延伸至齿台，形成由细齿愈合而成的中齿脊。中齿脊较直或稍内弯，在前部稍高，向后明显变低，并延伸至齿台之末端，其两侧近脊沟浅，不明显。齿台较窄长，两侧边缘近平行和较平直，近中部最宽，向前收缩成吻部，向后收缩较明显，末端尖。吻部发育 2~7 条长度不等的吻脊，最内一条或内侧第二条吻脊较长并可延伸至齿台后缘。内侧齿台前方一般具两个短吻脊，后方则具小的瘤齿，倾向排列成行。外侧齿台较宽，口面发育两条以上的长吻脊，至少有一条（常常是最内侧的一条）延伸至齿台后边缘。反口面龙脊细而窄。

比较　此种与 *Siphonodella obsolata* 的区别在于后者外齿台仅具一条长吻脊。

产地层位　广西桂林南边村，密西西比亚系（下石炭统）南边村组；贵州长顺睦化，密西西比亚系（下石炭统）王佑组。

六褶皱管刺 *Siphonodella sexplicata*（Branson & Mehl，1934）

（图版 17，图 32—33）

1934 *Siphonognathus sexplicata* Branson & Mehl，pl. 34，figs. 22—23.

1934 *Polygnathus newalbanyensis* Huddle，pl. 8，fig. 26（only）.

1985 *Siphonodella sexplicata*. —季强，62 页，插图 20.

1986 *Siphonodella sexplicata*. —Klapper，pl. 4，fig. 18.

2014 *Siphonodella sexplicata*. —李志宏等，图版 2，图 5—6.

特征 齿台宽，齿台内侧发育瘤齿，外侧发育横脊，5~6 条吻脊向后延伸不超过基腔部位。

描述 李志宏等（2014）报道了此种的两个标本，一个标本前部折断，另一标本齿台后部缺失。其中，保存齿台前部的标本仍可见齿台前部的六条吻脊，并向后延伸不超过齿台中部；保存齿台后部的标本的齿台外侧发育横脊，内侧则为瘤齿状。

比较 当前标本齿台宽，齿台内侧发育瘤齿，外侧发育横脊，6 条吻脊向后延伸不超过基腔部位，特征明显，可与其他种区别。

产地层位 广西南垌，密西西比亚系（下石炭统）巴平组。

中国管刺 *Siphonodella sinensis* Ji，1985

（图版 17，图 1—10）

1985 *Siphonodella sinensis* Ji. —季强，55—56 页，图版 1，图 1—19.

1987 *Siphonodella sinensis*. —董振常，81 页，图版 8，图 13—18.

1987a *Siphonodella sinensis*. —季强，268 页，图版 1，图 11—16.

2014 *Siphonodella sinensis*. —Qie et al.，fig. 4.9.

2016 *Siphonodella sinensis*. —Qie et al.，figs. 8.17—8.18，9.9.

特征 Pa 分子齿台前端收缩成吻部，2 条短而直的吻脊近等长，与前齿片近平行。齿台口面光滑无饰，中齿脊不发育。反口面基腔小，假龙脊宽而平，占齿台反口面的大部分。

描述 Pa 分子由齿台和前齿片组成。前齿片短而直或中等长，其前后大致等高，但最前部几个细齿可向前明显变低，由侧扁的细齿愈合而成，细齿顶端分离。幼年期，前齿片向后延伸至齿台，在齿台形成由侧扁细齿愈合而成的中齿脊。中齿脊稍向内侧弯，较低矮，伸达齿台末端，其两侧发育一条窄而深的近脊沟。随着个体发育，齿台逐渐长大，中齿脊和近脊沟开始从中部消失，并朝齿台两端发展。成年期标本的齿台口面则光滑无饰，中齿脊和近脊沟完全消失。齿台宽大，呈梨形，近中部最宽，向前明显收缩成吻部；其两侧各有一条吻脊，吻脊短而直，近等长，与前齿片近平行，由 4~6 个瘤齿组成。反口面基腔小，位于齿台近中部，假龙脊宽而低，约占反口面的大部分。

比较 此种齿台口面光滑，中齿脊不发育，反口面假龙脊宽而低，易于与同属的其他种相区别。

产地层位 湖南江华，上泥盆统—密西西比亚系（下石炭统）孟公坳组。

槽管刺 *Siphonodella sulcata*（Huddle，1934）
（图版 17，图 11—31）

1934 *Polygnathus sulcatus* Huddle，p. 101，pl. 8，figs. 22—23.

1984 *Siphonodella sulcata*（Huddle），王成源和殷保安，图版 1，图 8.

1985 *Siphonodella sulcata*. —季强等（见侯鸿飞等），142 页，图版 15，图 1—19；图版 16，图 1—28.

1988 *Siphonodella sulcata*. —Wang & Yin in Yu，p. 142，pl. 16，figs. 9—12；pl. 31，figs. 13a—b.

1989 *Siphonodella sulcata*. —Ji et al.，pp. 101—102，pl. 8，figs. 1a—3b；pl. 9，figs. 1a—9b.

2006 *Siphonodella sulcata*. —董致中和王伟，197—198 页，图版 26，图 3—4.

2014 *Siphonodella sulcata*. —Qie et al.，fig. 3.2.

2016 *Siphonodella sulcata*. —Qie et al.，fig. 6.5.

特征 Pa 分子齿台稍不对称和内弯，前部稍收缩和吻部不明显，无吻脊，前齿片短而低。口面齿脊发育，近脊沟浅而窄。假龙脊宽而平，强烈弯曲且基窝深。

描述 Pa 分子由齿台和前齿片组成。前齿片中等长，直或稍弯，前后大致等高，由侧扁的细齿愈合而成，细齿顶端分离。前齿片向后延伸至齿台，形成由细齿愈合而成的中齿脊，中齿脊稍侧弯，前部稍高，向后变低，并延伸至齿台之末端，其两侧近脊沟明显，窄而深。齿台矛形，较宽，略弯，微拱，两侧稍不对称，中部较宽，向前稍收缩，吻部不明显，向后收缩较明显，末端尖。齿台口面两侧具明显的横脊，相互平行，由两侧边缘向中齿脊延伸，但与中齿脊之间可有明显的近脊沟。反口面基腔明显，位于齿台中部；假龙脊宽而平，稍内弯。

比较 此种与 *Siphonodella praesulcata* 十分相似，前者由后者演化而来，两者的区别在于后者齿台窄而直，口面纹饰微弱，反口面基腔位于前端。此种与 *Siphonodella duplicata* 的区别在于前者无吻脊。

产地层位 广西桂林南边村，密西西比亚系（下石炭统）南边村组；贵州长顺睦化，密西西比亚系（下石炭统）王佑组。

三吻脊管刺 *Siphonodella trirostrata* Druce，1969
（图版 14，图 31—32）

1969 *Siphonodella trirostrata* Druce，p. 123，pl. 41，fig. 8（only）.

2014 *Siphonodella trirostrata*. —李志宏等，277—278 页，图版 2，图 7—8.

特征 外齿台近齿脊的一吻脊与齿台后部吻脊交错排列（分布有微弱的横脊）。

描述 刺体窄长不对称，自由前齿片长度为齿台的 1/3，前缘高，由 20 多个愈合的细齿组成。吻部发育 3~4 条具细齿的吻脊，一般内外齿台各有 2 条。外齿台近齿脊的一吻脊与齿台后部吻脊交错排列（分布有微弱的横脊）。内齿台外侧吻脊可由连续的瘤齿组成，其边缘具瘤齿。反口面基腔小，凹窝状。龙脊由前齿片向齿台后端延伸。

比较 此种外齿台近齿脊的一吻脊与齿台后部吻脊交错排列（分布有微弱的横脊），可与其他种相区别。

产地层位 广西南垌，密西西比亚系（下石炭统）巴平组。

颚刺科　GNATODONTIDAE Sweet，1988
颚刺属　*Gnathodus* Pander，1856

模式种　*Gnathodus mosquensis* Pander，1856

特征　Pa 分子由齿杯（或称齿台）和前齿片组成，由中央齿脊分开为内外侧齿杯。齿杯常不对称，内侧齿杯较窄小，具齿垣，与较膨大的外齿杯在前部与齿片、齿脊相连。

分布与时代　欧洲、美洲、亚洲和大洋洲的澳大利亚等；石炭纪。

双线颚刺先驱亚种　*Gnathodus bilineatus antebilineatus* Yang & Tian，1988
（图版 21，图 1—4）

1988 *Gnathodus bilineatus antebilineatus* Yang & Tian.—杨式溥和田树刚，65 页，图版 1，图 17—19，24—25.

特征　Pa 分子齿杯窄，不对称。内侧齿垣后端瘤齿状，不达齿杯后端。外侧齿杯为斜三角形，除靠近中齿脊的一排瘤齿外，其外侧还有 1~2 个瘤齿至 1~2 排瘤齿列。反口面基腔三角形。

描述　Pa 分子刺体由前齿片和齿杯组成。前齿片长而直，由侧扁的细齿愈合而成，但细齿顶端分离。前齿片向后伸至齿杯形成中齿脊，并达齿杯之末端。齿杯窄，不对称，斜三角形，内侧缘直，延伸比外侧缘更后些。外侧缘前部向外凸，呈钝角状。内齿杯发育齿垣，其前部横脊状，后端瘤齿状，但不达齿杯最后端。外侧齿杯斜三角状，除靠近中齿脊的一排瘤齿外，其外侧还有 1~2 瘤齿至 1~2 排瘤齿列。反口面基腔三角形，占据整个反口面。

比较　此亚种与 *Gnathodus bilineatus bilineatus* 的区别在于前者外侧齿杯窄、斜三角形，瘤齿脊较少，线脊弧度大。

产地层位　贵州水城滥坝，密西西比亚系（下石炭统）维宪阶。

双线颚刺双线亚种　*Gnathodus bilineatus bilineatus*（Roundy，1926）
（图版 18，图 1—5）

1926 *Polygnathus bilineatus* Roundy，p. 13，pl. 3，figs. 10a—c.
1975 *Gnathodus bilineatus bilineatus*（Roundy）.—Higgins，pp. 28—29，pl. 11，figs. 1—4，6—7.
1987a *Gnathodus bilineatus bilineatus*.—Wang et al.，pl. 3，fig. 12.
1987b *Gnathodus bilineatus bilineatus*.—Wang et al.，p. 128，pl. 1，fig. 6.
1988 *Gnathodus bilineatus bilineatus*.—董致中和季强，图版 4，图 6—10.
1989 *Gnathodus bilineatus bilineatus*.—Wang & Higgins，pp. 227—228，pl. 6，figs. 7—11.
1992b *Gnathodus bilineatus bilineatus*.— Nigmadganov & Nemirovskaya，pl. 1，fig. 3.
1996a *Gnathodus bilineatus bilineatus*.—王志浩，267 页，图版 1，图 11，16.
2003a *Gnathodus bilineatus bilineatus*.—Wang & Qi，pl. 1，fig. 4.
2006 *Gnathodus bilineatus bilineatus*.—董致中和王伟，183 页，图版 30，图 9，11，15，不是图 2（=*Gnathodus bilineatus bollandensis*）.

特征　Pa 分子外齿杯宽，近方形，有相互平行的瘤齿列。内齿杯窄而长，有粗的横脊。外侧齿杯较宽，口面发育相互平行或呈同心状的瘤齿列和脊。

描述 Pa分子不对称，由长的前齿片、近方形的外侧齿杯和较狭长的内侧齿杯组成。外侧齿杯较宽，口面发育相互平行和呈同心状的瘤齿列和脊。整个内侧齿杯口面饰以粗的横脊。前齿片长，由愈合的细齿组成。反口面为一开阔的基腔，并向前齿片延伸成齿槽。

比较 此亚种与 *Gnathodus bilineatus bollandensis* 十分相似，区别在于后者外侧齿杯口面光滑或仅有微弱的瘤齿发育。Meischne & Nemyrovska（1999）在 *Gnathodus bilineatus* 类群又分出两个亚种，即 *G. bilineatus remus* & *G. bilineatus romulus*，这两个亚种形态与 *G. bilineatus bilineatus* 的形态可能稍有不同，但它们都在同一层位中共生，区分它们没有地层意义，这也可能是属于同一亚种内的形态变化。

产地层位 贵州罗甸纳庆，密西西比亚系（下石炭统）；甘肃靖远和宁夏中卫，密西西比亚系（下石炭统）靖远组和臭牛沟组。

双线颚刺博兰德亚种 *Gnathodus bilineatus bollandensis* Higgins & Bouckaert，1968
（图版 18，图 6—11）

1968 *Gnathodus bilineatus bollandensis* Higgins & Bouckaert, pp. 29—30, pl. 2, figs. 10, 13; pl. 3, figs. 4—8.

1975 *Gnathodus bilineatus bollandensis*. —Higgins, p. 29, pl. 11, figs. 5, 8—13.

1985 *Gnathodus bilineatus bollandensis*. —Higgins, pl. 6. 1, figs. 4—5.

1987a *Gnathodus bilineatus bollandensis*. —Wang et al., pl. 2, figs. 9, 12.

1987b *Gnathodus bilineatus bollandensis*. —Wang et al., p. 128, pl. 1, figs. 7—10.

1988 *Gnathodus bilineatus bollandensis*. —董致中和季强，图版4，图 12—14.

1989 *Gnathodus bilineatus bollandensis*. —Wang & Higgins, p. 278, pl. 12, figs. 8—11.

1992b *Gnathodus bilineatus bollandensis*. —Nigmadganov & Nemirovskaya, pl. 1, figs. 1—2, 4.

1996a *Gnathodus bilineatus bollandensis*. —王志浩，267—268 页，图版1，图 14.

2003a *Gnathodus bilineatus bollandensis*. —Wang & Qi, pl. 1, fig. 1.

2006 *Gnathodus bilineatus bollandensis*. —董致中和王伟，183 页，图版 30，图 14, 16—18.

特征 Pa分子外侧齿杯宽，圆形或近方形，光滑或有微弱的瘤齿发育。

描述 Pa分子不对称，由前齿片和内外齿杯组成。前齿片长，由细齿愈合而成，向齿杯延伸成齿脊并伸达齿台之末端。外侧齿杯宽，圆形或近方形，光滑或有微弱的瘤齿发育。内齿杯狭长并有横脊。反口面为一开阔的基腔，并向前齿片延伸成齿槽。

比较 此种与 *Gnathodus bilineatus bilineatus* 最为相似，两者区别在于后者外齿杯口面发育相互平行排列和同心状分布的瘤齿列或脊。

产地层位 贵州罗甸纳庆，密西西比亚系（下石炭统）；云南宁蒗、丽江，密西西比亚系（下石炭统）尖山营组；甘肃靖远和宁夏中卫，密西西比亚系（下石炭统）靖远组。

鳞茎颚刺 *Gnathodus bulbosus* Thompson，1967
（图版 18，图 12—13）

1967 *Gnathodus bulbosus* Thompson, p. 37, pl. 3, figs. 7, 11, 14—15, 18—21.

1979 *Gnathodus bulbosus*. —Ruppel, p. 67, pl. 1, figs. 5—6.

1996 *Gnathodus bulbosus*. —朱伟元（见曾学鲁等），227 页，图版 40，图 8a—b.

特征 内侧齿杯前端具高的钉状瘤齿，外侧齿杯光滑或偶见瘤齿。中齿脊伸出齿杯后端，其侧方规律地凸凹。

描述 Pa 分子刺体由前齿片和齿杯组成。前齿片长而直，与齿杯近等长或比齿杯还长，由侧扁的细齿愈合而成，但顶端分离，其高度大致相等或齿片前部稍高。前齿片向后延伸至齿杯，在齿杯口面中央形成中齿脊。中齿脊前部高，向后逐渐变低，伸出齿杯后端，由瘤齿愈合而成，其侧方规律地凸凹。齿杯三角形，前部横向宽，向后明显收缩变窄，末端尖。内侧齿杯前端具高的钉状瘤齿，外齿杯光滑或偶见瘤齿。齿杯反口面为一开阔的基腔，前部宽，向后收缩变窄，末端尖。

比较 此种与 *Gnathodus mancer* 都具光滑的外侧齿杯，但前者内侧齿杯前端具高的钉状瘤齿，后者则为由长瘤组成的内侧脊。

产地层位 甘肃迭部益哇沟，密西西比亚系（下石炭统）石门塘组。

坎塔日克颚刺 *Gnathodus cantabricus* Belka & Lehmann，1998
（图版 18，图 14—15，18—19）

1998 *Gnathodus cantabricus* Belka & Lehmann，pp. 37—38，pl. 2，figs. 1—2（only）.

2005 *Gnathodus cantabricus*. —Nemyrovska，pp. 35—36，pl. 5，figs. 2，4—5，7，11.

2008 *Gnathodus cantabricus*. —祁玉平，67 页，图版 8，图 1—10.

特征 Pa 分子齿杯宽，亚圆形，不对称。齿杯外侧半圆形，口面瘤齿弱，分布不规则；齿杯内侧齿垣较弱，其前部为横脊而后部为瘤齿状，向后延伸，与中齿脊不汇合。

描述 Pa 分子刺体由前齿片和齿杯组成。前齿片长而直，与齿台近等长或比齿台还长，由侧扁的细齿愈合而成，但顶端分离，其高度大致相等或齿片前部稍高。齿杯宽，近圆形，但不规则，前部最宽，向后收缩变窄为钝圆形。齿杯外侧宽，近半圆形，口面一般散布不明显的弱瘤齿，分布不规则，但有的标本隐约可见同心状或平行线状分布的脊线。齿杯内侧齿垣发育弱，其中前部由较弱的横脊组成，最后端可呈瘤齿状，与中齿脊不相连，被一近脊沟隔开。中齿脊简单，较直，由瘤齿愈合而成，并延伸至齿台末端。反口面为一开阔中空的基腔，前部最宽，向后收缩变窄。

比较 此种与 *Gnathodus praebilineatus* 最为相似，但后者齿杯铲状，内侧齿垣发育不完全，齿垣与中齿脊间的近脊沟浅。

产地层位 贵州罗甸纳庆，密西西比亚系（下石炭统）谢尔普霍夫阶。

楔形颚刺 *Gnathodus cuneiformis* Mehl & Thomas，1947
（图版 19，图 1，15—16）

1947 *Gnathodus cuneiformis* Mehl & Thomas，p. 10，pl. 1，fig. 2.

1980 *Gnathodus cuneiformis*. —Lane et al.，p. 130，pl. 4，figs. 5—13；pl. 10，fig. 7.

1988 *Gnathodus cuneiformis*. —董致中和季强，图版 4，图 3—4.

2004 *Gnathodus cuneiformis*. —田树刚和科恩，图版 1，图 3，31；图版 3，图 19—21.

2006 *Gnathodus cuneiformis*. —董致中和王伟，184 页，图版 26，图 16.

2014 *Gnathodus cuneiformis* —Qie et al.，figs. 5.2—5.3.

特征 Pa 分子内侧齿杯有一长的齿垣，齿垣由一排瘤齿或横脊组成，并向后延伸到或接近齿脊后端。外侧齿杯也发育 1~2 排平行于齿脊的瘤齿列或一些不规则小瘤齿。

描述 Pa 分子刺体由前齿片和齿杯组成。前齿片长而薄，与齿台近等长，但常折断，由密集的细齿愈合而成，并向后沿齿杯中线延伸，形成由瘤齿愈合而成的中齿脊。齿杯近三角形，但除末端尖刺外，两前侧角钝圆，两侧强烈不对称。内侧齿杯较窄长，发育一长的齿垣。齿垣由一排瘤齿或横脊组成，并向后延伸到或接近齿脊后端。外侧齿杯宽，明显向外侧膨大，口面也发育 1~2 排平行于齿脊的瘤齿列或一些不规则小瘤齿。反口面基腔膨大开阔，中前部最宽，向后收缩变窄。

比较 此种与 *Gnathodus delicatus* 有些相似，特别是两者内侧齿杯都有长齿垣，区别在于后者外侧齿杯口面光滑无饰或仅有些少量的零散瘤齿。

产地层位 云南宁蒗老龙洞，密西西比亚系（下石炭统）尖山营组。

娇柔颚刺 *Gnathodus delicatus* Branson & Mehl，1938
（图版 20，图 21—24）

1938 *Gnathodus delicatus* Branson & Mehl，pl. 34，fig. 26.

1980 *Gnathodus delicatus*. —Lane et al.，p. 128，pl. 3，fig. 17；pl. 4，figs. 2—4.

1988 *Gnathodus delicatus*. —董致中和季强，图版 4，图 5.

2004 *Gnathodus delicatus*. —田树刚和科恩，图版 1，图 1；图版 2，图 21；图版 3，图 34—35.

2006 *Gnathodus delicatus*. —董致中和王伟，184 页，图版 27，图 16.

特征 Pa 分子内侧齿杯发育一长的齿垣，可延伸至齿脊之末端或接近末端。齿垣由一排瘤齿或横脊组成。外侧齿杯口面光滑无饰或散布少量分布不规则的瘤齿。

描述 Pa 分子刺体由前齿片和齿杯组成。前齿片长而薄，与齿杯近等长，由密集的细齿愈合而成，向后沿齿台中线形成由瘤齿愈合成的中齿脊，并延伸至齿杯末端。齿杯近三角形，但除末端尖刺外，两前侧角钝圆，且两侧强烈不对称。内侧齿杯较窄长，发育一长的齿垣。齿垣由一排瘤齿或横脊组成，并向后延伸到齿脊最后端。外侧齿杯宽，明显向外侧膨大，口面光滑无饰或散布少量分布不规则的瘤齿。反口面基腔膨大开阔，中前部最宽，向后收缩变窄。

比较 此种与 *Gnathodus semiglaber* 较为相似，特别是两者之外侧齿杯口面都光滑无饰或具一些少量散乱的瘤齿；两者的区别在于后者内侧齿杯口面的齿垣短，仅限于齿台前端，但前者可伸达齿台末端。此种的外形，特别是有些标本的外形与 *G. bilineatus bollandensis* 很难区分，但两者的层位不同，前者见于 Tournaisian 阶，后者见于 Serpukhovian 阶。

产地层位 云南宁蒗、丽江，密西西比亚系（下石炭统）尖山营组。

吉尔梯颚刺科利森亚种 *Gnathodus girtyi collinsoni* Rhodes，Austin & Druce，1969
（图版 21，图 5—7）

1969 *Gnathodus girtyi collinsoni* Rhodes，Austin & Druce，pp. 99—100，pl. 16，figs. 5a—8d.

1975 *Gnathodus girtyi collinsoni*. —Higgins，pp. 30—31，pl. 10，figs. 1—2.

1988 *Gnathodus girtyi collinsoni*. —杨式溥和田树刚，图版 1，图 1—2，5.

特征 Pa 分子外侧齿杯发育十分微弱的瘤齿，内侧齿杯具齿垣，其前部较高，向后变低。

描述　Pa 分子刺体由前齿片和齿杯组成。前齿片较长，由侧扁愈合的细齿组成。细齿高度大致相等，顶端分离。前齿片向后延伸至齿杯，在齿杯中央形成中齿脊。中齿脊直，由愈合的瘤齿组成，伸达齿台之末端。中齿脊把齿杯分隔为内外侧齿杯。内侧齿杯窄长，口面发育齿垣，为横脊状或瘤齿状，前部较高。外侧齿杯较宽，短，瘤齿不明显或发育十分微弱。反口面基腔膨大开阔，中前部最宽，向后收缩变窄。

比较　此亚种与 *Gnathodus girtyi girtyi* 的区别在于前者外侧齿杯瘤齿不明显或发育十分微弱。

产地层位　贵州水城，西西比亚系（下石炭统）维宪阶顶部。

吉尔梯颚刺吉尔梯亚种　Gnathodus girtyi girtyi Hass，1953
（图版 19，图 3—7）

1953 *Gnathodus girtyi* Hass，p. 80，pl. 14，figs. 22—24.

1969 *Gnathodus girtyi girtyi*. —Rhodes et al.，pp. 98—99，pl. 17，figs. 9，10（only）.

1975 *Gnathodus girtyi girtyi*. —Higgins，p. 31，pl. 10，figs. 5—6.

1987b *Gnathodus girtyi girtyi*. —Wang et al.，p. 128，pl. 7，figs. 9—10.

1988 *Gnathodus girtyi girtyi*. —董致中和季强，图版 5，图 14.

1988 *Gnathodus girtyi girtyi*. —杨式溥和田树刚，图版 2，图 2—3.

1996a *Gnathodus girtyi girtyi*. —王志浩，268 页，图版 2，图 1.

2005 *Gnathodus girtyi girtyi*. —Nemyrovska，pp. 36—37，pl. 7，fig. 15.

2008 *Gnathodus girtyi girtyi*. —祁玉平，68—69 页，图版 9，图 1—2.

特征　Pa 分子内外两侧齿杯窄长，两侧齿杯口面齿垣前部为横脊状，向后变为瘤齿状。中齿脊发育，沿齿杯中线延伸，可达齿杯末端。

描述　Pa 分子刺体由前齿片和齿杯组成。前齿片较长，常折断，由侧扁愈合的细齿组成。细齿高度大致相等，顶端分离。前齿片向后延伸至齿台，在齿台中央形成中齿脊。中齿脊直，中前部为脊状，由愈合的瘤齿组成，后部可为脊状或分离的瘤齿状，伸达或接近齿台末端。齿杯矛状，前部较宽，向后收缩变尖。中齿脊把齿台分隔为内外侧齿杯，两侧齿杯窄长。两侧齿杯口面齿垣发育，前部为横脊状，向后变为瘤齿状。反口面基腔膨大开阔，中前部最宽，向后收缩变窄。

比较　此亚种与 *Gnathodus girtyi collisoni* 较相似，区别在于后者齿杯口面光滑或瘤齿不发育。

产地层位　贵州罗甸纳庆和水城，密西西比亚系（下石炭统）谢尔普霍夫阶；云南宁蒗、丽江，密西西比亚系（下石炭统）尖山营组；甘肃靖远，密西西比亚系（下石炭统）臭牛沟组。

吉尔梯颚刺中间型亚种　Gnathodus girtyi intermedius Globensky，1967
（图版 19，图 2，8）

1967 *Gnathodus girtyi intermedius* Globensky，p. 440，pl. 58，figs. 11，15—20.

1968 *Gnathodus girtyi intermedius*. —Higgins & Bouckaert，p. 32，pl. 3，fig. 11.

1974 *Gnathodus girtyi intermedius*. —Lane & Straka，pp. 78—79，Fig. 33：1—10，24，26—27.

1975 *Gnathodus girtyi intermedius*. —Higgins，pp. 31—32，pl. 9，figs. 1—5，8—9.

1987 *Gnathodus girtyi intermedius*. —董振常，72—73 页，图版 5，图 3—4.

1989 *Gnathodus girtyi intermedius*. —Wang & Higgins，p. 278，pl. 2，fig. 14.

特征 Pa 分子齿杯口面中齿脊后半部为分离的瘤齿状，两侧齿垣在齿杯后端相交。

描述 Pa 分子刺体由齿杯和前齿片组成。前齿片长而直，由侧扁的细齿愈合而成，细齿顶端分离。前齿片向后延伸至齿杯，在齿杯口面中央形成中齿脊。中齿脊中前部的瘤齿排列较紧密，愈合成脊状，后端则为分离的瘤齿状，并延伸至齿杯末端。中齿脊两侧近脊沟明显，右侧近脊沟长而宽，中前部较深，后端浅面不明显。齿杯披针形，前部较宽，向后收缩变窄，末端尖。齿杯两侧缘发育有由瘤齿组成的齿垣，并都在齿杯后端与中齿脊汇合。右侧齿垣向前延伸，比左侧的稍靠前些，与中齿脊间的间距也明显大于左侧齿垣和中齿脊间的间距。齿杯反口面基腔膨大，前部最宽，向后收缩变窄，末端尖。

比较 此亚种与 *Gnathodus girtyi meischneri* 较相似，区别在于后者中齿脊中部向外张，内侧齿垣高而直，横脊状。此种与 *Gnathodus girtyi girtyi* 的区别在于后者齿垣前部为横脊状，向后变为瘤齿状。

产地层位 贵州罗甸纳庆，密西西比亚系（下石炭统）谢尔普霍夫阶。

吉尔梯颚刺梅氏亚种 *Gnathodus girtyi meischneri* Austin & Husti，1974
（图版 19，图 9—12）

part in 1974 *Gnathodus girtyi meischneri* Austin & Husti，pp. 53—54，pl. 2，figs. 1—3；pl. 16，fig. 7（only）.

1999 *Gnathodus girtyi meischneri*. — Meischner & Nemyrovska，pl. 3，figs. 4—8.

2005 *Gnathodus girtyi meischneri*. — Nemyrovska，pp. 37—38，pl. 7，figs. 4—5，7，14.

2008 *Gnathodus girtyi meischneri*. —祁玉平，69—70 页，图版 10，图 1—12.

特征 Pa 分子齿杯口面中齿脊发育，两侧齿垣的高度和长度不同，外侧齿垣较低而短，在中齿脊中部向外张；内侧齿垣高而直，横脊状。

描述 Pa 分子刺体由齿杯和前齿片组成。前齿片长而直，与齿杯等长或比齿杯还要长些，前后大致等高或前部稍高，由侧扁的细齿愈合而成，但细齿顶端分离。前齿片向后延伸至齿杯，在齿杯口面中央形成中齿脊。中齿脊齿片状，较高，直或稍侧弯，由侧扁的细齿愈合而成，并伸至齿杯最末端。齿杯矛形，前部最宽，向后明显收缩变窄，末端尖。外侧齿杯外侧边缘发育的齿垣较低较短，弧状，中部向外拱曲，由发育较弱的横脊组成，后端可为瘤齿状。内侧齿杯的齿垣较发育，高，长而直，与中齿脊高度相当，沿内齿杯边缘延伸，直达齿杯末端与中齿脊汇合。内侧齿垣中前部由较明显的横脊组成，后端可被瘤齿替代。反口面基腔膨大开阔，中前部最宽，向后收缩变窄。

比较 此亚种与 *Gnathodus girtyi girtyi* 比较相似，区别在于前者外侧齿垣的形态和高度的发育要比后者好得多，前者发育完整，较高，后者外侧齿垣前部发育不完整。

产地层位 贵州罗甸纳庆，密西西比亚系（下石炭统）谢尔普霍夫阶。

吉尔梯颚刺果形亚种 *Gnathodus girtyi pyrenaeus* Nemyrovska & Perret，2005
（图版 19，图 13—14）

2005 *Gnathodus girtyi pyrenaeus* Nemyrovska & Perret，pp. 38—39，pl. 7，figs. 6，8—12.

2008 *Gnathodus girtyi pyrenaeus*. —祁玉平，70—71 页，图版 10，图 13—16.

特征 Pa 分子齿杯两侧齿垣近等长，都可伸达齿杯末端与中齿脊汇合。内侧齿垣高，横脊状。外侧齿垣有两种类型，一种是齿垣宽而平，三角形，最宽处靠近前端；另一种类型齿垣较平而光滑，但表面饰有分布不规则的小瘤齿。

描述 Pa 分子刺体由齿杯和前齿片组成。前齿片长而直，与齿杯等长或比齿杯还要长，前后大致等高或中前部稍高，由侧扁的细齿愈合而成，但细齿顶端分离。前齿片向后延伸至齿杯，在齿杯口面中央形成中齿脊。中齿脊齿片状，较高，向后变低，直或稍弯，由侧扁的细齿愈合而成，并伸至齿杯最末端。齿杯矛形，前部最宽，向后明显收缩变窄，末端尖。齿杯两侧齿垣近等长，都可延伸至齿杯末端与中齿脊相连。内侧齿垣较发育，较直，中前部由横脊组成，其前部要比外齿垣更靠前些，末端处为瘤齿状。外侧齿垣有两种形态：一类是齿垣前部宽而平，三角形，最宽处靠近前端；另一种类型的齿垣较平而光滑，但表面饰有分布不规则的小瘤齿。反口面基腔膨大开阔，中前部最宽，向后收缩变窄。

比较 此种与 *Gnathodus girtyi meischneri* 较为相似，但后者外侧齿垣较短，不会伸达齿台末端，常位于较中心的位置，其边缘因较隆起而显得更明显；前者外侧齿垣长，可伸达齿台末端与中齿脊和内侧齿垣相交，另外可有宽而平和三角形的内齿垣，或较平而光滑，但表面饰有分布不规则小瘤齿的内齿垣。

产地层位 贵州罗甸纳庆，密西西比亚系（下石炭统）谢尔普霍夫阶。

吉尔梯颚刺罗德亚种 *Gnathodus girtyi rhodesi* Higgins，1975
（图版 21，图 8—10）

1975 *Gnathodus girtyi rhodesi* Higgins，pp. 32—33，pl. 10，figs. 3—4.

1985 *Gnathodus girtyi rhodesi*. —Higgins，pl. 6.2，Fig. 1.

1988 *Gnathodus girtyi rhodesi*. —杨式溥和田树刚，图版 1，图 3—4，6.

特征 Pa 分子齿杯外侧向后延可伸达后端，但不达靠前处，即比内侧相对应部分要靠后些；内侧发育靠前，但不伸达后端，中齿脊发育。

描述 Pa 分子刺体由齿杯和前齿片组成。前齿片长而直，与齿杯等长或比齿杯还要长，前后大致等高或中前部稍高，由侧扁的细齿愈合而成，但细齿顶端分离。前齿片向后延伸至齿杯，在齿杯口面中央形成中齿脊。中齿脊齿片状，较高，向后变低，直或稍弯，由侧扁的细齿愈合而成，并伸至齿杯最末端。齿杯矛形，前部最宽，向后明显收缩变窄，末端尖。齿杯外侧齿垣瘤齿状，向后延伸可伸达后端，但不伸达最靠前处，即比内侧相对应部分延伸要靠后些。内侧齿垣前缘横脊状，向后变为瘤齿状，发育靠前但不达后端。其后端要比齿杯外侧末端靠前，其前端要比外侧齿杯更靠前。

比较 此亚种与 *Gnathodus girtyi girtyi* 的区别在于不同的齿垣形态，后者齿垣前端横脊状，后端则为瘤齿状并都延伸至齿杯之末端。

产地层位 贵州水城，西西比亚系（下石炭统）维宪阶顶部。

吉尔梯颚刺简单亚种 *Gnathodus girtyi simplex* Dunn，1965
（图版 21，图 11—17）

1965 *Gnathodus girtyi simplex* Dunn，p. 1148，pl. 140，figs. 2—3，12.

1969 *Gnathodus girtyi simplex*. —Rhodes et al.，pp. 100—101，pl. 16，figs. 1a—4d.

1975 *Gnathodus girtyi simplex*. —Higgins，p. 33，pl. 9，figs. 6—7，11.

1988 *Gnathodus girtyi simplex*. —董致中和季强，图版 6，图 1—4.

1988 *Gnathodus girtyi simplex*. —杨式溥和田树刚，图版 2，图 4—5，14，29.

特征 此亚种的 Pa 分子齿杯两侧细齿微弱，且仅限于齿杯中部和前部，外侧齿杯瘤齿较小而少，常缩减为 1~2 个瘤齿。

描述 Pa 分子刺体由齿杯和前齿片组成。前齿片长而直，与齿杯等长或比齿杯还要长，前后大致等高或中前部稍高，由侧扁的细齿愈合而成，但细齿顶端分离。前齿片向后延伸至齿杯，在齿杯口面中央形成中齿脊。中齿脊齿片状，较高，向后变低，直或稍弯，由侧扁的细齿愈合而成，并伸至齿杯最末端。齿杯小，矛形，前部最宽，向后明显收缩变窄，末端尖。内侧齿杯发育齿垣，前部横脊状，较高，块状，与中齿脊由纵沟隔开，向后瘤齿变小并靠近中齿脊。外侧齿杯瘤齿较小而少，常缩减为 1~2 个瘤齿，向后延伸比内侧更靠后。反口面基腔膨大开阔，中前部最宽，向后收缩变窄。

比较 此亚种与 *Gnathodus girtyi collinsoni* 的区别在于后者外侧齿杯瘤齿不发育；它与 *G. girtyi girtyi* 的区别在于前者齿台两侧细齿微弱，且仅限于齿杯中部和前部，内侧齿杯后缘常不达中齿脊末端。

产地层位 贵州水城，密西西比亚系（下石炭统）谢尔普霍夫阶。

光滑颚刺 *Gnathodus glaber* Wirth，1967

（图版 20，图 28—29）

1967 *Gnathodus glaber* Wirth，pp. 210—211，pl. 20，figs. 1—5.

1970 *Gnathodus glaber*. —Dunn，text-fig. 11B.

1977 *Gnathodus glaber*. —Ebner，pp. 469—470，pl. 5，figs. 1—3.

1988 *Gnathodus glaber*. —董致中和季强，图版 5，图 15.

1988 *Idiognathoides glaber*. —杨式溥和田树刚，图版 2，图 19—20，25.

1989 *Gnathodus glaber*. —Wang & Higgins，p. 278，pl. 11，figs. 8—9.

特征 Pa 分子齿杯三角形，前端向上拱，口面光滑无饰。

描述 Pa 分子刺体由齿杯和前齿片组成。前齿片长而直，稍内弯，由侧扁的细齿愈合而成。前齿片向后延伸至齿杯，在齿杯口面中央形成中齿脊。中齿脊由侧向稍拉长的瘤齿愈合而成，并伸达齿杯末端。齿杯三角形，前部两侧向外膨大和向上拱曲，为齿杯最宽处，向后迅速收缩变尖成三角形，口面光滑无饰。反口面基腔膨大开阔，前部为最宽最深处，向后收缩变窄变尖。

比较 此种以三角形的齿杯、瘤齿横向拉长的中齿脊和光滑的口面可与其他已知种相区别。

产地层位 贵州罗甸纳庆,宾夕法尼亚亚系(上石炭统)滑石板阶; 云南宁蒗、丽江,密西西比亚系（下石炭统）尖山营组。

伊萨默颚刺 *Gnathodus isomeces* Cooper，1939

（图版 19，图 17）

1939 *Gnathodus isomeces* Cooper，p. 388，pl. 42，figs. 61—62.

1974 *Gnathodus isomeces.* —Gedik，p. 13，pl. 7，figs. 13—15.

1983 *Gnathodus isomeces.* —熊剑飞，324 页，图版 76，图 10.

特征　Pa 分子齿杯叶状，中齿脊伸达齿台末端，外侧齿杯宽而内侧齿杯较窄，齿杯口面具星点状瘤齿，其内侧前缘处几个较大。

描述　Pa 分子由前齿片和齿杯组成。前齿片长，比齿杯稍短或近等长，由侧扁的细齿愈合而成，但细齿顶端分离。前齿片向后延伸至齿杯，在齿杯中央形成直的中齿脊，并伸达齿杯末端。齿杯叶状，中齿脊伸达齿杯末端，外侧齿杯宽而内侧齿杯较窄，齿杯口面具星点状瘤齿，其内侧前缘处几个较大。齿杯反口面为一开阔的基腔。

比较　此种齿杯两侧散布星点状的细齿，可与其他已知种相区别。

产地层位　贵州紫云，密西西比亚系（下石炭统）。

龙殿山颚刺　*Gnathodus longdianshanensis* Tian & Coen，2004
（图版 21，图 18—19）

2004 *Gnathodus longdianshanensis* Tian & Coen. —田树刚和科恩，743 页，图版 3，图 22—24.

特征　Pa 分子齿台口面两侧形成愈合的窄围脊或缘脊。

描述　Pa 分子由前齿片和齿台组成。前齿片长，由细齿愈合而成，但其顶端分离，两侧缘凸出呈两条窄缘脊。前齿片向后延伸至齿台，在齿台口面中央形成中齿脊。中齿脊高凸，稍内弯，其瘤齿大部愈合，并伸达齿台末端。齿台窄长，呈长三角形，其两侧形成愈合的窄围脊或缘脊。反口面基腔膨大，位于齿台前部，约占齿台之长度的一半。

比较　此种以齿台口面两侧形成愈合的窄围脊或缘脊区别于其他已知种。要指出的是，*Gnathodus* 属的基腔应占据整个齿台的反口面而形成齿杯状，当前标本的基腔虽然比较大，但只占据整个齿台反口面的一半左右，因此，很可能它应归入 *Pseudopolygnathus* 属。

产地层位　广西柳江龙殿山，密西西比亚系（下石炭统）杜内阶。

后双线颚刺　*Gnathodus postbilineatus* Nigmadganov & Nemirovskaya，1992
（图版 20，图 25—27）

1992 *Gnathodus postbilineatus* Nigmadganov & Nemirovskaya，pp.262—263，pl. 1，figs. 7—12；pl. 2，figs. 1—5.

特征　内侧齿垣长而直，延伸至齿台末端并与中齿脊联合成横脊，齿台外侧光滑或具不明显的瘤齿。

描述　刺体较窄长，由前齿片和齿台组成。前齿片长而直，由一系列细齿愈合而成，向齿台延伸形成直或稍内弯的中齿脊并达齿台末端。内侧齿台较窄长，发育一明显的、由短横脊组成的齿垣。内齿垣直，伸达齿台末端，并在末端与中齿脊汇合形成横脊。外侧齿台向外膨大，半球形，光滑或有微弱的瘤齿。反口面为一开阔的基腔，并向前齿片延伸成齿沟。

比较　此种与 *Gnathodus bilineatus bilineatus* 的区别在于前者内侧齿垣延伸至齿台末端，并与中齿脊联合成横脊，齿台外侧光滑或具不明显的瘤齿。此种外齿台光滑或具微弱的瘤齿，与 *Gnathodus bilineatus bollandensis* 相似，但前者内侧齿垣延伸至齿台末端并与中齿脊联合成横脊，后者则在伸达齿台末端之前就中止。

产地层位 新疆南天山阿克苏地区，宾夕法尼亚亚系（上石炭统）巴什基尔阶；贵州罗甸纳庆，密西西比亚系—宾夕法尼亚亚系。

前双线颚刺 *Gnathodus praebilineatus* Belka，1985

（图版 19，图 24—25）

1985 *Gnathodus praebilineatus* Belka，p. 39，pl. 7，figs. 14，21.

1999 *Gnathodus praebilineatus*. —Meichner & Nemyrovska，pp. 438—440，pl. 1，figs. 2—3，5，7，9—10，14，17；pl. 2，figs. 5，7，11，16；pl. 3，figs. 20—21.

2004 *Gnathodus praebilineatus*. —田树刚和科恩，图版 1，图 9—10，13—15；图版 2，图 7.

2008 *Gnathodus praebilineatus*. —祁玉平，71—72 页，图版 4，图 14，21.

特征 Pa 分子齿杯常为铲形，外侧齿杯口面瘤齿分布不规则，内侧齿垣发育不全，横脊不规则，最后端为瘤齿。

描述 Pa 分子刺体由前齿片和齿杯组成。前齿片长而直，其长度可与齿杯等长或更长，近等高，由侧扁的细齿愈合而成，但顶端分离。前齿片向后延伸至齿杯，在齿杯上形成中齿脊。中齿脊直或稍弯，构造简单，仅由单列瘤齿愈合而成，并延伸至齿杯末端。齿杯铲形或三角形，前部最宽，向后急剧收缩变尖。齿杯外侧明显外扩，前侧缘外伸呈钝角状，口面发育一些不规则瘤齿或由瘤齿连成的脊，一般分布不规则，呈平行或同心线状分布。齿杯内侧齿垣发育弱，不完全，中前部为横脊，但不规则，后端则为瘤齿所替代。内侧齿垣与中齿脊间的近脊沟浅而窄。反口面为一开阔的基腔，中前部最宽，向后明显收缩变窄，末端尖角状。

比较 此种与 *Gnathodus bilineatus* 的区别在于前者：①内侧齿垣发育不完全，窄而长，横脊不规则；②中齿脊构造简单，仅由简单的瘤齿组成；③内侧齿垣与中齿脊间的近脊沟浅而窄；④齿杯外侧口面瘤齿简单，分布不规则。

产地层位 广西柳州碰冲、贵州罗甸纳庆，密西西比亚系（下石炭统）鹿寨组或谢尔普霍夫阶。

假半光滑颚刺 *Gnathodus pseudosemiglaber* Thompson & Fellows，1970

（图版 21，图 20—25）

1970 *Gnathodus texanus pseudosemiglaber* Thompson & Fellows，p. 88，pl. 2，figs. 6，8—9，11—13.

1980 *Gnathodus pseudosemiglaber*. —Lane et al.，pp. 132—133，pl. 4，figs. 15—17，19；pl. 5，figs. 8—15；pl. 6，fig. 14.

1988 *Gnathodus pseudosemiglaber*. —董致中和季强，图版 5，图 23—24.

2004 *Gnathodus pseudosemiglaber*. —田树刚和科恩，图版 1，图 2，12；图版 2，图 15—16.

2006 *Gnathodus semiglaber* Bischoff. —董致中和王伟，186—187 页，图版 29，仅是图 3.

特征 Pa 分子齿杯近三角形，外侧齿杯前部由瘤齿组成假齿垣。

描述 Pa 分子刺体由前齿片和齿杯组成。前齿片长而薄，与齿杯近等长，由密集的细齿愈合而成，并向后延伸，沿齿杯中线形成由瘤齿愈合成的中齿脊。中齿脊前部或中前部为单列瘤齿脊，但从中部起或在后部齿脊瘤齿常呈横脊状和两列瘤齿状。齿杯近三角形，但除末端尖刺外，两前侧角钝圆，两侧强烈不对称，内侧齿杯较窄长，前部发育一明显的齿垣，较短，与中齿脊平行。外侧齿杯强烈外突，除口面前部有少量瘤齿或脊组成的假齿垣外，一般光滑无饰。反口面基腔膨大开阔，中前部最宽，向后收缩变窄。

比较　此种与 *Gnathodus semiglaber* 最为相似，区别在于后者外侧齿杯不发育假齿垣。

产地层位　云南宁蒗老龙洞、广西柳州碰冲，密西西比亚系（下石炭统）尖山营组和鹿寨组。

线形颚刺　*Gnathodus punctatus*（Cooper，1939）

（图版 20，图 1—3）

1939 *Drephenatus punctatus* Cooper, p. 386, pl. 41, figs. 42—43.

1980 *Gnathodus punctatus*. —Lane et al., p. 132, pl. 3, fig. 18；pl. 4, fig. 14.

1988 *Gnathodus punctatus*. —董致中和季强，图版 4，图 2.

2004 *Gnathodus punctatus*. —田树刚和科恩，图版 1，图 25，34.

2006 *Gnathodus punctatus*. —董致中和王伟，186 页，图版 27，图 17.

特征　Pa 分子齿杯大而具不规则轮廓，内侧齿杯具明显的齿垣。齿垣由融合的细齿或横脊组成，向前倾斜伸向前齿片或向齿脊拱曲。外侧齿杯大，口方发育细齿，分布变化大，可形成放射状或平行于前边缘的瘤齿列。

描述　Pa 分子刺体由前齿片和齿杯组成。前齿片稍侧弯，折断，由愈合的细齿组成，顶端分离。前齿片向后延伸至齿杯形成中齿脊，并可延伸至刺体末端。齿杯大而具不规则轮廓，内侧齿杯具明显的齿垣，齿垣由融合的细齿或横脊组成，向前倾斜伸向前齿片或向齿脊拱曲。外侧齿台大，口方发育细齿，分布变化大，可形成放射状或平行于前边缘的瘤齿列。反口面基腔膨大而浅。

比较　此种与 *Gnathodus semiglaber* 和 *G. pseudosemiglaber* 较为相似，它们的内侧齿杯前部都有明显的齿垣，但齿垣的形状不一样，另外后两者外侧齿杯都较光滑或仅有少量瘤齿。

产地层位　云南宁蒗老龙洞、宁蒗、丽江，密西西比亚系（下石炭统）尖山营组。

半光滑颚刺　*Gnathodus semiglaber* Bischoff，1957

（图版 18，图 16—17；图版 20，图 4—9）

1857 *Gnathodus semiglaber* Bischoff, p. 22, pl. 3, figs. 1—10, 12, 14.

1980 *Gnathodus semiglaber*. —Lane et al., p. 132, pl. 4, figs. 1, 18；pl. 5, figs. 1—2.

1988 *Gnathodus semiglaber*. —董致中和季强，图版 5，图 22.

1993 *Gnathodus semiglaber*. —应中锷等（见王成源），224 页，图版 42，图 1—2.

2004 *Gnathodus semiglaber*. —田树刚和科恩，图版 1，图 4，32；图版 2，图 17—18；图版 3，图 28.

2006 *Gnathodus semiglaber*. —董致中和王伟，186—187 页，图版 29，图 3，不是图 21（=*G. pseudosemiglaber*）.

2008 *Gnathodus* cf. *semiglaber*. —祁玉平，图版 8，图 11—12.

特征　Pa 分子齿杯不对称，内侧齿杯具一短而高的齿垣。齿垣由愈合的细齿组成，其为直的、斜的或从齿脊方向向外拱曲。宽的外侧齿杯可以是光滑无饰，在其前部可有少量瘤齿，这些瘤齿也可形成不明显的瘤齿线列。有些形态类型的中齿脊，在相对于齿垣或齿垣后的位置，瘤齿横向扩张成横脊状。

描述　Pa 分子刺体由前齿片和齿杯组成。前齿片较长，由侧扁愈合的细齿组成，前后细齿高度大致相似。前齿片向后延伸至齿杯，在齿杯中央形成固定的中齿脊并延伸至齿杯末端。齿杯卵圆形至矛形，两侧不对称，前部或中前部最宽，向后明显收缩变尖。外侧齿杯外凸明显，较宽，口面光滑无饰，或前部具有少量瘤齿。内侧齿杯较窄，其前部具一短而高的齿垣。齿垣由愈合的细齿组成，其为直的、斜的或从齿脊方向向外拱曲。中齿脊位于齿杯中央，由瘤齿或细齿愈合而成，有些形态类型的中齿脊，在相对于齿垣或齿垣后的位置，瘤齿横向扩张成横脊状。反口面基腔大，向两侧膨大，中前部最宽，向后收缩变窄。

比较　此种与 *Gnathodus pseudosemiglaber* 最为相似，区别在于后者外侧齿杯前部发育由多个瘤齿组成的假齿垣。

产地层位　云南施甸鱼硐、宁蒗老龙洞，密西西比亚系（下石炭统）尖山营组；南京茨山，宾夕法尼亚亚系（上石炭统）黄龙组底部白云岩段。

华丽颚刺　Gnathodus superbus Dong & Ji，1988
（图版 21，图 28—29）

1988 *Gnathodus superbus* Dong & Ji. —董致中和季强，45 页，图版 4，图 18—17.

特征　Pa 分子齿台内侧具由横脊组成的齿垣，外侧则为密集等大的瘤齿，其四周光滑无饰。

描述　Pa 分子由齿台和前齿片组成，前齿片较长，与齿台近等长，微内弯，由一列等高的细齿组成。细齿大部愈合，仅顶端分离。前齿片向后延伸至齿台形成中央齿脊，并延伸至齿台末端。中齿脊较高，由瘤齿组成，靠后端的细齿常横向拉长，微微膨胀。齿台近三角形，高耸，两侧不对称，四周边缘陡峭光滑，口面较平坦。内侧齿台发育由一列横脊组成的齿垣，向后延伸但不达末端，其前端的横脊较长，向后逐渐变短。外侧齿台口面发育密集、等大的瘤齿。基腔大而深，占据了整个反口面。

比较　此种与 *Gnathodus delicatus* 较为相似，但后者内侧齿台的齿垣长，可延伸至齿脊末端或接近末端，外侧齿台口面光滑无饰或散布少量分布不规则的瘤齿。

产地层位　云南宁蒗、丽江地区，密西西比亚系（下石炭统）尖山营组。

德克萨斯颚刺　Gnathodus texanus Roundy，1926
（图版 20，图 10—12）

1926 *Gnathodus texanus* Roundy，p. 12，pl. 2，figs. 7—8.

1980 *Gnathodus texanus*. —Lane et al.，p. 133，pl. 6，figs. 8—9，11—12，16.

1989 *Gnathodus texanus*. —王成源和徐珊红，38 页，图版 2，图 2.

1988 *Gnathodus texanus*. —董致中和季强，图版 5，图 19—21.

2006 *Gnathodus texanus*. —董致中和王伟，187 页，图版 29，图 6，12.

特征　Pa 分子刺体由前齿片和齿杯组成。前齿片长，向齿杯延伸成较直的中齿脊，并将齿杯分为内外侧齿杯。内侧齿杯小，在齿垣之下，光滑，可具 1 个大瘤齿或 2~3 个小瘤齿。外侧齿杯较大，短，止于齿片后端之前，口面光滑可具 1 个大瘤齿或 2 个小瘤齿组成的短柱式齿垣。

描述 Pa分子刺体由前齿片和齿杯组成。前齿片直而细长，常折断，由一系列侧扁的细齿愈合而成。细齿前后高度大致相似，顶端分离。前齿片向后延伸至齿杯形成中齿脊，并伸至齿杯末端或超出齿杯后缘形成后齿片。中齿脊较直，将齿杯分为内外侧齿杯。齿杯矛形或心形，中部两侧向外扩张，为齿杯最宽处，由此向前后明显变窄，末端尖。内外侧齿杯大小可变化。有的标本内侧齿杯小，在齿垣之下，光滑，可具1个大瘤齿或2~3个小瘤齿。外侧齿杯较大，短，止于齿片后端之前，口面光滑可具1个大瘤齿或2个小瘤齿组成的短柱式齿垣。也有相反的标本，即内侧齿杯可稍大于外侧齿杯，但瘤齿发育情况不变。反口面基腔向两侧膨大，位于刺体近中部的齿杯下方。

比较 此种由 *Gnathodus pseudosemiglaber* 演化而来，区别在于后者具假齿垣，前者由后者的假齿垣缩小为单个或2~3个瘤齿演化而成。有些标本中齿脊后部的瘤齿横向伸展成很短的横脊，外侧齿杯前部也有形成假齿垣的迹象，这就是 *Gnathodus pseudosemiglaber*→*G. texanus* 过渡型标本。

产地层位 云南宁蒗和丽江，密西西比亚系（下石炭统）尖山营组。

典型颚刺 Gnathodus typicus Cooper，1939
（图版20，图13—20）

1939 *Gnathodus typicus* Cooper，pl. 42，figs. 77—78.

1980 *Gnathodus typicus*. —Lane et al.，p. 130，pl. 3，figs. 2—4，10；pl. 10，fig. 6.

1988 *Gnathodus typicus*. —董致中和季强，图版5，图18.

1989 *Gnathodus typicus*. —王成源和徐珊红，38页，图版1，图14；图版2，图2—3，5—6.

2004 *Gnathodus typicus*. —田树刚和科恩，图版1，图5—8，11，26—27，33；图版2，图9—11；图版3，图27，30—31.

2006 *Gnathodus typicus*. —董致中和王伟，187页，图版27–1，图5；图版29，图5，10，17，22.

特征 Pa分子刺体由前齿片和齿杯组成，前齿片很长，向齿杯延伸成固定齿脊，并将齿杯分为内外两侧齿杯。外侧齿杯口面光滑或有一个以上无序的小瘤齿；内侧齿杯齿垣高而短，齿垣之后的内齿杯光滑或有几个小瘤齿与齿脊平行。

描述 Pa分子刺体由前齿片和齿杯组成。前齿片直而细长，由一系列侧扁的细齿愈合而成。细齿前后高度大致相似，顶端分离。前齿片向后延伸至齿杯形成中齿脊，并伸达齿杯末端或超出齿杯后缘成后齿片。中齿脊较直，将齿杯分为内外侧齿杯。齿杯矛形或心形，两侧向外扩张，前部为齿杯最宽处，由此向后收缩变窄，末端尖。外侧齿杯口面光滑或有一个以上无序的小瘤齿；内侧齿杯齿垣高而短，齿垣之后的内齿杯光滑或有几个小瘤齿与齿脊平行。反口面基腔向两侧膨大，位于刺体近中部的齿杯下方。

比较 此种与 *Gnathodus delicatus* 具相似的外侧齿杯，区别在于后者内侧齿杯的齿垣长，能伸至齿台末端。

产地层位 广西忻城里苗、柳州碰冲以及云南施甸、宁蒗和丽江，密西西比亚系（下石炭统）鹿寨组、香山组及相当层位。

原始颚刺属 Protognathodus Ziegler，1969

模式种 *Gnahodus kocheli* Bischoff，1957

特征　Pa分子由前齿片和齿杯（或称齿台）组成，前齿片长而直，大致可与齿杯等长。齿杯卵圆形，宽而短，两侧对称或稍不对称，位于刺体后部。口面光滑或有瘤齿分布，瘤齿散乱分布或呈齿列状。整个反口面为一开阔基腔。

分布与时代　欧洲、北美洲、亚洲和非洲；晚泥盆世最晚期至密西西比亚纪（早石炭世）最早期。

柯林森原始颚刺　*Protognathodus collnsoni* Ziegler，1969
（图版22，图1—5）

1969 *Protognathodus collnsoni* Ziegler，pl. 1，figs. 13—18.

1973 *Protognathodus collnsoni*. —Ziegler（ed.），pp. 415—416，*Schimidtognathus*—pl.2，figs. 4a—b.

1984 *Protognathodus collnsoni*. —季强等，图版2，图20.

non 1984 *Protognathodus collnsoni*. —王成源和殷保安，图版3，图16（=*Pr. kockeli*）.

1985 *Protognathodus collnsoni*. —季强等（见侯鸿飞等），120—121页，图版28，图14—18.

1988 *Protognathodus collnsoni*. —Wang & Yin in Yu，p. 130，pl. 22，figs. 5—17.

1989 *Protognathodus collnsoni*. —Ji et al.，pp. 90—91，pl. 18，figs. 7a—9b.

特征　Pa分子齿杯稍不对称，外侧略大，外侧后部和内侧前部均有外张的边缘。口面仅有一个小瘤，可发育于任何一侧。齿脊直并伸至齿杯后端。

描述　Pa分子由前齿片和齿杯组成，前齿片长，直或稍内弯，大致可与齿杯等长，由一列等高且顶端分离的细齿愈合而成。前齿片向后延伸至齿杯，并在齿杯中心线形成中齿脊。中齿脊直，由愈合的瘤齿组成，并延伸至齿杯末端。齿杯心形，两侧稍不对称，外侧略大于内侧，中前部最宽，由此向后迅速收缩变尖。齿杯外侧后部和内侧前部均有外张的边缘。口面仅有一个小瘤，可发育于任何一侧。整个反口面为一开阔膨大的基腔。

比较　此种与 *Protognathodus kockeli* 比较相似，区别在于后者口面具有 1~2 列由两个以上细齿组成的齿列。此种与 *P. meischeri* 的区别在于后者齿杯两侧对称，口面光滑无饰。

产地层位　广西桂林南边村，密西西比亚系（下石炭统）南边村组；那坡三叉河，密西西比亚系（下石炭统）三里组；贵州睦化，密西西比亚系（下石炭统）王佑组。

心形原始颚刺　*Protognathodus cordiformis* Lane，Sandberg & Ziegler，1980
（图版22，图13—14）

1980 *Protognathodus cordiformis* Lane，Sandberg & Ziegler，p. 134，pl. 3，figs. 12—16.

1981 *Protognathodus cordiformis*. —Ziegler，pp. 309—311，*Protognathodus*—pl. 1，figs. 1—4.

2004 *Protognathodus cordiformis*. —田树刚和科恩，图版2，图19—20.

特征　Pa分子齿杯心形，稍不对称，两侧前缘稍叉开。外侧齿杯前部向外延伸呈侧齿叶状，下边具一褶叠；内侧齿杯延伸更靠后些。口面强烈瘤齿状，分布不规则或呈纵向线状分布。

描述　Pa分子由前齿片和齿杯组成，前齿片长，直或稍内弯，大致可与齿杯等长，由一列等高且顶端分离的细齿愈合而成。前齿片向后延伸至齿杯，并在齿杯中央形成中齿脊。中齿脊直或稍内弯，较高，由细齿愈合而成，延伸至齿台末端，并将齿杯划分为内外两侧齿杯。齿杯心形，不对称，外侧齿杯稍大于内侧齿杯；齿杯中前部最宽，向后迅速收缩变尖。外侧齿杯前部向外延伸呈侧齿叶状，下边具一褶叠；内侧齿杯延伸更靠后些。齿杯口面强烈瘤齿状，瘤齿较大，呈纵向线状分布或分布不规则。整个反口面为一膨大中空的基腔。

比较　此种以外侧齿台下边发育褶叠而区别于其他已知种。

产地层位　云南施甸鱼硐，密西西比亚系（下石炭统）香山组。

<h3 style="text-align:center">科克尔原始颚刺 Protognathodus kockeli（Bischoff，1957）</h3>
（图版 22，图 6—12，15—20）

1957 *Gnathodus kockeli* Bischoff, p. 25, p. 3, figs. 7a—b, 28—32.

1969 *Protognathodus kockeli.* —Ziegler, pl. 1, figs. 19—20, 23—25; pl. 2, figs. 1—5.

1983 *Protognathodus kockeli.* —熊剑飞等，图版 2，图 9.

non 1983 *Protognathodus kockeli.* —熊剑飞等，图版 1，图 16a—b.

1984 *Protognathodus kockeli.* —王成源和殷保安，图版 3，图 14—15（non fig. 12=*Pr. kuchni*）.

1984 *Protognathodus collnsoni.* —王成源和殷保安，图版 3，图 16.

1984 *Protognathodus kockeli.* —邱洪荣，图版 5，图 3.

1985 *Protognathodus kockeli.* —季强等（见侯鸿飞等），121 页，图版 28，图 19—28.

1988 *Protognathodus kockeli.* —Wang & Ying, p. 130, pl. 22, figs. 8—17; pl. 31, fig. 12.

1989 *Protognathodus kockeli.* —Ji et al., p. 91, pl. 18, figs. 3a—6b.

2000 *Protognathodus kockeli.* —赵治信等，248 页，图版 60，图 14.

特征　Pa 分子齿杯穹凸，半球形，不对称。口面两侧具有 1~2 列瘤齿，并几乎与中齿脊等高，一般在一侧有一个瘤齿而另一侧则为一列瘤齿。

描述　Pa 分子由前齿片和齿杯组成，前齿片长，直或稍内弯，大致可与齿杯等长，由一列等高且顶端分离的细齿愈合而成。前齿片向后延伸至齿杯，并在齿杯中央形成中齿脊。中齿脊直或稍内弯，由小瘤齿愈合而成，延伸至齿台末端，并将齿杯划分为内外两侧齿杯。齿杯心形，不对称，外侧齿杯明显大于内侧齿杯，且内侧前缘稍前于外侧齿杯，内侧齿杯又前于外侧齿杯。齿杯中前部最宽，向后迅速收缩变尖。齿杯口面有 1~2 列由 2 个以上细齿组成的齿列，几乎与中齿脊等高或平行。某些标本齿杯口面饰有小瘤齿，分布不规则。整个反口面为一膨大中空的基腔。

比较　此种与 *Protognathodus collnsoni* 较为相似，两者齿杯都不对称，内侧前缘和外侧后缘均向外膨胀，但后者齿杯口面仅发育 1 个小瘤齿，前者则发育几乎与中齿脊等高的 1~2 列由 2 个以上细齿组成的齿列。此种至少在一侧有一列由两个瘤齿以上组成的瘤齿列。

产地层位　广西桂林南边村，密西西比亚系（下石炭统）南边村组；贵州长顺睦化，密西西比亚系（下石炭统）王佑组。

<h3 style="text-align:center">库恩原始颚刺 Protognathodus kuehni Ziegler & Leuteritz，1970</h3>
（图版 23，图 1—6）

1970 *Protognathodus kuehni* Ziegler & Leuteritz, p. 715, pl. 8, figs. 1—16.

1973 *Protognathodus kuehni.* —Ziegler, pp. 419—420, *Schimidtognathus*—pl. 2, fig. 6.

1983 *Protognathodus kockeli*（Bischoff），熊剑飞等，图版 1，图 16a—b.

1984 *Protognathodus kockeli*. —王成源和殷保安，图版3，图12（only）.

1985 *Protognathodus kuehni*. —季强等（见侯鸿飞等），122页，图版29，图1—7.

1988 *Protognathodus kuehni*. —Wang & Yin in Yu，p. 130，pl. 22，fig. 19.

特征　此种在建立时，Ziegler 和 Leuteritz（1970）描述的特征是齿杯稍不对称，口面有强壮的横脊；横脊由 2~5 个低瘤齿组成，并由齿杯边缘向中齿脊放射状排列。

描述　Pa 分子由前齿片和齿杯组成，前齿片长，直或稍内弯，大致可与齿杯等长，由一列等高且顶端分离的细齿愈合而成。前齿片向后延伸至齿杯，并在齿杯中央形成中齿脊。中齿脊稍内弯，伸达齿杯末端，由小瘤齿愈合而成，并将齿杯分为内外两侧齿杯。齿杯枕形，但末端尖，不对称，外侧齿杯稍大于内侧齿杯。齿杯口面发育几列粗壮的横脊，并由两侧边缘向中齿脊放射状延伸。整个反口面为一膨大中空的基腔。

比较　此种与 *Protognathodus kockeli* 最为相似，但前者齿杯口面的齿列由粗瘤齿组成，沿齿杯边缘发育，呈粗壮的横脊状，并由边缘向中齿脊放射状排列，后者则发育 1~2 列与中齿脊近平行的瘤齿列。

产地层位　贵州长顺睦化，密西西比亚系（下石炭统）王佑组。

梅希纳尔原始颚刺　*Protognathodus meischneri* Ziegler，1969
（图版23，图7—14）

1969 *Protognathodus meischneri* Ziegler，p. 353，pl. 1，figs. 1—13.

1973 *Protognathodus meischneri*. —Ziegler，pp. 421—422，*Schmidtognathus*—pl. 2，fig. 3.

1984 *Protognathodus meischneri*. —王成源和殷保安，图版3，图17.

1985 *Protognathodus meischneri*. —季强等（见侯鸿飞等），122—123页，图版28，图1—13.

1987a *Protognathodus meischneri*. —季强，262页，图版2，图8—11.

1988 *Protognathodus meischneri*. —Wang & Yin in Yu，p. 131，pl. 22，figs. 1—4，18.

1989 *Protognathodus meischneri*. —Ji et al.，p. 91，pl. 18，figs. 2a—b.

2014 *Protognathodus meischneri*. —Qie et al.，fig. 3.4.

特征　此种在建立时，Ziegler & Leuteritz（1969）描述的特征是齿杯两侧大致对称，口面无纹饰；Pa 分子齿杯前齿片直，与齿杯等长；齿杯卵圆形，口面无瘤齿，基腔宽而浅。

描述　Pa 分子由前齿片和齿杯组成，前齿片长，高而直，约与齿杯等长，由一列等高且顶端分离的细齿愈合而成。前齿片向后延伸至齿杯，并在齿杯中央形成中齿脊。中齿脊直，伸达齿杯末端，由较宽圆的小瘤齿愈合而成。齿标卵圆形或亚圆形，口面光滑无饰。反口面基腔宽浅。

比较　此种齿杯口面光滑无饰，可与同属其他种相区别。

产地层位　贵州长顺睦化，上泥盆统代化组和密西西比亚系（下石炭统）王佑组。

前纤细原始颚刺　*Protognathodus praedelicatus* Lane，Sandberg & Ziegler，1980
（图版23，图15—16）

1980 *Protognathodus praedelicatus* Lane，Sandberg & Ziegler，pp. 134—135，pl. 3，figs. 5—9，11.

1981 *Protognathodus praedelicatus*. —Ziegler，p. 315，316，*Protognathodus*—pl. 1，figs. 5—9.

1988 *Protognathodus praedelicatus*. —董致中和季强，图版4，图1.

2004 *Protognathodus praedelicatus*. —田树刚和科恩，图版1，图24.

特征 Pa分子齿台（齿杯）卵圆形，两侧齿杯近等大，前端稍叉开，口面分布瘤齿。这些瘤齿较分散或可紧靠，分布不规则或呈不明显的纵向分布。

描述 Pa分子由前齿片和齿台组成。前齿片长而直，常折断，由侧扁的细齿愈合而成，但顶端分离。前齿片向后延伸，在齿杯中央形成由瘤齿愈合成的中齿脊，并延伸至齿台末端。齿台卵圆形至心形，外侧齿杯稍大，但内侧齿杯更靠前些。齿台口面散布一些小瘤齿，分布不规则。反口面基腔膨大中空。

比较 此种与其先祖 *Protognathodus kockeli* 的区别在于前者齿杯前缘两侧是完全相对的，此种与其后裔 *P. delicatus* 的区别在于后者齿杯前缘两侧强烈叉开位移。

产地层位 云南施甸鱼硐、宁蒗、丽江，密西西比亚系（下石炭统）香山组。

假颚刺属 Pseudognathodus Perret，1993

模式种 *Gnathodus homopuntatus* Ziegler，1960

特征 Pa分子齿杯（或称齿台）两侧对称，中齿脊两侧各发育一个由分离细齿组成的弧形瘤齿列，齿列常与齿杯边缘平行。

分布与时代 欧洲、北美洲和亚洲；石炭纪。

等班假颚刺 Pseudognathodus homopunctatus（Ziegler，1960）
（图版58，图18，27；图版73，图1—6）

1960 *Gnathodus homopunctatus* Ziegler，p. 39，pl. 4，fig. 3.

1987a *Gnathodus homopunctatus*. —Wang et al.，pl. 3，figs. 7，11.

1989 *Gnathodus homopunctatus*. —Wang & Higgins，p. 278，pl. 1，figs. 1—2.

1989 *Gnathodus homopunctatus*. —王成源和徐珊红，38页，图版1，图12—13，15；图版2，图1.

1993 *Pseudognathodus homopunctatus*. —Perret，pp. 349，351，figs. 122A，C；pl. C5，figs. 21—24，26.

1996a *Gnathodus homopunctatus*. —王志浩，268页，图版1，图6.

2004 *Paragnathodus homopunctatus*. —田树刚和科恩，图版1，图17—19；图版3，图32—33.

2005 *Pseudognathodus homopunctatus*. —Qi & Wang，pl. 1，fig. 1.

2005 *Pseudognathodus homopunctatus*. —Nemyrovska，pp. 45—46，pl. 7，figs. 2—3.

2006 *Gnathodus homopunctatus*. —董致中和王伟，184页，图版29，图2，4（？），11，20，27.

2009 *Gnathodus homopunctatus*. —王成源等，图版2，图2—4.

特征 Pa分子齿杯两侧对称，中齿脊两侧各发育一个由分离细齿组成的弧形瘤齿列，该齿列与齿台边缘平行。

描述 Pa分子由前齿片和齿杯组成。前齿片长、直，与齿杯几乎等长，由愈合的细齿组成，并延伸至齿杯形成中齿脊，最后伸达齿杯末端。中齿脊直，由细齿愈合而成。齿杯心形，两侧对称，中前部最宽，向前收缩变窄较快，向后也收缩变尖。齿杯口面两侧各发育一个由分离细齿组成的弧形瘤齿列，并与齿杯边缘平行。反口面基腔开阔，向两侧膨大，向后收缩变尖。

比较 此种两侧齿杯对称，中齿脊两侧各发育一个由分离细齿组成的、平行于侧边缘的弧形瘤齿列，这些特征有别于其他属种。

产地层位 贵州罗甸纳庆、广西南丹巴坪，密西西比亚系（下石炭统）；广西柳

· 80 ·

江龙殿山、柳州碰冲，密西西比亚系（下石炭统）都安组和鹿寨组；云南宁蒗老龙洞，密西西比亚系（下石炭统）尖山营组。

斑点假颚刺　*Pseudognathodus mermaidus*（Austin & Husri，1974）

（图版 19，图 22—23）

1974 *Gnathodus symmutatus mermaidus* Austin & Husri，p. 54，pl. 3，figs. 10a—c，11a—c.

1988 *Gnathodus mermaidus*. —董致中和季强，图版 5，图 13.

2006 *Gnathodus mermaidus*. —董致中和王伟，185 页，图版 29，图 14.

1993 *Pseudognathodus homopunctatus*. —Perret，pp. 349，351，fig. 122C；pl. C5，fig. 25.

特征　Pa 分子齿杯两侧近对称，矛形，中部稍靠前处最宽，向前后收缩变尖，末端尖。前齿片直，向后沿齿杯中线延伸为由细齿愈合成的中齿脊，齿脊两侧齿杯各具 2~3 排圆形瘤齿，每排瘤齿有 2~6 个。

描述　Pa 分子刺体由前齿片和齿杯组成。前齿片长而薄，与齿杯近等长，由密集的细齿愈合而成，并向后沿齿杯中线形成由瘤齿愈合成的中齿脊。中齿脊直，较光滑，口视瘤齿状，延伸至齿杯末端，并将齿杯分隔为大小相似的两侧齿杯。齿杯呈椭圆形或矛形，两侧近对称，中部稍靠前处最宽，向前后收缩变尖，末端尖，边缘具明显的外环。齿脊两侧齿杯各具 2~3 排圆形瘤齿，每排瘤齿有 2~6 个。反口面为一开阔的基腔，中前部最宽，向后明显收缩变窄，末端尖角状。

比较　此种外形与 *Pseodognathus homopunctatus* 十分相似，但后者仅在沿齿台两侧边缘有一排瘤齿状构造。

产地层位　云南宁蒗、丽江，密西西比亚系（下石炭统）尖山营组。

对称假颚刺　*Pseudognathodus symmutatus*（Rhodes，Austin & Druce，1969）

（图版 21，图 26—27）

1969 *Gnathodus symmutatus* Rhodes，Austin & Druce，p. 108，pl. 19，figs. 1a—4c.

1975 *Gnathodus symmutatus*. —Higgins，p. 34，pl. 10，figs. 8—9.

1988 *Gnathodus symmutatus*. —董致中和季强，图版 5，图 4—5.

1993 *Pseudognathodus symmutatus*. —Perret，p. 351，fig. 122B（1）.

特征　Pa 分子刺体较小，前齿片较长，齿杯小，向两侧稍膨大，前后端变尖，口面无装饰。

描述　Pa 分子刺体较小，由齿杯和前齿片组成，前齿片较长，直，与齿杯近等长，由一列等大的细齿组成。细齿大部愈合，仅顶端分离。前齿片向后延伸至齿杯形成中央齿脊，并延伸至齿杯末端。中齿脊直，由瘤齿愈合而成。齿杯卵圆形，中部向两侧稍膨大，向前后端收缩变尖，口面光，无装饰。反口面为一开阔的基腔，占据整个反口面。

比较　此种以刺体小和齿杯口面无装饰区别于其他已知种。

产地层位　云南宁蒗、丽江地区，密西西比亚系（下石炭统）尖山营组。

异颚刺科 IDIOGNATHODONTIDAE Harris & Hollingsworth，1933

斜颚刺属　*Declinognathodus* Dunn，1966

模式种　*Cavusgnathus nodulifera* Ellison & Graves，1941

特征 Pa分子齿台两侧的瘤齿列或横脊常被中齿沟分隔，前齿片向齿台延伸成齿脊，并在中部或其附近偏向一侧，与齿台一侧的齿垣相连。

分布与时代 北美洲、欧洲和亚洲；密西西比亚纪（早石炭世）早期。

伯纳格斜颚刺 *Declinognathodus bernesgae* Sanz-López et al., 2006
（图版23，图17—26）

2006 *Declinognathodus noduliferus bernesgae* Sanz-López et al., pl. 1, figs. 8—12, 14—18（only）.

2012 *Declinognathodus bernesgae*. —李东津等, p. 445, pl. 1, fig. 13（only）.

2016 *Declinognathodus bernesgae*. —胡科毅, 112—114页, 图版3, 图1—16.

特征 Pa分子矛状，齿台中央具一齿沟，向后变窄变浅，两侧齿垣饰有横脊，外齿垣有不同程度的抬升，较内齿垣高。齿台前部外侧有一瘤齿。

描述 左型和右型Pa分子矛状，稍向内弯，末端尖。前齿片稍长于齿台，向后在齿台中部相连并在齿台中央延伸成中齿脊。中齿脊向齿台外侧延伸至齿台长度的1/5~1/4后与外齿垣融合而抬升。两侧齿垣发育横脊，在齿台前部为齿沟隔断而在后部相连，但外齿垣在前部常缩减为一个瘤齿。齿沟较长，一般超过齿台长度的1/2~2/3，向后变浅、变窄。反口面基腔三角形，深而宽。

比较 此种据脊状装饰的齿垣和齿台可与具瘤状装饰的 *Declinognathodus* 的种相区分；此种据齿台前部外侧瘤齿的数目可与 *D. tuberculosus* 相区分。

产地层位 华南地区，宾夕法尼亚亚系（上石炭统）巴什基尔阶底部。

中间斜颚刺 *Declinognathodus intermedius* Hu, Qi & Nemyrovska, 2019
（图版24，图1—11）

2016 *Declinognathodus intermedius* n. sp. —胡科毅, 116—117页, 图版5, 图6—16.

2019 *Declinognathodus intermedius* Hu, Qi & Nemyrovska, fig. 7A—G.

特征 Pa分子矛状，中齿脊短，向外倾斜，齿垣及齿台发育横脊，内齿垣前部有一齿叶或一齿叶状构造。

描述 根据齿沟的发育程度不同，此种具两种形态类型。形态类型1发育一条齿沟，齿沟前部较宽，向后逐渐变窄。外齿垣高于内齿垣，中齿脊向外侧倾斜与外齿垣融合。内齿垣前部且一齿叶状构造，由1~4个较小的瘤齿组成。内侧吻脊尚未完全形成，仅在较大的标本可见较完全的吻脊。齿台前部外齿垣退化为3~8个瘤齿，或融合为一纵脊并与中齿脊平行。形态类型2与 *Declinognathodus* cf. *praenoduliferus* 十分相似，但内齿垣为一齿叶状构造，由1~3个瘤齿组成。外齿垣由3个融合的瘤齿组成，由短的齿沟与中齿脊分开。齿台发育连续的横脊，齿沟和中齿脊仅延伸至齿台长度的1/4处，中止于第一条连续的横脊。

比较 此种据内齿垣前部的齿叶构造可与 *Declinognathodus* 的所有种区分。

产地层位 贵州罗甸地区，宾夕法尼亚亚系（上石炭统）巴什基尔阶底部。

侧生斜颚刺 *Declinognathodus lateralis*（Higgins & Bouckaert, 1968）
（图版25，图15—17）

1968 *Streptognathodus lateralis* Higgins & Bouckaert, pp. 45—46, pl. 5, figs. 1—4.

1970 *Declinognathodus lateralis*. —Dunn，p. 330，pl. 62，figs. 5—7.

1985 *Declinognathodus lateralis*. —Higgins，p. 6.3，figs. 3，5，8.

1987a *Declinognathodus lateralis*. —Wang et al.，pl. 2，fig. 4；pl. 3，fig. 8.

1987b *Declinognathodus noduliferus noduliferus*（Ellison & Graves）. —Wang et al.，p. 127，pl. 3，figs. 3—5；pl. 7，fig. 1.

1989 *Declinognathodus lateralis*. —Wang & Higgins，p. 276，pl. 1，figs. 10—13.

1996a *Declinognathodus lateralis*. —王志浩，265—266页，图版2，图6，14.

2003a *Declinognathodus lateralis*. —Wang & Qi，pl. 1，figs. 5，17，21.

2004a *Declinognathodus lateralis*. —王志浩等，283页，图版1，图14—15.

特征　Pa分子齿台前齿片向齿台延伸成短的齿脊，并在齿台前端近中央处与一侧齿垣相连，内外齿台横脊发育。

描述　Pa分子由前齿片和齿台组成。齿台近对称或不对称，矛形或心形，稍内弯，中前部较宽，向后收缩变窄、变尖，末端尖，并被中齿槽分隔为内外侧齿台。两侧齿台近等大，或外侧齿台稍大。两侧发育由横脊组成的侧齿垣，并被中央齿沟所分开。前齿片较长，由许多细齿愈合而成，向齿台延伸，并在齿台前部与齿台一侧齿垣横脊相连，形成一短的齿脊，位于齿台前端近中央处，其外侧为短的瘤齿列，是由几个瘤齿愈合而成的瘤齿脊。反口面为一开阔的基腔，并向前齿片延伸成齿槽。

比较　此种与*Declinognathodus noduliferus*最为相似，不少学者如Grayson（1984）和Grayson等（1985）把此种作为后者的同义名，但仍有不少学者如Higgins（1975，1985）认为此种有效。此种与*D. noduliferus*的区别在于前者内外侧齿台横脊发育。

产地层位　贵州罗甸纳庆，宾夕法尼亚亚系（上石炭统）罗苏阶；甘肃靖远和宁夏中卫，宾夕法尼亚亚系（上石炭统）罗苏阶红土洼组。

长斜颚刺　*Declinognathodus longus* Xiong，1983
（图版27，图1—2）

1983 *Declinognathodus longus* Xiong. —熊剑飞，322页，图版76，图19a—b.

特征　Pa分子齿台中央齿脊长，可直达齿台末端，后方横脊不发育。

描述　Pa分子由前齿片和齿台组成。前齿片直而长，几乎与齿台等长，由侧扁的细齿愈合而成。细齿近等长，但前端细齿较大，顶端分离。前齿片向后延伸至齿台，在齿台近中央与内侧形成一直的、由瘤齿组成的中央齿脊。齿台呈长的披针形，前部宽，向后收缩变窄，末端钝尖。齿台外侧边缘外齿垣长，由瘤齿组成，与中齿脊近等长，两者之间有明显的中沟，并在齿台末端相交。内侧齿垣短，仅由几个瘤齿组成，位于齿台前端的内侧，并与中齿脊由一短而窄的纵沟相隔。齿台整个反口面为一开阔的基腔，基腔长，由前向后逐渐收缩变窄，末端钝尖。

比较　此种与*Declinognathodus lateralis*的区别在于前者齿台中央齿脊长，可直达齿台末端，后方横脊不发育。

产地层位　贵州望谟桑郎，宾夕法尼亚亚系（上石炭统）下部。

边缘瘤齿斜颚刺　*Declinognathodus marginodosus*（Grayson，1984）
（图版27，图3—7）

1984 *Idiognathoides marginodosus* Grayson，p. 50，pl. 1，figs. 3—4，7，9—11，13—14（non figs. 16，18）；pl. 2，figs. 8—9，17（non fig. 4）；pl. 4，fig. 22（non figs. 11—12）.

1999 *Declinognathodus marginodosus*. —Nemyrovska，p. 54，pl. 2，figs. 2，8，11—12，17.

2001 *Declinognathodus marginodosus*. — Alekseev & Goreva，pp. 117—118，pl. 13，figs. 21—25；pl. 14，figs. 6—8.

2008 *Declinognathodus marginodosus*. —祁玉平，64 页，图版 21，图 6—7；图版 24，图 3，6；图版 25，图 10，16.

特征 Pa 分子齿台边缘两侧为一瘤齿列，中齿沟深。一侧齿列前部的瘤齿列缩减为一个大的、与齿垣隔离的瘤齿或齿列。

描述 Pa 分子由前齿片和齿台组成。前齿片长，由愈合的细齿组成，并向齿台延伸成齿脊。齿脊短，位于齿台前端，并在齿台前部向外侧弯而合并于外侧齿垣。齿台矛形或心形，稍内弯，中前部较宽，向后收缩变窄变尖，末端尖，并被深的中齿沟分成内侧齿台和外侧齿台。齿台两侧缘发育由瘤齿组成的齿列或称齿垣，瘤齿较大，分离，顶端较尖利，但排列较紧。在中齿脊外侧，齿列前部的瘤齿列缩减为一个大的、与齿垣隔离的瘤齿或齿列。反口面为一开阔的基腔，并向前齿片延伸成齿槽。

比较 此种与 *Declinognathodus lateralis* 十分相似，区别在于前者齿台两侧发育瘤齿，并且前部瘤齿列缩减为一个大的、与齿垣隔离的瘤齿或齿列，后者齿台两侧则为横脊。此种与 *D. noduliferus* 的区别在于前者一侧齿列前部瘤齿列缩减为一个大的、与齿垣隔离的瘤齿或瘤齿列。此种与 *D. donetzianus* 的区别在于后者齿台中后部向外稍膨大，其口面发育瘤齿。

产地层位 贵州罗甸纳庆，宾夕法尼亚亚系（上石炭统），*Streptognathodus expansus* 带至 *Diplognathodus ellesmerensis* 带。

日本斜颚刺 *Declinognathodus japonicus*（Igo & Koike，1964）

（图版 25，图 1—7）

1964 *Streptognathodus japonicus* Igo & Koike，pp. 188—189，pl. 28，figs. 5—10（only）.

1985 *Declinognathodus noduliferus japonicus*. —Higgins，pl. 6.3，figs. 2，9.

1989 *Declinognathodus noduliferus japonicus*. —Wang & Higgins，p. 276，pl. 1，figs. 6—9.

1996a *Declinognathodus noduliferus japonicus*. —王志浩，266 页，图版 2，图 9，13.

2006 *Declinognathodus noduliferus japonicus*. —董致中和王伟，179 页，图版 31，图 21，24，29.

2016 *Declinognathodus japonicus*. —胡科毅，117—118 页，图版 4，图 15—22.

特征 Pa 分子齿台的齿脊短，向后延伸并与外侧齿台前部相连，其外侧有 1~2 个分离的瘤齿。

描述 Pa 分子由自由前齿片和齿台组成。齿台不对称，矛形或心形，稍内弯，中前部较宽，向后收缩变窄、变尖，末端尖，并被一中齿沟分隔为内外两侧齿台。齿台两侧发育由横脊或瘤齿组成的齿垣，并被一中齿沟分隔。自由前齿片长，由愈合的细齿组成，向齿台延伸并与外侧齿台前部齿垣相连，形成一条短的固定齿脊，其外侧有 1~2 个分离的瘤齿。反口面为一开阔的基腔，并向齿脊延伸成齿槽。

比较 此种与 *D. noduliferus noduliferus* 较为相似，区别在于前者外侧齿台前端侧齿垣外侧有 1~2 个分离的瘤齿。

产地层位　贵州罗甸纳庆，宾夕法尼亚亚系（上石炭统）；甘肃靖远和宁夏中卫，宾夕法尼亚亚系（上石炭统）红土洼组。

不等斜颚刺　*Declinognathodus inaequalis*（Higgins，1975）

（图版 25，图 8—14）

1975 *Idiognathoides noduliferus inaequalis* Higgins，p. 53，pl. 12，figs. 1—7，12；pl. 14，figs. 11—13；pl. 15，figs. 10，14.

1985 *Declinognathodus noduliferus inaequalis*. —Higgins，pl. 6. 2，figs. 11—12，14.

1987a *Declinognathodus noduliferus inaequalis*. —Wang et al.，pl. 2，fig. 1.

1987b *Declinognathodus noduliferus inaequalis*. —Wang et al.，pp. 126—127，pl. 3，figs. 1—2；pl. 6，fig. 10.

1989 *Declinognathodus noduliferus inaequalis*. —Wang & Higgins，p. 276，pl. 13，figs. 5，12.

1996a *Declinognathodus noduliferus inaequalis*. —王志浩，图版 2，图 2，7—8.

2003a *Declinognathodus inaequalis*. —Wang & Qi，pl. 2，fig. 4.

2004a *Declinognathodus noduliferus inaequalis*. —王志浩等，283 页，图版 1，图 1，17.

2006 *Declinognathodus noduliferus inaequalis*. —董致中和王伟，179 页，图版 31，图 17，19.

2016 *Declinognathodus inaequalis*. —胡科毅，116—117 页，图版 5，图 5—15.

特征　Pa 分子齿台齿脊较长，在前端位于齿台中央，在后半部偏向外侧齿台并与外侧齿垣合并。

描述　Pa 分子由前齿片和齿台组成。齿台矛形，中前部较宽，向后收缩变窄、变尖，末端尖，并被中齿脊分为近等大的内外侧齿台。齿台两侧发育由横脊或瘤齿组成的侧齿垣，并被中齿沟分隔。前齿片长，由愈合的细齿组成，沿齿台中央延伸成中齿脊。齿脊在前端位于齿台中央，在后半部偏向外侧齿台并与外侧齿垣合并，因此其外侧齿脊较窄长。反口面为一开阔的基腔，并向齿片延伸成齿槽。

比较　此种与 *D. noduliferus* 最为相似，区别在于后者齿脊在齿台前半部就与外侧齿垣相连。

产地层位　贵州罗甸纳庆，宾夕法尼亚亚系（上石炭统）罗苏阶；甘肃靖远和宁夏中卫，宾夕法尼亚亚系（上石炭统）红土洼组。

具节斜颚刺　*Declinognathodus noduliferus*（Ellison & Graves，1941）

（图版 25，图 18—20）

1941 *Cavusgnathus noduliferus* Ellison & Graves，p. 4，pl. 3，fig. 4（only）.

1975 *Idiognathoides noduliferus noduliferus*. —Higgins，pp. 54，56，pl. 14，figs. 15—16.

1985 *Declinognathodus noduliferus noduliferus*. —Higgins，pl. 6.3，fig. 7.

1987a *Declinognathodus noduliferus noduliferus*. —Wang et al.，pl. 1，figs. 4—5，8.

1989 *Declinognathodus noduliferus noduliferus*. —Wang & Higgins，pp. 276—277，pl. 2，figs. 5—9.

1996a *Declinognathodus noduliferus noduliferus*. —王志浩，266—267 页，图版 2，图 10.

3003a *Declinognathodus noduliferus noduliferus*. — Wang & Qi，pl. 2，fig. 3.

2004a *Declinognathodus noduliferus noduliferus*. —王志浩等，283 页，图版 1，图 2—4.

2006 *Declinognathodus noduliferus noduliferus*. —董致中和王伟，180 页，图版 31，图 20，22—23.

特征 Pa 分子齿台之前齿片向齿台延伸成短的齿脊，在齿台前部向外侧弯并与外侧齿垣融合。齿脊外侧有 3 个或 3 个以上的瘤齿或瘤齿脊。

描述 Pa 分子由前齿片和齿台组成。前齿片长，由愈合的细齿组成，并向齿台延伸成齿脊。齿脊短，位于齿台前端，在齿台前部向外侧弯并与外侧齿垣融合；在齿脊外侧有 3 个或 3 个以上的瘤齿或由这些瘤齿连成的瘤齿脊。齿台狭长，矛形，中前部较宽，向后收缩变窄、变尖，末端尖，并被中齿沟分为近等大的内外侧齿台。齿台两侧发育由瘤齿组成的齿垣，并被中齿沟分隔。反口面为一开阔的基腔，并向前齿片延伸成齿槽。

比较 此种与 *D. inaequalis* 十分相似，区别在于前者齿脊在齿台前部就与外侧齿台相融合；此种与 *D. japonicus* 的区别在于前者齿脊外侧有 3 个或 3 个以上的瘤齿。

产地层位 贵州罗甸纳庆，宾夕法尼亚亚系（上石炭统）罗苏阶；甘肃靖远和宁夏中卫，宾夕法尼亚亚系（上石炭统）红土洼组。

先具节斜颚刺 *Declinognathodus praenoduliferus* Nigmadganov & Nemirovskaya，1992
（图版 26，图 1—15）

1992a *Declinognathodus praenoduliferus* Morphotype 1 Nigmadganov & Nemirovskaya, pl. 7, figs. 1—2.

1992a *Declinognathodus praenoduliferus* Morphotype 2 Nigmadganov & Nemirovskaya, pl. 7, figs. 3—4, 5, 8（only）.

1992b *Declinognathodus praenoduliferus* Nigmadganov & Nemirovskaya, p. 262, pl. 2, figs. 6—14; pl. 3, figs. 1—2.

2016 *Declinognathodus praenoduliferus*.—胡科毅，124—126 页，图版 5，图 1—4.

特征 Pa 分子齿台窄，矛形，发育连续的横脊。齿台前端中齿脊短而直或略向外倾斜，齿沟短而浅，外侧无瘤齿或仅有一个不明显的瘤齿。

描述 左型和右型 Pa 分子的齿台窄而长，矛形，较平坦，末端尖，发育 7~11 条连续和中等间距的横脊。中齿脊短，稍向外倾斜，延伸长度约为齿台长的 1/5~1/4，并与齿台外部边缘融合。齿沟窄，在齿台最前部将中齿脊与内齿垣分开。内齿垣包含 3 个融合的瘤齿或 4 条短横脊。外齿垣退化为单瘤齿或一条凸起。前齿片与齿台近等长，由细齿愈合而成。反口面基腔深而宽，近对称。

比较 此种据非常短的齿沟和连续的横脊可与同属的其他种区分。

产地层位 贵州罗甸和新疆阿克苏地区，宾夕法尼亚亚系（上石炭统）巴什基尔阶底部。

假侧生斜颚刺 *Declinognathodus pseudolateralis* Nemyrovska，1999
（图版 24，图 19—22）

1999 *Declinognathodus pseudolateralis* Nemyrovska, p. 56, pl. 2, figs. 15—16.

2016 *Declinognathodus pseudolateralis*.—胡科毅，127—128 页，图版 6，图 7—10，13—16.

特征 Pa 分子齿台椭圆形，内凹，前部外侧瘤齿不发育，中齿脊短，齿沟长，齿垣齿脊状。

描述 左型和右型 Pa 分子的齿台椭圆形，对称而内凹，末端圆和次圆形，中部最宽，向前后逐渐变窄。齿台前端中齿脊非常短，仅为齿台长的 1/8，稍向外齿垣倾斜并与之融合。两侧齿垣发育较粗的横脊，近等高，从两侧边缘延伸至中齿沟。内外齿垣在齿台后部可局部融合。齿沟长而窄，向后逐渐变浅。基腔深而宽，近对称。

比较 此种据齿脊状的齿垣和较窄的齿沟可与其他具瘤齿状齿垣的 *Declinognathodus* 分子相区别；此种据齿台前部外侧的装饰及椭圆、内凹的齿台外形可与其他具有齿脊状齿垣的 *Declinognathodus* 分子相区别。

产地层位 贵州罗甸地区，宾夕法尼亚亚系（上石炭统）巴什基尔阶底部。

多瘤斜颚刺 *Declinognathodus tuberculosus* Hu，Qi & Nemyrovska，2019
（图版 24，图 12—18）

2016 *Declinognathodus tuberculosus* n. sp. —胡科毅，118—122 页，图版 2，图 1—28.

2019 *Declinognathodus tuberculosus* Hu，Qi & Nemyrovska，figs. 5N—O，9A—S.

特征 Pa 分子齿台矛状，中间齿沟向后变窄、变浅，两侧具由横脊组成的齿垣，前部外侧具 3~5 个瘤齿，少数分子仅有 2 个瘤齿。外齿垣有不同程度的抬升，较内齿垣高。

描述 左型和右型 Pa 分子的齿台矛状，末端尖，稍内弯。前齿片较直、较长，与齿台等长或稍长，由愈合的细齿组成，向后延伸至齿台与中齿脊相连。中齿脊向齿台外侧延伸至齿台长的 1/4~1/3，与外齿垣相连。外齿垣前部有 2~5 个分离的或半融合的瘤齿，并由一短齿沟与中齿脊隔开。两侧齿垣由横脊组成，在齿台前部被中齿沟隔断，在后部则两侧相连成 3~5 条连续的横脊。在一些较小、较窄的标本中，齿垣前部可能由瘤齿组成。中齿脊与外齿垣的融合造成齿台外侧抬升，形成一条沿外齿台边缘的齿沟，长度可达整个齿台或其长度的 1/2。反口面基腔宽而深，三角形，近对称。

比较 此种以齿台外侧的多个瘤齿、齿脊状装饰和齿台外侧的抬升为特征。根据齿台形状、齿脊状齿垣、齿台中部的齿沟及齿台外侧的抬升来判断，此种很可能是 *D. bernesgae* 的祖先种。

产地层位 贵州罗甸地区，宾夕法尼亚亚系（上石炭统）巴什基尔阶底部。

异颚刺属 *Idiognathodus* Gunnell，1931

模式种 *Idiognathodus delicatus* Gunnell，1931

特征 P 分子的齿台近对称，矛形，末端尖。前齿片伸至齿台与其中部相接，并可形成中齿脊。齿台口面平或微凹，发育瘤齿或隆脊。反口面为膨大、中空的基腔。

分布与时代 世界各地；宾夕法尼亚亚纪（晚石炭世）至早二叠世。

古老异颚刺 *Idiognathodus antiquus* Stauffer & Plummer，1932
（图版 27，图 8—9）

1932 *Idiognathodus antiquus* Stauffer & Plummer，p. 44，pl. 4，fig. 17.

1977 *Idiognathodus antiquus*. —Sweet in Ziegler，pp. 165—166，*Idiognathodus*—pl. 1，figs. 2a—b.

1984 *Idiognathodus antiquus*. —赵松银等，252 页，图版 98，图 10—11.

特征 Pa 分子仅发育明显的前内侧附齿叶。

描述 Pa 分子由前齿片和齿台组成。前齿片较长，略短于齿台，由侧扁的细齿愈合而成。前齿片向后延伸至齿台，在齿台口面中央形成中齿脊。中齿脊较短，位于齿台前端，其两侧有近脊沟并发育短的内纵脊，外侧纵脊发育弱或缺失。齿台较宽，舌状，中前部最宽，向后逐渐收缩变窄，微向内弯，内侧缘前部具一明显的附齿叶，附齿叶由瘤齿或脊组成。齿台中后部发育相互平行并与齿台轴线斜交的横脊，横脊连续通过齿台中心时稍向后弯曲。反口面基腔宽而深，不对称，向前后收缩变窄，在前齿片反口缘脊上形成窄缝状齿槽。

比较　此种与 *Idiognathodus magnificus* 较为相似，区别在于后者具内外侧附齿叶；此种与 *I. tersus* 的区别在于后者无附齿叶。

产地层位　山西太原和河北峰峰，宾夕法尼亚亚系（上石炭统）本溪组和晋祠组。

棒形异颚刺　*Idiognathodus claviformis* Gunnell，1931
（图版 27，图 10—15）

1933 *Idiognathodus claviformis* Gunnell，p. 249，pl. 20，figs. 21—22.

1941 *Idiognathodus claviformis*. —Ellison，p. 137，pl. 23，figs. 12，14—18，20—21，23.

1987 *Idiognathodus claviformis*. —王志浩和文国忠，282 页，图版 2，图 5，10—14.

1987b *Idiognathodus claviformis*. —Wang et al.，p. 129，pl. 6，figs. 7—8.

2003b *Idiognathodus claviformis*. —王志浩和祁玉平，234 页，图版 1，图 28.

特征　Pa 分子齿台粗壮，宽大，前部两侧附齿叶大，并与齿台相融合，内外附齿叶之间可有一明显的凹坑。齿台后部有许多不连续的横脊和分布不规则的瘤齿。

描述　Pa 分子由前齿片和齿台组成。前齿片较长，由愈合的细齿组成，并向齿台延伸成短的固定齿脊。齿台宽而大，矛形，中前部最宽，两侧较圆，向后明显收缩变尖。齿台前端两侧有较大的附齿叶，内附齿叶更大，由许多瘤齿组成，与齿台本体界线不清。内外附齿叶之间有一明显的凹坑。齿台后部有许多不连续的横脊和分布不规则的瘤齿，但也可有一些连续的横脊。齿台反口面为一开阔的基腔，向前延伸成齿槽。

比较　本种与 *Idiognathodus magnificus* 较为相似，区别在于前者齿台后部的横脊不连续，分布有不规则的瘤齿，齿台前部中央有一明显凹坑。

产地层位　贵州罗甸纳庆、贵州盘县达拉寨，宾夕法尼亚亚系（上石炭统）达拉阶；华北地区，宾夕法尼亚亚系（上石炭统）本溪组。

娇柔异颚刺　*Idiognathodus delicatus* Gunnell，1931
（图版 27，图 16—19）

1931 *Idiognathodus delicatus* Gunnell，p. 250，pl. 29，figs. 23—25.

1941 *Idiognathodus acutus* Ellison，p. 137，pl. 23，figs. 21，24.

1975 *Idiognathodus delicatus*. —Higgins，p. 47，pl. 17，fig. 7；pl. 18，figs. 1—7.

1984 *Idiognathodus acutus*. —赵松银等，252 页，图版 97，图 8—11.

1987 *Idiognathodus delicatus*. —王志浩和文国忠，282 页，图版 1，图 7—13.

1987b *Idiognathodus delicatus*. —Wang et al.，pp. 128—129，pl. 4，figs. 4—8.

1989 *Idiognathodus delicatus*. —Wang & Higgins，p. 279，pl. 6，fig. 1—6.

1991 *Idiognathodus delicatus*. —王志浩，23—24 页，图版 1，图 3.

1999 *Idiognathodus delicatus*. —Nemyrovska，p. 61，pl. 9，figs. 5—8，10；pl. 10，fig. 6；pl. 11，fig. 7.

2003a *Idiognathodus delicatus*. —Wang & Qi，pl. 2，fig. 10.

2003b *Idiognathodus delicatus*. —王志浩和祁玉平，234—235 页，图版 1，图 4.

2004b *Idiognathodus delicatus*. —王志浩等，286 页，图版 1，图 8，10.

特征 Pa 分子齿台较纤细，直，两侧近对称，末端尖，前部发育平行于中齿脊的吻脊状纵脊，可超越齿台前缘，且很快变低消失。两侧发育附齿叶，并与齿台本体界线明显。齿台后部的横脊横贯齿台，中央连续无齿沟。

描述 Pa 分子由前齿片和齿台组成。前齿片长，由许多细齿愈合而成，并向齿台延伸成短的固定中齿脊，两侧发育与其近平行的吻脊状纵脊，可超越齿台前缘且很快变低消失。齿台较纤细，直，矛形，末端尖，中前部最宽。前部中央发育中齿脊和吻脊状纵脊，两侧有明显的附齿叶，由瘤齿组成，且与齿台本体界线分明。齿台后半部的横脊横贯齿台，中央连续无齿沟。齿台反口面为一开阔的基腔，中前部最宽，向后收缩变尖。

比较 此种与 *Idiognathodus magnificus* 最为相似，但后者齿台宽大，前端两侧的附齿叶大，与齿台本体界线不明显。

产地层位 贵州罗甸纳庆和盘县达拉寨，宾夕法尼亚亚系（上石炭统）达拉阶；华北、西北地区，宾夕法尼亚亚系（上石炭统）本溪组及相当层位。

尤杜拉异颚刺 *Idiognathodus eudoraensis* Barrick，Heckel & Boardman，2008
（图版 44，图 18—20）

2008 *Idiognathodus eudoraensis* Barrick, Heckel & Boardman, p.130—134, pl. 1, figs. 6—7; pl. 2, figs. 3, 5, 7, 13, 18—19, 22.

2014 *Idiognathodus eudoraensis*. —王秋来，49 页，图版 2，图 6—7；图版 3，图 1，8—11.

2018 *Idiognathodus eudoraensis*. —Hogancamp & Barrick, pl. 1, figs. 17, 24; pl. 2, figs. 1—4, 9—21.

特征 Pa 分子齿台具窄的齿沟，偏向内侧，两侧附齿叶较为局限，前缘脊向前延伸较长。

描述 Pa 分子的左右形不一致，左形分子自身对称性更低。由前齿片和齿台组成。齿台呈矛形，口面中央位置发育中央沟，较浅，在左形分子中更偏向内侧。中央齿沟两侧有许多平行的横脊。齿台两侧附齿叶较为不发育，仅在大个体上存在少量瘤齿。前齿片长，约占总长 1/2，由许多细齿组成，并向齿台延伸成齿台前部的齿脊，通常较短，并在后部偏向内侧。前缘脊延伸较长，内侧比外侧更发育，与后部横脊之间存在一条明显的齿槽相隔。反口面为一开阔的基腔，并向前齿片延伸成齿槽。

比较 本种与 *Streptognathodus simulator* 相似，但后者左右形分子以及左形分子自身的对称性更低，特别是在左形分子中，中齿沟更靠近内侧，前缘脊及隆脊更短。

产地层位 贵州罗甸，宾夕法尼亚亚系卡西莫夫阶和格舍尔阶（上石炭统）。

贵州异颚刺 *Idiognathodus guizhouensis*（Wang & Qi，2003）
（图版 27，图 20—21；图版 30，图 1—6）

2003a *Streptognathodus guizhouensis* Wang & Qi, p. 392, pl. 3, figs. 2—3.

2010 *Idiognathodus guizhouensis*. —Barrick et al., pl. 4, figs. 1—4.

2012 *Idiognathodus guizhouensis*. —胡科毅，图版 6，图 5—11.

特征 Pa 分子齿台窄长，中齿脊短，由瘤齿组成，可延伸至齿台之中部。中齿沟浅，两侧横脊发育，无附齿叶。

描述 Pa 分子由齿台和前齿片组成。齿台窄长，矛形，稍内弯，两侧无附齿叶。齿台口面两侧发育相互平行的横脊，并被中央齿沟隔开。前部横脊较短，中央齿沟较宽；后部横脊较长，中央齿沟较窄。前部自由齿片长而直，由细齿相互愈合而成，中前部最高，在齿台前部延伸成短的中齿脊，并以瘤齿脊状沿中齿沟延伸至齿台之中部。反口面基腔大而深。

比较 此种与 *Streptognathodus elegantulus* 的外形十分相像，区别在于前者齿台中前部中央齿沟宽而浅，后部窄；后者中央齿沟从前至后都宽而深。

产地层位 贵州罗甸纳庆，宾夕法尼亚亚系(上石炭统)*Idiognathodus guizhouensis* 带。

河北异颚刺 *Idiognathodus hebeiensis* Zhao & Wan，1984
（图版 27，图 22—27）

1984 *Idiognathodus hebeiensis* Zhao & Wan. —赵松银等，253—254 页，图版 103，图 1—4，7—9.

特征 Pa 分子齿台长舌形，仅发育内侧附齿叶，位于齿台内侧中前部，由 1~7 个瘤齿组成。中齿脊较长，可达齿台长的 1/2，其两侧发育与中齿脊平行的内侧和外侧齿垣。

描述 Pa 分子由前齿片和齿台组成。前齿片长而直，由侧扁的细齿愈合而成，细齿顶端分离。前齿片向后延伸至齿台，在齿台前部口面中央形成中齿脊。中齿脊较长，向后可延伸至齿台中部，两侧近脊沟明显；近脊沟两侧发育由瘤齿列组成的纵向齿垣，并与中齿脊平行延伸，且几乎等长。齿台舌形，较长，直或稍内弯，近中部最宽，向前、后收缩不明显，直至末端则显著收缩，但后端钝圆。齿台中前部内侧缘发育内侧附齿叶，由 1~2 排瘤齿列组成，每列可有 1~3 个瘤齿，并由内齿垣与齿台分隔。齿台外侧无附齿叶。齿台后部发育相互平行的横脊，横脊在齿台中部稍向前内凹。反口面基腔开阔，向两侧扩张，不对称，前齿片反口方为窄缝状齿槽。

比较 此种与 *Idiognathodus delicatus* 较相似，但后者具两个附齿叶。此种与 *I. antiquus* 更为相似，两者都仅发育一个附齿叶，但后者齿台相对较短，齿台前部外侧纵脊即齿垣不发育。

产地层位 山西原平县轩岗，宾夕法尼亚亚系（上石炭统）本溪组。

黑格尔异颚刺 *Idiognathodus heckeli* Rosscoe & Barrick，2013
（图版 33，图 1—9）

2013 *Idiognathodus heckeli* Rosscoe & Barrick，p. 364，figs. 7f—g，j—l，n—p.

2016 *Idiognathodus heckeli*. —胡科毅，130—131 页，图版 26，图 1—6，8—10，14.

特征 Pa 分子齿台具膨大的外齿叶和明显贯穿齿台内侧的奇异齿沟。

描述 Pa 分子由前齿片和齿台组成。前齿片长而直，由愈合的细齿组成，并向后延伸成齿台中齿脊。中齿脊直，较短，约为齿台长的 1/3，并伸向齿台后方，前部脊状，向后变为瘤齿状。齿台宽，矛形，末端尖至次圆状，饰有横脊，并被齿台内侧的一条奇异齿沟所隔断。内侧齿叶发育，弧形，发育弧形的瘤齿列，局部瘤齿可与前缘脊愈合。外侧齿叶膨大、强壮，约为齿台长度的 1/2~3/4，饰有等距的半球形瘤齿。外侧前缘脊短而低，内侧前缘脊高，向前延伸并突然远离中齿脊，之后又再向中齿脊聚合。

比较 此种具有完整的内侧奇异齿沟，可与同属的其他种相区别；与同样具内侧沟的 *Idiognathodus eccentricus* 的区别在于后者外齿叶为限制型，仅发育于外侧齿台之前部。

产地层位 贵州罗甸地区，宾夕法尼亚亚系（上石炭统）莫斯科阶顶部至卡西莫夫阶下部。

大叶异颚刺 Idiognathodus humerus Dunn，1966
（图版 30，图 7—9）

1966 *Idiognathodus humerus* Dunn，p. 1301，pl. 158，figs. 6a—c.

1977 *Idiognathodus humerus*. —Sweet in Ziegler，pp. 173—174，*Idiognathodus*—pl. 1，figs. 4a—b.

1984 *Idiognathodus humerus*. —赵松银等，254 页，图版 98，图 9.

1984 *Idiognathodus humerus*. —赵治信等，122—123 页，图版 24，图 7—8.

特征 Pa 分子齿台长舌形，中齿脊较长，两侧发育纵沟和纵脊。齿台中前部前外侧缘肩状突出，并具 1~2 个瘤齿形成外侧齿叶。内侧齿叶发育 1~2 列平行的瘤齿列，位于齿台内侧更靠前处，并由吻脊状的纵脊与齿台明显隔开。齿台中后部相互平行的横脊连续横过齿台。

描述 Pa 分子由前齿片和齿台组成。前齿片折断，齿片状，由侧扁的细齿愈合而成。前齿片向后延伸至齿台，在齿台前 1/3 处中央形成中齿脊，其两侧具纵向附脊沟和平行于中齿脊的纵脊，或称吻脊状的纵脊。齿台长舌形，稍内弯，中前部前外侧缘外凸呈肩状，其前方具 2 个瘤齿形成外侧附齿叶。齿台内侧前缘处发育 1~2 列平行的瘤齿列，每列为 1~3 个瘤齿，这些瘤齿形成内侧附齿叶，并可由吻脊与齿台相隔。齿台中后部相互平行的横脊连续横过齿台。齿台反口面为中空基腔，中前部最宽，向前后收缩变窄，并在前齿片反口面形成窄的齿槽。

比较 此种与 *Idiognathodus antiquus* 和 *I. sinuosus* 比较相似，但前者发育内侧和外侧附齿叶，后者仅发育内侧附齿叶。

产地层位 山西原平县轩岗，宾夕法尼亚亚系（上石炭统）本溪组。

化石沟异颚刺 Idiognathodus hushigouensis Zhao，Yang & Zhu，1986
（图版 30，图 10—14）

1986 *Idiognathodus hushigouensis* Zhao，Yang & Zhu. —赵治信等，199 页，图版 2，图 11，15，21—24（only）.

特征 Pa 分子齿台外侧附齿叶常为 2~3 个瘤齿，线状分布；内侧附齿叶有 1~2 列瘤齿列，每列具 2~4 个瘤齿，可在齿台前部内侧呈团状分布。中齿脊向后呈瘤齿状延伸至齿台末端或近末端，中齿沟浅，横脊横过中脊和中齿沟时可中断。

描述 Pa 分子由前齿片和齿台组成。前齿片常折断，由侧扁细齿愈合而成，向后延伸至齿台，在齿台中央形成中齿脊。中齿脊在前部为脊状，在中后部则为分离的瘤齿状，可延伸至齿台末端或近末端。齿台矛形至楔形，中前部最宽，向后收缩变窄，末端尖。齿台前部两侧发育内、外两附齿叶。外附齿叶平行于齿台外缘，具 2~4 个瘤齿，呈线状分布；内附齿叶由 1~2 列瘤齿组成，瘤齿较多，每列具 2~4 个瘤齿，呈弧状和团状分布。齿台后部中齿沟浅，横脊发育，但横脊横过中齿脊和中齿沟时可中断或连续通过。

比较 此种在建立时未指定模式标本（赵治信等，1986），同时它又包括了一些形态不同的标本，本书作者指定原著中图版 2 的图 22 为其正模。此种与 *Idiognathodus turbatus* 最为相近，区别在于后者齿台两侧附齿叶更强壮，瘤齿和齿列更多，但不排除两者为同种的可能，如为同种，后者则为前者的同义名。

产地层位　新疆克拉麦里山，宾夕法尼亚亚系（上石炭统）石钱滩组。

内弯异颚刺　*Idiognathodus incurvus* Dunn，1966
（图版 30，图 15—17）

1966 *Idiognathodus incurvus* Dunn, p. 1301, pl. 158, figs. 1—2.

1987b *Idiognathodus delicatus* Gunnell. —Wang et al., pp. 128—129, pl. 4, figs. 7—8（only）.

1999 *Idiognathodus incurvus*. —Nemyrovska, p. 62, pl. 9, figs. 3—4; pl. 11, figs. 1—8, 10—12.

2007 *Idiognathodus incurvus*. —王志浩和祁玉平，图版 1，图 22.

特征　Pa 分子齿台较窄长，内弯，前半部两侧具附齿叶。中齿脊约为齿台长之 1/3，其两侧具吻脊状纵脊，内侧纵脊长，可超出齿台之前部。齿台后部发育平行的横脊，但中央有一浅中齿沟或凹腔。

描述　Pa 分子由前齿片和齿台组成。前齿片直而长，由侧扁的细齿愈合而成。前齿片向后延伸至齿台，在齿台前 1/3 部分形成固定的中齿脊。齿台矛形，中前部最宽，向后收缩变窄，末端尖。年青个体较窄长，但某些成年个体较宽阔，常内弯。沿齿台前部两侧边缘发育内、外附齿叶，外附齿叶常为一列瘤齿列，较长，可延伸至齿台中部边缘或更长些；内附齿叶位于齿台前部内侧边缘，成年个体瘤齿较多较集中。齿台前部中齿脊两侧有吻脊状纵脊，纵脊较长，常达齿台长之 1/2 或更长，与中齿脊近平行。齿台后部发育相互平行和连续的横脊，但在齿台中央有浅中齿沟或凹腔，致使横脊近中部有内凹的视觉。齿台反口面为一开阔的基腔，中前部最宽，向后收缩变尖。

比较　此种与 *Idiognathodus delicatus* 的区别是前者齿台中央有一浅沟，横脊近中部有内弯。

产地层位　贵州罗甸纳庆，宾夕法尼亚亚系（上石炭统）；甘肃靖远和内蒙古阿拉善地区，宾夕法尼亚亚系（上石炭统）。

克拉佩尔异颚刺比较种　*Idiognathodus* cf. *klapperi* Lane & Straka，1974
（图版 30，图 18—21）

cf. 1974 *Idiognathodus klapperi* Lane & Straka, p. 80, figs. 42.12—42.16.

1993 *Idiognathodus klapperi*. —应中锷等（王成源主编），226 页，图版 45，图 5a—b，11a—b.

描述　Pa 分子由前齿片和齿台组成。前齿片中等长，约为齿台长的 1/2，由侧扁愈合的细齿组成，向后延伸至齿台并在齿台前部形成中齿脊，在最前部为脊状，向后呈瘤齿状。中齿脊两侧瘤齿状，布满较多规律不明显的小瘤齿。齿台后 1/3 部分为横脊状。反口面为一开阔的基腔，近中部最宽。

比较　应中锷等（1993）所描述的 *Idiognathodus klapperi* 与 Lane & Straka 的典型标本虽有相似，但还是有明显的不同，后者齿台后部的横脊不明显，是不连续的，前者则是连续地横贯齿台，因此本书把其归为相似种。

产地层位　江苏宜兴和江西彭泽，宾夕法尼亚亚系（上石炭统）黄龙组。

宏大异颚刺 *Idiognathodus magnificus* Stauffer & Plummer，1932
（图版 30，图 22—26）

1932 *Idiognathodus magnificus* Stauffer & Plummer，p. 250，pl. 29，figs. 23—25.

1983 *Idiognathodus magnificus*. —安太庠等，178 页，图版 31，图 5—12.

1987 *Idiognathodus magnificus*. —王志浩和文国忠，282—283 页，图版 1，图 1—6.

1987b *Idiognathodus magnificus*. —Wang et al.，p. 129，pl. 6，figs. 2—6.

1993 *Idiognathodus magnificus*. —应中锷等（见王成源），226 页，图版 45，图 8—10.

2003b *Idiognathodus magnificus*. —王志浩和祁玉平，235 页，图版 1，图 5.

2004b *Idiognathodus magnificus*. —王志浩等，286—287 页，图版 1，图 9.

2006 *Idiognathodus magnificus*. —董致中和王伟，189 页，图版 32，图 7.

特征 Pa 分子齿台较宽大、粗壮，前部两侧发育内外两个大而明显的、由多个瘤齿组成的附齿叶，并在齿台前部与齿台融合。齿台后部横脊横贯齿台并相互平行。

描述 Pa 分子由前齿片和齿台组成。齿台粗壮，在前 1/3 处最宽，向前后收缩，后端尖，常向一侧弯曲。齿台前部中央为前齿片向后延伸而成的中齿脊，其两侧有纵向排列的脊和由许多瘤齿组成的齿叶。齿叶较大，并与齿台融合在一起，但两者界线明显。齿台后端为横贯齿台的横脊，横脊大致平行。前齿片较长，由一系列愈合的细齿组成。反口面为一开阔的基腔，并向前齿片延伸成齿槽。

比较 本种与 *Idiognathodus delicatus* 的区别在于齿台宽大粗壮，齿叶与齿台融合。

产地层位 华南、华北和西老地区，宾夕法尼亚亚系（上石炭统）黄龙组、本溪组及相当层位。

米克异颚刺 *Idiognathodus meekerrensis* Murray & Chronic，1965
（图版 31，图 1）

1965 *Idiognathodus meekerrensis* Murray & Chronic，pp. 601—605，pl. 71，fig. 15.

1984 *Idiognathodus meekerrensis*. —赵治信等，123 页，图版 24，图 9.

特征 Pa 分子齿台近三角形，中齿脊长，两附齿叶小，与齿台分界不明显，横脊两端高，组成横脊的瘤齿相互分离不愈合。

描述 Pa 分子由前齿片和齿台组成。前齿片长而高，其长度与齿台长大致相当，由侧扁的细齿愈合而成。前齿片向后延伸至齿台，在齿台口面中央形成中齿脊。中齿脊长，约为齿台长的 2/5，其两侧近脊沟明显。齿台近三角形，前部最宽，向后迅速收缩变窄，末端尖，侧缘陡直，底部向外扩张成坡状。齿台最前端两侧发育斜向细脊，都向中齿脊两侧的近脊沟倾斜延伸。齿台近中部两侧缘发育附齿叶，附齿叶小，与齿台分界不明显。齿台后端发育相互近平行的横脊，横脊细，其两端高，瘤齿相互分离不愈合。齿台反口面为一开阔中空的基腔，前部宽，向后收缩变窄，末端尖，前齿片反口面具缝隙状齿槽。

比较 此种具有近三角形齿台、长的中齿脊、两个小的附齿叶与齿台分界不明显以及组成横脊的瘤齿相互分离不愈合等特征，可与其他已知种相区别。

产地层位 新疆皮山塔合奇，宾夕法尼亚亚系（上石炭统）塔合奇组。

纳水异颚刺 *Idiognathodus nashuiensis* Wang & Qi，2003
（图版31，图2—3）

2003a *Idiognathodus nashuiensis* Wang & Qi，p. 388，pl. 2，figs. 21—22.

特征 Pa分子齿台窄长，长三角形，口面发育相互平行的横脊，因无中央齿沟而横贯齿台。

描述 Pa分子刺体由齿台和前齿片组成。齿台窄长，长三角形，向末端变尖，中央齿沟缺失或不明显，发育较多且相互平行的横脊，并因无中沟而横贯整个齿台，但横脊在最前端两侧变为分离的瘤齿，无附齿叶。前齿片长而高，由侧扁的细齿愈合而成，并向齿台延伸变低，形成短的中齿脊。反口面基腔深，膨大开阔，中前部最宽，向后收缩变尖。

比较 此种外形与 *Idiognathodus primulus* 较相似，区别在于前者齿台为窄长的三角形，发育多条平行的横脊。

产地层位 贵州罗甸纳庆,宾夕法尼亚亚系(上石炭统)*Idiognathodus nashuiensis*带。

念氏异颚刺 *Idiognathodus nemyrovskai* Wang & Qi，2003
（图版31，图4）

1999 *Idiognathodus primulus* Higgins. —Nemyrovska，p. 64，pl. 8，fig. 1（only）.

2003a *Idiognathodus nemyrovskai* Wang & Qi，p. 388，pl. 1，fig. 26.

特征 Pa分子齿台近对称，较窄齿，矛形，中前部最宽，末端尖。中齿脊两侧常发育不规则的瘤齿、脊和不连续的横脊。

描述 Pa分子刺体由齿台和前齿片组成。齿台近对称，较窄齿，矛形，中前部最宽，末端尖。中齿脊两侧近脊沟浅或不明显，其两侧常发育不规则的瘤齿、脊和不连续的横脊。在齿台前端，中齿脊两侧多为分散的瘤齿，中后部则为不连续的横脊。前齿片常折断，向后延伸，在齿台前部形成连续的中齿脊，并向齿台中后部呈断续瘤齿状。反口面基腔深而向两侧膨大，中前部最宽，向后收缩至末端变尖。

比较 此种与 *Idiognathodus primulus* 最为相似，区别在于前者中齿脊两侧发育不规则和不连续的横脊。

产地层位 贵州罗甸纳庆,宾夕法尼亚亚系(上石炭统)*Diplognathodus ophenus—D. ellesmerensis* 和 *Mesogondolella clarki—Idiognathodus robustus* 带。

斜异颚刺 *Idiognathodus obliquus* Kossenko & Kozitskaya，1978
（图版31，图5）

1978 *Idiognathodus obliquus* Kossenko & Kozitskaya，p. 51，pl. 22，figs. 6—9.

1984 *Idiognathodus obliquus*. —Goreva，pl. 2，figs. 7—11.

1987 *Idiognathodus obliquus*. —Barskov et al.，p. 78，pl. 18，figs. 14—15.

1999 *Idiognantodus obliquus*. —Nemyrovska et al.，fig. 5.1.

2004b *Idiognantodus obliquus*. —王志浩等，287页，图版1，图11.

2016 *Idiognathodus obliquus*. —胡科毅，132—133页，图版19，图1—7.

特征 Pa分子齿台前部中齿脊两侧为侧向纵脊和瘤齿组成的齿叶，齿台后部向内弯，平行的横脊横贯齿台并向外侧倾斜。

描述 Pa 分子刺体由齿台和前齿片组成。前齿片较长，薄而高，常折断，由侧扁的细齿愈合而成，细齿顶端分离。前齿片向后延伸至齿台，并在齿台前部中央形成短的固定齿脊。齿台矛状，不对称，稍侧弯，中前部最宽，向两侧弧状外扩，同时向前后收缩变窄，末端尖。齿台中前部两侧口面发育侧向纵脊和瘤齿组成的附齿叶，两附齿叶之间和内弯的齿台后部口面发育平行的横脊，并横贯齿台，向外侧倾斜。反口面基腔膨大中空。

比较 此种与 *Idiognathodus magnificus* 较为相似，但后者齿台宽大粗壮，附齿叶与齿台融合，而前者平行的横脊横贯齿台并向外侧倾斜。

产地层位 贵州罗甸纳庆和盘县达拉寨，宾夕法尼亚亚系（上石炭统）达拉阶。

亚原始异颚刺 *Idiognathodus paraprimulus* Wang & Qi，2003
（图版 31，图 6—7）

2003a *Idiognathodus paraprimulus* Wang & Qi，p. 390，pl. 2，figs. 11—12.

特征 Pa 分子齿台发育一浅的"V"字形中齿沟和一系列相互平行和连续的横脊，但前部除两侧各有 1 条平行中齿脊的边缘棱脊外，一般都光滑无饰。

描述 Pa 分子刺体由前齿片和齿台组成。前齿片长，几乎与齿台等长，由侧扁的细齿愈合而成，并向齿台延伸成中齿脊。中齿脊短，约为齿台长度的 1/4~1/3，位于齿台前端。齿台窄长，竹叶状，近对称，两侧微向外拱，末端尖。齿台前端光滑，两侧各发育一平行中齿脊的棱脊，并由近脊沟隔开。棱脊外侧可能有 1~2 个小瘤齿。齿台中后部发育一系列连续且相互平行的横脊和一浅的中齿沟，横脊可连续横过这一浅的"V"字形中齿沟。反口面为开阔的基腔，中部最宽，两侧不对称，外侧常大于内侧部分。

比较 此种与 *Idiognathodus primulus* 十分相似，但前者具一浅的"V"字形中齿沟。

产地层位 贵州罗甸纳庆，宾夕法尼亚亚系（上石炭统）*Idiognathodus primulus*—*Neognathodus symmetricus* 带至 *Idiognathodus primulus*—*Neognathodus bassleri* 带。

前贵州异颚刺 *Idiognathodus praeguizhouensis* Hu，2016
（图版 28，图 1—6）

2016 *Idiognathodus praeguizhouensis* Hu. —胡科毅，135—136 页，图版 28，图 1—5，9.

特征 Pa 分子齿台窄，中齿脊和前缘脊非常短，前部具少量瘤齿，无齿叶，具横脊。

描述 Pa 分子由齿台和前齿片组成，前齿片较长、较直，由细齿愈合而成，向后延伸并在齿台前部形成中齿脊。齿台窄长，矛形，稍向内弯，末端尖或钝圆。齿台前部中齿脊短，约为齿台长度的 1/8，后部为 1~3 个分离的小瘤齿。中齿脊两侧各发育一条侧齿脊，与中齿脊近平行并向两侧稍张开。齿台口面中央略内凹，后部发育连续的横脊，常被齿台中部很浅的齿沟截断或稍向上弯曲。齿叶不发育，仅在齿台前部两侧发育 1~3 个不明显的瘤齿。反口面基腔深，较宽，近对称。

比较 此种可能为 *Idiognathodus guizhouensis* 的祖先，两者十分相似，区别在于前者齿台前部两侧具少量瘤齿和极短的中齿脊。

产地层位 贵州罗甸纳庆，宾夕法尼亚亚系（上石炭统）莫斯科阶上部。

原始异颚刺 *Idiognathodus primulus* Higgins，1975

（图版 31，图 8—12）

1975 *Idiognathodus primulus* Higgins，p. 47，pl. 18，figs. 10—13.

1985 *Idiognathodus primulus*. —Higgins，pl. 6. 4，figs. 4.

1988 *Idiognathodus primulus*. —杨式溥和田树刚，图版 2，图 18.

1989 *Idiognathodus primulus*. —Wang & Higgins，p. 280，pl. 14，figs. 1—5.

1999 *Idiognathodus primulus*. —Nemyrovska，p. 64，pl. 8，figs. 1，8.

2002 *Idiognathodus primulus*. —Nemyrovska，王志浩和祁玉平，图版 1，图 12，15。

2003a *Idiognathodus primulus*. —Wang & Qi，pl. 2，fig. 16.

2008 *Idiognathodus primulus*. —祁玉平，73—74，图版 24，图 14—16.

特征 Pa 分子齿台近对称，窄而长，楔形，末端尖，其后部发育较多相互平行的细横脊，无中齿沟。两侧附齿叶不发育。在齿台前部，中齿脊两侧光滑无饰或有微弱的光滑脊。前齿片向齿台延伸成中齿脊，其长度约为齿台长的 1/3。

描述 Pa 分子由齿台和前齿片组成。前齿片较长，由侧扁的细齿愈合而成，细齿顶端分离。前齿片向后延伸至齿台，并在齿台前部中央形成固定的中齿脊。齿台近对称，窄而长，楔形，中部最宽，向前后均匀收缩，末端尖。齿台口面后部发育较多相互平行的细横脊，无中齿沟；齿台前部中齿脊两侧光滑无饰或有微弱的光滑脊。反口面为一中空的基腔。

比较 此种与 *Idiognathodus delicatus* 较相似，但后者齿台前部两侧发育由瘤齿组成的附齿叶。

产地层位 贵州罗甸纳庆和水城，宾夕法尼亚亚系（上石炭统）*Idiognathodus primulus—Neognathodus symmetricus* 带至 *Idiognathodus primulus—Neognathodus bassleri* 带。

泊多尔斯克异颚刺 *Idiognathodus podolskensis* Goreva，1984

（图版 31，图 13—21）

1984 *Idiognathodus podolskensis* Goreva，p. 108，pl. 2，figs. 23—27.

1987 *Idiognathodus podolskensis*. —Barskov et al.，p. 79，pl. 18，figs. 16—18.

1999 *Idiognathodus podolskensis*. —Nemyrovska et al.，figs. 4.11，4.18.

2003a *Idiognathodus podolskensis*. —Wang & Qi，pl. 2，figs. 25—26.

2003b *Idiognathodus podolskensis*. —Wang & Qi，p. 235，pl. 1，figs. 6，24.

2004b *Idiognathodus podolskensis*. —王志浩和祁玉平，287 页，图版 1，图 1—2，5.

2006 *Idiognathodus podolskensis*. —董致中和王伟，189 页，图版 32，图 4，14，20.

特征 Pa 分子齿台前部两侧有由瘤齿组成的附齿叶，附齿叶之间的齿台前部为菱形。齿台中央为一凹槽，横脊横贯齿台并在中央弯曲。

描述 Pa 分子刺体由齿台和前齿片组成。前齿片长而直，前端高，由侧扁细齿愈合而成，但顶端分离。前齿片向后延伸至齿台，并在齿台前部口面中央形成一固定中齿脊。齿台矛形，稍侧弯，中前部最宽，向前后收缩变窄，末端尖或钝圆。齿台前部两侧有附齿叶，附齿叶由瘤齿组成。附齿叶之间的齿台前部为菱形，它与齿台后部相连，并发育横贯齿台的横脊。齿台中央为一凹槽，横脊横贯齿台并在中央弯曲。反口面为一开阔中空的基腔。

比较　此种与 *Idiognathodus delicatus* 较相似，但后者齿台中央无凹槽。

产地层位　贵州盘县达拉寨，宾夕法尼亚亚系（上石炭统）达拉阶。

强壮异颚刺　*Idiognathodus robustus* Kossenko & Kozitskaya，1978

（图版 31，图 22）

1978 *Idiognathodus robustus* Kossenko & Kozitskaya，pp. 53—54，pl. 22，figs. 1—5.

2001 *Idiognathodus robustus*. —Goreva & Alekseev，pp. 125—126，pl. 17，fig. 19.

2003a *Idiognathodus robustus*. —Wang & Qi，pl. 1，fig. 24.

特征　Pa 分子齿台宽而短，较直，近对称，前部中齿脊两侧发育少量瘤齿和短脊，并由近脊沟与中齿脊隔开。齿台后部，从中齿脊中止处起，发育 3~6 条相互平行的瘤齿状横脊或横脊。

描述　Pa 分子由齿台和前齿片组成。前齿片较长，但常折断，由侧扁的细齿愈合而成。前齿片向后延伸至齿台，在齿台前部口面中央形中齿脊，其长度可变，较短或可达齿台长的 1/2。齿台宽而短，两侧近对称，中前部最宽，向后迅速收缩变窄，末端尖或钝圆状。齿台前部中齿脊两侧发育少量瘤齿和短脊，分布一般不规则，并由近脊沟与中齿脊隔开。齿台后部，从中齿脊中止处起，发育 3~6 条相互平行的横脊或瘤齿状横脊。齿台反口面为一深而膨大的基腔，前部最宽，向后收缩变窄，后端尖。前齿片反口面为缝状齿槽。

比较　此种齿台短而宽，齿台前部中齿脊两侧发育少量分布不规则的瘤齿和短脊，并在中齿脊中止处开始，齿台后部发育少量的横脊或瘤齿状横脊，这些特征可与其他已知种区分。

产地层位　贵州罗甸纳庆，宾夕法尼亚亚系（上石炭统）达拉阶。

萨其特异颚刺　*Idiognathodus sagittalis* Kozitskaya，1978

（图版 28，图 7—18）

1978 *Idiognathodus sagittalis* Kozitskaya in Kozitskaya et al.，p. 55，pl. 23，figs. 1—8.

1999 *Idiognathodus sagittalis*. —Nemyrovska & Kozitska in Heckel，fig. 1. 4.

2009 *Idiognathodus sagittalis*. —Alekseev in Alekseev & Goreva，pl. 4，fig. M.

2016 *Idiognathodus sagittalis*. —胡科毅，136—137 页，图版 27，图 1—18.

特征　Pa 分子齿台内侧发育一奇异齿沟，两侧各发育一齿叶，内侧齿叶位于齿台内侧前部最边缘，与齿台近等高；外侧齿叶略向后延伸，向外高度降低。

描述　Pa 分子由前齿片和齿台组成，前齿片长而直，较高，由一系列细齿愈合而成，并向后延伸至齿台前部形成中齿脊。齿台矛形，末端尖，最宽处为前部 1/3 处，前部有中齿脊和两侧齿脊。两侧齿脊向前向外张开。两侧发育齿叶。内侧齿叶较小，波浪形，位于齿台最前部，较长，约为齿台长度的 1/3~1/2，由 1~2 列 1~7 个瘤齿组成，瘤齿可局部融合。外侧齿叶较大，略向后延伸，由 1~3 列 2~10 个瘤齿组成，向外高度逐渐降低，且较齿台口面低。齿台后部发育横脊，并被内侧奇异齿沟截断。内侧奇异齿沟窄，可延伸至齿台末端。

比较　Rosscoe & Barrick（2009a）指出，*Idiognathodus turbatus* 与 *I. Sagittalis* 的区

别在于外侧齿叶的高度，后者外侧齿叶较齿台口面低。

产地层位 贵州罗甸纳庆，宾夕法尼亚亚系（上石炭统）卡西莫夫阶下部。

山西异颚刺 *Idiognathodus shanxiensis* Wan & Ding，1984
（图版31，图23—26；图版32，图1—13）

1984 *Idiognathodus shanxiensis* Wan & Ding. —赵松银等，254—255页，图版96，图1—18.

2016 *Idiognathodus shanxiensis*. —胡科毅，243—244页，图版14，图25—26；图版15，图12—14.

特征 Pa分子齿台较宽阔，明显内弯，外侧附齿叶长，由1~2列瘤齿列呈带状沿齿台外侧缘延伸至齿台中部之后；内侧附齿叶大，由2~4列斜向分布的瘤齿列组成，瘤齿列相互平行，位于齿台中前部内侧。

描述 Pa分子由齿台和前齿片组成。前齿片长，可与齿台之长相似，由侧扁的细齿愈合而成，靠前的细齿较高，其顶端分离。前齿片向后延伸至齿台，并在齿台前端口面形成中齿脊。中齿脊长度可变化，但一般很短，仅在齿台前端部分的两侧有近脊沟和向前张开的短纵脊。齿台叶状，明显内弯，前部宽阔，向后明显收缩变窄，末端尖。两附齿叶发育，外侧附齿叶长，由1~2列瘤齿列呈带状沿齿台外侧缘延伸至齿台中部之后；内侧附齿叶大，由2~4列斜向分布的瘤齿列组成，瘤齿列相互平行，位于齿台中前部内侧。齿台其余部分则为相互平行的横脊，并可连续横过齿台。因齿轴内弯，所以横脊呈斜向分布。反口面为一开阔中空的基腔，前部最宽，向后收缩变窄，后端尖。前齿片反口面为缝状齿槽。

比较 此种与 *Idiognathodus delicatus* 和 *I. magnificus* 最为相似，区别在于此种齿台明显内弯，外侧附齿叶长，由1~2列瘤齿列呈带状沿齿台外侧缘延伸至齿台中部之后；内侧附齿叶大，由2~4列斜向分布的瘤齿列组成，瘤齿列相互平行，位于齿台中前部内侧。

产地层位 山西太原东山、西山和河北峰峰矿区，宾夕法尼亚亚系（上石炭统）本溪组。

偏向异颚刺 *Idiognathodus simulator* Ellison，1941
（图版44，图1—2）

1941 *Streptognathodus simulator* Ellison，p. 123，pl. 22，fig. 25.

non 1984 *Streptognathodus simulator*. —赵治信等，135页，图版23，图20.

non 1996 *Streptognathodus simulator*. —李罗照等，65页，图版27，图2.

non 2003a *Streptognathodus simulator*. —Wang & Qi，pl. 4，fig. 9.

non 2004 *Streptognathodus simulator*. —王志浩等，图版3，图16.

2019 *Idiognathodus simulator*. —Qi et al.，figs. 20A—I.

特征 Pa分子内侧前缘脊的后端偏向内侧，与后部齿台为齿槽所隔离。齿台后部口面有一中齿沟，沿齿台中线偏内侧方延伸，其横脊在中齿沟处中断，或可部分横过这一齿沟。

描述 Pa分子由前齿片和齿台组成。前齿片长而直，由侧扁的细齿愈合而成，细齿高度前、后大致相似，其顶端分离。前齿片向后延伸至齿台，在齿台前部形成较短的中齿脊。齿台矛形，中前部最宽，向后收缩变窄变尖。内侧前缘脊的后端偏向内侧，与后部齿台为一条较深的齿槽所隔离。齿台后部沿齿台中线偏内侧有一浅的中齿沟，两侧横脊在齿沟处中断或可部分横过这一齿沟，并形成有向齿沟斜向延伸的视觉。反口面为一开阔中空的基腔，明显向两侧膨胀。

比较 该种与 *Streptognathodus excelsus* 及 *S. isolatus* 较相似，其区别在于 *Streptognathodus excelsus* 具双侧相当的附齿叶，而 *S. isolatus* 的内侧附齿叶一般与前缘脊及后部齿台均隔离，饰以较多小瘤而非简单的前缘脊延伸，此外，后两者的齿沟较宽，位于齿台中央。

产地层位 贵州罗甸纳庆、纳饶，宾夕法尼亚亚系（上石炭统）格舍尔阶。

弯曲异颚刺 *Idiognathodus sinuosus* Ellison & Graves，1941
（图版 32，图 16—19）

1941 *Idiognathodus sinuosus* Ellison & Graves，p. 6，pl. 3，fig. 22.

1974 *Idiognathodus sinuosus*. —Lane & Strata，pp. 81—82，figs. 37.10—37.13，37.21；figs. 42.1—42.11；figs. 43.1，43.4，43.7，43.9，43.11.

1989 *Idiognathodus sinuosus*. —Wang & Higgins，p. 280，pl. 9，figs. 1—2；pl. 15，figs. 1—2.

2006 *Idiognathodus sinuosus*. —董致中和王伟，189 页，图版 34，图 9.

特征 Pa 分子齿台内侧发育由不显著瘤齿组成的附齿叶，外侧齿台外侧可有一列平行齿台边缘的瘤齿。吻脊状的纵脊伸展不超过齿台前缘，齿台后部横脊稍弯曲。

描述 Pa 分子由齿台和前齿片组成。齿台细长，明显内弯。中部最宽，向前后变窄，末端尖利。齿台前部有固定齿脊和两侧纵向延伸的吻脊状纵脊，吻脊状的纵脊伸达齿台前缘。后部有几条相互平行但稍弯曲的横脊。两附齿叶分布于齿台中前部两侧。反口面为一开阔的基腔。前齿片中等长，由细齿愈合而成。

比较 本种与 *Idiognathodus delicatus* 十分相似，但前者齿台细长弯曲，横脊呈凹曲状。

产地层位 贵州罗甸纳庆，宾夕法尼亚亚系（上石炭统）；华北地区，宾夕法尼亚亚系（上石炭统）本溪组及相当层位。

槽形异颚刺 *Idiognathodus sulciferus* Gunnell，1933
（图版 29，图 1—8）

1933 *Idiognathodus sulciferus* Gunnell，p. 271，pl. 31，fig. 16.

2002 *Idiognathodus sulciferus*. —Ritter et al.，p. 508，fig. 8.25.

2003a *Idiognathodus magnificus*. —Wang & Qi，p. 395，pl. 4，fig. 23.

2004 *Idiognathodus sulciferus*. —Barrick et al.，p. 241，pl. 4，fig. 13（re-illustration of holotype）.

2009a *Idiognathodus sulciferus sulciferus*. —Rosscoe & Barrick，p. 139，pl. 3，figs. 12—17.

2016 *Idiognathodus sulciferus*. —胡科毅，138—139 页，图版 16，图 13—30.

特征 Pa 分子齿台发育不大的外侧齿叶和内侧齿叶，它们通常由 3~8 个瘤齿组成。齿台上横脊沿中轴略偏斜。

描述 Pa 分子由前齿片和齿台组成。前齿片长，但稍短于齿台，由细齿愈合而成，向后延伸至齿台，并在齿台前部中央形成中齿脊。两侧缘脊很短，不明显，常与齿叶瘤齿融合。齿台较窄长，矛形，中前部最宽，向前后收缩变窄，末端尖或钝圆状。齿台前部中齿脊较直，向后延伸可达齿台中部，前部为脊状，后部可有瘤齿状。齿台两侧发育中等大小的齿叶，不膨大，通常由 3~8 个瘤齿组成。齿台上横脊沿中轴略偏斜。

比较　根据外侧齿叶的形状和大小，此种可与具膨大型外侧齿叶的 *Idiognathodus swadei* 相区分；此种与 *I. eccentricus* 较相似，区别在于后者有内侧齿沟。

产地层位　贵州罗甸纳庆，宾夕法尼亚亚系（上石炭统）莫斯科阶上部。

斯瓦特异颚刺　*Idiognathodus swadei* Rosscoe & Barrick，2009
（图版 29，图 9—24；图版 32，图 20—24）

2009 *Idiognathodus swadei* Rosscoe & Barrick, pl. 2, figs. 1—18；pl. 6, figs. 3a—d.

2012 *Idiognathodus swadei.* —胡科毅，37—38 页，图版 3，图 1—8.

2016 *Idiognathodus swadei.* —胡科毅，139—140 页，图版 25，图 1—2，4，7—10，12—20.

特征　Pa 分子外附齿叶较长，具一列 3~4 个分离的并与齿台口面等高的粗瘤齿，第二列较小的瘤齿则较低。齿台口面中齿脊仅限于齿台口面前部，后部横脊常横穿整个齿台。

描述　Pa 分子由前齿片和齿台组成。前齿片直而长，由侧扁的细齿愈合而成，细齿前后部分近等高，但顶端分离。前齿片向后延伸至齿台，在齿台前部口面中央形成较光滑的齿脊，并可延伸至齿台长的 1/2 处。齿台矛形，较宽阔，稍侧弯，中前部最宽，向两侧膨大，向后收缩变窄，末端尖或钝角状。中齿脊两侧各发育一吻脊状纵脊和附齿叶。吻脊状纵脊中后部与中齿脊平行，前端则向两侧张开。中齿脊两侧与吻脊间有明显的近脊沟，向前变深。外附齿叶位于齿台中前部外侧，由 1~2 列瘤齿组成，第一列瘤齿较粗，有 4~6 个瘤齿。在成年标本中可有第二列较小的瘤齿，从而加宽了外附齿叶。外附齿叶可与齿台等高，两者在同一平面内。齿台中前部内侧发育内附齿叶，它也是由两列瘤齿列或一些瘤齿组成，其第一列也由 4~6 个瘤齿组成，外侧第二列则有 1~3 个瘤齿。齿台口面后部发育横脊，横脊相互平行并连续横过齿台。反口面为一开阔中空的基腔，中后部最宽，向后收缩变窄、变浅。

比较　此种与 *Idiognathodus turbatus* 的区别在于后者中齿脊可延伸至齿台后部。此种与 *I. sagittalis* 的区别在于后者外附齿叶要比齿台低。此种与 *I. magnificus* 最为相似，但后者内外两附齿叶均明显向外突出，后部横脊有中断。

产地层位　贵州罗甸纳庆，宾夕法尼亚亚系（上石炭统）莫斯科阶至卡西莫夫阶。

太原异颚刺　*Idiognathodus taiyuanensis* Wan & Ding，1984
（图版 34，图 1—6）

1984 *Idiognathodus taiyuanensis* Wan & Ding. —赵松银等，255 页，图版 100，图 4—9.

特征　Pa 分子齿台细长，齿台发育 5 条纵向瘤齿列，中央为 1 条中齿脊瘤齿列，两侧边缘的瘤齿列由大约 4 个瘤齿组成内外侧附齿叶。

描述　Pa 分子由前齿片和齿台组成。前齿片直而长，由侧扁的细齿愈合而成，细齿高度前后部分近等高，但最前端的一个细齿最大，细齿顶端分离。前齿片向后延伸至齿台，在齿台前半部形成脊状中齿脊并向后以瘤齿状延伸至齿台后部。齿台矛状，近中部最宽，并向前后收缩变窄，后端尖。齿台中前部两侧各发育一条由大约 4 个瘤齿组成的纵向瘤齿列，即内外侧附齿叶。齿台中齿脊两侧各有一条纵向瘤齿列，在前部与中齿脊平行并被近脊沟隔开，在后部则与中齿脊横向相连为瘤齿状的横脊。反口面基腔窄而深，不对称，前齿片的反口面则为窄缝状齿槽。

比较　此种个体小，中齿脊长，齿台口面发育 5 条纵向近平行的纵齿列，这些特征明显不同于其他已知种。

产地层位　山西东山、西山和大同等地，宾夕法尼亚亚系（上石炭统）本溪组。

整洁异颚刺　Idiognathodus tersus Ellison，1941
（图版 34，图 7—13）

1941 *Idiognathodus tersus* Ellison，p. 134，pl. 23，figs. 1，5—6.

1984 *Idiognathodus tersus*. —赵松银等，255 页，图版 100，图 1—3.

1972 *Idiognathodus tersus*. —von Bitter，p. 58，pl. 4，figs. 1a—d.

non 1984 *Idiognathodus tersus*. —赵治信等，123 页，图版 24，图 6.

2000 *Idiognathodus tersus*. —赵治信等，240 页，图版 64，图 18，21，25；图版 79，图 4（only）.

特征　Pa 分子齿台细长，无附齿叶。

描述　Pa 分子由前齿片和齿台组成。前齿片直而长，由侧扁的细齿愈合而成，细齿高度前后部分近等高，但前部的细齿略大，细齿顶端分离。前齿片向后延伸至齿台，在齿台前半部形成脊状中齿脊。齿台矛状，较细长，近中部最宽，并向前后收缩变窄，后端尖。中齿脊两侧近脊沟明显，其两侧则为纵向瘤齿列状的齿垣，并与中齿脊近平行。齿台中后部为 8~15 条相互平行的横脊，并连续横过齿台，但在齿台中央向后稍凹。反口面为基腔，向两侧外张，在齿片处则为一细的齿沟。

比较　此种以个体小、齿台纤细和无附齿叶可与其他已知种相区分。赵治信等（1984，图版 24，图 6）的标本有附齿叶，不能归入此种，而可能是 *Idiognathodus delicatus* 的未成年个体。

产地层位　山西太原和河北峰峰，宾夕法尼亚亚系（上石炭统）晋祠组；新疆若川羌县安南坝、叶城县棋盘、奇台县胜利沟和化石沟，宾夕法尼亚亚系（上石炭统）因格布拉克群下部、卡拉乌依组和石钱滩组。

三角形齿叶异颚刺亲近种　Idiognathodus aff. trigonolobatus Barskov & Alekseev，1976
（图版 29，图 25—26；图版 35，图 1—2）

aff. 1976 *Idiognathodus trigonolobatus* Barskov & Alekseev，p. 121，figs. 1r，g.

aff. 2001 *Idiognathodus trigonolobatus*. —Alekseev & Goreva in Makhlina et al.，p. 126，pl. 22，figs. 1—14.

2016 *Idiognathodus* aff. *trigonolobatus*. —胡科毅，141—142 页，图版 15，图 25—26；图版 16，图 10—12；图版 19，图 16，19.

特征　Pa 分子齿台近三角形，中齿脊较长，两侧缘脊短，齿台前部两侧发育齿叶。内侧齿叶较发育，三角形，与齿台主体不联合；外侧齿叶较小，与齿台主体融合。

描述　Pa 分子由前齿片和齿台组成。前齿片直而长，由侧扁的细齿愈合而成，向后延伸至齿台，在齿台前半部形成脊状中齿脊，但有时能伸达齿台中后部，呈小瘤齿与横脊融合。两前侧缘脊短，向前延伸，与中齿脊呈张开状。齿台矛状至三角形，近中部最宽，并向前后收缩变窄，末端尖，中后部口面稍内凹，发育一不明显的内侧齿沟，后部有连续或不连续的横脊。内侧齿叶较大，向外弧状外凸，位于齿台前部，并与齿台主体分离，由1~3列弧状的瘤齿列组成，向中齿脊形成凸面。内侧齿叶较小，为1~3个瘤齿形成的齿列。反口面基腔深、较宽，不对称。

比较　华南发现的 *Idiognathodus* aff. *trigonolobatus* 标本较小，外侧齿叶的特征不如俄罗斯的典型标本明显，但在当前的幼年标本中，内侧齿叶仍较外侧齿叶发育、近三角形的齿台和内侧的齿沟等特征与俄罗斯的典型标本相似，十分接近 *I. trigonolobatus*。此种与 *I. heckeli* 较为相似，区别在于前者外侧齿叶位于齿台前部；它与 *I. sagittalis* 的区别在于后者外侧齿叶低。

产地层位　贵州罗甸纳庆，宾夕法尼亚亚系（上石炭统）莫斯科阶上部。

管状异颚刺　*Idiognathodus turbatus* Rosscoe & Barrick，2009
（图版33，图10—13；图版34，图17—18）

1989 *Idiognathodus sagittalis* Kozitskaya，Barrick & Boardman，p. 185，pl. 1，figs. 10，14.

?2007 *Idiognathodus sagittalis*. —王志浩和祁玉平，图版1，图7.

2009 *Idiognathodus turbatus* Rosscoe & Barrick，pl. 4，figs. 1—9；pl. 6，figs. 5a—d.

?2009 *Idiognathodus turbatus*. —Govera et al.，figs. 6L—O.

2012 *Idiognathodus turbatus*. —胡科毅，38—39页，图版5，图7（only）.

2016 *Idiognathodus turbatus*. —胡科毅，142—143页，图版26，图13，15—18.

特征　Pa分子发育强壮的外附齿叶，其高度与齿台相当。齿台口面中央有由瘤齿组成的中齿脊，并能延伸至齿台后端，中齿沟微弱不明显，但前部中齿脊两侧的近脊沟明显。

描述　Pa分子由前齿片和齿台组成。前齿片直而长，可稍侧弯，由侧扁的细齿愈合而成，细齿高度前后部分近等高，但顶端分离。前齿片向后延伸至齿台，在齿台前部口面中央形成较光滑的齿脊，向后呈瘤齿状延伸至齿台末端。齿台矛形，较宽阔，稍侧弯，中前部最宽，向两侧明显膨大，向后收缩变窄，末端尖或钝角状。中齿脊两侧有内外缘脊和内外附齿叶。内缘脊长，沿齿台内侧边缘延伸，把齿台和内附齿叶隔开。外侧缘脊在未成年标本中较明显，但在成年标本中则不清晰。中齿脊两侧与两侧缘脊间有近浅的脊沟相隔并向前变深。外附齿叶位于齿台中前部外侧，由1~2列瘤齿组成，呈线状延伸，与齿台等高，两者在同一平面内。齿台中前部内侧发育内附齿叶，它也是由2~3列瘤齿列或一些瘤齿组成，呈线状或同心状分布。齿台口面后部发育不连续的横脊，横脊与中齿脊沟有明显或不明显的浅沟相隔。反口面为一开阔中空的基腔，中后部最宽，向后收缩变窄、变浅。

比较　此种与 *Idiognathodus swadei* 的区分在于前者中齿脊可伸达齿台后端，与 *I. sagittalis* 的区别在于后者外齿叶的高度要比齿台低，两者不在同一平面内。

产地层位　贵州罗甸纳庆，宾夕法尼亚亚系（上石炭统）卡西莫夫阶底部。

拟异颚刺属　*Idiognathoides* Harris & Hollingsworth，1933

模式种　*Idiognathoides sinuatus* Harris & Hollingsworth，1933

特征　Pa分子刺体由前齿片和齿台组成，齿台长，拱曲或微弯，矛形，口面发育横向连续或不连续的横脊和中齿沟。前齿片向后伸，与齿台一侧相连。

分布与时代　世界各地；宾夕法尼亚亚纪（晚石炭世）。

亚洲拟异颚刺 *Idiognathoides asiaticus* Nigmadganov & Nemirovskaya，1992
（图版 35，图 3—7 ）

1992a *Idiognathoides asiaticus* Nigmdganov & Nemirovskaya，p. 55，pl. 8，8—11.

1992b *Idiognathoides asiaticus*. —Nigmadganov & Nemirovskaya，p. 263，pl. 4，figs. 6，9，11—15（only）.

2016 *Idiognathoides asiaticus*. —胡科毅，151—152 页，图版 8，图 24—28.

特征 Pa 分子具长、高而窄的齿台，几乎整个齿台发育相互平行的横脊，可具很短的中齿槽。

描述 Pa 分子由前齿片和齿台组成。前齿片直而长，与齿台近等长，可稍侧弯，由侧扁的细齿愈合而成，但顶端稍分离，向后延伸并在齿台外侧与齿台相连。齿台十分窄长，两侧近平行，为拉长的矛形，末端尖，最前部有一短齿沟，口面大部发育较宽间距和相互平行的横脊。基腔宽而深，近对称。

比较 此种齿台十分窄长、前齿沟很短，全部饰有横脊，易于与同属其他种区别。

产地层位 贵州罗甸纳庆，宾夕法尼亚亚系（上石炭统）巴什基尔阶部。

广窄拟异颚刺 *Idiognathoides attenuatus* Harris & Hollingsworth，1933
（图版 34，图 14—15，19 ）

1933 *Idiognathodus attenuatus* Harris & Hollingsworth，p. 203，pl. 1，figs. 9a—b.

1941 *Polygnathus attenuatus*. — Ellison & Graves，pp. 8—9，pl. 3，figs. 14，15（only）.

1975 *Idiognathoides attenuatus*. —Higgins，p. 48，pl. 15，fig. 1.

1988 *Idiognathoides attenuatus*. —杨式溥和田树刚，图版 2，图 9，16.

1987 *Idiognathoides attenuata*. —王成源，181—182 页，图版 1，图 9—10；图版 2，图 12.

2000 *Idiognathoides attenuata*. —赵治信等，240 页，图版 62，图 1.

比较 此种与 *Idiognathoides corrugatus* 十分相似，但前者齿台前端的中齿沟短，内侧齿台侧缘直或内凹。

描述 Pa 分子由前齿片和齿台组成。前齿片较长，直，常折断，由侧扁的细齿愈合而成，细齿顶端分离，并向齿台延伸与齿台右侧相连。齿台矛形，中前部宽，向后变窄，末端尖，外侧向外稍拱，内侧直或稍内弯。除齿台最前端因有中齿沟横脊中断外，口面大部发育相互平行并横贯齿台的横脊。中齿沟很短，很少超过前齿片与齿台相连处。反口面为一开阔的基腔，并向前齿片延伸成齿槽。

比较 此种与 *Idiognathoides corrugatus* 十分相似，区别在于前者齿台口面前部的中齿沟短，内侧缘直或稍内凹。

产地层位 贵州水城，宾夕法尼亚亚系（上石炭统）滑石板阶；宁夏中卫校育川，宾夕法尼亚亚系（上石炭统）靖远组中段和上段；新疆中天山地区，宾夕法尼亚亚系（上石炭统）。

凸弓形拟异颚刺 *Idiognathoides convexus*（Ellison & Graves，1941 ）
（图版 34，图 16 ）

1941 *Polygnathodellas convexus* Ellison & Graves，p. 9，pl. 3，figs. 10，12，16.

1969 *Idiognathoides convexus*. —Webster，p. 37，pl. 5，figs. 17—18.

1970 *Idiognathoides convexus*. —Dunn, pp. 334—335, pl. 63, fig. 20.

1984 *Idiognathoides convexus*. —Grubbs, p. 70, pl. 2, figs. 5—8.

non 1984 *Idiognathoides convexus*. —赵治信等, 240 页, 图版 63, 图 27（=*Idiognathoides lanei*）.

2006 *Idiognathoides pacificus*. —董致中和王伟, 图版 31, 图 2.

特征　似 *Idiognathoides corrugatus*, 但齿台连续的横脊呈同心状向后拱曲。

描述　Pa 分子由前齿片和齿台组成。齿台窄长, 口面发育连续的横脊, 并呈同心状向后拱曲, 除齿台前端有中沟外, 其余横脊都是横贯齿台。前齿片由愈合的细齿组成, 向齿台延伸并与齿台右侧相连。反口面为一开阔的基腔, 向前齿片延伸成齿槽。

比较　此种与 *Idiognathoides corrugatus* 十分相似, 区别在于前者齿台口面横脊呈同心状向后拱曲, 后者则是平直的。此种与 *Idiognathoides pacificus* 有些相似, 两者齿台前端有中齿沟, 前齿片与齿台的一侧相连, 中后部横脊贯穿整个齿台, 故一些学者如董致中和王伟将其归入后者, 其实两者间还是有较明显区别的, *Idiognathoides pacificus* 的横脊短而直, 不向后拱曲, 而 *Id. convexus* 的横脊则呈同心状向后拱曲。

产地层位　云南宁蒗尖山营, 宾夕法尼亚亚系（上石炭统）尖山营组。

褶皱拟异颚刺　*Idiognathoides corrugatus* Harris & Hollingsworth, 1933

（图版 34, 图 20—26）

1933 *Idiognathoides corrugatus* Harris & Hollingsworth, p. 202, pl. 1, figs. 7, 8a—b.

1975 *Idiognathoides corrugatus*. —Higgins, pp. 48—49, pl. 15, figs. 2—9.

1987a *Idiognathoides corrugatus*. —Wang et al., pl. 1, fig. 10; pl. 3, fig. 5.

1987b *Idiognathoides corrugatus*. —Wang et al., pp. 129—130, pl. 2, figs. 1—2, 6—11; pl. 6, fig. 1.

1989 *Idiognathoides corrugatus*. —Wang & Higgins, p. 280, pl. 2, figs. 10—13.

1991 *Idiognathoides corrugatus*. —王志浩, 24 页, 图版 4, 图 11.

2003b *Idiognathoides corrugatus*. —王志浩和祁玉平, 235 页, 图版 1, 图 17.

2006 *Idiognathoides corrugatus*. —董致中和王伟, 188 页, 图版 31, 图 14—15（不是图版 32, 图 18=*Id. convexus*）.

特征　Pa 分子齿台前端两侧横脊被中齿沟隔开, 中后部无中央齿沟而两侧横脊相连。

描述　Pa 分子由前齿片和齿台组成。齿台口面发育相互平行的平直横脊, 除齿台前端有中沟外, 其余横脊都是横贯齿台。前齿片由愈合的细齿组成, 向齿台延伸并与齿台右侧相连。反口面为一开阔的基腔, 向前齿片延伸成齿槽。

比较　此种与 *Idiognathoides sinuatus* 较相似, 区别在于前者中沟仅位于齿台的前端。本书将一些被归入 *Id. attenuata* 的标本归入 *Id. corrugatus*, 因两者区别在于前者齿台比后者稍窄, 前者齿台内侧缘较直。其实这并不能区分它们, 这也不是区分种的标志, 这种区别仅是在种的形态变化范围内。

产地层位　贵州罗甸纳庆, 宾夕法尼亚亚系（上石炭统）*Idiognathoides corrugatus* 带; 云南宁蒗, 宾夕法尼亚亚系（上石炭统）尖山营组; 华北地区, 宾夕法尼亚亚系（上石炭统）本溪组和红土洼组。

莱恩拟异颚刺　*Idiognathoides lanei* Nemirovskaya, 1978

（图版 36, 图 1—3）

1978 *Idiognathoides lanei* Nemirovskaya. —Koziskaya et al., p. 63, pl. 16, figs. 9—10.

1987 *Idiognathoides lanei.* —Nemirovskaya, pl. 2, figs. 20, 27, 29.

1999 *Idiognathoides lanei.* —Nemyrovska, p. 68, pl. 3, figs. 11, 14, 19—20; pl. 4, fig. 7.

2000 *Idiognathoides convexus*（Ellison & Graves）. —赵治信等, 240 页, 图版 63, 图 27.

2000 *Idiognathoides lanei.* —赵治信等, 241 页, 图版 62, 图 3（only）（5=*Id. ouachitensis*, 17=*Id. sinuatus*）; 图版 63, 图 21.

2003b *Idiognathoides lanei.* —王志浩和祁玉平, 图版 1, 图 7.

特征　Pa 分子齿台前部口面中央沟两侧为一瘤齿列, 后部则发育连续的短横脊, 无中央沟。

描述　Pa 分子由前齿片和齿台组成。前齿片长而直, 由侧扁的细齿愈合而成, 细齿顶端分离。前齿片向后延伸至齿台, 与齿台一侧的齿垣相连。齿台窄而长, 前部中央发育一中齿沟, 其两侧各具一瘤齿列组成的齿垣, 其中一列与前齿片相连。齿台后部中齿沟消失, 两侧齿垣相连成横脊。反口面发育一个向两侧膨大的基腔。

比较　此种与 *Idiognathoides sulcatus* 较相似, 但后者中央齿沟可延伸至齿台末端; 此种与 *Id. corrugatus* 或 *Id. ouachitensis* 的区别在于前者齿台前部两侧为瘤齿列而不是横脊; 此种与 *Id. sinuatus* 的区别在于后者中央齿沟可伸达齿台末端, 齿台前部两侧为短的横脊。

产地层位　贵州罗甸纳庆和新疆皮山等地, 宾夕法尼亚亚系（上石炭统）。

罗悃拟异颚刺　*Idiognathoides luokunensis* Hu & Qi, 2017

（图版 35, 图 13—14）

2016 *Idiognathoides luokunensis.* —胡科毅, 152—153 页, 图版 9, 图 23—24.

2017 *Idiognathoides luokunensis* Hu & Qi. —Hu et al., p. 75, figs. 5V—X.

特征　Pa 分子齿台矛形, 两侧齿垣饰有短脊, 内侧齿垣和齿台外侧均有瘤齿发育。齿沟前部宽而深, 向后渐变浅。

描述　Pa 分子由前齿片和齿台组成。前齿片直, 由侧扁的细齿愈合而成, 向后延伸至齿台, 与齿台外侧齿垣相连。齿台较窄长, 矛形, 末端尖, 两侧发育近等长的内外两齿垣, 并都延伸至齿台末端汇合; 前部为瘤齿状, 中后部则为斜向排列的横脊, 有 1~2 条横脊在齿台末端两侧齿垣汇合处相连。齿沟前部宽深, 向后逐渐变窄变浅。内侧齿垣前部附生 2~4 个半融合的瘤齿; 齿台外侧膨大基腔的口面发育 1~3 列融合的小瘤齿。基腔深而宽, 不对称, 近三角形。

比较　此种与 *Idiognathoides tuberculatus* 较为相似, 区别在于前者膨大的基腔口面发育 1~3 列融合的小瘤齿, 内侧齿垣前部附生 2~4 个半融合的瘤齿。

产地层位　贵州罗甸纳庆, 宾夕法尼亚亚系（上石炭统）巴什基尔阶中部。

弱小拟异颚刺　*Idiognathoides macer*（Wirth, 1967）

（图版 19, 图 18—21; 图版 35, 图 8—12）

1967 *Gnathodus macer* Wirth, p. 14, figs. 11a—d; pl. 20, figs. 6—10.

1974 *Idiognathoides macer.* —Lane & Straka, p. 84, fig. 44.8.

1975 *Idiognathoides macer.* —Higgins, p. 49, pl. 16, fig. 8; pl. 13, fig. 17; pl. 20, figs. 10, 14—15.

1983 *Gnathodus macer.* —熊剑飞，324 页，图版 76，图 2a—b.

1984 *Gnathodus macer.* —赵治信等，118 页，图版 22，图 11.

2000 *Gnathodus macer.* —赵治信等，237 页，图版 60，图 10；图版 61，图 19.

2016 *Idiognathoides macer.* —Qi et al.，fig. 8P.

2016 *Idiognathoides macer.* —胡科毅，153—154 页，图版 8，图 29—33.

特征 Pa 分子齿台矛形，齿沟长，内侧齿垣前部发育横脊，后部则饰有瘤齿。

描述 Pa 分子由前齿片和齿台组成。前齿片长而直，并与齿台等长，由侧扁的细齿愈合而成，向后延伸至齿台，与齿台横脊状的外侧齿垣相连。齿台较窄长，长矛形，末端尖至次圆，两侧发育近等长的内外两齿垣，并被一齿沟隔开。内侧齿垣前部为横脊，后部瘤齿状，发育瘤齿。中齿沟发脊，可延伸至齿台末端。基腔深而宽，近对称。

比较 此种齿垣上具有横脊和瘤齿，可与同属的其他种区别。

产地层位 贵州罗甸纳庆和新疆莎车和什拉普、博乐南山，宾夕法尼亚亚系（上石炭统）巴什基尔阶下部。

奥启拟异颚刺 *Idiognathoides ouachitensis*（Harlton，1933）
（图版 36，图 4—9）

1933 *Polygnathodella ouachitensis* Harlton，p. 15，p. 14，fig. 14.

1941 *Polygnathus fossata* Branson & Mehl，p. 103，pl. 19，figs. 27—28.

1984 *Idiognathoides ouachitensis*（Harlton）. —Grayson，p. 50，pl. 3，figs. 8，13，15；pl. 4，figs. 2，5.

1984 *Idiognathoides ouachitensis.* —Manger & Sutherlander，pl. 1，fig. 15.

1999 *Idiognathoides fossatus*（Branson & Mehl）. —Nemyrovska，p. 67，pl. 4，figs. 1，3—5，11.

2001 *Idiognathoides ouachitensis*（Harlton）. —Alekseev & Goreva，p. 118，pl. 13，figs. 1—4.

2003a *Idiognathoides ouachitensis.* —Wang & Qi，pl. 2，fig. 13.

2006 *Adetognathus paralautus* Orchard. —董致中和王伟，178 页，图版 34，图 29.

2008 *Idiognathoides ouachitensis.* —祁玉平，74—75 页，图版 22，图 16—17；图版 23，图 15—16.

特征 Pa 分子齿台口面具一明显的中齿沟并延伸至齿台后部或末端，中齿沟两侧发育相互平行的横脊。

描述 Pa 分子由前齿片和齿台组成。齿台口面具一明显的中齿沟并延伸至齿台后部或末端，中齿沟两侧发育相互平行和较宽的横脊，并被一中央齿沟分隔。前齿片由愈合的细齿组成，向齿台延伸并与齿台右侧相连。反口面为一开阔的基腔，向前齿片延伸成齿槽。

讨论 此种是以齿台具一伸达后端或末端的中齿沟并把两侧相互平行的横脊分隔开为特征。本书作者同意 Grayson（1984）和 Alekeseev & Goreva（20001）的意见，将 Branson & Mehl（1941）和 Nemyrovska（1999）的 *Idiognathoides fossatus* 列为此种的同义名，这是因为由 Branson & Mehl（1941）和 Nemyrovska（1999）命名为 *Idiognathoides fossatus* 的标本同样具有一伸达齿台末端的中沟，这与 Harlton（1933）建立的 *I. ouachitensis* 的特征完全一致。当前的标本与 Grayson（1984）在美国 Oklahoma 所描述的标本完全一致，它们应为同种。董致中和王伟（2006）所描述的 *Adetognathus paralautus* 也是 *Idionathoides ouachitensis*。

产地层位 贵州罗甸纳庆，宾夕法尼亚亚系（上石炭统）*Idiognathodes ouachitensis* 带至 *Gondolella donbassia—G. clarki* 带；云南广南，宾夕法尼亚亚系（上石炭统）马平组。

太平洋拟异颚刺 *Idiognathoides pacificus* Savage & Barkeley，1985
（图版 36，图 10—13）

1985 *Idiognathoides pacificus* Savage & Barkeley，p. 1467，figs. 9. 9—9. 26.

1989 *Idiognathoides pacificus*. —Wang & Higgins，pp. 280—281，pl. 11，figs. 3—4；pl. 16，fig. 4.

2002 *Idiognathoides pacificus*. —王志浩和祁玉平，图版 1，图 3.

2003a *Idiognathoides pacificus*. —Wang & Qi，pl. 3，figs. 13—14.

特征 Pa 分子齿台窄长，前部具一短中沟，中后部则发育短、直或相互平行的横脊。前齿片长，可稍大于刺体长的 1/2，并与齿台外侧相连。

描述 Pa 分子由前齿片和齿台组成。前齿片长，可稍大于刺体长的 1/2，由侧扁愈合的细齿组成，但顶端分离，并与齿台外侧相连。齿台窄长，直或稍内弯，前部具一短中沟，中后部则发育短、直而相互平行的横脊。整个反口面为一中空基腔。

比较 此种与 *Idiognathoides corugatus* 较为相似，但后者的横脊长而直，前者则很短；此种与 *Id. onvexus* 更为相似，但后者的齿台要比前者宽些，前者的横脊短而直，后者则呈同心状向后拱曲。

产地层位 贵州罗甸纳庆，宾夕法尼亚亚系（上石炭统）。

后槽拟异颚刺 *Idiognathoides postsulcatus* Nemyrovska，1999
（图版 36，图 14—18）

1999a *Idiognathoides postsulcatus* Nemyrovska，pp. 68—70，pl. 3，figs. 8，18.

1999 *Idiognathoides postsulcatus*. —Nemyrovska et al.，Fig. 3：3.

2008 *Idiognathoides postsulcatus*. —祁玉平，75 页，图版 22，图 3，5，11—12；图版 24，图 7.

特征 Pa 分子齿台长，两侧膨大不对称，其一侧明显向外拱。中齿沟两侧为紧密排列的瘤齿列，两齿列近等高，较长，稍弯曲。

描述 Pa 分子由前齿片和齿台组成。齿台心形，向内弯，两侧膨大不对称，其一侧明显向外拱。齿台中央为一中齿沟，由前端伸至末端。中齿沟两侧各具由瘤齿组成的一细齿列，瘤齿排列紧密。两齿列近等高，较长，稍弯曲。前齿片长，由愈合的细齿组成，向齿台延伸并与齿台一侧的细齿列相连。反口面为一开阔的基腔，向前齿片延伸成齿槽。

比较 此种与 *Idiognathoides sulcatus* 最为相似，并由后者通过齿台向外膨大而来，以至产生许多过渡型标本；两者的区别在于前者齿台一侧明显向外拱曲而造成两侧显著不对称，另外，前者齿台的中齿沟窄而浅，两侧的细齿列较长和弯曲。

产地层位 贵州罗甸纳庆，宾夕法尼亚亚系（上石炭统）*Streptognathodus expansus* 带至 *Gondolella donbassia—G. clarki* 带。

曲拟异颚刺 *Idiognathoides sinuatus* Harris & Hollingsworth，1933
（图版 36，图 19—23）

1933 *Idiognathoides sinuata* Harris & Hollingsworth，p. 201，pl. 1，fig. 14.

1974 *Idiognathoides sinuatus*. —Lane & Straka, pp. 88—90, Fig. 37: 18, 23—26; Fig. 41: 20—27（only）.

1989 *Idiognathoides sinuatus*. —Wang & Higgins, p. 281, pl. 10, fig. 10; pl. 15, figs. 9—11.

1991 *Idiognathoides sinuatus*. —王志浩, 24—25 页, 图版 3, 图 9.

1996a *Idiognathoides sinuatus*. —王志浩, 270 页, 图版 1, 图 10; 图版 2, 图 5.

2002 *Idiognathoides sinuatus*. —王志浩和祁玉平, 图版 1, 图 5.

2003a *Idiognathoides sinuatus*. —Wang & Qi, pl. 2, fig. 17.

2004a *Idiognathoides sinuatus*. —王志浩和祁玉平, 284 页, 图版 1, 图 16.

特征 Pa分子齿台中央齿沟两侧为短的横脊,中央齿沟则从齿台前端延伸至齿台末端。

描述 Pa 分子由自由前齿片和齿台组成。齿台狭长, 其中齿沟由前端伸达后端。中齿沟两侧为横脊。自由前齿片由愈合的细齿组成, 向齿台延伸, 并与齿台一侧相连。反口面为一开阔的基腔, 向前齿片延伸成齿槽。

比较 此种与 *Idiognathoides sulcatus* 最为相似, 区别在于前者中齿沟两侧为横脊。

产地层位 贵州罗甸纳庆和广西南丹, 宾夕法尼亚亚系（上石炭统）; 华北地区、贵州罗甸纳水, 宾夕法尼亚亚系（上石炭统）本溪组和红土洼组。

槽拟异颚刺小亚种 *Idiognathoides sulcatus parva* Higgins & Bouckaert, 1968
（图版 36, 图 24—26; 图版 37, 图 1）

1968 *Idiognathoides sulcatus parva* Higgins & Bouckaert, p. 41, pl. 6, figs. 1—6.

1985 *Idiognathoides sulcatus parva*. —Higgins, pl. 6.4, figs. 6—7.

1989 *Idiognathoides sulcatus parva*. —Wang & Higgins, p. 281, pl. 12, figs. 1—3.

1992a *Idiognathoides sulcatus parva*. —王志浩和祁玉平, 图版 1, 图 17—18.

2003a *Idiognathoides sulcatus parva*. —Wang & Qi, pl. 1, figs. 13, 18.

non 2006 *Idiognathoides sulcatus parva*. —董致中和王伟, 190 页, 图版 31, 图 8; 图版 33, 图 9.

特征 Pa 分子齿台小, 不对称, 由两列齿垣组成。外齿垣瘤齿状, 上缘刃脊状。内侧齿垣很少能伸达齿台末端, 其前部可横脊状, 要比外齿垣低。中齿沟深, 将两齿垣分开。前齿片长, 常为齿台的两倍, 向后延伸至齿台与外齿垣相连。

描述 Pa 分子刺体小, 由前齿片和齿台组成。前齿片长, 其长度可达齿台的两倍, 由一系列侧扁愈合的细齿组成, 其口缘可见细齿顶尖。前齿片向后延伸成齿脊, 或称齿垣, 高, 由侧扁的细齿愈合而成, 上缘刃脊状, 并伸至齿台末端。齿台内侧具内齿垣, 较短, 常不达齿台末端, 其前部横脊状, 且低于外齿垣。两齿垣具一深沟, 即中齿沟, 并可伸至末端。反口面为一膨大中空的基腔。

比较 此种与 *Idiognathoides sulcatus sulcatus* 最为相似, 但前者齿台内齿垣较短, 不达末端, 其前部为横脊状, 且低于外齿垣。

产地层位 贵州罗甸纳庆, 宾夕法尼亚亚系（上石炭统）*Idiognathoides sulcatus parva* 带。

槽拟异颚刺槽亚种 *Idiognathoides sulcatus sulcatus* Higgins & Bouckaert, 1968
（图版 37, 图 2—7）

1968 *Idiognathoides sulcatus sulcatus* Higgins & Bouckaert, p. 41, pl. 4, figs. 6—7.

1975 *Idiognathoides sulcatus sulcatus*. —Higgins，p. 56，pl. 13，figs. 11—12，16；pl. 15，fig. 15.

1985 *Idiognathoides sulcatus sulcatus*. —Higgins，pl. 6.3，fig. 6.

1987a *Idiognathoides sulcatus sulcatus*. —Wang et al.，pl. 1，fig. 1；pl. 3，fig. 3.

1989 *Idiognathoides sulcatus sulcatus*. —Wang & Higgins，p. 281，pl. 1，fig. 3；pl. 12，figs. 4—7.

1991 *Idiognathoides sulcatus*. —王志浩，25 页，图版 4，图 1.

1996a *Idiognathoides sulcatus sulcatus*. —王志浩，270 页，图版 2，图 3—4，15。

2003a *Idiognathoides sulcatus sulcatus*. —Wang & Qi，pl. 1，fig. 3.

2004a *Idiognathoides sulcatus*. —王志浩和祁玉平，284 页，图版 1，图 5—7。

特征　Pa 分子中央齿沟两侧为由瘤齿组成的纵向细齿列，中央齿沟则从齿台前端延伸至齿台末端。

描述　Pa 分子由前齿片和齿台组成。齿台中央为一中齿沟，并由前端伸至末端，中齿沟两侧各具由瘤齿组成的一细齿列。前齿片长，由愈合的细齿组成，向齿台延伸并与齿台一侧的细齿列相连。反口面为一开阔的基腔，向前齿片延伸成齿槽。

比较　此种与 *Idiognathoides sinuatus* 最为相似，区别在于前者中齿沟两侧为一细齿列而不是横脊。

产地层位　贵州罗甸纳庆，宾夕法尼亚亚系（上石炭统）；华北地区，宾夕法尼亚亚系（上石炭统）本溪组和红土洼组。

结节状拟异颚刺　*Idiognathoides tuberculatus* Nemirovskaya，1978
（图版 37，图 8—11）

1978 *Idiognathoides tuberculatus* Nemirovskaya，p. 67，pl. 17，figs. 3—6.

1984 *Idiognathoides tuberculatus*. —Goreva，pl. 1，figs. 30—31.

1999 *Idiognathoides tuberculatus*. —Nemirovskaya，p. 73，pl. 4，figs. 6，9—10，12—13.

2003a *Idiognathoides tuberculatus*. —Wang & Qi，pl. 3，fig. 18.

2008 *Idiognathoides tuberculatus*. —祁玉平，75—76 页，图版 22，图 1；图版 23，图 13；图版 25，图 1.

特征　Pa 分子齿台纵沟两侧各发育一齿垣，齿垣由横脊组成，外侧齿垣外侧中央发育一个或数个瘤齿。

描述　Pa 分子由自由前齿片和齿台组成。齿台较宽阔，不对称，近三角形，中前部较宽，明显向外拱曲，末端较尖。齿台中央发育一中齿沟，由齿台前端伸达后端。中沟两侧为由横脊组成的齿垣，横脊近平行。外侧齿垣外侧齿台口面中部发育一个至数个细齿。自由前齿片由愈合的细齿组成，向齿台延伸，并与齿台一侧相连。反口面为一开阔的基腔，向前齿片延伸成齿槽。

比较　此种与 *Idiognathoides sinuatus* 最为相似，区别在于后者齿台齿垣外侧无瘤齿。

产地层位　贵州罗甸纳庆，宾夕法尼亚亚系（上石炭统）巴什基尔阶。

新颚刺属　*Neognathodus* Dunn，1970

模式种　*Polygnathus bassleri* Harris & Hollingsworth，1933

特征　形态与 *Gnathodus* 相似，P 分子齿台一侧或两侧发育齿垣。系统发育研究表明，以前归入宾夕法尼亚亚纪的 *Gnathodus* 应是 *Neognathodus*，它们是异物同形。

分布与时代 北美、欧洲和亚洲；宾夕法尼亚亚纪至二叠纪。

巴斯勒新颚刺 *Neognathodus bassleri*（Harris & Hollingsworth，1933）

（图版 37，图 12—15）

1933 *Polygnathus bassleri* Harris & Hollingsworth，p. 198，pl. 1，figs. 13a—e.

1974 *Neognathodus bassleri bassleri*. —Lane & Straka，p. 95，Fig. 37：16—17，19；Fig 42：17—24.

1988 *Neognathodus bassleri*. —杨式溥和田树刚，图版 2，图 21.

1989 *Neognathodus* cf. *bassleri*. —Wang & Higgins，p. 282，pl. 11，fig. 7.

1989 *Neognathodus bassleri*. —Zhao，pl. 1，figs. 6—7.

2000 *Neognathodus bassleri*. —赵治信等，242 页，图版 61，图 4，11—12，20，23；图版 62，图 22—23.

2002 *Neognathodus bassleri bassleri*. —王志浩和祁玉平，图版 1，图 23.

2004c *Neognathodus bassleri bassleri*. —王志浩等，图版 1，图 20.

特征 Pa 分子齿台较宽而短，不对称，两侧齿台侧缘横脊粗。中齿脊靠近并平行外侧边缘而低于内侧边缘。

描述 Pa 分子由前齿片和齿台组成。前齿片直而长，由侧扁的细齿愈合而成，细齿前后高度大致相等，其顶尖分离。前齿片向后延伸至齿台，在齿台中央形成中齿脊。中齿脊前部脊状，向后呈瘤齿状，并延伸至齿台中后部，但不达末端，其两侧近脊沟和齿台后端的中齿沟较宽较深。齿台较宽而短，宽矛形，不对称，中前部最宽，向后逐渐收缩变窄，末端钝角状，其一侧比另一侧要稍宽些。齿台两侧侧缘横脊粗，由两侧边缘向中齿脊延伸。中齿脊靠近并平行外侧边缘而低于内侧边缘。反口面为一开阔的基腔。

比较 此种与 *Neognathodus symmetricus* 较相似，但后者齿台较窄长，两侧近对称，两侧横脊近等高。

产地层位 贵州罗甸纳庆和水城，宾夕法尼亚亚系（上石炭统）*Neognathodus symmetricus* 带；新疆中天山地区、塔里木盆地和塔中井下，宾夕法尼亚亚系（上石炭统）。

双索新颚刺 *Neognathodus bothrops* Merrill，1972

（图版 37，图 16—21）

1972 *Neognathodus bothrops* Merrill，pp. 823，924，pl. 1，figs. 8—9，11—12.

1984 *Neognathodus bothrops*. —Grayson，pp. 52—53，pl. 2，figs. 2，14a—b，15，18，20；pl. 3，figs. 17，24a—b.

1987 *Neognathodus bothrops*. —王志浩和文国忠，284 页，图版 2，图 6—9.

1987b *Neognathodus bothrops*. —Wang et al.，p. 130，pl. 3，figs. 8—10.

2003b *Neognathodus bothrops*. —王志浩和祁玉平，236—237 页，图版 1，图 30.

特征 Pa 分子齿台两侧上抬，形成两横脊状齿垣，并可延伸至末端汇合。齿垣与中齿脊由两明显的近脊沟分开，中齿脊可分布于中央处或在近中央的位置，可伸达或不达齿台末端。

描述 Pa 分子由前齿片和齿台组成。齿台矛形，窄，近两侧对称，两侧缘近平行，向后变窄，末端尖。齿台两侧横脊发育，中间齿脊伸达末端。前齿片长，由愈合的细齿组成，向齿台延伸成齿脊。反口面为一开阔的基腔，向前齿片延伸成齿槽。

比较 当前标本的形态特征与 *Neognathodus bothrops* 相符。*N. bothrops* 与 *N. symmetricus* 十分相似，但前者横脊十分发育，齿脊可伸达末端。

产地层位 贵州罗甸纳庆，宾夕法尼亚亚系（上石炭统）；甘肃靖远和宁夏中卫，宾夕法尼亚亚系（上石炭统）红土洼组。

哥伦布新颚刺 *Neognathodus colombiensis*（Stibane, 1967）
（图版 37，图 22—27）

1967 *Streptognathodus colombiensis* Stibane, pp. 336—337, pl. 36, figs. 1—10.

1987 *Neognathodus colombiensis*（Stibane）.—Barskov et al., p. 69, pl. 17, figs. 20—22.

2000 *Neognathodus colombiensis*.—赵治信等，242 页，图版 61，图 3，6，17，28；图版 62，图 32，35；图版 80，图 16，18—19.

特征 Pa 分子齿台三角形，箭头状，中齿脊伸达齿台后端。两侧楔形横脊近等长，在中齿沟内与中齿脊汇合，有 1~2 个后端瘤。中齿沟深，分隔中齿脊和横脊，前端横脊向中齿沟偏斜。

描述 Pa 分子刺体由前齿片和齿台组成。前齿片较长，稍短于齿台，由侧扁的细齿愈合而成，细齿前后近等高，顶端分离。前齿片向后延伸至齿台，并在齿台中央形成中齿脊，伸至齿台后端，但后端常具 1~2 个瘤齿。齿台三角形，尖头状，中前部最宽，向后变窄变尖。齿台两侧发育近等长的楔形横脊，并由两侧向中齿脊延伸，但被深的近脊沟分隔。反口面为一开阔的基腔，向前齿片延伸成齿槽。

比较 此种与 *Neognathodus bothrops* 十分相似，但前者齿台三角形，侧方横脊与中齿脊间有深沟。

产地层位 新疆塔里木盆地西南缘、玛扎恰格，宾夕法尼亚亚系（上石炭统）阿孜干组和小海子组。

卡希尔新颚刺 *Neognathodus kashiriensis* Goreva，1984
（图版 38，图 1—7）

1984 *Neognathodus kashiriensis* Goreva, pp. 109—110, pl. 4, figs. 1—4, 7—11（only）.

1987 *Neognathodus kashiriensis*.—王成源，183—184 页，图版 2，图 1—4，17（only）.

2000 *Neognathodus kashiriensis*.—赵治信等，243 页，图版 80，图 15，20.

2001 *Neognathodus kashiriensis*.—Alekseev & Goreva, pp. 130—131, pl. 17, figs. 14—15.

特征 Pa 分子中齿脊在齿台中间向外侧偏，并与外侧齿台齿垣相连后不再向后延伸。两侧齿垣都由横脊组成，横脊近平行，并被中齿沟分隔。

描述 Pa 分子刺体由前齿片和齿台组成。前齿片较长，由侧扁的细齿愈合而成，顶端分离，向前增高。前齿片向后延伸至齿台，并在齿台中前部中央形成中齿脊。中齿脊在齿台中间向外侧偏，与外侧齿台齿垣相连后不再向后延伸。齿台长矛形，中前部最宽，两侧缘近平行，但仍向后逐渐收缩弯窄。齿台两侧缘发育由横脊组成的齿垣，横脊近平行，由两侧缘向中心延伸，但被明显的中齿沟隔断。反口面为一开阔的基腔，向前齿片延伸成齿槽。

比较 此种与 *Neognathodus bothrops* 有些相似，齿台口面两侧都发育横脊状齿垣，但后者中齿脊长，可伸达或接近齿台末端。

产地层位 宁夏中卫和新疆塔里木盆地井下，宾夕法尼亚亚系（上石炭统）靖远组中段和小海子组。

长尾新颚刺 *Neognathodus longiposticus* Ying，1993

（图版 38，图 8—15）

1993 *Neognathodus longiposticus* Ying. —应中锷等（见王成源），228—229 页，图版 44，图 17—19；图版 45，图 1a—b，2a—b.

特征 Pa 分子齿台不对称，其一侧较另一侧长和宽，中齿脊在齿台后部变高变宽，并伸出齿台末端。

描述 Pa 分子刺体由前齿片和齿台组成。前齿片较短，由愈合的细齿组成，向后延伸至齿台并在齿台中央形成中齿脊。中齿脊较直和光滑，由愈合的瘤齿组成。前部中齿脊较窄和较低，后部则较宽和变高，并能伸出齿台后缘。齿台矛形，两侧不对称，其一侧可比另一侧长和宽，两侧侧缘发育边缘横脊，向齿台中部延伸，并被近脊沟与中齿脊分隔。基腔膨大，不对称，其一侧较另一侧外扩明显，并占据了整个反口面。

比较 此种以中齿脊在后端变高变宽并伸出齿台后缘成一短的后齿片等特征，可与其他种明显区分。

产地层位 江苏镇江赣船山，宾夕法尼亚亚系（上石炭统）黄龙组底部白云岩段。

中后新颚刺 *Neognathodus medadultimus* Merrill，1972

（图版 38，图 16—17）

1972 *Neognathodus medadultimus* Merrill，p. 824，pl. 1，figs. 2—7；pl. 2，fig. 19.

1975 *Neognathodus medadultimus*. —Ziegler，p. 207，*Neospathodus*—pl. 1，fig. 2.

1993 *Neognathodus medadultimus*. —应中锷等（见王成源），228—229 页，图版 44，图 13—14.

2003a *Neognathodus medadultimus*. —Wang & Qi，pl. 2，fig. 19.

特征 Pa 分子齿台口面外侧齿垣中前部平行于中齿脊，但在后半部紧靠中齿脊，其瘤齿与中齿脊的瘤齿融合形成横脊状。内侧齿垣由横脊组成，并延伸至末端与中齿脊会合。中齿脊内侧发育一纵向延伸的齿沟，常达齿台末端。

描述 Pa 分子刺体由齿台和前齿片组成。前齿片长而直，较高，最高处位于前 1/3 处，由侧扁的细齿愈合而成，但细齿顶端分离。前齿片向后延伸至齿台并在齿台形成中齿脊。中齿脊在前部位于齿台中央，在中后部则偏向外侧齿垣。齿台矛形，最宽处位于齿台前 1/3 处，向后收缩变窄，末端尖，两前侧缘为钝圆状。齿台口面两侧发育齿垣，外侧齿垣中前部平行于中齿脊，但在后半部紧靠中齿脊，其瘤齿与中齿脊的瘤齿融合形成横脊状。内侧齿垣由横脊组成，并延伸至末端与中齿脊会合。中齿脊内侧发育一纵向延伸的齿沟，常达齿台末端；其外侧前部与中齿脊间也具一纵向齿沟，并在中齿脊与外齿垣融合处终止。反口面为一膨大的基腔，较深，向外侧扩张较明显。

比较 此种与 *Neognathodus bothrops* 的区别在于前者中齿脊与外侧齿垣后半部之间无纵沟。

产地层位 贵州罗甸纳庆，宾夕法尼亚亚系（上石炭统）；江苏宜兴东岭水库，宾夕法尼亚亚系（上石炭统）黄龙组底部白云岩段。

中前新颚刺　*Neognathodus medexultimus* Merrill，1972
（图版 38，图 18—19，24—25）

1972 *Neognathodus medexultimus* Merrill，p. 825，pl. 2，figs. 20—26.

1975 *Neognathodus medexultimus*.—Ziegler，p. 209，*Neospathodus*—pl. 1，fig. 1.

1989 *Neognathodus medexultimus*.—Wang & Higgins，p. 282，pl. 9，figs. 8，13.

1993 *Neognathodus medexultimus*.—应中锷等（见王成源），229 页，图版 44，图 11a—b.

特征　Pa 分子外齿垣由单列瘤齿组成，它与中齿脊融合处更靠前。

描述　Pa 分子刺体由齿台和前齿片组成。前齿片长而直，较高，最高处位于前 1/3 处，由侧扁的细齿愈合而成，但细齿顶端分离。前齿片向后延伸至齿台，并在齿台形成中齿脊。中齿脊直或稍侧弯，偏向外侧齿垣，并伸至齿台末端。齿台矛形，最宽处位于齿台前 1/3 处，向后收缩变窄，末端尖，两前侧缘为钝圆状。齿台口面两侧发育齿垣，外侧齿垣瘤齿状，前部由 4 个较大的细齿组成，瘤齿愈合，中后部细齿较小，与中齿脊融合，形成单列瘤齿。外齿垣与中齿脊合并的长度约为齿台长的 1/2。内侧齿垣由一列放射状的横脊组成，并延伸至末端与中齿脊会合。中齿脊内侧发育一纵向延伸的齿沟，常达齿台末端；其外侧前部与中齿脊间也具一纵向齿沟，该齿沟短，并在中齿脊与外齿垣融合处终止。反口面为一膨大的基腔，较宽深，最大宽度在齿台前 1/3 处。

比较　此种与 *Neognathodus medadultimus* 最为相似，区别在于前者外侧齿垣与中齿脊触合处比后者更靠前。

产地层位　贵州罗甸纳庆，宾夕法尼亚亚系（上石炭统）；江苏宜兴东岭水库，宾夕法尼亚亚系（上石炭统）黄龙组底部白云岩段。

娜塔拉新颚刺　*Neognathodus nataliae* Alekseev & Geretzezeg，2001
（图版 38，图 20—23）

1984 *Neognathodus* n. sp. A.—Greyson，pp. 51—52.

1992 *Neognathodus* sp. B.—Sutherland & Grayson，p.117，pl. 2，figs. 16—17.

1999 *Neognathodus kanumai* Koike.—Nemyrovska，pl. 5，fig. 12.

1999 *Neognathodus* aff. *bothrops* Merrill.—Nemyrovska，pl. 5，figs. 21（part）.

2001 *Neognathodus nataliae* Alekseev & Geretzezeg，pp. 132—133，pl. 15，figs. 2，13，19—21.

2001 *Neospathodus atokaensis* Grayson.—Alekseev & Goreva，p. 128，pl. 13，figs. 16—17（part）.

2003a *Neognathodus* aff. *bothrops* Merrill.—Wang & Qi，pl. 3，figs. 16—17.

2008 *Neognathodus nataliae* Alekseev & Geretzezeg.—祁玉平，pp. 82—83，pl. 21，figs. 4—5.

特征　Pa 分子齿台一侧边缘或齿垣高，由显著的横脊组成，与中齿脊间的近脊沟窄而深。齿台另一侧边缘或齿垣低，口视新月形或半圆形，发育少量瘤齿或脊，但齿垣与中齿脊之间无装饰。

描述　Pa 分子刺体由齿台和前齿片组成，前齿片中等长，常折断，由侧扁的细齿愈合而成，顶端分离。前齿片向齿台延伸成中齿脊，并伸达齿台末端，把齿台分为内外两部分。内齿台边缘或齿垣高，由显著的横脊组成，与中齿脊间的近脊沟窄而深。外侧齿台边缘或齿垣低，口视新月形或半圆形，发育少量瘤齿或脊，但齿垣与中齿脊之间无装饰。但也有另一种相反的类型，即外侧齿台边缘或齿垣高，由显著的横脊组成，与中齿脊间的近脊沟窄而深。内侧齿台边缘或齿垣低，口视新月形或半圆形，发育少量瘤齿或脊，但齿垣与中齿脊之间无装饰。这可能是左型和右型的区别。反口面为一开阔中空的基腔。

讨论　此种由 Alekseev & Geretzezeg（2001）建立，他们把不同作者归入不同种的标本都归入此种（见同义名表），其内齿台边缘或齿垣高，由显著的横脊组成。外齿台边缘或齿垣要比内齿台的齿垣低得多，仅有少量瘤齿分布，新月形或半圆形，由无装饰的齿杯部分与中齿脊隔开。齿脊长，向后延伸至齿台末端。当前的标本，即由 Wang & Qi（2003，pl. 3，figs. 16—17）归入 *N*. aff. *bothrops* 的标本，其特征与 Alekseev & Geretzezeg 描述为 *Neognathodus nataliae* 的特征基本相符合，为同种。

产地层位　贵州罗甸纳庆，宾夕法尼亚亚系（上石炭统）*Diplognathodus coloradoensis* 带至 *D. ellesmerensis* 带。

朗第新颚刺　*Neognathodus roundyi*（Gunnel，1931）
（图38，图26—29）

1931 *Gnathodus roundyi* Gunnel，p. 249，pl. 9，figs. 19—20.

1972 *Neognathodus roundyi*（Gunnel）. —Merrill，p. 826，pl. 2，figs. 1—16.

1975 *Neognathodus roundyi*. —Ziegler，p. 212，*Neospathodus*—pl. 1，fig. 4.

1989 *Neognathodus roundyi*. —Wang & Higgins，p. 282，pl. 11，figs. 1—2.

1993 *Neognathodus roundyi*. —应中锷等（见王成源），229 页，图版 44，图 12a—b.

特征　Pa 分子齿台口面外侧齿垣减缩成一个瘤齿，内侧齿垣由瘤齿组成，在齿台前端距中齿脊较远，但在后端与中齿脊相连。

描述　Pa 分子刺体由前齿片和齿台组成。前齿片长而直，薄片状，近前端较高，由侧扁的细齿愈合而成，但顶端分离。前齿片向后延伸至齿台形成中齿脊，稍侧弯，延伸至齿台末端。齿台矛形，较直，稍拱，前 1/3 部分最宽，向后收缩变窄，末端尖，两前侧角钝圆。外侧齿台前 1/3 部分外拱，口面发育一显著的瘤齿。内侧齿台前 1/3 部分侧缘向外拱，中后部侧缘稍内凹，侧缘口面发育一列瘤齿。这一瘤齿列在前端离中齿脊较远，向后逐渐靠近中齿脊，并在齿台末端之前与中齿脊相连。反口面为一膨大中空的基腔，较深，前 1/3 处最宽，向后收缩变窄、变尖。

比较　此种外侧齿台口面仅有一个瘤齿，可与其他已知种区别。

产地层位　贵州罗甸纳庆，宾夕法尼亚亚系（上石炭统）；安徽广德独山，宾夕法尼亚亚系（上石炭统）黄龙组底部白云岩段。

对称新颚刺　*Neognathodus symmetricus*（Lane，1967）
（图版39，图14—18）

1967 *Gnathodus bassleri symmetricus* Lane，p. 936，pl. 120，figs. 2，13—14，17.

1987b *Neognathodus symmetricus*. —Wang et al.，p. 130，pl. 3，figs. 6—7；pl. 7，figs. 3—4，8，12；pl. 8，figs. 2—5.

1988 *Neognathodus symmetricus*. —杨式溥和田树刚，图版 2，图 17，26.

1989 *Neognathodus symmetricus*. —Wang & Higgins，pp. 282—283，pl. 2，figs. 1—4.

1996a *Neognathodus symmetricus*. —王志浩，272 页，图版 2，图 11—12.

2000 *Neognathodus symmetricus*. —赵治信等，243 页，图版 61，图 2，5，7—9，14，40；图版 69，图 16，23—24；图版 81，图 11—14，21.

2002a *Neognathodus symmetricus*. —王志浩和祁玉平，图版 1，图 13.

2004a *Neognathodus symmetricus*. —王志浩和祁玉平，284 页，图版 1，图 8—12.

特征 Pa 分子齿台窄长，后端尖，两侧近对称。齿台前端两侧的瘤齿或齿脊近等高，中央齿脊可伸至齿台后端，或向后呈瘤齿状延伸。齿脊两侧近脊沟深。

描述 Pa 分子由前齿片和齿台组成。齿台矛形，较狭长，两侧边通常平行于齿脊，末端尖。两侧边缘发育瘤齿或横脊，前部近等高，沿两侧边的中央线延伸。前齿片长，有愈合的细齿组成，可向后延伸至末端，或在后部呈瘤齿状延伸。反口面为一开阔的基腔，并向前齿片延伸成齿槽。

比较 此种与 *Neognathodus bassleri* 十分相似，两者区别在于后者齿台不对称，两侧缘横脊粗，齿脊靠近并平行外侧边缘，内侧边缘比齿脊高。

产地层位 贵州罗甸纳庆和水城，宾夕法尼亚亚系（上石炭统）；甘肃靖远和宁夏中卫，宾夕法尼亚亚系（上石炭统）红土洼组；新疆奇台化石沟和胜利沟、尼勒克县阿恰勒河，宾夕法尼亚亚系（上石炭统）石钱滩组和东图津河组。

曲颚刺属 *Streptognathodus* Stauffer & Plummer，1932

模式种 *Streptognathodus excelsus* Stauffer & Plummer，1932

特征 P 分子茅状，具自由前齿片，并向齿台中央延伸。齿台中央有一明显的纵向齿沟，其两侧有横脊，齿台前部常有瘤或脊分布，反口面基腔开阔。

分布与时代 北美、欧洲、亚洲和澳大利亚等地；宾夕法尼亚亚纪至早二叠世。

阿列克赛窄曲颚刺 *Streptognathodus alekseevi* Barskov，Isakova & Stahastivzeva，1981

（图版 39，图 1—7）

1981 *Streptognathodus alekseevi* Barskov，Isakova & Stahastivzeva，p. 85，pl. 1，figs. 11—14.

1987 *Streptognathodus alekseevi*. —Barskov et al.，p. 85，pl. 21，figs. 10—12.

2000 *Streptognathodus alekseevi*. —赵治信等，251 页，图版 64，图 22，24；图版 69，图 18；图版 70，图 12；图版 71，图 9，17—22，24—25.

特征 Pa 分子齿台两侧无附齿叶，中央齿沟深，齿沟切面为"U"字形，中齿脊较长但不达齿台后端。

描述 Pa 分子由前齿片和齿台组成。前齿片较长，由侧扁的细齿愈合而成，其前后高度近一致，顶端分离。前齿片向后延伸至齿台，在齿台口面中央形成中齿脊。中齿脊在前部为脊状，向后则呈瘤齿状，常延伸至齿台的中部或稍后处，不达齿台末端。齿台为较长的卵圆形，中部或中前部较宽，向后逐渐收缩变窄，末端钝圆或钝尖，两侧无附齿叶。口面中央齿沟宽而深，切面为"U"字形，两侧横脊发育，并被中央齿沟分隔。齿台反口面为一开阔的基腔，其中前部最宽，向后收缩变窄，末端尖。

比较 此种与 *Streptognathodus elegantulus* 最为相似，区别在于前者齿脊较短，不延伸至齿台末端。

产地层位 新疆塔里木盆地西南缘若羌县、叶城和皮山等地，宾夕法尼亚亚系（上石炭统）因格布拉克组和塔合奇组。

窄曲颚刺 *Streptognathodus angustus* Dunn，1966
（图版 39，图 8—11）

1966 *Streptognathodus angustus* Dunn，p. 1302，pl. 158，figs. 11—13.

2007 *Streptognathodus angustus.* —纪占胜等，图版 1，图 16—18；图版 2，图 2.

特征　Pa 分子齿台为窄披针形，中齿脊在后部以瘤齿状延伸至齿台末端，齿台两侧缘由瘤齿组成的齿垣被浅的近脊沟与中齿脊隔开。

描述　Pa 分子由前齿片和齿台组成。前齿片较长，由侧扁的细齿愈合而成，其前后高度近一致，顶端分离。前齿片向后延伸至齿台，在齿台口面中央形成中齿脊。中齿脊在前部为脊状，向后呈分离的瘤齿状，并延伸至齿台末端。中齿脊两侧近脊沟浅。齿台为窄的披针形，中前部较宽，向后收缩变窄，末端尖。齿台两侧缘发育由瘤齿组成的齿垣，并被近脊沟与中齿脊相隔。齿台反口面为一开阔的基腔，其中前部最宽，向后收缩变窄，末端尖。

比较　此种与 *Streptognathodus parvus* 较为相似，但前者中齿脊以瘤齿状延伸至齿台末端，两侧具由瘤齿组成的齿垣，无附齿叶。

产地层位　西藏申扎水珠地区，宾夕法尼亚亚系（上石炭统）水珠组。

巴尔斯科夫曲颚刺 *Streptognathodus barskovi*（Kozur，1976）
（图版 39，图 12—13）

1976 *Gnathodus barskovi* Kozur in Kozur & Mostler，p. 7，pl. 3，figs. 2，4，6.

1981 *Streptognathodus fuchengensis* Zhao. —赵松银，103—104 页，图版 3，图 1.

1987 *Streptognathodus barskovi.* —Chernykh & Reshetkova，p. 52，pl. 7，figs. 10—11.

1991 *Streptognathodus barskovi.* —王志浩，29 页，图版 1，图 10，14.

特征　Pa 分子齿台矛形，近中部最宽，向前收缩和向后变尖，前部发育吻脊，无附齿叶。齿台中后部为相互近平行的横脊，并被中齿沟分开。

描述　Pa 分子由前齿片和齿台组成。齿台矛形，近中部最宽，向前收缩和向后变尖，末端尖。齿台前部收缩，两侧发育平行于固定齿脊的脊状物；齿台中后部为相互近平行的横脊，并被中齿沟分开。前齿片由愈合的细齿组成，向齿台延伸，并在齿台前部形成固定齿脊。反口面为一开阔的基腔，并向前齿片延伸成齿槽。

比较　此种与 *Streptognathodus wabaunsensis* 最为相似，区别在于前者齿台前侧无附齿叶。另外，我国学者描述的 *S. fuchengensis* 应是本种的同义名。

产地层位　贵州罗甸纳庆和紫云羊场，下二叠统；华北地区，宾夕法尼亚亚系（上石炭统）太原组。

格子曲颚刺 *Streptognathodus cancellosus*（Gunnell，1933）
（图版 40，图 1—6）

1933 *Idiognathodus cancellosus* Gunnell，p. 270，pl. 31，fig. 10.

1941 *Streptognathodus oppletus* Ellison，p. 132，pl. 22，fig. 14.

1987 *Streptognathodus cancellosus*（Gunnell）. —Barskov et al.，pp. 85—86，pl. 20，fig. 21（only）.

1987 *Streptognathodus parvus* Dunn. —Barskov et al.，p. 90，pl. 20，fig. 6（only）.

1988 *Streptognathodus cancellosus*. —杨式溥和田树刚，图版3，图28—32.

1999 *Streptognathodus cancellosus*. —Barrick et al.，pp. 155—156，Fig. 7：3.

1999 *Streptognathodus cancellosus*. —Nemyrovska et al.，Fig. 5：3（only）.

2003a *Streptognathodus cancellosus*. —Wang & Qi，pl. 4，figs. 20，22（only）.

特征　Pa 分子齿台前部两侧有附齿叶，中央齿脊由瘤齿组成，较长，延伸至齿台末端。中央齿脊两侧为浅的齿沟。齿台两侧边发育短的横脊和瘤齿。

描述　Pa 分子由前齿片和齿台组成。前齿片较长，直，由侧扁的细齿愈合而成，但细齿顶端分离。前齿片向后延伸至齿台，并在齿台中央形成中齿脊。中齿脊在前端脊状，在中后部呈分离的瘤齿状，并伸达或几乎伸达齿台末端。中齿脊两侧有明显的近脊沟。齿台长，较直，舌形或矛形，口面前部两侧为由小瘤齿组成的附齿叶，瘤齿分布不规则。中后两侧分布近平行的横脊，横脊短或瘤齿状，沿两侧边缘分布，由近脊沟与中齿脊分开。反口面为一开阔中空的基腔。

讨论　Gunnell（1933）建立此种时，强调其特征是齿台中央有一长达齿台末端的齿脊。Ellison（1941）修订了此种的定义，他强调了两侧的附齿叶和齿台中央的齿槽，从而改变了原来种的含义，这也造成不少学者对此种鉴定上的混乱。后来一些学者如 Barrick et al.（1996）提出把此种的定义局限于 Gunnell（1933）原来的定义，即与 Gunnell（1933）的模式标本基本相似的标本才能定为 *Streptognathodus cancellosus*，而 Ellison（1941）所描述的标本则不是 *Streptognathodus cancellosus*。相反，Barrick 等（1999）认定，被 Ellison（1941，pl. 22，fig. 14）定为 *Streptognathodus oppletus* 的标本则为真正的 *S. cancellosus*。本文作者同意 Barrick（1996，1999）的意见，此种的定义应以原模式标本为准，至少与模式标本相似的标本才能定为 *Streptognathodus cancellosus*，不能以 Ellison（1941）修订后的定义为标准。

另外，有些定为 *Streptognathodus parvus* 的标本，如 Barskov et al.（1987，pl. 20，fig. 6）定为 *Streptognathodus parvus* 的标本也应列为 *Streptognathodus cancellosus*。鉴定上的分歧造成了同名带的层位不一致。

产地层位　贵州水城、罗甸纳庆和盘县达拉寨，宾夕法尼亚亚系（上石炭统）达拉阶。

棒形曲颚刺　*Streptognathodus clavatulus* Gunnell，1933

（图版 40，图 7—8）

1933 *Streptognathodus clavatulus* Gunnell，p. 280，pl. 31，fig. 9.

2003a *Streptognathodus clavatulus*. —Wang & Qi，pl. 4，figs. 8，10.

2007 *Streptognathodus clavatulus*. —王志浩和祁玉平，图版1，图14—15.

特征　P 分子齿台较宽阔，末端钝圆，两附齿叶发育，外侧附齿叶长，单列瘤齿呈线状分布，可延伸至齿台中后部；内侧附齿叶团状分布。齿台后部中央有齿沟，两侧横脊在此被中断。

描述　P 分子由前齿片和齿台组成。前齿片长而直，由侧扁细齿愈合而成，细齿高度大致相似，顶端分离。前齿片向后延伸至齿台，在齿台前部口面中央形成中齿脊，其两侧有些不规则的瘤齿和齿脊分布。齿台较宽阔，近矛形，中部最宽，向前后收缩变窄，末端钝圆。外侧附齿叶长，有一列瘤齿线状分布，并延伸至齿台中后部。内侧附齿叶短，瘤齿和脊呈团状分布于齿台内侧近中部。齿台后部中央有齿沟，两侧横脊在此被中断。反口面为一开阔中空的基腔，近中部最宽较深。

比较　此种与 *Streptognathodus excelsus* 较为相似，区别在于前者外侧附齿叶长，线状分布，可伸达齿台后部。

产地层位　贵州罗甸纳庆，宾夕法尼亚亚系（上石炭统）莫斯科阶至卡西莫夫阶。

连续曲颚刺　*Streptognathodus conjunctus* Barskov，Isotakova & Stahastlivzeva，1981
（图版 41，图 1—2）

1981 *Streptognathodus conjunctus* Barskov，Isotakova & Stahastlivzeva，pp. 86—87，pl. II，figs. 1—5.

1987 *Streptognathodus conjunctus.* —Barskov et al.，p. 86，pl. 22，figs. 13—15.

2000 *Streptognathodus conjunctus.* —赵治信等，252 页，图版 67，图 7，15.

特征　Pa 分子齿台有 1~3 条横脊可连续通过中齿沟。

描述　Pa 分子由前齿片和齿台组成。前齿片由侧扁的细齿愈合而成。前齿片向后延伸至齿台，形成较长的中齿脊，并可延伸至齿台长的 1/3~1/2，其两侧有浅的近脊沟。齿台长，舌状，稍内弯，外侧齿台略宽于内侧齿台，两侧无附齿叶。齿台口面前部两侧有相互平行的横脊，并由近脊沟与中齿脊相隔。齿台中后部中央有中齿沟，较浅，两侧发育近平行的横脊，横脊一般都在此中断，只有少数横脊（如中齿脊后有 1~3 条横脊）直接通过中齿沟。反口面为一开阔的基腔。

比较　此种有 1~3 条横脊可连续通过中齿沟，且无附齿叶，可区别于其他已知种。

产地层位　新疆塔里木盆地西南缘若羌县和叶城等地，宾夕法尼亚亚系（上石炭统）因格布拉克组和塔合奇组。

偏心曲颚刺　*Streptognathodus eccentricus* Ellison，1941
（图版 41，图 3—5）

1941 *Streptognathodus eccentricus* Ellison，pp. 132—133，pl. 22，fig. 24.

1975 *Streptognathodus eccentricus.* —Sweet in Ziegler，pp. 365—366，*Streptognathodus*— pl. 1，fig. 2.

1988 *Streptognathodus eccentricus.* —杨式溥和田树刚，1988，图版 3，图 21—22.

2000 *Streptognathodus eccentricus.* —赵治信等，252 页，图版 72，图 8.

特征　Pa 分子齿台前部两侧发育附齿叶，后部两侧具横脊，外侧横脊较长，内侧横脊则较短，中齿沟稍向内侧偏斜。

描述　Pa 分子由前齿片和齿台组成。前齿片较长，直，由侧扁的细齿愈合而成，细齿前后大致类似，中前部细齿稍高，顶端分离。前齿片向后延伸至齿台前端形成短的中齿脊。齿台卵圆形，中前部最宽，向前后收缩变窄，末端钝尖。齿台前部中齿脊两侧发育由瘤齿组成的附齿叶。齿台中后部中央偏向内侧发育一纵沟，把齿台分割为内外两侧，外侧稍宽。中齿沟两侧发育近平行的横脊，外侧横脊稍长。反口面为一开阔的基腔，并向前齿片延伸成齿槽。

比较　此种与 *Streptognathodus excelsus* 较为相似，区别在于前者中齿沟不在正中而偏向一侧；此种与 *I. simulator* 都具一偏斜的中齿沟，但后者仅一侧发育附齿叶。

产地层位　贵州水城，宾夕法尼亚亚系（上石炭统）达拉阶；新疆塔里木盆地西南缘叶城，宾夕法尼亚亚系（上石炭统）塔合奇组。

优美曲颚刺 *Streptognathodus elegantulus* Stauffer & Plummer，1932
（图版 41，图 6—16）

1932 *Streptognathodus elegantulus* Stauffer & Plummer，p. 47，pl. 5，figs. 6—7，22，27.

1987 *Streptognathodus elegantulus*. —Wang & Rui，pl. 1，figs. 1—2.

1987b *Streptognathodus elegantulus*. —Wang et al.，p. 132，pl. 5，fig. 13.

1989 *Streptognathodus elegantulus*. — Wang & Higgins，p. 286，pl. 5，figs. 1—4.

1991 *Streptognathodus elegantulus*. —王志浩，30 页，图版 3，图 10.

2000 *Streptognathodus elegantulus*. —赵治信等，252 页，图版 69，图 1—3，5，8；图版 71，图 23.

2003a *Streptognathodus elegantulus*. —Wang & Qi，pl. 3，fig. 6；pl. 4，figs. 12，14.

2003b *Streptognathodus elegantulus*. —王志浩和祁玉平，237 页，图版 1，图 31.

特征 Pa 分子齿台中央齿沟深，齿沟切面为"U"字形，齿台两侧无附齿叶。

描述 Pa 分子由前齿片和齿台组成。齿台长、舌形或矛形，常侧弯，口面中央有深而宽的中央沟，其切面为"U"字形。中央齿沟两侧有许多平行的横脊，并向中央沟倾斜。齿台两侧无附齿叶。前齿片长，由许多愈合的细齿组成，并向齿台延伸成齿台前部的齿脊和向后延伸分布的瘤齿列，可达齿台长度的 1/2~2/3，但不达齿台末端。反口面为一开阔的基腔，并向前齿片延伸成齿槽。

比较 本种与 *Streptognathodus elongatus* 十分相似，区别在于前者齿台两侧无附齿叶，中央齿沟深而宽，为"U"字形。

产地层位 贵州罗甸、紫云，宾夕法尼亚亚系（上石炭统）和下二叠统；新疆塔里木盆地西南缘羌县、叶城和皮山等地，宾夕法尼亚亚系（上石炭统）因格布拉克组和塔哈奇组；华北地区，宾夕法尼亚亚系（上石炭统）和下二叠统太原组。

细长曲颚刺 *Streptognathodus elongatus* Gunnell，1933
（图版 41，图 17—24）

1932 *Streptognathodus elongatus* Gunnell，p. 283，pl. 33，fig. 30.

1987b *Streptognathodus elongatus*. —Wang et al.，p. 132，pl. 5，figs. 11—12.

1989 *Streptognathodus elongatus*. —Wang & Higgins，p. 286，pl. 10，figs. 6—9；pl. 13，fig. 1.

1991 *Streptognathodus elongatus*. —王志浩，30 页，图版 1，图 6；图版 4，图 3.

2000 *Streptognathodus elongatus*. —赵治信等，252—253 页，图版 70，图 13；图版 72，图 1—2，
  4—7，9，12—17，22—25.

2003a *Streptognathodus elongatus*. —Wang & Qi，pl. 2，fig. 7.

2003b *Streptognathodus elongatus*. —王志浩和祁玉平，237—238 页，图版 1，图 2.

特征 Pa 分子齿台较细长，其一侧附有 1~2 个小瘤齿，中央齿沟横切面为"V"字形。

描述 Pa 分子由前齿片和齿台组成。齿台细长，两侧近平行，末端尖，中部最宽。中央齿沟深，其切面为"V"字形，两侧有短而相互平行的横脊。齿台一侧附有 1~2 个瘤齿。前齿片长，由细齿愈合而成，向齿台延伸成固定齿脊，位于齿台前部。反口面为一开阔的基腔，向前延伸成齿槽。

比较 此种与 *Streptognathodus elegantulus* 的区别在于前者齿台较窄长，一侧有 1~2 个瘤齿组成的齿叶，中央齿沟窄而深，为"V"字形。

产地层位 贵州罗甸、紫云，宾夕法尼亚亚系（上石炭统）和下二叠统；新疆塔里木盆地西南缘若羌、皮山、叶城和莎车，宾夕法尼亚亚系（上石炭统）因格布拉克组和塔哈奇组；华北地区，宾夕法尼亚亚系（上石炭统）和下二叠统太原组。

高大曲颚刺 *Streptognathodus excelsus* Stauffer & Plummer，1932

（图版 42，图 3—7）

1932 *Streptognathodus excelsus* Stauffer & Plummer，p. 48，pl. 4，figs. 2，5.

1974 *Streptognathodus excelsus*. —Merrill，pl. 2，figs. 9—10.

1987b *Streptognathodus excelsus*. —Wang et al.，p. 132，pl. 4，fig. 3.

1987 *Streptognathodus excelsus*. —王志浩和文国忠，285 页，图版 2，图 4.

1987 *Streptognathodus excelsus*. —Baskov et al.，p. 88，pl. 20，figs. 22—24.

1988 *Streptognathodus excelsus*. —杨式溥和田树刚，图版 2，图 12—13.

1989 *Streptognathodus excelsus*. —Wang & Higgins，p. 286，pl. 10，figs. 11—13.

2003a *Streptognathodus excelsus*. —Wang & Qi，pl. 3，fig. 1.

2007 *Streptognathodus excelsus*. —王志浩和祁玉平，图版 1，图 8.

特征 Pa 分子齿台较宽阔，前部口面两侧发育附侧齿叶，后部中央有一由两侧向中心倾斜的中央凹陷，并分隔两侧的横脊。

描述 Pa 分子由前齿片和齿台组成。前齿片长而直，由侧扁的细齿愈合而成，细齿近等高，顶端分离。前齿片向后延伸至齿台，在齿台前部形成中齿脊，其两侧有较长的吻脊或称侧中脊。吻脊由瘤齿组成，向前张开，并向后延伸至齿台中部。齿台宽，矛形，稍内弯，中前部最宽，向前收缩变窄、变尖。齿台中前部口面两侧缘发育内外附齿叶，附齿叶大，一般由 1~2 列多个瘤齿组成。齿台后部发育平行的横脊，并被一较浅的、由两侧向中心倾斜的中央凹陷分隔。齿台反口面为一开阔的基腔，并向前齿片延伸成齿槽。

比较 此种两侧发育附侧齿叶，齿台后部中央具一由两侧向中心倾斜的中央凹陷，可与同属其他种相区别。

产地层位 贵州水城、罗甸纳庆，宾夕法尼亚亚系（上石炭统）达拉阶；山西武乡温庄，宾夕法尼亚亚系（上石炭统）本溪组。

膨大曲颚刺 *Streptognathodus expansus* Igo & Koike，1964

（图版 42，图 8—13）

1964 *Streptognathodus expansus* Igo & Koike，p. 189，pl. 28，fig. 14.

1974 *Streptognathodus expansus*. —Lane & Straka，p. 102，pl. 43，figs. 9，16—18，21—26.

1984 *Streptognathodus expansus*. —Grayson，pl. 4，fig. 18.

1987a *Streptognathodus expansus*. —Wang et al.，pl. 1，fig. 6.

1988 *Streptognathodus expansus*. —杨式溥和田树刚，图版 3，图 9，15.

1989 *Streptognathodus expansus*. —Wang & Higgins，p. 286，pl. 3，figs. 8—11.

1999 *Streptognathodus expansus*. —Nemyrovska，pp. 80—81，pl. 6，figs. 1—2.

non 2000 *Streptognathodus expansus*. —赵治信等，253 页，图版 72，图 19，26—27.

2003a *Streptognathodus expansus*. —Wang & Qi，pl. 1，fig. 2.

特征　Pa分子齿台宽,较短,不对称至近对称,齿脊短。横脊宽、发育,横过整个齿台,仅在裂缝状中央齿沟处中断。齿台前端两侧各发育一列平行于齿脊的吻脊状瘤齿列,并向前可延伸出齿台前缘。后端装饰较简单,前齿片细齿较少。

描述　Pa分子由前齿片和齿台组成。前齿片较长,几乎可与齿台等长,直而薄,由细齿愈合而成,但顶端分离,后部细齿大。前齿片向后延伸至齿台,并在齿台前部中央形成短的齿脊。齿台矛形,较宽,稍不对称至不对称,稍内弯,近中部最宽,向前后收缩,末端尖。齿台前部中齿脊两侧各发育一列吻脊状纵向瘤齿列。在内侧瘤齿列外侧边缘常有 3 个纵向排列的瘤齿。齿台中后部口面两侧发育横脊,横脊长,近平行,向齿台中心延伸,横过整个齿台,仅在裂缝状中央齿沟处中断,但也有少数横脊在前部可横过齿台中央齿沟而相连。整个反口面为一开阔的基腔。

注: 此种可分两种形态类型,即 *Streptognathodus expansus* Igo & Koike, 1964 M1 和 *St. expansus* Igo & Koike, 1964 M2 两种,前者（图版 42,图 8—9）较原始,齿台前部吻部构造较简单,吻脊很短,齿台口面平坦,中央沟缺失或很不明显;后者（图版 42,图 10—13）则是此种的进步类型. 齿台前端吻部构造较明显,吻脊较长,齿台中央沟明显。

比较　此种外形与 *Streptognathodus wabaunsensis* 较为相似,区别在于前者齿台前部瘤齿分布比较简单,为两列吻脊状瘤齿列,没有后者发育的附齿叶。

产地层位　贵州罗甸纳庆和水城,宾夕法尼亚亚系（上石炭统）*Streptognathodus expansus* 带至 *Diplognathodus ellesmerensis* 带;新疆塔里木盆地西南缘皮山,宾夕法尼亚亚系（上石炭统）阿孜干组和塔哈奇组。

纤细曲颚刺　*Streptognathodus gracilis* Stauffer & Plummer, 1932

（图版 42,图 14—15）

1932 *Streptognathodus gracilis* Stauffer & Plummer, p. 48, pl. 4, figs. 12, 24.

1995 *Streptognathodus gracilis*. —Ritter, p. 1150, Fig. 9.8.

non 1996 *Streptognathodus gracilis*. —李罗照等,65 页,图版 26,图 15,22—24,26—27;图版 27,图 5.

2003a *Streptognathodus gracilis*. —Wang & Qi, pl. 4, fig. 17.

2003b *Streptognathodus gracilis*. —王志浩和祁玉平,238 页,图版 1,图 32.

特征　Pa分子齿台中央中齿沟两侧发育近平行的横脊,一侧或两侧仅有发育一个瘤齿的附齿叶。

描述　Pa分子由前齿片和齿台组成。齿台中前部最宽,向前后收缩,稍内弯。有内侧附齿叶,仅由一个瘤齿组成。齿台中央齿沟深,"V"字形,两侧为平行排列的横脊。前齿片由细齿愈合而成,并向齿台延伸成短的齿脊。反口面为一开阔的基腔,向前延伸成窄的齿槽。

比较　本种与 *Streptognathodus wabaunsensis* 的区别在于前者内附齿叶仅有一个瘤齿。

产地层位　贵州罗甸纳庆,宾夕法尼亚亚系（上石炭统）和下二叠统;华北地区,宾夕法尼亚亚系（上石炭统）和下二叠统太原组。

孤立曲颚刺　*Streptognathodus isolatus* Chenykh,Ritter & Wardlaw, 1997

（图版 42,图 16—18）

1997 *Streptognathodus isolatus* Chernykh, Ritter & Wardlaw, pp. 161—163, pl. 1, figs. 1—2, 4—15.

1997 *Streptognathodus isolatus*. —Chernykh & Ritter, p. 469, pl. 6, figs. 7, 13—18.

2000 *Streptognathodus isolatus*. —王成源和康沛泉，384 页，图版 1，图 7—8，11，13—17.

2003a *Streptognathodus isolatus*. —Wang & Qi, pl. 4, figs. 29—30.

2003b *Streptognathodus isolatus*. —王志浩和祁玉平，238 页，图版 1，图 10.

特征　Pa 分子齿台发育由多个瘤齿组成的内附齿叶，并由一浅沟与齿台分开。

描述　Pa 分子由前齿片和齿台组成。齿台较长，中前部最宽，后端尖。齿台中央齿沟明显，两侧为发育的横脊，被中央齿沟分开。齿台前端固定齿脊两侧为一近平行的纵向瘤齿脊，其内侧发育一由 3 个以上瘤齿组成的附齿叶。附齿叶由一较深的沟与齿台其余部分分开。前齿片较长，由愈合的细齿组成，向齿台延伸成齿脊，位于齿台前部。反口面为一开阔的基腔，后端尖，向前延伸成齿槽。

比较　本种与 *Streptognathodus wabaunsensis* 最为相似，区别在于后者附齿叶与齿台间无沟隔开，前者齿台较平坦、较两侧对称和内侧脊数量多。

产地层位　贵州罗甸纳庆，下二叠统；华北地区，下二叠统太原组。

罗苏曲颚刺　*Streptognathodus luosuensis* Wang & Qi，2003
（图版 42，图 19—22）

1989 *Streptognathodus oppletus* Ellison. —Wang & Higgins, p. 287, pl. 9, figs. 3—5（only）.

2003a *Streptognathodus luosuensis* Wang & Qi, p. 394, pl. 3, figs. 4—5.

特征　P 分子齿台中齿脊短而侧弯，并与一侧齿台内侧相连。

描述　Pa 分子刺体由齿台和前齿片组成。齿台小，亚对称，矛形，外侧外拱，中部最宽，末端尖，两侧发育相互平行和紧密排列的横脊。横脊较长，并在中央被窄而浅的中齿沟切断。前齿片长，其长度大于齿台，由侧扁的细齿愈合而成。前齿片向齿台前方延伸成短的齿脊，并向一侧侧弯，与一侧齿台内侧相连。反口面为一开阔的基腔，在齿台中前部最宽、最深，向后逐渐收缩变浅，在末端变尖。

比较　此种与 *Streptognathodus simplex* 较为相似，区别在于前者中齿脊短而侧弯。

产地层位　贵州罗甸纳庆，宾夕法尼亚亚系（上石炭统）*Idiognathodus simulator* 带。

长隆脊曲颚刺　*Streptognathodus oppletus* Ellison，1941
（图版 43，图 18—21，24—26）

1941 *Streptognathodus oppletus* Ellison, p. 132, pl. 22, figs. 13—14, 16.

1987b *Streptognathodus oppletus*. —Wang et al., p. 133, pl. 4, figs. 9—12.

1991 *Streptognathodus oppletus*. —王志浩，31—32 页，图版 3，图 6.

2003a *Streptognathodus oppletus*. —Wang & Qi, pl. 4, figs. 26—27.

2003b *Streptognathodus oppletus*. —王志浩和祁玉平，238—239 页，图版 1，图 21.

2006 *Streptognathodus oppletus*. —董致中和王伟，201 页，图版 33，图 3；图版 34，图 26.

特征　Pa 分子中央齿脊发育，并可延伸至齿台后部，其一侧有一不发育的附齿叶，附齿叶由 1~2 个瘤齿组成。

描述　Pa 分子由前齿片和齿台组成。齿台细长，近矛形，后端尖，其一侧有一不发育的附齿叶，由 1~2 个瘤齿组成。口面中央齿沟浅，两侧为平行排列的短横脊，在前端可横过中央齿沟与齿脊的瘤齿相连。前齿片较长，由细齿愈合而成，向齿台延伸成齿台前部的齿脊，向后可呈分离的瘤齿状延伸，在齿台前端与横脊相连。反口面基腔开阔，后端尖，并向前齿片延伸成齿槽。

比较 此种与 *Streptognathodus parvus* 十分相似，区别在于后者刺体小，前者齿台前部的齿脊向后呈分离的瘤齿状延伸，并在齿台前端与横脊相连。

产地层位 贵州罗甸纳庆，宾夕法尼亚亚系（上石炭统）；华北地区，宾夕法尼亚亚系（上石炭统）和下二叠统太原组。

微小曲颚刺 *Streptognathodus parvus* Dunn，1966
（图版 43，图 3—11）

1966 *Streptognathodus parvus* Dunn，p. 1302，pl. 158，figs. 9—10.

1987 *Streptognathodus parvus*. —Barskov et al.，p. 90，pl. 20，figs. 4—5（only）.

1989 *Streptognathodus parvus*. —Wang & Higgins，p. 287，pl. 10，figs. 1—5.

1991 *Streptognathodus parvus*. —王志浩，32 页，图版 2，图 7—8；图版 3，图 3.

1999 *Streptognathodus parvus*. —Nemyrovska，p. 81，pl. 6，figs. 8—11.

2000 *Streptognathodus parvus*. —赵治信等，254 页，图版 69，图 6，9，11，25，27—28；图版 70，图 3，21（only）.

2003a *Streptognathodus parvus*. —Wang & Qi，pl. 1，figs. 6，11.

特征 Pa 分子刺体很小，齿台中央齿脊较长，常与齿台近末端的横脊相连。齿台两侧为脊状，附齿叶可有可无，且仅有 1~2 个细齿组成。

描述 Pa 分子刺体小，由前齿片和齿台组成。前齿片长，由愈合的细齿组成，向齿台延伸成中齿脊，中齿脊可达齿台的 1/2~2/3，并与末端的横脊相连。齿台小，矛形，两侧为横脊状。附齿叶可有可无，仅由 1~2 个细齿组成。反口面为一开阔的基腔，并向前齿片延伸成齿槽。

比较 此种与 *Streptognathodus oppletus* 十分相似，但前者刺体比后者要小得多，中齿脊可达齿台的 1/2~2/3，并与末端的横脊相连。

产地层位 贵州罗甸纳庆和盘县达拉寨，宾夕法尼亚亚系（上石炭统）达拉阶；华北地区，宾夕法尼亚亚系（上石炭统）本溪组和太原组下部。

简单曲颚刺 *Streptognathodus simplex* Gunnell，1933
（图版 43，图 12—17）

1933 *Streptognathodus simplex* Gunnell，p. 285，pl. 33，fig. 40.

1987 *Streptognathodus simplex*. —Chernykh & Reshetkova，pp. 38—39，pl. 7，fig. 2.

1991 *Streptognathodus simplex*. —王志浩，32 页，图版 1，图 1—2.

2000 *Streptognathodus simplex*. —赵治信等，254—255 页，图版 72，图 3，16—17，22.

2003a *Streptognathodus simplex*. —Wang & Qi，p. 2，fig. 15；p. 3，fig. 8.

2003b *Streptognathodus simplex*. —王志浩和祁玉平，239 页，图版 1，图 8.

特征 Pa 分子齿台狭长，矛形，两侧发育短的横脊，中央沟深，横断面为"V"字形，无附齿叶发育。

描述 Pa 分子刺体由前齿片和齿台组成。前齿片长，向后延伸并在齿台前部形成固定齿脊。齿台狭长，矛形，两侧发育短的横脊，中央齿沟深，横断面为"V"字形。齿台反口面为一开阔的基腔，并向前齿片延伸成齿槽。

比较 此种与 *Streptognathodus elongatus* 十分相似，区别在于前者齿台简单，无附齿叶发育，后者发育由 1~2 个瘤齿组成的附齿叶。

产地层位 贵州罗甸、紫云，宾夕法尼亚亚系（上石炭统）和下二叠统；华北地区，宾夕法尼亚亚系（上石炭统）和下二叠统太原组。

近直立曲颚刺 *Streptognathodus suberectus* Dunn，1966
（图版 44，图 3—17）

1966 *Streptognathodus suberectus* Dunn, p. 1303, pl. 157, figs. 4—5, 10.

1970 *Streptognathodus suberectus*. —Dunn, p. 340, pl. 64, figs. 5—7.

1986 *Streptognathodus suberectus*. —赵治信等, 201 页, 图版 1, 图 1—5, 18—22; 图版 2, 图 16—18.

1989 *Streptognathodus suberectus*. —Wang & Higgins, p. 287, pl. 13, figs. 8—11.

2000 *Streptognathodus suberectus*. —赵治信等, 255 页, 图版 65, 图 2, 4, 7—12, 15; 图版 66, 图 9—20, 24; 图版 69, 图 4, 7, 10, 12—15, 17, 19—22, 26, 29—31; 图版 70, 图 1, 2, 4—11, 18—20, 24—26; 图版 71, 图 18.

2003a *Streptognathodus suberectus*. —Wang & Qi, pl. 1, figs. 16, 20.

特征 Pa 分子齿台较窄长，稍内弯，两侧边缘各具一由横脊组成的齿垣，且外侧高于内侧。内侧齿垣近中部常内凹，并在内凹处发育一个由几个平行轴向排列的瘤齿构成的附齿叶。中齿沟较长，切面"V"字形。

描述 Pa 分子刺体由前齿片和齿台组成。前齿片中等长，稍短于齿台，其前后高度大致相似，由侧扁的细齿愈合而成，但顶端分离。前齿片向后延伸至齿台，在齿台前部约 1/3 处形成较光滑的固定齿脊，即中齿脊。齿台较窄长，矛形，内弯，末端尖或钝角状，中央具一明显的纵沟，切面"V"字形，并伸至齿台末端，在齿台前部中齿脊处分叉为内外近脊沟。齿台中齿沟和两近脊沟两侧发育由横脊组成的齿垣，齿垣长，由齿台前端延伸至末端，外侧齿垣比内侧齿垣高，内侧齿垣中部内凹，并在内凹处发育一个由几个平行轴向排列的瘤齿构成的附齿叶。齿台反口面为一开阔的基腔，并向前齿片延伸成齿槽。

比较 此种与 *Streptognathodus elongatus* 较相似，但后者齿台内侧无附齿叶。

产地层位 贵州罗甸纳庆，宾夕法尼亚亚系（上石炭统）；新疆克拉麦里和塔里木盆地，宾夕法尼亚亚系（上石炭统）石钱滩组、阿孜干组和小海子组。

近简单曲颚刺 *Streptognathodus subsimplex* Wang & Qi，2003
（图版 45，图 8—9）

2003a *Streptognathodus subsimplex* Wang & Qi, p. 394, pl. 3, figs. 15, 21.

特征 Pa 分子齿台窄而长，不对称，内、外两侧横脊较短，中齿沟浅，切面"V"字形。

描述 Pa 分子刺体由前齿片和齿台组成。齿台窄长，不对称，向内侧稍弯，内侧弧形内凹而外侧弧形外拱。两侧缘近平行，向末端逐渐收缩至末端尖。齿台两侧发育相互平行的短横脊，中齿沟浅，切面"V"字形。前齿片常折断，向齿台延伸成短的中齿脊，长度约为齿台长的 1/5~1/4，其两侧附脊沟深，附脊沟两侧为单瘤齿组成的齿垣。反口面基腔深而宽，中前部最宽，向后收缩变浅、变尖。齿台反口面为一开阔的基腔，并向前齿片延伸成齿槽。

比较　此种与 *Streptognathodus simplex* 最为相似，区别在于前者齿台中齿脊和两侧横脊较短，中齿沟浅。

产地层位　贵州罗甸纳庆，宾夕法尼亚亚系（上石炭统）*Idiognathoides ouachitensis* 带至 *Diplognathodus ophenus*—*D. ellesmerensis* 带。

浅槽曲颚刺　*Streptognathodus tenuialveus* Chernykh & Ritter，1997
（图版 42，图 1—2）

1997 *Streptognathodus tenuialveus* n. sp. Chernykh & Ritter，p. 471，figs. 4.11—4.18.

2004 *Streptognathodus tenuialveus* Chernykh & Ritter. —王志浩等，图版 III，图 19 （注：此种的图号原标注为图 20，应改为 19）.

2016 *Streptognathodus tenuialveus* Chernykh & Ritter. —王成源和王志浩，223—224 页，图版 C-4，图 15—16.

特征　齿台窄，齿台口面缺少装饰的 *Streptognathodus* 的一个种，有几乎对称的齿台和平坦的口方表面。

比较　此种以对称性更强和齿台表面更平有别于 *Streptognathodus simplex* 和 *S. elongatus*。

产地层位　贵州罗甸，宾夕法尼亚亚系 Gzhelian 阶上部 *Streptognathodus tenuialveus* 带。

弗吉尔曲颚刺　*Streptognathodus virgilicus* Ritter，1995
（图版 43，图 22—23）

1995 *Streptognathodus virgilicus* Ritter，pp. 1150—1151，pl. 10，figs. 11—14.

2010 *Streptognathodus virgilicus*. —Goreva & Alekseev，pl. 1，fig. 14.

2014 *Streptognathodus virgilicus*. —王秋来，59—60 页，图版 7，图 9—11.

特征　Pa 分子齿台中央具齿沟，齿沟切面为"V"字形，两侧无附齿叶。

描述　Pa 分子由前齿片和齿台组成。齿台窄至宽，舌形或倒三角状，口面中央位置发育中央沟，切面为"V"字形。中央齿沟两侧有许多平行的横脊，并向中央沟倾斜。齿台两侧不具附齿叶。前齿片长，约占总长 1/2，由许多细齿组成，并向齿台延伸成齿台前部的齿脊，一般为齿台长度的 1/2，齿脊前端愈合，后端逐渐变为分散的瘤齿。反口面为一开阔的基腔，并向前齿片延伸成齿槽。

比较　本种与 *Streptognathodus pawhuskaensis* 相似，但后者齿沟较宽，呈"U"字形，隆脊较短。

产地层位　贵州罗甸，宾夕法尼亚亚系格舍尔阶（上石炭统）。

瓦包恩曲颚刺　*Streptognathodus wabaunsensis* Gunnell，1933
（图版 45，图 10—19）

1933 *Streptognathodus wabaunsensis* Gunnell，p. 285，pl. 33，fig. 32.

1987b *Streptognathodus wabaunsensis*. —Wang et al.，p. 133，pl. 5，fig. 1—4.

1989 *Streptognathodus wabaunsensis.* —Wang & Higgins, pp. 287—288, pl. 8, figs. 10, 12（only）.

1991 *Streptognathodus wabaunsensis.* —王志浩，32 页，图版 1，图 11.

2000 *Streptognathodus wabaunsensis.* —赵治信等，255—256 页，图版 71，图 1，7，12—13.

2003b *Streptognathodus wabaunsensis.* —王志浩和祁玉平，239 页，图版 1，图 20.

特征 Pa 分子中央齿沟宽而浅，两侧横脊较长，附齿叶位于中央靠前处，由多个瘤齿组成，与齿台分界不明显。

描述 Pa 分子由前齿片和齿台组成。齿台长而宽，中后部最宽，末端钝圆。内齿叶发育，由较多的瘤齿组成，位于齿台内侧前方。口面中央沟宽浅，两侧有较多的横脊，并在中央沟处终止。前齿片由愈合的细齿组成，向齿台延伸成短的中齿脊。齿台反口面为一开阔的基腔，并向前齿片延伸成齿槽。

比较 此种与 *Streptognathodus isolatus* 最为相似，区别在于后者附齿叶与齿台间有明显的沟分隔。

产地层位 贵州罗甸、紫云，宾夕法尼亚亚系（上石炭统）和下二叠统；新疆皮山和若羌等地，下二叠统；华北地区，宾夕法尼亚亚系（上石炭统）和下二叠统太原组。

泽托斯曲颚刺 *Streptognathodus zethus* Chernykh & Reshetkova，1987

（图版 43，图 1—2）

1987 *Streptognathodus zethus* Chernykh & Reshetkova，p. 39，pl. 2，figs. 3—8.

2012 *Streptognathodus zethus.* —Chernykh，p. 91—92，pl. 5，fig. 4—8.

2013 *Streptognathodus zethus.* —Barrick et al.，pl. 4，figs. 11—12.

2014 *Streptognathodus zethus.* —王秋来，60—61 页，图版 2，图 2—3.

特征 Pa 分子齿台中央齿沟偏向内侧，较宽深，齿沟切面为"U"字形，齿台两侧具不等的附齿叶。

描述 Pa 分子由前齿片和齿台组成。齿台长，舌形或矛形，常侧弯，口面中央偏内侧位置发育深而宽的中央沟，其切面为"U"字形。中央齿沟两侧有许多平行的横脊，并向中央沟倾斜。齿台两侧具不等的附齿叶，内侧更为发育。前齿片长，约占总长 1/2，由许多细齿组成，并向齿台延伸成齿台前部的齿脊，一般为齿台长度的 1/3。反口面为一开阔的基腔，并向前齿片延伸成齿槽。

比较 本种与 *Streptognathodus excelsus* 十分相似，区别在于后者齿台整体的对称性较高，中央齿沟位于中部。

产地层位 贵州罗甸，宾夕法尼亚亚系卡西莫夫阶和格舍尔阶（上石炭统）。

斯瓦德刺属 *Swadelina* Lambert，Heckel & Barrick，2003

模式种 *Streptognathodus nodocarinatus* Jones，1941

特征 Pa 分子齿台后部横脊为一纵入沟分隔，齿台前部则有明显复杂的构造，但中齿脊短。Pb 分子为 ozarkodiniform 型，主齿退化，具长短不一的前后齿片。

分布与时代 北美、欧洲和亚洲，宾夕法尼亚亚纪（晚石炭世）。

精巧斯瓦德刺 *Swadelina concinna*（Kossenko，1975）

（图版 40，图 9—26）

1975 *Streptognathodus concinnus* Kossenko，pp. 130—131，figs. 11—15.

1978 *Streptognathodus concinnus*. —Kozitskaya，pl. 26，figs. 3—5.

1984 *Streptognathodus concinnus*. —Goreva，pl. 3，figs. 15—22.

1986 *Streptognathodus junggarensis*. —赵治信等，201—202 页，图版 1，图 6—17；图版 2，图 7.

1987 *Streptognathodus concinnus*. —Barskov et al.，p. 86，pl. 20，figs. 16—17.

2000 *Streptognathodus concinnus*. —赵治信等，251 页，图版 65，图 1，3，5—6，13—14，16—22；图版 66，图 1—8，21—23，25.

特征 Pa 分子齿台中前部两侧发育向外突出的附齿叶，附齿叶与齿台界线明显，由排列成弧状的瘤齿组成。中齿沟深，切面为"V"字形，中齿脊短，向后延伸并逐渐变细，仅限于齿台最前部。

描述 Pa 分子由前齿片和齿台组成。前齿片较长，直，由侧扁的细齿愈合而成，细齿前后大致类似，中前部细齿稍高，顶端分离。前齿片向后延伸至齿台前端，形成短而向后变细的中齿脊。中齿沟较深，切面为"V"字形，向后延伸至齿台近末端。中齿沟两侧为相互平行的横脊，近中部的较长，向前后变短，最后端的 1~2 条横脊两侧可相连。齿台前部或中前部两侧发育外突的附齿叶，较大，由排列成弧状或不规则分布的瘤齿组成，与齿台本体的界线清楚。反口面为一开阔的基腔，并向前齿片延伸成齿槽。

比较 此种与 *Streptognathodus excelsus* 较为相似，区别在于前者中齿脊短而细，两侧横脊近等长，两附齿叶外突。

产地层位 新疆天山乌鲁木齐祁家沟和奇台县化石沟、胜利沟,宾夕法尼亚亚系(上石炭统）祁家沟组和石钱滩组。

艾诺斯瓦德刺 *Swadelina einori* Nemirovskaya & Alekseev，1993
（图版 39，图 19—22）

1995 *Streptognathodus einori* Nemirovskaya & Alekseev，pl. 3，figs. 13，15.

2016 "*Streptognathodus*" *einori*. —Hu et al.，figs. 7K—T.

2016 "*Streptognathodus*" *einori*. —胡科毅，158—160 页，图版 12，图 1—13.

2017 *Swadelina einori*. —Hu & Qi，p. 202，pl. 1，figs. 1—5.

2017 *Swadelina einori*. —Hu et al.，p. 76，figs. 7K—I.

特征 Pa 分子发育一长而浅的齿沟，两侧具简单的齿叶。

描述 Pa 分子由前齿片和齿台组成。前齿片较长，直，与齿台大致等长，由侧扁的细齿愈合而成，细齿前后大致类似，中前部细齿稍高，顶端分离。前齿片向后延伸至齿台前端形成中齿脊。中齿脊光滑或有小瘤齿，向后延伸至齿台中部或更长些，前部为脊状，向后可能为分离的小瘤齿。中齿沟浅，较窄，可延伸至齿台末端，将齿台分为内外两侧齿垣状构造，其前部具瘤齿，后部饰有横脊。两侧齿叶构造较简单，位于齿台前部两侧，与中齿脊和齿垣状构造平行，后边缘接近齿台中间。内侧齿叶通常为一瘤齿列，含 2~6 个分离的瘤齿。外侧齿叶较小，仅为 1~3 个分离的瘤齿，年幼标本外侧齿叶不发育。基腔宽而深，近对称，三角形。

比较 此种与 "*Streptognathodus*" *suberectus* 较为相似，区别在于前者齿叶更靠前，中齿脊更长，齿沟更完整。此种与 "*S.*" *bashiricus* 的区别在于后者齿台更宽、更凸出、更圆，中齿脊更短，侧齿叶更大、更长。

产地层位 华南巴什基尔阶中部—莫斯科阶下部。

莱恩斯瓦德刺 *Swadelina lanei* Hu & Qi，2017

（图版 35，图 15—29）

2017 *Swadelina lanei* Hu & Qi，p. 202，pl. 2，figs. 1—9；pl. 4，figs. 1—20.

特征 Pa分子齿台窄，口面较平坦，中齿脊短，齿沟深，齿垣横脊状，内侧齿叶小，外侧齿叶不发育或缺失。

描述 Pa分子由前齿片和齿台组成。前齿片较长，直，与齿台大致等长，由侧扁的细齿愈合而成，细齿前后大致类似，中前部细齿稍高，顶端分离。前齿片向后延伸至齿台前端形成中齿脊。齿台一般窄长，部分较宽。齿台前部中齿脊短，小于齿台长的1/4，可向后延伸出分离的瘤齿，伸达齿台中央。两前侧缘脊短，向前张开状延伸。外侧齿叶一般不发育甚至缺失，有时可有1~3个小瘤齿，但个别大的标本可达6个瘤齿。内侧齿叶小至中等大，位于齿台内侧前部，由1~2列瘤齿组成，发育2~6个瘤齿。齿沟前半部深而宽，后半部变浅而窄。两侧齿垣具横脊，在中央常被齿沟中断或仍连续，但向上曲折状。反口面基腔深而宽，近对称。

比较 此种外侧齿叶不发育，可与 *Swadelina* 的其他种相区别。

产地层位 贵州罗甸纳庆，宾夕法尼亚亚系（上石炭统）莫斯科阶上部。

马克里娜斯瓦德刺 *Swadelina makhlinae*（Alekseev & Goreva，2001）

（图版 45，图 20—22）

2001 *Swadelina makhlinae* Alekseev & Goreva in Goreva，pp. 138—139，pl. 22，figs. 15—20，22—25.

2007 *Swadelina makhlinae*. —王志浩和祁玉平，图版1，图4—6.

2012 *Swadelina* sp. 1（part）. —胡科毅，40页，图版1，图8，9（only）.

2012 *Swadelina* sp. 2（part）. —胡科毅，41页，图版2，图1—5，7，10—14（only）.

2012 Trasitional forms from *Swadelina* sp. 1 to *Swadelina* sp. 2(part). —胡科毅，图版1，图10—13(only).

2016 *Swadelina makhlinae*. —胡科毅，65，166页，图版20，图5；图版24，图1—12；图版1，图4—6.

2017 *Swadelina makhlinae*. —Hu & Qi，p. 203，pl. 3，figs. 2—3.

特征 Pa分子齿台中前部两侧发育附齿叶，附齿叶小，一般为1~3个瘤齿，少数为3~6个瘤齿。外附齿叶有1~3个瘤齿纵向线状分布，内附齿叶一般仅有一列1~3个瘤齿，个别附加另一列1~2个瘤齿。齿台后部发育平行的横脊，被一中央齿沟明显分隔。

描述 Pa分子由前齿片和齿台组成。前齿片长而直，由侧扁的细齿愈合而成，细齿近等高，顶端分离。前齿片向后延伸至齿台，在齿台前部约1/3处形成中齿脊，其两侧有短的吻脊。吻脊由瘤齿组成，与中齿脊近平行或向前张开。齿台矛形，稍内弯，中前部最宽，向前收缩变窄、变尖。齿台中前部口面两侧缘发育内外附齿叶，两附齿叶小，一般有1~3个瘤齿。外附齿叶有1~3个瘤齿纵向线状分布，内附齿叶一般仅有一列1~3个瘤齿，个别附加另一列1~2个瘤齿。齿台后部发育平行的横脊，被一中央齿沟明显分隔。齿台反口面为一开阔的基腔，并向前齿片延伸成齿槽。

比较 此种与 *Swadelina nodocarinata* 最为相似，但后者两附齿叶发育，常由两列瘤齿列组成，瘤齿较多。

产地层位 贵州罗甸纳庆，宾夕法尼亚亚系（上石炭统）莫斯科阶顶部。

瘤脊斯瓦德刺 *Swadelina nodocarinata*（Jones，1941）
（图版46，图4，6—7）

1941 *Straptognathodus nodocarinatus* Jones，p. 38，pl. 3，fig. 2.

2002 *Idiognathodus nodocarinatus*（Jones）.—Ritter et al.，pp. 509—510，figs. 8.14，8.18.

2003a *Idiognathodus nodocarinatus*.—Wang & Qi，pl. 3，fig. 12.

2003 *Swadelina nodocarinata*.—Lambert et al.，p. 154，pl. 1，figs. 2，4，7—8，12—13，16—19.

2007 *Swadelina nodocarinata*.—王志浩和祁玉平，图版1，图21.

2012 *Swadelina* sp. 2.—胡科毅，41页，图版2，图6，8—9（only）.

2016 *Swadelina nodocarinata*.—胡科毅，166—167页，图版20，图18—21.

2017 *Swadelina nodocarinata*.—Hu & Qi，p. 203，pl. 3，figs. 10—16.

特征　Pa分子齿台前部两侧发育较大的附侧齿叶，附侧齿叶常由两列瘤齿列组成，瘤齿较多。

描述　Pa分子由前齿片和齿台组成。前齿片长而直，由侧扁的细齿愈合而成，细齿近等高，顶端分离。前齿片向后延伸至齿台，在齿台前部形成短的中齿脊，其两侧有短的吻脊。吻脊由瘤齿组成，向前张开。齿台宽，矛形，稍内弯，中前部最宽，向前收缩变窄、变尖。齿台中前部口面两侧缘发育内外附齿叶，成年期个体附齿叶大，一般由两列多个瘤齿组成。齿台后部发育平行的横脊，被一中央齿沟明显分隔。齿台反口面为一开阔的基腔，并向前齿片延伸成齿槽。

比较　此种与 *Swadelina neoshoensis* 较为相似，但后者齿台前部有近脊沟，齿台后部中央齿沟横切面为"U"字形，成年期个体齿台后部的横脊常为瘤齿状。赵治信等（1986）在建立 *Streptognathodus junggarensis* 时，未指定模式标本，但从他们列出的图片中，其成年个体标本形态与Jones（1941）建立的 *Straptognathodus nodocarinatus* 十分相似，它们可能为同种。

产地层位　贵州罗甸纳庆，宾夕法尼亚亚系（上石炭统）莫斯科阶顶部；新疆克拉麦里山，宾夕法尼亚亚系（上石炭统）石钱滩组。

近娇柔斯瓦德刺 *Swadelina subdelicata*（Wang & Qi，2003）
（图版32，图14—15）

2003 *Idiognathodus subdelicatus* Wang & Qi，p. 390，pl. 2，figs. 6，8.

2017 *Swadelina subdelicata*（Wang & Qi）—Hu & Qi，p. 212，pl. 2，figs. 11—15.

特征　Pa分子齿台发育连续横脊，中央具浅而明显的中沟，两侧发育由1~3个瘤齿组成的附齿叶。中脊较长，直，常与外侧齿台横脊内端相连。

描述　Pa分子刺体由齿台和前齿片组成。齿台纤细，矛形，中前部向两侧稍膨大为齿台最宽处，末端尖。齿台后部两侧发育相互平行的短横脊，中沟浅而明显。前齿片长，由侧扁愈合的细齿组成，向后延伸，在齿台前部形成齿脊，其长度约为齿台长度的1/2，并与外侧齿台横脊内端相连。齿台中前部两侧发育附齿叶，沿其两侧缘常具1~6个瘤齿或瘤齿列。反口面基腔宽而深，并向后端收缩变尖。

比较　此种与 *Idiognathodus delicatus* 较相似，区别在于前者齿台发育一明显的中沟，并把齿台分开为内外两侧齿台。

产地层位 贵州罗甸纳庆，宾夕法尼亚亚系（上石炭统）*Idiognathodus primulus—Neognathodus bassleri* 带至 *Mesogondolella clarki—Idiognathodus robustus* 带。

近高大斯瓦德刺 *Swadelina subexcelsa*（Alekseev & Goreva，2001）
（图版 45，图 1—7）

1978 *Streptognathodus* aff. *excelsus*. —Kozitskaya in Kozitskaya et al.，p. 95，pl. 27，figs. 1—5.

2001 *Streptognathodus subexcelsus* Alekseev & Goreva in Makhlina，p. 137，pl. 21，figs. 1—14.

2003a *Streptognathodus subexcelsus*. —Wang & Qi，pl. 3，figs. 10—11.

2007 *Streptognathodus subexcelsus*. —王志洁和祁玉平，图版 1，图 12—13，18—20.

2009 "*Streptognathodus*" *subexcelsus*. —Alekseev et al. in Alekseev & Goreva，pl. 3，figs. 3A—D.

2009 "*Streptognathodus*" *subexcelsus*. —Goreva et al.，figs. 5A—D.

2010 *Streptognathodus subexcelsus*. —Goreva & Alekseev，pl. 1，fig. 1.

2017 *Streptognathodus subexcelsa*. —Hu & Qi，pl. 1，fig. 8—14，18—22.

特征 P1 分子齿台内弯，隆脊短，两侧齿叶发育，齿槽窄，较深。

描述 P1 分子矛形，齿台侧视弯曲，口视内弯。隆脊短，约 1/4~1/3 齿台长度，向后可分裂为小瘤齿，在齿槽中延伸或止于第一条横脊外侧。吻脊未形成明显的限制，有些标本中仅为两条平行的吻脊。在具有限制的标本中，隆脊仍可穿过限制向后延伸。齿台前部两侧发育两个界线清晰的齿叶。内齿叶较大，突出，由 1~2 列窄间距的瘤齿组成，向隆脊呈凸面或近平行于隆脊。外齿叶由 1 列（较大的标本中可见 2 列）窄间距的小瘤齿组成，平行于或近平行于隆脊。齿槽窄，较深，可延伸到齿台末端。齿槽在左型分子中较为发育。在右型分子中，齿槽可能仅表现为一条齿沟，且并非所有横脊均被中断。在左型分子中，饰有横脊的齿台部分呈菱形，在右型分子中呈三角形。在有些标本中，由于隆脊与外侧横脊的接触，使得齿槽略偏内侧，使得两侧横脊不对称。前缘脊较短，一般为 1/4~1/3 齿片长度。侧视，左型分子弯曲，右型分子略弯曲或平坦。基腔深、宽、不对称。

比较 由于 *Swadelina subexcelsa* 不发育典型的齿槽，最初图示的 *Sw. subexcelsa* 的标本（Alekseev & Goreva，2001，pl. 21，figs. 1—14）更接近于 *Idiognathodus* 而非 *Swadelina*，后来其他俄罗斯的学者（如 Goreva et al.，2009）则图示更为典型的具齿槽的分子。根据华南的材料，*Sw. subexcelsa* 确实包含不同的形态类型，可能划分为若干个种或亚种。本种与 *Streptognathodus excelsus* 相似，但后者的齿槽在前部更深，向后变窄。Alekseev & Goreva（2001）提到，在莫斯科盆地的 Krevyakinian 亚阶顶部发现了 *Sw. subexcelsa* 和 *S. excelsus* 之间的过渡类型，表明 *Swadelina* 是卡西莫夫阶晚期主导分子之一 *Streptognathodus* 的祖先。本种的齿槽类型形态不一致，有的在中间，有的略偏内侧，而且左型分子和右型分子也不对称。本种与 *Sw. makhlinae* 区别在于后者有更深更宽的齿槽和更高更陡峭的齿垣。与 *Sw. recta* Hu，2016 相比，本种具有更发育的两侧齿叶。与 *Sw. nodocatinata* 相比，本种齿台侧视弯曲，齿槽较浅。

产地和层位 贵州罗甸纳庆，宾夕法尼亚亚系莫斯科阶上部。

满颚刺科 MESTOGNATHIDAE Austin & Rhodes，1981

满颚刺属 *Mestognathus* Bischoff，1957

模式种 *Mestognathus beckmanni* Bischoff，1957

特征 Pa分子由齿台和齿片组成。齿台大致为矛形或三角形，末端尖，发育中齿脊和内齿垣。中齿脊前端偏向内齿垣，后端则位于齿台正中。内齿垣短，由细齿愈合而成，位于内侧齿台前端。齿片高，最后一个细齿最大。反口面基腔小，位于齿台前部。

分布与时代 世界各地，密西西比亚纪（早石炭世）。

贝克曼满颚刺 *Mestognathus beckmanni* Bischoff，1957

（图版46，图8—12）

1957 *Mestognathus beckmanni* Bischoff，p. 37，pl. 2，figs. 4a—d，5—6，8—9.

1969 *Mestognathus beckmanni*. —Rhodes et al.，p. 150，pl. 15，figs. 7a—d.

1985 *Mestognathus beckmanni*. —Higgins，pl. 5.5，figs. 1，3，5.

1986 *Mestognathus beckmanni*. —von Bitter，Sandberg & Orchard，pp. 35—37，pl. 1，figs. 1—8，23；pl. 2，figs. 1—5，9；pl. 4，figs. 1—5，9；pl. 12，figs. 1—6；pl. 13，figs. 1—9；pl. 14，figs. 1—12；pl. 15，figs. 1—12；pl. 16，figs. 1—12；pl. 17，figs. 1—13；pl. 19，figs. 1—5；pl. 20，figs. 3，6，10，12；pl. 23，figs. 1—3；pl. 25，figs. 7—9；pl. 26，fig. 4；pl. 27，figs. 3—4，7.

1988 *Mestognathus beckmanni*. —董致中和季强，54页，图版3，图15—16.

1988 *Mestognathus beckmanni*. —杨式溥和田树刚，图版1，图30a—b.

2006 *Mestognathus beckmanni*. —董致中和王伟，191页，图版30，图3.

特征 Pa分子齿台为长矛形，末端尖。内侧前部为一短的齿垣，可见1~2个小细齿。中齿脊在齿台后部位于齿台中间，向前弯曲并与内齿垣相交。前齿片高，由4~6个细齿组成，最后一个细齿最大并指向后方，与内侧齿垣间形成一明显缺口。反口面龙脊高，反转，基腔小，位于齿台前端。

描述 Pa分子刺体由前齿片和齿台组成。前齿片高，三角形，由数个侧扁的细齿愈合而成，最后一个细齿最大，直立至后倾，并与内侧齿垣间形成一明显缺口。前齿片除最前端的部分为游离的外，大部都以固定齿片与齿台外侧齿垣相连呈齿片状。齿台为长矛形，中部最宽，末端尖，由内外侧齿垣和中齿脊组成。外侧齿垣高，与固定前齿片相连，由横脊组成。内侧齿垣低，沿齿台内侧边延伸，也由横脊组成，最前端稍高处可见1~2个明显的小细齿。中齿脊在齿台后部位于齿台中间，向前弯曲并与内齿垣相交，瘤齿状。反口面龙脊高，反转，基腔小，位于齿台前端。

比较 此种与 *Mestognathus bipluti* 十分相似，但前者中齿脊常在齿台中部靠前处侧弯与内齿垣相连，后者则在齿台最前处相交合一。同时，后者内外两齿垣前端都有细齿。

产地层位 云南宁蒗老龙洞，密西西比亚系（下石炭统）尖山营组；贵州水城，密西西比亚系（下石炭统）大塘阶。

比布鲁提满颚刺 *Mestognathus bipluti* Higgins，1961

（图版46，图15—22）

1961 *Mestognathus bipluti* Higgins，p. 216，pl. 10，figs. 1—2.

1969 *Mestognathus bipluti*. —Rhodes et al.，p. 152，pl. 15，figs. 1a—3c，8a—b.

1986 *Mestognathus bipluti*. —von Bitter, Sandberg & Orchard, p. 37—39, pl. 1, figs. 9—10, 13—15, 24—25; pl. 2, figs. 6—7, 10—12; pl. 3, figs. 6—7, 10—12; pl. 4, figs. 6—7, 10—12; pl. 19, figs. 6—10; pl. 20, figs. 1—2, 7—10, 13; pl. 21, figs. 1—10; pl. 22, figs. 1—8; pl. 23, figs. 4—10; pl. 27, figs. 1—2, 5—6, 8—9; pl. 28, figs. 1, 4, 6; pl. 29, figs. 1—4, 7—8.

1988 *Mestognathus bipluti*. —董致中和季强, 图版 3, 图 12—13.

1989 *Mestognathus bipluti*. —Wang & Higgins, p. 282, pl. 3, figs. 1—6.

1996a *Mestognathus bipluti*. —王志浩, 272 页, 图版 1, 图 15.

2006 *Mestognathus bipluti*. —董致中和王伟, 191 页, 图版 30, 图 4a—b.

特征 Pa 分子齿台内外齿垣前端都发育细齿。

描述 Pa 分子刺体由前齿片和齿台组成, 齿台为长矛形, 中前部最宽, 向后逐渐收缩变尖, 并被中齿脊分隔成为内外两侧齿台。内侧齿台前端为相对较长的内齿垣, 其长度可超过齿台前缘, 并能见到 4~5 个细齿。中齿脊由小瘤齿组成, 在齿台中后部沿齿台中央延伸, 向前偏向内侧呈脊状, 与内齿垣前端相连。内外两侧齿台边缘发育相互平行的横脊, 向内延伸至近脊沟终止。齿片高, 由 6~7 个细齿愈合而成, 最后一个细齿最大且向后倾, 向后延伸并与外齿台外侧相连。反口面基腔小, 位于前方, 向前后方延伸成龙脊状。

比较 此种与 *Mestognathus beckmanni* 较为相似, 两者区别在于前者内、外两齿垣前端都有细齿。

产地层位 贵州罗甸纳庆和云南宁蒗老龙洞, 密西西比亚系 (下石炭统) 尖山营组。

哈玛拉满颚刺 *Mestognathus harmalai* Sandberg & Bitter, 1986
(图版 45, 图 23—25)

1986 *Mestognathus harmalai* Sandberg & Bitter (in von Bitter et al., 1986), p. 33, pl. 5, figs. 1—7; pl. 6, figs. 1—10; pl. 10, figs. 8—9; pl. 11, figs. 11—12.

2005 *Mestognathus harmalai*. —王平和王成源, 364—365 页, 图版 5, 图 1, 15—16.

特征 Pa 分子齿台窄长, 前齿片短, 主齿之前具 4 个高而扁的细齿。内齿垣较低, 前端凸, 中齿脊向齿台左侧偏, 与内齿垣相连。反口面无前方凹槽。

描述 Pa 分子由前齿片和齿台组成。前齿片短, 由一大的后倾主齿及其前方 4 个侧扁的细齿组成。齿台窄, 长圆形, 两侧缘发育相互平行的横脊, 组成内外两侧齿垣。外侧齿垣较高, 前端与前齿片相连。内侧齿垣较低, 横脊状, 前端外凸。中齿脊较直, 由瘤齿组成, 并偏向左侧至齿台末端, 其前端常侧弯与内侧齿垣相连。反口面龙脊宽, 向前后延伸, 中部偏前处有一小的基窝, 并由此向前后延伸成齿槽。

比较 此种特征明显, 易于与其他种区别。

产地层位 陕西凤县, 密西西比亚系 (下石炭统) 杜内阶界河街组。

先贝克曼满颚刺 *Mestognathus praebeckmanni* Sandberg, Jonestone,
Orchard & von Bitter, 1986
(图版 46, 图 13—14)

1986 *Mestognathus beckmanni* Sandberg, Jonestone, Orchard & von Bitter (in von Bitter et al.,

1986），pp. 34—35，pl. 1，figs. 32—34；pl. 7，figs. 1—5；pl. 8，figs. 1—11；pl. 9，figs. 1—11；pl. 10，figs. 1—7，10—11；pl. 11，figs. 1—10.

2004 *Mestognathus beckmanni*. —田树刚和科恩，图版 1，图 20—21.

特征　Pa 分子齿台前部前齿片与齿垣相连处缺口较浅，两者落差不明显，齿垣较低，基腔部分翻转，基窝中等大。

描述　Pa 分子齿台为长矛形，中部最宽，末端尖。两侧发育低的齿垣，齿垣间由中齿沟分隔，齿垣由横脊组成。外侧齿垣前部为一较高的齿片，其最后一个细齿稍大。齿台前部齿片与内齿垣前部间缺口浅。基腔部分翻转，基窝中等大，位于齿台反口面前部。

比较　此种与 *Mestognathus groessensi* 十分相似，区别在于前者齿台前部缺口浅，齿垣低，基腔部分翻转，基窝中等大。

产地层位　广西柳州碰冲，密西西比亚系（下石炭统）鹿寨组；云南宁蒗、丽江，密西西比亚系（下石炭统）尖山营组。

满颚刺未定种 A　*Mestognathus* sp. A（sp. nov.），Ji，1987

（图版 46，图 23—24）

1987a *Mestognathus* sp. A（sp. nov.），Ji. —季强，251—252 页，图版 1，图 28—29.

特征　Pa 分子前齿片短而高，与外侧齿垣相连。齿台大，宽而平，中齿脊发育，其高度与两侧齿垣近等。在前齿片与外侧齿垣连接处的外侧发育一个小侧叶。反口面基腔宽而浅，不对称，位于刺体中部。

描述　Pa 分子刺体由前齿片和齿台组成，前齿片短而高，高度逐渐向前降低，由大约 5 个几乎完全融合的细齿组成。前齿片与外侧齿垣连接处发育一个三角形的小齿叶。齿台大，宽而平，呈矛形。齿脊发育，几乎伸达齿台后端，其两侧发育两条宽浅的近脊沟，外沟长于内沟。3 条齿垣均由横脊组成，内齿垣长于外齿垣，但短于齿脊。反口面基腔宽而浅，不对称，内侧大于外侧，而且发育一个小褶曲。前齿片反口脊锐利，发育有细窄的齿槽。

比较　这是季强描述的未定名的新种。此种形态特殊，易于与其他种相区别。

产地层位　湖南江华，密西西比亚系（下石炭统）石磴子组。

多颚刺科　POLYGNATHIDAE Bassler，1925

马什卡刺属　*Mashkovia* Aristov，Gagiev & Kononova，1983

模式种　*Pseudopolygnathus similis* Gagiev，1979

特征　Pa 分子前齿片短而高，与齿台结合处为梯坎状。齿台两侧具由瘤齿组成的齿垣。外侧齿垣高，弧形；内齿垣与中齿脊等高，近脊沟发育。

分布与时代　中国贵州，密西西比亚纪（早石炭世）。

贵州马什卡刺　*Mashkovia guizhouensis*（Xiong，1983）

（图版 46，图 1—3）

1983 *Zhonghuadontus guizhouensis* Xiong. —熊剑飞，337—338 页，图版 74，图 2a—c.

特征 与属征相同。

描述 P 分子刺体由齿台和前齿片组成。前齿片短而高，由 5 个侧扁的细齿愈合而成，比其后延的齿脊要高得多，两者形成一个梯坎状连接。齿台近菱形，中齿脊直，与前齿片相连，但高度急剧变低，向后延伸至齿台末端。齿台外侧瘤齿发育，形成高墙状的弧形齿垣，由约 7 个瘤齿组成，并与中齿脊间隔大，特别是中部。内侧为由 7 个瘤齿组成的内齿垣，它与中齿脊近等高，两者靠得也很近，仅由一窄的近脊沟分隔。反口面基腔大，向外张，位于齿台前部。

比较 此种前齿片短而高，与齿台结合处为梯坎状。外侧齿垣高，弧形。内外齿垣都仅由瘤齿组成，无横脊。这些特征与 *Mestognathus* 及 *Cavusgnathus* 明显不同，但从总外形特征来看，它们之间似乎又有一定的亲缘关系。熊剑飞（1983）曾以此种建立新 *Zhonghuadontus*，但它的特征与 Aristov et al.（1983）首先报道的 *Mashkovia* 属特征完全相符，应为同属，前者应为后者的同义名，故本书把此种归入 *Mashkovia* 属。

产地层位 贵州惠水雅水，密西西比亚系（下石炭统）杜内阶。

多颚刺属 Polygnathus Hinder，1879

模式种 *Polygnathus dubius* Hinder，1879

特征 Pa 分子刺体由前齿片和齿台组成。前齿片高于或与齿台等高，向后延伸至齿台，在齿台中部或近中部形成中齿脊。齿台形态多变，两侧缘可发育横脊、肋脊或瘤齿。齿台反口面发育基腔。

分布与时代 世界各地；泥盆纪至密西西比亚纪（早石炭世）。

毕肖夫多颚刺 Polygnathus bischoffi Rhodes，Austin & Druce，1969
（图版 47，图 1—6）

1969 *Polygnathus bischoffi* Rhodes，Austin & Druce，pp. 184—185，pl. 13，figs. 8a—11c.

1978 *Polygnathus bischoffi.* —王成源和王志浩，76—77 页，图版 7，图 11—12.

1984 *Polygnathus delicatus* Ulrich & Bassler. —王成源和殷保安，图版 2，图 6.

1984 *Polygnathus inornatulus* Branson. —王成源和殷保安，图版 2，图 10.

1985 *Polygnathus bischoffi.* —季强等（见侯鸿飞等），111 页，图版 33，图 1—6。

1988 *Polygnathus bischoffi.* —Wang & Yin in Yu，pp. 124—125，pl. 29，figs. 1，10—12，15.

1989 *Polygnathus bischoffi.* —Ji et al.，p. 86，pl. 20，figs. 1a—2b.

特征 Pa 分子齿台呈矛形，前端处最宽，后部向一侧明显弯曲，但前缘平直，口面两侧边缘发育一系列近平行的横脊，并由明显的近脊沟与主齿脊分隔开。

描述 Pa 分子刺体由前齿片和齿台组成。前齿片较短，约为刺体长的 1/4，由侧扁愈合的细齿组成，前后细齿近等高。前齿片向后延伸，在齿台中心线形成中齿脊。中齿脊呈齿片状，向后逐渐变低，并在后 1/4 处明显内弯，并伸至齿台末端。齿台矛形，最前部最宽，两侧前缘直，与前齿片近垂直，两侧缘与前缘近直角相交，由此向后逐渐收缩，至后 1/4 处收缩明显加快，并向内侧弯曲。齿台两侧缘发育一系列近平行的横脊，并由明显的近脊沟与主齿脊分隔开。基腔小，唇状，稍向两侧膨大，位于齿台反口面中部靠前的位置，并由此向前后延伸成龙脊。

比较 此种与 *Polygnathus inornatus* 最为相似，但后者齿台前部稍收缩，两侧边缘明显上翘。此种与 *P. delicatulus* 也很类似，但后者齿台为长卵形，口面两侧边缘横脊发育微弱，前缘浑圆。

产地层位 贵州长顺睦化，密西西比亚系（下石炭统）王佑组；广西桂林南边村，密西西比亚系（下石炭统）南边村组。

短枝多颚刺 *Polygnathus brevilaminus* Branson & Mehl，1934

（图版 47，图 13）

1934 *Polygnathus brevilaminus* Branson & Mehl，p. 246，pl. 21，figs. 3—6.

1988 *Polygnathus brevilaminus*. —Wang & Yin in Yu，p. 125，pl. 31，fig. 7.

特征 Pa 分子前齿片长而齿台短，中齿脊向后伸出齿台后边缘，形成一短片状构造。齿台不对称，外侧齿台大于内侧齿台，口面两侧向上翘曲，近脊沟深。

描述 Pa 分子刺体由前齿片和齿台组成。前齿长而直，大致与齿台长度相当或稍长些，由侧扁愈合的细齿组成，但细齿顶端分离。前齿片向后延伸至齿台，在齿台中央形成中齿脊，并可伸出齿台后端形成一短而高之齿片状构造。齿台短，近长方形，两侧缘较直，外侧齿台比内侧齿台要宽，口面两侧向上翘曲，被一深的近脊沟与中齿脊分开。

比较 此种特征明显，易于与其他种区别。

产地层位 广西桂林南边村，密西西比亚系（下石炭统）南边村组。

普通多颚刺分叉亚种 *Polygnathus communis bifurcatus* Hass，1959

（图版 47，图 14—15）

1959 *Polygnathus communis* Branson & Mehl var. *bifurcatus* Hass，p. 390，pl. 48，figs. 11—12.

1985 *Polygnathus communis bifurcates* Hass. —季强等（见侯鸿飞等），112 页，图版 35，图 20—21.

特征 Pa 分子齿台中齿脊末端分叉。

描述 Pa 分子刺体由前齿片和齿台组成。前齿片较短，由愈合的细齿组成，其顶端稍分离，钝圆状，向后延伸至齿台并在齿台中部形成中齿脊。中齿脊较高，脊状，由瘤齿愈合而成，两侧近脊沟宽而深。中齿脊在后部明显向内侧侧弯，并在近末端处产生一次一级的细线脊，与中齿脊成分叉状。齿台宽而短，前部最宽，心形，两侧缘向上翘起，口面光滑无饰。基腔小，椭圆形，位于齿台反口面前部，并由此向前后延伸成龙脊。

比较 此亚种以中齿脊末端分叉区别于同种的不同亚种。

产地层位 贵州长顺睦化，密西西比亚系（下石炭统）王佑组和睦化组。

普通多颚刺细脊亚种 *Polygnathus communis carinus* Hass，1959

（图版 47，图 16—27；图版 54，图 9—10）

1959 *Polygnathus communis* Branson & Mehl var. *carina* Hass，p. 391，pl. 47，figs. 8—9.

1973 *Polygnathus communis carina*. —Butler，pp. 502—503，pl. 59，figs. 12—13（only）.

1985 *Polygnathus communis carinus*. —季强等（见侯鸿飞等），112 页，图版 35，图 18—19.

1987a *Polygnathus communis carinus*. —季强，255 页，图版 3，图 7—8.

1988 *Polygnathus communis carina*. —Wang & Yin in Yu，p. 125，pl. 27，figs. 2，7.

1988 *Polygnathus communis carinus.* —董致中和季强，图版1，图17—18.

1989 *Polygnathus communis carinus.* —Ji et al., pp. 86—87, pl. 20, figs. 8a—b.

2000 *Polygnathus communis carinus.* —赵治信等，246页，图版59，图26，29，31，34。

2014 *Polygnathus communis carinus.* —Qie et al., fig. 5.1.

特征 Pa分子齿台口面前部两侧各有一斜向次级齿脊，并与中齿脊斜交。

描述 Pa分子刺体由前齿片和齿台组成。前齿片中等长，大多稍短于齿台长度，较高，最高处一般位于中部偏前处，由愈合的细齿组成，但顶端分离。前齿片向后延伸至齿台，并在齿台中线处形成齿脊。齿脊较高，脊状，由愈合的细齿组成，两侧近脊沟宽而深。齿台较宽和短，心形；除齿脊外，前部两侧各发育一条次一级的斜生侧脊。侧脊也由小瘤齿组成，一般与中齿脊斜交，但也有近平行的。两侧缘向上翘起，口面光滑无饰。基腔小，椭圆形，位于齿台反口面中前部，并由此向前后延伸成龙脊。

比较 此亚种与 *Polygnathus communis communis* 较为相似，但前者齿台有次一级的斜生侧脊，另外前者自由齿片相对较短，基腔位于稍偏后的齿台反口面，而不是在自由齿片和齿台连接处。

产地层位 广西桂林南边村，密西西比亚系（下石炭统）南边村组；云南宁蒗、丽江，密西西比亚系（下石炭统）尖山营组；贵州长顺睦化，上泥盆统代化组上部至密西西比亚系（下石炭统）王佑组；湖南江华，密西西比亚系（下石炭统）大圩组；新疆塔里木地区，密西西比亚系（下石炭统）巴楚组。

普通多颚刺普通亚种 *Polygnathus communis communis* Branson & Mehl，1934
（图版48，图1—15；图版54，图11—12）

1934 *Polygnathus communis* Branson & Mehl, p. 293, pl. 24, figs. 1—4.

1978 *Polygnathus communis.* —王成源和王志浩，77页，图版6，图10—17.

1985 *Polygnathus communis communis.* —季强等（见侯鸿飞等），113页，图版35，图1—11；图版36，图1—3.

1987a *Polygnathus communis communis.* —季强，255页，图版3，图3—4.

1988 *Polygnathus communis communis.* —Wang & Yin in Yu, pp. 125—126, pl. 25, figs. 1—17; pl. 26, figs. 1—17.

1988 *Polygnathus communis communis.* —董致中和季强，图版1，图19—20.

1989 *Polygnathus communis communis.* —Ji et al., p. 87, figs. 4a—7b.

1993 *Polygnathus communis communis.* —应中锷等（见王成源），231—232页，图版40，图13；图版41，图11a—b，12a—b.

1996 *Polygnathus communis communis.* —李罗照等，63页，图版23，图14—16，21—27；图版30，图9—10.

2000 *Polygnathus communis communis.* —赵治信等，246页，图版59，图3—4，6，9，11，30，33，35；图版60，图9；图版79，图9—10.

2005 *Polygnathus communis communis.* —王平和王成源，365页，图版4，图6—7.

2014 *Polygnathus communis communis.* —Qie et al., figs. 3.8—3.10.

2016 *Polygnathus communis communis.* —Qie et al., figs. 6.6—6.7, 10.9.

特征 Pa分子齿台短而小，两侧对称，口面光滑无饰，两侧边缘向上拱曲，近脊沟宽而深，反口面基腔较小，唇形，微向外张，位于前齿片和齿台连接处。

描述 Pa 分子刺体由前齿片和齿台组成。前齿片比齿台长，中等高，由侧扁的细齿愈合而成，顶端分离，前后高度大致相等，中部可稍高，向后延伸至齿台中央形成中齿脊。中齿脊较光滑，由瘤齿愈合而成，可伸达齿台末端，两侧近脊沟宽而深。齿台较短小，心形，除中齿脊外，口面光滑无饰，但两侧边缘明显向上拱曲突起。反口面基腔较小，唇形，微向外张，位于前齿片和齿台连接处。

比较 此亚种与 *Polygnathus communis carinus* 较为相似，区别在于后者齿台前部两侧具次级齿脊，前者则光滑无饰。

产地层位 广西桂林南边村，密西西比亚系（下石炭统）南边村组；云南宁蒗、丽江，密西西比亚系（下石炭统）尖山营组；贵州长顺睦化、广西、湖南江华、江苏南京茨山、龙潭和新疆等地，上泥盆统顶部至密西西比亚系（下石炭统）杜内阶。

干草湖普通多颚刺 *Polygnathus communis gancaohuensis* Xia & Chen，2004
（图版 48，图 16—20）

2004 *Polygnathus communis gancaohuensis.* —夏凤生和陈中强，142 页，图版 1，图 1—17.

特征 Pa 分子齿台中齿脊两侧各发育一条与中齿脊平行的次一级齿脊，次级齿脊可由齿台前端向后延伸至齿台末端。

描述 此亚种由 Pa，Pb 和 Sc 等分子组成。Pa 分子由自由前齿片和齿台组成。齿台矛形，中后部最宽，向后迅速收缩变尖，前端两侧浑圆。前齿片由细齿愈合而成，中前部最高，向后延伸至齿台中央形成中齿脊。中齿脊两侧各发育一条与中齿脊平行的次一级齿脊，次级齿脊可由齿台前端向后延伸至齿台末端。Pb 分子为 ozarkodiniform 型，稍向上拱，由前后齿片和主齿组成。最大的主齿侧扁，向后倾，位于齿片中部靠后处，下方发育基腔，并向前后齿片下方延伸成齿槽。前齿片较长，向前下方延伸，由 7~8 个较大的后倾细齿组成。后齿片较短，向后平伸，由一系列小而愈合的细齿组成。Sc 分子为 Hindeodella 型，齿耙状，口面发育一系列大小相间排列的细齿，两大细齿之间发育几个小细齿。

比较 此种以 Pa 分子齿台中齿脊两侧各发育一条与中齿脊平行的次一级齿脊而易于与其他亚种区别。

产地层位 新疆南天山喀拉塔克，密西西比亚系（下石炭统）干草湖组。

普通多颚刺隆安亚种 *Polygnathus communis longanensis* Qie，Zhang，
Du，Yang，Ji & Luo，2014
（图版 54，图 1—2）

2014 *Polygnathus communis longanensis* Qie，Zhang，Du，Yang，Ji & Luo. —Qie et al.，p. 394，fig. 5.8.

特征 具有下列特征的 *Polygnathus communis* 亚种：齿台为近对称的心形，前部两侧向下挠曲明显，并发育两条平行两侧边缘的齿脊。

描述 齿台近对称，心形，前部两侧明显向下挠曲，与中后部形成一明显的拱曲。前部两侧发育一瘤齿列，并于中部消失，与两外缘近平行。反口面具一大的基腔、凹陷和隆脊等，符合 *Polygnathus communis* 的种征。

比较 此亚种据齿台的形态特征易于和其他亚种相区别。

产地层位 广西中部隆安，密西西比亚系（下石炭统）隆安组。

普通多颚刺有脊亚种　*Polygnathus communis porcatus* Ni，1984
（图版 48，图 21—24）

1984 *Polygnathus communis porcatus* Ni. —倪世钊，289 页，图版 44，图 14—15.

2014 *Polygnathus communis porcatus*. —Qie et al.，Fig. 5：5，7，14.

2016 *Polygnathus communis porcatus*. —Qie et al.，Fig. 10：10—11，13—15.

特征　Pa 分子刺体小，齿台口面前部有低矮的瘤齿状短侧脊，一侧有一条短脊而另一侧有两条，且都平行于中齿脊。有两条短侧脊的齿台后方可有凹缺。

描述　Pa 分子刺体小，由前齿片和齿台组成。前齿片较长，略短于齿台，由近等长的细齿愈合而成，但其顶端分离。前齿片向后延伸至齿台，在齿台中央形成由瘤齿组成的中齿脊。齿台较平坦，尖卵圆形至有凹缺的卵圆形，中前部最宽，向后收缩变窄，末端尖。口面前部有低矮的瘤齿状短侧脊，一侧有一条短脊而另一侧有两条，且都平行于中齿脊。有两条短侧脊的齿台后方可有凹缺，另一侧则略显收缩。反口面基腔较小，唇形，微向外张，位于前齿片和齿台连接处。

比较　此亚种与 *Polygnathus communis communis* 较为相似，但后者齿台光滑无饰；此亚种与 *P. communis carinus* 较为相似，但后者齿台口面前部两侧各有一斜向次级齿脊，并与中齿脊斜交。

产地层位　湖北长阳桃山淋湘溪、松滋三望锈水沟，密西西比亚系（下石炭统）金陵组。

大坡上多颚刺　*Polygnathus dapoushangensis* Ji et al.，1989
（图版 47，图 7—12 ）

1989 *Polygnathus dapoushangensis* Ji et al.，p. 90，pl. 21，figs. 4a—6b.

特征　齿台椭圆形，口面发育细瘤齿，基腔对称，卵圆形。

描述　齿台椭圆形，两侧近对称，口面发育细瘤齿，前方两侧微向上翘起，并在中齿脊两侧形成宽浅的近脊沟。前齿片很短，由 3~4 个细齿组成。反口面呈明显的隆脊状，基腔小，卵圆形，位于齿台的前 1/3 处。

比较　此种与 *Polygnathodus asymmetricus ovalis* 和 *P. dengleri* 十分相似，但前者前齿片短，具细瘤和对称的齿台以及小的卵圆形基腔。

产地层位　贵州长顺大坡上，石炭系底部。

畸形多颚刺　*Polygnathus distortus* Branson & Mehl，1934
（图版 48，图 25—28 ）

1934 *Polygnathus distortus* Branson & Mehl，p. 294，pl. 24，fig. 12.

1969 *Polygnathus distortus*. —Druce，p. 96，pl. 24，figs. 1a—c.

1985 *Polygnathus distortus*. —季强等（见侯鸿飞等），113 页，图版 32，图 19—20.

1988 *Polygnathus distortus*. —Wang & Yin in Yu，p. 126，pl. 28，figs. 7a—b.

特征　Pa 分子齿台两侧不对称，向内侧弯，舌形。前部两侧向上卷曲，中齿脊两侧近脊沟宽而深，向后变宽浅。齿台口面两侧缘处发育相互平行的横脊，但后部横脊放射状。外齿台外侧发育一个附齿叶。

描述　Pa 分子刺体由前齿片和齿台组成。前齿片短而直，由侧扁愈合的细齿组成，其高度前后大致相当。前齿片向后延伸，在齿台中心线形成中齿脊。中齿脊呈齿片状，中前部高，向后逐渐变低，并在后 1/4 部分明显内弯，伸至齿台末端。中齿脊两侧近脊沟宽，前部深，向后逐渐变浅。齿台两侧不对称，向内弯，舌状，内侧中部明显内凹，前部两侧向上卷曲。齿台口面两侧缘发育相互近平行的横脊，但在齿台后部呈放射状，横脊与中齿脊被宽的近脊沟隔开。内侧横脊较微弱，外齿台外侧有一特殊的附齿叶。反口面基腔小，唇形，位于齿台前部，龙脊由此向前后延伸至齿台末端。龙脊窄而高，其中央发育细窄的齿槽。

比较　此种与 *Polygnathus inornatus* 最为相似，两者区别在于后者齿台稍窄，后端收缩尖，外侧无附齿叶。

产地层位　广西桂林南边村，密西西比亚系（下石炭统）南边村组；贵州长顺睦化，密西西比亚系（下石炭统）王佑组。

都结多颚刺　*Polygnathus dujieensis* Qie，Zhang，Du，Yang，Ji & Luo，2014
（图版 54，图 3—6）

2014 *Polygnathus dujieensis* Qie，Zhang，Du，Yang，Ji & Luo.—Qie et al.，p. 394，Fig. 5：9—10.

特征　齿台窄长，末端尖，两侧缘向上翘起，并与中齿脊等高。反口面假龙脊宽而长，窄长的基腔位于假龙脊前部。

描述　齿台窄长，末端尖，口视仅见两侧缘脊、中齿脊及两窄长和较明显附脊沟。齿台两侧缘向上翘起，与中齿脊等高。前齿片长，约为刺体长度的 1/2，由 6~10 个细齿愈合而成。反口面假龙脊宽而长，窄长的基腔位于假龙脊前部。

比较　此种齿台窄长，两侧缘上翘并与中齿脊等高，具发育的假龙脊，可与其他种相区别。

产地层位　华南地区，密西西比亚系（下石炭统）杜内阶下部。

独山多颚刺　*Polygnathus dushanensis* Xiong，1983
（图版 48，图 29—30）

1983 *Polygnathus dushanensis* Xiong，熊剑飞，330 页，图版 74，图 7.

特征　Pa 分子前齿片短，齿台宽叶状，外缘向外突出，内缘及两侧后缘则都呈弧形弯曲，中齿脊在中部明显内弯，两侧发育横脊。反口面基腔小，位于齿台中部偏前处。

描述　Pa 分子刺体由前齿片和齿台组成。前齿片短而直，由侧扁的细齿愈合而成，细齿顶端分离。齿台宽而短，宽叶状，前外侧缘向外突出呈圆角状，齿台内缘及外侧后缘都呈弧形弯曲。中齿脊在中部明显内弯，其两侧发育横脊，近脊沟浅或不明显。反口面基腔小，位于齿台中部偏前处，龙脊窄而明显，内弯。

比较　此种外形与 *Polygnathus vogesi* 较为相似，但后者齿台口面光滑，而前者发育横脊。

产地层位　贵州独山铁坑，密西西比亚系（下石炭统）岩关组。

拱曲多颚刺　*Polygnathus fornicatus* Ji，Xiong & Wu，1985
（图版 48，图 31）

1985 *Polygnathus fornicatus* Ji，Xiong & Wu. —季强等（见侯鸿飞等），114 页，图版 34，图 17.

1989 *Polygnathus fornicatus.* —Ji et al., p. 87, pl. 21, figs. 1a—3b.

特征 Pa 分子齿台特宽大，内侧边缘直，中齿脊强烈内弯。

描述 Pa 分子刺体由前齿片和齿台组成。前齿片很短，仅由 3~5 个几乎等高的细齿组成，向后延伸至齿台，并在齿台口面中央形成中齿脊。中齿脊脊状，由细齿愈合而成。前部较高，向后逐渐变低，中前部较直，后部强烈向内侧弯，并伸至齿台末端。齿台宽大，近方形，内侧缘直，外侧缘呈弧状拱曲，近末端处明显内弯，与内缘和中齿脊相交呈角状。齿台口面两侧发育横脊饰纹，并可延伸至中齿脊，与齿脊相连。反口面基腔小，唇形，位于齿台前部，并由此向前后延伸出窄而锐利的龙脊。

比较 此种与 *Polygnathus bischoffi* 比较相似，区别在于后者齿台呈矛形，较窄长，而前者齿台特宽大，近方形。

产地层位 贵州长顺睦化，密西西比亚系（下石炭统）王佑组。

无饰多颚刺无饰亚种 *Polygnathus inornatus inornatus* Branson E.R.，1934
（图版 49，图 1—11）

1934 *Polygnathus inornata* Branson E.R.，p. 309，pl. 25，figs. 8，26.

1934 *Polygnathus inornata.* —Branson & Mehl，p. 293，pl 24，figs. 5—7.

1969 *Polygnathus inornatus inornatus.* —Rhodes et al.，p. 186，pl. 10，figs. 4a—6c.

1985 *Polygnathus inornatus inornatus.* —季强等（见侯鸿飞等），114—115 页，图版 32，图 15—18.

1987a *Polygnathus inornatus.* —季强，256 页，图版 3，图 9—10.

1988 *Polygnathus inornatus.* —董致中和季强，图版 1，图 16.

1988 *Polygnathus inornatus.* —Wang & Yin in Yu，pp. 126—127，pl. 27，fig. 10；pl. 31，figs. 15—16.

1996 *Polygnathus inornatus.* —李罗照等，63 页，图版 24，图 12，16；图版 25，图 1—13，15—18，24.

2000 *Polygnathus inornatus inornatus.* —赵治信等，246—247 页，图版 59，图 19—22，24，27—28，32；图版 61，图 29—30.

2014 *Polygnathus inornatus inornatus.* —Qie et al.，figs. 4.6—4.7.

2016 *Polygnathus inornatus inornatus.* —Qie et al.，figs. 9.1—9.4，9.14.

特征 Pa 分子前齿片短而高，由几个侧扁愈合的细齿组成。齿台近矛形，对称或稍侧弯，后部稍内弯，口面发育近平行的横脊。前部两侧边缘强烈向上卷曲，右侧边缘一般高于左侧边缘，近脊沟宽而深。反口面基腔小，位于齿台前部。

描述 Pa 分子刺体由前齿片和齿台组成。前齿片较短而高，由几个愈合的细齿组成，顶端稍分离，向后方延伸至齿台，并沿齿台中线延伸成齿脊至齿台末端。中齿脊脊状，较高，由细齿愈合而成，中前部较直，后部向内侧侧弯，两侧近脊沟宽而深。齿台近矛形，前端宽或稍收缩，中后部较宽，向内侧弯，末端尖。前部两侧边缘强烈向上卷曲，右侧边缘一般高于左侧边缘，口面两侧缘脊发育一系列横脊。基腔小，卵圆形，位于齿台前部。

比较 此亚种与 *Polygnathus inornatus lobatus* 较相似，区别在于后者齿台外侧后边缘外扩成叶状。此亚种与 *P. bischoffi* 也极相似，区别主要在于后者齿台前缘和内侧缘平直，仅外侧缘明显内弯，两侧前缘也无明显向上卷曲。

产地层位 广西桂林南边村，上泥盆统顶部和密西西比亚系（下石炭统）南边村组；

贵州长顺睦化，密西西比亚系（下石炭统）王佑组；云南宁蒗、丽江，密西西比亚系（下石炭统）尖山营组；新疆巴楚和塔里木盆地西南缘，密西西比亚系（下石炭统）巴楚组和克里塔格组。

无饰多颚刺吻脊亚种　*Polygnathus inornatus rostratus* Rhodes，Austin & Druce，1969
（图版49，图21—25）

1969 *Polygnathus inornatus rostratus* Rhodes，Austin & Druce，p. 187，pl. 10，figs. 7a—9c.

1969 *Polygnathus inornatus rostratus*. —Druce，p. 100，pl. 20，figs. 4a—c；pl. 21，figs. 1a—c.

1985 *Polygnathus inornatus rostratus*. —季强等（见侯鸿飞等），115页，图版33，图19—20.

1987 *Polygnathus inornatus rostratus*. —董振常，80页，图版7，图19—20.

1987b *Polygnathus inornatus rostratus*. —季强，图版3，图1—2.

1989 *Polygnathus inornatus rostratus*. —Ji et al.，p. 88，pl. 21，figs. 8a—b.

1996 *Polygnathus rostratus*. —李罗照等，64页，图版24，图1—11，13—15，17—22；图版25，图20—21；图版30，图20，23.

2016 *Polygnathus rostratus*. —Qie et a.，figs. 9.7，9.11.

特征　Pa分子齿台前部内侧发育一吻脊，这是与齿脊稍斜向排列的短脊。

描述　Pa分子刺体由前齿片和齿台组成。前齿片短而直，由几个侧扁愈合的细齿组成，细齿顶端分离，近中部细齿最高，向前后变低。前齿片向后延伸至齿台形成中齿脊，可有瘤齿或细齿组成瘤齿列延伸或脊状，伸达或接近齿台末端，两侧发育宽深的近脊沟。齿台呈矛形或长的卵圆形，两侧边缘发育相互近平行的横脊，但后端呈放射状。齿台前部内侧发育一齿片状吻脊，这是与齿脊稍斜向排列的短脊。反口面基腔小，唇形或椭圆形，位于齿台前部中央，并由此向前后延伸出窄细的龙脊。

比较　此亚种与同属其他种或亚种的区别在于它的齿台前部内侧发育一条齿片状吻脊。

产地层位　湖南江华，密西西比亚系（下石炭统）孟公坳组；贵州长顺睦化，密西西比亚系（下石炭统）王佑组；新疆巴楚小海子，密西西比亚系（下石炭统）巴楚组。

裂缝多颚刺　*Polynathus lacinatus* Huddle

特征　Pa分子齿台矛形，前端收缩变窄，两侧边缘向上翘曲，齿台口面两侧横脊发育，反口面基腔较大，并向前后延伸成裂缝状齿槽。

此种可分两个亚种，现分别描述如下。

裂缝多颚刺不对称亚种　*Polygnathus lacinatus asymmetricus* Rhodes，Austin & Druce，1969
（图版49，图17—18）

1969 *Polygnathus lacinatus asymmetricus* Rhodes，Austin & Druce，pp. 188—189，pl. 11，figs. 12a—15c.

1987a *Polygnathus lacinatus asymmetricus*. —季强，256—257页，图版3，图17—18.

1988 *Polygnathus lacinatus asymmetricus*. —Wang & Yin in Yu，p. 127，pl. 29，figs. 8a—b.

特征　Pa分子齿台稍不对称，外侧齿台稍大于内侧齿台，内侧齿台后部迅速向后收缩变窄。中齿脊延伸至齿台末端并超越末端形成后齿片。

描述 Pa 分子刺体由前齿片和齿台组成。前齿片较长，约为齿台长的 1/3，由侧扁的细齿愈合而成，但细齿顶端分离。前齿片向后延伸至齿台形成中齿脊，中齿脊由瘤齿组成，并延伸至齿台末端和超越齿台后缘形成后齿片。齿台矛形，两侧稍不对称，内侧齿台较窄，外侧齿台稍宽，中后部最宽，向前收缩不明显，形成中前部两侧缘较直，近平行。齿台后 1/3 部分向后迅速收缩变尖。齿台口面两侧横脊发育，由两侧边缘向中齿脊放射状延伸，并被近脊沟与中齿脊隔开。反口面基腔小，唇形，位于齿台中部靠前处，并由此向前后延伸出龙脊和齿槽。

比较 此种与 *Polygnathus lacinatus lacinatus* 的区别在于前者齿台不对称，内齿台较窄长。

产地层位 广西桂林南边村，上泥盆统顶部和密西西比亚系（下石炭统）南边村组；湖南江华，上泥盆统—密西西比亚系（下石炭统）孟公坳组；新疆巴楚小海子，密西西比亚系（下石炭统）巴楚组。

裂缝多颚刺圆周亚种 *Polygnathus lacinatus circaperipherus* Rhodes，Austin & Druce，1969
（图版 49，图 19—20）

1969 *Polygnathus lacinatus circaperipherus* Rhodes，Austin & Druce，p. 189，pl. 11，figs. 12a—15c.

1987a *Polygnathus lacinatus circaperipherus.* —季强，257 页，图版 3，图 15—16.

特征 Pa 分子齿台后端浑圆，边缘向上翘曲，中齿脊较短，不达齿台后端。

描述 Pa 分子刺体由前齿片和齿台组成。前齿片较短，较高，中部最高，由几个侧扁愈合的细齿组成。细齿较宽，顶端分离。前齿片向后延伸至齿台形成中齿脊，前端脊状，中后部为分离的瘤齿状，且不达齿台末端。齿台较宽、较短，两侧缘近平行，前后端处则明显收缩，末端浑圆状。两侧向上翘曲并发育相互近平行的横脊，横脊粗而短，近边缘处明显，向内逐渐消失，近脊沟宽而明显。反口面基腔较小，向两侧稍膨大，位于齿台前部，并由此向前后形成明显的龙脊和窄缝状齿槽。

比较 此亚种与 *Polygnathus lacinatus asymmetricus* 的区别在于前者齿台后端浑圆，边缘向上翘曲，中齿脊较短，不达齿台后端。此亚种与 *P. lacinatus lacinatus* 的区别在于后者齿台矛形，近对称，中部最宽，向前稍收缩，但向后收缩较迅速，形成尖角状末端，而前者齿台后端浑圆，中齿脊较短，不达齿台后端。

产地层位 湖南江华，密西西比亚系（下石炭统）孟公坳组；新疆巴楚小海子，密西西比亚系（下石炭统）巴楚组。

裂缝多颚刺裂缝亚种 *Polygnathus lacinatus lacinatus* Huddle，1934
（图版 49，图 26—27）

1934 *Polygnathus lacinatus* Huddle，p. 95，pl. 8，figs. 1—3.

1969 *Polygnathus lacinatus lacinatus.* —Rhodes，Austin & Druce，pp. 189—190，pl. 11，figs. 8a—10c.

1985 *Polygnathus lacinatus lacinatus.* —季强等（见侯鸿飞等），116 页，图版 32，图 12—13.

2016 *Polygnathus lacinatus lacinatus.* —Qie et al.，figs. 10.3—10.4.

特征 Pa 分子矛状齿台近对称，两侧边缘向上翘曲，横脊发育，近脊沟宽浅。反口面基腔卵圆形，较大。

　　描述　Pa 分子刺体由前齿片和齿台组成。前齿片中等长，较高，中部最高，由几个侧扁愈合的细齿组成。细齿宽大，顶端分离。前齿片向后延伸至齿台形成中齿脊，前部较高，向后变低并伸至齿台末端，两侧发育明显的近脊沟。齿台矛形，近对称，中部最宽，向前稍收缩，但向后收缩较迅速，形成尖角状末端。齿台两侧缘向上翘曲，前部更为明显，发育一系列近乎平行的横脊，并伸达中齿脊。反口面基腔较大，卵圆形，向两侧膨大，由此向前后延伸成窄龙脊和缝隙状齿槽。

　　比较　此种与 *Polygnathus lacinatus asymmetricus* 比较相近，区别在于后者齿台不对称，内齿台较小。

　　产地层位　贵州长顺睦化，密西西比亚系（下石炭统）王佑组；新疆巴楚小海子，密西西比亚系（下石炭统）巴楚组。

裂缝多颚刺叶状亚种　*Polygnathus lacinatus perlobatus* Rhodes，Austin & Druce，1969
（图版 49，图 12—13）

1969 *Polygnathus lacinatus perlobatus* Rhodes，Austin & Druce，pp. 190—191，pl. 11，figs. 5a—7c，11a—c.

1985 *Polygnathus lacinatus perlobatus*. 一季强等（见侯鸿飞等），116—117 页，图版 32，图 4—7.

　　特征　Pa 分子矛状齿台稍不对称，最大宽度位于中后部，外齿台后部向外膨大，略呈叶状。反口面基腔大，唇状，向两侧稍膨大。

　　描述　Pa 分子刺体由前齿片和齿台组成。前齿片中等长，稍比齿台短些，由侧扁愈合的细齿组成，高度近相似，顶端分离。前齿片向后延伸至齿台，在齿台中央形成齿脊并达齿台末端，稍内弯，其两侧为明显的近脊沟。齿台矛形至椭圆形，内侧较直或稍外突，外侧中后部明显向外拱曲，膨大，略呈叶状。两侧边缘向上翘曲，口面饰有横脊，由附脊沟与中齿脊分隔。反口面基腔大，唇状，向两侧稍膨大，并由基腔向前延伸成窄缝状齿槽。

　　比较　此亚种与 *Polygnathus lacinatus asymmetricus* 比较相近，区别在于后者齿台不对称，内齿台较小。此亚种与 *P. lacinatus lacinatus* 的区别在于后者齿台两侧近对称，最大宽度位于中部，而前者齿台稍不对称，最大宽度位于中后部。*Polygnathus lacinatus* 与 *P. inornatus* 的最大区别在于前者基腔要比后者大得多。

　　产地层位　贵州长顺睦化，密西西比亚系（下石炭统）王佑组。

叶状多颚刺　*Polygnathus lobatus* Branson & Mehl，1934
（图版 50，图 1—14）

1938 *Polygnathus lobatus* Branson & Mehl，p. 146，pl. 34，figs. 44—47.

1987b *Polygnathus inornatus lobatus*. 一季强，图版 3，图 21—22.

1988 *Polygnathus inornatus lobatus*. —Wang & Yin in Yu，p. 127，pl. 27，figs. 12a—b；pl. 29，figs. 9，13—14，16.

2000 *Polygnathus lobatus*. 一赵治信等，247 页，图版 59，图 17，25；图版 61，图 27，31.

　　特征　Pa 分子齿台中部收缩，外侧后边缘扩展成叶状。

　　描述　Pa 分子刺体由前齿片和齿台组成。前齿片短，由几个侧扁愈合的细齿组成，细齿顶端分离。前齿片向后延伸至齿台形成中齿脊，齿脊在齿台前部居中，但在中后部则偏向内侧，向内弯。中齿脊前部较高，由瘤齿愈合而成，向后变低呈光脊状，并延伸至齿台末端。齿台矛状，前部稍收缩，两侧向上拱曲，内侧缘中部内凹，后部两侧向外膨大，特别是外侧靠后缘处外突更明显，但在最大外突处之后又明显收缩呈叶状，末端尖。齿台口面两侧边缘分布一系列相互近平行的横脊，但不达中齿脊，两者之间有一宽而明显的近脊沟。反口面基腔小，唇状，向前后延伸，沿龙脊形成窄的齿槽。

比较 此种与 *Polygnathus inornatus* 最为相似，一些学者将其归入后者的亚种，两者的区别在于前者齿台后缘外侧外突呈叶状，其近脊沟也很宽。

产地层位 广西桂林南边村，上泥盆统顶部和密西西比亚系（下石炭统）南边村组；湖南江华，上泥盆统—密西西比亚系（下石炭统）孟公坳组；新疆塔里木盆地，密西西比亚系（下石炭统）巴楚组。

后长多颚刺 *Polygnathus longiposticus* Branson & Mehl，1934
（图版 50，图 15—22）

1934 *Polygnathus longiposticus* Branson & Mehl，p. 294，pl. 24，figs. 8—11，13.

1966 *Polygnathus longiposticus*. —Klapper，pl. 4，figs. 1，5.

1987 *Polygnathus longiposticus*. —董振常，80—81 页，图版 7，图 17—18.

1987a *Polygnathus longiposticus*. —季强，257 页，图版 3，图 11—12.

1988 *Polygnathus longiposticus*. —Wang & Yin in Yu，pp. 127—128，pl. 29，figs. 2a—b，3—4.

1996 *Polygnathus longiposticus*. —李罗照等，63 页，图版 30，图 21.

2004 *Polygnathus longiposticus*. —田树刚和科恩，图版 2，图 27.

2016 *Polygnathus longiposticus*. —Qie et al.，fig. 9.13.

特征 Pa 分子齿台矛形，两侧近对称，前部两侧边缘向上翘曲，中齿脊最后 1~2 个细齿明显大于其他细齿，并超出齿台末端形成短后齿片。

描述 Pa 分子刺体由前齿片和齿台组成。前齿片中等长，直或稍侧弯，由数个较宽大的侧扁细齿愈合而成，但顶端分离。前齿片向后延伸至齿台，沿齿台中心线形成中齿脊。中齿脊长，稍弯曲，由细齿愈合而成，其最后 1~2 个细齿明显大于其他细齿，并能伸出齿台后缘形成一短后齿片。齿台矛形，近对称，两侧前缘较直，前部两侧边缘区向上翘曲，两侧缘近平行，较直，但稍内凹，中部最宽，向后明显收缩变尖。齿台口面两侧具横脊纹饰，横脊短，边缘处明显，向内消失。近脊沟宽而明显。反口面基腔小，窄缝状，龙脊窄而高，齿槽窄缝状。

比较 此种与 *Polygnathus inornatus* 较为相似，区别在于前者中齿脊最后 1~2 个细齿明显大于其他细齿，并超出齿台末端形成短后齿片。

产地层位 广西桂林南边村，上泥盆统顶部和密西西比亚系（下石炭统）南边村组；湖南江华，上泥盆统—密西西比亚系（下石炭统）孟公坳组；新疆巴楚小海子，密西西比亚系（下石炭统）巴楚组。

卷边多颚刺 *Polygnathus marginvolutus* Gedik，1969
（图版 51，图 1—2）

1969 *Polygnathus marginvolutus* Gedik，p. 237，pl. 5，figs. 2—8.

1983 *Polygnathus marginvolutus*. —熊剑飞，330 页，图版 74，图 9.

1991 *Polygnathus marginvolutus*. —Perri & Spalletta, p. 71, pl. 6, figs. 1—2.

2000 *Polygnathus marginvolutus*. —Capkinoglu, p. 92, pl. 2, figs. 17—21.

特征 Pa 分子齿台两侧缘各具一列向内卷的瘤齿脊。

描述 Pa 分子刺体由前齿片和齿台组成。前齿片短而直，由侧扁细齿愈合而成。前齿片向后延伸至齿台，在齿台中央形成中齿脊。中齿脊直，并延伸至齿台末端。齿台宽而短，近三角形和宽叶状，前部最宽，向后明显收缩变窄，末端尖，其两侧缘各具一向上和内卷的瘤齿脊。两侧缘脊与中齿脊间为一凹面，前部深而后部变浅，口面一般光滑或有少许瘤齿。反口面基腔小，位于齿台最前端，并向前后延伸出窄的龙脊。

比较 此种与 *Polygnathus purus* 较相似，区别在于前者齿台两侧缘各具一列向内卷的瘤齿脊。

产地层位 贵州独山铁坑，密西西比亚系（下石炭统）岩关组。

梅尔多颚刺 *Polygnathus mehli* Thompson，1967
（图版 49，图 14—16）

1967 *Polygnathus mehli* Thompson, pp. 47—48, pl. 2, figs. 1—6.

1969 *Polygnathus lacinatus asymmetricus* Rhodes, Austin & Druce, pp. 188—189, pl. 11, figs. 12a—15c.

1969 *Polygnathus lacinatus circaperipherus* Rhodes, Austin & Druce, p. 189, pl. 11, figs. 12a—15c.

1969 *Polygnathus lacinatus lacinatus* Huddle, Rhodes, Austin & Druce, pp. 189—190, pl. 11, figs. 8a—10c.

1969 *Polygnathus lacinatus prelobatus* Rhodes, Austin & Druce, pp. 190—191, pl. 11, figs. 5a—7c, 11a—c.

1975 *Polygnathus mehli*. —Klapper in Ziegler, pp. 307—308, *Polygnathus*—pl. 6, fig. 4.

1996 *Polygnathus mehli*. —李罗照等，63—64 页，图版 24，图 20。

2016 *Polygnathus mehli*. —Qie et al., figs. 10.18—10.19.

特征 窄长齿台在中齿脊两侧发育低的横脊，基腔外张，位于高而宽的龙脊前端。

描述 Pa 分子刺体由前齿片和齿台组成。前齿片中等长，由侧扁细齿愈合而成，但顶端分离，向后延伸至齿台并沿齿台中心线形成中齿脊。齿台矛形，两侧缘在前部近平行，中后部最宽，向外突出呈圆弧状，并明显向后收缩和向内侧弯，末端尖。中齿脊低，前部和中部脊状，向后呈瘤齿状。两侧边绞横脊低或部分不发育。基腔外张，位于高而宽的龙脊前端。

比较 此种中齿脊两侧发育低的横脊，基腔外张，位于高而宽的龙脊前端，可与其他种相区别。

产地层位 贵州独山和新疆巴楚小海子，密西西比亚系（下石炭统）汤粑沟组和巴楚组。

多节多颚刺 *Polygnathus nodosarinus* Ji，Xiong & Wu，1985
（图版 51，图 3—4）

1985 *Polygnathus nodosarinus* Ji, Xiong & Wu. —季强等（见侯鸿飞等），117 页，图版 32，图 10—11。

特征 Pa分子齿台矛形，两侧对称，前部两侧边缘向上翘曲，口面发育齿脊，粗壮、尖锐的横脊以及深的间脊沟。基腔中等大小，位于前齿片和齿台连接处。

描述 Pa分子刺体由前齿片和齿台组成。前齿片长而直，略短于齿台，由5~7个近等高的侧扁细齿愈合而成，细齿顶端分离。前齿片向后延伸至齿台形成中齿脊，齿脊由愈合的细齿组成，并延伸至齿台末端。齿台矛形，两侧对称，稍拱曲，前部两侧边缘向上翘曲，近脊沟宽而深。两侧缘脊口面发育一系列相互近平行而粗壮的横脊，边缘呈锯齿状。基腔中等大小，唇形，向两侧稍膨大，位于前齿片与齿台连接处。反口面龙脊窄而锐利。

比较 此种反口面与 *Polygnathus communis* 十分相似，但后者口面光滑无饰。此种与 *P. inornatus* 十分相似，区别在于后者前齿片短，基腔位于齿台前部1/3处，而前者前齿片较长，基腔位于前齿片与齿台连接处。

产地层位 贵州长顺睦化，密西西比亚系（下石炭统）王佑组。

瘤齿管刺形多颚刺 *Polygnathus nodosiponellus* Wang & Yin，1985
（图版51，图5—7）

1985 *Polygnathus nodosiponellus* Wang & Yin. —王成源和殷保安，38页，图版2，图19—20.

特征 Pa分子前齿片短，齿台口面发育均匀分布的、近等大的瘤齿，有前槽缘，内齿台前缘直并垂直于前齿片。

描述 Pa分子刺体由前齿片和齿台组成。前齿片短，稍侧弯，由侧扁的细齿愈合而成，但顶端分离。前齿片向后延伸至齿台，在齿台中央形成由瘤齿组成的中齿脊，并伸至齿台末端。齿台宽而短，外侧齿台前端明显收缩，形成一仅限于齿台前部的吻脊状齿垣，齿垣与中齿脊之间为一较深的凹槽。内齿台前部不收缩，并成为内齿台最宽处，其前缘直，且与中齿脊和前齿片垂直。内外齿台口面布满近等大的小瘤齿，小瘤齿分布较均匀，部分瘤齿似线状分布，但不形成线脊。反口面龙脊发育，细脊状，并有窄缝状齿槽沿龙脊中线延伸。基腔很小，位于齿台中点与齿台前缘的中间处。

比较 此种与 *Polygnathus ndoundata* 最为相似，区别在于前者有前槽缘，内齿台前缘直并垂直于前齿片。

产地层位 广西宜山峡口，密西西比亚系（下石炭统）融县组。

蛹多颚刺 *Polygnathus pupus* Wang & Wang，1978
（图版51，图8—17）

1978 *Polygnathus pupus* Wang & Wang. —王成源和王志浩，77页，图版7，图7—10.

1985 *Polygnathus pupus*. —季强等（见侯鸿飞等），117—118页，图版34，图1—6.

1989 *Polygnathus pupus*. —Ji et al., p. 88, pl. 21, figs. 7a—b.

特征 Pa分子前齿片极短，齿台为蛹形，近中部最宽，向上拱曲，末端钝圆。齿台口面饰有明显的横脊纹饰。反口面基腔位于近中部。

描述 Pa分子刺体由前齿片和齿台组成。前齿片极短，由2~3个侧扁的细齿愈合而成，向后延伸至齿台中心线形成中齿脊。中齿脊前部直，在中后部侧弯，由细齿愈合成脊状，并延伸至齿台末端，其两侧近脊沟明显。齿台呈蛹形，内弯，近中部最宽，向上拱曲，并向前后逐渐收缩，末端钝圆。齿台口面两侧发育一系列相互平行的横脊，

· 146 ·

后端呈放射状。反口面基腔小，位于齿台中部或中部稍偏前处。基腔前后发育龙脊和沿龙脊发育的窄缝状齿槽。沿基腔两侧可有同心纹，且比周围区稍凹陷。

比较 此种与 *Polygnathus inornatus* 较为相似，但前者前齿片短，齿台蛹形。

产地层位 贵州长顺睦化、代化，密西西比亚系（下石炭统）王佑组。

洁净多颚刺 *Polygnathus purus* Voges，1959

1959 *Polygnathus purus* Voges，1959

特征 Pa 分子齿台宽，心形，稍不对称，口面光滑，平坦或拱曲。基腔小，位于齿台前部 1/3 处，基腔之后无凹陷。

洁净多颚刺洁净亚种 *Polygnathus purus purus* Voges，1959
（图版 51，图 18—34）

1959 *Polygnathus purus purus* Voges，p. 291，pl. 34，figs. 21—26.

1978 *Polygnathus purus purus*. —王成源和王志浩，78 页，图版 6，图 18—23.

1978 *Polygnathus communis* Branson & Mehl. —王成源和王志浩，78 页，图版 6，图 10—17.

1984 *Polygnathus purus purus*. —王成源和殷保安，图版 2，图 3.

1984 *Polygnathus purus subplanus* Voges. —王成源和殷保安，图版 2，图 4（only）.

1985 *Polygnathus purus purus*. —季强等（见侯鸿飞等），118 页，图版 36，图 14—26.

1988 *Polygnathus purus purus*. —Wang & Yin in Yu，p. 128，pl. 27，figs. 1，5—6.

1989 *Polygnathus purus purus*. —Ji et al.，p. 89，pl. 20，figs. 9a—10b.

特征 Pa 分子齿台拱曲，口面光滑，无近脊沟，基腔之后无凹陷区。

描述 Pa 分子刺体由前齿片和齿台组成。前齿片中等长，长于齿台的 1/2，由侧扁的细齿愈合而成；细齿长度大致相等，顶部分离。前齿片向后延伸至齿台形成中齿脊，并延伸至齿台末端。齿台心形，前部最宽，两前侧缘向外呈弧形拱曲，向后迅速收缩至末端变尖。齿台稍拱曲，口面光滑，近脊沟浅或缺失。反口面基腔小，唇状，位于齿台前部，基腔之后无明显凹陷，但龙脊发育。

比较 从光滑无饰的齿台、小的基腔位于齿台偏前的位置看，此种与 *Polygnathus communis* 最为相似，但前者齿台拱曲，两侧边缘不向上卷曲，基腔之后无明显凹陷区。

产地层位 广西桂林南边村，密西西比亚系（下石炭统）南边村组；贵州长顺睦化和代化，密西西比亚系（下石炭统）王佑组。

洁净多鄂刺亚宽平亚种 *Polygnathus purus subplanus* Voges，1959
（图版 52，图 1—7；图版 54，7—8）

1959 *Polygnathus purus subplanus* Voges，p. 291，pl. 34，figs. 27—33.

non 1984 *Polygnathus purus subplanus*. —王成源和殷保安，图版 2，图 4—5.

1984 *Polygnathus purus purus*. —邱洪荣，图版 5，图 2.

1985 *Polygnathus purus subplanus*. —季强等（见侯鸿飞等），119 页，图版 36，图 8—13.

1988 *Polygnathus purus subplanus*. —Wang & Yin in Yu，pp. 128—129，pl. 27，fig. 3.

1989 *Polygnathus purus subplanus*. —Ji et al.，p. 89，pl. 19，figs. 1a—5b.

特征 Pa 分子齿台宽心形，前部显著扩展，向后迅速收缩和显著向内弯曲。口面平坦光滑，近脊沟浅而宽。

描述 Pa 分子刺体由前齿片和齿台组成。前齿片较长，稍短于齿台，由侧扁愈合的细齿组成。细齿近等长，顶端分离。前齿片向后延伸至齿台形成中齿脊，并伸达齿台末端。中齿脊前部较直、较高，后部强烈向内侧弯并明显变低，至齿台后端微弱发育或不发育，其两侧近脊沟宽而浅。齿台宽，心形，前部两侧强烈向外扩张，向后迅速收缩变尖，并强烈向内弯曲。口面光滑无饰，两侧边缘微弱翘曲。反口面基腔小，位于齿台中部偏前处。

比较 此亚种齿台前部强烈外扩，后部明显向内弯曲，可与其他亚种相区别。

产地层位 广西桂林南边村，密西西比亚系（下石炭统）南边村组；贵州长顺睦化，密西西比亚系（下石炭统）王佑组。

洁净多鄂刺接近亚种 *Polygnathus purus vicinus* Xiong，1983
（图版 52，图 8—9）

1983 *Polygnathus purus vicinus* Xiong. —熊剑飞，337—338 页，图版 74，图 8.

特征 Pa 分子齿台为近对称的心形，中齿脊前端两侧处微凹，齿台两侧有似将形成横脊的齿迹。

描述 Pa 分子刺体由前齿片和齿台组成。前齿片较短，短于齿台的 1/2，由侧扁的细齿愈合而成，细齿顶端分离。前齿片向后延伸至齿台形成中齿脊，并伸达齿台末端。中齿脊直，前部较愈合，向后渐变低，呈瘤齿状。齿台为近对称的心形，前部最宽，两前侧角钝圆，向后明显收缩变窄，末端尖。中齿脊前端两侧处微凹，齿台口面中齿脊两侧发育有似将形成横脊的齿迹。反口面基腔向两侧膨大，可见明显的基唇，位于齿台前端。基腔向后延伸为窄长的龙脊。

比较 此种与 *Polygnathus purus purus* 较为相似，区别在于前者齿台口面中齿脊两侧发育有横脊的雏形。

产地层位 贵州独山铁坑，密西西比亚系（下石炭统）岩关组。

半网多颚刺 *Polygnathus semidictyus* Ji，1987
（图版 52，图 10—11）

1987a *Polygnathus semidictyus* Ji. —季强，259—260 页，图版 4，图 14—15；插图 17.

特征 Pa 分子外侧齿台口面具纵脊，内侧齿台为网状细脊。基腔较大，腔唇明显加厚。

描述 Pa 分子刺体由前齿片和齿台组成。前齿片直，由几个较大的侧扁细齿愈合而成，但细齿顶端分离。前齿片向后延伸至齿台，并在齿台中央形成中齿脊。齿台较长，矛状，稍内弯，中部靠前处最宽，向前后收缩变尖。外侧齿台口面发育 5 条与中齿脊平行的细纵脊；内侧齿台口面发育不规则的网状细脊。中齿脊与外侧齿台的纵向细脊相似，伸达齿台末端。反口面基腔明显，唇状，向两侧稍膨大，并向前后方延伸成齿槽。龙脊和前齿片反口脊宽厚而低矮。

比较 此种形态特殊，如外侧齿台口面具纵脊，内侧齿台则为网状细脊，可与其他诸种相区别。

产地层位 湖南江华，密西西比亚系（下石炭统）石磴子组。

长钉形多颚刺　*Polygnathus spicatus* Branson E.R.，1934

（图版 53，图 4—7）

1934 *Polygnathus spicatus* Branson E.R.，p. 313，pl. 25，fig. 20.

1975 *Polygnathus spicatus*. —Klapper in Ziegler，pp. 321—323，*Polygnathus*—pl. 6，fig. 6.

2014 *Polygnathus spicatus*. —Qie et al.，fig. 3.3.

2016 *Polygnathus spicatus*. —Qie et al.，figs. 7.1—7.2.

特征　齿台箭形，向后迅速变窄，末端尖，两侧向上翘起，与中齿脊间的边缘形成明显的近脊沟，并在齿台边缘两侧发育短横脊。反口面基腔两侧发育宽平的反龙脊。

描述　齿台箭形，向后迅速变窄，末端尖，两侧向上翘起，与中齿脊间的边缘形成明显的近脊沟，并在齿台边缘两侧发育短横脊。前齿片较短，中前部较高，其长度小于齿台的 1/2，并向齿台中部延伸成中齿脊。反口面基腔较大，其两侧发育宽平的反龙脊。

比较　此种与 *Polygnathus symmetricus* 最为相似，但后者齿台两侧边缘横脊长，占据齿台边缘之大部，前者则仅限于边缘。

产地层位　华南地区，密西西比亚系（下石炭统）杜内阶下部。

斯特利尔多颚刺　*Polygnathus streeli* Dreesen，Dursar & Groessens，1976

（图版 52，图 12—17）

1977 *Polygnathus streeli* Dreesen，Dursar & Groessens，fig. 5.

1982 *Polygnathus streeli*. — Wang & Ziegler，pl. 1，figs. 14a—c.

1987a *Polygnathus streeli*. —季强，260 页，图版 3，图 23—26.

特征　Pa 分子齿台前部不收缩，两侧边缘强烈翘曲，口面横脊低，中齿脊细长、低矮，由一系列分离的小瘤齿组成，并可伸出齿台后端形成一短小的后齿片。

描述　Pa 分子刺体由前齿片和齿台组成。前齿片短而高，直或稍侧弯，由几个侧扁愈合的细齿组成，细齿顶端分离。前齿片向后延伸至齿台，并沿齿台中心线形成低矮的中齿脊，其两侧的近脊沟宽而深。中齿脊由一系列分离的小瘤齿组成，可超出齿台后边缘形成一短的后齿片。齿台矛形，两侧前缘直，前端最宽，中前部两侧边缘区翘起，侧缘较直，近平行，后部明显变窄，末端变尖。齿台口面两侧边缘发育横脊，由边缘向中齿脊放射状延伸。反口面基腔小，位于齿台前部，龙脊和前齿片反口脊锐利。

比较　此种与 *Polygnathus longiposticus* 十分相似，区别在于前者中齿脊低，瘤齿状，齿台前端不收缩。

产地层位　湖南江华，上泥盆统—密西西比亚系（下石炭统）孟公坳组。

对称多颚刺　*Polygnathus symmetricus* Branson，1934

（图版 52，图 18—27）

1934 *Polygnathus symmetricus* Branson E.R.，p. 310，pl. 25，fig. 11.

1966 *Polygnathus symmetricus*. —Klapper，p. 21，pl. 6，figs. 1，5.

1984 *Polygnathus symmetricus*. —董振常，80 页，图版 7，图 3—6.

1985 *Polygnathus* cf. *symmetricus*. —季强等（见侯鸿飞等），119 页，图版 33，图 9—10，13—14，17—18.

1989 *Polygnathus symmetricus* Branson E.R. —Ji et al.，p. 89，pl. 20，figs. 3a—b.

特征 Pa 分子齿台矛形，两侧对称，前部向前稍收缩，两侧边缘稍微翘曲，向后明显收缩变尖。齿台两侧边缘发育一系列互相平行的横脊，中齿脊直，前部高，向后变低，由侧扁细齿愈合而成，其两侧近脊沟宽而浅。反口面基腔小，位于齿台前 1/3 处。

描述 Pa 分子刺体由前齿片和齿台组成。前齿片直，薄而高，中等长，其长度约为齿台的 1/3，由几个侧扁的细齿愈合而成，细齿顶尖分离。前齿片向后延伸至齿台，并沿齿台中心线形成由细齿愈合而成的中齿脊。中齿脊直，前部较高，向后变低，并延伸至齿台末端，其两侧近脊沟较宽浅。齿台矛形，两侧近对称，前部向前稍收缩，其两侧边缘稍微翘曲。齿台前 1/3 处最宽，并由此向后迅速收缩变尖，口面两侧边缘发育一系列互相平行的横脊，后部横脊放射状。反口面基腔小，唇形，位于齿台前 1/3 处，并由此向前后延伸出龙脊和齿槽。龙脊和齿槽窄而直。

比较 季强等（1985，见侯鸿飞等）描述的标本中，确有一些标本与 Branson（1934）的模式标本十分相似。Branson（1934）虽在描述中提到了基腔小，但所列的图像仅是一个口视图，无法正确识别其大小。在季强所列的标本中，其基腔大小变化较大，如季强等（1985，见侯鸿飞等，119 页，图版 33，图 9—18）的图 16 和 17 两个图像中基腔大小相差较大，本书仅将基腔小及齿台向前收缩的一类归入 *Polygnathus symmetricus*，其余的则列入 *Polygnathus* cf. *symmetricus*。

产地层位 贵州长顺睦化，密西西比亚系（下石炭统）王佑组。

对称多颚刺比较种　*Polygnathus* cf. *symmetricus* Branson，1934
（图版 52，图 28；图版 53，图 1—3）

cf. 1934 *Polygnathus symmetricus* Branson E.R.，p. 310，pl. 25，fig. 11.

cf. 1966 *Polygnathus symmetricus*. —Klapper，p. 21，pl. 6，figs. 1，5.

1985 *Polygnathus* cf. *symmetricus*. —季强等（见侯鸿飞等），119 页，图版 33，图 11—12，15—16.

特征 Pa 分子齿台矛形，两侧对称，前部两侧边缘稍微翘曲，向后明显收缩变尖。齿台两侧边缘发育一系列互相平行的横脊。中齿脊直，前部高，向后变低，由侧扁细齿愈合而成，其两侧近脊沟宽而浅。反口面基腔中等大小，位于齿台前 1/3 处。

描述 Pa 分子刺体由前齿片和齿台组成。前齿片直，薄而高，中等长，其长度约为齿台的 1/3，由几个侧扁的细齿愈合而成，细齿顶尖分离。前齿片向后延伸至齿台，并沿齿台中心线形成由细齿愈合而成的中齿脊。中齿脊直，前部较高，向后变低，并延伸至齿台末端，其两侧近脊沟较宽浅。齿台矛形，两侧近对称，前部向前稍收缩不明显，其两侧边缘稍微翘曲。齿台前 1/3 处最宽，并由此向后迅速收缩变尖，口面两侧边缘发育一系列互相平行的横脊，后部横脊放射状。反口面基腔中等大小，唇形，位于齿台前 1/3 处，并由此向前后延伸出龙脊和齿槽。龙脊和齿槽窄而直。

比较 本书将季强等（1985，见侯鸿飞等）描述的那些齿台前部收缩不明显和基腔稍大的一类列入 *Polygnathus* cf. *symmetricus*。

产地层位 贵州长顺睦化，密西西比亚系（下石炭统）王佑组。

沃格斯多颚刺　*Polygnathus vogesi* Ziegler，1962
（图版 53，图 8—17）

1962 *Polygnathus vogesi* Ziegler，pp. 94—95，pl. 11，figs. 5—7.

1978 *Polygnathus vogesi*. —王成源和王志浩，78 页，图版 7，图 13—16.

1984 *Polygnathus vogesi*. —王成源和殷保安，图版 3，图 21.

1985 *Polygnathus vogesi*. —季强等（见侯鸿飞等），120 页，图版 34，图 7—16.

1989 *Polygnathus vogesi*. —Ji et al.，p. 90，pl. 19，figs. 6a—9b.

特征 Pa 分子齿台前部主齿脊两侧各有一条次一级的齿脊，并与主齿脊向前侧方斜交。齿台后部有稀疏的小瘤齿。

描述 Pa 分子刺体由前齿片和齿台组成。前齿片直，中等长，其长度约为齿台的 1/2，由一系列侧扁的细齿组成。前齿片前后细齿大致等高，大部愈合，顶尖分离。前齿片向后延伸至齿台，并沿齿台中心线形成由细齿愈合而成的中齿脊。中齿脊前部稍高，向后变低，向内侧弯，并伸达齿台末端，其两侧的近脊沟浅或不明显。齿台矛形至三角形，前部最宽，两前侧角钝圆或钝角状，向后迅速收缩变尖，并向内侧弯曲。齿台前部两侧各有一条次一级的齿脊，由中齿脊中部偏前处两侧向两前侧缘延伸。齿台后部有稀少的小瘤齿或横脊，分布不规则。反口面基腔很小，位于齿台中部偏前处，并由此向前后延伸成窄而细的龙脊，在对应次一级龙脊的反口面则微下凹。

比较 此种与 *Polygnathus stiriacus* 较为相似，但后者齿台口面有稠密的小瘤齿，两侧次一级齿脊也不太发育。

产地层位 贵州长顺睦化，上泥盆统顶部代化组。

多颚刺未定种 A　*Polygnathus* sp. A（sp. nov.）Ji，1987a
（图版 53，图 18—19）

1987a *Polygnathus* sp. A（sp. nov.）Ji. —季强，260 页，图版 3，图 13—14；插图 18.

特征 Pa 分子刺体由前后齿片和齿台组成。后齿片长，齿台两侧边缘强烈向上翘曲，口面发育横脊。反口面基腔较大，菱形，位于齿台前端。

描述 Pa 分子由前后齿片和齿台组成。前齿片窄而高，侧扁，由 9~10 个齿尖分离的细齿愈合而成。前齿片向后延伸至齿台形成中齿脊，中齿脊低矮，低于齿台两侧缘，由 6~8 个细齿愈合而成，其两侧近脊沟宽而深。后齿片长，约与前齿片等长，但较低，其高度约为前齿片高度的一半，由 8~9 个细齿愈合而成，但顶端分离。齿台前部最宽，向后收缩变窄呈倒梯形，口面具横脊，两侧边缘强烈向上翘曲。反口面龙脊和前后齿片的反口脊连为一体，高而锐利，并具窄缝状齿槽。基腔较大，菱形，位于齿台前端。

比较 这是季强（1987a）描述的未定种，但它形态特殊，与其他已知种都不一样，应是一个新种。

产地层位 湖南江华，上泥盆统—密西西比亚系（下石炭统）孟公坳组。

多颚刺未定种 D　*Polygnathus* sp. D（sp. nov.）Ji，1987a
（图版 53，图 20—21）

1987a *Polygnathus* sp. D（sp. nov.）Ji. —季强，261 页，图版 4，图 19—20；插图 21.

特征 Pa 分子内侧齿台前端强烈收缩变窄，外侧齿台前侧边缘向上翘曲形成侧脊。

描述 Pa 分子由前齿片和齿台组成。前齿片短，稍内弯，由 6~9 个细齿愈合而成。中齿脊长，伸达齿台后端，由 5~6 个瘤齿组成。瘤齿顶端钝圆，排列稀疏，且中部瘤齿最大。齿台矛形，不对称。内侧齿台小，前端强烈收缩变窄；外侧齿台较大，前侧

· 151 ·

边缘向上翘曲形成粗壮的侧脊。反口面基腔小而窄，位于齿台前 1/3 处，并向前后延伸成窄缝状齿槽。

比较 这是季强（1987a）描述的未定种，但它形态特殊，与其他已知种都不一样，应是一个新种。

产地层位 湖南江华，上泥盆统—密西西比亚系（下石炭统）孟公坳组。

窄颚刺科 SPATHOGNATHODONTIDAE Hass，1959
双铲刺属 *Bispathodus* Müller，1962

模式种 *Spathodus spilinocostatus* Branson，1934

特征 P 分子刺体齿片为 spathognathiform 型，可见前后齿片和中部稍膨大的齿台状构造。主齿片右侧分化出一个或多个与主齿列分开或几乎不分开的附生细齿。细齿钉状，或横向生长成脊状，或可与主齿片的瘤齿连接。基腔位于齿片中部膨大部分的反口方。

分布与时代 北美、欧洲、亚洲和澳大利亚；晚泥盆世晚期至密西西比亚纪（早石炭世）杜内期。

尖锐双铲刺尖锐亚种 *Bispathodus aculeatus aculeatus*（Branson & Mehl，1933）
（图版 55，图 3—14）

1933 *Spathodus aculeatus* Branson & Mehl，p. 186，pl. 17，figs. 11，14.

1969 *Spathognathodus tridentatus*（Branson）.—Rhode，Austin & Druce，p. 237，pl. 3，figs. 13—15.

1984 *Bispathodus aculeatus aculeatus*.—倪世钊，278—279 页，图版 44，图 3—4.

1984 *Bispathodus aculeatus aculeatus*.—王成源和殷保安，图版 3，图 22.

1988 *Bispathodus aculeatus aculeatus*.—Wang & Yin，p. 115，pl. 24，figs. 4，8—9.

1988 *Bispathodus aculeatus aculeatus*.—董致中和季强，图版 1，图 21.

1989 *Bispathodus aculeatus aculeatus*.—王成源，33 页，图版 4，图 10—12.

1993 *Bispathodus aculeatus aculeatus*.—应中锷等（见王成源），220 页，图版 40，图 4a—b.

part in 1996b *Bispathodus aculeatus aculeatus*.—王志浩，图版 1，图 1—5（only）.

part in 2000 *Bispathodus aculeatus aculeatus*.—赵治信等，234 页，图版 59，图 5，8，10（only）；
图版 61，图 15—16.

2016 *Bispathodus aculeatus aculeatus*.—Qie et al.，fig. 7.10.

特征 P 分子齿片前部均匀增高，最高点位于中部或中前部，齿片中部右侧基腔上方有一个或几个附生细齿。

描述 P 分子齿片型刺体直或稍弯曲，口视近矛形，近中部最宽，两端尖，形成前后自由齿片状。齿片前部均匀增高，最高处位于近中部或中前部，由侧扁愈合的细齿组成，细齿顶端分离。齿片中部右侧基腔上方发育 1~5 个附生细齿。细齿圆钉状或横向延伸呈脊状。齿片中部左侧有时也有一个附生细齿，但大多无附生细齿。主齿脊呈脊状或瘤齿状。齿片后端尖或齿片状，其长度不定。膨大的基腔位于中部最宽处反口方，并向前后齿片反口方呈齿槽状延伸。

讨论 本文描述的 *Bispathodus aculeatus aculeatus* 包括三种类型的标本：①齿片中部右侧仅有 1 个附生细齿；②齿片中部右侧基腔上方有 3~5 个附生细齿；③齿片中部

右侧有 3~5 个附生细齿，左侧也有 1 个附生细齿。其中以第二种类型为最多。第一种类型与 *Bispathodus aculeatus antepoposicornis* 十分相似，但后者的细齿位于基腔上方前端，而前者则位于基腔正上方。

产地层位　广西、贵州、云南、江苏和新疆塔里木地区，密西西比亚系（下石炭统）。

尖锐双铲刺先后角亚种　*Bispathodus aculeatus anteposicornis*（Scott，1961）
（图版 55，图 15—21）

1961 *Spathognathodus anteposicornis* Scott，text-figs. 2H—K.

1969 *Spathognathodus anteposicornis.* —Rhodes et al.，pl. 3，figs. 5—8.

1974 *Bispathodus anteposicornis.* —Ziegler，Sandberg & Austin，p. 101，pl. 1，figs. 11，12；pl. 2，fig. 9；pl. 3，fig. 25.

1984 *Bispathodus aculeatus anteposicornis.* —倪世钊，279 页，图版 44，图 2.

1988 *Bispathodus aculeatus anteposicornis.* —Wang & Yin in Yu，p. 115，pl. 24，figs. 5—6.

1996b *Bispathodus aculeatus aculeatus.* —王志浩，图版 1，图 5（only）.

2000 *Bispathodus aculeatus anteposicornis.* —赵治信等，234 页，图版 60，图 2—3.

特征　P 分子齿片右侧基腔之前或其上方仅有一个边齿发育。

描述　P 分子刺体为齿片状，发育较长的前后齿片，由侧扁愈合的细齿组成。前齿片细齿较大，后齿片细齿较小，但细齿顶端分离。基腔椭圆形，位于齿片近中部，向两侧稍膨大，右侧基腔前方或上方仅发育一个边齿。

比较　此种在基腔之前或其上方仅发育一个边齿，特征明显，易于与其他诸种区分。

产地层位　广西桂林南边村，密西西比亚系（下石炭统）南边村组。

针刺双铲刺羽毛亚种　*Bispathodus aculeatus plumulus*（Rhodes，Austin & Druce，1969）
（图版 55，图 22—26；图版 56，图 1—6）

1969 *Spathognathodus plumulus plumulus* Rhodes，Austin & Druce，pp. 229—230，pl. 1，figs. 1—2，5—6.

1969 *Spathognathodus plumulus nodosus* Rhodes，Austin & Druce，p. 230，pl. 1，figs. 3—4.

1969 *Spathognathodus plumulus sherleyae* Rhodes，Austin & Druce，pp. 230—231，pl. 1，figs. 7—8.

1974 *Bispathodus aculeatus plumulus.* —Ziegler，Sandberg & Austin，pp. 101—102，pl. 2，figs. 10—11；pl. 3，fig. 11.

1987a *Bispathodus aculeatus plumulus.* —季强，239 页，图版 4，图 8—9.

1996 *Bispathodus plumulus.* —李罗照等，61 页，图版 21，图 22—27；图版 23，图 17.

2000 *Bispathodus aculeatus plumulus.* —赵治信等，234 页，图版 59，图 1—2；图版 61，图 37.

2014 *Bispathodus aculeatus plumulus.* —Qie et al.，fig. 4.4.

特征　前齿片呈羽毛状，最大高度在后半部。

描述　P 分子刺体为齿片状，为 spathognathiform 型。齿片前部即前齿片呈羽毛状，由一系列细齿组成，后半部为其最高处。齿片中部下方向两侧稍膨大，形成台形隆起的基腔区。在齿片右侧的基腔区发育一个或一列细齿，并与主齿列有沟分开。有些标本在主齿列左侧基腔区可以发育一个瘤齿或脊。基腔区后端为后齿片，由单列细齿愈合而成，其长度大致与前齿片等长。基腔小，位于刺体中部下方，向两侧膨大。

比较 此亚种与 *Bispathodus aculeatus aculeatus* 的区别在于前者前齿片呈羽毛状，最大高度位于中后部，而后者前齿片的高度近乎一致，不呈羽毛状。

产地层位 湖南江华，上泥盆统—密西西比亚系（下石炭统）孟公坳组；新疆巴楚小海子，密西西比亚系（下石炭统）巴楚组和卡拉沙依组。

肋脊双铲刺 *Bispathodus costatus*（Branson E.R.，1934）
（图版 56，图 7—13）

1934 *Spathodus costatus* Branson E.R.，pp. 303—304，pl. 27，fig. 13.

1962 *Spathognathodus costatus costatus*. —Ziegler，pp. 107—108，pl. 14，figs. 1—6，8—10.

1974 *Bispathodus costatus*. —Ziegler，Sandberg & Austin，pp. 102—103，pl. 1，figs. 1—2，9；pl. 2，figs. 13—15.

1987a *Bispathodus costatus*. —季强，239—240 页，图版 4，图 4—5.

1988 *Bispathodus costatus*. —Wang & Yin in Yu，pp. 115—116，pl. 24，figs. 1—2，14.

2004 *Bispathodus costatus*. —田树刚和科恩，图版 1，图 30.

特征 刺体右侧除前齿片外，发育一列瘤齿或横脊，可以与主齿列细齿相连，并延伸至或接近刺体末端。

描述 P 分子刺体齿片状，为 spathognathiform 型。前齿片较短，由愈合的细齿组成，呈脊状，并向后延伸至刺体末端形成主齿脊。中部齿片下部向两侧膨大形成基腔区。刺体在主齿列右侧基腔区口面发育一列瘤齿或横脊，并可延伸至或接近刺体末端。这些瘤齿或横脊可侧向拉长与主齿列瘤齿相连。基腔位于刺体中部下方，向两侧稍膨大，唇状，向前后齿片反口方收缩变窄。

比较 此种与 *Bispathodus aculeatus* 最为相似，区别在于前者右侧细齿列可伸达刺体末端，而前者的附属细齿列仅限于刺体中部。

产地层位 广西桂林南边村，上泥盆统顶部；湖南江华，上泥盆统顶部三百工村组。

棘肋双铲刺 *Bispathodus spinulicostatus*（Branson E.R.，1934）
（图版 56，图 14—18）

1934 *Spathodus spinulicostatus* Branson E.R.，pp. 305—306，pl. 27，fig. 19.

1974 *Bispathodus spinulicostatus*（Branson E.R.）. —Ziegler，Sandberg & Austin，p. 103，pl. 1，figs. 6—8；pl. 2，figs. 20，22.

1987a *Bispathodus spinulicostatus*. —季强，240 页，图版 4，图 1—3.

1996 *Bispathodus spinulicostatus*. —李罗照等，61 页，图版 22，图 21—22.

特征 刺体右侧发育一列能伸达刺体末端的瘤齿或横脊，左侧基腔区可发育一个瘤齿，但基腔之后则发育一列瘤齿。

描述 P 分子刺体齿片状，为 spathognathiform 型。前齿片较短，由单列愈合的细齿组成，呈脊状，并向后延伸至刺体末端形成主齿脊。刺体中后部为向两侧膨大的基腔区，主齿列右侧发育一列瘤齿或横脊，并可向后延伸至刺体末端。瘤齿或横脊可横向延伸与主齿列瘤齿相连。主齿列左侧基腔区口面具一个瘤齿，但在基腔之后则发育一列瘤齿。基腔小，向两侧稍膨大，位于刺体之中部。

比较 此种与 *Bispathodus ziegleri* 非常相似，区别在于后者刺体左侧基腔之后发育一列横脊而不是前者的瘤齿。

产地层位 湖南江华，密西西比亚系（下石炭统）大圩组；新疆巴楚小海子，密西西比亚系（下石炭统）巴楚组。

稳定双铲刺 *Bispathodus stabilis*（Branson & Mehl，1934）
（图版 56，图 19—25）

1934 *Spathodus stabilis* Branson & Mehl，p. 188，pl. 17，fig. 20.

1974 *Bispathodus stabilis*（Branson & Mehl）. —Ziegler，Sandberg & Austin，pp. 103—104，pl. 1，
　　fig. 10；pl. 3，figs. 1—3.

1978 *Spathognathodus stabilis*. —王成源和王志浩，84—85 页，图版 3，图 33—34；图版 4，图 6—7.

1987a *Spathognathodus stabilis*. —季强，269—270 页，图版 4，图 16—17.

1988 *Bispathodus stabilis*. —Wang & Yin in Yu，p. 116，pl. 24，fig. 3.

2014 *Bispathodus stabilis*. —Qie et al.，fig. 3.7.

2016 *Bispathodus stabilis*. —Qie et al.，figs. 7.4，10.23.

特征 齿片窄而直，前缘与反口缘夹角近 90°，口缘较平直或微微向上拱曲。反口缘前部平直，后部稍上拱。反口面基腔两侧对称并向两侧膨大，位于齿片近中部。

描述 P 分子刺体齿片状，较直，为 spathognathiform 型，由侧扁愈合的细齿组成。细齿中下部愈合而顶端分离。前齿片长而直，较高，细齿大小相近，口缘较直，但前端稍高。前齿片底缘直，与前边缘相交近直角。后齿片低，细齿低矮较分离，口缘弧状。基腔特别膨大，位于刺体中后部，特前缘宽圆，向后变窄、变尖，延伸至近末端。

比较 此种与 *Bispathodus tridentatus* 的主要区别是后者齿片内侧基腔上方具 2 个侧齿。

产地层位 贵州长顺睦化、代化，密西西比亚系（下石炭统）王佑组；广西桂林南边村，密西西比亚系（下石炭统）南边村组；湖南江华，密西西比亚系（下石炭统）大圩组。

三齿双铲刺 *Bispathodus tridentatus*（Branson，1934）
（图版 55，图 1—2）

1934 *Spathodus sulciferus* Branson & Mehl. —Branson，p. 304，pl. 27，figs. 15?，22.

1934 *Spathodus tridentatus* Branson E.R.，p. 307，pl. 27，fig. 25.

1934 *Spathodus duplidens* Huddle，p. 91，pl. 12，figs. 1—4.

1969 *Bispathodus tridentatus*（Branson）. —Rhodes，Austin & Druce，p. 237，pl. 3，figs. 9a—12c.

1978 *Bispathodus tridentatus*. —王成源和王志浩，59 页，图版 1，图 33—34.

1987 *Bispathodus tridentatus*. —董振常，84 页，图版 9，图 14.

特征 前齿片细齿高，中部细齿近等高，后端细齿短，较分离，齿片内侧基腔上方具 2 个侧齿。

描述 刺体齿片状，稍拱曲，微内弯，由一些细齿愈合而成。前齿片高，前面 3 个细齿最长大，中部细齿近等高，后部细齿较短、较分离。所有细齿都较宽扁，下部或中下部愈合而上端分离。齿片内侧基腔上方具 2 个侧齿。基腔位于齿片中部略靠前处，

向外膨大，卵圆形。

比较　此种与 *Bispathodus ziegleri* 的区别在于后者主齿列左侧在基腔区后侧发育一列横脊。

产地层位　湖南新邵马栏边，密西西比亚系（下石炭统）马栏边组。

齐格勒双铲刺　*Bispathodus ziegleri*（Rhodes，Austin & Druce，1969）
（图版 56，图 26—27）

1969 *Spathognathodus ziegleri* Rhodes，Austin & Druce，pp. 238—239, pl. 4, figs. 5a—8d.

1974 *Bispathodus ziegleri*（Rhodes，Austin & Druce）. —Ziegler，Sandberg & Austin，p. 104, pl. 2, fig. 16.

1984 *Pseudopolygnathus vogesi* Rhodes，Austin & Druce. —Ziegler，王成源和殷保安，图版 2，图 24（only）.

1985 *Bispathodus ziegleri*. —季强等（见侯鸿飞等），101—102 页，图版 40，图 1—2.

特征　P 分子主齿列右侧基腔区开始发育一列瘤齿或横脊，并可向后延伸至刺体末端。主齿列左侧在基腔区后侧发育一列横脊。

描述　P 分子刺体齿片状，为 spathognathiform 型。齿片前部即前齿片由侧扁的细齿组成，其长度约为刺体总长的 1/3 左右，向后延伸至齿片末端形成主齿列。刺体近中部下方向两侧膨大形成基腔区，刺体主齿列右侧自基腔区开始发育一列瘤齿或横脊。横脊和瘤齿横向扩张可与主齿脊相连。在主齿列左侧基腔区可仅发育一个瘤齿，但在后基腔区则发育一系列横脊，并可延伸至刺体末端。基腔小，稍向两侧膨大，位于刺体中部反口方。

比较　此种与 *Bispathodus spinulicostatus* 的区别在于后者主齿列左侧后基腔区发育一瘤齿列，而前者发育一系列横脊。

产地层位　贵州长顺睦化，上泥盆统代化组顶部。

布兰梅尔刺属　*Branmehra* Hass，1962

模式种　*Spathodus inornatus* Branson & Mehl，1934

特征　齿片状刺体基腔近刺体后端，主齿不明显，细齿密集。反口面窄，基腔齿唇发育。

分布与时代　欧洲、北美和亚洲；晚泥盆世至密西西比亚纪（早石炭世）。

威尔纳布兰梅尔刺　*Branmehra werneri* Ziegler，1962
（图版 54，图 16—19）

1962 *Branmehra werneri* Ziegler，pp. 115—116, pl. 13, figs. 11—16.

1968 *Branmehra werneri*. —Wang & Yin in Yu，pp. 116—117, pl. 31, fig. 8; pl. 32, figs. 9，15—16.

1993 *Branmehra werneri*. —应中锷等（见王成源），220—221 页，图版 42，图 10.

特征　Pa 分子齿片短而高，直，口缘直，由前向后逐渐降低。前齿片长而高，由几乎等大细齿组成。后齿片短而低，基腔较大，位于前齿片末端。

描述　Pa 分子为一齿片型刺体，较短而高，直，由前后齿片组成。前齿片长而高，由侧扁愈合的细齿组成。顶端分离，细齿近等高，但前端齿片稍高，向后逐渐稍变低。

· 156 ·

后齿片很短，低，仅见一个细齿。反口缘中前部稍向下拱曲，中后部则稍上凹。基腔稍膨大，位于前齿片末端。

比较　齿片状刺体齿片短而高，主齿不明显，细齿密集。反口面窄，基腔较大，位于前齿片末端。次种特征明显，易于区别。

产地层位　南京茨山，密西西比亚系（下石炭统）金陵组。

洛奇里刺属　Lochriea Scott，1942

模式种　*Spathognathodus commutatus* Branson & Mehl，1941（Pa element）；*Lochriea montanaensis* Scott，1932（M element）

特征　由 *Hindeodella Prioniodus Prioniodina Spathognathodus* 和 *Gnathodus* 等形态属组成的自然集群。

分布与时代　世界性分布；密西西比亚纪（早石炭世）。

变异洛奇里刺　Lochriea commutata（Branson & Mehl，1933）
（图版 57，图 1—3）

1941 *Spathognathodus commutatus* Branson & Mehl，p. 98，pl. 19，figs. 1—4.

1987a *Paragnathodus commutatus*（Branson & Mehl）.—Wang et al.，pl. 2，fig. 2.

1987b *Paragnathodus commutatus*.—Wang et al.，pp. 130—131，pl. 2，fig. 12.

1988 *Gnathodus commutatus commutatus*.—董致中和季强，图版 5，图 1—3.

1988 *Gnathodus commutatus commutatus*.—杨式溥和田树刚，图版 1，图 7—8.

1989 *Paragnathodus commutatus*.—Wang & Higgins，p. 285，pl. 8，figs. 4—5.

1996a *Lochriea commutata*.—王志浩，270—271 页，图版 1，图 12.

2003a *Lochriea commutata*.—Wang & Qi，pl. 1，fig. 23.

2003b *Lochriea commutata*.—王志浩和祁玉平，236 页，图版 1，图 22.

2006 *Gnathodus commutatus*.—董致中和王伟，183 页，图版 30，图 1，13.

特征　Pa 分子齿杯（或称齿台）口面两侧光滑无饰。

描述　Pa 分子由前齿片和齿杯组成。前齿片长，由愈合的细齿组成，向齿杯延伸，并沿齿杯中间线延伸形成齿脊。齿脊由宽的瘤齿组成，延伸至齿杯末端或伸出末端边缘。两侧齿杯对称或不对称，口面一般光滑无饰。反口面为一开阔的基腔，并向前齿片延伸成齿槽。

比较　此种与 *Lochriea nodosa* 和 *L. mononodosa* 的区别在于前者齿杯光滑无饰，而后两者齿杯发育瘤齿。

产地层位　贵州罗甸纳庆和水城，密西西比亚系（下石炭统）；甘肃靖远和宁夏中卫，密西西比亚系（下石炭统）靖远组和臭牛沟组；云南宁蒗、丽江，密西西比亚系（下石炭统）尖山营组。

十字形洛奇里刺　Lochriea cruciformis（Clarke，1960）
（图版 57，图 4）

1960 *Gnathodus cruciformis* Clarke，pp. 25—26，pl. 4，figs. 10—12.

1994 *Lochriea cruciformis*（Clarke）.—Nemirovskaya et al.，pl. 1，fig. 13.

2005 *Lochriea cruciformis.* —Qi & Wang，pl. 1，fig. 16.

2005 *Lochriea cruciformis.* — Nemyrovska，pp. 41—42，pl 8，fig. 9.

特征 Pa 分子齿杯两侧齿脊与中齿脊垂直相交，口视近"十"字形。

描述 Pa 分子由齿杯和前齿片组成。前齿片长而直或稍侧弯，由细齿愈合而成，沿齿杯中央线延伸成齿脊并达齿杯末端，或伸出齿杯后缘成后齿片。两侧齿杯宽而短，其口面两侧各发育一齿脊并与中齿脊垂直相交，口视近"十"字形。反口面为一开阔的基腔，并向前齿片延伸成齿槽。

比较 此种有短的后齿突，齿杯两侧齿脊与中齿脊垂直相交，呈"十"字形，可与其他属种相区别。

产地层位 贵州罗甸纳庆，密西西比亚系（下石炭统）。

单瘤齿洛奇里刺 *Lochriea mononodosa*（Rhodes，Austin & Druce，1969）

（图版 57，图 5—9）

1969 *Gnathodus mononodosus* Rhodes，Austin & Druce，pp. 103—104，pl. 19，figs. 13a—15d.

1987a *Paragnathodus mononodosus*（Rhodes，Austin & Druce）. —Wang et al.，pl. 2，fig. 11.

1987b *Paragnathodus mononodosus.* —Wang et al.，p. 131，pl. 1，figs. 1—2.

1988 *Gnathodus mononodosus.* —董致中和季强，图版 5，图 9.

1989 *Paragnathodus mononodosus.* —Wang & Higgins，p. 285，pl. 8，figs. 1—3；pl. 15，fig. 8.

1996a *Lochriea mononodosa*（Rhodes，Austin & Druce）. —王志浩，271 页，图版 1，图 13.

2003a *Lochriea mononodosa.* —Wang & Qi，pl. 1，fig. 7.

2003b *Lochriea mononodosa.* —王志浩和祁玉平，236 页，图版 1，图 1.

2005 *Lochriea mononodosa.* —Qi & Wang，pl. 1，fig. 9.

2006 *Gnathodus mononodosa.* —董致中和王伟，185 页，图版 30，图 8.

特征 Pa 分子齿杯口面仅一侧发育 1 个瘤齿。

描述 Pa 分子由齿杯和前齿片组成。前齿片长而直，由细齿愈合而成，沿齿杯中央线延伸成齿脊，并达齿杯末端。两侧齿杯宽而短，其一侧齿杯口面有一瘤齿，而另一侧光滑无饰。反口面为一开阔的基腔，并向前齿片延伸成齿槽。

比较 此种与 *Lochriea nodosa* 最为相似，区别在于后者两侧齿杯上都有瘤齿或齿脊。

产地层位 贵州罗甸纳庆，密西西比亚系（下石炭统）；甘肃靖远和宁夏中卫，密西西比亚系（下石炭统）靖远组和臭牛沟组；云南宁蒗、丽江，密西西比亚系（下石炭统）尖山营组。

多瘤齿洛奇里刺 *Lochriea multinodosa*（Writh，1967）

（图版 57，图 10—12）

1962 *Gnathodus commutatus* var. *multinodosus* Higgins，p. 8，pl. 2，figs. 13—16（only）.

1967 *Gnathodus commutatus multinodosus* Wirth，p. 208，pl. 19，figs. 19—20.

1989 *Paragnathodus multinodosus*（Wirth）. —Wang & Higgins，p. 285，pl. 14，figs. 8—9.

1994 *Lochriea multinodosa.* —Nemirovskaya et al.，pl. 1，figs. 9—10.

2003a *Lochriea multinodosa.* —Wang & Qi，pl. 1，figs 19，25.

2005 *Lochriea multinodosa.* —Qi & Wang，pl. 1，fig. 11.

2006 *Gnathodus multinodosa*. 一董致中和王伟, 185 页, 图版 30, 图 12.

特征　Pa 分子齿杯口面两侧发育小而多、分布不规则的瘤齿。

描述　Pa 分子由前齿片和齿杯组成。前齿片长、直,由愈合的细齿组成,并延伸至齿杯成齿脊,最后伸达齿杯末端。内外两侧齿杯由齿脊分开,两者口面有小而多、分布不规则的瘤齿。反口面为一开阔的基腔,并向前齿片延伸成齿槽。

比较　此种与 *Lochriea nodosa* 较相似,但后者齿杯口面两侧仅有 1~3 个瘤齿或齿脊,前者则发育小而多、分布不规则的瘤齿。

产地层位　贵州罗甸纳庆,密西西比亚系(下石炭统);云南宁蒗,密西西比亚系(下石炭统)尖山营组。

瘤齿洛奇里刺　*Lochriea nodosa*(Bischoff, 1957)
(图版 57, 图 13—15)

1957 *Gnathodus commutatus nodosus* Bischoff, pp. 23—24, pl. 4, figs. 12—13.

1987a *Paragnathodus nodosus*(Bischoff). —Wang et al., pl. 2, fig. 10.

1987b *Paragnathodus nodosus*. —Wang et al., p. 131, p1.1, figs. 3—5.

1988 *Gnathodus commutatus nodosus*. 一董致中和季强, 图版 5, 图 9.

1988 *Gnathodus commutatus nodosus*. 一杨式溥和田树刚, 图版 1, 图 12, 14—15, 21.

1989 *Paragnathodus nodosus*. —Wang & Higgins, p. 285, pl. 8, figs. 1—3; pl. 15, fig. 8.

1996a *Lochriea nodosa*(Bischoff). 一王志浩, 271 页, 图版 1, 图 18.

2003b *Lochriea nodosa*. 一王志浩和祁玉平, 236 页, 图版 1, 图 26.

2006 *Gnathodus nodosus*. 一董致中和王伟, 186 页, 图版 30, 图 6—7, 10, 19.

特征　Pa 分子齿杯口面两侧发育 1~3 个瘤齿或齿脊。

描述　Pa 分子由前齿片和齿杯组成。前齿片长、直,由愈合的细齿组成,并延伸至齿杯成齿脊,最后伸达齿杯末端。两侧齿杯由齿脊分开,其口面两侧发育 1~3 瘤齿或齿脊。反口面为一开阔的基腔,并向前齿片延伸成齿槽。

比较　此种与 *Lochriea mononodosa* 最为相似,区别在于后者仅在齿杯一侧有瘤齿。

产地层位　贵州罗甸纳庆和水城,密西西比亚系(下石炭统);甘肃靖远和宁夏中卫,密西西比亚系(下石炭统)靖远组和臭牛沟组;云南宁蒗,密西西比亚系(下石炭统)统尖山营组。

撒哈拉洛奇里刺　*Lochriea saharae* Nemyrovska, Perret & Weyant, 2006
(图版 58, 图 1—7)

2006 *Lochriea saharae* Nemyrovska, Perret & Weyant, pp. 367—368, pl. 1, figs. 6, 10—12, 14—15, 17.

2008 *Lochriea saharae*. 一祁玉平, 79 页, 图版 12, 图 1—7.

特征　Pa 分子齿杯矛形,不对称,位于齿片一齿脊中部偏后处,齿杯之后有较长的后齿片,口面光滑无饰。齿片一齿脊由细齿或瘤齿愈合而成。

描述　Pa 分子由齿片一齿脊和齿杯组成。齿片一齿脊由前后齿片及齿杯口面中央的齿脊组成,前齿片长,直或稍内弯,由侧扁的细齿愈合而成。前齿片向后延伸至齿杯并在齿杯口面中央形成中齿脊。后齿片较短,为中齿脊向后延伸超出齿杯后缘的部分。所有齿片和齿脊都是由一列简单的瘤齿或细齿连接而成。齿杯矛形,不对称,中部最宽,向前后明显收缩变窄，口面光滑无饰。反口面为一开阔基腔，近中部最宽最深，向前后收缩变窄。

比较 此种与 *Lochriea commutata* 最为相似，但前者齿杯位于更靠前的位置，即齿杯之后有较长的后齿片，而后者的则在刺体后端。此种齿杯的位置与 *Bispathodus stabilis* 较为相似，区别在于前者不对称的齿杯位置更靠后，且后者的前齿片最前端的形态也不一样。

产地层位 贵州罗甸纳庆，密西西比亚系（下石炭统）谢尔普霍夫阶。

苏格兰洛奇里刺 *Lochriea scotiaensis*（Globensky，1967）
（图版 58，图 8—14）

1967 *Gnathodus scotiaensis* Globensky，p. 441，pl. 58，figs. 2—7，10，12.

2005 *Lochriea scotiaensis*（Globensky）. —Nemyrovska，pp. 43—44，pl. 8，figs. 4—6，8.

2008 *Lochriea scotiaensis*. —祁玉平，79—80 页，图版 13，图 1—24.

特征 Pa 分子刺体直或常侧弯，齿杯矛形，膨大，不对称，其长度超过刺体长的 1/2，后端常下弯，口面光滑无饰。

描述 Pa 分子由前齿片和齿杯组成。前齿片较短、直，向内弯，由愈合的细齿组成，并延伸至齿杯成齿脊。齿脊直或向内弯，由愈合的瘤齿组成，最后伸达齿杯末端。齿杯宽大，卵圆形或矛形，近中部最宽，向两侧膨大不对称，向内侧及内侧前方膨大更明显，同时向前后收缩变窄，末端尖，口面光滑无饰。口视时，一些标本整个刺体常有扭曲的现象。反口面为一开阔基腔，近中部最宽最深，向前后收缩变窄。

比较 此种与 *Lochriea commutata* 最为相似，区别在于前者具更大更长的齿杯及其下弯的后端。此种与具光滑无饰口面的 *L. commutata* 和 *L. saharae* 不同，区别在于前者齿杯两侧膨大不对称，口视常有扭曲的现象。

产地层位 贵州罗甸纳庆，密西西比亚系（下石炭统）谢尔普霍夫阶。

森根堡洛奇里刺 *Lochriea senckenbergica* Nemirovskaya，Perret & Meichner，1994
（图版 57，图 16）

1994 *Lochriea senckenbergica* Nemirovskaya，Perret & Meichner，p. 311，pl. 1，fig. 5；pl. 2，figs. 7—10，12.

2005 *Lochriea senckenbergica*. —Qi & Wang，pl. 1，fig. 15.

2005 *Lochriea senckenbergica*. —Nemyrovska，p. 44，pl. 8，fig. 12.

特征 Pa 分子齿杯前部两侧具直立、高而厚的齿耙（齿脊），且内侧的齿耙明显高于外侧的齿耙。内侧齿杯后缘明显收缩，基腔宽而深，两侧不对称。

描述 Pa 分子由前齿片和齿杯组成。前齿片长、直，由愈合的细齿组成，并延伸至齿杯成齿脊，最后伸达齿杯末端。两侧齿杯由齿脊分开，其口面前部两侧具直立、高而厚的齿耙，且内侧的齿耙明显高于外侧的齿耙，内齿杯后缘明显收缩。基腔宽而深，两侧不对称。

比较 此种齿杯前方具高而厚、陡立的齿耙，不同于 *Lochriea ziegleri*。

产地层位 贵州罗甸纳庆，密西西比亚系（下石炭统）。

石磴子洛奇里刺　*Lochriea shihtengtzeensis*（Ding & Wan，1989）
（图版 58，图 15—16）

1989 *Gnathodus commutatus shihtengtzeensis* Ding & Wan. —丁惠和万世禄，167 页，图版 2，图 3.

特征　齿杯光滑无饰，前齿片短，仅有 3 个较大的细齿，第 3 个细齿更大些。侧视口缘中前部弧形上拱，前基角约 60°。

描述　Pa 分子刺体较小，由齿台和前齿片组成。前齿片短，仅有 3 个较大的细齿，靠后的一个细齿更大些。侧视时，中前部口缘向上弧形上拱，前基角约 60°。齿杯小，椭圆形，位于中后部，口面光滑无饰；侧视时，其口缘为刺体最高处。中齿脊由 7 个细齿组成，细齿大小相似，稍向后倾，基部愈合而顶部分离，并由前向后逐渐变低。齿杯下方为一空腔即基腔，中部最宽，向前后收缩变窄。

比较　此种与 *Lochriea commutata* 最为相似，但前者齿杯位于更靠前处，侧视口缘中前部弧形上拱，前齿片前基角约 60°。

产地层位　广东韶关，密西西比亚系（下石炭统）维宪阶。

齐格勒洛奇里刺　*Lochriea ziegleri* Nemirovskaya，Perret & Meichner，1994
（图版 58，图 17，19—20）

1994 *Lochriea ziegleri* Nemirovskaya，Perret & Meichner，p. 312，pl. 1，figs. 1—4，6—7，11—12；pl. 2，fig. 1.

2005 *Lochriea ziegleri.* —Qi & Wang，pl. 1，fig. 14，17—18.

特征　Pa 分子靠近齿杯后边缘两侧具大而分离的细齿，呈脊状抬升或呈长而厚的脊指向前侧方。

描述　Pa 分子由前齿片和齿杯组成。前齿片长、直，由愈合的细齿组成，并延伸至齿杯成齿脊，最后伸达齿杯末端。两侧齿杯由中齿脊分开，其口面两侧靠近齿杯后边缘处具大而分离的细齿，并呈脊状抬升或呈长而厚的脊指向前侧方。反口面为一开阔的基腔，并向前齿片延伸成齿槽。

比较　此种瘤齿呈高而长的脊，位于齿杯后侧方并向前张开，可与其他种区分。

产地层位　云南、贵州等地，密西西比亚系（下石炭统）谢尔普霍夫阶。

奥泽克刺属　*Ozarkodina* Branson & Mehl，1933

模式种　*Ozarkodina typica* Branson & Mehl，1933

特征　刺体由前后齿片和主齿组成。主齿位于前后齿片连接处，其下方为一基腔。这里描述的 *Ozarkodina* 仅为一形态属，其形态似器官属种中的 Pb 分子，但无证实的其他分子共生，无法组合为器官属种。

分布与时代　世界性分布；志留纪至三叠纪。

规则奥泽克刺　*Ozarkodina regularis* Branson & Mehl，1933
（图版 58，图 21—24）

1933 *Ozarkodina regularis* Branson & Mehl，p. 287，pl. 23，figs. 13—14.

1978 *Ozarkodina regularis.* —王成源和王志浩，70 页，图版 4，图 33—36.

1983 *Ozarkodina regularis.* —熊剑飞，328—329 页，图版 73，图 10.

1987a *Ozarkodina regularis.* —季强，254 页，图版 6，图 3、7.

特征 前后齿片近等长，主齿大，侧扁，位于近中部，前后齿片上的所有后倾的细齿大部愈合并向主齿方向逐渐增大。

描述 刺体由前后齿片和主齿组成，中部向上稍拱。前后齿片近等长，细齿大部愈合而顶端分离，除前齿片前部几个细齿近直立外，都向后倾，其倾度由前向后逐渐增加；前后齿片上的细齿都向主齿方向增大。主齿大而侧扁，向后倾，位于前后齿片连接处。基腔小，位于主齿下方。

比较 此种前后齿片近等长，主齿大，侧扁，位于近中部，前后齿片上所有后倾的细齿大部愈合并向主齿方向逐渐增大，可与 *Ozarkodina roundyi* 区别。

产地层位 贵州望谟、惠水王佑，密西西比亚系（下石炭统）；湖南江华，上泥盆统三百工村组。

郎迪奥泽克刺 *Ozarkodina roundyi*（Hass，1953）
（图版 58，图 25—26）

1953 *Subbryantodus roundyi* Hass，p. 89，pl. 14，figs. 3—6.

1974 *Ozarkodina roundyi*（Hass）. —Gedik，p. 16，pl. 2，figs. 24—25.

1983 *Ozarkodina roundyi.* —熊剑飞，329 页，图版 73，图 12.

特征 齿片长而薄，前齿片长，后齿片短，底缘拱曲。主齿靠后，后倾。

描述 刺体由前后齿片和主齿组成。前齿片细长，向前下方伸，口缘细齿较小，密集，大部愈合，仅顶端分离；细齿大小相似，向后倾。后齿片较短，向后下方伸；细齿小，向主齿方向稍增大，大部愈合，仅顶端分离，向后倾。主齿较大，向后倾，位于前后齿片连接处。基腔稍膨大，位于主齿下方。

比较 此种前齿片长，后齿片短，底缘拱曲，可与 *Ozarkodina regularis* 区别。

产地层位 贵州望谟桑朗，宾夕法尼亚亚系（上石炭统）下部。

假多颚刺属 *Pseudopolygnathus* Branson & Mehl，1934

模式种 *Pseudopolygnathus prima* Branson & Mehl，1934

特征 Pa 分子齿台矛形，口面发育齿脊、粗壮而尖锐的横脊和深的间脊沟，多数横脊可由齿台边缘伸至中齿脊。基腔大，位于齿台前端，龙脊发育、光滑，伸达齿台末端。

分布与时代 世界各地；晚泥盆世至密西西比亚纪（早石炭世）。

断续脊假多颚刺？ *Pseudopolygnathus? abscarina*（Zhu，1996）
（图版 53，图 22—23）

1996 *Pseudogondolella abscarinus* Zhu. —朱伟元（见曾学鲁等），239 页，图版 43，图 9a—b.

特征 Pa 分子齿台较窄长，披针形，齿台两侧边缘发育瘤齿或短横脊，中齿脊前部细齿愈合成脊状，中后部则为分离的瘤齿状，其前 3 个瘤齿较大、较分离。基腔凹窝状，假龙脊宽而长。

描述 Pa 分子由前齿片和齿台组成。前齿片短，常折断，由侧扁的细齿愈合而成。前齿片向后延伸至齿台，在齿台口面中央形成中齿脊。中齿脊在前 1/3 部分为细齿愈合成脊状，并由此向后呈分离的瘤齿状，可延伸至齿台末端。在瘤齿列中，其前部的3个瘤齿较大，且间隔也宽，向后瘤齿则明显变小，其间距也变小。中齿脊两侧近脊沟深，在脊状部分两侧较窄，在瘤齿列两侧则较宽。齿台窄长，披针形，前端最宽，向后逐渐收缩变窄，末端尖。齿台两侧边缘发育短的横脊或瘤齿列，其前1/3部分瘤齿愈合成脊状，较高，向后则明显变弱，并由近脊沟与中齿脊分隔。反口面基腔为一小的凹窝，位于齿台靠前处，并由此向前后延伸出细的齿沟，齿沟两侧为一宽而平的假龙脊。

比较 此种与 *Pseudogondolella? percarinata* 的区别在于后者中齿脊全部为齿脊状，前者仅前1/3部分为齿脊状，其余大部为瘤齿状。此种被原作者朱伟元放入他的新属 *Pseudogondolella*，但这个新属不能成立，因 Kozur & Mostler（1976）早于它建立了 *Pseudogondolella*，而在 Kozur & Mostler（1976）之前，杨守仁也命名了一个 *Pseudogondolella*，但那不是牙形刺，而是鱼的牙齿。Kozur & Mostler（1976）的 *Pseudogondolella* 则与朱伟元的同名属完全不同，后者的 *Pseudogondolella* 与 *Pseudopolygnathus* 的特征基本一致，故本书将它有疑问地归入 *Pseudopolygnathus*。

产地层位 甘肃迭部益哇沟，密西西比亚系（下石炭统）石门塘组。

线齿状假多颚刺 *Pseudopolygnathus dentilineatus* Branson E.R.，1934
（图版59，图1—13）

1934 *Pseudopolygnathus dentilineata* Branson E.R.，p. 317，pl. 26，fig. 22.

1957 *Pseudopolygnathus dentilineata*. —Bischoff，pp. 50—51，figs. 29—32，34.

1984 *Pseudopolygnathus dentilineata*. —王成源和殷保安，图版2，图21.

1985 *Pseudopolygnathus dentilineata*. —季强等（见侯鸿飞等），123页，图版37，图11—18.

1987a *Pseudopolygnathus dentilineatus*. —季强，262—263页，图版2，图25，32.

1988 *Pseudopolygnathus dentilineatus*. —Wang & Yin in Yu，p. 132，pl. 21，fig. 2；pl. 24，figs. 10—13，16—17；pl. 30，figs. 1—3.

1989 *Pseudopolygnathus dentilineatus*. —Ji et al.，pp. 91—92，pl. 22，figs. 10a—11b.

1996b *Pseudopolygnathus dentilineatus*. —王志浩，94页，图版1，图23（non fig. 18）.

1996 *Pseudopolygnathus dentilineatus*. —李罗照等，64页，图版22，图23—29.

2000 *Pseudopolygnathus dentilineatus*. —赵治信等，248页，图版56，图13，15—16.

2004 *Pseudopolygnathus dentilineatus*. —田树刚和科恩，图版1，图29.

特征 Pa分子齿台矛形至三角形，两侧不对称，近中部两侧各有4~5个分离的细齿，右侧的细齿横向延伸成脊，但与中央齿脊不相连。左侧瘤齿圆钉状，位于齿台侧缘。中齿脊向后延伸并超出齿台，形成后齿片状构造。

描述 Pa分子由前齿片和齿台组成。前齿片长，但稍短于齿台，由一系列侧扁愈合的细齿组成。细齿大致等高，前部稍高，顶端分离。齿台不对称，近矛形，前部或近中部最宽，向后迅速收缩变尖。齿台近中部两侧各有4~5个分离的细齿，右侧的细齿横向延伸成脊，但与中央齿脊不相连。左侧瘤齿圆钉状，位于齿台侧缘。中齿脊位于齿台中央，由一系列大部愈合而顶端分离的细齿组成，向后延伸超越齿台后端成后齿片。反口面基腔近对称，向两侧膨大，延伸至齿片成齿槽。

比较 此种与 *Pseudopolygnathus primus* 十分相似，但后者齿台两侧瘤齿或横脊较多，其中一些横脊与中央齿脊相连。

产地层位 广西桂林南边村，密西西比亚系（下石炭统）南边村组；贵州长顺睦化，密西西比亚系（下石炭统）王佑组；云南施甸鱼硐，密西西比亚系（下石炭统）香山组；新疆巴楚，密西西比亚系（下石炭统）巴楚组。

边缘细齿状假多颚刺 *Pseudopolygnathus dentimarginatus* Qie，Wang，Zhang，Ji，Grossman，Huang，Liu & Luo，2015
（图版 63，图 1—4）

2016 *Pseudopolygnathus dentimarginatus* Qie，Wang，Zhang，Ji & Grossman.—Qie et al.，p. 932，figs. 6.15，8.8.

特征 上翘的齿台边缘发育 2~6 个大而圆、分离的细齿。反口基窝大，前部两侧具膨大的唇状构造。齿沟中等深，由基窝向前后延伸。

描述 齿台近两侧对称，矛形，两侧边缘上翘，形成自由边缘。两侧边缘发育 2~6 个圆形细齿，可高达前齿片的细齿高度，在齿台中形成一中等深的凹陷。前齿片短，沿齿中线延伸，由 3~5 个愈合的细齿组成，向后变低，在齿台中央形成由分离瘤齿组成的中齿脊，并可伸出齿台后边缘呈刺状。反口基窝大，前部两侧具膨大的唇状构造。齿沟中等深，由基窝向前后延伸。

比较 此种齿台边缘两侧具大而圆、分离的细齿，易于与其他种相区别。

产地层位 华南地区，密西西比亚系（下石炭统）杜内阶下部。

纺锤形假多颚刺 *Pseudopolygnathus fusiformis* Branson & Mehl，1934
（图版 59，图 14—20）

1934 *Pseudopolygnathus fusiformis* Branson & Mehl，pp. 298—299，pl. 23，figs. 1—3.

1957 *Pseudopolygnathus fusiformis*. —Bischoff & Ziegler，p. 162，pl. 11，figs. 18—19.

1978 *Pseudopolygnathus fusiformis*. —王成源和王志浩，图版 6，图 6—7.

1985 *Pseudopolygnathus fusiformis*. —季强等（见侯鸿飞等），124 页，图版 37，图 7—8.

1988 *Pseudopolygnathus fusiformis*. —Wang & Yin in Yu，p. 132，pl. 31，fig. 2.

1989 *Pseudopolygnathus fusiformis*. —王成源和徐珊红，40 页，图版 3，图 3—4.

2016 *Pseudopolygnathus fusiformis*. —Qie et al.，fig. 7.13.

特征 Pa 分子齿台窄长，两侧对称，两侧边缘发育微弱的小瘤齿列。反口面基腔大，稍窄于齿台。

描述 Pa 分子由前齿片和齿台组成。前齿片长，但稍短于齿台，由一系列侧扁愈合的细齿组成。细齿大致等高，顶端分离。前齿片向后延伸至齿台，并沿齿台中心线形成由细齿愈合而成的中齿脊。中齿脊前部稍高，向后变低，向内稍侧弯，并伸达齿台末端，其两侧有明显的近脊沟。齿台窄而长，矛形，前部宽，向后逐渐收缩变窄，末端尖利。齿台两侧边缘各有一列小瘤齿。反口面基腔膨大，长卵形，比齿台稍窄一些。

比较 此种齿台窄长，长矛形，两侧缘发育一列微弱小瘤，可与同属其他种相区别。

产地层位 广西桂林南边村，密西西比亚系（下石炭统）南边村组；贵州长顺睦化，密西西比亚系（下石炭统）王佑组。

边缘平行状假多颚刺 *Pseudopolygnathus heteromarginatus* Qie，Wang，Zhang，Ji，Grossman，Huang，Liu & Luo，2016

（图版 63，图 5—8）

2016 *Pseudopolygnathus heteromarginatus* Qie，Wang，Zhang，Ji & Grossman.— Qie et al.，p. 933，figs. 6.8，8.6—8.7，9.6.

特征 齿台窄，不对称，右侧边缘上弯，几乎与齿台平面垂直，并明显高出齿台前部左侧。齿台前部左侧明显向中齿脊靠拢变窄。反口基窝大，前部两侧具膨大的唇状构造。齿沟中等深，由基窝向前后延伸。

描述 齿台窄，不对称，右侧边缘上弯，几乎与齿台平面垂直，并明显高出齿台前部左侧，齿台前部左侧明显向中齿脊靠拢变窄，口面具粗而尖的或微弱的横脊，但都不伸达中齿脊。前齿片短，三角状，沿刺体中线延伸，由 4~6 个愈合的、具尖锐顶端的细齿组成，向后变低，在齿台中央形成由分离瘤齿组成的中齿脊。反口基窝大，前部两侧具膨大的唇状构造。齿沟中等深，由基窝向前后延伸。

比较 此种特征明显，易与其他种相区别。

产地层位 华南地区，密西西比亚系（下石炭统）杜内阶下部。

边缘假多颚刺 *Pseudopolygnathus marginatus*（Branson & Mehl，1934）

（图版 59，图 21—31；图版 64，图 15—16）

1934 *Polygnathus marginatus* Branson & Mehl，pp. 294—295，pl. 23，figs. 25—27.

1978 *Pseudopolygnathus marginatus*（Branson & Mehl）.—王成源和王志浩，79 页，图版 7，图 19—22.

1985 *Pseudopolygnathus marginatus*.—季强等（见侯鸿飞等），125—126 页，图版 38，图 16—25.

1988 *Pseudopolygnathus marginatus*.—Wang & Yin in Yu，p. 132，pl. 27，figs. 8—9.

1989 *Pseudopolygnathus marginatus*.—Ji et al.，pp. 92—93，pl. 22，figs. 5—6b.

2005 *Pseudopolygnathus marginatus*.—王平和王成源，366 页，图版 5，图 8—9.

特征 Pa 分子齿台两侧近对称，心形，近前部最宽，两前侧缘浑圆，向后迅速收缩变尖。口面发育横脊纹饰，反口面基腔中等大，向两侧膨大，边缘外张，具褶皱；龙脊高而窄，具齿槽。

描述 Pa 分子由前齿片和齿台组成。前齿片较短，由几个侧扁愈合的细齿组成。细齿顶部分离，前部细齿较高。前齿片向后延伸至齿台，在齿台中心线形成由瘤齿组成的中齿脊，稍内弯，伸达齿台末端。齿台心形，近对称，近前部最宽，两前侧缘浑圆，向后迅速收缩变尖。口面发育横脊纹饰，由两侧边缘向中齿脊放射状延伸。反口面基腔中等大，向两侧膨大，边缘外张，具褶皱，位于齿台中部偏前处。基腔向前后延伸出窄而高的龙脊，龙脊上具细的齿槽。

比较 此种与 *Pseudopolygnathus primus* 较相似，但后者齿台不对称，且反口面基腔要比前者大得多。

产地层位 广西桂林南边村，密西西比亚系（下石炭统）南边村组；贵州长顺睦化，密西西比亚系（下石炭统）王佑组。

多肋假多颚刺 *Pseudopolygnathus multicostatus* Ji，1987
（图版 60，图 1—3）

1987a *Pseudopolygnathus multicostatus* Ji. —季强，263 页，图版 2，图 16—18，插图 22.

特征 Pa 分子整个齿台对称，窄而长，口面发育与中齿脊平行的纵脊，反口面基腔大，位于齿台和前齿片连接处。

描述 Pa 分子由前齿片和齿台组成。前齿片长而直，向下倾，由 6~7 个侧扁的细齿愈合而成，但顶端分离。细齿高度逐渐向前增加，前部最高，但侧视时，前齿片口缘与齿台口面近等高。齿台矛状，两侧对称或近对称，窄而长，其长约为宽度的 4 倍，微拱曲，口面发育 4~8 条平行于中齿脊的细纵脊。中齿脊长而直，与其他纵脊一样，呈线脊状，其前端与前齿片相连，后端伸达齿台末端。反口面基腔大，唇状，向两侧张开，位于齿台和前齿片连接处，并向前后延伸成窄缝状齿槽。前齿片反口脊锐利，龙脊宽厚而低矮。

比较 此种是季强（1987a）描述的新种，但它形态特殊，特征明显，易与其他已知种区别。

产地层位 湖南江华，密西西比亚系（下石炭统）石磴子组。

多线假多颚刺 *Pseudopolygnathus multistriatus* Mehl & Thomas，1947
（图版 60，图 4—17；图版 64，图 1—2）

1947 *Pseudopolygnathus multistriatus* Mehl & Thomas，pp. 16—17，pl. 1，fig. 36.

1947 *Pseudopolygnathus attenuata* Mehl & Thomas，p. 17，pl. 1，fig. 8.

1947 *Pseudopolygnathus rustica* Mehl & Thomas，p. 17，pl. 1，fig. 9.

1947 *Pseudopolygnathus striata* Mehl & Thomas，p. 17，pl. 1，fig. 10.

1969 *Pseudopolygnathus multistriatus* Mehl & Thomas. —Rhodes et al.，pp. 211—212，pl. 5，figs. 14—16；pl. 6，fig. 2.

1978 *Pseudopolygnathus scalptus* Wang & Wang. —王成源和王志浩，80 页，图版 8，图 5—8，11—14.

1980 *Pseudopolygnathus multistriatus*. —Lane & al.，pp. 135—136，pl. 8，figs. 8，10；pl. 10，fig. 8.

1981 *Pseudopolygnathus multistriatus*. —Klapper & al.，p. 395，*Pseudopolygnathus*—pl. 4，figs. 2—4.

1985 *Pseudopolygnathus multistriatus*. —季强等（见侯鸿飞等），126 页，图版 37，图 9—10.

1988 *Pseudopolygnathus multistriatus*. —Wang & Yin in Yu，p. 133，pl. 21，figs. 6a—b，pl. 30，figs. 4—7.

1988 *Pseudopolygnathus multistriatus*. —董致中和季强，图版 2，图 5—8.

2004 *Pseudopolygnathus multistriatus*. —田树刚和科恩，图版 3，图 24—25.

2014 *Pseudopolygnathus multistriatus*. —Qie et al.，fig. 5.15.

特征 Pa 分子矛形齿台不对称，右齿台前缘延伸于左齿台前缘之前并高于左齿台，口面发育横脊，伸达或未达中齿脊。反口面基腔局部反转，其宽度大于齿台宽度的一半。

描述 Pa 分子由前齿片和齿台组成。前齿片较短，由几个侧扁愈合的细齿组成。细齿大致等长，顶部分离。前齿片向后延伸至齿台形成中齿。中齿脊前部稍高，向后逐渐变低，由细齿愈合而成，并伸达齿台末端。齿台长矛形，较窄长，中部较宽，向前后逐渐收缩，末端尖。齿台两侧不对称，右侧齿台比左侧齿台高，向前延伸更长，左侧前缘弧状，口面两侧发育横脊纹饰，伸达或未达中齿脊。反口面基腔较膨大，局部反转，其宽度大于齿台宽度的一半，发育龙脊和齿槽。

比较　此种幼年期标本基腔大，齿台边缘具小齿，很难与 *Pseudopolygnathus dentilineatus* 区分，但它们的成年期标本则很容易区别，*Pseudopolygnathus dentilineatus* 反口面基腔特别膨大，几乎与齿台等宽。

产地层位　广西桂林南边村，密西西比亚系（下石炭统）南边村组；贵州长顺睦化，密西西比亚系（下石炭统）王佑组和睦化组；云南宁蒗、丽江地区，密西西比亚系（下石炭统）尖山营组。

边瘤齿假多颚刺　*Pseudopolygnathus nodomarginatus*（Branson E.R.，1934）
（图版 60，图 18，21）

1934 *Polygnathus nodomarginatus* Branson E.R.，p. 310，pl. 25，fig. 10.

1969 *Pseudopolygnathus nodomarginatus*（Branson E.R.）．—Rhodes et al.，pp. 212—213，pl. 9，figs. 1a—4c；pl. 12，figs. 6a—8c，10a—c.

1969 *Pseudopolygnathus nodomarginatus*．—Druce，p. 113，pl. 35，figs. 1a—3b.

1987a *Pseudopolygnathus nodomarginatus*．—季强，263 页，图版 2，图 27，30.

特征　Pa 分子齿台矛形，两侧不对称，右侧齿台较窄但长于左侧齿台，口面有瘤齿或粗壮横脊。中齿脊长而直，瘤齿状，伸达齿台末端。反口面基腔较大，腔唇厚，外张，位于齿台前端。

描述　Pa 分子由前齿片和齿台组成。前齿片短，由几个侧扁的细齿愈合而成，顶端分离。齿台矛形，不对称，右侧齿台较窄但长于左侧齿台，中前部最宽，向前后收缩变窄，末端尖。齿台口面发育瘤齿和粗横脊，由两侧边缘向中齿脊放射状延伸，并被明显的近脊沟与中齿脊隔开。中齿脊长而直，瘤齿状，伸达齿台末端。反口面基腔较大，腔唇厚，外张，位于齿台前端，并向后延伸成窄缝状齿槽，沿锐利的龙脊延伸。

比较　此种与 *Polygnathus lacinatus* 很相似，区别在于两者齿台口面纹饰不同，后者齿台两侧向上翘曲，反口面基腔较小。此种与 *Pseudopolygnathus dentilineatus* 的区别在于后者基腔十分宽大，几乎占据整个反口面的宽度。

产地层位　湖南江华，密西西比亚系（下石炭统）大圩组。

瘤齿假多颚刺　*Pseudopolygnathus nodosus* Wang & Wang，2005
（图版 64，图 11—14）

2005 *Pseudopolygnathus nodosus* Wang & Wang．—王平和王成源，366 页，图版 5，图 2—7，10—11.

特征　齿台窄长，矛形，口面两侧瘤齿不规则，翻转的基腔中等大。

描述　Pa 分子由前齿片和齿台组成。前齿片高而直，由一系列侧扁和直立的细齿组成。前齿片向后延伸至齿台形成中齿脊。中齿脊直，由一系列较低的瘤齿愈合而成，并伸达齿台末端。齿台窄长，矛形，沿口面两侧瘤齿分布不规则，散布状。反口面基腔中等大，反转状，龙脊长而宽，具窄而长的齿槽。

比较　此种以齿台窄长、矛形、口面两侧瘤齿不规则等特征，易于与其他种相区别。

产地层位　陕西凤县，密西西比亚系（下石炭统）杜内阶界河街组。

原始假多颚刺　*Pseudopolygnathus originalis* Ni，1984

（图版 60，图 22—23）

1984 *Pseudopolygnathus originalis* Ni. 一倪世钊，289—290 页，图版 44，图 6，插图 5—17.

特征　Pa 分子由前后齿片和齿台组成。齿台窄小，边缘具由 3~4 个瘤齿组成的附齿脊，约占刺体长的 1/4~1/3；齿脊与附齿脊之间沟明显。

描述　Pa 分子由前后齿片和齿台组成。齿台窄小，边缘具由 3~4 个瘤齿组成的附齿脊，约占刺体长的 1/4~1/3，右侧略高，向后呈低脊延伸不远，左侧则延伸稍远；齿脊与附齿脊之间沟明显。前齿片高，有 3~4 个愈合细齿，后面的最高。后齿片比前齿片略长，略高于齿脊。基腔纺锤状，中部深凹，中前部最宽处接近齿台宽度，向后可延伸至后端。

比较　此种与 *Pseudopolygnathus fusiformis* 相似，但后者无后齿片，前齿片较大。

产地层位　湖北长阳县桃山淋湘溪，密西西比亚系（下石炭统）长阳组。

尖角假多颚刺形态 1　*Pseudopolygnathus oxypageus* Lane，Sandberg & Ziegler，1980，

Morphotype 1

（图版 63，图 9—10）

1980 *Pseudopolygnathus oxypageus* Lane, Sandberg & Ziegler, Morphotype 1, p. 136, pl. 7, figs. 1, 6，9；pl. 9，figs. 13—b.

2005 *Pseudopolygnathus oxypageus.* 一王平和王成源，366 页，图版 3，图 1—2.

特征　Pa 分子自由前齿片直而中等长，齿台较窄，呈倒披针形，口面两侧发育横脊，中齿脊较长，超过齿台末端，反口面基腔近对称，位于齿片前 1/3 处。

描述　Pa 分子由前齿片和齿台组成。前齿片直，中等长，其长度可达齿台长的 1/2，由侧扁的细齿愈合而成。前齿片向后延伸至齿台，在齿台口面中央形成中齿脊。中齿脊由细齿或瘤齿愈合而成，较长并延伸出齿台，两侧近脊沟浅，不明显。齿台较窄，呈倒披针形，前端最宽，向后收缩变窄，两侧前缘直，前侧缘圆角状。齿台两侧缘发育相互平行至放射状的横脊，由两侧缘向中齿脊延伸，可伸达或不达中齿脊。齿台反口面靠前处发育基腔，向两侧膨大，近对称，并由此向前后发育龙脊和细齿槽。

比　较　与 *Pseudopolygnathus oxypageus* Morphotype 2 和 *Pseudopolygnathus oxypageus* Morphotype 3 相似，主要区别是该类型中齿脊相对较长。

产地层位　陕西凤县熊家山，密西西比亚系（下石炭统）杜内阶界河街组。

尖角假多颚刺形态 2　*Pseudopolygnathus oxypageus* Lane，Sandberg & Ziegler，1980，

Morphotype 2

（图版 60，图 19—20，24—30；图版 63，图 13—14）

1980 *Pseudopolygnathus oxypageus* Lane, Sandberg & Ziegler, Morphotype 2, p. 136, pl. 8, figs. 4, 9.

1988 *Pseudopolygnathus oxypageus.* 一Wang & Yin in Yu, pp. 133—134, pl. 30, figs. 10a—b.

1996 *Pseudopolygnathus triangulus posterocarinus* Zhu. 一朱伟元（见曾学鲁等），241 页，图版 39，图 14；图版 40，图 10a—b.

1996 *Pseudopolygnathus oxypageus.* 一朱伟元（见曾学鲁等），240 页，图版 40，图 6a—b，7a—b.

2004 *Pseudopolygnathus oxypageus*. —田树刚和科恩，图版 2，图 22—23，28.

特征　Pa 分子自由前齿片直而中等长，齿台三角形，口面两侧发育横脊，中齿脊伸达齿台末端，反口面基腔近对称，位于齿台前 1/3 处。

描述　Pa 分子由前齿片和齿台组成。前齿片直，中等长，其长度可达齿台长的 1/2，由侧扁的细齿愈合而成。前齿片向后延伸至齿台，在齿台口面中央形成中齿脊。中齿脊由细齿或瘤齿愈合而成，前部一般为脊状，后部常为瘤齿状，两侧近脊沟浅，不明显。齿台三角形，前端最宽，向后收缩变窄，末端尖，两侧前缘直，前侧缘角状。齿台两侧缘发育相互平行至放射状的横脊，由两侧缘向中齿脊延伸，可伸达或不达中齿脊。齿台反口面靠前处发育基腔，向两侧膨大，近对称，并由此向前后发育龙脊和细齿槽，龙脊一般较窄，但也有较宽的标本。

比较　从形态分析朱伟元（1996，见曾学鲁等）所建的新亚种 *Pseudopolygnathus triangulus posterocarinus*，具典型的三角形齿台，应归入此种，同时中齿脊可延伸至齿台末端变窄，见一个至多个瘤齿伸出齿台后缘，这符合 *Pseudopolygnathus oxypageus* 的种征。

产地层位　广西桂林南边村，密西西比亚系（下石炭统）南边村组；云南施甸鱼硐，密西西比亚系（下石炭统）香山组；甘肃迭部益哇沟，密西西比亚系（下石炭统）石门塘组。

似多线假多颚刺　*Pseudopolygnathus paramultistriatus* Wang & Wang，2005
（图版 63，图 11—12；图版 64，图 7—8）

2005 *Pseudopolygnathus paramultistriatus* Wang & Wang. —王平和王成源，366—367 页，图版 3，图 7—8；图版 4，图 15—16.

特征　齿台矛形，两侧不对称，右侧齿台较左侧向前延伸较长，并向前呈弧状延伸。左侧齿台前缘直，并与中齿脊垂直。反口面基腔小，不对称。

描述　Pa 分子由前齿片和齿台组成。前齿片较短，由细齿愈合而成，并向后延伸至齿台形成中齿脊。齿台箭形，两侧不对称，两侧发育相互平行的横脊。右侧齿台前端向前延伸较左侧靠前，前侧缘为圆弧形。左侧齿台前缘直，并与中齿脊垂直，前侧缘为角状。中齿脊较直，伸至齿台末端，由瘤齿愈合而成。齿台反口面中央有一拉长的基腔，不对称。龙脊明显，较高，窄而长。

比较　此种与 *Pseudopolygnathus multistriatus* 较为相似，区别在于后者横脊长而伸达中齿脊，基腔较大。

产地层位　陕西凤县，密西西比亚系（下石炭统）杜内阶界河街组。

贯通脊假多颚刺？　*Pseudopolygnathus? percarinata*（Zhu，1996）
（图版 53，图 24—26）

1996 *Pseudogondolella percarinata* Zhu. —朱伟元（见曾学鲁等），239 页，图版 43，图 4a—b，5a—b.

特征　Pa 分子齿台较窄长，披针形，齿台两侧边缘发育瘤齿或短横脊，中齿脊脊状，由侧扁的细齿愈合而成，并伸达齿台末端。基腔凹窝状，假龙脊宽而长。

描述　Pa 分子由前齿片和齿台组成。前齿片较长而直，由侧扁的细齿愈合而成。

前齿片向后延伸至齿台，在齿台口面中央形成中齿脊。中齿脊前 1/3 为细齿愈合而成，后 2/3 部分由瘤齿愈合而成，并可见其前部 3 个大的瘤齿特别明显，可延伸至齿台末端，其两侧近脊沟宽而浅。齿台窄长，披针形，靠前部最宽，向后逐渐收缩变窄，末端尖。齿台两侧边缘发育短的横脊或瘤齿列，其前 1/3 部分瘤齿愈合成脊状，较高，向后则明显变弱，并由近脊沟与中齿脊分隔。反口面基腔为一小的凹窝，位于齿台靠前处，并由此向前后延伸出细的齿沟，齿沟两侧为一宽而平的假龙脊。

比较 此种的归属已在 *Pseudopolygnathus*? *abscarina* 的描述中讨论过，区别在于后者中齿脊中后部呈分离的瘤齿状。

产地层位 甘肃迭部益哇沟，密西西比亚系（下石炭统）洛洞克组。

翼状假多颚刺 Pseudopolygnathus pinnatus Voges，1959
（图版 61，图 5—17；图版 64，图 9—10）

1959 *Pseudopolygnathus pinnatus* Voges，pp. 302—304，pl. 34，figs. 59—66；pl. 35，figs. 1—6.

1980 *Pseudopolygnathus pinnatus*. —Lane et al.，pp. 136—137，pl. 9，figs. 2—9.

1987a *Pseudopolygnathus pinnatus*. —季强，264 页，图版 2，图 26，31.

1988 *Pseudopolygnathus triangulus pinnatus*. —董致中和季强，图版 2，图 9—11.

1989 *Pseudopolygnathus triangulus pinnatus*. —王成源和徐珊红，40 页，图版 3，图 10—13；图版 4，图 1—2，5.

1996 *Pseudopolygnathus triangulus pinnatus*. —朱伟元（见曾学鲁等），240 页，图版 40，图 4a—b.

2004 *Pseudopolygnathus pinnatus*. —田树刚和科恩，图版 2，图 29—32.

2005 *Pseudopolygnathus pinnatus*. —王平和王成源，367 页，图版 2，图 4；图版 3，图 14；图版 4，图 13—14.

特征 Pa 分子齿台三角形，两侧不对称，内侧齿台前侧向外伸展成叶状齿叶，反口面基腔中等大小，位于前齿片和齿台连接处。

描述 Pa 分子由前齿片和齿台组成。前齿片较长，约为齿台长的 1/2，由侧扁的细齿愈合而成。前齿片向后延伸至齿台，并沿齿台中心线形成中齿脊。中齿脊中前部脊状，由侧扁的细齿愈合而成，后部则为分离的瘤齿状，并伸达齿台末端，其两侧有近脊沟。齿台三角形，不对称，稍内弯，最前端最宽，向后强烈收缩变尖成三角状。两前侧缘都外伸，前外侧呈角状，前内侧向外伸展成叶状齿叶。齿台口面两侧横脊发育，由两侧缘向中齿脊放射状延伸，被近脊沟与中齿脊分开。反口面基腔中等大，菱形，向两侧张开，位于前齿片与齿台连接处，并由此向前后延伸成窄缝状齿槽，龙脊和前齿片反口脊脊状。

比较 此种以三角形齿台及内侧齿台齿叶状伸展的前侧角可与其他诸种相区别。

产地层位 云南施甸鱼硐、宁蒗和丽江，密西西比亚系（下石炭统）香山组；广西柳江龙殿山，密西西比亚系（下石炭统）隆安组；湖南江华，密西西比亚系（下石炭统）大圩组；甘肃迭部益哇沟，密西西比亚系（下石炭统）岩关阶顶部。

初始假多颚刺 Pseudopolygnathus primus Branson & Mehl，1934
（图版 61，图 1—4）

1934 *Pseudopolygnathus primus* Branson & Mehl，p. 298，pl. 24，figs. 24—25.

1934 *Pseudopolygnathus asymmetrica* Branson E.R.，p. 320，pl. 26，fig. 12.

1934 *Pseudopolygnathus corrugata* Branson E.R.，p. 317，pl. 26，fig. 23.

1934 *Pseudopolygnathus asymmetrica* Branson E.R.，pp. 317—318，pl. 26，fig. 21.

1934 *Pseudopolygnathus crenulata* Branson E.R.，p. 321，pl. 26，figs. 4—5，7—8.

1934 *Pseudopolygnathus distorta* Branson E.R.，pp. 318—319，pl. 26，figs. 16—17.

1934 *Pseudopolygnathus foliacea* Branson E.R.，p. 316，pl. 26，figs. 27—28.

1934 *Pseudopolygnathus inequicostata* Branson E.R.，p. 321，pl. 26，fig. 6.

1934 *Pseudopolygnathus irregularis* Branson E.R.，p. 316，pl. 26，figs. 25—26.

1934 *Pseudopolygnathus lobata* Branson E.R.，p. 322，pl. 26，figs. 1—2.

1934 *Pseudopolygnathus suleifera* Branson E.R.，p. 319，pl. 26，fig. 13.

non 1978 *Pseudopolygnathus primus* Branson & Mehl. —王成源和王志浩，79—80 页，图版 7，图 19—22.

1983 *Pseudopolygnathus irrugularis* Branson E.R.. —熊剑飞，332—333 页，图版 75，图 17.

1984 *Pseudopolygnathus primus* Branson & Mehl. —熊剑飞，图版 2，图 18.

non 1984 *Pseudopolygnathus primus*. —王成源和殷保安，图版 2，图 17.

1985 *Pseudopolygnathus primus*. —季强等（见侯鸿飞等），126—127 页，图版 37，图 19—22.

1989 *Pseudopolygnathus primus*. —Ji et al.，p. 93，pl. 23，figs. 9a—b.

特征　Pa 分子两侧不对称，齿台右侧比左侧更靠前，左侧前侧部突出呈角状。齿台口面两侧横脊发育，粗，一般不规则，并可与中齿脊相连。反口面基腔膨大，稍窄于齿台，稍不对称。

描述　Pa 分子由前齿片和齿台组成。前齿片较长，稍短于齿台，由一列侧扁细齿愈合而成。细齿顶端分离，近中部较高。前齿片向后延伸至齿台，沿齿台中线形成中齿脊。中齿脊直，由细齿愈合而成，并伸达或超越齿台后缘。齿台近三角形，两侧不对称，前部宽，向后明显收缩变尖。齿台右侧比左侧更靠前，左侧前部突出呈角状。齿台口面两侧横脊发育，横脊粗，一般不规则，并可与中齿脊相连。反口面基腔膨大，稍窄于齿台，稍不对称，并向前后延伸成齿槽。

比较　此种与 *Pseudopolygnathus triangularis* 最为相似，但后者侧齿台左右侧几乎在同一位置，左侧前侧缘尚未形成角状构造，而前者齿台右侧比左侧更靠前，左侧前侧部突出，呈明显的角状。

产地层位　贵州长顺睦化，密西西比亚系（下石炭统）王佑组。

后瘤齿假多颚刺　*Pseudopolygnathus postinodosus* Rhodes，Austin & Druce，1969
（图版 61，图 18—19）

1969 *Pseudopolygnathus postinodosus* Rhodes，Austin & Druce，pp. 213—214，pl. 6，figs. 6a—c.

1988 *Pseudopolygnathus postinodosus*. —Wang & Yin in Yu，p. 134，pl. 28，figs. 1—6.

1989 *Pseudopolygnathus postinodosus*. —Ji et al.，p. 93，pl. 22，figs. 7a—b.

特征　中齿脊向后延伸呈齿突状，并发育几个较大的细齿。

描述　齿台为矛形，前端为最宽，两侧前缘宽圆，向后明显收缩变窄，并发育少量不明显的瘤齿。齿台中央中齿脊脊状，向后延伸呈齿突状，并发育几个较大的细齿。前齿片较长，几乎与齿台等长，由几个侧扁的细齿组成，中间的细齿最高大。反口基腔前后拉长，并发育加厚的齿唇。

比较　此种以中齿脊向后延伸呈长齿突状，可与其他种相区别。

产地层位　贵州、广西等地，石炭系底部。

美丽假多颚刺　*Pseudopolygnathus scitulus* Ji，Xiong & Wu，1985
（图版 62，图 1—6）

1984 *Pseudopolygnathus* cf. *dentilineatus* Branson. —王成源和殷保安，图版 2，图 25a—b.

1985 *Pseudopolygnathus scitulus* Ji，Xiong & Wu. —季强等（见侯鸿飞等），127—128 页，图版 37，图 1—6.

特征　Pa 分子齿台两侧对称或近对称，口面横脊纹饰发育，反口面基腔大，后部反转成假龙脊。

描述　Pa 分子由前齿片和齿台组成。前齿片较短而直或稍弯，约为齿台长的 1/3，由几个侧扁的细齿愈合而成。细齿近等高，中部稍大，顶端分离。前齿片向后延伸至齿台，并在齿台沿中线形成中齿脊。中齿脊直或稍内弯，由细瘤齿愈合而成，两侧近脊沟明显，但窄而浅。齿台矛形，大致对称，稍内弯，较长，约为宽度的 2 倍。齿台前端最宽，在前部和中部向后收缩变窄不明显，所以中前部两侧边缘近平行，但在后 1/3 部分齿台迅速收缩变窄、变尖。齿台口面两侧具短横脊纹饰，向中心延伸但不达中齿脊。反口面基腔大，并向前后延伸成齿槽，且后方还反转发育成假龙脊。

比较　季强等（1995）在建立此种时指出，此种以其大致两侧对称和反口面基腔后部反转形成假龙脊，可与同属其他种相区别。此种的反口面与 *Siphonodella sulcata* 很相似，但后者齿台前部收缩形成原始的吻部。

产地层位　贵州长顺睦化，密西西比亚系（下石炭统）王佑组。

简单假多颚刺　*Pseudopolygnathus simplex* Ji，1987
（图版 62，图 7—8）

1987a *Pseudopolygnathus simplex* Ji. —季强，264 页，图版 2，图 28—29；插图 23.

特征　Pa 分子前齿片长，约与齿台等长。齿台不对称，内侧齿台较大，口面光滑或有颗粒状纹饰。反口面基腔大，菱形，位于前齿片与齿台连接处。

描述　Pa 分子由前齿片和齿台组成。前齿片长而直，约与齿台等长，由 8 个顶尖分离的细齿愈合而成，靠前端的 2~3 个细齿最高大，其余细齿高度和大小相近。齿台为菱形，近中部最宽，向前后明显变窄，口面光滑或有小颗粒状纹饰。外侧齿台较窄小，侧缘微凸；内侧齿台较大，侧缘略凹，前侧则明显外突。中齿脊高而直，但不达齿台末端，由 10 个顶尖钝圆的细齿组成。反口面基腔大，菱形，腔唇向两侧强烈外张，占据齿台前半部的反口面，基腔后龙脊高、锐利。

比较　这是季强（1987a）建立的新种，它与 *Spathognathodus* 分子很相似，但前者已发育真正的齿台。

产地层位　湖南江华，密西西比亚系（下石炭统）大圩组。

三角形假多颚刺　*Pseudopolygnathus triangulus* Voges，1959

1959 *Pseudopolygnathus triangulus* Voges，p. 301.

特征 Pa分子齿台稍不对称,三角形至亚三角形,微拱曲和内弯,口面横脊发育。反口面基腔小,卵圆形。根据齿台两侧前缘和基腔形态可分为3个亚种,现分别描述如下。

三角形假多颚刺湖北亚种 *Pseudopolygnathus triangulus hubeiensis* Ni,1984
（图版62,图9—10）

1984 *Pseudopolygnathus triangulus hubeiensis* Ni. —倪世钊,290页,图版44,图8.

特征 Pa分子齿台为长的卵圆形,锯齿状边缘向上翘起,齿脊向后略伸出齿台后缘。

描述 Pa分子由前后齿片和齿台组成。前齿片比齿台短,由侧扁的细齿愈合而成,向后延伸至齿台,并在齿台口面中央形成中齿脊,其两侧近脊沟深。中齿脊向后延伸,略超出齿台后缘,形成很短的后齿片。齿台为长的卵圆形,边缘两侧发育短脊或瘤齿,短脊垂直中齿脊,形成向上翘起的锯齿状边缘。基腔大而深,较强烈外张。龙脊高,并向前后端延伸。

比较 此亚种与*Pseudopolygnathus triangulus triangulus*的区别在于前者齿台为长卵圆形,具向上翘起的锯齿状边缘。

产地层位 湖北长阳县桃山淋湘溪,密西西比亚系（下石炭统）长阳组。

三角形假多颚刺不等亚种 *Pseudopolygnathus triangulus inaequalis* Voges,1959
（图版62,图11—20）

1959 *Pseudopolygnathus triangulus inaequalis* Voges,p. 302,pl. 34,figs. 51—58.

1984 *Pseudopolygnathus primus* Branson & Mehl. —王成源和殷保安,图版2,图20—22.

1985 *Pseudopolygnathus triangulus inaequalis*. —季强等（见侯鸿飞等）,128页,图版38,图1—10.

1989 *Pseudopolygnathus triangulus inaequalis*. —Ji et al.,p. 94,pl. 23,figs. 7a—8.

特征 Pa分子近三角状齿台两侧稍不对称,齿台右侧前缘较浑圆,左侧前缘稍向外突伸但未形成角状,口面横脊发育。反口面基腔中等大,龙脊高而窄。

描述 Pa分子由前齿片和齿台组成。前齿片较长,稍短于齿台,由一列侧扁的细齿愈合而成。细齿大致等高或中部较高,其顶端分离。前齿片向后延伸至齿台,并沿齿台中线形成中齿脊。中齿脊较直,前部较高,向后变低,伸达齿台末端,由侧扁细齿愈合而成,其两侧有较明显的近脊沟。齿台近三角形,两侧稍不对称,前部较宽,向后收缩,但中前部收缩较慢,后部则迅速收缩变尖。齿台前缘两侧起始位置大致相同,但右侧前缘较浑圆,左侧前缘稍突伸但未形成角状,口面横脊发育,由边缘向中齿脊延伸,部分横脊能与中齿脊相连。反口面基腔较大,向两侧膨大为唇状,并由此向前后延伸成窄而高的龙脊及龙脊上的窄缝状齿槽。

比较 此亚种与*Pseudopolygnathus triangulus triangulus*的区别在于后者齿台已成三角形,齿台左侧前缘向外突伸成角状,反口面基腔小。此亚种与*P. primus*的区别在于后者齿台更不对称,口面为粗瘤纹饰,左侧前部突伸成叶状,反口面基腔更大。

产地层位 贵州长顺睦化,密西西比亚系（下石炭统）王佑组。

三角形假多颚刺三角形亚种 *Pseudopolygnathus triangulus triangulus* Voges,1959
（图版62,图21—27;图版64,图3—6）

1959 *Pseudopolygnathus triangulus triangulus* Voges,pl. 35,figs. 7—18.

1966 *Pseudopolygnathus triangulus triangulus*. —Klapper，p. 13，pl. 1，figs. 15—22.

1974 *Pseudopolygnathus triangulus triangulus*. —Gedik，p. 24，pl. 6，figs. 3，9.

1984 *Pseudopolygnathus triangulus triangulus*. —王成源和殷保安，图版 2，图 9.

1985 *Pseudopolygnathus triangulus triangulus*. —季强等（见侯鸿飞等），129 页，图版 38，图 12—15.

1988 *Pseudopolygnathus triangulus triangulus*. —董致中和季强，图版 2，图 1—2.

1989 *Pseudopolygnathus triangulus triangulus*. —王成源和徐珊红，40 页，图版 3，图 1—2；图版 4，图 3—4.

1989 *Pseudopolygnathus triangulus triangulus*. —Ji et al.，p. 94，pl. 23，figs. 3—5b.

?1996 *Pseudopolygnathus triangulus cardiophyllus* Zhu. —朱伟元（见曾学鲁等），240 页，图版 44，图 15.

1996 *Pseudopolygnathus triangulus triangulus*. —朱伟元（见曾学鲁等），241 页，图版 39，图 4a—b；图版 40，图 4a—b.

特征　Pa 分子此亚种与 *Pseudopolygnathus triangulus inaequalis* 相类似，但前者齿台三角形，内侧前缘突伸成角状，反口面基腔小。

描述　Pa 分子由前齿片和齿台组成。前齿片较短，稍短于齿台长的 1/2，由一列侧扁的细齿愈合而成。细齿在中前部较高，其顶端分离。前齿片向后延伸至齿台，并沿齿台中线形成中齿脊。中齿脊较直或稍侧弯，前部较高，向后变低，伸达齿台末端，由侧扁细齿愈合而成，其两侧有较浅的近脊沟。齿台为三角形，两侧稍不对称，前部较宽，向后收缩变尖。齿台前缘两侧起始位置大致相同，但右侧前缘较浑圆，左侧前缘稍突伸形成明显的角状，口面横脊发育，由两侧向中齿脊呈放射状延伸，并可与中齿脊相连。反口面基腔小，卵圆形，龙脊窄而高并具窄缝状齿槽。

比较　此亚种与 *Pseudopolygnathus triangulus inaequalis* 的区别在于后者齿台为近三角状，两侧稍不对称，齿台右侧前缘较浑圆，左侧前缘稍向外突伸但未形成角状，基腔明显较大。朱伟元（1996，见曾学鲁等，图版 44，图 15）在建立新亚种 *P. triangulus cardiophyllus* 时，仅见一破碎的标本，齿台左上角缺失，其齿台剩余部分的形态特征与 *Pseudopolygnathus triangulus triangulus* 较为相似，本书把其列入此亚种。建立新种应有一定数量的标本，至少要有一个完整的标本。

产地层位　贵州长顺睦化，密西西比亚系（下石炭统）王佑组和睦化组；云南宁蒗、丽江地区，密西西比亚系（下石炭统）尖山营组；甘肃迭部益哇沟，密西西比亚系（下石炭统）石门塘组。

云南假多颚刺　*Pseudopolygnathus yunnanensis* Dong & Ji，1988
（图版 65，图 1—5）

1988 *Pseudopolygnathus yunnanensis* Dong et Ji. —董致中和季强，45—46 页，图版 2，图 12—16.

特征　Pa 分子前齿片最后一个细齿最粗壮高大，并向外侧歪斜，但齿台两侧对称，口面两侧发育横脊，反口面基腔大而深，位于齿台中部。

描述　Pa 分子由前齿片和齿台组成。前齿片较短，由 5~7 个顶尖分离的细齿组成，其高度由前向后逐渐增加，最后端的细齿最高大粗壮，并通常向外侧歪斜。前齿片向后延伸至齿台，在齿台中央形成中齿脊，并向后延伸可超出齿台后边缘形成一短的后齿片。齿脊窄而直，由一列瘤齿组成，在中部的几个瘤齿则较大和较分离。齿台呈矛形或椭圆形，两侧对称，口面两侧发育横脊，并由两侧缘向中齿脊延伸，伸达或几乎伸达中齿脊。反口面基腔大而深，卵圆形，位于齿台中部，向后翻转形成宽平的假龙脊。

比较 此种以颇具特征的前齿片可区别于其他已知种。

产地层位 云南宁蒗、丽江地区，密西西比亚系（下石炭统）尖山营组。

裂颚刺属 *Rhachistognathus* Dunn，1966

模式种 *Rhachistognathus prima* Dunn，1966

特征 器官组成不详，可能是六分子或七分子组成。Pa 分子自由前齿片侧扁，长，与齿台中间或侧方相连，矛状齿台发育两侧齿垣或瘤齿和不连续的中齿脊，瘤齿和齿垣常向外放射状生长。

分布与时代 北美、欧洲、亚洲和澳大利亚；石炭纪。

微小裂颚刺微小亚种 *Rhachistognathus minutus minutus*（Higgins & Bouckaert，1968）
（图版 65，图 17—20）

1968 *Idiognathoides minuta* Higgins & Bouckaert，p. 40，pl. 6，figs. 7—12.

1985 *Rhachistognathus minutus minutus*（Higgins & Bouckaert）.—Baesesmann & Lane，p. 111，pl. 2，figs. 7，10—11；pl. 3，figs. 1—12.

2016 *Rhachistognathus minutus minutus*.—胡科毅，155—156 页，图版 7，图 16—17.

描述 此亚种仅有左型分子，Pa 分子由齿台和前齿片组成。前齿片长，可达齿台长度之两倍，由一系列细齿愈合而成，并向后延伸，与齿台外侧齿垣相连，或稍偏内与齿台相连。齿台矛形，窄，发育两侧齿垣、齿沟和后部的瘤齿列，末端尖。两侧齿垣由扁平、尖锐和间距较宽的瘤齿组成。齿沟位于齿台中央，向后延伸至齿台末端，并在其末端发育 1~2 个纵向排列的瘤齿。侧视时刺体略弯曲，最高处位于刺体近中部。基腔深，窄而长，近对称，向前后延伸长，最深处位于齿片和齿台相交处。

比较 此种齿台短，由扁平的瘤齿组成的两侧齿垣平行，中齿沟长而深，末端发育一列瘤齿，可与其他种相区别。

产地层位 贵州罗甸纳庆，宾夕法尼亚亚系巴什基尔阶下部。

尖刺裂颚刺 *Rhachistognathus muricatus*（Dunn，1965）
（图版 65，图 6—9）

1965 *Cavusgnathus muricatus* Dunn，p. 1147，pl. 140，figs. 1，4.

1974 *Rhachistognathus muricatus*（Dunn）.—Lane & Straka，pp. 97—98，Fig. 35：16—17，24，30—31.

1989 *Rhachistognathus muricatus*.—Zhao et al.，Fig. 2：15—16.

2000 *Rhachistognathus muricatus*.—赵治信等，249 页，图版 62，图 25，31.

特征 Pa 分子前齿片常与齿台左侧相连，齿台两侧发育相互近平行的齿垣。齿垣由近圆形或椭圆形瘤齿组成，齿垣间为一缝隙状细沟并可伸至齿台后端。

描述 Pa 分子由前齿片和齿台组成。前齿片长而直，由侧扁的细齿愈合而成。前后细齿近等高，顶端分离。前齿片向后延伸，常与齿台左侧相连。齿台窄长，矛形，末端较尖，两侧发育相互近平行、近等长或一长一短的齿垣。齿垣由近圆形或椭圆形瘤齿组成，齿垣间为一缝隙状齿沟，并可伸至齿台后端。齿台反口面为一中空的基腔，近中部向两侧明显膨大，向前后收缩变窄，并延伸至前齿片反口缘形成窄长的齿槽。

比较　此种与 *Rhachistognathus primus* 较为相似，主要区别在于后者齿台后部中齿沟中有瘤齿状中齿脊。

产地层位　新疆中天山尼勒克县阿恰勒河，密西西比亚系（下石炭统）也列莫顿组。

伸展裂颚刺　*Rhachistognathus prolixus* Baeseman & Lane，1985

（图版 65，图 10—16）

1985 *Rhachistognathus prolixus* Baeseman & Lane，pp. 15—17，pl. 2，fig. 2；pl. 5，figs. 3—7.

1987b *Rhachistognathus prolixus*.—Wang et al.，pl. 3，fig. 9.

1989 *Rhachistognathus prolixus*.—Wang & Higgins，p. 286，pl. 1，figs. 4—5.

2003a *Rhachistognathus prolixus*.—Wang & Qi，pl. 2，figs. 1—2.

2016 *Rhachistognathus prolixus*.—胡科毅，156—157，265—266 页，图版 7，图 1—5.

特征　侧扁的前齿片长，与齿台中央中齿脊相连，齿台小而光滑，仅一侧中央有一个瘤齿。

描述　Pa 分子由前齿片和齿台组成。前齿片长而直或侧弯，其长度与齿台等长或更长，由近等大、侧扁的细齿愈合而成，细齿顶端分离。前齿片向后延伸至齿台，在齿台中央形成中齿脊，中齿脊由分离的瘤齿组成或由瘤齿愈合成脊，并延伸至齿台末端。齿台小而窄，矛形，中部稍宽，向前后收缩变窄，末端尖。齿台口面齿杯型，中部最高，向两侧倾斜变低。除一侧面中间有一瘤齿外，一般光滑无饰。反口面为一中空基腔，前部最宽，向后收缩变窄。

比较　此种前齿片长，齿台小，较窄长，且仅一侧口面有一个瘤齿，其特征明显，易于与其他种相区别。

产地层位　贵州罗甸纳庆，宾夕法尼亚亚系（上石炭统）罗苏阶底部 *Declinognathodus nodulirerus* 带。

窄颚刺属　*Spathognathodus* Branson & Mehl，1941

模式种　*Spathodus primus* Branson & Mehl，1933

特征　刺体由一齿片组成，口面发育一列细齿而无明显主齿，基腔向侧方膨大，有时在膨大部分的口面有瘤齿或细齿。

说明　这是一个形式属，以前归入此属的许多种现已分别归入不同的器官属种，如 *Neospathodus* 和 *Ozarkodina* 等。本书对那些无法归入器官属种的 spathognathodiform 分子仍作 *Spathognathodus* 来描述。

分布与时代　欧洲、北美、亚洲和大洋洲的澳大利亚；志留纪至密西西比亚纪（早石炭世）。

尖齿窄颚刺　*Spathognathodus aciedentatus*（Branson E.R.，1934）

（图版 66，图 29—30）

1934 *Spathognathodus aciedentatus* Branson E.R.，p. 306，pl. 27，figs. 21，23.

1949 *Spathognathodus aciedentatus*. —Thomal，pl. 4，fig. 7.

1979 *Spathognathodus aciedentatus*. —Nicoll & Druce，pp. 30—31，pl. 20，figs. 3—9，pl. 21，figs. 1—6.

2000 *Spathognathodus aciedentatus*. —赵治信等，249—250 页，图版 60，图 1，6.

特征　基腔浅，基腔前齿片高，常由 3~5 个细齿组成，其中有 1~3 个细齿最大，基腔上方的细齿明显低于其前方细齿，并由此向后逐渐减小变低。细齿排列紧密，稍后倾，仅顶端分离。

描述　刺体齿片状，前齿片高，常由 3~5 个细齿组成，其中有 1~3 个细齿最大，位于基腔之前，其大细齿前后几个细齿小。基腔上方细齿明显变低，与前齿片之间形成一明显缺口。基腔上方细齿大小相似，排列紧密，仅顶端分离，稍后倾，并由前向后逐渐减小变低。基腔浅而窄，前部稍宽，向后延伸变窄，但不达后端。

比较　此种与 *Spathognathodus stabilis* 最为相似，但前者基腔小而浅，不达刺体后端，前者细齿在前齿片后基腔开始处上方明显变低，形成一明显高差，而后者细齿则由前向后逐步变低变小。

产地层位　新疆塔里木盆地及周缘，密西西比亚系（下石炭统）巴楚组。

堪宁窄颚刺　*Spathognathodus canningensis* Nicoll & Druce，1979
（图版 66，图 1—2）

1979 *Spathognathodus canningensis* Nicoll & Druce，p. 31，pl. 22，figs. 1—5.

1987 *Spathognathodus canningensis*. —董振常，84 页，图版 9，图 17.

2000 *Spathognathodus canningensis*. —赵治信等，250 页，图版 58，图 23；图版 61，图 35.

特征　齿片状刺体长而直，底缘平直，前齿片具 2 个较长大的细齿，基腔位于后部。

描述　齿片状刺体长而直，较低，前端浑圆，底缘平直，除前齿片具 2 个较长大的细齿外，其余细齿都较短而低。细齿大部愈合，仅顶端分离，并由前向后逐渐变低。基腔位于后部，呈椭圆形，前端宽圆，向后变窄，腔唇发育。

比较　此种与 *Spathognathodus planiconvexus* 较为相似，但后齿片一侧平坦而另一侧外凸。

产地层位　湖南祁阳苏家坪，密西西比亚系（下石炭统）桂阳组；新疆塔里木盆地井下，密西西比亚系（下石炭统）巴楚组。

厚齿窄颚刺　*Spathognathodus crassidentatus*（Branson & Mehl，1934）
（图版 66，图 3—6，9—11）

1934 *Spathodus crassidentatus* Branson & Mehl，p. 276，pl. 22，fig. 17（only）.

1966 *Spathognathodus crassidentatus*（Branson & Mehl）.—Klapper，p. 23，pl. 5，figs. 15—17.

1984 *Spathognathodus aciedentatus*. —倪世钊，291—292 页，图版 44，图 5.

1984 *Spathognathodus crassidentatus*. —倪世钊，292 页，图版 44，图 1.

1985 *Spathognathodus crassidentatus*. —季强等（见侯鸿飞等），143 页，图版 40，图 14.

1996 *Spathognathodus crassidentatus*. —李罗照，64—65 页，图版 23，图 8—13，19—20.

2014 *Spathognathodus crassidentatus*. —Qie et al.，fig. 4.1.

2016 *Spathognathodus crassidentatus*. —Qie et al.，fig. 7.5.

特征　齿片型刺体，齿片最前部有 2~3 个大而高的细齿。

· 177 ·

描述 刺体齿片由一列细齿愈合而成，仅顶端分离，直或稍弯和拱曲，口缘和反口缘侧视均呈弧形。齿片前部高，为 3 个大的细齿组成，近直立，其后细齿都较小，并与大细齿之间形成一明显高差。由此向后，在齿片中部，细齿大小相似，其高度大致相当，在齿片后部细齿又逐渐变低。反口面基腔呈心形，位于齿片中部。

比较 此种与 *Bispathodus stabilis* 的区别在于前者齿片最前部有 2~3 个大而高的细齿。

产地层位 贵州长顺睦化，密西西比亚系（下石炭统）王佑组。

羽状窄颚刺 *Spathognathodus pennatus* Ji，1987
（图版 66，图 7—8）

1987a *Spathognathodus pennatus* Ji. —季强，269 页，图版 6，图 15—16；插图 28.

特征 齿片最前端的一个细齿最高大，呈羽状，并与紧跟在后的细齿高差特别大，呈一明显缺刻。反口面基腔大而浅，位于刺体中后部，不对称，外侧腔唇显著外张，内侧膨大不明显。

描述 刺体齿片状，侧扁，微微拱曲，并稍内弯，由 9 个齿尖分离且粗壮的细齿组成；侧视时，齿片口缘和反口缘均微微向上拱。最前端的一个细齿最高大，呈羽状，并与紧跟在后的细齿高差特别大，呈一明显缺刻。反口面基腔大而浅，位于刺体中后部，但不达后端。基腔不对称，外侧腔唇显著外张，口视时，中部明显外突成齿台状；内侧膨大不明显，口视时较平直。齿片的前后反口脊锐利，并发育细窄的齿槽。

比较 此新种由季强（1987a）建立，它的特征明显，即齿片第一个细齿特别高，与后面的细齿高差十分显著，基腔强烈不对称，可与其他诸种区分开。

产地层位 湖南江华，上泥盆统—密西西比亚系（下石炭统）孟公坳组。

平凸型窄颚刺 *Spathognathodus planiconvexus* Wang & Ziegler，1982
（图版 66，图 12—18）

1982 *Spathognathodus planiconvexus* Wang & Ziegler，pp. 155—156，pl. 1，figs. 26—29.

1984 *Spathognathodus planiconvexus*. —王成源和殷保安，图版 3，图 24.

1985 *Spathognathodus planiconvexus*. —季强等（见侯鸿飞等），144 页，图版 40，图 8—10.

1987 *Spathognathodus planiconvexus*. —董振常，83 页，图版 9，图 9—12.

1988 *Spathognathodus planiconvexus*. —Wang & Yin in Yu，p. 145，pl. 32，figs. 1—4.

特征 基腔位于齿片之中部，不对称，细齿内侧面平，外侧则弧状外凸。

描述 刺体齿片状，由一系列细齿愈合而成，但细齿尖端较分离，前部细齿较高，中部基腔上方细齿高度大致相当，但要比前部细齿低，后端细齿则迅速变低。细齿内侧面平，外侧则弧状外凸。基腔位于齿片中部下方，向外明显膨大，但不对称。

比较 此种以基腔位于齿片中部、不对称、细齿内侧面平、外侧则弧状外凸等特征区别于其他已知种。

产地层位 广面桂林、贵州惠水和湖南新邵等地，密西西比亚系（下石炭统）南边村组、王佑组和梓门桥组。

枭窄颚刺 *Spathognathodus strigosus*（Branson & Mehl，1934）
（图版 66，图 19—22）

1934 *Spathodus strigosus* Branson & Mehl，p. 187，pl. 17，fig. 17.

1978 *Spathognathodus strigosus*（Branson & Mehl）．—王成源和王志浩，85 页，图版 4，图 8—11.

1987 *Spathognathodus strigosus*. —董振常，83 页，图版 9，图 18.

特征　齿片薄而高，基腔窄而小，底缘前部直而后部拱曲。

描述　刺体齿片状，薄而高，由较多的细齿愈合而成，细齿细长侧扁，中下部愈合而顶部分离，中前部最高，后部稍短。前齿片底缘直，后齿片底缘向上拱曲。基腔窄而小，位于齿片中后部下方。

比较　此种与 *Spathognathodus canningensis* 的区别在于后者齿片直而长，较低，反口缘直而不向上拱曲。

产地层位　贵州惠水和湖南新邵县，上泥盆统和密西西比亚系（下石炭统）的代化组和邵东组。

高位窄颚刺　*Spathognathodus supremus* Ziegler，1962

（图版 66，图 23—24）

1962 *Spathognathodus supremus* Ziegler，p. 114，pl. 13，figs. 20—26.

1987 *Spathognathodus supremus*. —Wolska，p. 429，pl. 18，figs. 7—8.

1983 *Spathognathodus supremus*. —熊剑飞，336 页，图版 73，图 4.

特征　刺体齿片状，直，前后齿片近等高。前齿片长，后齿片极短，基腔位于刺体后端，向两侧膨大。

描述　刺体为齿片状，由前后齿片组成。前齿片长而直，由较密集的细齿愈合而成，细齿前后近等高，最前端的几个细齿稍高些，细齿顶端分离。后齿片极短，近末端几个细齿稍大，向后倾，后缘则急剧变低。基腔大，向两侧明显膨大，位于刺体之后部。

比较　此种以刺体齿片前后近等高、前齿片长、后齿片短及基腔位于刺体后端等特征区别于其他已知种。

产地层位　贵州望谟桑朗、惠水王佑，密西西比亚系（下石炭统）。

带形"窄颚刺"　"*Spathognathodus*" *taeniatus* Ni，1984

（图版 66，图 25）

1984 "*Spathognathodus*" *taeniatus* Ni. —倪世钊，292 页，图版 44，图 12.

特征　齿片长而薄，齿片前后方向上翘起，细齿大小、粗细近相等，基腔扩展不大。

描述　齿片长而薄，基腔之前齿片向上翘起约 40°，基腔之后部分向上翘起约 30°，基腔上方部分则较平直，其高度由前向后逐渐变低。齿片口方发育约 30 个彼此分离而直立的扁状细齿，除齿片弯曲处的细齿较小和最前面 4-5 个细齿略粗大外，一般都近等大。齿片之上缘角凸出，圆滑，前部较明显。基腔前宽后窄，微张开，略宽于齿片。

比较　此种以齿片前后方向上翘起，细齿大小、粗细近相等，基腔扩展不大区别于其他已知种。

产地层位　湖北松滋锈水沟，密西西比亚系（下石炭统）金陵组。

大腔窄颚刺?　*Spathognathodus*? *valdecavatus*（Gedik，1969）

（图版 67，图 1—5）

1969 *Pinacognathus valdecavatus* Gedik，p. 235，pl. 1，figs. 5—10.

· 179 ·

1974 *Pinacognathus valdecavatus*. —Gedik, p. 17, pl. 1, figs. 5—10.

1985 *Spathognathodus valdecavatus*. —季强等（见侯鸿飞等），145 页，图版 40，图 16—20.

特征 刺体齿片短而高，齿杯向两侧膨大，口面有与齿脊垂直的横脊。

描述 刺体为齿片状，齿片短而高，底缘较直，口缘呈弧形，由一列大部愈合而顶端分离的细齿组成。细齿稍后倾，前部稍高，后端则明显向后变低，主齿不明显。基腔向两侧明显膨大，位于齿片中部偏后处，其两侧口面各发育一与齿脊垂直的横脊。

注 此种膨大的基腔口面（或称齿杯口面）发育与中齿脊垂直的横脊，这一特征与 *Spathognathodus* 的属征不完全相符，因此本书仅将其有疑问地归入此属。

产地层位 贵州长顺睦化，上泥盆统代化组密西西比亚系（下石炭统）王佑组。

王佑窄颚刺 *Spathognathodus wangyuensis* Wang & Wang，1978
（图版 66，图 26—28）

1978 *Spathognathodus wangyuensis* Wang & Wang. —王成源和王志浩，85 页，图版 4，图 12—14.

特征 刺体长，口缘拱曲，细齿近等大，无主齿，后齿片底缘拱曲，基腔窄。

描述 刺体长而直，向内侧稍弯。前齿片与后齿片近等长，但稍高，由一列细齿愈合而成。细齿大部愈合，仅顶端分离；细齿近等大，但其中部细稍高，无主齿，形成拱曲之口缘。前齿片底缘直而锐利。后齿片较低，其细齿稍短，分离，锯齿状，大小相似，口缘为弧状，其底缘则向上拱曲。基腔窄，细槽状，向后延伸至末端。

比较 此种无高的前齿片和主齿，基腔窄，后齿片底缘上拱，可与其他已知种相区别。

产地层位 贵州长顺代化，密西西比亚系（下石炭统）王佑组。

福格尔颚刺属 *Vogelgnathus* Norby & Rexroad，1985

模式种 *Spahognathodus campbelli* Rexroad，1957

特征 器官属由 Pa、Pb、M 和 S 分子组成。Pa 分子为 spathognathodiform 型，基腔位于刺体中后部；Pb 分子为 ozarkodiniform 型，其齿突短；M 分子为 synprioniodiniform 型；Sa 分子为 diplododellan 型，具两个短的侧齿突；Sb 分子为 angulodontan 型；Sc 分子为 hindeodellan 型；Sd 分子尚未识别。

分布与时代 欧洲、北美与亚洲；石炭纪。

坎佩尔福格尔颚刺 *Vogelgnathus campbelli*（Rexroad，1957）
（图版 67，图 6—14）

1957 *Spahognathodus campbelli* Rexroad, p. 37, pl. 3, figs. 13—15.

1985 *Vogelgnathus campbelli*（Rexroad）. —Norby & Rexroad, pp. 3—11, pl. 1, figs. 1—2; pl. 2, figs. 3—10; pl. 3, figs. 6, 8, 11—12.

1992 *Vogelgnathus campbelli*. —van den Boogaad, pl. 1, figs. a—e; pl. 2, fig. c; pl. 3, figs. a—d.

2005 *Vogelgnathus campbelli*. —Nemyrovska, p. 46, pl. 1, figs. 1—2, 4—5, 9.

2008 *Vogelgnathus campbelli*. —祁玉平，84—85 页，图版 1，图 1—12.

特征 Pa 分子齿片状刺体较长，最高点位于近中部，由一系列近等长和侧扁的细齿愈合组成。细齿前后紧密排列，近直立或稍后倾，顶端分离。主齿比其他细齿稍大，一般位于刺体靠后处。齿片下方有一平行于反口缘的肋脊线。基腔位于中后部。

描述 仅见 Pa 分子，Pa 分子为 spathognathodiform 型。齿片长，近中部最高，由一系列近等高和侧扁的细齿愈合而成。细齿前后紧密排列，近直立或稍后倾，顶端分离。主齿不明显或比其他细齿稍大，一般位于刺体靠后处，稍向后倾。主齿之前的前齿片长，细齿较大、等高，近直立；主齿之后的后齿片很短，细齿也由主齿向后明显变低。齿片下方有一平行于反口缘的肋脊线，反口缘较平直。基腔稍向两侧膨大，位于刺体中后部，占齿片长的 1/3~1/2，并伸达齿片末端。

比较 此种与 *Vogelgnathus postcampbelli* 十分相似，区别在于后者 Pa 分子后齿片细齿很小，其高度明显低于前齿片，具较明显的主齿。此种与 *V. palentinus* 有些相似，区别在于后者 Pa 分子前齿片较长，并有弯曲的后部，较拱起的上缘和较长、较窄的基腔。

产地层位 贵州罗甸纳庆，密西西比亚系（下石炭统）谢尔普霍夫阶。

古铃福格尔颚刺 *Vogelgnathus palentinus* Nemyrovska，2005
（图版 68，图 7—12）

2005 *Vogelgnathus palentinus* Nemyrovska，pp. 48—49，pl. 2，figs. 10—11；pl. 3，figs. 5—6.
2008 *Vogelgnathus palentinus*. —祁玉平，85 页，图版 3，图 1—8.

特征 Pa 分子齿片前部直而长，高，细齿大而少，后部较拱曲。基腔上方至齿片后端的齿片和细齿低，较愈合，主齿不明显。基腔长，可占刺体长度的 1/2~2/3。

描述 仅见 Pa 分子，Pa 分子为 spathognathodiform 型。齿片前部长而高，由几个较大、近等高和侧扁的细齿愈合而成，其中前部为齿片的最高处。齿片后部较拱曲，基腔上方至齿片后端的齿片和细齿由前向后变低，细齿也更愈合，侧视时口缘较圆滑，主齿不明显。反口缘较平直。基腔向两侧稍膨大，较窄长，占据了齿片长度的 1/2~2/3，并伸达齿片末端。

比较 此种 Pa 分子齿片前部长而高，细齿大而少，后部细齿低而更愈合，无明显主齿，可与其他已知种相区别。

产地层位 贵州罗甸纳庆，密西西比亚系（下石炭统）谢尔普霍夫阶。

后坎佩尔福格尔颚刺 *Vogelgnathus postcampbelli*（Austin & Husr，1974）
（图版 67，图 15—16；图版 68，图 1—6）

1974 *Spahognathodus postcampbelli* Austin & Husr，p. 57，pl. 5，figs. 1，3—4.
1992 *Vogelgnathus postcampbelli*（Austin & Husr）. —Purnell & von Bitter，p. 327，figs. 13：1—4.
2005 *Vogelgnathus postcampbelli*. —Nemyrovska，p. 49，pl. 1，figs. 3，7，10.
2008 *Vogelgnathus postcampbelli*. —祁玉平，85—86 页，图版 2，图 1—12.

特征 Pa 分子前齿片较长、高，主齿大而明显，后齿片很短，细齿细，由主齿向后急剧变低，呈一陡坡。

描述 仅见 Pa 分子。Pa 分子前齿长而高，直，由较多的细齿紧密愈合而成。细齿大小和高度前后基本一致，其顶端分离。后齿片很短，细齿细，由主齿向后急剧变低，呈一陡坡。主齿大而明显，位于齿片靠后处。齿片侧面下方有一线脊平行于反口缘，在前齿片侧面更明显，反口缘较直或稍拱。反口面基腔较窄长，在中部靠后处较膨大，并向前后延伸变窄，其长度约为齿片的 2/3。

比较 此种与 *Vogelgnathus campbelli* 十分相似，区别在于前者 Pa 分子后齿片很低，细齿小，主齿大而明显，前齿片较长。

产地层位 贵州罗甸纳庆，密西西比亚系（下石炭统）谢尔普霍夫阶。

锯片刺目 **PRIONIODINIDA Sweet，1988**

棒颚刺科 BACTROGNATHIDAE Lindström，1970
道力颚刺属 *Doliognathus* Branson & Mehl，1941

模式种 *Doliognathus latus* Branson & Mehl，1941

特征 Pa 分子齿台（或称齿突）长，前后两端尖，具一纵向延伸至整个齿台的齿脊。齿脊中前部直，后端稍内弯，并在弯曲处外侧发育一具侧齿脊的侧齿突。口面光滑或具瘤齿和横脊。齿台和侧齿台反口面中央龙脊状，在主轴与侧齿突龙脊相交处具一明显的基腔。

分布与时代 北美、欧洲和亚洲；密西西比亚纪（早石炭世）。

宽道力颚刺 *Doliognathus latus* Branson & Mehl，1941
（图版 69，图 1—5）

1941 *Doliognathus excavata* Branson & Mehl，p. 101，pl. 19，figs. 20—21.

1980 *Doliognathus latus* Branson & Mehl，Morphotype 3. —Lane et al.，p. 127，pl. 2，figs. 3，6—9；pl. 6，figs. 5—6.

2004 *Doliognathus latus* Branson & Mehl. —田树刚和科恩，图版 2，图 12，14.

2005 *Doliognathus latus* Branson & Mehl，Morphotype 3. —王平和王成源，363 页，图版 2，图 7—8.

2006 *Doliognathus latus*. —董致中和王伟，181 页，图版 28，图 11.

特征 Pa 分子齿台发育一长的后外侧齿突。

描述 Pa 分子齿台由前后齿突（或称齿台）和外侧齿台组成。前齿突较长，但折断，中央发育一由细齿愈合而成的中齿脊；中齿脊直，其两侧有近脊沟。后齿突很短，发育一由前齿台延伸而来的中齿脊，并在连接处附近稍侧弯。在前后齿突连接处的外侧发育一外侧齿突，它比后齿突要长，中央具一侧齿脊，侧齿脊稍向后弯曲。所有齿突口面两侧具一些不明显的横脊。反口面基腔小，位于 3 个齿突连接处，并向齿突延伸出窄的龙脊。

比较 Lane et al.（1980）将此种分为三类形态类型，其中 *Doliognathus latus* Branson et Mehl，Morphotype 3 在所有齿突口面发育十分特征的褶皱状横脊，而 Morphotype 2 则较光滑。董致中和王伟（2006）将他们发现和描述的标本放入了 Morphotype 3，但从该断片的图影看，这些横脊较短且不很明显，可能是 Morphotype 2 和 Morphotype 3 的过渡型。

产地层位 云南施甸鱼硐，密西西比亚系（下石炭统）香山组。

多利梅刺属 *Dollymae* Hass，1959

模式种 *Dollymae sagittula* Hass，1959

特征　Pa 分子齿台箭头状，自由齿片位于中央，具一由细齿组成的中齿脊，主齿位于其末端。自由齿片两侧发育内外两个侧齿突和侧齿脊，每一个齿脊都与主齿和齿片侧边相连。反口面基腔大。

分布与时代　北美、欧洲和亚洲；密西西比亚纪（早石炭世）。

鲍克特多利梅刺　*Dollymae bouckaerti* Groessens，1971
（图版 69，图 6—11）

1971 *Dollymae bouckaerti* Groessens，p. 14，pl. 1，figs. 15—17.

1974 *Dollymae bouckaerti*. —Groessens & Noël，pl. 7，figs. 5—7.

1986 *Dollymae bouckaerti*. —Zdzislaw & Groessens，pl. 1，figs. 4—6.

1996 *Dollymae bouckaerti*. —朱伟元（见曾学鲁等），225 页，图版 40，图 1a—3b.

2004 *Dollymae bouckaerti*. —田树刚和科恩，图版 3，图 7—8.

2005 *Dollymae bouckaerti*. —王平和王成源，366 页，图版 2，图 9—11.

特征　Pa 分子齿台箭头状或蹼状，自由齿片长，主齿发育，位于中齿脊末端。两侧齿台各具一从主齿前部、中齿脊末端和向两前侧角延伸的侧齿脊。

描述　Pa 分子刺体由前齿片和齿台组成。前齿片长而直，其长度一般都比齿台长，由侧扁的细齿组成，细齿顶端分离。前齿片向后延伸至齿台，在齿台中央形成中齿脊。中齿脊也由侧扁细齿愈合而成，前部较高，向后渐变低。主齿明显，位于齿脊末端，向后倾，并超出齿台后缘。齿台为箭头形或蹼状，向两侧延伸，其宽度一般大于长度。两侧各发育一由瘤齿连成的瘤齿列，亦称侧齿脊。侧齿脊从主齿之前的中齿脊末端向两前侧角延伸，并伸达齿台前侧角。除齿脊和侧齿脊的瘤齿外，齿台口面一般光滑无饰。齿台整个反口面为一开阔中空的基腔，并能见到同心生长纹。前齿片反口面为一细的中齿槽。

比较　此种与 *Dollymae hassi* 的区别在于后者前齿片两侧各具一个细齿，并对称排列。

产地层位　甘肃迭部益哇沟，密西西比系（下石炭统）石门塘组。

董氏多利梅刺　*Dollymae dongi* sp. nov.
（图版 70，图 1）

2006 *Dollymae* sp. A（nov.）. —董致中和王伟，182 页，图版 27-1，图 13.

特征　齿台为不对称翼状，口面光滑无饰。自由前齿片短，近前端具一箭头状构造，大而扁平，由细齿融合而成。中齿脊棒状，光滑无细齿，口视仅见小的圆瘤状构造。

描述　Pa 分子刺体由前齿片和齿台组成。前齿片较短，直，近前端有 2 个大细齿融合成的、宽而平的箭头状构造，箭头指向前方，向两侧后方明显加宽，其表面还有 2 个小瘤齿。自由前齿片伸向齿台，形成棒状光滑的中齿脊，延伸至末端，并把齿台区分为内外两侧齿台。在前齿片与齿台相交处有并列的两个小瘤齿，前齿片和齿脊都光滑无饰，仅在口视时中齿脊口面可见小的圆瘤状构造。整个齿台为不对称的翼状，内侧齿台向外膨大，近等边三角形，但为钝角状。外侧齿台向外明显拉长，末端尖角状；前缘直，与前齿片和中齿脊近垂直；后缘也较直，但与中齿脊明显斜交。齿台口面光滑无饰。

注 董致中和王伟（2006）首先描述了此新种，但未正式命名。由于此种特征非常明显，与同属其他种完全不同，本书作者确认这是一个新种，并对其正式命名。

产地层位 云南施甸县鱼洞，密西西比亚系（下石炭统）香山组。

哈斯多利梅刺 *Dollymae hassi* Voges，1959

特征 Pa分子由前齿片和齿台组成。前齿片两侧各具一个细齿，并对称排列，向齿台延伸成齿脊。齿台两侧不对称，口面平坦，具瘤齿和线脊等装饰。反口面为一开阔中空、不对称的基腔。

注 董致中和季强（1988）根据在云南发现的标本把此种分为两种形态，即 *Dollymae hassi* Voges，Morphotype 1 和 Morphotype 2，现分别描述如下。

哈斯多利梅刺形态种1 *Dollymae hassi* Voges，Morphotype 1，Dong & Ji，1988
（图版69，图12—13；图版70，图2）

1988 *Dollymae hassi* Voges，Morphotype 1. —董致中和季强，图版3，图10，14.

2006 *Dollymae hassi* Morphotype 1. —董致中和王伟，181页，图版27-1，图9—10；图版28，图6.

特征 Pa分子齿台口面无明显的瘤齿，仅有一些线状或细脊状构造。

描述 Pa分子刺体由前齿片和齿台组成。前齿片较短，两侧边缘各发育2~4个三角形细齿，这些细齿左右对称排列，并由深而窄的中齿沟隔开。前齿片向后延伸至齿台成由单列瘤齿组成的齿脊，并伸达齿台末端。齿台向两侧伸展，并逐渐收缩变尖或钝圆状，其宽度明显大于长度，后缘形状不规则，可为圆弧状或曲波状。齿台口面无明显的瘤齿或仅有少量的瘤齿，但在齿脊末端向两侧放射出1~2条很细的线脊或棱脊和少量瘤脊。反口面基腔占据了整个齿台，但浅而平。

比较 此种与 *Dollymae bouckaerti* 较为相似，特别是齿台口面，两者区别在于后者前齿片为单列瘤齿，前者则是双列排列的瘤齿列。

产地层位 云南宁蒗老龙洞，密西西比亚系（下石炭统）尖山营组。

哈斯多利梅刺形态种2 *Dollymae hassi* Voges，Morphotype 2，Dong & Ji，1988
（图版70，图3—4）

1988 *Dollymae hassi* Voges，Morphotype 2， Dong & Ji. —董致中和季强，图版3，图8，11.

2006 *Dollymae hassi* Morphotype 2. —董致中和王伟，182页，图版27--1，图14，17.

特征 Pa分子齿台口面发育较多的瘤齿和瘤脊，双列排列的瘤齿列可伸至齿台中部。

描述 Pa分子刺体由前齿片和齿台组成。前齿片两侧边缘发育由密集的三角形、钉状细齿组成的细齿列，并被窄而深的中齿沟分开为纵向两列，向齿台延伸成中齿脊。中齿脊中前部为双列细齿列，但在后部则变为单列细齿列，并延伸至齿台末端，最后一个细齿向后倾。齿台大而平，不对称，其内侧齿台成三角形外凸，并分布少量瘤齿；外侧齿台前部与后部分别向外明显伸长呈角状侧突起，并从侧突起顶端向内分布许多低矮的瘤齿，大都呈线状、脊状分布，可与中齿脊近中部及后端相交，瘤线之间可有几个不规则的瘤齿。反口面基腔膨大，并占据了整个齿台。沿中齿脊的位置为一较深的齿槽，其两侧向外变浅，但在对应口面瘤脊的位置则呈较凹的沟痕。

比较 此种与 *Dollymae hassi* Voges，Morphotype 1的不同在于前者齿台口面具较多、

较明显的瘤齿或脊，同时其双齿列也可伸达齿台的中后部，后者则瘤齿不发育，双齿列仅伸至齿台前端。

产地层位 云南宁蒗老龙洞，密西西比亚系（下石炭统）尖山营组。

<h3 style="text-align:center">线脊多利梅刺 Dollymae linealata Tian & Coen，2004</h3>

（图版 70，图 7—8）

2004 *Dollymae linealata* Tian & Coen. —田树刚和科恩，743 页，图版 3，图 10—11，16.

特征 Pa 分子齿台后部发育线状脊。

描述 Pa 分子刺体由前齿片和齿台组成。前齿片侧扁，粗大，与齿台近等长，由细齿愈合而成，但细齿顶端分离。前齿片延伸至齿台形成中齿脊，并延伸至齿台末端。中齿脊由瘤齿愈合而成，最后一个细齿向后倾，呈刺状向后突出。齿台宽大，椭圆形，口面前部光滑无饰，后部发育线状细脊，细脊单支状或向后分叉。反口面基腔敞开，齿槽窄。

比较 此种与 *Dollymae spinosa* 的区别在于后者齿台口面发育尖利的刺状瘤齿而不是细脊。

产地层位 广西柳江龙殿山，密西西比亚系（下石炭统）杜内阶。

<h3 style="text-align:center">新月形多利梅刺 Dollymae meniscus Dong & Ji，1988</h3>

（图版 70，图 9）

1988 *Dollymae meniscus* Dong & Ji. —董致和季强，44 页，图版 3，图 7.

特征 Pa 分子齿台呈新月形或半圆形，边缘具凸起的棱脊，其中后部边缘中部为由 4~5 个瘤齿组成的棱脊。前齿片最前部发育两排瘤齿。

描述 Pa 分子由齿台和前齿片组成。前齿片与齿台近等长，最前部发育两排瘤齿，中部光滑无饰，后端与齿台连接处发育一个大瘤齿。齿台呈新月形或半圆形，其宽约两倍于长，四周均围以凸起的棱脊，其后边缘中部则为 4~5 个分离的瘤齿。齿台中央明显凹陷。反口面基腔亦呈新月形或半圆形，大而浅，完全洞开。

比较 此种以前齿片最前部发育两排瘤齿，齿台四周均围以凸起的棱脊及其后边缘中部具 4~5 个分离的瘤齿，可区别于其他已知种。

产地层位 云南宁蒗、丽江等地，密西西比亚系（下石炭统）尖山营组。

<h3 style="text-align:center">网饰多利梅刺 Dollymae reticulata Tian & Coen，2004</h3>

（图版 70，图 10—12）

2004 *Dollymae reticulata* Tian & Coen. —田树刚和科恩，743 页，图版 3，图 12—14.

特征 Pa 分子齿台口面发育网状脊。

描述 Pa 分子刺体由前齿片和齿台组成。前齿片粗而长，由瘤齿愈合而成，其两侧缘凸出成两条缘脊。前齿片向后延伸至齿台形成中齿脊，并延伸至齿台末端，最后一个细齿呈尖刺状向后突出。齿台宽大，展翼状，口面发育连接成网状的细线脊。反口面基腔敞开，齿槽窄。

比较 此种与 *Dollymae linealata* 的区别在于前者齿台口面发育网状细脊。

产地层位 广西柳江龙殿山，密西西比亚系（下石炭统）岩关阶。

顺良多利梅刺 *Dollymae shunlianiana* Dong & Ji，1988
（图版 70，图 5—6）

1988 *Dollymae* sp. A. —董致中和季强，54 页，图版 3，图 9.

2006 *Dollymae shunlianiana* Dong & Ji. —董致中和王伟，182 页，图版 27-1，图 12，15.

特征　Pa 分子内外侧齿台窄而长，向两侧伸长，与长的前齿片组成"山"字形，齿台口面钉状细齿发育，外侧齿台发育两列由两个钉状细齿横向联合成的齿恒，似臼齿状。自由前齿片两侧边缘发育三角形钉状细齿组成的细齿列，两边缘细齿对应成对排列，第一对较小，近乎愈合在一起；第二、三对较大，齿尖指向外侧；再向后则逐渐变小，在接近齿台和伸至齿台的齿脊处成为单列瘤齿列。

描述　Pa 分子刺体由前齿片和齿台组成。自由前齿片两侧边缘发育三角形、钉状细齿组成的细齿列，两边缘细齿对应成对排列，第一对较小，近乎愈合在一起；第二、三对较大，齿尖指向外侧；再向后则逐渐变小，在接近齿台和伸至齿台的齿脊处成为单列瘤齿列。齿台窄而长，由中齿脊分隔为内外两侧齿台，向两侧伸长，与自由前齿组成"山"字形外形。齿台口面钉状细齿发育，外侧齿台末端发育两列由两个钉状细齿横向联合成的齿恒，似臼齿状；靠近齿台中央部分为一个大而矮的瘤齿。内侧齿台也发育钉状细齿，可相互融合，但分布不规则。反口面基腔三角形，占据了整个刺体反口面。

比较　此种具齿台窄而长、与自由齿片形成"山"字形、齿台钉状细齿特别发育等特征，可与 *Dollymae hassi* Voges，Morphotype 1 和 Morphotype 2 明显区分。

产地层位　云南宁蒗老龙洞，密西西比亚系（下石炭统）尖山营组。

尖刺多利梅刺 *Dollymae spinosa* Tian & Coen，2004
（图版 70，图 13—15）

2004 *Dollymae spinosa* Tian & Coen. —田树刚和科恩，742—743 页，图版 3，图 6，17—18.

特征　Pa 分子齿台圆形至椭圆形，口面发育尖利的刺状瘤齿。

描述　Pa 分子由前齿片和齿台组成。前齿片粗大，由粗大的瘤齿愈合而成，但顶端分离。前齿片向后延伸至齿台末端，最后一个细齿呈尖刺状向后突出。齿台圆至椭圆形，口面发育尖利的刺状瘤齿，彼此孤立分布或在基部联结。反口面基腔敞开，齿槽窄。

比较　此种以齿台口面发育尖利的刺状瘤齿区别于其他已知种。

产地层位　广西柳江龙殿山，密西西比亚系（下石炭统）杜内阶。

始沟刺属 *Eotaphrus* Collinson & Norby，1974

模式种　*Eotaphrus burilingtonensis* Collinson & Norby，1974

特征　齿片上缘两侧各有一列细齿，下方后部具一膨大开放的基腔，并向前变尖。齿台后方口面有一向后上方斜伸的角状主齿。

分布与时代　北美、欧洲和亚洲；密西西比亚纪（早石炭世）。

伊娃始沟刺 *Eotaphrus evae* Lane，Sandberg & Ziegler，1980
（图版 54，图 13—15）

1980 *Eotaphrus evae* Lane，Sandberg & Ziegler，p. 129，pl. 10，figs. 12，14.

2005 *Eotaphrus evae.* —王平和王成源，364 页，图版 4，图 3—5.

特征　前齿片长，不膨大。齿杯和基腔不对称，口面有 1~3 分散的细齿。后齿片短，稍扭曲。

描述　Pa 分子由前齿片和齿杯组成。前齿片长而直，由一系列侧扁和直立的细齿组成。齿杯短，向两侧膨大，不对称，可有 1~3 个分散的细齿。中齿脊直，向两侧膨胀，主齿位于最后方，向后倾，并超出齿杯后边缘。反口面基腔膨大，不对称，向前齿片反口面延伸成明显的齿槽。

比较　此种特征明显，易于与其他种区别。

产地层位　陕西凤县，密西西比亚系（下石炭统）杜内阶界河街组。

锄颚刺属　*Scaliognathus* Branson & Mehl，1941

模式种　*Scaliognathus anchoralis* Branson & Mehl，1941

特征　Pa 分子齿台锚形，由前齿突（或称齿枝）和两侧齿突组成，所有齿突都具由瘤齿组成的中齿脊，中齿脊两侧有微弱的横脊。

分布与时代　北美、欧洲、亚洲和澳大利亚；密西西比亚纪（早石炭世）。

锚锄颚刺 *Scaliognathus anchoralis* Branson & Mehl，1941
（图版 71，图 1—8）

1941 *Scaliognathus anchoralis* Branson & Mehl，p. 102，pl. 19，figs. 29—32.

1980 *Scaliognathus anchoralis* Branson & Mehl，Morphotype 1，Lane et al.，pp. 137—138，pl. 1，figs. 5—7.

1980 *Scaliognathus anchoralis* Branson & Mehl，Morphotype 2，Lane et al.，p. 138，pl. 1，figs. 3—4；pl. 2，figs. 10—14；pl. 10，fig. 1.

1980 *Scaliognathus anchoralis* Branson & Mehl，Morphotype 3，Lane et al.，p. 138，pl. 1，figs. 1—2.

1987a *Scaliognathus anchoralis.* —季强，264—265 页，图版 5，图 28—29.

1987 *Scaliognathus anchoralis.* —董致中等，图版 1，图 12，14.

1988 *Scaliognathus anchoralis* Branson & Mehl，Morphotype 2. —董致中和季强，图版 3，图 1—4.

1996 *Scaliognathus anchoralis anchoralis.* —朱伟元（见曾学鲁等），242 页，图版 43，图 8a—b；图版 44，图 10.

1996 *Scaliognathus anchoralis pristinus* Zhu. —朱伟元（见曾学鲁等），242—243 页，图版 43，图 11a—b.

1996 *Scaliognathus anchoralis unguicularis* Zhu. —朱伟元（见曾学鲁等），242—243 页，图版 43，图 6.

2004 *Scaliognathus anchoralis.* —田树刚和科恩，图版 1，图 16；图版 2，图 1，8；图版 3，图 38.

特征　Pa 分子刺体对称发育，由前齿突和两侧齿突组成，两侧齿突等长或近等长，缓缓向前弯曲。

描述　Pa 分子刺体对称发育，由前齿突和两侧齿突组成。两侧齿突等长或近等长，缓缓向前弯曲，每一侧齿突具 3~5 个细齿，细齿分离，向后倾。前齿突较长，发育 6~8 个细齿，细齿分离，稍向后倾。主齿大，向后倾，位于前齿突末端。反口面基腔明显，位于 3 个齿突交汇处反口面，并由此向 3 个齿突远端延伸成龙脊和齿槽。

比较　此种以两侧齿突对称或近对称发育为特征，可与其他种相区别。本书同意季强（1987a）的意见，把 Lane 等（1980）区分的三种形态类型仍归并为 Branson

& Mehl（1941）的 *Scaliognathus anchoralis*。朱伟元（1996，见曾学鲁等）建立的两个新亚种 *S. anchoralis pristinus* 和 *S. anchoralis unguicularis* 也都应归入此种，前者与 Lane et al.（1980）的图版 1 的图 7 一致，为 *Scaliognathus anchoralis* Branson & Mehl，Morphotype 1；后者则与 Lane et al.（1980）的图版 2 的图 10—14 一致，为 *S. anchoralis* Branson & Mehl，Morphotype 2。

产地层位　湖南江华，密西西比亚系（下石炭统）大圩组；云南宁蒗、施甸鱼硐，密西西比亚系（下石炭统）尖山营组和香山组；甘肃迭部益哇沟，密西西比亚系（下石炭统）石门塘组和洛洞克组。

多卡利锄颚刺　*Scaliognathus dockali* Chauff，1981
（图版 71，图 15）

1981 *Scaliognathus dockali* Chauff，p. 158，pl. 3，figs. 13—14，23，33，36.

1983 *Scaliognathus dockali.* —Lane & Ziegler，p. 212，pl. 4，figs. 3—4.

2004 *Scaliognathus dockali.* —田树刚和科恩，图版 2，图 3.

特征　Pa 分子仅有前齿突和一外侧齿突，齿突缺失齿台状的膨大部分。

描述　Pa 分子仅有前齿突和一外侧齿突，齿突棒状，缺失齿台状的膨大部分。前齿突长，棒状，稍内弯；口面发育一列分离的细齿，向后倾；主齿大，位于末端，后倾。外侧齿突细长，但比前齿突短，发育几个间隔较大的细齿，向后倾。

比较　此种仅有前齿突和一外侧齿突，齿突缺失齿台状的膨大部分，可与其他已知种区别。

产地层位　云南施甸鱼硐，密西西比亚系（下石炭统）香山组。

欧洲锄颚刺？　*Scaliognathus? europensis* Lane & Ziegler，1983
（图版 71，图 16；图版 72，图 1—8）

1983 *Scaliognathus anchoralis europensis* Lane & Ziegler，p. 214，pl. 2，figs. 1—3；pl. 4，fig. 6.

2004 *Scaliognathus europensis.* —田树刚和科恩，图版 2，图 6.

特征　Pa 分子锚状，主齿明显后倾，基腔大，位于 3 个齿突的连接处，并由此向前齿片和两侧齿突呈窄的齿槽状延伸，几乎可伸达齿突末端。齿槽常可翻转。

描述　仅发现一不完整的标本，由前齿片和两侧齿突组成。前齿片较宽较长，齿台状，沿中轴发育由瘤齿组成的中齿脊，并延伸至刺体末端。中齿脊前部细齿稍分离，后部较愈合，呈脊状。主齿位于齿脊最末端，稍后倾。中齿脊两侧有不明显的瘤齿或脊。两侧齿突折断，较宽，齿台状，靠后缘发育几个分离的瘤齿，并组成似侧中脊样的构造，瘤齿间距较大。

比较　田树刚和科恩（2004）报道此种时并没有描述，在图版中也仅列出一个不完整标本的口面，很难正确确定此种的可靠性，但从其口面看，因具较宽的 3 个齿突，与 Lane & Ziegler（1983）描述的标本较类似，此书有疑问地把其归入此种。

产地层位　云南施甸鱼硐，密西西比亚系（下石炭统）香山组。

费尔查尔德锄颚刺　*Scaliognathus fairchildi* Lane & Ziegler，1983
（图版 71，图 17—19；图版 72，图 9—10）

1983 *Scaliognathus fairchildi* Lane & Ziegler，pp. 213—214，pl. 1，figs. 2—4；pl. 3，fig. 3.

2004 *Scaliognathus fairchildi.* —田树刚和科恩，图版 2，图 2，4；图版 3，图 15.

2005 *Scaliognathus anchoralis fairchildi.* —王平和王成源，368 页，图版 1，图 9—10.

特征　Pa 分子两侧齿突无齿台状的膨胀部分，细齿分离，基腔张开，占据了大部分的反口面。

描述　Pa 分子刺体由前齿突和两侧齿突组成。前齿突较长，向前伸，稍内弯，口面发育一系列后倾的细齿，细齿排列较紧，但分离。主齿大，位于最后端，强烈后倾。两侧齿突比前齿突稍短，直，向两侧平伸，形成"十"字形。口面发育较长的细齿。细齿大而分离、后倾。所有齿突棒状，未向两侧缘扩展成齿台状。

比较　此种与 *Scaliognathus dockali* 的区别在于后者缺失内侧齿突。

产地层位　云南施甸鱼硐，密西西比亚系（下石炭统）香山组。

前锚锄颚刺　*Scaliognathus praeanchoralis* Lane，Sandberg & Ziegler，1980
（图版 71，图 9—10）

1980 *Scaliognathus praeanchoralis* Lane，Sandberg & Ziegler，p. 137，pl. 1，figs. 8—10.

1987a *Scaliognathus praeanchoralis.* —季强，265 页，图版 5，图 32—33.

特征　Pa 分子刺体不对称，内侧齿突短于外侧齿突，主齿大而后倾并具前缘脊，反口面基腔大。

描述　Pa 分子刺体发育，不对称，由前齿突和两侧齿突组成。前齿突较长，稍内弯，向前伸，位于两侧齿突之间，具一列分离后倾的细齿。主齿大，具前缘脊，明显向后倾，位于前齿突最后端。外侧齿突较长，但短于前侧齿突，发育 4 个分离的细齿，向外稍偏前方向伸展。内侧齿突短，仅见 1 个细齿。反口面基腔大，开阔，位于 3 个齿突连接处，几乎占据了连接处的整个反口面，并由此向各齿枝延伸为较宽的齿槽。

比较　此种与 *Scaliognathus anchoralis* 的区别在于后者刺体对称或近对称，两侧齿突等长或近等长。

产地层位　湖南江华，密西西比亚系（下石炭统）大圩组。

半锚锄颚刺　*Scaliognathus semianchoralis* Ji，1987
（图版 71，图 11—14）

1987a *Scaliognathus semianchoralis* Ji. —季强，265—266 页，图版 5，图 34—37；插图 25.

特征　Pa 分子刺体仅由 2 个齿突组成，即前齿突和外侧齿突。

描述　Pa 分子刺体两侧不对称，由前齿突和外侧齿突组成。前齿突较长、较直，向前伸展，发育一列后倾的细齿。主齿大，向后倾，具前棱脊，切面亚圆形，位于前齿突的最后端。外侧齿突长或短，可具一至多个细齿，位于前齿突一侧。无内侧齿突。反口面基腔大，三角形，位于两齿突连接处，并由此向两齿突延伸成细窄的齿槽。

比较　此种是季强（1987a）建立的新种，它以不发育内侧齿突可与其他已知种相区别。

产地层位　湖南江华，密西西比亚系（下石炭统）大圩组。

舟刺科　GONDOLELLIDAE Lindström，1970
中舟刺属　*Mesogondolella* Kozur，1988

模式种　*Gondolella bisselli* Clark & Behken，1971

特征 Pa 分子刺体由前齿片和齿台组成，齿台舟形或舌形，口面平或凹，中央沿纵向具齿脊。主齿一般位于齿脊后部末端，反口面具龙脊、齿槽、基底凹窝及环台面。

分布与时代 世界各地；宾夕法尼亚亚纪（晚石炭世）。

克拉克中舟刺 *Mesogondolella clarki* Koike，1967
（图版 73，图 7—11）

1967 *Gondolella clarki* Koike，p. 301，pl. 2，figs. 1—5.

1983 *Gondolella qiannanensis* Xiong.—熊剑飞，325—326 页，图版 76，图 10.

1985 *Neogondolella clarki*（Koike）.—Savage & Barkeley，p. 1459，figs. 6. 1—6. 12.

1985 *Neogondolella clarki*.—Orchard & Struik，pl. 2，figs. 23，30.

1989 *Neogondolella clarki*.—Wang & Higgins，p. 283，pl. 7，figs. 6—12.

1991 *Neogongolella clarki*.—Wang，p. 26，pl. 2，figs. 1—2.

2001 *Mesogondolella clarki*.—张仁杰等，39 页，图版 1，图 9.

2003a *Mesogondolella clarki*.—Wang & Qi，pl. 3，figs. 24—26.

2006 *Mesogondolella clarki*.—董致中和王伟，192 页，图版 32，图 23—24.

特征 Pa 分子齿台披针形至泪滴形，后端浑圆，口面光滑，中齿脊则由一些较浑圆和分离的或在基部稍愈合的瘤齿组成。主齿位于齿脊末端。

描述 Pa 分子齿台披针形至泪滴形，最大宽度位于靠后处，可内弯或上拱，向前逐渐收缩变窄、变尖，后端浑圆，口面光滑无饰。中齿脊则由一些较浑圆和分离的或在基部稍愈合的瘤齿组成，中后部瘤齿较低、较分离；中前部的瘤齿稍高，直立，可更愈合些呈脊状。中齿脊两侧近脊沟明显。主齿位于齿脊末端，较大，向后倾。反口面基腔小，位于齿台后端，龙脊和齿槽发育。

比较 此种与 *G. donbassica* 最为相似，区别在于前者中齿脊由一些较浑圆和分离的或在基部稍愈合的瘤齿组成，主齿位于齿脊末端；另外，前者主齿与其前面的细齿之间无明显的间隔。

产地层位 贵州罗甸纳庆，宾夕法尼亚亚系（上石炭统）*Gondolella donbassica—G. clarki* 带。

顿巴茨中舟刺 *Mesogondolella donbassica* Kossenko，1975
（图版 73，图 12—14）

1975 *Gondolella donbassica* Kossenko，p. 127，figs. 1—5.

1978 *Gondolella donbassica*.—Kozitskaya et al.，pl. 31，figs. 1—4.

1985 *Gondolella donbassica*.—Orchard & Struik，pl. 2，figs. 33—34.

1999 *Gondolella donbassica*.—Nemyrovska et al.，Fig. 3：11.

2000 *Gondolella xinjiangensis* Zhao.—赵治信等，238 页，图版 63，图 10，18（only）.

2003a *Gondolella donbassica*.—Wang & Qi，pl. 3，fig. 27.

特征 Pa 分子齿台中后部最宽，主齿位于齿脊末端，近直立，其后部可有一边缘，主齿前方与前面细齿间有一明显的间隔。

描述 Pa 分子齿台披针形至泪滴形，最大宽度位于中后部，可内弯或上拱，向前逐渐收缩变窄、变尖，后端浑圆，口面光滑无饰。中齿脊则由一列侧扁的瘤齿组成并愈合成脊状。中齿脊两侧近脊沟明显。主齿位于齿脊末端，较大，向后倾。有两种形态类型的标本，一种是主齿后有较宽的边缘，另一种是无后边缘但与中齿脊之间有一间隔。反口面基腔小，位于齿台后端，龙脊和齿槽发育。

比较　根据 Kozitskaya & Kossenko（1978），此种有两种形态类型。一种是以其模式标本为代表（Kozitskaya & Kossenko, 1978, pl. 31, figs. 1a—2），舟形齿台中部最宽，具愈合的中齿脊和孤立的主齿，主齿后有较宽的后边缘，主齿与中齿脊之间有一间隔。另一种形态型（Kozitskaya & Kossenko, 1978, pl. 31, figs. 4a—b）齿台最宽处靠近齿台后端，主齿位于齿脊最后端，主齿无后边缘，但与中齿脊之间仍有一间隔。因此，此种与 *G. clarki* 的区别在于前者主齿近直立，主齿与其前面的一个细齿之间有一明显的间隔。

产地层位　贵州罗甸纳庆，宾夕法尼亚亚系（上石炭统）*Gondolella donbassica—G. clarki* 带。

光滑中舟刺　*Mesogondolella laevis* Kossenko & Kozikzkaya，1978
（图版 74，图 12—16，20）

1978 *Gondolella laevis* Kossenko & Kozikzkaya. —Kozikzkaya et al., pl. 31, fig. 5—7.

1985 *Gondolella laevis*. — Orchard & Struik, pl. 2, figs. 32.

2000 *Gondolella laevis*. —赵治信等，238 页，图版 63，图 8，13—16，19.

特征　Pa 分子齿台窄而长，齿台口面光滑无饰，主齿大，后倾，位于末端。

描述　Pa 分子齿台窄而长，细长的披针形，最宽处位于齿台后方，向前逐渐收缩变窄，前端尖，后端钝。齿台口面中央发育中齿脊，由一列瘤齿愈合而成，并向前可稍增高。主齿大，向后倾，位于齿台末端。齿脊两侧齿台窄，口面光滑无饰。反口面发育基腔、龙脊和齿槽。基腔小，位于齿槽后端，向两侧稍膨大。

比较　此种与 *Gondolella gymna* 的区别是后者无真正的齿台；此种与 *G. magna* 的区别在于后者齿台具横脊。

产地层位　新疆塔里木盆地塔中 4 井，宾夕法尼亚亚系（上石炭统）小海子组。

亚克拉克中舟刺　*Mesogondolella subclarki*（Wang & Qi，2003）
（图版 73，图 15—16）

2003a *Mesogondolella subclarki* Wang & Qi, p. 392, pl. 3, figs. 22—23.

特征　Pa 分子齿台宽，光滑无饰，后端宽圆，前端窄圆，主齿后具一宽的边缘。中齿脊低，前部为棱脊状，但中后部为低而分离的瘤齿状。

描述　Pa 分子齿台舟形，平坦，两侧齿台光滑无饰，后端宽圆，两侧缘近平行，向前惭收缩变钝。中齿脊低，前部稍高，脊状，中后部则变为低而分离的圆形瘤齿。有主齿，但不明显，位于齿脊之最后端，主齿后与后台缘之间有一宽而无饰的边缘面。

比较　此种与 *Mesogondolella clarki* 较为相似，区别在于前者主齿后有一宽而平的后台面。

产地层位　贵州罗甸纳庆，宾夕法尼亚亚系（上石炭统）*Mesogondolella clarki—M. donbassica* 带至 *Idiognathodus podolskensis* 带。

舟刺属 *Gondolella* Stauffer & Plummer，1932

模式种 *Gondolella elegantula* Stauffer & Plummer，1932

特征 Pa 分子刺体由前齿片和齿台组成。齿台舟形或舌形，齿台口面两侧发育平行的横脊。反口面基腔大，位于齿台末端。

分布与时代 世界各地；宾夕法尼亚亚纪（晚石炭世）。

华美舟刺 *Gondolella elegantula* Stauffer & Plummer，1932

（图版 74，图 5—11，17）

1932 *Gondolella elegantula* Stauffer & Plummer，pp. 42—43，pl. 3，figs. 5，8—9.

1932 *Gondolella bella* Stauffer & Plummer，p. 42，pl. 3，figs. 3—4.

1932 *Gondolella insolita* Stauffer & Plummer，p. 43，pl. 3，figs. 15，22.

1932 *Gondolella lanceolata* Stauffer & Plummer，p. 43，pl. 3，figs. 12，16.

1932 *Gondolella minuta* Stauffer & Plummer，p. 44，pl. 3，figs. 1—2.

1987 *Gondolella bella*. —董致中等，图版 3，图 3.

1989 *Gondolella elegantula*. —Wang & Higgins，pp. 278—279，pl. 3，fig. 7.

2000 *Gondolella bella*. —赵治信等，图版 63，图 3—5，17，20，26.

2003a *Gondolella elegantula*. —Wang & Qi，pl. 3，fig. 19.

2004 *Gondolella elegantula*. —王志浩等，图版 2，图 11.

特征 Pa 分子齿台近对称，窄长，矛形，中后部最宽，向前收缩变窄、变尖，后端则急剧收缩呈圆形。中齿脊发育，由一列分离的瘤齿组成，伸达齿台末端。主齿位于末端，大而后倾。齿台口面两侧发育较弱和平行的横脊。反口面基腔大，位于齿台末端。

描述 Pa 分子齿台近对称，窄长，矛形，中后部最宽，向前逐渐收缩变窄、变尖，后端则急剧收缩呈圆形，但由于一大而后倾的主齿致使口视时齿台后端尖利。齿台中央中齿脊发育，直，由分离的瘤齿组成。瘤齿大，在中后部较分离，前部排列则较紧些。主齿位于齿台末端，大，向后倾。齿台口面两侧发育较弱的横脊，横脊相互平行，由两侧边缘向中齿脊延伸，但被近脊沟与中齿脊隔开。反口面基腔膨大，卵圆形，位于齿台末端，并由此向前延伸成明显的龙脊和齿槽。

比较 此种与 *Gondolella costitata* 和 *G. sublanceolata* 的区别在于前者无自由前齿片；此种与 *G. magna* 和 *G. lobata* 的区别在于前者齿台后端边缘为圆形而不是方形；此种与 *G. curvata* 的区别是前者齿台为两侧对称，后者则不对称。

产地层位 贵州罗甸纳庆，宾夕法尼亚亚系（上石炭统）卡西莫夫阶。

裸舟刺 *Gondolella gymna* Merrill & King，1967

（图版 73，图 21—22）

1971 *Gondolella gymna* Merrill & King，p. 655，pl. 75，figs. 10—14.

1989 *Gondolella gymna*. —Wang & Higgins，p. 279，pl. 11，figs. 5—6.

特征 Pa 分子齿耙状刺体口缘发育一列锯齿状细齿，主齿大、后倾，位于刺体近末端。刺体两侧发育明显的侧缘脊，尚未形成真正的齿台，但这是齿台的雏形。主齿的反口方具明显的基腔。

描述 Pa 分子齿耙状刺体稍上拱，口缘发育一列锯齿状细齿。细齿短，三角形，直立至后倾，但最前端细齿则可稍向前倾。主齿大、后倾，位于刺体近末端。刺体两侧发育明显的侧缘脊，致使刺体明显加厚，尚未形成真正的齿台，但这是齿台的雏形。主齿的反口方具明显的基腔，向两侧膨大，向前呈齿槽状延伸。

比较 此种刺体两侧缘仅具侧缘脊而无真正的齿台及大而后倾的主齿，可区别于其他已知种。

产地层位 贵州罗甸纳庆，宾夕法尼亚亚系（上石炭统）滑石板阶。

滥坝舟刺 *Gondolella lanbaensis* Yang & Tian，1988
（图版 73，图 17—20）

1988 *Gondolella lanbaensis* Yang & Tian. —杨式溥和田树刚，66 页，图版 4，图 28—30b.

特征 Pa 分子齿台两侧具低而宽的楔形脊。

描述 Pa 分子齿台舌状，近中部最宽，中部两侧近平行，后端钝圆。中齿脊由瘤齿愈合而成，前端较高，齿片状，向后变低呈脊状，但不达齿台末端。主齿不明显，位于齿脊末端，主齿后有一不宽的环台面，两侧近脊沟较深。齿台两侧横脊为低而宽的楔形脊，向近脊沟减弱，并被近脊沟与中齿脊相隔。幼年体齿台无横脊，中齿脊瘤齿分离。反口面基腔为一凹窝，龙脊显著，并具窄长的齿槽。

比较 此种具有低而宽的横脊，可区别于 *Gondolella elegantula*、*G. laevis*、*G. clarki* 等。

产地层位 贵州水城滥坝，密西西比亚系（下石炭统）卡西莫夫阶下部。

后齿舟刺 *Gondolella postdenuda* von Bitter & Merrill，1980
（图版 74，图 18—19）

1980 *Gondolella postdenuda* von Bitter & Merrill，pp. 34—35，figs. 11—12.

2000 *Gondolella postdenuda*. —赵治信等，238 页，图版 63，图 11—12.

特征 Pa 分子齿台窄长，窄舟形；中齿脊高，齿片状；齿台窄，棱脊状；主齿大，强烈后倾，位于齿脊末端。

描述 Pa 分子齿台窄而长，细长的披针形，棱脊状，向上翘，最宽处位于齿台后方，向前逐渐收缩变窄，前端尖。齿台口面中央发育中齿脊，中齿脊高，齿片状，由一列细齿愈合而成，但顶端分离。齿台窄，棱脊状；主齿大，强烈后倾，位于齿脊末端。齿脊两侧齿台窄，口面光滑无饰。反口面发育基腔龙脊和齿槽，基腔向两侧稍膨大，位于齿槽后端。

比较 此种与 *Gondolella laevis* 最为相似，但后者已具真正齿台，而前者齿台窄，脊状，中齿脊高，齿片状。

产地层位 新疆塔里木盆地塔中 4 井，宾夕法尼亚亚系（上石炭统）小海子组。

新疆舟刺 *Gondolella xinjiangensis* Zhao，Yang & Zhu，1986
（图版 74，图 1—4）

1986 *Gondolella xinjiangensis* Zhao，Yang & Zhu. —赵治信等，196—199 页，图版 1，图 24—28.

特征 Pa分子齿台两侧缘近平行，前部收缩，后端宽圆，两侧齿台向上翘起。中齿脊中前部脊状，后部为分离的瘤齿。未见主齿，后边缘宽，两侧近脊沟深。

描述 Pa分子齿台舟形，较窄长；齿台两侧缘近平行，前部收缩，后端宽圆，两侧齿台向上翘起。齿台口面中央齿沟中发育中齿脊，两侧近脊沟较深。中齿脊瘤齿状，中前部愈合为齿脊，前端细齿较高，顶端分离，后部瘤齿较低，为分离的瘤齿状，无主齿。齿脊不达齿台末端，齿脊后有很宽的后边缘。反口面有宽平的龙脊和明显的基坑。

比较 赵治信等（1986）在建立此种时未指定模式标本，本书作者指定原著中图版1的图26为正模。此种与 *Gondolella clarki* 的区别在于后者有主齿；此种与 *G. donbassica* 的区别在于后者齿脊伸达齿台后端；此种与 *G. subclark* 的区别在于后者齿台宽阔，中齿沟浅，有主齿。

产地层位 新疆克拉麦里山，宾夕法尼亚亚系（上石炭统）石钱滩组。

锯片刺科 PRIONIODINIDAE Bassler，1925

犁颚刺属 *Apatognathus* Branson & Mehl，1934

模式种 *Apatognathus varians* Branson & Mehl，1934

特征 刺体由两个侧齿耙组成，两侧齿耙于刺体顶端汇合，其口面发育分离或愈合的前倾至直立的细齿。主齿明显，位于两侧齿耙相交处上方。其实这一形态属仅是某一或某些器官属种的 S 分子。

分布与时代 欧洲、北美、亚洲、大洋洲的澳大利亚和非洲；晚泥盆世至密西西比亚纪（早石炭世）。

双犁颚刺 *Apatognathus gemina*（Hinde，1900）

（图版 75，图 1）

1990 *Prioniodus geminus* Hinde，p. 344，pl. 10，fig. 25.

1967 *Apatognathus gemina*（Hinde）. —Verke，p. 133，pl. 17，figs. 9，12—13.

1967 *Apatognathus? gemina*. —Globensky，p. 438，pl. 56，figs. 3—5.

1969 *Apatognathus gemina*. —Druce，p. 42，pl. 1，figs. 10a—b.

1993 *Apatognathus gemina*. —应中锷等（见王成源），219 页，图版 43，图 13.

特征 两齿耙近等长，向下近平行伸展，其夹角小。细齿较大且等大，排列紧密，指向上方。

描述 刺体由前后齿耙和主齿组成。主齿粗大，可具侧缘脊，向后倾，位于两齿耙连接处顶部。前后齿耙长，但两者近等长，棒状，向下近平行伸展，其夹角小。前后齿耙发育一列近等大的细齿，细齿较大，排列较紧密，指向上方。细齿基部齿耙的两侧发育凸起的棱脊，且贯穿始终。基腔小，位于主齿下方。

比较 此种与 *Apatognathus scalenus* 的区别是前者近等长的两齿耙发育近等大的细齿，后者则一齿耙的细齿小而等大，另一齿耙的细齿大小不等。

产地层位 安徽巢县王家村，密西西比亚系（下石炭统）老虎洞组。

科拉培犁颚刺 *Apatognathus klapperi* Druce，1969

（图版 75，图 2—3）

1969 *Apatognathus klapperi* Druce，p. 73，pl. 13，figs. 6a—7b.

1982 *Apatognathus klapperi.* —Wang & Ziegler，pl. 2，fig. 3.

1987 *Apatognathus klapperi.* —董振常，69 页，图版 3，图 12.

特征 两侧齿耙强烈下垂，两齿耙的细齿较大，稀而分布不规则。

描述 刺体由前后齿耙和主齿组成。刺体强烈拱曲，两侧齿耙下垂，夹角约 30°，口缘细齿较大，稀疏而分布不规则。主齿顶生，内弯，断面为宽圆形。基腔小，位于主齿下方。

比较 此种与 *Apatognathus petilus* 的区别是前者两侧齿耙的细齿较大，稀而分布不规则。

产地层位 湖南新邵马栏边，上泥盆统—密西西比亚系（下石炭统）孟公坳组。

扁犁颚刺 *Apatognathus petilus* Varker，1967
（图版 75，图 4）

1967 *Apatognathus petilus* Varker，p. 135，pl. 17，fig. 11；pl. 18，figs. 7，10—11.

1974 *Apatognathus petilus.* —Rhodes et al.，pp. 71—72，pl. 20，figs. 12a—14b，17a—b.

1985 *Apatognathus petilus.* —Varker & Sevastopulo，pl. 5.4，figs. 3—5.

1987 *Apatognathus petilus.* —董振常，68 页，图版 3，图 6.

特征 主齿顶生，较大。前齿耙强烈内倾，发育向顶部增大的细齿。后齿耙不内倾，其细齿大小较为一致。

描述 刺体由前后齿耙和主齿组成。主齿大，顶生，位于两齿耙连接处，强烈向内向后倾。后齿耙直，口缘细齿多而密，中下部愈合而顶端分离和由下向顶部逐渐增大，并与齿耙近垂直生长。前齿耙强烈内倾，其前 1/3 左右平伸，而后强烈下弯，形成一肩部，并发育 5 个较大的细齿，其中最后一个为主齿。前齿耙下伸部分口缘发育一列向上倾的小细齿，并向下明显变短。两齿耙内侧面微凸，反口缘直而锐利。

比较 此种与 *Apatognathus scalenus* 较为相似，但后者的几个大细齿在后齿耙的中段发育，前者则在前齿耙后部靠主齿处。

产地层位 湖南新邵马栏边，上泥盆统—密西西比亚系（下石炭统）孟公坳组。

梯形犁颚刺 *Apatognathus scalenus* Varker，1967
（图版 75，图 5—8，10）

1967 *Apatognathus scalenus* Varker，pp. 136—137，pl. 18，figs. 1—2，4—5.

1985 *Apatognathus scalenus.* —Varker & Sevastopulo，pl. 5.4，figs. 6—7.

1984 *Apatognathus scalenus.* —赵治信等，115 页，图版 27，图 22.

1987a *Apatognathus scalenus.* —季强，237 页，图版 5，图 15—16.

1989 *Apatognathus scalenus.* —Wang & Higgins，pl. 17，figs. 6—8.

特征 前齿耙细齿近等大，后齿耙细齿大小不等，但都比前齿耙的细齿要大。

描述 刺体由前后齿耙和主齿组成。主齿粗大，可具侧缘脊，向后倾，位于两齿耙连接处顶部。前后齿耙长，棒状，向下伸，其夹角一般都为锐角。前齿耙发育一列近等大的细齿，细齿小，排列较紧密。后齿耙的细齿大小不等，其数量相对前齿耙也较少，但都较大，愈合或分离。

比较 此种前齿耙细齿较小且大小相等，后齿耙细齿大小不等，可与其他已知种相区别。

产地层位 贵州罗甸纳水，密西西比亚系（下石炭统）谢尔普霍夫阶；湖南江华，上泥盆统顶部三百工村组；新疆莎车和什拉甫，密西西比亚系（下石炭统）和什拉甫组。

疏刺犁颚刺 *Apatognathus subaculeatus* Zhu，1996

（图版 75，图 9）

1996 *Apatognathus subaculeatus* Zhu. —朱伟元（见曾学鲁等），219 页，图版 45，图 20.

特征 两齿耙各具 3~5 个三角形细齿，细齿较稀，分离，大小不等。

描述 刺体纤细，薄而扁，由前后齿耙和主齿组成。主齿相对较大，侧扁，后弯；两侧具侧脊，位于两侧齿耙相交处顶端。两侧齿耙纤细侧扁，后齿耙比前齿耙稍长，都向下伸，其夹角小，约 30°。每个齿耙口缘发育 3~5 个大小不等的细齿，细齿分离，间距大，大小交替，分布不规则。基腔小，位于主齿下方。

比较 此种具有稀疏和不规则细齿，可与其他已知种相区别。

产地层位 甘肃迭部益哇沟，密西西比亚系（下石炭统）麻路组。

变化犁颚刺 *Apatognathus varians* Branson & Mehl，1934

（图版 75，图 11—14）

1934 *Apatognathus varians* Branson & Mehl，pp. 201—202，pl. 17，figs. 1—3.

1966 *Apatognathus varians*. —Klapper，pp. 28—29，pl. 6，figs. 6—7.

1985 *Apatognathus varians*. —季强等（见侯鸿飞等），100 页，图版 41，图 17，21，27.

1987 *Apatognathus varians*. —董振常，69 页，图版 3，图 11.

1988 *Apatognathus varians*. —Wang & Yin in Yu，p. 114，pl. 33，fig. 9.

特征 两齿耙近等长，口面细齿多而密，每 2~4 个细齿组成一列，呈梯队式排列。

描述 刺体由前后齿耙和主齿组成。主齿粗大，切面近圆形，向后倾，位于两齿耙连接处顶部。前后齿耙长而厚，近等长，棒状，向下伸，其夹角小。齿耙细齿小，多而密，每 2~4 个细齿组成一列，每列间稍有间隔，呈梯队式排列。

比较 此种每 2~4 个细齿组成一列，呈梯队式排列，可与其他已知种相区别。

产地层位 广西桂林南边村和贵州长顺睦化，上泥盆统顶部至石炭系底部。

分类未定之属种

弯曲颚刺属 *Camptognathus* Pollock，1968

模式种 *Camptognathus conus* Pollock，1968

特征 刺体由前后齿突组成，前齿突向下偏斜，两齿耙具密集、后倾的针状细齿，大多无主齿。前齿突细齿向下、向后偏曲并向上弯，微微指向后方。有一大的锥状基腔指向前方。

分布与时代 北美、亚洲和澳大利亚；晚泥盆世至密西西比亚纪（早石炭世）。

铁坑弯曲颚刺 *Camptognathus tiekunensis* Xiong，1983

（图版 76，图 13—14）

1983 *Camptognathus tiekunensis* Xiong. —熊剑飞，321 页，图版 74，图 1.

特征 两齿突齿片状，形成齿拱，夹角小，约35°。密集针状细齿大部愈合，仅顶端稍分离。齿片外侧底缘具凸缘脊，其相对之内侧则为凹沟。

描述 刺体由前后齿突组成，前齿突向下偏斜，与后齿突形成夹角约35°的齿拱。两齿耙侧面细粒状明显，口缘具密集、后倾的针状细齿。细齿大小相近，大部愈合，仅顶端稍分离，无主齿。齿片外侧底缘具凸缘脊，其相对之内侧则为凹沟。基腔锥状，位于齿拱中凸处之下。

比较 此种与 *Camptognathus conus* 的区别在于前者细齿大小相似，后者则为大小相间的 Hindeodella 式的排列。

产地层位 贵州独山铁坑、望谟桑朗，密西西比亚系（下石炭统）。

精美颚刺属 Finognathodus Tian & Coen，2004

横式种 *Finognathodus finonodus* Tian & Coen，2004

特征 齿舌宽颚状，口面发育同心状或放射状的短脊或瘤齿。前齿片较宽，中齿脊两侧发育由短脊组成的瘤齿列。中齿脊在齿台中央延伸，常达齿台末端，两侧短脊瘤齿列则伸至齿台与前齿片连接处。

分布与时代 中国南方；密西西比亚纪（早石炭世）。

精美精美颚刺 Finognathodus finonodus Tian & Coen，2004
（图版 76，图 15—16）

2004 *Finognathodus finonodus* Tian & Coen. —田树刚和科恩，742 页，图版 3，图 4—5.

特征 齿台呈心形或三角形，口面瘤脊细致、规则，放射状排列。

描述 刺体由齿突状前齿片和齿台组成。前齿片宽，几乎与齿台等长，中央为分离的小瘤齿组成的中齿脊，延伸至齿台并达齿台末端。在齿台上中齿脊瘤齿变得大而愈合，呈粗大隆脊。前齿片中央齿脊两侧缘为由短脊形成的侧齿列，其短脊近平行，向中齿脊延伸并被纵沟隔开。侧齿列一般仅伸至与齿台连接处。齿台呈心形或三角形，被中齿脊分隔为近相等的内外侧齿台，口面的瘤脊细致、规则，放射状排列。反口面基腔敞开，齿槽窄。

比较 此种与 *Finognathodus rudenodus* 的区别是后者齿台瘤齿和短脊粗大、不规则。

产地层位 广西柳江龙殿山，密西西比亚系（下石炭统）岩关阶隆安组。

粗瘤精美颚刺 Finognathodus rudenodus Tian & Coen，2004
（图版 76，图 17—19）

2004 *Finognathodus rudenodus* Tian & Coen. —田树刚和科恩，图版 3，图 1—3.

特征 齿台椭圆形，口面发育不规则的粗大瘤齿和短脊，呈放射状排列。

描述 刺体由前齿片和齿台组成。前齿片宽，齿突状，与齿台近等长，中央为分离的小瘤齿组成的中齿脊，延伸至齿台，在齿台中央愈合成脊，并达齿台末端；两侧有小瘤齿愈合而成的横脊，横脊分离且相互平行。齿台椭圆形，口面发育不规则的粗大瘤齿和短脊，呈放射状排列。反口面基腔敞开。

比较 此种与 *Finognathodus finonodus* 的区别是前者齿台瘤齿和短脊粗大不规则，齿突状，前齿片横脊发育。

产地层位 广西柳江龙殿山，密西西比亚系（下石炭统）岩关阶隆安组。

棍颚刺属 *Kladognathus* Rexroad，1958

模式种 *Kladognathus prima* Rexroad，1957

特征 为一形态属，由前后齿耙和一侧齿耙组成。前后齿耙排列成一行，后齿耙较长，内侧齿耙指向下方和后方，主齿长大。

分布与时代 欧洲、北美和亚洲；密西西比亚纪（早石炭世）。

原棍颚刺比较种 *Kladognathus* cf. *prima* Rexroad，1957
（图版 75，图 15）

cf. 1957 *Kladognathus prima* Rexroad，p. 28，pl. 1，figs. 8—10.

1983 *Kladognathus* cf. *prima*. —熊剑飞，327 页，图版 73，图 6.

特征 前后齿耙排列成一行，后齿耙较长，细齿稀少。内侧齿耙短，发育 4 个分离的细齿。主齿长大，切面圆。

描述 刺体由前后齿耙和一侧齿耙组成。前后齿耙排列成一行，后齿耙较长，细齿稀疏。侧齿耙由前齿耙伸出，较短，仅见 4 个分离的细齿。主齿长大、粗壮、稀疏，后倾，断面圆。反口面基腔呈窄槽状。

比较 当前标本与 Rexroad（1957）描述的 *Kladognathus prima* 较为相似，可以对比。

产地层位 贵州望谟桑朗，密西西比亚系（下石炭统）。

漩涡刺属 *Dinodus* Cooper，1939

模式种 *Dinodus leptus* Cooper，1939

特征 S 分子刺体不对称或几乎对称，由 2~3 个齿片组成。齿片侧扁，拱曲，由细而高和密集愈合至顶尖的细齿组成，无明显主齿。齿片表面有小疹点，近下缘具明显凸缘。

分布与时代 欧洲、北美洲、亚洲和大洋洲的澳大利亚；密西西比亚纪（早石炭世）。

双翼漩涡刺 *Dinodus bialatus* Zhu，1996
（图版 75，图 16）

1996 *Dinodus bialatus* Zhu. —朱伟元（见曾学鲁等），223 页，图版 37，图 10.

特征 两侧齿片向两侧几乎平伸并迅速变低，后齿片仅为一后凸脊。

描述 刺体由两个侧齿片和一后凸脊组成，近对称。两侧齿片长，稍向上拱，但明显向两侧平伸，底缘直，由密集的针状细齿愈合而成。细齿几乎全部愈合，只在顶端处略显分离。主齿位于中央，即两侧齿片连接处，是刺体最高处，由此向两侧迅速变低。齿片主齿后缘为凸脊，沿主齿后缘延伸，其长度可与主齿等高，光滑无细齿。齿片反口缘龙脊状。

比较 此种虽具 3 个齿片，但后齿片仅为凸脊状，尚无细齿发育和形成真正的后齿片，这与所有的已知种明显不同。

产地层位 甘肃迭部益哇沟，密西西比亚系（下石炭统）益哇沟组。

具尾漩涡刺 *Dinodus caudatus*（Zhu，1996）
（图版 75，图 17，19）

1996 *Elictognathus caudatus* Zhu. —朱伟元（见曾学鲁等），226 页，图版 38，图 10—11.

特征 S 分子齿片后端明显下弯，细齿、主齿指向后方并形成尾状构造，齿片最前端向下倾，细齿低矮愈合。

描述 S 分子刺体齿片状，强烈拱曲，前端向前下方伸展，后部强烈下弯，由一系列较细密的细齿愈合而成，但细齿顶端分离。前齿片较长，向前下方伸展，其中部细齿最高，明显后倾，前端细齿变低，愈合状。后齿片短，向下弯，细齿则指向后方。主齿位于前后齿片连接处，指向后方。齿片侧面中央有一不明显的纵脊。基腔位于主齿反口方，为一前后稍拉长的小凹窝。

比较 朱伟元（1996，见曾学鲁等）建立此种时将其归入 *Elictognathus*。按 *Elictognathus* 属的定义，其一侧后部底缘应向上翻转，发育一列细齿，并与主齿列平行，这明显与属征不符。该种具明显拱曲的齿片及密集愈合的细齿，更符合 *Dinodus* 的属征。

产地层位 甘肃迭部益哇沟，密西西比亚系（下石炭统）石门塘组。

分开漩涡刺 *Dinodus diffluxus* Zhu，1996
（图版 75，图 18）

1996 *Dinodus diffluxus* Zhu. —朱伟元（见曾学鲁等），223 页，图版 39，图 3.

特征 S 分子刺体近对称，拱曲，前后齿片形成 120° 角向下张开，细齿细而密，几乎完全愈合。

描述 S 分子刺体近对称，拱曲，前后齿片薄，向上拱曲。主齿位于近中央，其宽度约为相邻细齿的 2~3 倍，稍向后倾。前齿片伸向前下方，与后齿片形成 120° 角，由多个排列紧密的细齿愈合而成。前后细齿近等长，前部细齿近直立，中后部稍后倾。后齿片末端反口缘向上弧状弯曲，细齿多而密，几乎完全愈合，顶端略显分离，稍向后倾和向后变低。齿片前后端钝圆，反口缘龙脊状，近底缘侧面有不明显的侧凸缘。小而拉长的基腔位于主齿下方。

比较 此种与 *Dinodus fragosus* 相似，区别在于后者齿片拱曲强烈，前后齿片形成约 50° 夹角，且前齿片向前变窄变低并向内侧弯曲。

产地层位 甘肃迭部益哇沟，密西西比亚系（下石炭统）益哇沟组。

破漩涡刺 *Dinodus fragosus*（Branson E.R.，1934）
（图版 76，图 1—3）

1934 *Dinodus fragosus* Branson E.R., p. 333, pl. 27, fig. 5.

1969 *Dinodus fragosus*. —Druce, p. 53, pl. 5, figs. 3a—5b; pl. 42, fig. 4.

1978 *Dinodus fragosus*. —王成源和王志浩，60 页，图版 3，图 36.

non 1983 *Dinodus fragosus*. —熊剑飞，323 页，图版 73，图 17.

1987a *Dinodus fragosus*. —季强，242 页，图版 6，图 1—2.

1987 *Dinodus fragosus*. —董振常，72 页，图版 4，图 23.

1988 *Dinodus fragosus*. —Wang & Yin in Yu, p. 117, pl. 31, fig. 11; pl. 33, figs. 4a—b.

non 1996 *Dinodus fragosus.* —朱伟元（见曾学鲁等），223—224 页，图版 39，图 2.

特征 S 分子刺体齿片侧面压缩，前齿片强烈向下向后折曲，沿反口缘发育侧脊，口面细齿排列紧密，细齿细而密，几乎完全愈合。后齿片反口缘脊锐利，外侧脊延至齿片中部，内侧脊沿反口缘发育，口面细齿排列紧密，细齿细而密，几乎完全愈合。两齿片夹角约 40°~50°。

描述 S 分子刺体刺体由前后两齿片组成，两者夹角约 40°~50°。前齿片较细长、侧扁，强烈向下、向后斜伸，沿反口缘有侧脊；口面细齿较短，排列紧密，细而密，几乎完全愈合。后齿片高，侧扁，细齿高，排列紧密，细而密，几乎完全愈合。大部细齿近直立，最前端细齿稍前倾而后部细齿稍后倾。反口缘脊状，外侧脊延至齿片中部，内侧脊沿反口缘发育。

比较 此种与 *Dinodus leptus* 的区别在于前者细齿较纤细，两个齿片连接处不呈漩涡状扭曲。

产地层位 贵州代化，密西西比亚系（下石炭统）王佑组；湖南江华，上泥盆统—密西西比亚系（下石炭统）孟公坳组；甘肃迭部益哇沟，密西西比亚系（下石炭统）益哇沟组。

细漩涡刺 Dinodus leptus Cooper，1939

（图版 76，图 4）

1939 *Dinodus leptus* Cooper，p. 386，pl. 63，fig. 76.

1966 *Dinodus leptus.* — Klapper，p. 25，pl. 5，fig. 8.

1987a *Dinodus leptus.* —季强，242—243 页，图版 4，图 18.

特征 S 分子刺体"V"字形，由两个齿片组成，齿片上窄下宽，断面为三角形，口面细齿排列紧密，顶尖分离。两齿片连接处的细齿较宽，呈漩涡状扭曲。

描述 S 分子刺体由两个齿片连接而成，总的形态呈"V"字形。齿片上窄下宽，断面为三角形，两侧反口缘附近表面具细粒状纹饰，沿反口缘有一明显的侧脊，口缘细齿细而长，排列紧密，除顶尖外，几乎完全愈合。两齿片连接处的细齿较宽，并呈漩涡状扭曲。

比较 此种与 *Dinodus youngquisti* 的主要区别在于后者由 3 个齿片组成；与 *D. fragosus* 的区别在于后者口面细齿比较纤细，两个齿片连接处的细齿不呈漩涡状扭曲。

产地层位 湖南江华，上泥盆统—密西西比亚系（下石炭统）孟公坳组。

威尔逊漩涡刺？ Dinodus? wilsoni Druce，1969

（图版 76，图 26）

1969 *Dinodus? wilsoni* Druce，p. 54，pl. 3，figs. 5a—b.

1985 *Dinodus? wilsoni.* —季强等（见侯鸿飞等），103 页，图版 37，图 25—26.

1987 *Dinodus? wilsoni.* —董振常，71—72 页，图版 4，图 18.

特征 S 分子前齿片短而低，并向主齿方向增高，后齿片比前齿片稍长，高。两齿片沿底缘两侧具凸脊，口缘细齿多而密，大部愈合，仅顶端分离。主齿顶生，略大于其他细齿。

描述 S 分子刺体由两个齿片连接而成，两齿片扁平，强烈向上拱曲，沿底缘两侧具凸脊，两者夹角为 35°~45°。前齿片短而低，并向主齿方向增高，口面细齿细而密，大部愈合，仅顶端分离。后齿片比前齿片稍长，高。它与前齿片相同，口面细齿细而密，大部愈合，仅顶端分离。主齿顶生，略大于其他细齿，横切面亚圆形。

比较　此种具稍大的主齿，齿片沿底缘两侧具凸脊，可与其他已知种相区别。

产地层位　贵州惠水睦化，密西西比亚系（下石炭统）王佑组；湖南桂阳县大圹背，密西西比亚系（下石炭统）桂阳组。

扬克斯特漩涡刺　*Dinodus youngquisti* Klapper，1966
（图版 76，图 5）

1966 *Dinodus youngquisti* Klapper，p. 25，pl. 5，figs. 2—3.

1996 *Dinodus youngquisti.* 一朱伟元（见曾学鲁等），224 页，图版 39，图 1.

特征　S 分子刺体近对称，高而拱曲，由两个侧齿片和一个后齿片组成。

描述　S 分子刺体近对称，高而拱曲，由两个侧齿片和一个后齿片组成。两侧齿片短而高，向下伸，细齿高而密，相互愈合呈片状，底缘之上有凸缘。后齿片短而高，向后伸，细齿高而相互愈合。反口面基腔位于 3 个齿片交汇处，齿片反口面呈龙脊状。

比较　因都具 3 个齿片，此种与 *Dinodus bialatus* 十分相似，区别在于后者两侧齿片向两侧平伸和后齿片仅呈凸脊状。

产地层位　甘肃迭部益哇沟，密西西比亚系（下石炭统）益哇沟组。

镰刺属　*Falcodus* Huddle，1934

模式种　*Falcodus angulus* Huddle，1934

特征　S 分子由前后齿片和主齿组成，前齿片长，向下伸，后齿片后端也向下伸，所有细齿排列紧密。后齿片高而短，其细齿向后变高。反口面基腔小，位于主齿下方。

分布与时代　欧洲、北美和亚洲；晚泥盆世至密西西比亚纪（早石炭世）。

角镰刺　*Falcodus angulus* Huddle，1934
（图版 76，图 6—8）

1934 *Falcodus angulus* Huddle，pp. 87—88，pl. 7，fig. 9.

1966 *Falcodus angulus.* 一Klapper，p. 27，pl. 5，figs. 1，4.

1978 *Falcodus angulus* Huddle. 一王成源和王志浩，62 页，图版 3，图 35.

1983 *Dinodus fragosus* Branson E.R. 一熊剑飞，323 页，图版 73，图 17.

1985 *Falcodus angulus.* 一季强等（见侯鸿飞等），105 页，图版 32，图 21—22.

特征　S 分子前齿片窄长，向下伸，后齿片短而高，高度向后增加。所有细齿排列紧密，与主齿平行。

描述　S 分子由前后齿片和主齿组成。前齿片窄而长，向下伸并向内弯，口面细齿细而多，排列紧密，向上倾，大部愈合，仅顶端分离。后齿片短而高，其口面细齿细而多，与主齿平行，排列紧密，相互愈合而顶端分离。后齿片细齿向后增高，后端靠前处是刺体最高处。主齿比相邻细齿稍大，位于前后齿片相连处。反口面基腔小，亚圆形，位于主齿下方。

比较　此种与 *Falcodus conflexus* 较为相似，但前者前齿片窄而长，后齿片高而短。

产地层位 贵州长顺睦化，密西西比亚系（下石炭统）王佑组。

中间镰刺 Falcodus intermedius Ji，1985
（图版 76，图 9—10）

1985 *Falcodus intermedius* Ji. 一季强等（见侯鸿飞等），105—106 页，图版 32，图 23—24.

特征 后齿片略长于前齿片，两者夹角为 65°~85°，端部两侧近底缘具肋脊，主齿高大。

描述 S 分子由前后齿片及主齿组成，前后齿片夹角为 65°~85°。前齿片中等长，比后齿片稍短，向下弯，口面发育多而密的细齿，向上倾，中下部愈合而顶部分离，向前稍增高，齿片下缘两侧具肋脊。后齿片较长和稍高，向下后方斜伸，多而密的细齿大部愈合，仅顶端分离，向后稍增高。主齿较高大，稍后倾，位于两齿片相交处。反口面基腔小，位于主齿下方。

比较 此种与 *Falcodus angulus* 的区别在于后者前齿片窄长，后齿片短而高，两侧无肋脊。

产地层位 贵州长顺睦化，密西西比亚系（下石炭统）王佑组。

变异镰刺 Falcodus variabilis Sannemann，1955
（图版 76，图 11—12）

1955 *Falcodus variabilis* Sannemann，p. 129，pl. 4，figs.1—4.

1967 *Falcodus variabilis*. —Wolska，p. 376，pl. 1，fig. 9.

1978 *Falcodus variabilis*. —王成源和王志浩，63 页，图版 2，图 4—7.

1983 *Falcodus variabilis*. —熊剑飞，305 页，图版 71，图 5.

1985 *Falcodus variabilis*. —季强（见侯鸿飞等），106 页，图版 41，图 22.

特征 齿片较高，细齿大小交替生长。

描述 S 分子刺体明显向上拱曲，由较高的前后齿片及主齿组成。前齿片向下弯，后齿片向下、向后伸，口缘分布较密集的细齿；细齿大小相间，中下部愈合而顶端分离，向后倾。主齿比相邻细齿稍大，后倾。基腔小，位于主齿反口方。

比较 此种与 *Falcodus conflexus* 和 *F. intermedius* 的区别在于前者齿片细齿大小相间排列。

产地层位 贵州长顺睦化，上泥盆统顶部代化组。

叶颚刺属 Phyllognathus Ni，1984

模式种 *Phyllognathus binatus* Ni，1984

特征 极薄的齿片状刺体，不对称，近三角形，主齿后缘至后齿片远端密布细长细齿。自主齿顶部至基腔上方内侧具一浅沟，而相对的外侧则为一低脊。主齿及反主齿为宽齿片状。基腔小，凹穴状，偏于外侧。

注 此属与形态属 *Neoprioniodus* 的形态十分相似，很可能是同属，其模式种实为此属的一碎片，因此此属的有效性值得商榷。

分布与时代 中国南方，密西西比亚纪（早石炭世）。

双生叶颚刺　*Phyllognathus binatus* Ni，1984

（图版 76，图 20—22）

1984 *Phyllognathus binatus* Ni. —倪世钊，288 页，图版 44，图 16，20—21.

　　特征　同属之特征。

　　注　此种具高大的主齿、反主齿及主齿后缘多而密的细齿，很可能是 *Neoprioniodus* 形态属某种的一个碎片，其反主齿明显折断。

　　产地层位　湖北长阳桃山淋湘溪，密西西比亚系（下石炭统）长阳组。

半轮刺属　*Semirotulognathus* Ji，Xiong & Wu，1985

　　模式种　*Semirotulognathus laminatus* Ji，Xiong & Wu，1985

　　特征　器官组成不明，刺体呈半圆形，无主齿，仅由两个薄片状的侧齿片组成，口面光滑或具细齿，反口面可有基腔和齿槽。

　　分布与时代　中国贵州；晚泥盆世至密西西比亚纪（早石炭世）。

薄片半轮刺　*Semirotulognathus laminatus* Ji，Xiong & Wu，1985

（图版 76，图 23—25）

1985 *Semirotulognathus laminatus* Ji，Xiong & Wu. —季强等（见侯鸿飞等），130 页，图版 34，图 18—20.

　　特征　刺体半圆形，由两个极薄的齿片组成，口面具细齿，无主齿，反口面有基腔和齿槽。

　　描述　刺体半圆形，无主齿，由两个极薄的齿片组成。两个侧齿片以连接端为轴线微微向外对称曲折，下部稍向内弯，口面具紧密排列的纤细细齿状构造。齿片表面光滑，反口面稍加厚，具明显的齿槽。基腔很小，窄缝状，位于两齿片连接处。

　　比较　此种与 *Semirotulognathus devonica* 的区别在于后者齿片口面无细齿，反口面无基腔，反口缘平直，表面具生长纹。

　　产地层位　贵州睦化，上泥盆统代化组和密西西比亚系（下石炭统）王佑组。

参考文献

安太庠，郑昭昌，1990. 鄂尔多斯盆地周缘的牙形石. 北京：科学出版社.

安太庠，张放，向维达，张又秋，徐文豪，张慧娟，姜德标，杨长生，蔺连第，崔占堂，杨新昌，1983. 华北及邻区牙形石. 北京：科学出版社.

崔智林，于在平，1995. 秦岭核桃坝石炭纪牙形石及其生物相. 微体古生物学报，12（1）:13-21.

丁惠，万世禄，1986. 徐淮地区石炭、二叠纪牙形石动物群及其生物地层序列. 科学通报，31（8）:638.

丁惠，万世禄，1989. 粤北韶关早石炭世大塘期牙形石. 微体古生物学报，6（2）:161-178.

丁惠，赵庆生，1985. 太原西山太原组东大窑灰岩牙形石及其地层意义. 山西矿业学院学报，3（1）:8-18, 图版 1-2.

丁惠，万世禄，梁湘元，1983. 河南鹤壁晚石炭世太原组牙形石生物地层初步研究. 山西矿业学院，1（2）:57-61.

丁惠，仇铁强，段晓青，1990. 苏皖交界地区石炭二叠纪牙形石生物地层及 *Sweetognathus* 动物群的演化. 山西矿业学院学报，8（3）:250-258.

丁惠，马倩，万世禄，1991. 辽东—吉南地区晚石炭世牙形石生物地层. 山西矿业学院学报，9（2）:132-145, 图版 1-2.

丁蕴杰，夏国英，李莉，俞学光，赵松银，1991. 东秦岭陕西镇安西口地区石炭系—二叠系界线及生物群. 中国地质科学院天津地质矿产研究所文集，（24）:1-202.

董振常，1987. 牙形刺 // 湖南省地质矿产局区域地质调查队. 湖南晚泥盆世和早石炭世地层及古生物群. 北京：地质出版社, pp.68-84.

董致中，1986. 云南宁蒗县泸沽湖区纳缪尔期牙形石兼论石炭系中间界线. 云南地层，5（3）:191-208.

董致中，1987. 云南宁蒗县泸沽湖畔石炭系牙形石及碳酸盐沉积相. 云南地层，6（1）:30-49.

董致中，季强，1988. 云南宁蒗、丽江地区石炭纪牙形石生物地层. 地层古生物论文集，22:35-65.

董致中，王伟，2006, 云南牙形类动物群——相关生物地层及生物地理区研究. 昆明：云南科技出版社.

董致中，王成源，王志浩，1987. 滇西北石炭系和二叠系牙形刺序列. 古生物学报，26（4）:411-419, 图版 1-3.

段金英，1993. 苏北滨海—宝应地区石炭系牙形刺. 微体古生物学报，10（2）:201-212.

符俊辉，于芬玲，1998. 贺兰山北段呼鲁斯太石炭纪羊虎沟组的牙形刺. 古生物学报，37（4）:489-495.

侯鸿飞，德维伊斯特 F X，2002. 石炭纪杜内阶—维宪阶界线定义介绍. 地层学杂志，26（4）:293-296.

侯鸿飞，周怀玲，2008. 石炭纪维宪阶全球界线层型剖面和点位补遗. 地球学报，29（3）:318-327.

侯鸿飞，季强，吴祥和，熊剑飞，王士涛，高连达，盛怀斌，魏家庸，苏珊特纳，1985. 贵州睦化泥盆—石炭系界线. 北京：地质出版社.

侯吉辉，徐国豪，杨天恩，文国忠，刘陆军，赵修祜，芮琳，王志浩，臧庆兰，何绵文，1987. 晋东南地区晚古生代含煤地层和古生物群. 南京：南京大学出版社.

胡科毅, 2012. 贵州罗甸纳庆剖面石炭系莫斯科阶—卡西莫夫阶界线层的牙形刺. 硕士学位论文, 中国科学院研究生院.

胡科毅, 2016. 华南宾夕法尼亚亚纪早—中期的牙形刺. 北京: 中国科学院大学.

季强, 1985. *Siphonodella* (牙形刺) 的演化、分类、化石带和生物相的研究. 中国地质科学院地质研究所集刊, 11:51-78.

季强, 1987a. 湖南江华晚泥盆世和早石炭世牙形刺 // 中国科学院地质古生物研究所研究生论文集第 1 号. 苏州: 江苏科学技术出版社, pp.225-284, 图版 8.

季强, 1987b. 从牙形类研究看中国浅水相泥盆系与石炭系分界. 地质学报, 61 (1):10-20.

季强, 1987c. 湖南江华早石炭世牙形刺及其地层意义——兼论岩关阶内部事件. 中国地质科学院地质研究所所刊, 16:115-138, 图版 3.

季强, 1997. 青海都兰晚石炭世牙形类的发现. 中国区域地质, 16 (1):98-101.

季强, 熊剑飞, 1985. (一) 牙形刺生物地层 // 侯鸿飞, 等. 贵州睦化泥盆—石炭系界线. 北京: 地质出版社, pp. 30-37.

季强, 侯鸿飞, 吴祥, 熊剑飞, 1984. 牙形类 *Siphonodella puaesulcata* 带和 *S. sulcata* 带在我国的发现及其意义. 地质学报, 64 (2):106-112.

季强, 张振贤, 陈宣忠, 王桂斌, 1987. 广西鹿寨寨沙泥盆—石炭系界线研究. 地层学杂志, 3:213-217.

季强, 魏家庸, 王洪第, 王宁, 罗小松, 1988. 贵州长顺睦化泥盆—石炭系界线层型研究的新进展——介绍大坡上泥盆—石炭系界线剖面. 地质学报, 62 (2):4-99.

季强, 秦国荣, 赵汝璇, 1990. 广东乐昌大赛坝剖面牙形刺生物地层. 中国地质科学院地质研究所所刊, 22:111-127.

纪占胜, 姚建新, 武桂春, 刘贵忠, 蒋忠惕, 傅渊慧, 2007. 西藏申扎地区晚石炭世牙形石 *Neognathodus* 动物群的特征及其意义. 地质通报, 26 (1):42-52.

姜建军, 1994. 黔南早石炭世牙形石及泥盆、石炭系界线. 中国地质, (1):165-171.

康沛泉, 王成源, 王志浩, 1987. 贵州紫云陆棚相区石炭纪—二叠纪牙形刺生物地层. 微体古生物学报, 4 (2):179-194, 图版 1-3.

李东津, 周晓东, 王光奇, 陈明, 郎嘉彬, 王成源, 2012. 吉林磐石七间房剖面石炭系鹿圈屯组的牙形刺及时代. 世界地质, 31 (3):441-450.

李罗照, 李艺斌, 肖传桃, 刘秉理, 姜衍文, 等, 1996. 塔里木盆地石炭—二叠纪生物地层. 北京: 地质出版社.

李仁杰, 段丽兰, 1993. 云南保山—施甸地区早石炭世牙形刺序列及其意义. 微体古生物学报, 10 (1):37-52.

李永军, 刘晓宇, 王晓刚, 杜志刚, 王瑶培, 2007. 东天山库姆塔格石炭纪牙形石的发现及地质意义. 新疆地质, 25 (2):127-131.

李志宏, 彭中勤, 陈龙, 王传尚, 王保忠, 2014. 广西南垌早石炭世巴平组牙形刺新材料. 微体古生物学报, 31 (3):271-284.

林又玲, 毛桂英, 1990. 焦作地区太原组牙形刺化石及其组合特征. 焦作矿业学院学报, 18 (1):30-37, 图版 1.

卢宏金, 1987. 桂东南晚泥盆世—早石炭世牙形石的发现. 地质通报, (3):96.

马倩, 丁惠, 万世禄, 1993. 辽东—吉南地区晚石炭世牙形石生物相. 山西矿业学院学报, 11 (3):247-253.

马兆亮，王玥，王秋来，Hoshiki Y, Ueno K, 祁玉平，王向东，2013. 贵州罗甸县罗悃剖面石炭系巴什基尔阶—莫斯科阶界线研究 . 古生物学报，52（4）:492-502.

倪世钊，1984. 牙形石 // 地质矿物部 . 长江三峡地区生物地层学（3）: 晚古生代分册 . 北京 : 地质出版社，pp. 52, 55-58, 278-293, 图版 44-45.

祁玉平，2008. 石炭系谢尔普霍夫和莫斯科阶全球后选层型——贵州罗甸纳庆剖面的牙形刺生物地层研究 . 博士论文，中国科学院研究生院，pp. 1-157.

祁玉平，王志浩，罗辉，2004. 全球维宪阶与谢尔普霍夫阶界线层的生物地层研究进展及展望 . 地层学杂志，28（3）:281-287.

秦国荣，赵汝璇，季强，1988. 粤北晚泥盆世和早石炭世牙形刺的发现及其地层意义 . 古生物学报，5（1）:57-71.

邱红荣，1988. 西藏聂拉木亚里晚泥盆世—早石炭世牙形石动物群 . 西藏古生物论文集，pp. 272-302, 图版 8.

芮琳，王志浩，张遴信，1987. 罗苏阶——上石炭统底部一个新的年代地层单位 . 地层学杂志，11（2）:103-115.

沈后，1987. 安徽西部上石炭统黄龙组底部白云岩段中的牙形刺动物群 . 中国油气区域地层古生物论文集，1:226-242, 图版 1-2.

史美良，赵治信，1985. 北祁连山石炭纪牙形石序列 . 新疆石油地质，（1）:43-62.

苏一保，赵松银，1986. 广西宜山石炭、二叠纪牙形刺 . 宜昌地质矿产研究所集刊，11:1-35.

苏一保，韦仁彦，邝国敦，季强，1988. 广西宜山拉多利灵山泥盆—石炭系界线层牙形刺的发现及其意义 . 微体古生物学报，5（2）:183-194.

苏一保，树皋，韦灵敦，1989. 桂西南晚泥盆—早石炭世含煤地层的牙形刺 . 广西地质，2(2):47-62.

苏一保，邝国敦，李家骧，陶业斌，1991. 广西小董板城晚泥盆世—早石炭世硅质岩地层的一些牙形石 . 广西地质，4（3）:1-5.

田传荣，安太庠，周希云，翟志强，熊剑飞，戴进业，田树刚，1983. 牙形石 // 地质矿产部成都地质矿产研究所 . 西南地区古生物图册，微体古生物分册 . 北京 : 地质出版社，pp. 255-456.

田树刚，Coen M, 2005. 华南石炭纪杜内—维宪界线期牙形石演化和层型标志 . 中国科学 D 辑，11:1028-1036.

田树刚，科恩 M, 2004. 华南石炭纪岩关—大塘界线期牙形石地层分带 . 地质通报，23（8）:737-749.

万世禄，丁惠，1984. 太原西山石炭纪牙形石初步研究 . 地质论评，30（5）:409-415, 图版 1.

万世禄，丁惠，1987. 华北地台石炭二叠纪牙形石序列 // 中国煤炭学会煤田地质专业委员会，中国地质学会煤田地质专业委员会 . 中国石炭二叠纪含煤地层及地质学术会议论文集 . 北京 : 科学出版社，pp. 78-83.

万世禄，丁惠，赵松银，1983. 华北中晚石炭世牙形石生物地层 . 煤炭学报，2:62-72.

王成源，1974. 石炭纪、二叠纪牙形刺 // 中国科学院南京地质古生物研究所 . 西南地区地层古生物手册 . 北京 : 科学出版社，pp. 283-284, 图版 148.

王成源，1987. 宁夏中卫靖远组牙形刺 // 宁夏地质矿产局、中国科学院南京地质古生物研究所 . 宁夏纳缪尔期地层和古生物 . 南京 : 南京大学出版社，pp. 179-190, 图版 1-2.

王成源，1993. 下扬子地区牙形刺生物地层与有机变质成熟度的指标 . 北京 : 科学出版社，pp. 1-386.

王成源，吉·克拉佩尔，1987. 论覃齿刺 Fungulodus（牙形刺）. 微体古生物学报，4（4）:369-374.

王成源，康沛泉，2000. 中国二叠系的底界 . 微体古生物学报，17（4）:378-387.

王成源，王志浩，1978. 黔南晚泥盆世和早石炭世牙形刺. 中国科学院南京地质古生物研究所集刊，11 号:51-104, 图版 1-8.

王成源，王志浩，1981. 中国寒武纪至三叠纪牙形刺序列 // 中国古生物学会. 中国古生物学会第十二届学术年会论文选集. 北京：科学出版社，pp. 105-115, 图版 1-3.

王成源，王志浩，2016. 中国牙形刺生物地层. 杭州：浙江大学出版社，pp. 1-379.

王成源，徐珊红，1989. 广西忻城里苗石炭纪牙形刺. 微体古生物学报，6（1）:31-44, 图版 1-4.

王成源，殷保安，1984. 华南浮游相区早石炭世早期牙形刺分带与泥盆系—石炭系界线. 古生物学报，23（2）:224-238, 图版 1-3.

王成源，殷保安，1985. 广西宜山浅水相区的一个重要泥盆系—石炭系界线层型剖面. 微体古生物学报，2（1）:28-48, 图版 1-3.

王成源，李东津，邵济安，1996. 对吉林王家街组的新认识. 吉林地质，15（1）:15-29.

王平，王成源，2005. 陕西凤县熊家山界河街组早石炭世牙形刺动物群. 古生物学报，44（3）:358-375.

王秋来，2014. 华南卡西莫夫阶与格舍尔阶界线层的牙形刺. 硕士学位论文，中国科学院大学.

王秋来，祁玉平，胡科毅，盛青怡，林巍，2014. 贵州罗甸罗悃维宪阶—谢尔普霍夫阶界线层的牙形刺生物地层. 地层学杂志，38（3）:277-289.

王伟，董致中，王成源，2004. 滇西保山地区丁家寨组、卧牛寺组牙形刺的时代. 微体古生物学报，21（3）:273-282.

王向东，金玉玕，2000. 石炭纪年代地层学研究概况. 地层学杂志，24（2）:90-98.

王向东，金玉玕，2005. 石炭系全球界线层型研究进展. 地层学杂志，29（2）:147-153.

王向东，Sugiyama T, Ueno K, Mizuno Y, 李一军，王伟，段卫先，姚金昌，2000. 滇西保山地区石炭纪、二叠纪古动物地理演化. 古生物学报，39（4）:493-506.

王训练，高金汉，张海军，刘旭东，杨平，马志强，2002. 柴达木盆地北缘石炭系顶、底界线再认识. 地学前缘，9（3）:65-72.

王训练，王雷，张海军，张世红，夏国英，2006. 陕西镇安西口石炭系—二叠系界线剖面综合地层学研究. 地学前缘，13（6）:291-302.

王增吉，1981. 中国西北、北部早石炭世早期地层. 地质论评，27（6）:533-538。

王增吉，等，1990. 中国地层 8: 中国的石炭系. 北京：地质出版社，p. 419.

王志浩，1991. 中国石炭—二叠系界线地层的牙形刺——兼论石炭二叠系界线. 古生物学报，30（1）:6-41, 图版 1-3.

王志浩，1996a. 黔南、桂北石炭系中间界线及其上、下层位的牙形刺. 微体古生物学报，13（3）:261-276.

王志浩，1996b. 新疆巴楚县巴楚组底部的牙形刺. 新疆地质，14（1）:92-95.

王志浩，李润兰，1984. 山西太原组牙形刺的发现. 古生物学报，23（2）:196-203.

王志浩，祁玉平，2002a. 贵州罗甸上石炭统罗苏阶和滑石板阶牙形刺序列的再研究. 微体古生物学报，19（2）:134-143, 图版 1-2.

王志浩，祁玉平，2002b. 黔南石炭—二叠系牙形刺序列的再研究. 微体古生物学报，19（3）:226-233, 图版 1.

王志浩，祁玉平，2003. 我国北方石炭—二叠系牙形刺序列再认识. 微体古生物学报，20（3）:225-243, 图版 1.

王志浩，祁玉平，2007. 华南上石炭统莫斯科阶—卡西莫夫阶界线附近的牙形刺. 微体古生物学报，24（4）:385-392.

王志浩，王成源，1983. 甘肃靖远地区石炭系靖远组的牙形刺. 古生物学报，22（4）:437-446，图版 1-2.

王志浩，王骊军，1991. 青海玉树地区晚古生代牙形刺//青海省地质科学研究所，中科院南京地质古生物研究所. 青海玉树地区泥盆纪—三叠纪地层和古生物，下册. 南京：南京大学出版社，pp. 123-133，图版 3.

王志浩，文国忠，1987. 晋东南地区晚石炭世牙形刺//山西煤田地质勘探公司 114 队，中国科学院南京地质古生物研究所. 晋东南地区晚古生代含煤地层和古生物群. 南京：南京大学出版社，pp. 281-289.

王志浩，张文生，1985. 河南禹县太原组上部牙形刺的发现. 地层学杂志，9（3）:228-230.

王志浩，芮琳，张遴信，1987. 贵州罗甸纳水晚石炭世至早二叠世早期牙形刺及蜓序列. 地层学杂志，11（2）:155-159.

王志浩，张遴信，祁玉平，2004a. 我国石炭系滑石板阶标准剖面的牙形刺. 古生物学报，43（2）:281-286.

王志浩，张遴信，祁玉平，2004b. 我国石炭系达拉阶标准剖面的牙形刺. 微体古生物学报，21（3）:283-291.

王志浩，祁玉平，王向东，王玉净，2004c. 贵州罗甸纳水上石炭统（宾夕法尼亚亚系）剖面的再研究. 微体古生物学报，21（2）:111-129，图版 1-3.

王志浩，祁玉平，王向东，2008. 华南贵州罗甸纳水剖面宾夕法尼亚亚系各阶之界线. 微体古生物学报，25（3）:205-214.

吴祥和，1987. 贵州石炭纪生物地层. 地质学报，61（4）:285-295.

夏凤生，陈中强，2004. 新疆石炭系杜内—韦宪阶界线层的牙形类 *Polygnathus communis gancaohuensis*（新亚种）和 *Polygnathus communis* Branson et Mehl 1934 的种系发生. 微体古生物学报，21（2）:136-147.

夏广胜，徐家聪，1980. 安徽巢湖地区早石炭世地层. 地层学杂志，4（2）:87-95.

夏国英，丁蕴杰，丁惠，张文治，张研，赵震，杨逢清，1996. 中国石炭—二叠系界线层型研究. 北京：地质出版社，pp. 1-200.

熊剑飞，1983. 石炭纪牙形石//地质矿产部成都地质矿产研究所. 西南地区古生物图册，微体古生物分册. 北京：地质出版社，pp. 320-338.

熊剑飞，1991. 新疆巴楚岩关期牙形类化石的发现及其泥盆石炭系界线. 新疆石油地质，12（2）:118-126，图版 1.

熊剑飞，陈隆治，1983. 贵州石炭系的牙形刺//贵州地层古生物专业委员会. 贵州地层古生物论文集 1. 贵阳：贵州人民出版社，pp. 33-52，图版 1-2.

熊剑飞，翟志强，1985. 贵州黑区（望谟如牙—罗甸纳水）石炭系牙形类、蜓类生物地层研究. 贵州地质，2（3）:269-287.

熊剑飞，翟志强，陈隆治，1987. 贵州罗甸（黑区）石炭—二叠系过渡层及其分界//全国石炭纪会议论文专集. 北京：地质出版社，pp. 234-245，图版 1-2.

姚改焕，张志沛，1990. 渭北地区石炭纪牙形刺初步研究. 西安矿业学院学报，（2）:39-46.

姚建新，刘训，等，1997. 新疆络浦县和巴楚县晚石炭世—早二叠世牙形石动物群及其地层意义. 地球科学，18（1）:106-109.

杨式溥，田树刚，1988. 贵州水城滥坝缪尔期牙形石带及平台分子的种系演化. 地层古生物论文集，20 辑:47-75.

应中锷, 1984. 江苏、浙江和安徽黄龙组底部白云岩中的牙形刺及其地层意义. 南京地质矿产研究所集刊, 5（1）:14-26.

应中锷, 1987. 苏皖地区石炭纪牙形刺. 资源调查与环境, 8（2）:92-98.

俞昌民, 王成源, 阮亦萍, 殷保安, 李镇梁, 韦炜烈, 1988. 广西桂林一个合乎要求的泥盆—石炭系界线层型剖面. 地层学杂志, 12（2）:104-111, 图版 1-3.

曾学鲁, 朱伟元, 何心一, 滕方孔等, 1996. 西秦岭石炭纪、二叠纪生物地层及沉积环境. 北京：地质出版社, pp. 334, 图版 56.

张仁杰, 胡宁, 王志浩, 2001, 海南岛昌江地区石炭纪牙形刺化石. 微体古生物学报, 18（1）:35-42.

赵松银, 1981. 山西沁水盆地晚石炭世的一些牙形石. 中国地质科学院天津地质矿产研究所刊, 4:97-112, 图版 1-3.

赵松银, 1982. 山西沁水盆地晚石炭世的一些牙形石. 中国地质科学院天津地质矿产研究所文集, 4:97-111.

赵松银, 1989. 贵州普安龙吟地区石炭二叠系牙形石及其意义. 中国地质科学院天津地质矿产研究所所刊, 23:141-155.

赵松银, 万世禄, 1983. 唐山上石炭统开平组牙形石的发现及其意义. 中国地质科学院天津地质矿产研究所所刊, 8:95-104.

赵松银, 安太庠, 邱红荣, 万世禄, 丁惠, 1984. 牙形石 // 天津地质矿产研究所. 华北地区古生物图册（三）：微体古生物分册. 北京：地质出版社, pp. 200-264, 653-659, 703-707, 764-778, 图版 107.

张文生, 丁惠, 万世禄, 1988, 河南禹县大风口太原组牙形石序列及石炭—二叠系界线. 山西矿业学院院报, 6（2）:103-113.

赵治信, 1988. 新疆下、中石炭统界线和牙形石序列. 科学通报, 33（23）:1806-1810.

赵治信, 王志浩, 1990. 牙形石动物群. 中国地层 8: 中国的石炭系, 北京：地质出版社, pp. 345-347.

赵治信, 韩建修, 王增吉, 1984. 塔里木盆地西南缘石炭纪地层及其生物群. 北京：地质出版社, pp. 1-187.

赵治信, 杨河新, 朱希梅, 1986. 新疆克拉麦里山石钱滩组牙形石及其时代. 微体古生物学报, 3（2）:193-206.

赵治信, 张桂芝, 肖继南, 2000. 新疆古生代地层及牙形石. 北京：石油工业出版社, pp. 1-340, 图版 1-50.

Alekseev A S, Goreva N V, 2001. Conodonta. In: Makhlina M Kh et al. （eds.）, Middle Carboniferous of Moscow Syneclise （Southern Part）:V. 2, Biostratigraphy. Moscow:Scientific World, pp. 113-140.

Alekseev A S, Goreva N V, 2007. Conodont zonation for the type Kasimovian and Gzhelian Stage in the Moscow Basin, Russia. In: Wong Th E （ed.）, Proceeding of the XVth International Congress on Carboniferous and Permian Stratigraphy. Utrecht, the Netherlands, 10-16 August 2003. Royal Netherlands Academy of Arts and Sciences, pp. 229-242.

Alekseev A S, Goreva N V, Isokova T N, Makhlina M Kh, 2003. Biostratigraphy of the Carboniferous of the Moscow Syneclise （Russia）. In: The XVth International Congress on Carboniferous and Permian Stratigraphy, Abstracts 13-15, Utrecht, the Netherlands.

Alekseev A S, Goreva N V, Isokova T N, Makhlina M Kh, 2004. Biostratigraphy of the Carboniferous in the Moscow Syneclise, Russia. Newsletter on Carboniferous Stratigraphy, 22, 28-35, Augusta.

Aristov V A, Gagiev M C, Kononova L L, 1983. Phylomorphogenesic and stratigraphical importance of genus *Mashkovia* gen nov. Isu. Acad. Nauk USSR, Geol., 2:72-83 （in Russian）.

Atakul-Özdemir A Y S E, Altiner D, Özkan-Altiner S, 2012. Conodont distribution across the mid-Carboniferous boundary in the central Taurides, Turkey. Rivista Italiana di Paleontologia e Stratigrafia, 118:213-222.

Austin R L, Husri S, 1974. Dinantian conodont faunas of County Clare, County Limerick and County Leitrim. An appendix. In: Bouckaert J, Streel M （eds.）, International Symposium on Belgian Micropaleontological Limits from Emsian to Visean, Namur, 1974. Geological Survey of Belgium, Brussels, 3:18-69.

Baesemann J F, Lane H R, 1985. Taxonomy and evolution of the genus *Rhachistognathus* Dunn （Conodonta, Late Mississippian to Early Middle Pennsylvanian）. Courier Forschungsinstitut Senckenberg, 74:93-136.

Barrick J E, Boardman D R, 1989. Stratigraphic distribution of morphotypes of *Idiognathodus* and *Streptognathodus* in Missourian-Lower Virgilian strata, North-Central Texas. In: Boardman et al. （eds.）, Middle and Late Pennsylvanian Boundaries in North-Central Texas, Glacial-Eustatic Events, Biostratigraphy and Paleoecology. Texas Tech Univ. Studies 2. GSA. South-Central Section Guidebook, Part II:1-17.

Barrick J E, Heckel H H, 2000. A proposal conodont zonation for Late Pennsylvanian （late Late Carboniferous） strata in Midcontinent Region of North America. Newsletter on Carboniferous Stratigraphy, 15:15-21.

Barrick J E, Walsh T R, 1999. Some older American type of *Idiognathodus* and *Streptognathodus*. In: Heackel P H （ed.）, Middle and Upper Pennsylvanian Cyclothen succession in Midcontinent Basin, USA. KGS Open-file Report, pp. 99-27, 147-161.

Barrick J E, Boardman II D R, Heckel P H, 1996. Biostratigraphy across the Desmoinesian-Missourian Stage Boundary in North American Midcontinent, USA: Implications for defining the Middle-Upper Pennsylvanian Series Boundary. Newsletters on Stratigraphy, 34:147-161.

Barrick J E, Lambert L L, Heckel P H, Boardman D R, 2004. Pennsylvanian conodont zonation for Midcontinent North America. Revista Española de Micropaleontologia, 36:231-250.

Barrick J E, Heckel P H, Boardman D R, 2008. Revision of the conodont *Idiognathodus simulator* (Ellison 1941), the marker species for the base of the Late Pennsylvanian global Gzhelian Stage. Micropaleontology, 54:125-137.

Barrick J E, Qi Y P, Wang Z H, 2010. Latest Moscovian to Earliest Gzhelian （Pennsylvanian） conodont faunas from the Naqing （Nashui） section, South Guizhou, China. In: Carboniferous Carbonate Succession from Shallow Margin to Slope in Southern Guizhou. The SCCS Workshop on GSSPS of the Carboniferous System, Guide Book for Field Excursion, pp. 78-107.

Barrick J E, Lambert L L, Heckel P H, Rosscoe S J, Boardman D R, 2013. Midcontinent Pennsylvanian conodont zonation. Stratigraphy, 10:55-72.

Barskov I S, Alekseev A S, 1976. New species of the genus *Idiognathodus* （conodonts） of the Middle-Upper Carboniferous of the Moscow Region. Paleontologicheskii Zhurnal, 4:119-121.

Barskov I S, Alekseev A S, 1979. Carboniferous conodonts of Moscow Basin. In: Makhlina M Kh, Shick S M （eds.）, Stratigrafiya, palepntologiya i paleogeografiya korbona Moskovskoy sineklizy. Moscow, Geologichesky Fond of RSFSR, pp. 98-116 （in Russian）.

Barskov I S, Isakova T N, Stahastlivzeva N P, 1981. Conodonta of the boundary beds of Gzhelian and Asselian stages of southern Ural. Izvestiya Akademii Nauk SSSR, Seriya Geologicheskaya, 5:78-87 （in Russian）.

Barskov I S, Alekseev A S, Kononova L I, Migdisova A V, 1987. Atlas of Upper Devonian and Carboniferous Conodonts. Moscow:Moscow University Press, p. 144 （in Russian）.

Belka Z, 1985. Lower Carboniferous conodont biostratigraphy in the northern part of the Moravia-Silesia Basin. Acta Geologica Polonica, 35:1-60.

Belka Z, Lehmann J, 1998. Late Visean/early Namurian conodont succession from the Elsa area of the Cantabrian Mountains. Acta Geologica Polonica, 48:41.

Bender K P, 1980. Lower and Middle Pennsylvanian conodonts from the Canadian Archic Archipelago. Geological Survey of Canada, Paper 79-15:1-29.

Bischoff G, 1957. Die conodonten-Stratigraphie des Rhenohercynischen Unterkarbons mit Berucksichtigung der *Wocklumeria*-Stufe und der Devon' Karbon Grenze. Hess. Landesamtes. Abhandlungen des Hessischen Landesamtes fürBodenforschung, 19:1-64.

Bischoff G, Ziegler W, 1957. Die Conodontenchronologie des Mitteldevons und des tiefsten Oberdevons. Abhandlungen Heft, 22:136.

Boogaard M, 1992. The recurrence of *Vogelgnathus campbelli*-dominated faunas in the Visean and early Namurian of the Cantabrian Mts （Spain）: A reflection of sea-level fluctuations. Scripta Geologica, 99:1-33.

Boogaard M, Bless M J M, 1985. Some conodont faunas from the Aegiranum Marine Band. Proceedings of the Koninklijke Nederlandse Akademie van Wetenschappen, Series B, 88（2）:133-154.

Branson E R, 1934. Conodonts from the Hannibal Formation of Missouri. Missouri Conodont Studies, Missouri University Studies, 8（4）:301-334.

Branson E B, Mehl M G, 1934. Conodonts from the Grassy. Creek Shale of Missouri Studies, 6:171-259.

Branson E B, Mehl M G, 1938. The conodont genus *Icriodus* and its stratigraphic distribution. Journal of Paleontology, 12（2）:156-166, pl. 26.

Branson E B, Mehl M G, 1941. New and little known Carboniferous conodont genera. Journal of Paleontology, 15:97-106.

Brenckle P L, Baesemann J F, Lane H R, West R R, Webster G D, Langenheim R L, Brand U, Richard B C, 1997. Arrow Canyon, the Mid-Carboniferous Boundary Stratotype, In: Brenckle P L, Page W R (eds.), Paleoforams 97 Guidebook: Post-Conference Field Trip to the Arrow Canyon Range, Southern Nevada, U.S.A. Cushman Foundation Foraminiferal Research Supplement to Special Publication, 36:13-32.

Butler M, 1973. Lower Carboniferous conodont faunas from the eastern Mendips, England. Palaeontology, 16:477-517.

Capkinoglu S, 2000. Late Devonian （Famannian） conodonts from Denizlikoyu, Gebze, Kocaeli, Northwestern Turkey. Turkish Journal of Earth Sciences, 9:91-112.

Cardoso C N, Sanz-Lopez J, Blanco-Ferrera S, 2017. Pennsylvanian conodonts from the Tapajos Group (Amazonas Basin, Brazil). Geobios, 50:75-95.

Casier J G, Lethiers F, Preat A, 2002. Ostracods and sedimentology of the Devonian-Carboniferous stratotype section（La Serre, Montagne Noire, France）. Bulletin de I' Institut Royal des Sciences Neturelles de Belgique, Science de la Terre, 72:43-68.

Chernykh V V, 2012. Conodonts of Gzhelian Stage of Urals. The Institute of Geology and Geochemistry, UB RAS, Ekaterinburg.

Chernykh V V, Reshetkova N P, 1987. The biostratigraphy and conodonts from Carboniferous-Permian boundary deposits of the west slope of middle and south Urals. Uralian Branch, USSR Academy of Sciences, Serdlovsk, p. 53.

Chernykh V V, Ritter S M, 1997. *Streptognathodus*（conodonta）succession at the proposed Carboniferous-Permian boundary stratotype section, Aidaralash Creek, northern Kazakhstan. Journal of Paleontology, 71（3）:459-474.

Chernykh V V, Ritter S M, Wardlaw B R, 1997. *Streptognathodus isolatus* n. sp.（conodonta）: Proposed index for the Carboniferous-Permian boundary. Journal of Paleontology, 71(1):162-164.

Clark D L, 1972. Early Permian crisis and its bearing on Perm-Triassic conodont taxonomy. Geologica et Paleontologica, 1:147-158.

Clarke W J, 1960. Scottish Carboniferous conodonts. Trans Edinburgh Geol. Soc., 18（1）:1-31.

Cooper C L, 1939. Conodonts from a Bushberg-Hannibal horizon in Oklahoma. Journal of Paleontology, 13:379-422.

Corradini C, Spalletta C, Mossoni A, Matyja H, Over D J, 2017. Conodonts across the Devonian/ Carboniferous boundary: A review and implication for the redefinition of the boundary and a proposal for an updated conodont zonation. Geological Magazine, 154:888-902.

Davydov V L, 2001. The terminal stage of the Carboniferous, Orenburgian versus Bursumian. Newsletter on Carboniferous Stratigraphy, 19:58-64.

Davydov V I, Glenister B F, Spinosa C, Ritter S M, Chemykh V V, Wardlaw B R, Snyder W S, 1998. Proposal of Aidaralash as global stratotype section and for base of the Permian System. Episodes, 21（1）:11-18.

Devuyst F X, Hans L, Hou H, Wu X, Tian S, Coen M, Sevastopulo G, 2003. A proposed Global Stratotype Section and Point for the base of the Visean Stager（Carboniferous）: The Pengchong section, Guangxi, South China. Episodes, 26（2）:105-115.

Ding H, Wan S L, 1986. The Carboniferous-Permian conodont fauna and its biostratigraphical succession in Xuhuai area. Chinese Science Bulletin, 31（20）:1439-1440.

Ding H, Wan S L, 1990. Carboniferous-Permian conodont event-stratigraphy in the south of the North China Platform. Courier Forschungsinstitut Senckenberg, 118:131-156, pls. 1-4.

Dreesen R, Dusar M, Groessens E, 1976. Biostratigraphy of the Yves-Gomezee road section（uppermost Famennian）. Service géologique de Belgique,（6）:1-20.

Druce E C, 1969. Devonian and Carboniferous conodonts from the Bonaparte Gulf Basin, northern Australia. Bureau of Mineral Resources, Geology and Geophysics Bulletin, 98:1-242.

Dunn D L, 1966. New Pennsylvanian platform conodonts from southwestern United States. Journal of Paleontology, 40:1294-1303.

Dunn D L, 1970. Middle Carboniferous conodonts from western United States and phylogeny of the platform group. Journal of Paleontology, 44:312-342.

Ebner F, 1977. Die Gliederung des Karbons von Graz mit Conodonten. Jahrbuch der geologischen Bundesanstalt, 120:440-493.

Ellison S P, 1941. Revision of Pennsylvanian conodonts. Journal of Paleontology, 15:107-143.

Ellison S P, Graves R W, 1941. Lower Pennsylvanian （Dimple Limestone） conodonts of the Marathon region, Texas. Missouri Univ. School Mines and Metallurgy, Technology Series, 14:1-13.

Fallon P, Murray J, 2015. Conodont biostratigraphy of the mid-Carboniferous boundary in Western Ireland. Geological Magazine, 152:1025-1042.

Gedik I, 1969. Karnik Alpler den Alt Karbonifere ait conodont' lar. Maden Tetkin ve Arama Enstit. Dergisi, 70:229-242.

Gedik I, 1974. Conodonten aus dem Unterkarbon der Karnischen Alpen. Abhandlungen der Geologischen Bundesanstalt, 31:1-29.

Globensky Y, 1967. Middle and Upper Mississippian conodonts from the Windsor Group of the Atlantic Province of Canada. Journal of Paleontology, 41（2）:432-449.

Goreva N V, 1984. Conodonts of the Moscovian Stage of the Moscow Syneclise. In: Menner V V （ed.）, Paleontalogical Characteristic of the Types and Key Sections of the Moscow Syneclise. Moscow:Moscow University Press, pp. 44-122 （in Russian）.

Goreva N V, Alekseev A S, 2010. Upper Carboniferous conodont zones of Russia and their global correlation. Stratigraphy and Geological Correlation, 18:593-606.

Goreva N V, Alekseev A S, Isakova T N, Kossovaya O L, 2007. Afanasievo section—Neostratotype of Kasimovian Stage （Upper Pennsylvanian Series）, Moscow Basin, central Russia. Newsletter on Carboniferous Stratigraphy, 25: 8-14.

Goreva N V, Alekseev A S, Isakova T N, Kossovaya O L, 2009. Biostratigraphical analysis of the Moscovian-Kasimovian transition at the neostratotype of Kasimovian Stage （Afanasievo section, Moscow Basin, Russia）. Palaeoworld, 18:102-113.

Grayson Jr R C, 1984. Morrowan and Atokan （Pennsylvanian） conodonts from the northeastern margin of the Arbuckle Mountains, southern Oklahoma. In: Sutherland P K, Manger W L （eds.）, The Atokan Series （Pennsylvanian） and Its Boundaries—A Symposium. Oklahoma Geological Survey Bulletin, 136:41-64.

Grayson Jr R C, Davidson W T, Westergaard E H, Atch-Ley S C, Hightower J H, Monaghan P T, Pollard C, 1985. Mississippian-Pennsylvanian boundary conodonts from the Rhoda Creek Formation, Homoceras equivalent in North America. Courier Forschungsinstitut Senckenberg, 74:149-131.

Groessens E, 1971. Las conodontes du Tournaisien superieur de la Belgique. Service Geologique de Belgique, 4:1-19.

Groessens E, Noël B, 1974. Etude Litho-et biostratigraphique du Rocher du Bastition et du Rocher Bayard a Dinant. Ministry of Economic Affairs, The Geological Survey of Belgium, Punlicationno, 15:1-17.

Groves J R, Nemyrovska T I, Aleksseev A S, 1999. Correlation of the type Bashkirian Stage （Middle Carboniferous, South Ural） with the Morrowan and Atokan Series of the Midcontinent and western United States. Journal of Paleontology, 73（3）:529-539.

Grubbs R K, 1984. Conodont platform elements from the Wapanucka and Atoka formations（Morrowan）of the Mill Creek Syncline central Arbuckle Mountains, Oklahoma. In: Sutherland P K, Manger W L （eds.）, The Atokan Series and Its Boundaries—A Symposium. Oklahoma Geological Survey Bulletin, 136:65-79.

Gunnell F H, 1931. Conodonts from the Fort Scott Limestone of Missouri. Journal of Paleontology, 26:244-252.

Gunnell F H, 1933. Conodonts and fish remains from the Cherokee, Kansas City, and Wabaunsee Groups of Missouri and Kansas. Journal of Paleontology, 7:261-297.

Hass W H, 1953. Conodonts of the Brnett Formation of Texas. U. S. Geological Survey Professional Paper, 243:69-94.

Harlton B H, 1933. Micropaleontology of the Pennsylvanian Johns Valley Shale of the Ouachita Mountains of Oklahoma and its relationship to the Mississippian Caney Shale. Journal of Paleontology, 7:3-29.

Harris R W, Hollingsworth R W, 1933. New Pennsylvanian conodonts from Oklahoma. American Journal of Science, 5（25）:193-204.

Heckel P H, 2004. Updated cyclothem grouping chart and observations on the grouping of Pennsylvanian cyclothems in Midcontinent North America. Newsletter on Carboniferous Stratigraphy, 22:18-22.

Heckel P H, Boardman D R, Barrick J E, 2002. Desmoinesian-Missourian regional stage boundary references position for North America. In: Hills L V, Henderson C M, Bamber E W （eds.）, Carboniferous and Permian of the World. Canadian Society of Petroleum Geologists Memoir, 19:710-724.

Higgins A C, 1961. Some Namurian conodonts from North Staffordshire. Geological Magazine, 98:210-224.

Higgins A C, 1962. Conodonts from the "Griotte" Limestone of North West Spain. Notas y comunicaciones del Instituto Geológico y Minero de España, 65:5-22.

Higgins A C, 1975. Conodont zonation of the Late Visean-early Westphalian strata of the south and central Pennies of northern England. Bulletin of the Geological Survey of Great Britain, 53:1-90.

Higgins A C, 1985. The Carboniferous System, Part 2—Conodonts of the Silesian Subsystem from Great Britain and Ireland. In: Higgins A C, Austin R L （eds.）, A Stratigraphic Index of Conodonts. British Micropalaeontological Society Series, pp. 210-227.

Higgins A C, Austin R L, 1985. A Stratigraphic Index of Conodonts. British Micropalaeontological Society Series, pp. 210-227.

Higgins A C, Bouckaert J, 1968. Conodont stratigraphy and palaeontology of Namurian of Belgian. Mémoires pour servir à l'explication des cartes géologiques et minières de la Belgique, 10:1-64.

Higgins A C, Varker W J, 1982. Lower Carboniferous conodont faunas from Ravenstodate, Cumbria. Palaeontology, 25:145-166.

Hinde G J, 1900. Notes and descriptions of new species of Scotch Carboniferous conodonts. Transactions of the Natural History Society of Glasgow, 5:338-346.

Hogancamp N J, Barrick J E, 2018. Morphometric analysis and taxonomic revision of North American species of the *Idiognathodus eudoraensis* Barrick, Heckel & Boardman, 2008 group （Missourian, Upper Pennsylvanian conodonts）. Bulletins of American Paleontology, 395-396:35-70.

Huddle J W, 1934. Conodonts from the New Albany shale of Indiana. Bull. Amer. Paleontology, 21（72）:1-136.

Hu K Y, Qi Y P, 2017. The Moscovian（Pennsylvanian）conodont genus *Swadelina* from Luodian, southern Guizhou, South China. Stratigraphy, 14（1-4）:197-215.

Hu K Y, Nemyrovska T I, Qi Y P, 2016. Late Bashkirian and Moscovian（Pennsylvanian）conodont "*Streptognathodus*" *einori* Nemirovskaya & Alekseev, 1994, and related species from the Luokun section, South China. Newsletter on Carboniferous Stratigraphy, 30:47-54.

Hu K Y, Qi Y P, Wang Q L, Nemyrovska T I, Chen J T, 2017. Early Pennsylvanian conodonts from the Luokun section of Luodian, Guizhou, South China. Palaeoworld, 26（1）:64-82.

Hu K Y, Qi Y P, Nemyrovska T I, 2019. Mid-Carboniferous conodonts and their evolution: New evidence from Guizhou, South China. Journal of Systematic Palaeontology, 17（6）:451-489.

Igo H, Koike T, 1964. Carboniferous conodonts from the Omi Limestone Niigata Prefecture, central Japan（Studies of Asia conodonts, Part I）. Transactions and proceedings of the Paleontological Society of Japan. New series, 53:179-193.

Isakova T N, Goreva N V, Alekseev A S, Makhlina M Kh, 2001. Fusulinid and conodont zonation of the type Moscovian Stage. Newsletter on Carboniferous Stratigraphy, 19:57.

Ji Q, Ziegler W, 1992a. Introduction to some Late Devonian sequences in the Guilin area of Guangxi, South China. Courier Forschungsinstitut Senckenberg, 154:149-177.

Ji Q, Ziegler W, 1992b. Phylogeny, speciation and zonation of *Siphonodella* of shallow-water facies in China. Courier Forschungsinstitut Senckenberg, 154:223-252.

Ji Q, Wei J Y, Wang Z J, Wang S T, Shen H B, Wang H D, Hou J P, Xiang L W, Feng R L, Fung R L, Fu G M, 1989. The Dapoushang Section, An Excellent Section for the Davonian-Carboniferous Boundary Stratotype in China. Beijing:Science Press.

Jones D J, 1941. The Conodont Fauna of the Seminole Formation of Oklahoma. Chicago:University of Chicago Press, p. 55.

Kaiser S I, 2009. The Devonian/Carboniferous stratotype section La Serre（Montagne Noire）revisited. Newsletters on Stratigraphy, 43:195-203.

Klapper G, 1966. Upper Devonian and Lower Mississippian conodont zones in Montana, Wyoming, and Southern Dakota. The University of Kansas Paleontological Contributions, p. 44.

Klapper G, 1971. *Patrognathus* and *Siphonodella*（conodonta）from the Kinderhookian（Lower Mississippian）of western Kansas and southern Nebraska. Kansas Geological Survey Bulletin, 202（3）:14.

Koike T, 1967. A Carboniferous succession of conodont faunas from the Atetsu Limestone in southwestern Japan. Tokyo Kyoiku Daigaku, Science Reports, Section C: Geology Mineralogy and Geography, 93:279-318.

Kossenko Z A, 1975. Novye vidy konodontov iz otozhenij moskovskogo yarusa jugo-zapadnoi chaste Donetskogo baseina（New species of conodonts of the Moscovian Stage of the southwestern part of the Donets Basin）. Geological Journal, 35（5）:126-133.

Kozitskaya R I, Kossenko Z A, Lipnyagov O M, Nemirovskaya T I, 1978. Carboniferous conodonts of the Donets Basin. Kiev:Izdatel Naukova Dumka, pp. 1-136.

Kozur H, Mostler H, 1976. Neue conodonten aus dem Jungpalaozoikum und der Trias. Geologische-Palaontologische Mitteilumngen Innsbruck, 5:1-44.

Kulagina E I, Pazukhin V N, 2002. Foraminiferal and conodont subdivisions in the Bashkirian-Mosco-
vian boundary beds in the South Urals. Newsletter on Carboniferous Stratigraphy, 20:21-23.

Kulagina E I, Pazukhin V N, Davydov V I, 2009. Pennsylvanian biostratigraphy of the Basu River sec-
tion with emphasis on the Bashkirian-Moscovian transition. In: Puchkov V N, Kulagina E I, Niko-
laeva S V, Kochetova N N (eds.), Carboniferous Type Sections in Russia and Potential Global Stra-
totypes. Proceedings of the International Field Meeting "The Historical Type Sections, Proposed
and Potential GSSPs of the Carboniferous in Russia: Southern Urals Session". Ufa-Sibai, 13-18
August, 2009. Ufa-Design Polygraph Service, Ltd., pp. 42-63.

Lambert L L, Barrick J E, Heckel P H, 2001. Provisional Lower and Middle Pennsylvanian conodont
zonation in Midcontinent North America. Newsletter on Carboniferous Stratigraphy, 19:50-55.

Lambert L L, Heckel P H, Barrick J E, 2003. *Swadelina* new genus（Pennsylvanian Conodonta）: A
taxon with potential chronostratigraphic significance. Micropaleontology, 49:151-158.

Lane H R, 1967. Uppermost Mississippian and Lower Pennsylvanian conodonts from the type
Morrowan region, Arkansas. Journal of Paleontology, 41:920-942.

Lane H R, 1977. Morrowan (Early Pennsylvanian) conodonts of northwestern Arkansas and northeastern
Oklahoma. Oklahoma Geological Survey Guide Book, 18:177-180.

Lane H R, Brenckle P L, 2001. Type Mississippian subdivision and biostratigraphic succession. In: Heckel
P H（ed.）, IUGS Subcommission on Carboniferous Stratigraphy, Guidebook for Field Conference:
Stratigraphy and Biostratigraphy of the Mississippian Subsystem（Carboniferous Subsystem）in
Its Type Region, the Mississippian River Valley of Illinois, Missouri and Iowa, pp. 83-95.

Lane H R, Straka J J, 1974. Late Mississippian and Early Pennsylvanian conodonts, Arkansas and
Oklahoma. Geological Society of America Special Papers, 152:144.

Lane H R, Ziegler W, 1983. Taxonomy and phylogeny of *Scaliognathus* Branson et Mehl, 1941
（Conodonta, Lower Carboniferous）. Senckenbergiana Lethaea, 64（2/4）:199-225.

Lane H R, Sandberg C A, Ziegler W, 1980. Taxonomy and phylogeny of some Lower Carboniferous conodonts
and preliminary standard post-*Siphonodella* zonation. Geologic et Palaeontologica, 14:117-164.

Lane H R, Baesemann J F, Brenckle P L, West R R, 1985. Arrow Canyon, Nevada. A potential Mid-
Carboniferous boundary stratotype. Congrès international de stratigraphie et de géologie du
Carbonifère, 10:429-439.

Lane H R, Brenckle P L, Basenmenn J F, Richards B C, 1999. IUGS Carboniferous in the middle of the
Carboniferous, Arrow Canyon, Nevada, USA. Episodes, 22（4）:272-283.

Li W, Hu J M, Gao W, LI H S, Zhu Z X, 2007. Discovery of a Devonian-Lower Carboniferous
radiolarian assemblage in the Korgan area, South Tianshan Mountains. Geology in China,
doi:10.1360/biodiv.060268.

Makhlina M Kh, Alekseev A S, Goreva N V, Gorjunova R V, Isakova T N, Kossovaya O L, Lazalev
O A, Lebedev O A, 2001. Middle Carboniferous of Moscow Syneclise（south part）. 2,
Biostratigraphy. Moscow: Scientific World, pp. 328（in Russia）.

Manger W L, Sutherland P K, 1984. Preliminary conodont biostratigraphy of the Morrowan-Atokan
boundary（Pennsylvanian）: Eastern Llano Uplift, central Texas. In: Sutherland P K, Manger W
L（eds.）, The Atokan Series（Pennsylvanian）and Its Boundaries—A Symposium. Oklahoma
Geological Survey Bulletin, 136:115-121.

Mehl M G, Thomas L A, 1947. Conodonts from the Fern Glen of Missouri. Denison University Bulletin, 40:3-20.

Meischner D, Nemyrovska T, 1999. Origin of *Gnathodus bilineatus* （Roundy, 1926） related to goniatite zonation in Rhenisches Schifergebirge, Germany. Bollettino-Societa Paleontologica Italiana, 37:427-442.

Merrill G K, 1972. Taxonomy, phylogeny and biostratigraphy of *Neognathodus* in Appalanchian Pennsylvanian rocks. Journal of Paleontology, 46:817-829.

Merrill G K, 1973. Pennsylvanian nonplatform conodont genera, I: *Spathognathodus*. Journal of Paleontology, 47: 289-314.

Merrill G K, 1974. Pennsylvanian conodont localities in northeastern Ohio. Ohio Division of Geological Survey Guidebook, 3:1-25.

Merrill G K, King C W, 1971. Platform conodonts from the lowest Pennsylvanian rocks of northwestern Illinois. Journal of Paleontology, 45（4）:645-664.

Mull C G, Harris A G, Carter J L, 1997. Lower Mississippian （Kinderhookian） biostratigraphy and lithostratigraphy of the Western Endicott Mountains, Brooks Range, Alaska. U.S. Geological Survey Professional Paper, 1574:221-242.

Murray F N, Chronic J, 1965. Pennsylvanian conodonts and other fossils from insoluble residues of the Minturn Formation （Desmoinecian）, Colorado. Journal of Paleontology, 39:594-610.

Nemirovskaya T I, 1978. Biostratigraphy of the Surpukhovian and Bashkirian of Donbas by conodonts. Tektonika Strat., 14:83-91.

Nemirovskaya T I, 1987. Conodonts of the Lower Bashikirian of Donbas. Bulletin Moscovskogo Obshchestva Ispytatelei Prirody, Otdel Geologii, 62（4）:106-126.

Nemirovskaya T I, Alekseev A S, 1994. The Bashkirian conodonts of the Askyn Section Bashkirian Mountains, Russia. Bulletin de la Société Belge de Géologie, 103（1-2）:109-133.

Nemyrovska T I, 1999. Bashkirian conodonts of the Donets Basin, Ukraine. Scripta Geologica, 119:1-93.

Nemyrovska T I, 2005. Late Visean-early Serpukhovian conodont succession from the Triollo section, Palencia （Cantabrian Mountains, Spain）. Scripta Geologica, 129:13-89.

Nemyrovska T I, 2011. Late Moscovian （Carboniferous） conodonts of the genus *Swadelina* from the Donets Basin, Ukrain. Micropaleontology, 57（6）:491-499.

Nemyrovska T I, 2017. Late Mississippian-Middle Pennsylvanian conodont zonation of Ukraine. Stratigraphy, 14（1-4）:299-318.

Nemyrovska T I, Kozitska R I, 1999. Species of Idiognathodus and Streptognathodus from late Carboniferous strata of the Donets Basin, Ukraine. In: Heckel P L (ed.), Field Trip #8: Middle and Upper Pennsylvanian (Upper Carboniferous) Cyclothem Succession in Midcontinent Basin, U.S.A. KGS Open-File Report, 99-27:170-173.

Nemyrovska T I, Perret-Mirouse M F, Alekseev A, 1999. On Moscovian （Late Carboniferous） conodonts of the Donets Basin, Ukrain. Neues Jahrbuch fur Geologie und Palaontologie Abhandlungen, 214（1/2）:169-194.

Nemyrovska T I, Prret M F, Weyant M, 2006. The early Visean （Carboniferous） conodonts from the Saoura Valley, Algeria. Acta Geologica Polonica, 56（3）:361-370.

Nemyrovska T I, Winkler-Prins C F, Wagner R, 2008. Mid-Carboniferous boundary in the Cantabrian Mountains（northern Spain）. In: Gozhik P, Vyzhva A（eds.）, Problemy Stratigrafii Kamennougol'noj Systemy. Kiev State University, Kiev., pp. 69-86.

Nicoll R S, Druce E C, 1979. Conodont from the Fairfield Group, Canning Basin, Western Australia. Bureau of Mineral Resources, Geology and Geophysics Bulletin, 190:1-31.

Nikolaeva S V, Kulagina E I, Pazukhin V N, Kocheeva N N, 2001. Integrated Serpukhovian biostratigraphy in the South Urals. Newsletter on Carboniferous Stratigraphy, 19:38-43.

Nikolaeva S V, Gibshman N B, Kulagina E I, Barskov I S, Pazukhin B N, 2002. Correlation of the Visean-Serpukhovian boundary in its type region (Moscow Basin) and the South Urals and a proposal of boundary markers (ammonoids, foraminifers, conodonts). Newsletter on Carboniferous Stratigraphy, 20:16-21.

Nigmadganov I M, Nemirovskaya T I, 1992a. Novye vidy konodontov iz pogranichnykh otlozhenij nizhnego I srednego karbona Yuzhnogo Tian-Shanya（New species of conodonts from the boundary deposits of the Lower/Middle Carboniferous of the South Tienshan）. Paleontologicheskogo Zhurnal, 3:51-57（in Russian）.

Nigmadganov I M, Nemirovskaya T I, 1992b. Mid-Carboniferous boundary conodonts from the Gissar Ridge, south Tianshan, middle Asia. Courier Forschungsinstitut Senckenberg, 154:253-275.

Norby R D, Rexroad C B, 1985. *Vogelgnathus*, a new Mississippian conodont genus. State of Indiana, Depterment of Natural Resources, Geological Survey, Occasional Paper, 50:1-14.

Orchard M J, Struik L C, 1985. Conodonts and stratigraphy of upper Paleozoic limestone in Cariboo gold belt, eastcentral British Columbia. Canadian Journal of Earth Sciences, 22（4）:538-552.

Pander C H, 1856. Monographic der fossilen Fische des Silurischen Systems dar Russisch-Baltischen Gouvernements. Buchdrucherei der Kaiserlichen Akademie der Wissenschaften, St. Petersburg, pp. 1-91.

Qi Y P, Wang Z H, 2003. The Upper Visean-Serpukhovian conodont zonation in South China. In: The XVth International Congress on Carboniferous and Permian Stratigraphy, 2003, Utrecht Netherlands, pp. 428-430.

Qi Y P, Wang Z H, 2005. Serpukhovian conodont sequence and the Visean-Serpukhovian boundary in South China. Rivista Italiana di Paleontologia e Stratigrafia, 111:3-10.

Qi Y P, Wang X D, Lambert L L, Barrick J E, Wang Z H, Hu K Y, Wang Q L, 2011. Three new potential levels for the Bashkirian-Moscovian boundary in the Naqing section based on conodonts. Newsletter on Carboniferous Stratigraphy, 29:61-64.

Qi Y P, Hu K Y, Wang Q L, Lin W, 2014a. Carboniferous conodont biostratigraphy of the Dianzishan section, Zhenning, Guizhou, South China. Geological Magazine, 151（2）:311-327.

Qi Y P, Nymyrovska T I, Wang X D, Chen J T, Wang Z H, Lane H R, Richards B C, Hu K Y, Wang Q L, 2014b. Late Visean-Early Surpukhovian succession at the Naqing（Nashui）section in Guizhou, South China. Geological Magazine, 151（2）:254-268.

Qi Y P, Lambert L L, Nymyrovska T I, Wang X D, Hu K Y, Wang Q L, 2016. Late Bashikirian and early Moscovian conodonts from the Naqing section, Luodian, Guizhou, South China. Palaeoworld, 25（2）:170-187.

Qi Y P, Barrick J E, Hogancamp N J, Chen J T, Hu K Y, Wang Q L, Wang X D, 2020. Conodont faunas across the Kasimovian-Gzhelian boundary (Late Pennsylvanian) in South China and implications for the selection of the stratotype for the base of the Global Gzhelian Stage. Papers in Palaeontology, 6（3）:439-484.

Qie W K, Zhang X H, Du Y S, Yang Y, Ji W T, Luo G M, 2014. Conodont biostratigraphy of Tournasian shallow-water carbonates in central Guangxi, South China. Geobios, 47:389-401.

Qie W K, Wang X D, Zhang X H, Ji W T, Grossman E L, Huang X, Liu J S, Luo G M, 2016. Latest Devonian to earliest Carboniferous conodont and carbon isotope stratigraphy of a shallow-water sequence in South China. Geological Journal, 51:915-935.

Reshetkova N P, Chernikh V V, 1986. Some new conodonts from Asselian of the west slope of the Urals. Paleontological Journal, 4:108-112（in Russian）.

Rexroad C B, 1957. Conodonts from the Chester series in the type area of southwestern Illinois. Illinois State Geological Survey, Report of Investigations, 199:1-43.

Rexroad C B, 1969. Conodonts from the Jacobs Chapel Bed（Mississippian）of the New Albany Shale in southern Indiana. Indiana Geological Survey Bulletin, 41:1-55.

Rexroad C B, Burdon R C, 1961. Conodonts from the Kinkaid Formation（Chester）in Illinois. Journal of Paleontology, 35（6）:1143-1158.

Rexroad C B, Nicoll R S, 1965. Conodonts from the Menard Formation（Chester Series）of the Illinois Basin. Indiana Geological Survey Bulletin, 35:1-28.

Rhodes F H T, 1963. Conodonts from the topmost Tensleep Sandstone of the eastern Big. Horn Mountains, Wyoming. Journal of Paleontology, 37:401-408.

Rhodes F H T, Austin R L, Druce E C, 1969. British Devonian（Carboniferous）conodont faunas, and their value in local and intercontinental correlation. Bulletin of the British Museum（Natural History）Geology, Supplement, 5:1-305.

Ritter S M, 1995. Upper Missouri-Lower Wolfcampian（Upper Kasimovian-Lower Asselian）conodont biostratigraphy of the Midcontinent, U.S.A. Journal of Paleontology, 69（6）:1139-1154.

Ritter S M, Barrick J E, Skinner M R, 2002. Conodont sequence biostratigraphy of the Hermosa Group（Pennsylvanian）at Honaker Trail, Paradox Basin, Utah. Journal of Paleontology, 76(3):495-517.

Rosscoe S J, 2008. *Idiognathodus* and *Streptognathodus* species from the Lost Branch to Dewey sequence（Middle-Upper Pennsylvanian）of the Midcontinent Basin, North America. Dissertation of Texas Tech Univ., pp. 1-191.

Rosscoe S J, Barrick J E, 2009a. Revision of *Idiognathodus* species from the Desmoinesian-Missourian（Moscovian-Kasimovian）boundary interval in the Midcontinent Basin, North America. Palaeontographica Americana, 62:115-147.

Rosscoe S J, Barrick J E, 2009b. *Idiognathodus turbatus* and other key taxa of the Moscovian-Kasimovian boundary interval in the Midcontinent Region, North America. Newsletter on Carboniferous Stratigraphy, 27:21-25.

Rosscoe S J, Barrick J E, 2013. North American species of the conodont genus *Idiognathodus* from the Moscovian-Kasimovian boundary composite sequence and correlation of the Moscovian-Kasimovian stage boundary. New Mexico Museum of Natural History Bulletin, 60:354-371.

Roundy P V, 1926. Part II. The Microfauna in Mississippian formations of San Saba County, Texas. U.S. Geological Survey Professional Paper, 146:5-23.

Ruppel S C, 1979. Conodonts from the Lower Mississippian Fort Payne and Tusembia formations of northern Alabama. Journal of Paleontology, 53（1）:55-70.

Sandberg C A, Ziegler W, Leuteritz K, Brill S M, 1978. Phylogeny, speciation, and zonation of *Siphonodella* （Conodonts, Upper Devonian and Lower Carboniferous）. Newsletters on Stratigraphy, 7（2）:102-120.

Sanz-López J, Blanco-Ferrera S, Sánchez de Posada L C, García-López S, 2006. The mid-Carboniferous boundary in northern Spain, difficulties for correlation of the global stratotype section and point. Rivista Italiana di Paleontologia e Stratigrafia, 112:3-22.

Savage N M, Barkeley S J, 1985. Early to Middle Pennsylvanian conodonts from the Klawak Formation and the Ladrines Limestone, southeastern Alaska. Journal of Paleontology, 59（6）:1451-1475.

Schmidt H, 1934. Conodonten-funde in ursprünglichem zusammenhang. Paläontologische Zeitschrift, 16:76-85.

Scott H W, 1934. The zoological relationships of the conodonts. Journal of Paleontology, 8:448-455.

Scott H W, 1942. Conodont assemblages from the Heath Formation, Montana. Journal of Paleontology, 16:293-300.

Stauffer C R, Plummer H J, 1932. Texas Pennsylvanian conodonts and their stratigraphic relations. Bull. Univ. The University of Texas Bulletin, 3201:13-197.

Stibane F R, 1967. Conodonten des Karbons aus den nodlichen Anden Sudamerikas. Neues Jahrbuch fur Geologie und Palaontologie, Abhandlungen. Bd128, H3:329-340.

Thomas L A, 1949. Devonian-Mississippian formations of southeast Iowa. Geological Society of America Bulletin, 60（3）:403-438.

Thompson T L, 1967. Conodont zonation of Lower Osagean rocks（Lower Mississippian）of southwestern Missouri. Missouri Geological Survey and Water Resources Report of Investigations, 39:88.

Thompson T L, Fellows L D, 1970. Stratigraphy and conodont biostratigraphy of Kinderhookian and Osageam（Lower Mississippian）rocks of southwestern Missouri and adjacent areas. Missouri Geological Survey and Water Resources Report of Investigations, 45:1-263.

Ulrich E O, Bassler R S, 1926. A classification of the toothlike fossils, conodonts, with descriptions of American Devonian and Mississippian species. Proceedings of the United States National Museum, 68:1-63.

Varker W J, 1967. Conodonts of the genus *Apatognathus* Branson and Mehl, from the Yoredale Series of the North of England. Palaeontology, 10:124-141.

Varker W J, Sevastopulo G D, 1985. The Carboniferous System, Part 1—Conodonts of the Dinantian Subsystem from Great Britain and Island. In: Higgins A C, Austin R L （eds.）, A Stratigraphic Index of Conodonts. British Micropalaeontological Society Series, pp. 167-209.

Villa E, Task Group, 2003. Working Group to define a GSSP close to the Moscovian-Kasimovian boundary. Newsletter on Carboniferous Stratigraphy, 19:8-11.

Villa E, Task Group, 2004. Progress on the search for a fossil event marker close to the Moscovian-Kasimovian boundary. Newsletter on Carboniferous Stratigraphy, 22:14-16.

Villa E, Task Group, 2008. Progress Report of the Task Group to establish the Moscovian-Kasimovian and Kasimovian-Gzhelian boundaries. Newsl. Carbonif. Strat., 26:12-13.

Voges A, 1959. Conodonten aus dem Unterkarbon I und II（Gttendorfia-und Pericyclus-Stufe）des Sauerlands. Paläontologische Zeitschrift, 33:26-314.

von Bitter P H, 1972. Environmental control of conodont distribution in Shawnee Group（Upper Pennsylvanian）of eastern Kansas. The University of Kansas Paleontological Contributions, 59:105.

von Bitter P H, Merrill 1980. Naked species *Gondolella*（Conodontophorida）: Their distribution, taxonomy and evolutionary significance. Royal Onterio Museum, Life Science Occasional Paper, 125:1-49.

von Bitter P H, Print H A, 1982. Conodont biostratigraphy of the Codroy Group（Lower Carboniferous）: Southwestern Newfoundland, Canada. Canadian Journal of Earth Sciences, 19（1）:193-221.

von Bitter P H, Print H A, 1987. Conodonts of the Windsor Group（Lower Carboniferous）Magdalena Island, Quebec, Canada. Journal of Paleontology, 61:346-362.

von Bitter P H, Sandberg C A, Orchard M J, 1986. Phylogeny, speciation, and palaeoecology of the Early Carboniferous（Mississippian）conodont genus *Mestognathus*. Life Sciences Contributions, Royal Ontario Museum, 143:1-115.

Wang C Y, 1987. Devonian-Carboniferous boundary in South China. In: Wang C Y（ed.）, Carboniferous Boundaries in China. Beijing:Science Press, pp. 1-10.

Wang C Y, 1990. Conodont biostratigraphy of China. Courier Forschungsinstitut Senckenberg, 118:591-610.

Wang C Y, Ziegler W, 1982. On the Devonian-Carboniferous boundary in South China based on conodonts. Geologica et Palaeontologica, 16:151-162.

Wang C Y, Yin B A, Wu W S, Liao W H, Wang K L, Liao Z T, Qian W L, Yao Z G, 1987. Devonian-Carboniferous boundary section in Yishan area, Guangxi. In: Wang C Y（ed.）, Carboniferous Boundaries in China, Beijing:Science Press, pp. 22-43.

Wang Z H, 1990. Conodont zonation of the Lower Carboniferous in South China and phylogeny of some important species. Courier Forschungsinstitut Senckenberg, 130:41-46.

Wang Z H, Higgins A C, 1989. Conodont zonation of the Namurian—Lower Permian strata in South Guizhou, China. Palaeontologia Cathayana, 4:261-325.

Wang Z H, Qi Y P, 2003a. Upper Carboniferous（Pennsylvanian）conodonts from South Guizhou of China. Rivista Italiana Paleontologia e Stratigrafia, 109（3）:1-19.

Wang Z H, Qi Y P, 2003b. Report on the Visean-Serpukhovian conodont zonation in South China. Newsletter on Carboniferous Stratigraphy, 21:22-24.

Wang Z H, Rui L, 1987. Conodont sequence across the Carboniferous-Permian boundary in China with comments on the Carboniferous-Permian boundary. In: Wang C Y（ed.）, Carboniferous Boundaries in China, Beijing:Science Press, pp. 151-159.

Wang Z H, Lane H R, Manger W L, 1987a. Conodont sequence across the mid-Carboniferous boundary in China and its correlation with England and North America. In: Wang C Y（ed.）, Carboniferous Boundaries in China, Beijing:Science Press, pp. 89-106.

Wang Z H, Lane H R, Manger W L, 1987b. Carboniferous and Early Permian conodont zonation of North and Northwest China. Courier Forschungsinstitut Senckenberg, 98:119-157.

Wang Z H, Qi Y P, Wang X D, Ueno K, 2007. Conodont sequence across the Bashkirian-Moscovian boundary in the Nashui section, Luodian, Guizhou, South China. 16th International Congress on the Carboniferous and Permian, Abstracts, Nanjing, China. 地层学杂志, 31（增刊）:102-103.

Webster G D, 1969. Chester through Derry conodonts and stratigraphy of northern Clark and southern Lincoln Counties, Nevada. Univ. of California Publications in Geological Sciences, 79:121.

Winkler P C F, 1990. SCCS Working Group on the subdivision on the Upper Carboniferous S. L. （"Pennsylvanian"）: A summary report. Courier Forschungsinstitut Senckenberg, 130:297-306.

Wirth M, 1967. Zur Gliederrung des hoherren Paozoikums （Givef-Namure）in Gebiet Des Quintore-al （West Pyrenaen）mit Hilfe von conodonten. NeuesJahrbuch für Geologie und Paläontologie, Abhandlungen, 127（2）:179-224.

Xu S H, Yin B A, Huang Z X, 1987. Mid-Carboniferous conodont zonation and Mid-Carboniferous boundary of Nandan, Guangxi. In: Wang C Y （ed.）, Carboniferous Boundaries in China. Beijing:Science Press, pp. 122-131.

Youngquist W L, Miller A K, 1949. Conodonts from the Late Mississippian Pella beds of southcentral Iowa. Journal of Paleontology, 23:617-622.

Yu C M, 1988. Devonian-Carboniferous boundary in Nanbiancun of Guilin, China—Aspect and Records, Beijing:Sciences Press, pp. 1-399.

Yu C M, Wang C Y, Ruan Y P, Yin B A, Li Z L, Wei W L, 1987. A Desirable section for the Devonian–Carboniferous boundary stratotype in Guilin, Guangxi, South China. Scientia Sinica (Series B), 30:751-765.

Zdzislaw B, Groessens E, 1986. Conodont succession across the Tournaisian-Visean boundary beds at Salet, Belgium. Bulletin de la Societe belge de Geologie, 95（4）:257-280.

Zhao Z X, 1989. The conodont sequence and Middle-Carboniferous boundary in the Middle Tianshan Mountains, Xinjiang. Chinese Science Bulletin, 34（14）:1203-1297.

Ziegler W, 1960. Conodonten aus dem rheinschen Unterdevon des Remscheider Sattels （rheinsches Schiefergebirge）. Paläontologische Zeitschrift, 34:169-201.

Ziegler W, 1962. Taxionomie und philogenie oberdevonischer conodonten und ihre stratigraphiche bedeutung. Abhandlungen des Hessischen Landesamtes für Bodenforschung 38:1-166.

Ziegler W, 1969. Eine neue conodonten fauna aus dem hochsten Oberdevon. Geologisches Landesamt Nordrhein-Westfalen, 17:343-360.

Ziegler W, 1973. Catalogue of conodonts. 1, E. Schweizerbartsche Verlagsbuchhandle., Stuttgart, p. 503.

Ziegler W, 1975. Catalogue of conodonts. 2, E. Schweizerbartsche Verlagsbuchhandle., Stuttgart, p. 404.

Ziegler W, 1977. Catalogue of conodonts. 3, E. Schweizerbartsche Verlagsbuchhandle., Stuttgart, p. 574.

Ziegler W, 1981. Catalogue of conodonts. 4, E. Schweizerbartsche Verlagsbuchhandle., Stuttgart, p. 445.

Ziegler W, 1991. Catalogue of conodonts. 5, E. Schweizerbartsche Verlagsbuchhandle., Stuttgart, p. 211.

Ziegler W, Leuteritz K, 1970. Conodonten. In: Kock M, Leuteritz K, Ziegler W （eds.）, Alter, Fazies und Paläogeographic der Oberdevon/Unterkabon-Schichtenfilge an der Sciler bei Iserlohn. Geol. Rheinld. U. Westf., 17:679-360.

Ziegler W, Sandberg C A, 1996. Reflexions on Frasnian and Famennian Stage boundary decisions as a guide to future deliberations. Newsletters on Stratigraphy, 33:157-180.

Ziegler W, Sandberg C A, Austin R L, 1974. Revision of *Bispathodus* group （Conodonta） in the Upper Devonian and Lower Carboniferous. Geologica et Palaeontologica, 8:97-112.

索　引

（一）拉—汉属种名索引

A

B

C

D

E

F

K

（二）汉—拉属种名索引

A

B

C

H

T

W

X

Y

图版及图版说明

图版 1

1—6 科罗拉多双颚刺 *Diplognathodus coloradoensis*（Murray & Chronic，1965）

　　1—3 Pa 分子之侧视，×80，×80，×53；采集号：N67，53，53；登记号：133223—133225；贵州罗甸纳庆，宾夕法尼亚亚系（上石炭统）；复制于 Wang and Qi，2003a，pl.4，figs.3—5；标本保存在中国科学院南京地质古生物研究所标本库。

　　4—6 Pa 分子之侧视，×133，×133，×120；采集号：170.7m，171.5m，170.7m；登记号：160990，167401，167402；贵州罗甸纳庆，宾夕法尼亚亚系（上石炭统）；复制于祁玉平，2008，图版 23，图 23；图版 21，图 13—14；标本保存在中国科学院南京地质古生物研究所标本库。

7—11 无齿双颚刺 *Diplognathodus edentulus*（von Bitter，1972）

　　Pa 分子之侧视，×140，×100，×130，×120，×120；登记号：81053—81057，81078；7—9 河北峰峰，宾夕法尼亚亚系（上石炭统）和下二叠统太原组；10—11 山西陵川附城，宾夕法尼亚亚系（上石炭统）和下二叠统太原组；复制于赵松银等，1984，246 页，图版 104，图 3，7—8，13—14；图版 105，图 13；标本保存在中国地质科学院天津地质矿产物研究所。

12 莫尔双颚刺 *Diplognathodus moorei*（von Bitter，1972）

　　Pa 分子之侧视，×110；登记号：81058；河北峰峰，宾夕法尼亚亚系（上石炭统）和下二叠统太原组；复制于赵松银等，1984，247—248 页，图版 104，图 9；标本保存在中国地质科学院天津地质矿产物研究所。

13—18 艾利思姆双颚刺 *Diplognathodus ellesmerensis* Bender，1980

　　13—14 Pa 分子之侧视，×120；采集号：N58，60；登记号：133256，133257；贵州罗甸纳庆，宾夕法尼亚亚系（上石炭统）；复制于 Wang and Qi，2003a，pl.4，figs.6—7；标本保存在中国科学院南京地质古生物研究所标本库。

　　15—18 Pa 分子之侧视，×120，×100，×133，×126；采集号：176.5m，176.5m，176.9m，174.3m；登记号：160985，160984，167403，167404；贵州罗甸纳水，宾夕法尼亚亚系（上石炭统）；复制于祁玉平，2008，图版 21，图 15—16；图版 23，图 22；图版 24，图 8；标本保存在中国科学院南京地质古生物研究所标本库。

19—23 薄暗双颚刺 *Diplognathodus orphanus*（Merrill，1973）

　　19 Pa 分子之侧视，×87；登记号：21243；山西太原东山，宾夕法尼亚亚系（上石炭统）本溪组；复制于赵松银等，1984，248 页，图版 101，图 12；标本保存在中国地质科学院天津地质矿产物研究所。

　　21—22 Pa 分子之侧视，×100；采集号：176.9m；登记号：160993，160992；贵州罗甸纳庆，宾夕法尼亚亚系（上石炭统）；复制于祁玉平，2008，图版 21，图 9；图版 24，图 10；标本保存在中国科学院南京地质古生物研究所标本库。

　　20，23 Pa 分子之侧视，×100，×80；采集号：N55；登记号：133251，133252；贵州罗甸纳庆，宾夕法尼亚亚系（上石炭统）；复制于 Wang and Qi，2003a，pl.4，figs.1—2；标本保存在中国科学院南京地质古生物研究所标本库。

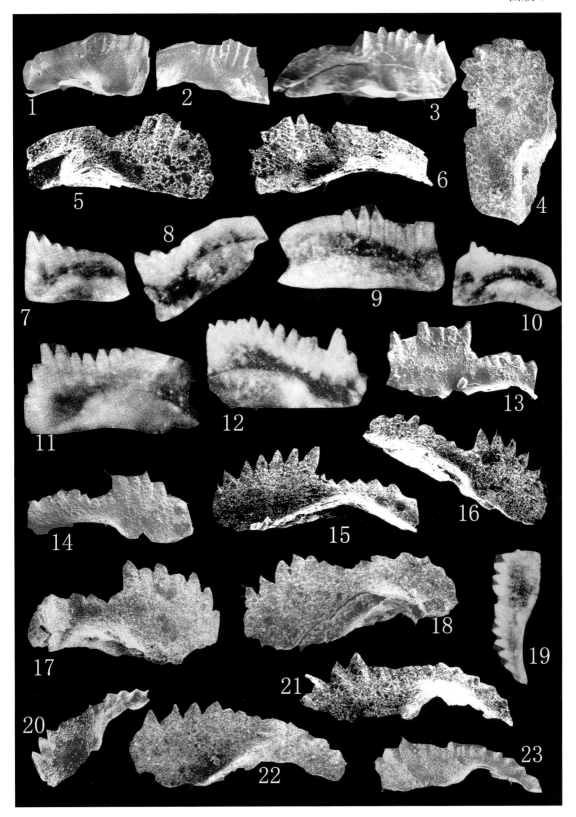

图版 2

1—2，4—7 微小欣德刺 *Hindeodus minutus*（Ellison，1941）

　　1—2 Pa 分子之侧视，×100，×67；采集号：N192，4；登记号：99154，99155；贵州罗甸纳庆，宾夕法尼亚亚系（上石炭统）；复制于 Wang & Higgins，1989，p.279，pl.13，figs.6—7；标本保存在中国科学院南京地质古生物研究所标本库。

　　4—7 Pa 分子之侧视，×50，×40，×50，×50；采集号：66.0m；登记号：167405，167406，167407，167408；贵州罗甸纳庆，宾夕法尼亚亚系（上石炭统）；复制于祁玉平，2008，图版 20，图 11，8，7，10；标本保存在中国科学院南京地质古生物研究所标本库。

3，8—9 冠状欣德刺 *Hindeodus cristulus*（Youngquist & Miller，1949）

　　3 Pa 分子之侧视，×80；采集号：60.3m；登记号：167409；贵州罗甸纳庆，宾夕法尼亚亚系（上石炭统）；复制于祁玉平，2008，图版 20，图 3；标本保存在中国科学院南京地质古生物研究所标本库。

　　8 Pa 分子之侧视，×40；采集号：HJDS25；登记号：70743；湖南江华大圩，上泥盆统—密西西比亚系（下石炭统）孟公坳组；复制于季强 1987a，269 页，图版 6，图 22；标本保存在中国科学院南京地质古生物研究所标本库。

　　9 Pa 分子之侧视，×90；采集号：Ln503；登记号：126052；贵州罗甸纳庆，宾夕法尼亚亚系（上石炭统）；复制于王志浩，1996a，268 页，图版 1，图 4；标本保存在中国科学院南京地质古生物研究所标本库。

10—11 漂亮欣德刺 *Hindeodus scitulus*（Hinde，1990）

　　Pa 分子之侧视，×100，×67；采集号：N90，110；登记号：99165，99166；贵州罗甸纳庆，密西西比亚系（下石炭统）；复制于 Wang & Higgins，1989，p.275，pl.14，figs.6—7；标本保存在中国科学院南京地质古生物研究所标本库。

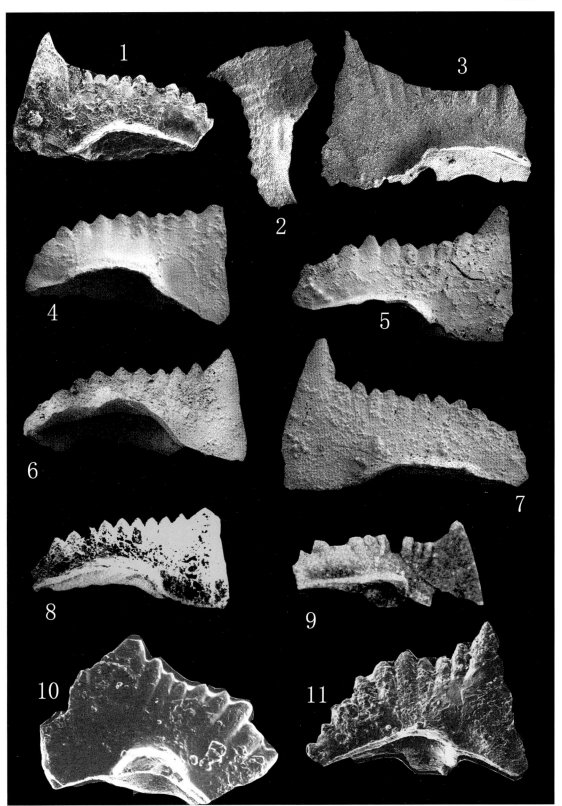

图版 3

1—5 光洁自由颚刺 *Adetognathus lautus*（Gunnell，1933）

    1—2 Pa 分子之口视，×100，×43；采集号：6573—129—21；登记号：91074，91078；广西南丹巴坪，密西西比亚系（下石炭统）；复制于 Xu et al.，1987，pl.1，figs.1—2；标本保存在中国科学院南京地质古生物研究所标本库。

    3—4 Pa 分子之侧视和口视，×80；采集号：Jde—4；登记号：cy087；江苏宜兴东岭水库，宾夕法尼亚亚系（上石炭统）黄龙组底部白云岩段；复制于应中锷等（见王成源），1993，218 页，图版 42，图 3—4；标本保存在原地质矿产部南京地质矿产研究所。

    5 Pa 分子之口视，×48；采集号：20—2；登记号：HC048；湖南新邵顺冲，密西西比亚系（下石炭统）梓门桥组；复制于董振常，1987，68 页，图版 3，图 5；标本保存在湖南省地质博物馆。

6—10 独角自由颚刺 *Adetognathus unicornis*（Rexroad & Burdon，1961）

    6—7 两个 Pa 分子之口视，×50；采集号：Qf—3；登记号：Cy081，82；安徽巢县凤凰山，密西西比亚系（下石炭统）老虎洞组；复制于应中锷等（见王成源），1993，218—219 页，图版 43，图 2a，3b；标本保存在原地质矿产部南京地质矿产研究所。

    8—10 Pa 分子之侧方口视、侧视和口视，×90；采集号：N B32；登记号：156054—126056；广西南丹巴坪，宾夕法尼亚亚系（上石炭统）；复制于王志浩，1996a，265 页，图版 1，图 5，7—8；标本保存在中国科学院南京地质古生物研究所标本库。

11—12 中凸凹颚刺 *Cavusgnathus convexus* Rexroad，1957

    Pa 分子之侧视和口视，×110；采集号：K262C33—1；登记号：1535；广东韶关大塘，密西西比亚系（下石炭统）石磴子组；复制于丁惠和万世禄，1989，166 页，图版 1，图 7a—b；标本保存在原山西矿业学院微体古生物教研室。

13—14 鸡冠凹颚刺 *Cavusgnathus cristatus* Branson & Mehl，1941

    Pa 分子之侧视和口视，×110；采集号：K262C31—5；登记号：1543；广东韶关大塘，密西西比亚系（下石炭统）石磴子组；复制于丁惠和万世禄，1989，164—165 页，图版 1，图 1a—b；标本保存在原山西矿业学院微体古生物教研室。

15—16 江华凹颚刺 *Cavusgnathus jianghuaensis* Ji，1987

    正模 Pa 分子之侧视和口视，×40；采集号：HJDS36—15；登记号：70560；湖南江华大圩，密西西比亚系（下石炭统）石磴子组；复制于季强，1987a，241 页，图版 1，图 20—21；标本保存在中国科学院南京地质古生物研究所标本库。

17—22 船凹颚刺 *Cavusgnathus naviculus*（Hinde，1900）

    17—18 同一 Pa 分子之侧视和口视，×40；采集号：HJDS37—11；登记号：70561；湖南江华大圩，密西西比亚系（下石炭统）石磴子组；复制于季强，1987a，241—242 页，图版 1，图 22—23；标本保存在中国科学院南京地质古生物研究所标本库。

    19—22 Pa 分子之口视、同一 Pa 分子之侧视和口视，×80；采集号：Qf—1；登记号：Cy077，78；安徽巢县凤凰山，密西西比亚系（下石炭统）和州组；复制于应中锷等（见王成源），1993，221 页，图版 43，图 1a，4a—b；标本保存在原地质矿产部南京地质矿产研究所。

23—24 凹颚型克里德刺 *Clydagnathus cavusformis* Rhodes，Austin & Druce，1969

    Pa 分子之口视，×240，×160；采集号：TZ4—3530.5m，满参 1 井 4736—4736.05m；登记号：92—5—36，93—2—15；新疆塔中和满参井，密西西比亚系（下石炭统）巴楚组；复制于赵治信等，2000，235 页，图版 58，图 13，27；标本保存在塔里木油田分公司勘探开发研究院。

25—26 规则凹颚刺 *Cavusgnathus regularis* Youngquist & Miller，1949

    Pa 分子之侧视和口视，×120；采集号：K262C31—4；登记号：1537，广东韶关大塘，密西西比亚系（下石炭统）石磴子组；复制于丁惠和万世禄，1989，165 页，图版 1，图 5a—b；标本保存在原山西矿业学院微体古生物教研室。

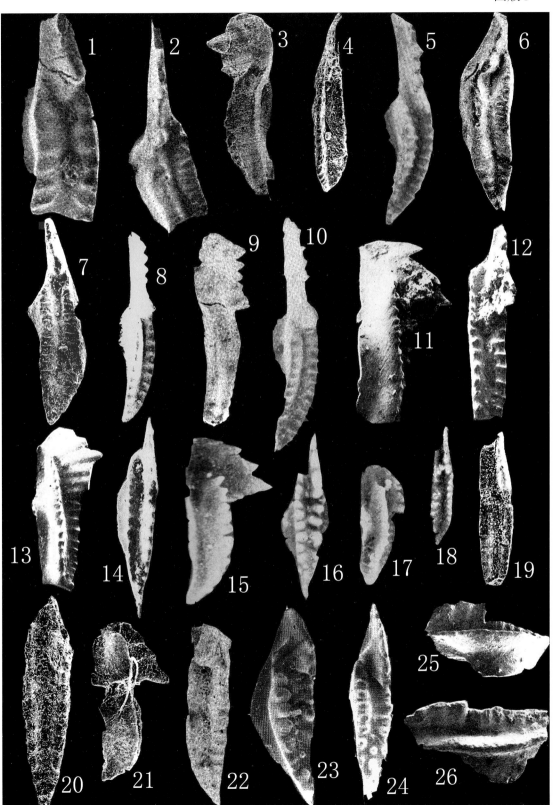

图版 4

1—3 凹颚型克里德刺 *Clydagnathus cavusformis* Rhodes，Austin & Druce，1969

    Pa 分子之口视，×199，×180，×190；采集号：TZ4—3530.5m，3535—3535.05m，满参 1 井 4747.45—4747.5m；登记号：92—6—2，93—6—13，93—1—13，新疆塔中和满参井，密西西比亚系（下石炭统）巴楚组；复制于赵治信等，2000，235 页，图版 58，图 3，7，18；标本保存在塔里木油田分公司勘探开发研究院。

4—8 吉尔沃克里德刺 *Clydagnathus gilwernensis* Rhodes，Austin & Druce，1969

    Pa 分子之口视，×230，×190，×237，×191，×200；采集号：TZ4—3530.5m，满参 1 井 4719.75—4719.8m，TZ4—3535.5m，3530.5m，3530.5m；登记号：92—5—35，93—1—14，92—6—3，92—5—34，92—5—32；新疆塔中和满参井，密西西比亚系（下石炭统）巴楚组；复制于赵治信等，2000，235 页，图版 58，图 1—2，32，4，12；标本保存在塔里木油田分公司勘探开发研究院。

9—10 拟凹颚型克里德刺 *Clydagnathus paracavusformis* Ni，1984

    正模 Pa 分子之口视和侧视，×40；采集号：锈 G—22；登记号：IV—80009；湖北松滋，密西西比亚系（下石炭统）高骊山组；复制于倪世钊，1984，229 页，图版 44，图 9a—b；标本保存在中国地质科学院宜昌地质矿产研究所。

11—12，16—17 单角克里德刺 *Clydagnathus unicornis* Rhodes，Austin & Druce，1969

    11—12 Pa 分子之侧视和口视，×90；采集号：大—48—39；登记号：HC0122；湖南新邵陆岭坳，密西西比亚系（下石炭统）石磴子组；复制于董振常，1987，71 页，图版 3，图 13—14；标本保存在湖南省地质博物馆。

    16—17 Pa 分子之侧视和口视，×40；采集号：梯 G8—4；登记号：IV—80024；湖北宜都毛湖淌，密西西比亚系（下石炭统）金陵组；复制于倪世钊，1984，229 页，图版 44，图 24a—b；标本保存在中国地质科学院宜昌地质矿产研究所。

13—15 雅水佩特罗刺 *Patrognathus yashuiensis* Xiong，1983

    正模 Pa 分子之口视、侧视和反口视，放大倍数不清；登记号：76—029；贵州惠水雅水，密西西比亚系（下石炭统）岩关组；复制于熊剑飞，1983，330 页，图版 74，图 3a—c；标本保存在原地质矿产部第八普查大队。

18—21 单角凹颚刺 *Cavusgnathus unicornis* Youngquist & Miller，1949

    18—19 同一 Pa 分子之口视和侧视，×40；采集号：HJDS36—23；登记号：70562；湖南江华大圩，密西西比亚系（下石炭统）石磴子组；复制于季强，1987a，242 页，图版 1，图 24—25；标本保存在中国科学院南京地质古生物研究所标本库。

    20—21 Pa 分子之口视和反口视，×48；采集号：T—1；登记号：HC066；湖南涟源田心坪，密西西比亚系（下石炭统）梓门桥组；复制于董振常，1987，70 页，图版 3，图 19—20；标本保存在湖南省地质博物馆。

22—25 韶关凹颚刺 *Cavusgnathus shaoguanensis* Ding & Wan，1989

    22—23 正模 Pa 分子之侧视和口视，×110；采集号：K262C30—1；登记号：1546；广东韶关大塘，密西西比亚系（下石炭统）石磴子组；复制于丁惠和万世禄，1989，165 页，图版 1，图 2a—b；标本保存在原山西矿业学院微体古生物教研室。

    24—25 Pa 分子之侧视和口视，×94，×110；采集号：K262C33—2，33—3；登记号：1548，1533；广东韶关大塘，密西西比亚系（下石炭统）石磴子组；复制于丁惠和万世禄，1989，165 页，图版 1，图 3—4；标本保存在原山西矿业学院微体古生物教研室。

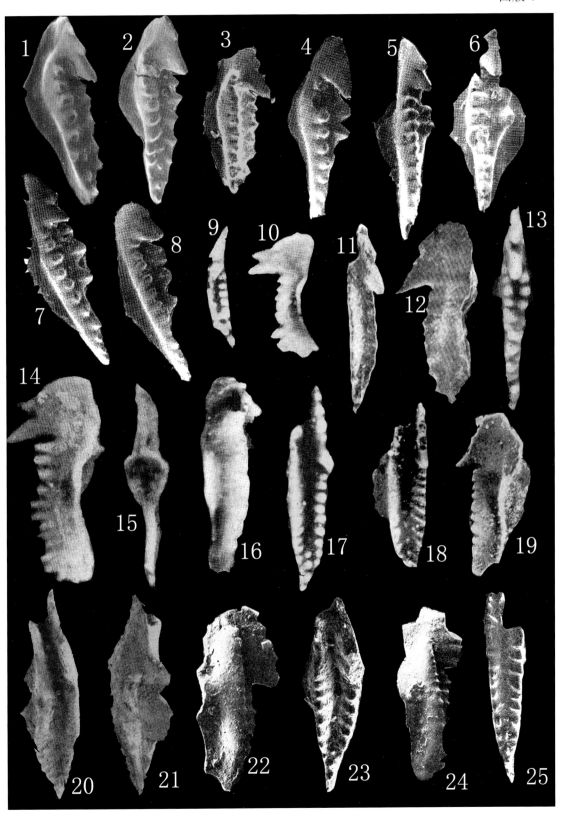

图版 5

1—5 双翼高低颚刺 *Elictognathus bialatus*（Branson & Mehl，1934）

  1—2 Pa 分子之侧视和口视，放大倍数不清；登记号：79—54B；贵州独山铁坑，密西西比亚系（下石炭统）岩关组；复制于熊剑飞，1983，323 页，图版 73，图 3，2；标本保存在原地质矿产部第八普查大队。

  3—4 P 分子之侧视，×50；采集号：NBII—707—16，73—6；登记号：107346，107347；广西桂林南边村，密西西比亚系（下石炭统）Chuanbutou 组；复制于 Wang & Yin in Yu，1988，p.118，pl.33，figs.5—6；标本保存在中国科学院南京地质古生物研究所标本库。

  5 P 分子之侧视，×120；登记号：86/75702；甘肃迭部益哇沟，密西西比亚系（下石炭统）石门洞组；复制于朱伟元（见曾学鲁等），1996，225 页，图版 38，图 8；标本保存在甘肃省区调队。

6—8 片状高低颚刺 *Elictognathus laceratus*（Branson & Mehl，1934）

  6 P 分子之侧视，×50；采集号：NBII—707—16；登记号：107348，广西桂林南边村，密西西比亚系（下石炭统）Chuanbutou 组；复制于 Wang & Yin in Yu，1988，pp.118—119，pl.33，fig.7；标本保存在中国科学院南京地质古生物研究所标本库。

  7 P 分子之侧视，×50；采集号：Chj—4；登记号：Cy025；南京茨山，密西西比亚系（下石炭统）金陵组；复制于应中锷等（见王成源），1993，223 页，图版 42，图 19；标本保存在原地质矿产部南京地质矿产研究所。

  8 Pa 分子之侧视，×48；采集号：FWXIII03—2；登记号：119650；陕西凤县熊家山，密西西比亚系（下石炭统）界河街组；复制于王平和王成源，2005，图版 4，图 2；标本保存在中国科学院南京地质古生物研究所。

9—10 三翼高低颚刺 *Elictognathus trialatus* Zhu，1996

  P 分子之侧视，×130；登记号：96/75711；甘肃迭部益哇沟，密西西比亚系（下石炭统）石门洞组；复制于朱伟元（见曾学鲁等），1996，226 页，图版 38，图 9a—b；标本保存在甘肃省区调队。

11—16 厚脊管刺 *Siphonodella carinthiaca* Schönlaub，1969

  11—14 两个同一 Pa 分子之口视与反口视，×80；采集号：Lms—12；登记号：DC84348，84349；贵州睦化栗木山剖面，密西西比亚系（下石炭统）王佑组；复制于季强等（见侯鸿飞等），1985，131 页，图版 23，图 1—4；标本保存在中国地质科学院地质研究所。

  15—16 Pa 分子之口视，×80；采集号：GMII—39；登记号：DC84350，84351；贵州睦化 2 号剖面，密西西比亚系（下石炭统）王佑组；复制于季强等（见侯鸿飞等），1985，131 页，图版 23，图 8，6；标本保存在中国地质科学院地质研究所。

17—19 大沙坝管刺 *Siphonodella dasaibaensis* Ji，Qin & Zhao，1990

  Pa 分子之口视，×45，×30，×30；采集号：C88—206，208，208；登记号：8987，8991，8992；广东乐昌大赛坝，密西西比亚系（下石炭统）之大赛坝组；复制于季强等，1990，图版 1，图 11，13—14；标本保存在中国地质科学院地质研究所。

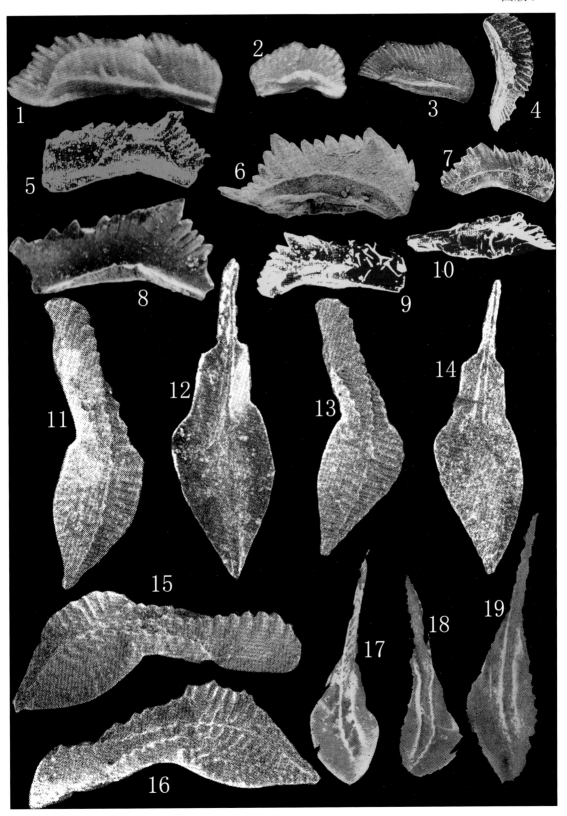

图版6

1—5 大沙坝管刺 *Siphonodella dasaibaensis* Ji，Qin & Zhao，1990

    Pa 分子之口视，×48，×32，×36，×41，×41；采集号：YFJT—A9，A7，C88—124，YFJT—A7；登记号：917024，917025，91702 6，8925，917027；广东乐昌大赛坝，密西西比亚系（下石炭统）大赛坝组；湖南军屯，密西西比亚系（下石炭统）马兰边组；复制于 Ji & Ziegler，1992，pl.2，figs.7—12；标本保存在中国地质科学院地质研究所。

6—17 同形简单管刺 *Siphonodella homosimplex* Ji & Ziegler，1992

    6—8 Pa 分子之口视，×35；采集号：YFJT—A2，YFJT—A2，YFJT—A2；登记号：917001，917002，917003；湖南军屯，密西西比亚系（下石炭统）马兰边组；复制于 Ji & Ziegler，1992，pl.1，figs.1—3；标本保存在中国地质科学院地质研究所。

    9 Pa 分子之口视，×40；采集号：C87—112；登记号：8972；广东乐昌大赛坝，密西西比亚系（下石炭统）之大赛坝组；复制于 Ji & Ziegler，1992，pl.1，fig.4；标本保存在中国地质科学院地质研究所。

    10 Pa 分子之口视，×37；采集号：YFJT—A2；登记号：917015；湖南军屯，密西西比亚系（下石炭统）马兰边组；复制于 Ji & Ziegler，1992，pl.1，fig.16；标本保存在中国地质科学院地质研究所。

    11—16 Pa 分子之口视，×32，×41，×41，×41，×37，×33；采集号：YFJT—A1，A5，A9，A9，A2，YFJT—A1；登记号：917008—917011，917013，917016；湖南军屯，密西西比亚系（下石炭统）马兰边组；复制于 Ji & Ziegler，1992，pl.1，figs.7—10，14，21；标本保存在中国地质科学院地质研究所。

    17 Pa 分子之口视，×34；采集号：YFJT—A2；登记号：917005；湖南军屯，密西西比亚系（下石炭统）马兰边组；复制于 Ji & Ziegler，1992，pl.1，fig.11；标本保存在中国地质科学院地质研究所。

18—19 平滑管刺 *Siphonodella levis*（Ni，1984）

    18 Pa 分子之口视，×54；采集号：YFJT—A10；登记号：917030；湖南军屯，密西西比亚系（下石炭统）马兰边组；复制于 Ji & Ziegler，1992，pl.2，fig.17；标本保存在中国地质科学院地质研究所。

    19 Pa 分子之反口视和口视，×41；采集号：LX—56；登记号：840080，湖南临湘溪，密西西比亚系（下石炭统）长阳组；复制于 Ji & Ziegler，1992，pl.2，fig.20；标本保存在中国地质科学院地质研究所。

图版 7

1—4，15—16 库泊管刺 1 型 *Siphonodella cooperi* Hass，1959，Morphotype 1，Sandberg et al.，1978

    1—4 两个同一 Pa 分子之反口视与口视，×60，×50；无采集号；登记号：41/75454，41，76918，37/75912，37/75442；甘肃迭部益哇沟，密西西比亚系（下石炭统）石门洞组；复制于曾学鲁等，1996，244 页，图版 36，图 4a—b，5a—b；标本保存在中国地质科学院地质研究所。

    15—16 Pa 分子之口视视，×50；采集号：NBII—708—7，707—18；登记号：103651，107184；广西桂林南边村泥盆—石炭系界线 2 号剖面，泥盆—石炭系界线层 73 层；复制于 Wang & Yin in Yu，1988，p.137，pl.19，figs.8，12；标本保存在中国科学院南京地质古生物研究所标本库。

5—12 库泊管刺 2 型 *Siphonodella cooperi* Hass，1959，Morphotype 2，Sandberg et al.，1978

    5—6 Pa 分子之口视，×40；采集号：ACE357，359；登记号：36604，36605；贵州惠水王佑老凹坡和水库剖面，密西西比亚系（下石炭统）王佑组；复制于王成源和王志浩，1978，83 页，图版 8，图 9—10；标本保存在中国科学院南京地质古生物研究所标本库。

    7，10—11 Pa 分子之口视，×51；采集号：Lms—14，GMII—40，49；登记号：DC84362，84364，84365；贵州睦化粟木山、2 号和 2 号剖面，密西西比亚系（下石炭统）王佑组；复制于季强等（见侯鸿飞等），1985，132 页，图版 24，图 2，5—6；标本保存在中国地质科学院地质研究所。

    8—9 同一 Pa 分子之反口视与口视，×54；采集号：GMII—38；登记号：DC84363；贵州睦化 2 号剖面，密西西比亚系（下石炭统）王佑组；复制于季强等（见侯鸿飞等），1985，132 页，图版 24，图 3—4；标本保存在中国地质科学院地质研究所。

    12 Pa 分子之口视，×58；采集号：GG9；登记号：G3682；云南宁蒗老龙洞，密西西比亚系（下石炭统）尖山营组；复制于董致中和季强，1988，图版 1，图 7；标本保存在云南省地调院区域地质调查所。

13—14，17 刻痕状管刺 1 型 *Siphonodella crenulata*（Cooper，1939），Morphotype 1，Sandberg et al.，1978

    13—14 同一 Pa 分子之口视与反口视，×54；采集号：Lms—15；登记号：DC84353；贵州睦化粟木山剖面，密西西比亚系（下石炭统）王佑组；复制于季强等（见侯鸿飞等），1985，133 页，图版 23，图 11—12；标本保存在中国地质科学院地质研究所。

    17 Pa 分子之口视，×50；采集号：NBII—73—6；登记号：107192；广西桂林南边村泥盆—石炭系界线 2 号剖面，泥盆—石炭系界线层 73 层；复制于 Wang & Yin in Yu，1988，p.138，pl.20，fig.6；标本保存在中国科学院南京地质古生物研究所标本库。

18—23 刻痕状管刺 2 型 *Siphonodella crenulata*（Cooper，1939），Morphotype 2，Sandberg et al.，1978

    18 Pa 分子之口视，×50；采集号：NBII—73—6；登记号：107191；广西桂林南边村泥盆—石炭系界线 2 号剖面，泥盆—石炭系界线层 73 层；复制于 Wang & Yin in Yu，1988，p.138，pl.20，fig.5；标本保存在中国科学院南京地质古生物研究所标本库。

    19—23 Pa 分子之口视，×54，×54，×60，×54，×54；采集号：21F，21F，22F，22F，22F；登记号：DC84354—84358；贵州睦化格董关剖面，密西西比亚系（下石炭统）王佑组；复制于季强等（见侯鸿飞等），1985，133—134 页，图版 23，图 13—16，20；标本保存在中国地质科学院地质研究所。

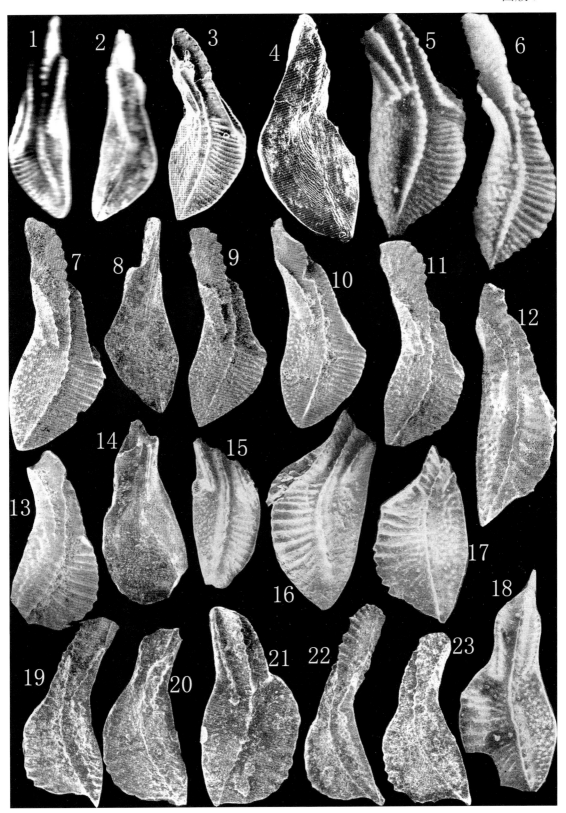

图版 8

1—5 刻痕状管刺 2 型 *Siphonodella crenulata*（Cooper，1939），Morphotype 2，Sandberg et al.，1978

1—2 Pa 分子之口视与反口视，×57，×38；采集号：LD43；登记号：L3158，3152；云南宁蒗老龙洞，密西西比亚系（下石炭统）尖山营组；复制于董致中和季强，1988，图版 1，图 12，14；标本保存在云南省地调院区域地质调查所。

3—5 Pa 分子之反口视、口视与口视，×72，×72，×54；采集号：LD43，43，44；登记号：3162，3158，3166；云南宁蒗老龙洞，密西西比亚系（下石炭统）尖山营组；复制于董致中和王伟，2006，196 页，图版 27，图 2—4；标本保存在云南省地调院区域地质调查所。

6—26 哈斯管刺 *Siphonodella hassi* Ji，1985

6—7，18—23 四个同一 Pa 分子之口视与反口视，×54，×54，×41，×41，×41，×41，×41，×41；采集号：GMII—338，37，38，38；登记号：DC84335，84342—84344；贵州睦化 2 号剖面，密西西比亚系（下石炭统）王佑组；复制于季强等（见侯鸿飞等），1985，134 页，图版 22，图 1—2，13—18；标本保存在中国地质科学院地质研究所。

8—9，12—13 两个同一 Pa 分子之反口视与口视，×54；采集号：Lms—12；登记号：DC843336，84338；贵州睦化栗木山剖面，密西西比亚系（下石炭统）王佑组；复制于季强等（见侯鸿飞等），1985，134 页，图版 22，图 3—4，7—8；标本保存在中国地质科学院地质研究所。

10—11 同一 Pa 分子之口视与反口视，×54；采集号：Lms—14；登记号：DC84337；贵州睦化栗木山剖面，密西西比亚系（下石炭统）王佑组；复制于季强等（见侯鸿飞等），1985，134 页，图版 22，图 5—6；标本保存在中国地质科学院地质研究所。

14—15 Pa 分子之口视，×38；采集号：NBII—37；登记号：DC84339，843340；贵州睦化 2 号剖面，密西西比亚系（下石炭统）王佑组；复制于季强等（见侯鸿飞等），1985，134 页，图版 22，图 9—10；标本保存在中国地质科学院地质研究所。

16—17 同一 Pa 分子之口视与反口视，×41；采集号：Lms—12；登记号：DC84341；贵州睦化栗木山剖面，密西西比亚系（下石炭统）王佑组；复制于季强等（见侯鸿飞等），1985，134 页，图版 22，图 11—12；标本保存在中国地质科学院地质研究所。

24—26 Pa 分子之口视，×45；采集号：NBII—72—3，707—15，72—7；登记号：107180，103544，107186；广西桂林南边村泥盆—石炭系界线 2 号剖面，泥盆—石炭系界线层 72，73，72 层；复制于 Wang & Yin in Yu，1988，p.138，pl.19，figs.6—7，14；标本保存在中国科学院南京地质古生物研究所标本库。

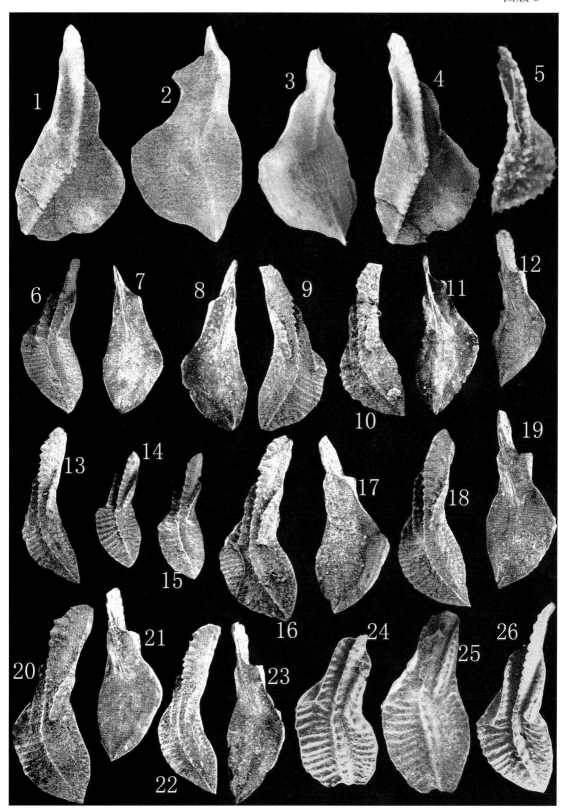

图版 9

1—10 布拉森管刺 Siphonodella branson Ji, 1985

    1—2, 5—6 两个同一 Pa 分子之口视与反口视，×41，×46；采集号：GMII—29，35；登记号：DC84292，84294；贵州睦化 2 号剖面，密西西比亚系（下石炭统）王佑组；复制于季强等（见侯鸿飞等），1985，133—135 页，图版 18，图 7—8，11—12；标本保存在中国地质科学院地质研究所。

    3—4, 7—10 三个同一 Pa 分子之反口视与口视，×41，×54，×38；采集号：GMII—38，29，40；登记号：DC84293，84295，84296；贵州睦化 2 号剖面，密西西比亚系（下石炭统）王佑组；复制于季强等（见侯鸿飞等），1985，133—135 页，图版 18，图 9—10，13—16；标本保存在中国地质科学院地质研究所。

11—24 双脊管刺 2 型 Siphonodella duplicata（Branson & Mehl，1934），Morphotype 2，Sandberg et al.，1978

    11 Pa 分子之反口视与口视，×36；采集号：ACE359；登记号：36598；贵州长顺代化老凹坡，密西西比亚系（下石炭统）王佑组；复制于王成源和王志浩，1978，83 页，图版 7，图 18；标本保存在中国科学院南京地质古生物研究所标本库。

    12—13, 20—21 两个同一 Pa 分子之口视与反口视，×49，×38；采集号：GMII—35，39；登记号：DC84301，84305；贵州睦化 2 号剖面，密西西比亚系（下石炭统）王佑组；复制于季强等（见侯鸿飞等），1985，135—136 页，图版 19，图 1—2，9—10；标本保存在中国地质科学院地质研究所。

    14—15 同一 Pa 分子之反口视与口视，×49；采集号：Lms—11；登记号：DC84302；贵州睦化栗木山剖面，密西西比亚系（下石炭统）王佑组；复制于季强等（见侯鸿飞等），1985，134 页，图版 19，图 3—4；标本保存在中国地质科学院地质研究所。

    16—19 两个同一 Pa 分子之反口视与口视，×39，×39，×39，×54；采集号：GMII—31，40；登记号：DC84303，84304；贵州睦化 2 号剖面，密西西比亚系（下石炭统）王佑组；复制于季强等（见侯鸿飞等），1985，135—136 页，图版 19，图 5—8；标本保存在中国地质科学院地质研究所。

    22—23 同一 Pa 分子之口视与反口视，×54；采集号：Lms—14；登记号：DC84308；贵州睦化栗木山剖面，密西西比亚系（下石炭统）王佑组；复制于季强等（见侯鸿飞等），1985，134 页，图版 19，图 14，16；标本保存在中国地质科学院地质研究所。

    24 Pa 分子之口视，×61；采集号：GG7；登记号：GN3695；云南宁蒗老龙洞，密西西比亚系（下石炭统）尖山营组；复制于董致中和季强，1988，图版 1，图 8；标本保存在云南省地调院区域地质调查所。

25—28 双脊管刺 3 型 Siphonodella duplicata（Branson & Mehl，1934），Morphotype 3，Ji, Xiong et Wu，1985

    两个同一 Pa 分子之反口视与口视，×38；采集号：GMII—40，39；登记号：DC84313，84314；贵州睦化 2 号剖面，密西西比亚系（下石炭统）王佑组；复制于季强等（见侯鸿飞等），1985，136 页，图版 20，图 1—4；标本保存在中国地质科学院地质研究所。

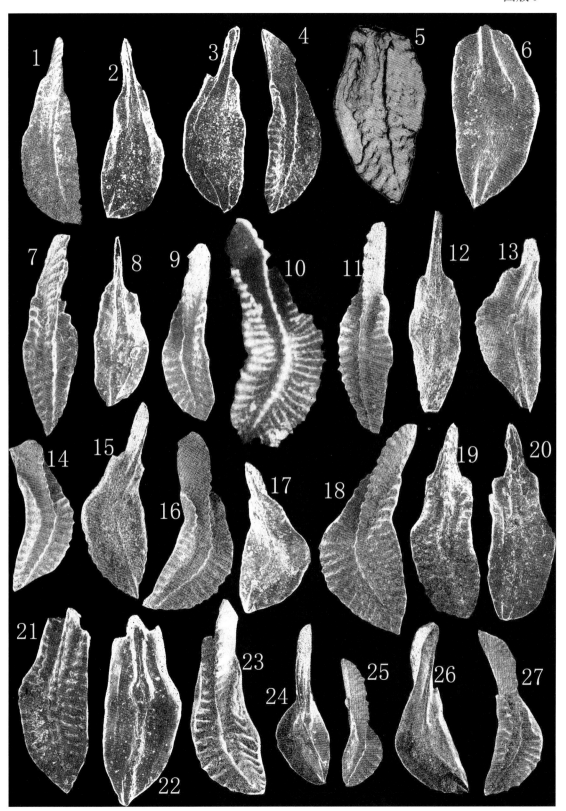

图版 10

1—14　双脊管刺 3 型 *Siphonodella duplicata*（Branson & Mehl，1934），Morphotype 3，Ji，Xiong & Wu，1985

　　1—2　同一 Pa 分子之反口视与口视，×34；采集号：GMII—38；登记号：DC84315；贵州睦化 2 号剖面，密西西比亚系（下石炭统）王佑组；复制于季强等（见侯鸿飞等），1985，136 页，图版 20，图 5—6；标本保存在中国地质科学院地质研究所。

　　3—4　同一 Pa 分子之反口视与口视，×43；采集号：GMII—38；登记号：DC84324；贵州睦化 2 号剖面，密西西比亚系（下石炭统）王佑组；复制于季强等（见侯鸿飞等），1985，136 页，图版 21，图 1—2；标本保存在中国地质科学院地质研究所。

　　5—8　两个同一 Pa 分子之口视与反口视，×43；采集号：GMII—35，43；登记号：DC84325，84326；贵州睦化 2 号剖面，密西西比亚系（下石炭统）王佑组；复制于季强等（见侯鸿飞等），1985，136 页，图版 21，图 3—6；标本保存在中国地质科学院地质研究所。

　　9，12　同一 Pa 分子之口视，×43，×48；采集号：GMII—52，38；登记号：DC84327，84329；贵州睦化 2 号剖面，密西西比亚系（下石炭统）王佑组；复制于季强等（见侯鸿飞等），1985，136 页，图版 21，图 8，12；标本保存在中国地质科学院地质研究所。

　　10—11　同一 Pa 分子之反口视与口视，×48；采集号：GMII—44；登记号：DC84328；贵州睦化 2 号剖面，密西西比亚系（下石炭统）王佑组；复制于季强等（见侯鸿飞等），1985，136 页，图版 21，图 9—10；标本保存在中国地质科学院地质研究所。

　　13—14　同一 Pa 分子之口视，×43；采集号：13F，12F；登记号：DC84360，84361；贵州睦化栗木山剖面，密西西比亚系（下石炭统）王佑组；复制于季强等（见侯鸿飞等），1985，136 页，图版 23，图 18—19；标本保存在中国地质科学院地质研究所。

15—24　双脊管刺 4 型 *Siphonodella duplicata*（Branson & Mehl，1934），Morphotype 4，Ji，Xiong & Wu，1985

　　15—16　同一 Pa 分子之反口视与口视，×48；采集号：GMII—32；登记号：DC84320；贵州睦化 2 号剖面，密西西比亚系（下石炭统）王佑组；复制于季强等（见侯鸿飞等），1985，136—137 页，图版 20，图 15—16；标本保存在中国地质科学院地质研究所。

　　17—22　三个同一 Pa 分子之口视与反口视，×48；采集号：GMII—39，49，32；登记号：DC84321—84323；贵州睦化 2 号剖面，密西西比亚系（下石炭统）王佑组；复制于季强等（见侯鸿飞等），1985，136—137 页，图版 20，图 17—22；标本保存在中国地质科学院地质研究所。

　　23—24　Pa 分子之口视，×104；采集号：WE2729—22—1，2729—19—1；登记号：3788，3786；云南文山以勒冲半坡，密西西比亚系（下石炭统）岩关阶；复制于董致中和王伟，2006，196—197 页，图版 26，图 1，11；标本保存在云南省地调院区域地质调查所。

25—28　双脊管刺 5 型 *Siphonodella duplicata*（Branson & Mehl，1934），Morphotype 5，Ji，Xiong & Wu，1985

　　25—26　同一 Pa 分子之口视与反口视，×48；采集号：GMII—32；登记号：DC843297；贵州睦化 2 号剖面，密西西比亚系（下石炭统）王佑组；复制于季强等（见侯鸿飞等），1985，137—138 页，图版 18，图 17—18；标本保存在中国地质科学院地质研究所。

　　27—28　同一 Pa 分子之反口视与口视，×48；采集号：GMII—34；登记号：DC84298；贵州睦化 2 号剖面，密西西比亚系（下石炭统）王佑组；复制于季强等（见侯鸿飞等），1985，137—138 页，图版 18，图 19—20；标本保存在中国地质科学院地质研究所。

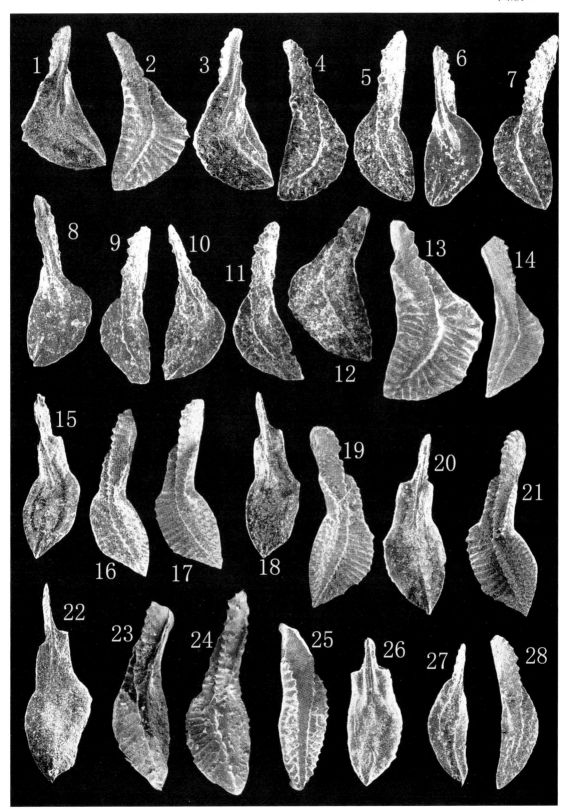

图版 11

1—4 双脊管刺 5 型 *Siphonodella duplicata*（Branson & Mehl，1934），Morphotype 5，Ji，Xiong & Wu，1985

　　1—2 同一 Pa 分子之口视与反口视，×48；采集号：GMII—39；登记号：DC843299；贵州睦化 2 号剖面，密西西比亚系（下石炭统）王佑组；复制于季强等（见侯鸿飞等），1985，137—138 页，图版 18，图 21—22；标本保存在中国地质科学院地质研究所。

　　3—4 同一 Pa 分子之反口视与口视，×48；采集号：GMII—29；登记号：DC84300（正模）；贵州睦化 2 号剖面，密西西比亚系（下石炭统）王佑组；复制于季强等（见侯鸿飞等），1985，137—138 页，图版 18，图 23—24；标本保存在中国地质科学院地质研究所。

5—17 宽叶管刺 *Siphonodella eurylobata* Ji，1985

　　5—6 Pa 分子之口视，×32；采集号：HJDS25—9；登记号：70552（正模）；湖南江华大圩三百工村，上泥盆统—密西西比亚系（下石炭统）孟公坳组；复制于季强，1987a，266 页，图版 1，图 5—6；标本保存在中国科学院南京地质古生物研究所标本库。

　　7—8 同一 Pa 分子之口视与侧视，×32；采集号：HJDS25—13；登记号：70553；湖南江华大圩三百工村，密西西比亚系（下石炭统）孟公坳组；复制于季强，1987a，266 页，图版 1，图 9—10；标本保存在中国科学院南京地质古生物研究所标本库。

　　9—10 Pa 分子之口视，×32；采集号：HJDS26—3；登记号：70691；湖南江华大圩三百工村，上泥盆统—密西西比亚系（下石炭统）孟公坳组；复制于季强，1987c，图版 1，图 18—19；标本保存在中国地质科学院地质研究所。

　　11—12 Pa 分子之口视，×40；采集号：NBII—73—6；登记号：107189，107190；广西桂林南边村泥盆—石炭系界线 2 号剖面，泥盆—石炭系界线层 73 层；复制于 Wang & Yin in Yu，1988，pp.139—140，pl.20，figs.3—4；标本保存在中国科学院南京地质古生物研究所标本库。

　　13—15 Pa 分子之口视，×46，×48，×58；采集号；大塘背 21；登记号：HC026，27，28；湖南桂阳大塘背，密西西比亚系（下石炭统）桂阳组；复制于董振常，1987，81 页，图版 9，图 1，3，5；标本保存在湖南省地质博物馆。

　　16—17 同一 Pa 分子之口视和反口视，×48；采集号；大塘背 21；登记号：HC029；湖南桂阳大塘背，密西西比亚系（下石炭统）桂阳组；复制于董振常，1987，81 页，图版 9，图 7—8；标本保存在湖南省地质博物馆。

18—21 光秃管刺 *Siphonodella glabrata* Zhu，1996

　　18—19 同一 Pa 分子之口视与反口视，×96，×128；无采集号；登记号：58/75930；甘肃迭部益哇沟，密西西比亚系（下石炭统）石门洞组；复制于朱伟元（见曾学鲁等），1996，246 页，图版 36，图 9a—b；标本保存在甘肃省区调队。

　　20—21 同一 Pa 分子之口视与反口视，×96；无采集号；登记号：61/75456；甘肃迭部益哇沟，密西西比亚系（下石炭统）石门洞组；复制于朱伟元（见曾学鲁等），1996，246 页，图版 37，图 9a—b；标本保存在甘肃省区调队。

22—27 等列管刺 *Siphonodella isosticha*（Cooper，1939）

　　22—24 Pa 分子之口视，×102，×92，×32；采集号：Ya15，15，13；登记号：Gu3154，3153，0108；云南宁蒗老龙洞，密西西比亚系（下石炭统）尖山营组；复制于董致中和季强，1988，图版 1，图 1—3；标本保存在云南省地调院区域地质调查所。

　　25—27 Pa 分子之口视，×93，×136，×104；图 25 和 26 无采集号，图 27 采集号为 LD45；登记号：0162，3147，3153；云南宁蒗老龙洞，密西西比亚系（下石炭统）尖山营组；复制于董致中和王伟，2006，197 页，图版 26，图 2，7；图版 27，图 1；标本保存在云南省地调院区域地质调查所。

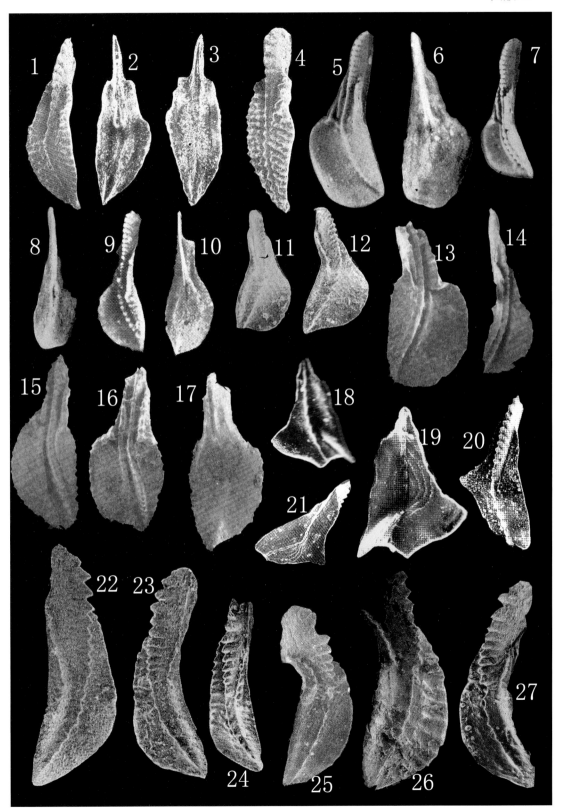

图版 12

1—6 等列管刺 *Siphonodella isosticha*（Cooper，1939）

    1—2 Pa 分子之口视，×102，×88；采集号：Ya15，WG—18—1；登记号：3154，3498；云南宁蒗老龙洞，密西西比亚系（下石炭统）尖山营组；复制于董致中和王伟，197 页，图版 27，图 9，15；标本保存在云南省地调院区域地质调查所。

    3—4 同一 Pa 分子之口视和反口视，×32；采集号：HJDS30—13；登记号：70558（正模）；湖南江华大圩三百工村，上泥盆统—密西西比亚系（下石炭统）孟公坳组；复制于季强，1987a，266 页，图版 1，图 17—18；标本保存在中国科学院南京地质古生物研究所标本库。

    5—6 Pa 分子之口视和反口视，×48；采集号：周 15；登记号：HC022；湖南隆回周旺铺，密西西比亚系（下石炭统）马栏边组；复制于董振常，1987，82 页，图版 8，图 19—20。

7—16 等列管刺比较种 *Siphonodella* cf. *isosticha*（Cooper，1939）

    7—10，13—14 三个同一 Pa 分子之反口视与口视，×43；采集号：GMII—67，37，67；登记号：DC84401，84402，84404；贵州睦化 2 号剖面，密西西比亚系（下石炭统）王佑组；复制于季强等（见侯鸿飞等），1985，138 页，图版 27，图 7—10，13—14；标本保存在中国地质科学院地质研究所。

    11—12 同一 Pa 分子之口视与反口视，×43；采集号：GMII—66；登记号：DC84403；贵州睦化 2 号剖面，密西西比亚系（下石炭统）王佑组；复制于季强等（见侯鸿飞等），1985，138 页，图版 27，图 11—12；标本保存在中国地质科学院地质研究所。

    15—16 Pa 分子之口视，×56，×16；采集号：Ya13；登记号：3154，3498；云南宁蒗老龙洞，密西西比亚系（下石炭统）尖山营组；复制于董致中和季强，1988，图版 1，图 5，4；标本保存在云南省地调院区域地质调查所。

17—21，24—34 平滑管刺 *Siphonodella levis*（Ni，1984）

    17 Pa 分子之反口视和口视，×32；采集号：Ng—9；登记号：IV—80026（正模）；湖北长阳资丘桃山，密西西比亚系（下石炭统）长阳组；复制于倪世钊，1984，283 页，图数 44，图 26b；标本保存在宜昌地质矿产研究所。

    18—19 同一 Pa 分子之反口视和口视，×32；采集号：Ng—9；登记号：IV—80027；湖北长阳资丘桃山，密西西比亚系（下石炭统）长阳组；复制于倪世钊，1984，283 页，图数 44，图 27a—b；标本保存在宜昌地质矿产研究所。

    20—21 同一 Pa 分子之反口视和口视，×32；采集号：HJDS28—1；登记号：70550；湖南江华大圩三百工村，上泥盆统—密西西比亚系（下石炭统）孟公坳组；复制于季强，1987a，267 页，图版 1，图 1—2；标本保存在中国科学院南京地质古生物研究所标本库。

    24—25 Pa 分子之口视和反口视，×34；采集号：祁—21；登记号：HC023；湖南祁阳苏家坪，密西西比亚系（下石炭统）桂阳组；复制于董振常，1987，82 页，图版 8，图 21—22；标本保存在湖南省地质博物馆。

    27—28 Pa 分子之口视和反口视，×58；采集号：大塘背 34；登记号：HC024；湖南桂阳大塘背，密西西比亚系（下石炭统）桂阳组；复制于董振常，1987，82 页，图版 8，图 23—24；标本保存在湖南省地质博物馆。

    29—30 Pa 分子之口视和反口视，×53；采集号：大塘背 34；登记号：HC025；湖南桂阳大塘背，密西西比亚系（下石炭统）桂阳组；复制于董振常，1987，82 页，图版 8，图 25—26；标本保存在湖南省地质博物馆。

    26 Pa 分子之口视，×40；采集号：Wp677.60；登记号：CY066；江苏宝应黄埔 10 井，密西西比亚系（下石炭统）老坎组；复制于应中锷等（见王成源），1993，234 页，图版 40，图 9；标本保存在南京地质矿产研究所。

    31—34 同一 Pa 分子之口视、反口视和同一 Pa 分子之反口视与口视，×40，×64；采集号：Wp674.66，677.60；登记号：CY065，064；江苏宝应黄埔 10 井，密西西比亚系（下石炭统）老坎组；复制于应中锷等（见王成源），1993，234 页，图版 40，图 2—3；标本保存在南京地质矿产研究所。

22—23 同形简单管刺 *Siphonodella homosimplex* Ji & Ziegler，1992

    同一 Pa 分子之反口视和口视，×32；采集号：HJDS28-1；登记号：70551；湖南江华大圩三百工村，上泥盆统—密西西比亚系（下石炭统）孟公坳组；复制于季强，1987a，267 页，图版 1，图 3—4；标本保存在中国科学院南京地质古生物研究所标本库。

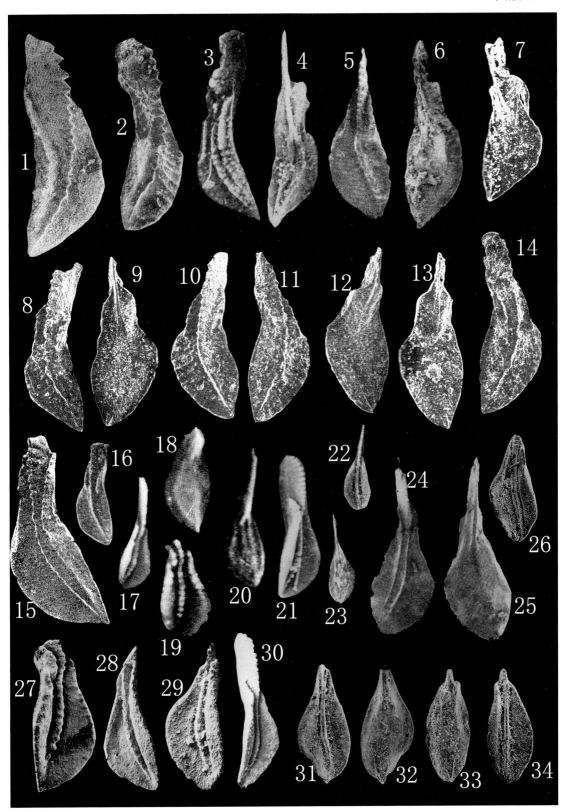

图版 13

1—17 叶形管刺 *Siphonodella lobata*（Branson & Mehl，1934）

    1—2 同一 Pa 分子之反口视与口视，×32；采集号：ACE357 登记号：36602；贵州长顺王佑水库剖面，密西西比亚系（下石炭统）王佑组；复制于王成源和王志浩，1978，84 页，图版 8，图 3—4；标本保存在中国科学院南京地质古生物研究所标本库。

    3—4 同一 Pa 分子之口视与反口视，×24；无采集号；登记号：80—612；贵州长顺睦化，密西西比亚系（下石炭统）岩关阶；复制于熊剑飞，1983，图版 75，图 9a—b；标本保存在原地质矿产部第八普查大队。

    5—6，8—9 两个同一 Pa 分子之口视与反口视，×34，×48；采集号：GMII—55，39；登记号：DC84316，84318；贵州长顺睦化 2 号剖面，密西西比亚系（下石炭统）王佑组；复制于季强等（见侯鸿飞等），1985，138 页，图版 20，图 7—8，10—11；标本保存在中国地质科学院地质研究所。

    7 Pa 分子之口视与反口视，×34；采集号：GMII—67；登记号：DC843317；贵州睦化 2 号剖面，密西西比亚系（下石炭统）王佑组；复制于季强等（见侯鸿飞等），1985，138 页，图版 20，图 9；标本保存在中国地质科学院地质研究所。

    10—11 同一 Pa 分子之反口视与口视，×48；采集号：GMII—39；登记号：DC84318；贵州睦化 2 号剖面，密西西比亚系（下石炭统）王佑组；复制于季强等（见侯鸿飞等），1985，138 页，图版 20，图 12—13；标本保存在中国地质科学院地质研究所。

    12—13 同一 Pa 分子之口视与反口视，×36；采集号：Lms—15；登记号：DC84330；贵州睦化栗木山剖面，密西西比亚系（下石炭统）王佑组；复制于季强等（见侯鸿飞等），1985，138 页，图版 21，图 13—14；标本保存在中国地质科学院地质研究所。

    14—15 Pa 分子之口视，×36；采集号：GMII—69，62；登记号：DC84331，84332；贵州睦化 2 号剖面，密西西比亚系（下石炭统）王佑组；复制于季强等（见侯鸿飞等），1985，138 页，图版 21，图 16，18；标本保存在中国地质科学院地质研究所。

    16—17 同一 Pa 分子之及反口视与口视，×53；采集号：GMII—39；登记号：DC84333；贵州睦化 2 号剖面，密西西比亚系（下石炭统）王佑组；复制于季强等（见侯鸿飞等），1985，138 页，图版 21，图 19—20；标本保存在中国地质科学院地质研究所。

18—22 南垌管刺 *Siphonodella nandongensis* Li，2014

    Pa 分子之及反口视与口视，×24，×32，×24，×24，×32；采集号：44，44，43，44，44；登记号：2014—19—23；广西武县南垌，密西西比亚系（下石炭统）巴平组；复制于李志宏等，2014，277 页，图版 1，图 19—23；标本保存在中国地质调查局武汉地质调查中心。

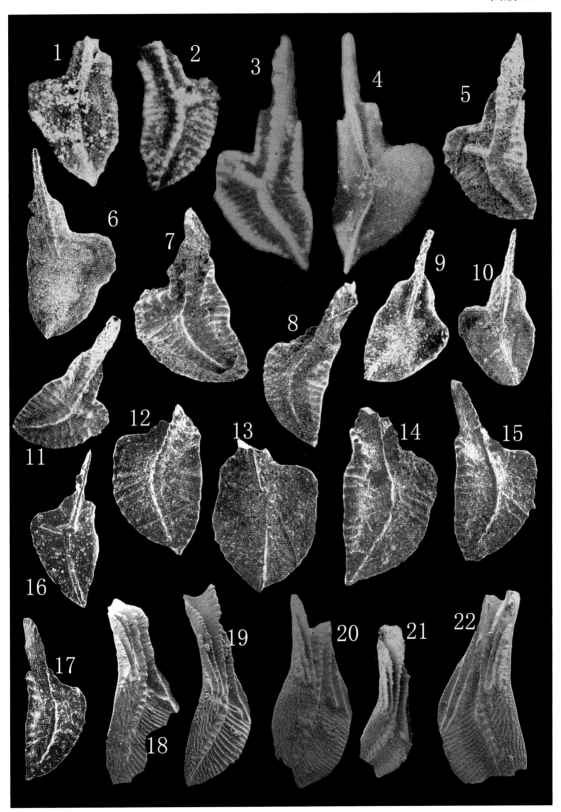

图版 14

1—11 衰退管刺 *Siphonodella obsoleta* Hass，1959

    1—4 Pa 分子之反口视与口视，×43；采集号：GMII—40，39；登记号：DC84384，84385；贵州睦化 2 号剖面，密西西比亚系（下石炭统）王佑组；复制于季强等（见侯鸿飞等），1985，139 页，图版 26，图 1—4；标本保存在中国地质科学院地质研究所。

    5—6 同一 Pa 分子之反口视与口视，×43；采集号：Lms—14；登记号：DC84386；贵州睦化粟木山剖面，密西西比亚系（下石炭统）王佑组；复制于季强等（见侯鸿飞等），1985，139 页，图版 26，图 5—6；标本保存在中国地质科学院地质研究所。

    7—8 同一 Pa 分子之口视与反口视，×43；采集号：Lms—14；登记号：DC84387；贵州睦化粟木山剖面，密西西比亚系（下石炭统）王佑组；复制于季强等（见侯鸿飞等），1985，139 页，图版 26，图 7—8；标本保存在中国地质科学院地质研究所。

    9—11 Pa 分子之口视，×32；采集号：Ya11，13，11；登记号：G3241，0105，G3215；云南宁蒗老龙洞，密西西比亚系（下石炭统）尖山营组；复制于董致中和季强，1988，图版 1，图 9—11；标本保存在云南省地调院区域地质调查所。

12—30 先槽管刺 *Siphonodella praesulcata* Sandberg，1972

    12—13 同一 Pa 分子之反口视与口视，×43；采集号：GMII—15；登记号：DC84230；贵州睦化 2 号剖面，密西西比亚系（下石炭统）王佑组；复制于季强等（见侯鸿飞等），1985，139—140 页，图版 13，图 1—2；标本保存在中国地质科学院地质研究所。

    14—17 两个同一 Pa 分子之口视与反口视，×43，×64；采集号：GMII—26，20；登记号：DC84231，84232；贵州睦化 2 号剖面，密西西比亚系（下石炭统）王佑组；复制于季强等（见侯鸿飞等），1985，139—140 页，图版 13，图 3—6；标本保存在中国地质科学院地质研究所。

    18 Pa 分子之反口视 ×43；采集号：L GMII—15；登记号：DC84233；贵州睦化 2 号剖面，密西西比亚系（下石炭统）王佑组；复制于季强等（见侯鸿飞等），1985，139—140 页，图版 13，图 7；标本保存在中国地质科学院地质研究所。

    19—20 同一 Pa 分子之反口视与口视，×38；采集号：Lms—4；登记号：DC84234；贵州睦化粟木山剖面，密西西比亚系（下石炭统）王佑组；复制于季强等（见侯鸿飞等），1985，139—140 页，图版 13，图 8—9；标本保存在中国地质科学院地质研究所；

    21—30 5 个同一 Pa 分子之口视与反口视，×43，×35，×41，×43，×58，×48；采集号：GMII—26，26，26，26，24，28；登记号：DC84236，84242，84244—84246，84249；贵州睦化 2 号剖面，密西西比亚系（下石炭统）王佑组；复制于季强等（见侯鸿飞等），1985，139—140 页，图版 13，图 12—13；图版 14，图 3—4，7—12；标本保存在中国地质科学院地质研究所。

31—32 三吻脊管刺 *Siphonodella trirostrata* Druce，1969

    Pa 分子之口视，×24，×32；采集号：44，52；登记号：2014—33，34；广西武县南垌，密西西比亚系（下石炭统）巴平组；复制于李志宏等，2014，277 页，图版 2，图 7—8；标本保存在中国地质调查局武汉地质调查中心。

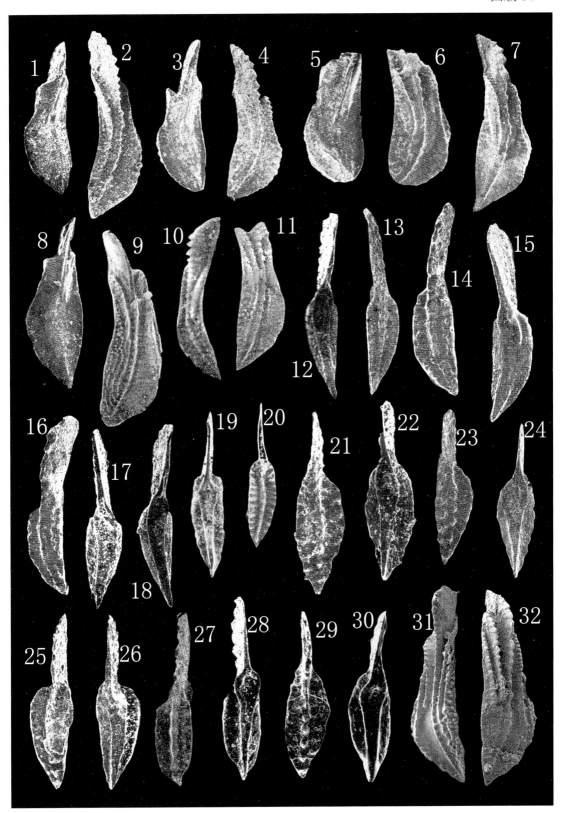

图版 15

1—37 先槽管刺 *Siphonodella praesulcata* Sandberg，1972

 1—2 同一 Pa 分子之口视和反口视，×40；采集号：NBII—4b；登记号：103634；广西桂林南边村泥盆—石炭系界线 2 号剖面，泥盆—石炭系界线层 57 层；复制于 Wang & Yin in Yu，1988，pp.140—141，pl.13，figs.5a—b；标本保存在中国科学院南京地质古生物研究所标本库。

 3—6 两个同一 Pa 分子之反口视和口视，×40；采集号：NBII—3b—2；登记号：107133，107134；广西桂林南边村泥盆—石炭系界线 2 号剖面，泥盆—石炭系界线层 55 层；复制于 Wang & Yin in Yu，1988，pp.140—141，pl.13，figs.6a—b，7a—b；标本保存在中国科学院南京地质古生物研究所标本库。

 7—8 同一 Pa 分子之反口视和口视，×40；采集号：NBII—4a；登记号：103634；广西桂林南边村泥盆—石炭系界线 2 号剖面，泥盆—石炭系界线层 56 层；复制于 Wang & Yin in Yu，1988，pp.140—141，pl.13，figs.8a—b；标本保存在中国科学院南京地质古生物研究所标本库。

 9—10 同一 Pa 分子之口视和反口视，×40；采集号：NBIV—23；登记号：107135；广西桂林南边村泥盆—石炭系界线 4 号剖面，泥盆—石炭系界线层 23 层；复制于 Wang & Yin in Yu，1988，pp.140—141，pl.13，figs.9a—b；标本保存在中国科学院南京地质古生物研究所标本库。

 11 Pa 分子之口视，×40；采集号：NBIV—23；登记号：107136；广西桂林南边村泥盆—石炭系界线 4 号剖面，泥盆—石炭系界线层 23 层；复制于 Wang & Yin in Yu，1988，pp.140—141，pl.13，fig.10b；标本保存在中国科学院南京地质古生物研究所标本库。

 12—13 同一 Pa 分子之口视和反口视，×40；采集号：NBII—7a；登记号：103636；广西桂林南边村泥盆—石炭系界线 2 号剖面，泥盆—石炭系界线层 67 层；复制于 Wang & Yin in Yu，1988，pp.140—141，pl.13，figs.11a—b；标本保存在中国科学院南京地质古生物研究所标本库。

 14—15 同一 Pa 分子之口视和反口视，×40；采集号：NBII—4b—2；登记号：107142；广西桂林南边村泥盆—石炭系界线 2 号剖面，泥盆—石炭系界线层 57 层；复制于 Wang & Yin in Yu，1988，pp.140—141，pl.14，figs.7a—b；标本保存在中国科学院南京地质古生物研究所标本库。

 16—17 同一 Pa 分子之反口视和口视，×40；采集号：NBII—3b—1；登记号：107143；广西桂林南边村泥盆—石炭系界线 2 号剖面，泥盆—石炭系界线层 55 层；复制于 Wang & Yin in Yu，1988，pp.140—141，pl.14，figs.8a—b；标本保存在中国科学院南京地质古生物研究所标本库。

 18—19 同一 Pa 分子之反口视和口视，×40；采集号：NBIV—22；登记号：107144；广西桂林南边村泥盆—石炭系界线 4 号剖面，泥盆—石炭系界线层 22 层；复制于 Wang & Yin in Yu，1988，p—p.140—141，pl.14，figs.9a—b；标本保存在中国科学院南京地质古生物研究所标本库。

 20—25 三个同一 Pa 分子之口视和反口视，×40；采集号：NBII—4b—1，4b—2，3b—1；登记号：107145—107147；广西桂林南边村泥盆—石炭系界线 2 号剖面，泥盆—石炭系界线层 56，57，55 层；复制于 Wang & Yin in Yu，1988，pp.140—141，pl.14，figs.10a—b，11a—b，12a—b；标本保存在中国科学院南京地质古生物研究所标本库。

 26—27 同一 Pa 分子之口视和反口视，×40；采集号：NBII—4b；登记号：107148；广西桂林南边村泥盆—石炭系界线 2 号剖面，泥盆—石炭系界线层 57 层；复制于 Wang & Yin in Yu，1988，pp.140—141，pl.15，figs.1a—b；标本保存在中国科学院南京地质古生物研究所标本库。

 28—33 三个同一 Pa 分子之口视和反口视，×40；采集号：NBII—3A—2，3B—2，4B—2；登记号：107149—107151；广西桂林南边村泥盆—石炭系界线 2 号剖面，泥盆—石炭系界线层 54，55，57 层；复制于 Wang & Yin in Yu，1988，pp.140—141，pl.15，figs.2a—b，3a—b，4a—b；标本保存在中国科学院南京地质古生物研究所标本库．

 34—37 两个同一 Pa 分子之口视和反口视，×40；采集号：NBIV—23，NBII—4a—2；登记号：107155，107156；广西桂林南边村泥盆—石炭系界线 4 和 2 号剖面，泥盆—石炭系界线层 54，55，57 层；复制于 Wang & Yin in Yu，1988，pp.140—141，pl.15，figs.8a—b，9a—b；标本保存在中国科学院南京地质古生物研究所标本库。

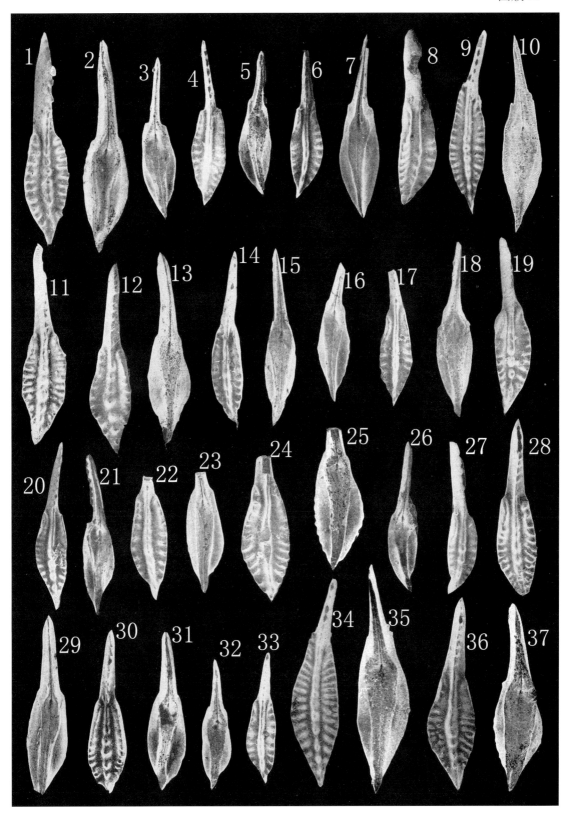

图版 16

1—18 四褶管刺 *Siphonodella quadruplicata*（Branson & Mehl, 1934）

1—2 同一 Pa 分子之口视与反口视，×36；采集号：Lms—146；登记号：DC84368；贵州睦化栗木山剖面，密西西比亚系（下石炭统）王佑组；复制于季强等（见侯鸿飞等），1985，140 页，图版 24，图 13—14；标本保存在中国地质科学院地质研究所。

3—4 同一 Pa 分子之口视与反口视，×36；采集号：GMII—60；登记号：DC84369；贵州睦化 2 号剖面，密西西比亚系（下石炭统）王佑组；复制于季强等（见侯鸿飞等），1985，140 页，图版 24，图 15，20；标本保存在中国地质科学院地质研究所。

5—6 同一 Pa 分子之口视与反口视，×36；采集号：GMII—64；登记号：DC84370；贵州睦化 2 号剖面，密西西比亚系（下石炭统）王佑组；复制于季强等（见侯鸿飞等），1985，140 页，图版 24，图 16—17；标本保存在中国地质科学院地质研究所。

7—8 Pa 分子之口视与反口视，×36；采集号：GMII—64，60；登记号：DC84371，84369；贵州睦化 2 号剖面，密西西比亚系（下石炭统）王佑组；复制于季强等（见侯鸿飞等），1985，140 页，图版 24，图 19，15；标本保存在中国地质科学院地质研究所。

9—10 同一 Pa 分子之口视，×40；采集号：NBII—72—5；登记号：107194；广西桂林南边村泥盆—石炭系界线 2 号剖面，泥盆—石炭系界线层 72 层；复制于 Wang & Yin in Yu，1988，p.142，pl.20，figs.10—11；标本保存在中国科学院南京地质古生物研究所标本库。

11—12 Pa 分子之口视，×40；采集号：NBII—72—3，76—4；登记号：107194，107205；广西桂林南边村泥盆—石炭系界线 2 号剖面，泥盆—石炭系界线层 73 层与 76 层；复制于 Wang & Yin in Yu，1988，p.142，pl.20，fig.12；pl.21，fig.9；标本保存在中国科学院南京地质古生物研究所标本库。

13 Pa 分子之口视，×64；采集号：Ya9；登记号：Gu0104；云南宁蒗老龙洞，密西西比亚系（下石炭统）尖山营组；复制于董致和季强，1988，图版 1，图 15；标本保存在云南省地调院区域地质调查所。

14—15 同一 Pa 分子之口视与反口视，×64；无采集号；登记号：42/75454，42/75919；甘肃迭部益哇沟，密西西比亚系（下石炭统）石门洞组；复制于朱伟元（见曾学鲁等），1996，247 页，图版 36，图 11a—b；标本保存在甘肃省区调队。

16 Pa 分子之口视，×64，无采集号；登记号：43/75452；甘肃迭部益哇沟，密西西比亚系（下石炭统）石门洞组；复制于朱伟元（见曾学鲁等），1996，247 页，图版 36，图 10；标本保存在甘肃省区调队。

17—18 Pa 分子之口视，×48，×64；无采集号；登记号：39/75440，49/75446；甘肃迭部益哇沟，密西西比亚系（下石炭统）石门洞组；复制于朱伟元（见曾学鲁等），1996，247 页，图版 37，图 14—15；标本保存在甘肃省区调队。

19—25 桑得伯格管刺 *Siphonodella sandbergi* Klapper, 1966

19—20 同一 Pa 分子之反口视与口视，×34；采集号：GMII—49；登记号：DC84389；贵州睦化 2 号剖面，密西西比亚系（下石炭统）王佑组；复制于季强等（见侯鸿飞等），1985，141—142 页，图版 26，图 10—11；标本保存在中国地质科学院地质研究所。

21 Pa 分子之口视，×34；采集号：GMII—49；登记号：DC84391；贵州睦化 2 号剖面，密西西比亚系（下石炭统）王佑组；复制于季强等（见侯鸿飞等），1985，141—142 页，图版 26，图 12；标本保存在中国地质科学院地质研究所。

22—25 两个同一 Pa 分子之口视与反口视及反口视与口视，×32，34；采集号：GMII—49，55；登记号：DC84392，84390；贵州睦化 2 号剖面，密西西比亚系（下石炭统）王佑组；复制于季强等（见侯鸿飞等），1985，141—142 页，图版 26，图 13—14，16，15；标本保存在中国地质科学院地质研究所。

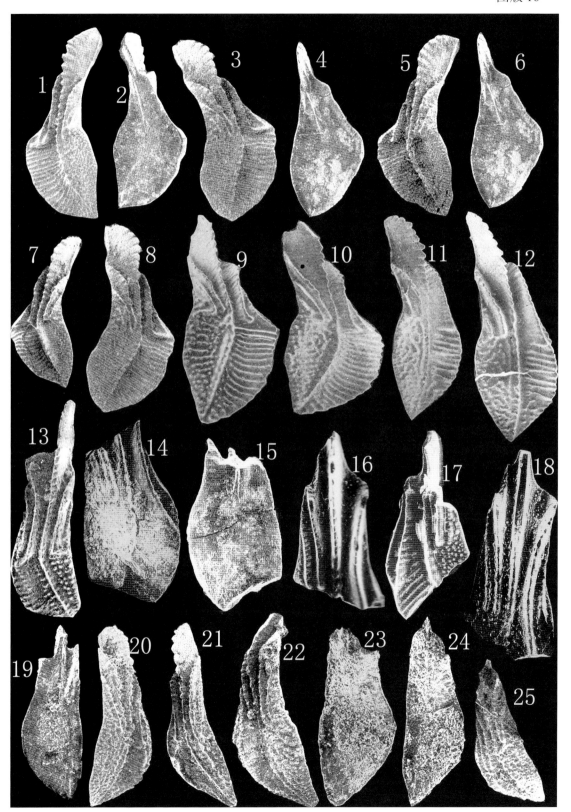

图版 17

1—10 中国管刺 *Siphonodella sinensis* Ji, 1985

    1—4 两个同一 Pa 分子之口视和反口视，×32；采集号：HJDS25—8，25—10；登记号：70556，70555；湖南江华大圩三百工村，上泥盆统—密西西比亚系（下石炭统）孟公坳组；复制于季强，1987a，268 页，图版 1，图 11—14；标本保存在中国科学院南京地质古生物研究所标本库。

    5—6 同一 Pa 分子之反口视和口视，×32；采集号：HJDS25—13；登记号：70557；湖南江华大圩三百工村，上泥盆统—密西西比亚系（下石炭统）孟公坳组；复制于季强，1987a，268 页，图版 1，图 15—16；标本保存在中国科学院南京地质古生物研究所标本库。

    7—8 同一 Pa 分子之口视和反口视，×48；采集号：祁—15；登记号：HC020；湖南祁阳苏家坪，密西西比亚系（下石炭统）桂阳组；复制于董振常，1987，81 页，图版 8，图 15—16；标本保存在湖南省地质博物馆。

    9—10 同一 Pa 分子之口视和反口视，×58；采集号：祁—15；登记号：HC021；湖南祁阳苏家坪，密西西比亚系（下石炭统）桂阳组；复制于董振常，1987，81 页，图版 8，图 17；18；标本保存在湖南省地质博物馆。

11—31 槽管刺 *Siphonodella sulcata*（Huddle, 1934）

    11 Pa 分子之口视，×48；采集号：GMII—26；登记号：DC84253；贵州睦化 2 号剖面，密西西比亚系（下石炭统）王佑组；复制于季强等（见侯鸿飞等），142 页，图版 15，图 1；标本保存在中国地质科学院地质研究所。

    12—15 两个同一 Pa 分子之反口视与口视，×48；采集号：GMII—29，40；登记号：DC84254，84255；贵州睦化 2 号剖面，密西西比亚系（下石炭统）王佑组；复制于季强等（见侯鸿飞等），142 页，图版 15，图 2—5；标本保存在中国地质科学院地质研究所。

    16 Pa 分子之反口视，×48；采集号：GMII—28；登记号：DC84256；贵州睦化 2 号剖面，密西西比亚系（下石炭统）王佑组；复制于季强等（见侯鸿飞等），1985，142 页，图版 15，图 6；标本保存在中国地质科学院地质研究所。

    17—20 两个同一 Pa 分子之反口视与口视，×48，×43；采集号：GMII—29，32；登记号：DC84261，84262；贵州睦化 2 号剖面，密西西比亚系（下石炭统）王佑组；复制于季强等（见侯鸿飞等），1985，142 页，图版 15，图 16—19；标本保存在中国地质科学院地质研究所。

    21—22，25—26 两个同一 Pa 分子之反口视与口视，×48，×43；采集号：GMII—24，MII—32；登记号：DC84263，842656；贵州睦化 2 号剖面，密西西比亚系（下石炭统）王佑组；复制于季强等（见侯鸿飞等），1985，142 页，图版 16，图 1—2，5—6；标本保存在中国地质科学院地质研究所。

    23—24 同一 Pa 分子之反口视与口视，×43；采集号：Lms—10；登记号：DC84264；贵州睦化栗木山剖面，密西西比亚系（下石炭统）王佑组；复制于季强等（见侯鸿飞等），1985，142 页，图版 16，图 3—4；标本保存在中国地质科学院地质研究所。

    27—28 同一 Pa 分子之反口视与口视，×34；采集号：GMII—26；登记号：DC84274；贵州睦化 2 号剖面，密西西比亚系（下石炭统）王佑组；复制于季强等（见侯鸿飞等），1985，142 页，图版 16，图 21—22；标本保存在中国地质科学院地质研究所。

    29 Pa 分子之口视，×34；采集号：GMII—24；登记号：DC84275；贵州睦化 2 号剖面，密西西比亚系（下石炭统）王佑组；复制于季强等（见侯鸿飞等），1985，142 页，图版 16，图 24；标本保存在中国地质科学院地质研究所。

    30—31 同一 Pa 分子之反口视与口视，×34；采集号：GMII—29；登记号：DC84276；贵州睦化 2 号剖面，密西西比亚系（下石炭统）王佑组；复制于季强等（见侯鸿飞等），1985，142 页，图版 16，图 25—26；标本保存在中国地质科学院地质研究所。

32—33 六褶皱管刺 *Siphonodella sexplicata*（Branson & Mehl, 1934）

    Pa 分子之口视，×49，×32；采集号：45，44；登记号：2014—31，32；广西武县南垌，密西西比亚系（下石炭统）巴平组；复制于李志宏等，2014，图版 2，图 5—6；标本保存在中国地质调查局武汉地质调查中心。

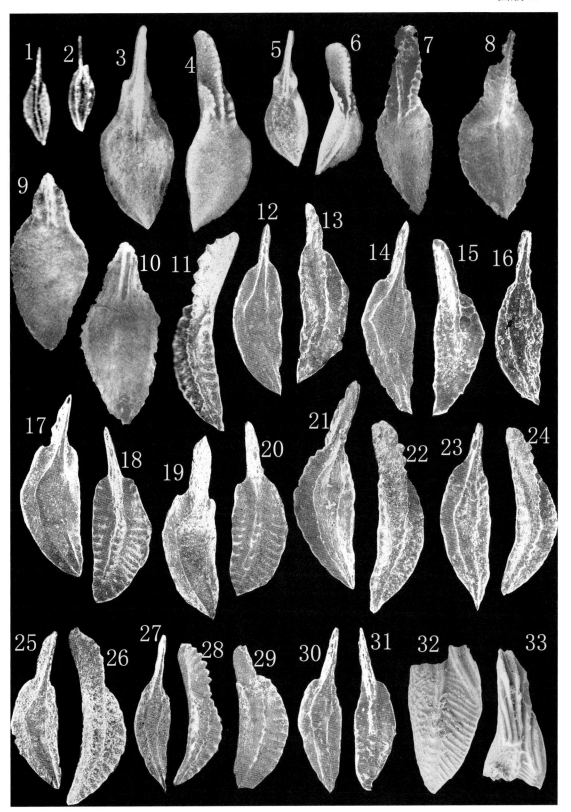

图版 18

1—5 双线颚刺双线亚种 *Gnathodus bilineatus bilineatus*（Roundy，1926）

　　Pa 分子之口视，×32，×34，×42，×42，×54；采集号：N8，4，4，18，2；登记号：99073—99077；贵州罗甸纳庆，密西西比亚系（下石炭统）；复制于 Wang & Higgins，1989，pp.227—228，pl.6，figs.7—11；标本保存在中国科学院南京地质古生物研究所标本库。

6—11 双线颚刺博兰德亚种 *Gnathodus bilineatus bollandensis* Higgins & Bouckaert，1968

　　6—7 Pa 分子之口视，×24；采集号：X44—3；登记号：101846，101845；甘肃靖远，密西西比亚系（下石炭统）靖远组；复制于 Wang et al.，1987b，p.128，pl.1，figs.10，9；标本保存在中国科学院南京地质古生物研究所标本库。

　　8 Pa 分子之口视，×60；采集号：Ln439；登记号：26063；贵州罗甸纳庆，密西西比亚系（下石炭统）；复制于王志浩，1996a，267—268 页，图版 1，图 14。

　　9—10 Pa 分子之口视，×80，×64；采集号：WE13—2731—0—2，Ya75；登记号：3683，2133；云南文山顺甸河和宁蒗老龙洞，密西西比亚系（下石炭统）顺甸河组和尖山营组；复制于董致中和王伟，183 页，图版 30，图 16—17；标本保存在云南省地调院区域地质调查所；

　　11 Pa 分子之口视，×40；采集号：N20；登记号：133198，贵州罗甸纳庆，密西西比亚系（下石炭统）；复制于 Wang & Qi，2003a，pl.1，fig.1；标本保存在中国科学院南京地质古生物研究所标本库。

12—13 鳞茎颚刺 *Gnathodus bulbosus* Thompson，1967

　　Pa 分子之口视和反口视，×80；登记号：21/75375，甘肃迭部益哇沟，密西西比亚系（下石炭统）石门洞组；复制于朱伟元（见曾学鲁等），1996，227 页，图版 40，图 8a—b；标本保存在甘肃省区调队。

14—15，18—19 坎塔日克颚刺 *Gnathodus cantabricus* Belka & Lehmann，1998

　　Pa 分子之口视，×56；采集号：45.4m，47.3m，68.9m，68.9m；登记号：167410，167411，167412，167413，贵州罗甸纳庆，密西西比亚系（下石炭统）；复制于祁玉平，2008，67 页，图版 8，图 1，4，9，8；标本保存在中国科学院南京地质古生物研究所标本库。

16—17 半光滑颚刺 *Gnathodus semiglaber* Bischoff，1957

　　Pa 分子之口视，×56；采集号：64.9m；登记号：155759，167414，贵州罗甸纳庆，密西西比亚系（下石炭统）；复制于祁玉平，2008，图版 8，图 11—12；标本保存在中国科学院南京地质古生物研究所标本库。

图版 19

1，15—16 楔形颚刺 Gnathodus cuneiformis Mehl & Thomas，1947

    1 Pa 分子之口视，×72；采集号：Ya—14；登记号：32168，云南宁蒗金子沟，密西西比亚系（下石炭统）尖山营组；复制于董致中和王伟，2006，184 页，图版 26，图 16；标本保存在云南省地调院区域地质调查所。

    15—16 Pa 分子之口视，×60，×70；采集：Ya—15，19；登记号：L3342，Gn123；云南宁蒗老龙洞，密西西比亚系（下石炭统）尖山营组；复制于董致中和季强，1988，图版 4，图 3—4；标本保存在云南省地调院区域地质调查所。

2，8 吉尔梯颚刺中间型亚种 Gnathodus girtyi intermedius Globensky，1967

    2 Pa 分子之口视，×67；登记号：20—2/HC090；湖南新邵顺中，密西西比亚系（下石炭统）梓门桥组；复制于董振常，1987，72—73 页，图版 5，图 3；标本保存在湖南省地质博物馆。

    8 Pa 分子之口视，×58；采集号：N20；登记号：99031；贵州罗甸纳庆，宾夕法尼亚亚系（上石炭统）；复制于 Wang & Higgins，1989，p.278，pl.2，fig.14；标本保存在中国科学院南京地质古生物研究所标本库。

3—7 吉尔梯颚刺吉尔梯亚种 Gnathodus girtyi girtyi Hass，1953

    3—4 Pa 分子之口视，×52；采集号：D34—4；登记号：101892，101891；甘肃靖远，密西西比亚系（下石炭统）臭牛沟组；复制于 Wang et al.，1987b，p.128，pl.7，figs.10，9；标本保存在中国科学院南京地质古生物研究所标本库。

    5 Pa 分子之口视，×96；采集号：Ln20；登记号：126068；贵州罗甸纳庆，密西西比亚系（下石炭统）复制于王志浩，1996a，268 页，图版 2，图 1；标本保存在中国科学院南京地质古生物研究所标本库。

    6—7 Pa 分子之口视，×56；采集号：45.4m；登记号：155762，167415；贵州罗甸纳庆，宾夕法尼亚亚系（上石炭统）；复制于祁玉平，2008，68—69 页，图版 9，图 1—2；标本保存在中国科学院南京地质古生物研究所标本库。

9—12 吉尔梯颚刺梅氏亚种 Gnathodus girtyi meischneri Austin & Husti，1974

    Pa 分子之口视，×64，×64，×40，×56；采集号：45.4m，45.4m，61.6m，45.4m；登记号：167416，167417，167418，167419；贵州罗甸纳庆，宾夕法尼亚亚系（上石炭统）；复制于祁玉平，2008，69—70 页，图版 10，图 1—2，11，7；标本保存在中国科学院南京地质古生物研究所标本库。

13—14 吉尔梯颚刺果形亚种 Gnathodus girtyi pyrenaeus Nemyrovska & Perret，2005

    Pa 分子之口视，×56；采集号：45.4m，44.5m；登记号：167420，167421；贵州罗甸纳庆，宾夕法尼亚亚系（上石炭统）；复制于祁玉平，2008，70—71 页，图版 10，图 15，13；标本保存在中国科学院南京地质古生物研究所标本库。

17 伊萨默颚刺 Gnathodus isomeces Cooper，1939

    Pa 分子之口视，放大倍数不清，登记号：F3m—91；贵州紫云，密西西比亚系（下石炭统）；复制于熊剑飞，1983，324 页，图版 76，图 10；标本保存在原地质矿产部第八普查大队。

18—21 弱小拟异颚刺 Idiognathoides macer（Wirth，1967）

    18—19 同一 Pa 分子之口视和反口视，放大倍数不清；登记号：78—143；贵州望谟桑朗，宾夕法尼亚亚系（上石炭统）；复制于熊剑飞，1983，324 页，图版 76，图 2a—b；标本保存在原地质矿产部第八普查大队。

    20 Pa 分子之侧方口视，×160；采集号：H.34；登记号：30；新疆莎车和什拉甫，密西西比亚系（下石炭统）和什拉甫组；复制于赵治信等，1984，118 页，图版 22，图 11；标本保存在塔里木油田分公司勘探开发研究院。

    21 Pa 分子之侧方口视，×69；采集号：86B—011；登记号：1543；新疆博乐南山，密西西比亚系（下石炭统）阿恰勒河组；复制于赵治信等，2000，237 页，图版 61，图 19；标本保存在塔里木油田分公司勘探开发研究院。

22—23 斑点假颚刺 Pseudognathodus mermaidus Austin & Husri，1974

    22 Pa 分子之口视，×104；采集号：Sj5179—9；登记号：32099；云南宁蒗老龙洞，密西西比亚系（下石炭统）大塘阶；复制于董致中和王伟，2006，185 页，图版 29，图 14；标本保存在云南省地调院区域地质调查所。

    23 Pa 分子之口视，×87；采集号：Ya—2；登记号：4Gn108；云南宁蒗老龙洞，密西西比亚系（下石炭统）尖山营组；复制于董致中和季强，1988，图版 5，图 13；标本保存在云南省地调院区域地质调查所。

24—25 前双线颚刺 Gnathodus praebilineatus Belka，1985

    Pa 分子之口视，×56；采集号：45.4m，48m；登记号：155761，167422；贵州罗甸纳庆，宾夕法尼亚亚系（上石炭统）；复制于祁玉平，2008，71—72 页，图版 4，图 14，21；标本保存在中国科学院南京地质古生物研究所标本库。

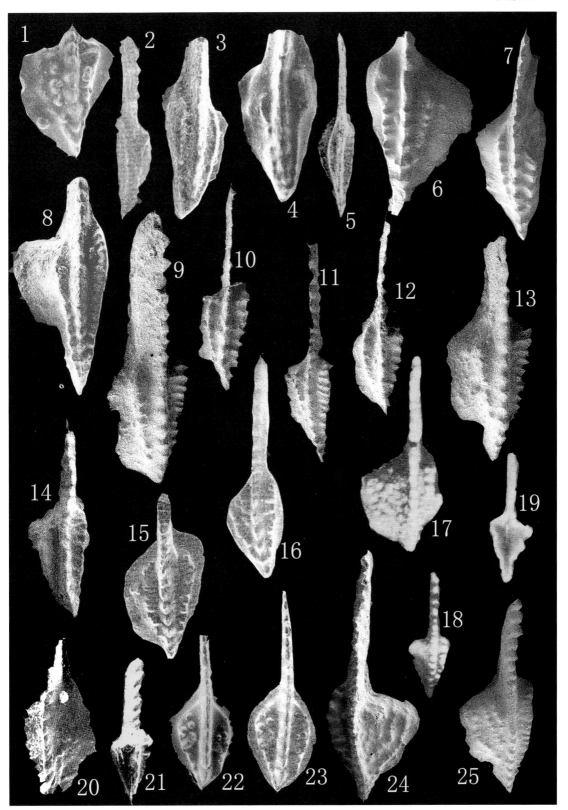

图版 20

1—3 线形颚刺 *Gnathodus punctatus*（Cooper，1939）

    1 Pa 分子之口视，×32；采集号：GF15；登记号：0111；云南宁蒗老龙洞，密西西比亚系（下石炭统）尖山营组；复制于董致中和王伟，2006，186 页，图版 27，图 17；标本保存在云南省地调院区域地质调查所。

    2—3 Pa 分子之口视，×43，×37；采集号：Ysy1—1，13—1；云南施甸鱼硐，密西西比亚系（下石炭统）香山组；复制于田树刚和科恩，2004，图版1，图 25，34；标本保存在中国地质科学院地质研究所。

4—9 半光滑颚刺 *Gnathodus semiglaber* Bischoff，1957

    4 Pa 分子之口视，×32；采集号：Jde7—1；登记号：Cy091；江苏宜兴东岭水库，密西西比亚系（下石炭统）黄龙组底部白云岩段；复制于应中锷等（王成源主编），1993，224 页，图版42，图 2；标本保存在南京地质矿产研究所。

    5 Pa 分子之口视，×64；采集号：Ya22；登记号：3212；云南宁蒗老龙洞，密西西比亚系（下石炭统）尖山营组；复制于董致中和王伟，2006，186—187 页，图版 29，图 3；标本保存在云南省地调院区域地质调查所。

    6 Pa 分子之口视，×67；采集号：Ya22；登记号：Gn2125；云南宁蒗老龙洞，密西西比亚系（下石炭统）尖山营组；复制于董致中和季强，1988，图版 5，图 22；标本保存在云南省地调院区域地质调查所。

    7 Pa 分子之口视，×32；采集号：Lp17；广西柳州碰冲，密西西比亚系（下石炭统）鹿寨组；复制于田树刚和科恩，2004，图版1，图 4；标本保存在中国地质科学院地质研究所。

    8—9 Pa 分子之口视，×37，×24；采集号：Ysy9—3，10—1；云南施甸鱼硐，密西西比亚系（下石炭统）香山组；复制于田树刚和科恩，2004，图版1，图 32；图版2，图 17；标本保存在中国地质科学院地质研究所。

10—12 德克萨斯颚刺 *Gnathodus texanus* Roundy，1926

    Pa 分子之口视，×56，×56，×48；采集号：Ya22；登记号：32103，1273，Gn122；云南宁蒗老龙洞，密西西比亚系（下石炭统）尖山营组；复制于董致中和王伟，2006，187 页，图版 29，图 6，12；董致中和季强，1988，图版 5，图 21；标本保存在云南省地调院区域地质调查所。

13—20 典型颚刺 *Gnathodus typicus* Cooper，1939

    13 Pa 分子之口视，×88；采集号：Wang—9—7；登记号：33917；云南施甸鱼硐，密西西比亚系（下石炭统）香山组；复制于董致中和王伟，2006，187 页，图版 27-1，图 5；标本保存在云南省地调院区域地质调查所。

    14—17 Pa 分子之口视，×58，×58，×56，×58；采集号：Ya13，9，13，Sj5179—8—8；登记号：3427，32123，02009，130；云南宁蒗老龙洞，密西西比亚系（下石炭统）尖山营组；复制于董致中和王伟，2006，187 页，图版 27-1，图 5；图版 29，图 5，10，17，22；标本保存在云南省地调院区域地质调查所。

    18—20 Pa 分子之口视，×40，×64，×64；采集号：ADZ331，329，329；登记号：3104650，104653，105654；广西忻城里庙，密西西比亚系（下石炭统）维宪阶；复制于王成源和徐珊红，1989，38 页，图版 1，图 14；图版 2，图 2，5；标本保存在中国科学院南京地质古生物研究所标本库。

21—24 娇柔颚刺 *Gnathodus delicatus* Branson et Mehl，1938

    21 Pa 分子之口视，×32；采集号不清；登记号：0111；云南宁蒗老龙洞，密西西比亚系（下石炭统）尖山营组；复制于董致中和王伟，2006，184 页，图版 27，图 16；标本保存在云南省地调院区域地质调查所。

    22 Pa 分子之口视，×32；采集号：F4；登记号：Gn147；云南宁蒗老龙洞，密西西比亚系（下石炭统）尖山营组；复制于董致中和季强，1988，图版4，图 5；标本保存在云南省地调院区域地质调查所。

    23—24 Pa 分子之口视，×58，×36；采集号：Lp1Ysy21—1；广西柳州碰冲和云南施甸鱼硐，密西西比亚系（下石炭统）鹿寨组和香山组；复制于田树刚和科恩，2004，图版1，图 1；图版2，图 21；标本保存在中国地质科学院地质研究所。

25—27 后双线颚刺 *Gnathodus postbilineatus* Nigmadganov & Nemirovskaya，1992

    三个 Pa 分子之口视，×38，×38，×43；采集号：sample NN—19，18，32，18，19；登记号：68/2072，2070，2074；新疆阿克苏南天山地区，宾夕法尼亚亚系（上石炭统）巴什基尔阶；复制于 Nigmadganov & Nemirovskaya，1992，pl.2，figs.1，3，5；标本保存在乌克兰基辅 IGS ASU。

28—29 光滑颚刺 *Gnathodus glaber* Wirth，1967

    Pa 分子之口视，×72，×80；采集号：N56；登记号：99125，99136；贵州罗甸纳庆，宾夕法尼亚亚系（上石炭统）；复制于 Wang & Higgins，1989，p.278，pl.11，figs.8—9；标本保存在中国科学院南京地质古生物研究所标本库。

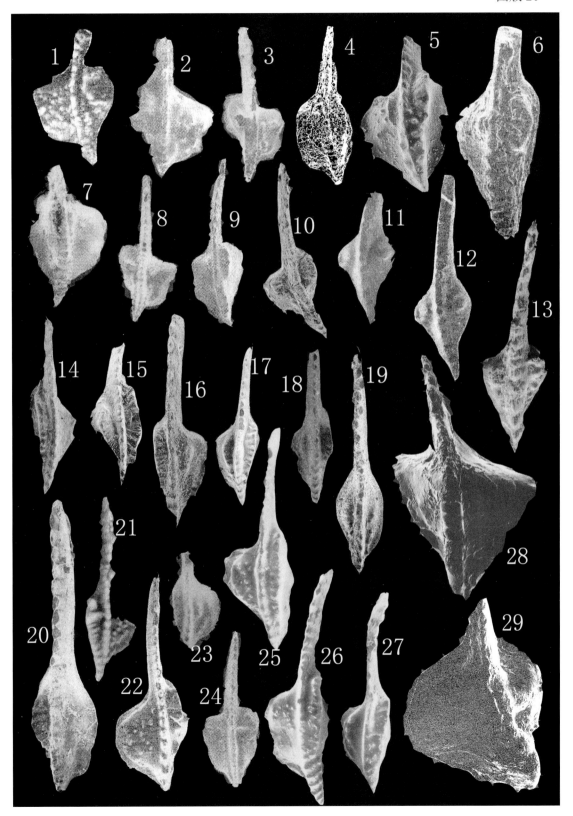

图版 21

1—4 双线颚刺先驱亚种 *Gnathodus bilineatus antebilineatus* Yang & Tian，1988

 Pa 分子之口视，×48；采集号：SBgy1—4；贵州水城滥坝郭家垭，密西西比亚系（下石炭统）大塘阶；复制于杨式溥和田树刚，1988，65 页，图版 1，图 18—19，24—25；标本保存在中国地质科学院地质研究所。

5—7 吉尔梯颚刺科利森亚种 *Gnathodus girtyi collinsoni* Rhodes，Austin & Druce，1969

 Pa 分子之口视，×48；采集号：SBII—6，SBII—6，SBI—4；贵州水城滥坝老街水库，密西西比亚系（下石炭统）大塘阶；复制于杨式溥和田树刚，1988，图版 1，图 1—2，5；标本保存在中国地质科学院地质研究所。

8—10 吉尔梯颚刺罗德亚种 *Gnathodus girtyi rhodesi* Higgins，1975

 Pa 分子之口视，×48；采集号：SBgy1—4；贵州水城滥坝郭家垭，密西西比亚系（下石炭统）大塘阶；复制于杨式溥和田树刚，1988，图版 1，图 3—4，6；标本保存在中国地质科学院地质研究所。

11—17 吉尔梯颚刺简单亚种 *Gnathodus girtyi simplex* Dunn，1965

 11—14 Pa 分子之口视，×96，×96，×48，×56；采集号：Ya75，75，Lz6，Ya75；登记号：Gu3135，156，3458，2123；云南宁蒗老龙洞，密西西比亚系（下石炭统）尖山营组；复制于董致中和季强，1988，图版 6，图 1—4；标本保存在云南省地调院区域地质调查所。

 15—17 Pa 分子之口视，×60；采集号：SBgy2—2，SBg3—6，SBg3—6；贵州水城滥坝郭家垭，密西西比亚系（下石炭统）大塘阶；复制于杨式溥和田树刚，1988，图版 2，图 14，5，29；标本保存在中国地质科学院地质研究所。

18—19 龙殿山颚刺 *Gnathodus longdianshanensis* Tian & Coen，2004

 Pa 分子之口视，×29；采集号：Lsc—17；广西柳江龙殿山，密西西比亚系（下石炭统）隆安组；复制于田树刚和科恩，2004，743 页，图版 3，图 22—23；标本保存在中国地质科学院地质研究所。

20—25 假半光滑颚刺 *Gnathodus pseudosemiglaber* Thompson & Fellows，1970

 20—21 Pa 分子之口视，×36，×32；采集号：Sj5179—9，Ya19；登记号：Gu148，128；云南宁蒗老龙洞，密西西比亚系（下石炭统）尖山营组；复制于董致中和季强，1988，图版 5，图 23—24；标本保存在云南省地调院区域地质调查所。

 22—23 Pa 分子之口视，×58，×36；采集号：Lp1Ysy21—1；广西柳州碰冲，密西西比亚系（下石炭统）鹿寨组；复制于田树刚和科恩，2004，图版 1，图 2，12；标本保存在中国地质科学院地质研究所。

 24—25 Pa 分子之口视，×34；采集号：Ysy13—1；云南施甸鱼硐，密西西比亚系（下石炭统）香山组；复制于田树刚和科恩，2004，图版 1，图 2，12；图版 2，图 15—16；标本保存在中国地质科学院地质研究所。

26—27 对称假颚刺 *Pseudognathodus symmutatus*（Rhodes，Austin & Druce，1969）

 Pa 分子之口视，×70；采集号：Ya20；登记号：Gu148，127，109；云南宁蒗老龙洞，密西西比亚系（下石炭统）尖山营组；复制于董致中和季强，1988，图版 5，图 4—5；标本保存在云南省地调院区域地质调查所。

28—29 华丽颚刺 *Gnathodus superbus* Dong & Ji，1988

 正模和副模 Pa 分子之口视，×70，×54；采集号：LD23；登记号：Gu155，3668；云南宁蒗老龙洞，密西西比亚系（下石炭统）尖山营组；复制于董致中和季强，1988，45 页，图版 4，图 16—17；标本保存在云南省地调院区域地质调查所。

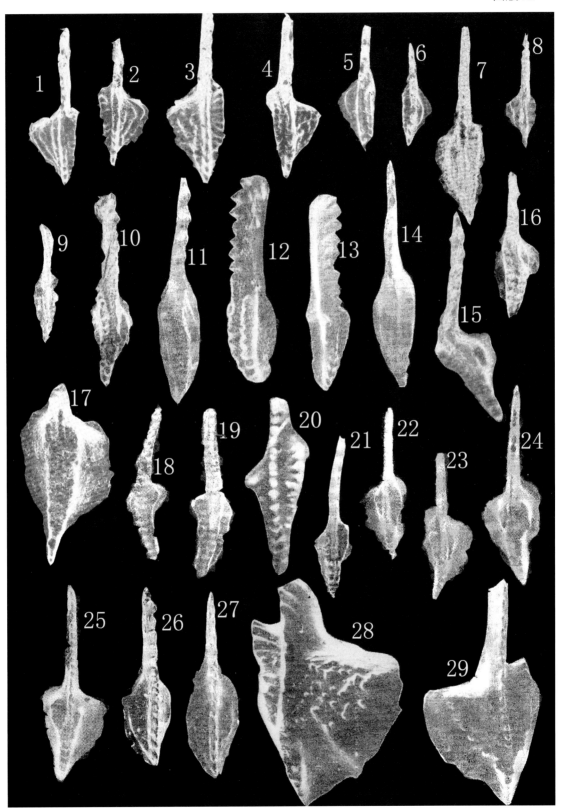

图版 22

1—5 柯林森原始颚刺 *Protognathodus collnsoni* Ziegler，1969

  1—2 同一 Pa 分子之口视和侧视，×54；采集号：GMII—22；登记号：DC84418；贵州睦化剖面，上泥盆统顶至密西西比亚系（下石炭统）格董关层；复制于季强等（见侯鸿飞等），1985，120—121 页，图版 28，图 14—15；标本保存在中国地质科学院地质研究所。

  3 Pa 分子之口视，×54；采集号：GMII—22；登记号：DC84416；贵州睦化剖面，上泥盆统顶至密西西比亚系（下石炭统）格董关层；复制于季强等（见侯鸿飞等），1985，120—121 页，图版 28，图 16；标本保存在中国地质科学院地质研究所。

  4—5 同一 Pa 分子之侧视和口视，×90；采集号：GMII—24；登记号：DC84417；贵州睦化剖面，上泥盆统顶至密西西比亚系（下石炭统）格董关层；复制于季强等（见侯鸿飞等），1985，120—121 页，图版 28，图 17—18；标本保存在中国地质科学院地质研究所。

6—12，15—20 科克尔原始颚刺 *Protognathodus kockeli*（Bischoff，1957）

  6—12 Pa 分子之口视，×50；采集号：NBII—4a—3，NBII—4a—3，NBII—3a—1，NBII—3a—2，NBII—3b—1，NBII—3b—3，NBII—3a—2；登记号：107212，107213，107212，107214，107218，107216，107217，107376；广西桂林南边村 2 号剖面，泥盆—石炭系南边村组；复制于 Wang & Yin in Yu，1988，p.130，pl.22，figs.8—9，12—16；标本保存在中国科学院南京地质古生物研究所标本库。

  15—17 Pa 分子之口视，×54；采集号：GMII—22，22，28；登记号：DC84418，84419，84420；贵州睦化剖面，上泥盆统代化组和密西西比亚系（下石炭统）王佑组；复制于季强等（见侯鸿飞等），1985，121 页，图版 28，图 19，21，23；标本保存在中国地质科学院地质研究所。

  18—20 Pa 分子之口视，×54；采集号：GMII—24；登记号：DC84421，84422，84423；贵州睦化剖面，上泥盆统代化组和密西西比亚系（下石炭统）王佑组；复制于季强等（见侯鸿飞等），1985，121 页，图版 28，图 25—27；标本保存在中国地质科学院地质研究所。

13—14 心形原始颚刺 *Protognathodus cordiformis* Lane，Sandberg & Ziegler，1980

  Pa 分子之口视，×50，×60；采集号：Ysy18—2，7—2；云南施甸鱼硐，密西西比亚系（下石炭统）香山组；复制于田树刚和科恩，2004，图版 2，图 19—20；标本保存在中国地质科学院地质研究所。

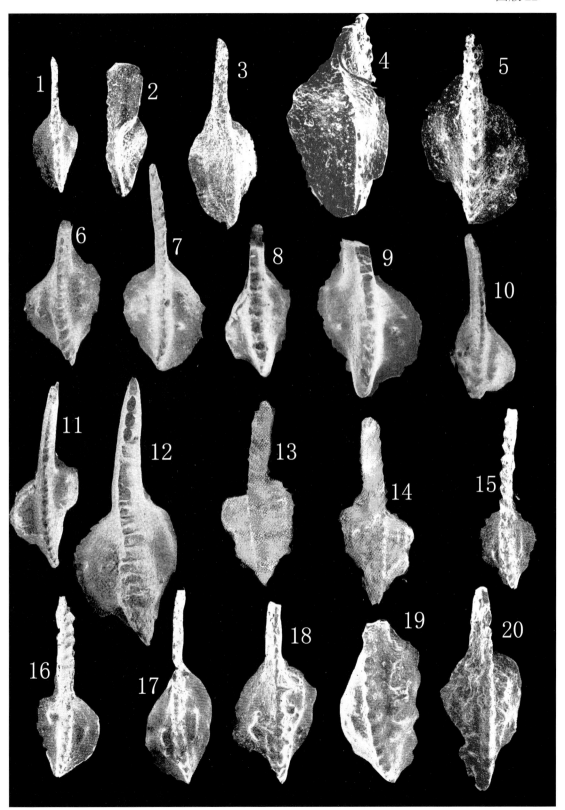

图版 23

1—6 库恩原始颚刺 *Protognathodus kuehni* Ziegler & Leuteritz，1970

  1，4—5 Pa 分子之口视，×42，×54，×54；采集号：GMII—23，28，10F；登记号：DC84424，84426，84428；贵州睦化剖面，上泥盆统格董关层、密西西比亚系（下石炭统）王佑组和密西西比亚系（下石炭统）王佑组；复制于季强等（见侯鸿飞等），1985，122 页，图版 29，图 1，4，7；标本保存在中国地质科学院地质研究所。

  2—3 同一 Pa 分子之反口视和口视，×42；采集号：GMII—23；登记号：DC84425；贵州睦化剖面，上泥盆统格董关层；复制于季强等（见侯鸿飞等），1985，122 页，图版 29，图 2—3；标本保存在中国地质科学院地质研究所。

  6 Pa 分子之口视，×50；采集号：NBII—4a—4；登记号：107219；广西桂林南边村剖面，泥盆—石炭系南边村组；复制于 Wang Yin in Yu，1988，p.130，pl.22，fig.19；标本保存在中国科学院南京地质古生物研究所标本库。

7—14 梅希纳尔原始颚刺 *Protognathodus meischneri* Ziegler，1969

  7—8 同一 Pa 分子之口视和侧视，×54；采集号：GMII—22；登记号：DC84408；贵州睦化剖面，上泥盆统格董关层；复制于季强等（见侯鸿飞等），1985，122—123 页，图版 28，图 1—2；标本保存在中国地质科学院地质研究所。

  9—10 Pa 分子之口视，×54；采集号：Lms—9，GMII—22；登记号：DC84411，84413；贵州睦化，密西西比亚系（下石炭统）王佑组和上泥盆统格董关层；复制于季强等（见侯鸿飞等），1985，122—123 页，图版 28，图 6，10；标本保存在中国地质科学院地质研究所。

  11—12 Pa 分子之口视，×40，采集号：HJDS22—6，22—3；登记号：70572，70573；湖南江华大坊，密西西比亚系（下石炭统）孟公坳组底部；复制于季强，1987a，262 页，图版 2，图 8—9；标本保存在中国科学院南京地质古生物研究所标本库。

  13—14 Pa 分子之口视，×50；广西桂林南边村，密西西比亚系（下石炭统）；复制于 Wang & Yin in Yu，1988，p.131，pl.22，figs.1—2；标本保存在中国科学院南京地质古生物研究所标本库。

15—16 前纤细原始颚刺 *Protognathodus praedelicatus* Lane，Sandberg & Ziegler，1980

  15 Pa 分子之口视，×20；采集号：Ya15；登记号：0105；云南宁蒗老龙洞，密西西比亚系（下石炭统）尖山营组；复制于董致中和季强，1988，图版 4，图 1；标本保存在云南省地调院区域地质调查所。

  16 Pa 分子之口视，×50；采集号：Ysy7—2；云南施甸鱼硐，密西西比亚系（下石炭统）香山组；复制于田树刚和科恩，2004，图版 1，图 24；标本保存在中国地质科学院地质研究所。

17—26 伯纳格斜颚刺 *Declinognathodus bernesgae* Sanz-López et al.，2006

  Pa 分子之口视，×50；采集号：LDC141.95，141.7，141.3，141.95，140.85，143.4，NC143.2，143.2，LDC141.95；登记号：167187，164647，167188，164638，166627，164649，164639，167189，167190，164645；贵州罗甸纳庆，宾夕法尼亚亚系（上石炭统）；复制于胡科毅，2016，112—114 页，图版 3，图 3—4，6—8，11—12，14—16；标本保存在中国科学院南京地质古生物研究所标本库。

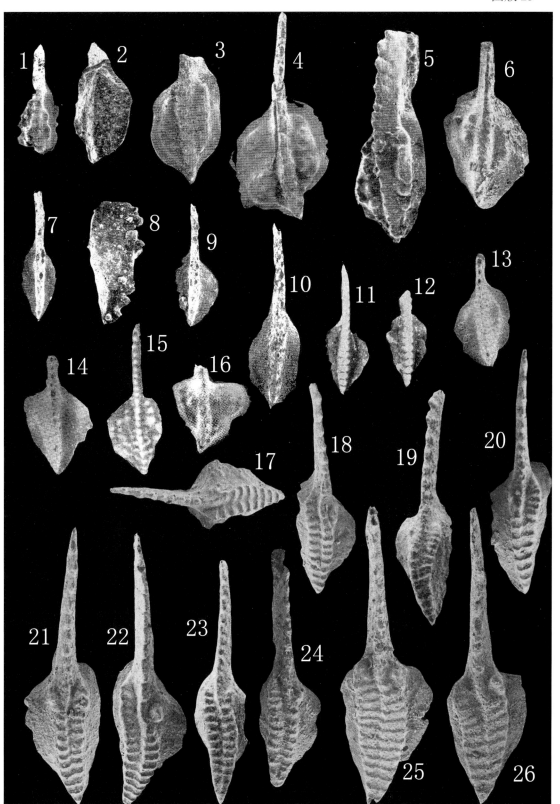

图版 24

1—11 中间斜颚刺 *Declinognathodus intermedius* Hu，Qi & Nemyrovska，2019

    Pa 分子之口视，×50；采集号：LDC136.7，138.65，135.05，135.0，135.05，135.0，135.0，133.5，
133.5，135.0，134.6；登记号：167191，166656，166655，166652，167192，166657，166658，
166661，166659，166653，166662；贵州罗甸纳庆，宾夕法尼亚亚系（上石炭统）；复制于胡科
毅，2016，116—117 页，图版 5，图 5—15；标本保存在中国科学院南京地质古生物研究所标本库。

12—18 多瘤斜颚刺 *Declinognathodus tuberculosus* Hu，Qi & Nemyrovska，2019

    Pa 分子之口视，×50；采集号：LDC134.85，141.95，143.2143.2，143.2，131.1，133.5；登记号：
166687，166624，166626，166686，166625，166697，166689；贵州罗甸纳庆，宾夕法尼亚亚系
（上石炭统）；复制于胡科毅，2016，118—122 页，图版 2，图 25—28，15—16，7；标本保存
在中国科学院南京地质古生物研究所标本库。

19—22 假侧生斜颚刺 *Declinognathodus pseudolateralis* Nemyrovska，1999

    Pa 分子之口视，×50；采集号：LDC143.2，159.35，150.35，150.35；登记号：166680，166677，
166679，166678；贵州罗甸纳庆，宾夕法尼亚亚系（上石炭统）；复制于胡科毅，2016，127—128 页，
图版 6，图 13—16；标本保存在中国科学院南京地质古生物研究所标本库。

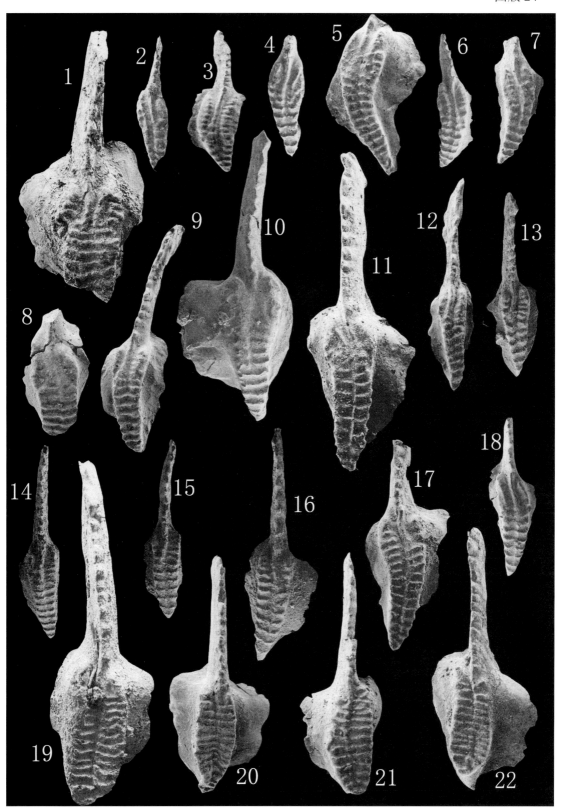

图版 25

1—7 日本斜颚刺 *Declinognathodus japonicus*（Igo & Koike，1964）

    1—4 Pa 分子之口视，×54，×64，×54，×48；采集号：N30，82，82，32；登记号：99009—99012；贵州罗甸纳庆，宾夕法尼亚亚系（上石炭统）；复制于 Wang & Higgins，1989，p.276，pl.1，figs.6—9；标本保存在中国科学院南京地质古生物研究所标本库。

    5—7 Pa 分子之口视，×40，×110，×160；采集号：CO18，Sj5179—17，Sj5179—19—2；登记号：182，168，3202；云南宁蒗泸沽湖和老龙洞，宾夕法尼亚亚系（上石炭统）罗苏阶；复制于董致中和王伟，2006，179 页，图版 31，图 21，24，29；标本保存在云南省地调院区域地质调查所。

8—14 不等斜颚刺 *Declinognathodus inaequalis*（Higgins，1975）

    8—9 Pa 分子之口视，×86，×80；采集号：Y54—1；登记号：101859，101860；甘肃靖远，宾夕法尼亚亚系（上石炭统）红土洼组；复制于 Wang et al.，1987b，pp.126—127，pl.3，figs.1—2；标本保存在中国科学院南京地质古生物研究所标本库。

    10 Pa 分子之口视，×120；采集号：Nc12；登记号：101879；宁夏中卫校育川，宾夕法尼亚亚系（上石炭统）红土洼组；复制于 Wang et al.，1987b，pp.126—127，pl.6，fig.10；标本保存在中国科学院南京地质古生物研究所标本库。

    11—12 Pa 分子之口视，×88，×48；采集号：Sj5179—16，CO13；登记号：166，182；云南宁蒗老龙洞和泸沽湖，宾夕法尼亚亚系（上石炭统）罗苏阶；复制于董致中和王伟，2006，179 页，图版 31，图 17，19；标本保存在云南省地调院区域地质调查所。

    13—14 Pa 分子之口视，×80，×144；采集号：N33，35；登记号：99152，99153；贵州罗甸纳庆，宾夕法尼亚亚系（上石炭统）罗苏阶；复制于 Wang & Higgins，1989，p.276，pl.13，figs.5，12；标本保存在中国科学院南京地质古生物研究所标本库。

15—17 侧生斜颚刺 *Declinognathodus lateralis*（Higgins & Bouckaert，1968）

    Pa 分子之口视，×42，×54，×58；采集号：Y54—2，54—1，54—2；登记号：101859，101860；甘肃靖远，宾夕法尼亚亚系（上石炭统）红土洼组；复制于 Wang et al.，1987b，p.127，pl.3，figs.3—5；标本保存在中国科学院南京地质古生物研究所标本库。

18—20 具节斜颚刺 *Declinognathodus noduliferus*（Ellison & Graves，1941）

    Pa 分子之口视，×48，×54，×64；采集号：N33，35，44；登记号：99023—99025；贵州罗甸纳庆，宾夕法尼亚亚系（上石炭统）罗苏阶；复制于 Wang & Higgins，1989，pp.276—277，pl.2，figs.6—8；标本保存在中国科学院南京地质古生物研究所标本库。

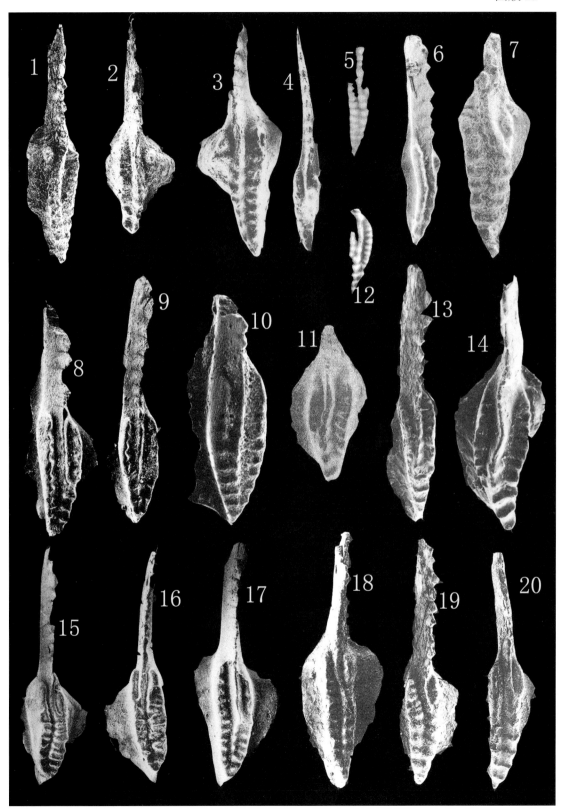

图版 26

1—15 先具节斜颚刺 *Declinognathodus praenoduliferus* Nigmadganov & Nemirovskaya, 1992

　　1—11　Pa 分子之口视，×60，×71，×72，×60，×61，×84，×72，×60，×72，×60，×57；采集号：specimen NN—19，18，18，20，18，23，24，20，20，18，18；登记号：2081，2084，2083，2102，2085，2103，2104，2087，2085，2101，2086；新疆阿克苏南天山地区，宾夕法尼亚亚系（上石炭统）巴什基尔阶；复制于 Nigmadganov & Nemirovskaya，1992，pl.2，figs.6—9，11—14，10；pl.3，figs.1—2；标本保存在乌克兰基辅 IGS ASU。

　　12—15　Pa 分子之口视，×50；采集号：LDC141.7，141.3，141.3，LKC97.0（前三个为贵州罗甸纳庆，第四个为罗悃）；登记号：167193，167194，167195，162581；宾夕法尼亚亚系（上石炭统）；复制于胡科毅，2016，124—126 页，图版 5，图 1—4；标本保存在中国科学院南京地质古生物研究所标本库。

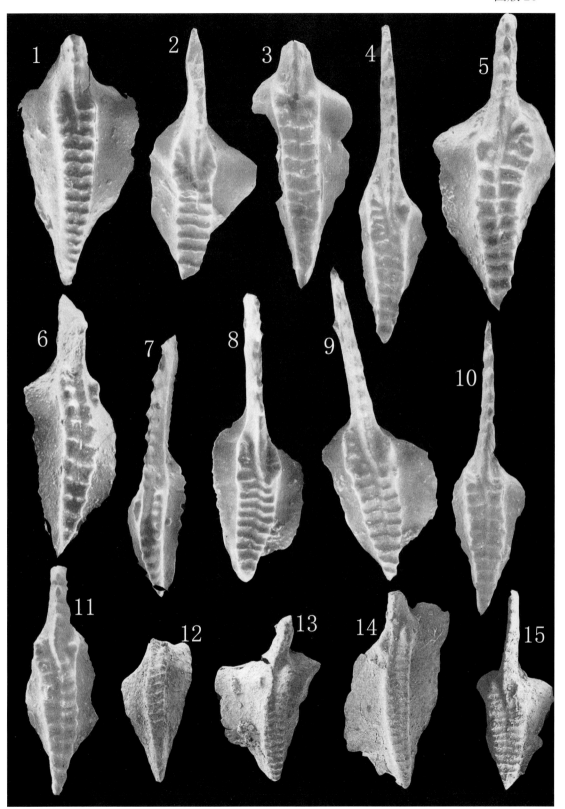

图版 27

1—2 长斜颚刺 Declinognathodus longus Xiong，1983

正模 Pa 分子之口视和反口视，放大倍数不详；登记号：78—141；贵州望漠桑朗，宾夕法尼亚亚系（上石炭统）罗苏阶；复制于熊剑飞，1983，322 页，图版 76，图 19a—b；标本保存在原地质矿产部第八普查大队。

3—7 边缘瘤齿斜颚刺 Declinognathodus marginodosus（Grayson，1984）

Pa 分子之口视，×64，×64，×58，×64，×80；采集号：，164.3m，164.3m，153.9m，167.1m，164.3m；登记号：167423，161024，167424，167425，167426；贵州罗甸纳庆，宾夕法尼亚亚系（上石炭统）罗苏阶；复制于祁玉平，2008，图版 21，图 6—7；图版 24，图 3，6；图版 25，图 16；标本保存在中国科学院南京地质古生物研究所标本库。

8—9 古老异颚刺 Idiognathodus antiquus Stauffer & Plummer，1932

Pa 分子之口视，×50，×64；登记号：81194，81195；山西原平轩岗，宾夕法尼亚亚系（上石炭统）本溪组；复制于赵松银等，1984，252 页，图版 98，图 10—11；标本保存在天津地质矿产研究所。

10—15 棒形异颚刺 Idiognathodus claviformis Gunnell，1931

10 Pa 分子之口视，×36；采集号：W2D1 下；登记号：94598；山西武乡温庄，宾夕法尼亚亚系（上石炭统）本溪组；复制于王志浩和文国忠，1987，282 页，图版 2，图 5；标本保存在中国科学院南京地质古生物研究所标本库。

11—12 同一 Pa 分子之反口视和口视，×30；采集号：W2D1 上；登记号：94599；山西武乡温庄，宾夕法尼亚亚系（上石炭统）本溪组；复制于王志浩和文国忠，1987，282 页，图版 2，图 10—11；标本保存在中国科学院南京地质古生物研究所标本库。

13—15 Pa 分子之口视，×40，×32，×32；采集号：W2D1 上，W2D2 下，W2D1 下；登记号：94600；山西武乡温庄，宾夕法尼亚亚系（上石炭统）本溪组；复制于王志浩和文国忠，1987，282 页，图版 2，图 12—14；标本保存在中国科学院南京地质古生物研究所标本库。

16—19 娇柔异颚刺 Idiognathodus delicatus Gunnell，1931

Pa 分子之口视，×54，×42，×56，×24；采集号：2k7—2，Y71—1，71—4，H—Am—19；登记号：101868—101872；山西长治、甘肃靖远、甘肃靖远和内蒙古阿拉善，宾夕法尼亚亚系（上石炭统）太原组、羊虎沟组、羊虎沟组和靖远组；复制于 Wang et al.，1987b，pp.128—129，pl.4，figs.4—7；标本保存在中国科学院南京地质古生物研究所标本库。

20—21 贵州异颚刺 Idiognathodus guizhouensis（Wang & Qi，2003）

20 Pa 分子之口视，×40；采集号：N97；登记号：133233；贵州罗甸纳庆，宾夕法尼亚亚系（上石炭统）；复制于 Wang & Qi，2003a，p.392，pl.3，fig.2；标本保存在中国科学院南京地质古生物研究所标本库。

21 正模 Pa 分子之口视，×53；采集号：N97；登记号：133234；贵州罗甸纳庆，宾夕法尼亚亚系（上石炭统）；复制于 Wang & Qi，2003a，p.392，pl.3，fig.3；标本保存在中国科学院南京地质古生物研究所标本库。

22—27 河北异颚刺 Idiognathodus hebeiensis Zhao & Wan，1984

Pa 分子之口视，×48，×72，×112，×76，×80，×80；登记号：81025（正模）—81027，81029—81031；22，24 产自河北峰峰矿区，宾夕法尼亚亚系（上石炭统）太原组；23，26 产自河北唐山市唐山煤矿，宾夕法尼亚亚系（上石炭统）太原组；25，27 产自山西太原西山，宾夕法尼亚亚系（上石炭统）太原组；复制于赵松银等，253—254 页，图版 103，图 1—3，7—9；标本保存在天津地质矿产研究所。

图版 28

1—6 前贵州异颚刺 *Idiognathodus praeguizhouensis* Hu，2016

Pa 分子之口视，×45；采集号：LDC227.2—227.4，230.75—231.05，231.05—231.1，231.7—231.0，NSC225.25，LDC235.61—235.7；登记号：167196，167197，167198，167199，167200，167201；贵州罗甸纳庆，宾夕法尼亚亚系（上石炭统）；复制于胡科毅，2016，135—136 页，图版 28，图 1—5，9；标本保存在中国科学院南京地质古生物研究所标本库。

7—18 萨其特异颚刺 *Idiognathodus sagittalis* Kozitskaya，1978

Pa 分子之口视，×45；采集号：LDC241.33—241.7，238.05—238.18，238.0，238.05—238.18，238.05—238.18，238.45—238.7，237.4，238.05—238.18，238.0，239.3，239.3（17，18）；登记号：167202，167203，167204，167205，167206，167207，167208，167209，167210，167211，167212（17，18）；贵州罗甸纳庆，宾夕法尼亚亚系（上石炭统）；复制于胡科毅，2016，136—137 页，图版 27，图 1—9，10a，18a—b；标本保存在中国科学院南京地质古生物研究所标本库。

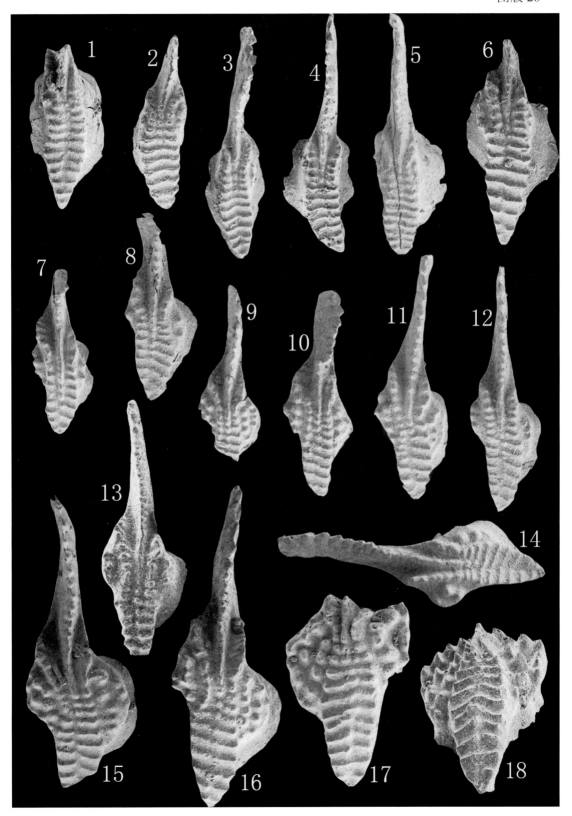

图版 29

1—8 槽形异颚刺 *Idiognathodus sulciferus* Gunnell，1933

    Pa 分子之口视，×50；采集号：NSC224.5—224.7，LDC235.75—236.0，226.85，235.61—235.70，228.15—228.40，235.76—235.88，223.75，236.39—236.5；登记号：167213，167214，167215，167216，167217，167218，167219，167220；贵州罗甸纳庆，宾夕法尼亚亚系（上石炭统）；复制于胡科毅，2016，138—139 页，图版 16，图 13—20；标本保存在中国科学院南京地质古生物研究所标本库。

9—24 斯瓦特异颚刺 *Idiognathodus swadei* Rosscoe & Barrick，2009

    Pa 分子之口视，×50；采集号：NSC223.8—223.88，235.40—235.54，235.88—236.0，235.76—235.88，236.35—236.0，235.76—235.88，236.35—236.50，241.33—241.7，236.4，235.75—236.0，236.4，223.8—223.88，235.75—236.0，223.8—223.88，NSC227.8，LDC223.8—223.88；登记号：167221，167222，167223，167224，167225，167226，167227，167228，167229，167230，167231，167232，167233，167234，167235，167236；贵州罗甸纳庆，宾夕法尼亚亚系（上石炭统）；复制于胡科毅，2016，139—140 页，图版 25，图 4，7—10，12—20，1—2；标本保存在中国科学院南京地质古生物研究所标本库。

25—26 三角形齿叶异颚刺亲近种 *Idiognathodus* aff. *trigonolobatus* Barskov & Alekseev，1976

    Pa 分子之口视；采集号：LKC206.0；登记号：167237，167238；贵州罗甸罗悃，宾夕法尼亚亚系（上石炭统）；复制于胡科毅，2016，141—142 页，图版 15，图 25—26；标本保存在中国科学院南京地质古生物研究所标本库。

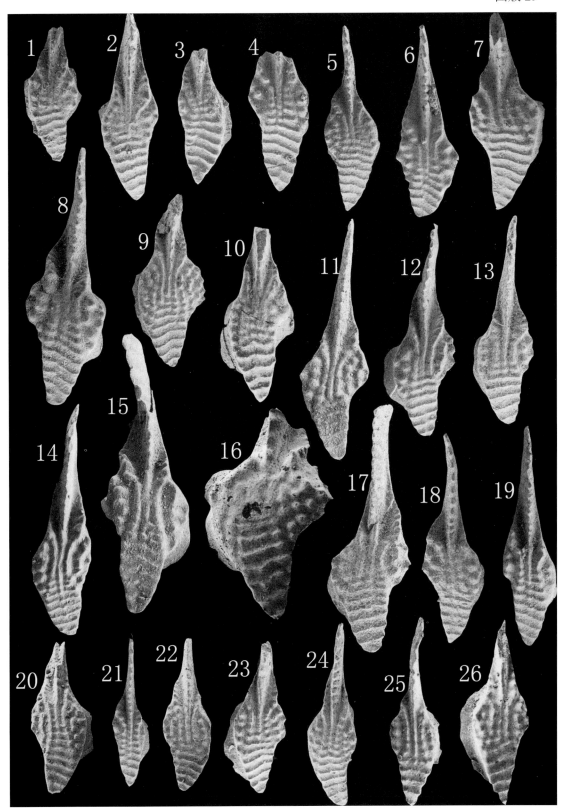

图版 30

1—6 贵州异颚刺 *Idiognathodus guizhouensis*（Wang & Qi，2003）

　　Pa 分子之口视，×60；1、3、6 的采集号：244.25m；登记号：169834，169833，171104；2、4、5 的采集号：244.35—244.45 m；登记号：171105，171106，17107；贵州罗甸纳庆，宾夕法尼亚亚系（上石炭统）；复制于胡科毅，2012，pl.6，figs.5—11；标本保存在中国科学院南京地质古生物研究所标本库。

7—9 大叶异颚刺 *Idiognathodus humerus* Dunn，1966

　　7 Pa 分子之口视，×75；登记号：81194；山西原平轩岗，宾夕法尼亚亚系（上石炭统）本溪组；复制于赵松银等，1984，254 页，图版 98，图 9；标本保存在天津地质矿产研究所。

　　8—9 Pa 分子之口视，×126；采集号：K155，46；登记号：60，79；新疆皮山克孜里曼奇，宾夕法尼亚亚系（上石炭统）卡拉乌衣组；复制于赵治信等，1984，122—123 页，图版 24，图 7—8；标本保存在塔里木油田分公司勘探开发研究院。

10—14 化石沟异颚刺 *Idiognathodus huashigouensis* Zhao，Yang & Zhu，1986

　　Pa 分子之口视，×90，×63，×63，×77，×54；采集号：Sh111，H19，Sh113a，112，113a；登记号：1151，1127，1154，1104，1106；新疆克拉麦里，宾夕法尼亚亚系（上石炭统）石钱滩组；复制于赵治信等，1986，199 页，图版 2，图 11，15，22—24；标本保存在塔里木油田分公司勘探开发研究院。

15—17 内弯异颚刺 *Idiognathodus incurvus* Dunn，1966

　　15—16 Pa 分子之口视，×763，×27；采集号：Y71—4，H—Am—19；登记号：101871，101872；甘肃靖远和内蒙古阿拉善，宾夕法尼亚亚系（上石炭统）羊虎沟组和靖远组；复制于 Wang et al.，1987b，pp.128—129，pl.4，figs.7—8；标本保存在中国科学院南京地质古生物研究所标本库。

　　17 Pa 分子之口视，×48；采集号：N75；登记号：133227；贵州罗甸纳庆，宾夕法尼亚亚系（上石炭统）；复制于王志浩和祁玉平，2007，图版 1，图 22；标本保存在中国科学院南京地质古生物研究所标本库。

18—21 克拉佩尔异颚刺比较种 *Idiognathodus* cf. *klapperi* Lane et Straka，1974

　　18—19 同一 Pa 分子之口视和反口视，×45；采集号：Jde3；登记号：Cy086；江苏宜兴东岭水库，密西西比亚系（下石炭统）黄龙组；复制于应中锷等（见王成源），1993，226 页，图版 45，图 5a—b；标本保存在南京地质矿产研究所。

　　20—21 同一 Pa 分子之口视和反口视，×45；采集号：Jxwg—4；登记号：Cy154；江西彭泽，密西西比亚系（下石炭统）黄龙组；复制于应中锷等（见王成源），1993，226 页，图版 45，图 11a—b；标本保存在南京地质矿产研究所。

22—26 宏大异颚刺 *Idiognathodus magnificus* Stauffer et Plummer，1932

　　22—23 同一 Pa 分子之口视和反口视，×32；采集号：W2D1 下；登记号：94583；山西武乡温庄，宾夕法尼亚亚系（上石炭统）本溪组；复制于王志浩和文国忠，1987，282—283 页，图版 1，图 1—2；标本保存在中国科学院南京地质古生物研究所标本库。

　　24—26 Pa 分子之口视和反口视，×27，×36，×63；采集号：W2D1 上，W2D1 上，W2D1 下；登记号：94584—94586；山西武乡温庄，宾夕法尼亚亚系（上石炭统）本溪组；复制于王志浩和文国忠，1987，282—283 页，图版 1，图 3—5；标本保存在中国科学院南京地质古生物研究所标本库。

图版 31

1 米克异颚刺 Idiognathodus meekerrensis Murray & Chronic，1965

  Pa 分子之口视，×63；采集号：T110；登记号：83；新疆皮山塔哈奇，宾夕法尼亚亚系（上石炭统）塔哈奇组；复制于赵治信等，1984，123 页，图版 24，图 9；标本保存在塔里木油田分公司勘探开发研究院。

2—3 纳水异颚刺 Idiognathodus nashuiensis Wang & Qi，2003

  Pa 分子之口视，×72，×59；采集号：N110；登记号：133225，133226（正模）；贵州罗甸纳庆，宾夕法尼亚亚系（上石炭统）；复制于 Wang and Qi，2003a，p.388，pl.2，figs.21—22；标本保存在中国科学院南京地质古生物研究所标本库。

4 念氏异颚刺 Idiognathodus nemyrovskai Wang & Qi，2003

  Pa 分子之口视，×54；采集号：N61；登记号：133214（正模）；贵州罗甸纳庆，宾夕法尼亚亚系（上石炭统）；复制于 Wang & Qi，2003a，p.388，pl.1，fig.26；标本保存在中国科学院南京地质古生物研究所标本库。

5 斜异颚刺 Idiognathodus obliquus Kossenko & Kozitskaya，1978

  Pa 分子之口视，×54；采集号：AAk157；登记号：136894；贵州罗甸纳庆，宾夕法尼亚亚系（上石炭统）；复制于王志浩等，2004b，287 页，图版 1，图 11；标本保存在中国科学院南京地质古生物研究所标本库。

6—7 亚原始异颚刺 Idiognathodus paraprimulus Wang & Qi，2003

  Pa 分子之口视，×45，×54；采集号：N43；登记号：133220，99163；贵州罗甸纳庆，宾夕法尼亚亚系（上石炭统）；复制于 Wang & Qi，2003a，p.390，pl.2，figs.11—12；标本保存在中国科学院南京地质古生物研究所标本库。

8—12 原始异颚刺 Idiognathodus primulus Higgins，1975

  8—9 Pa 分子之口视，×72，×48；采集号：167.8m；登记号：167427，167428；贵州罗甸纳庆，宾夕法尼亚亚系（上石炭统）；复制于祁玉平，2008，73—74 页，图版 24，图 14，16；标本保存在中国科学院南京地质古生物研究所标本库。

  10 Pa 分子之口视，×45；采集号：N43；登记号：99163；贵州罗甸纳庆，宾夕法尼亚亚系（上石炭统）；复制于 Wang & Higgins，1989，p.280，pl.14，figs.4；标本保存在中国科学院南京地质古生物研究所标本库。

  11 Pa 分子之口视，×48；采集号：N43；登记号：134638。贵州罗甸纳庆，宾夕法尼亚亚系（上石炭统）；复制于王志浩和祁玉平，2002，图版 1，图 15；标本保存在中国科学院南京地质古生物研究所标本库。

  12 Pa 分子之口视，×36；采集号：N43；登记号：99160；贵州罗甸纳庆，宾夕法尼亚亚系（上石炭统）；复制于 Wang & Qi，2003a，pl.2，fig.16；标本保存在中国科学院南京地质古生物研究所标本库。

13—21 泊多尔斯克异颚刺 Idiognathodus podolskensis Goreva，1984

  13—14 Pa 分子之口视，×45；采集号：N69，75；登记号：133228，133229；贵州罗甸纳庆，宾夕法尼亚亚系（上石炭统）；复制于 Wang & Qi，2003a，pl.2，figs.25—26；标本保存在中国科学院南京地质古生物研究所标本库。

  15—16 Pa 分子之口视，×54，×45；采集号：D1hui；登记号：135500，135501；山西太原，宾夕法尼亚亚系（上石炭统）本溪组；复制于 Wang & Qi，2003b，p.235，pl.1，figs.6，24；标本保存在中国科学院南京地质古生物研究所标本库。

  17—19 Pa 分子之口视，×72，×72，×54；采集号：AAK173，171，173；登记号：136870—136881；贵州盘县达拉寨，宾夕法尼亚亚系（上石炭统）达拉阶；复制于王志浩和祁玉平，2004b，287 页，图版 1，图 1—2，5；标本保存在中国科学院南京地质古生物研究所标本库。

  20—21 Pa 分子之口视，×68，×90；采集号：尖 15—16—0，15—16—1；登记号：3658，1394；云南宁蒗尖山营，宾夕法尼亚亚系（上石炭统）尖山营组；复制于董致中和王伟，2006，189 页，图版 32，图 4，14；标本保存在云南省地调院区域地质调查所。

22 强壮异颚刺 Idiognathodus robustus Kossenko & Kozitskaya，1978

  Pa 分子之口视，×54；采集号：N65；登记号：133213；贵州罗甸纳庆，宾夕法尼亚亚系（上石炭统）；复制于 Wang & Qi，2003a，pl.1，fig.24；标本保存在中国科学院南京地质古生物研究所标本库。

23—26 山西异颚刺 Idiognathodus shanxiensis Wan & Ding，1984

  Pa 分子之口视，×45，×36，×27，×56；登记号：81151（正模），81152，81153，81155；贵州罗甸纳水，宾夕法尼亚亚系（上石炭统）；复制于赵松银等，1984，254—255 页，图版 96，图 1—2，4，6；标本保存在天津地质矿产研究所。

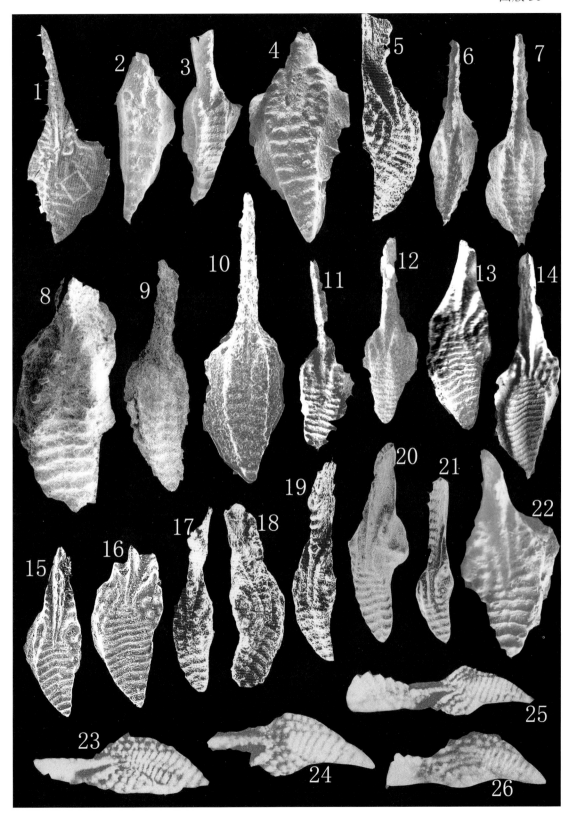

图版 32

1—13 山西异颚刺 *Idiognathodus shanxiensis* Wan & Ding，1984

    Pa 分子之口视，×24，×46，×35，×58，×42，×32，×49，×46，×40，×43，×43，×47，×42；登记号：81154，81156—81168；图9产自河北峰峰矿区，其余都产自山西太原东山和西山，宾夕法尼亚亚系（上石炭统）本溪组；复制于赵松银等，1984，254—255页，图版96，图5，7—18；标本保存在天津地质矿产研究所。

14—15 近娇柔斯瓦德刺 *Swadelina subdelicata*（Wang & Qi，2003）

    Pa 分子之口视，×28，×56；采集号：N40，53；登记号：133216（正模），133217；贵州罗甸纳庆，宾夕法尼亚亚系（上石炭统）；复制于 Wang & Qi，2003a，p.390，pl.2，figs.6，8；标本保存在中国科学院南京地质古生物研究所标本库。

16—19 弯曲异颚刺 *Idiognathodus sinuosus* Ellison & Graves，1941

    Pa 分子之口视，×42，×70，×49，×56；采集号：N82，66，96，85；登记号：99102，99103，99169，99170；贵州罗甸纳庆，宾夕法尼亚亚系（上石炭统）；复制于 Wang & Higgins，1989，p.280，pl.9，figs.1—2；pl.15，figs.1—2；标本保存在中国科学院南京地质古生物研究所标本库。

20—24 斯瓦特异颚刺 *Idiognathodus swadei* Rosscoe & Barrick，2009

    Pa 分子之口视，×47；采集号：235.76—235.88m，236.40m，236.40m，236.10—235.35m，235.41—235.54m；登记号：167239，167240，167241，167242，167243；贵州罗甸纳庆，宾夕法尼亚亚系（上石炭统）；复制于胡科毅，2012，37—38页，图版3，图8，1—3，5；标本保存在中国科学院南京地质古生物研究所标本库。

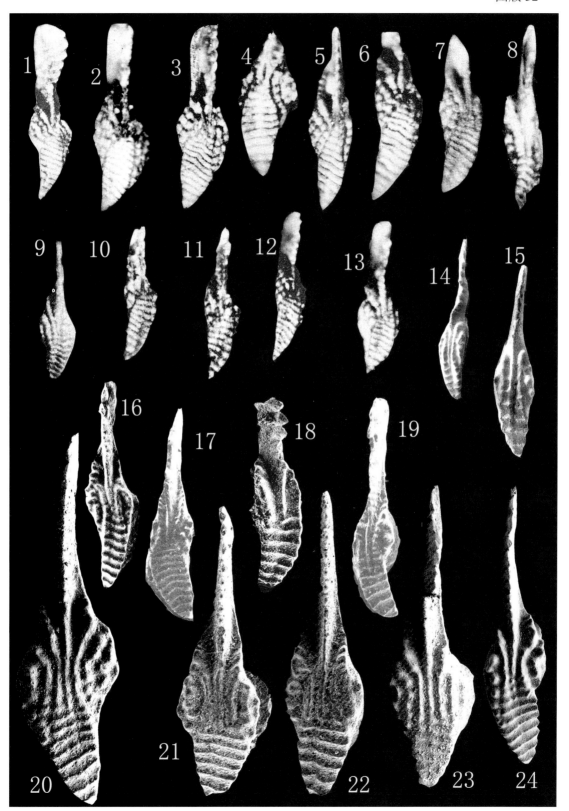

图版 33

1—9 黑格尔异颚刺 *Idiognathodus heckeli* Rosscoe & Barrick，2013

Pa 分子之口视，×50；采集号：LDC235.2，236.39—236.5，235.76—235.88，236.35—236.5，236.4，236.1—236.35，237.4，238，235.76—235.88；登记号：167244，167245，167246，167247，167248，167249，167250，167251，167252；贵州罗甸纳庆，宾夕法尼亚亚系（上石炭统）；复制于胡科毅，2016，130—131 页，图版 26，图 1—6，8—10；标本保存在中国科学院南京地质古生物研究所标本库。

10—13 管状异颚刺 *Idiognathodus turbatus* Rosscoe & Barrick，2009

Pa 分子之口视，×50；采集号：LDC236.35—236.5，236.35—236.5，236.35—236.5，236.39—236.5；登记号：167263，167254，167255，167256；贵州罗甸纳庆，宾夕法尼亚亚系（上石炭统）；复制于胡科毅，2016，142—143 页，图版 26，图 13，16—18；标本保存在中国科学院南京地质古生物研究所标本库。

图版 34

1—6　太原异颚刺 *Idiognathodus taiyuanensis* Wan & Ding, 1984

  Pa 分子之口视，×62，×75，×120，×84，×78，×84；登记号：81217（正模）—81222；图 4 产自太原西山，图 6 产自山西大同，其余都产自山西太原东山，宾夕法尼亚亚系（上石炭统）本溪组；复制于赵松银等，1984，255 页，图版 100，图 4—9；标本保存在天津地质矿产研究所。

7—13　整洁异颚刺 *Idiognathodus tersus* Ellison, 1941

  7—9　Pa 分子之口视，×70，×50，×65；登记号：81214—81216；图 7 产自太原西山，图 8 和 9 产自河北峰峰矿区，宾夕法尼亚亚系（上石炭统）太原组；复制于赵松银等，1984，255 页，图版 100，图 1—3；标本保存在天津地质矿产研究所。

  10—12　Pa 分子之口视，×120，×250，×90；采集号：84H9—1，8815—WGF—12，84SH—106；登记号：900291，890231，1143；图 11 产自新疆阿尔金安南坝向阳煤矿，宾夕法尼亚亚系（上石炭统），图 10 和 12 产自新疆克拉麦里化石沟和胜利沟，宾夕法尼亚亚系（上石炭统）石钱滩组；复制于赵治信等，2000，240 页，图版 64，图 18，21，25；标本保存在塔里木油田分公司勘探开发研究院。

  13　Pa 分子之口视，×646；采集号：山 1 井 3137.37m；登记号：99—2—3—43；新疆山 1 井，宾夕法尼亚亚系（上石炭统）；复制于赵治信等，2000，图版 79，图 4；标本保存在塔里木油田分公司勘探开发研究院。

14—15，19　广窄拟异颚刺 *Idiognathoides attenuatus* Harris & Hollingsworth, 1933

  14，15　Pa 分子之口视，×60，×80；采集号：GH10—1，9—3；登记号：97410，97433；宁夏中卫校育川，宾夕法尼亚亚系（上石炭统）靖远组；复制于王成源，1987，181—182 页，图版 1，图 10；图版 2，图 12；标本保存在中国科学院南京地质古生物研究所标本库。

  19　Pa 分子之口视，×200；采集号：86A—121；登记号：900463；新疆尼勒克县阿恰勒河剖面，宾夕法尼亚亚系（上石炭统）也列莫顿组；复制于赵治信等，2000，240 页，图版 62，图 1；标本保存在塔里木油田分公司勘探开发研究院。

16　凸弓形拟异颚刺 *Idiognathoides convexus*（Ellison & Graves, 1941）

  Pa 分子之口视，×72；采集号：尖 15—倒 1；登记号：1280；云南宁蒗尖山营，密西西比亚系（下石炭统）尖山营组；复制于董致中和王伟，2006，图版 31，图 2；标本保存在云南省地调院区域地质调查所。

17—18　管状异颚刺 *Idiognathodus turbatus* Rosscoe & Barrick, 2009

  17　Pa 分子之口视，×30；采集号：N94；登记号：133269；贵州罗甸纳水，宾夕法尼亚亚系（上石炭统）；复制于王志浩和祁玉平，2007，图版 1，图 7；标本保存在中国科学院南京地质古生物研究所标本库。

  18　Pa 分子之口视；采集号：236.10—236.35m（？）；登记号：167257；贵州罗甸纳水，宾夕法尼亚亚系（上石炭统）；复制于胡科毅，2012，38—39 页，图版 5，图 7；标本保存在中国科学院南京地质古生物研究所标本库。

20—26　褶皱拟异颚刺 *Idiognathoides corrugatus* Harris & Hollingsworth, 1933

  Pa 分子之口视，×65，×50，×87，×55，×87，×120，×73；采集号：Fu—Am—25，H—Am—19，Y57—2，Y65，71—3，71—3，56；登记号：101853，101847，101854，101848—101851；图 21 产自内蒙古阿拉善外其余都为甘肃靖远，宾夕法尼亚亚系（上石炭统）靖远组；复制于 Wang et al., 1987b, p.280, pl.2, figs.10，1，11，2，6—8；标本保存在中国科学院南京地质古生物研究所标本库。

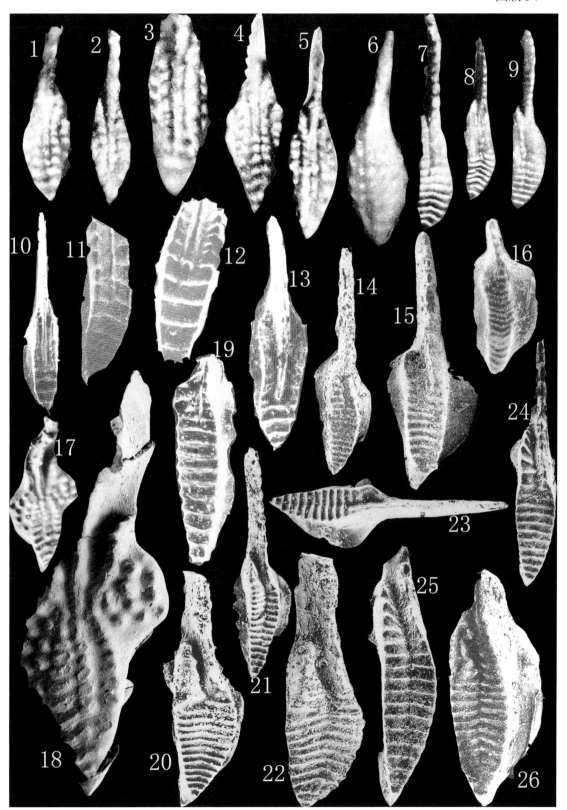

图版 35

1—2 三角形齿叶异颚刺亲近种 *Idiognathodus* aff. *trigonolobatus* Barskov & Alekseev，1976

Pa 分子之口视，×50；采集号：NSC225.25，LDC226.2—226.45；登记号：167258，167259；贵州罗甸纳庆，宾夕法尼亚亚系（上石炭统）；复制于胡科毅，2016，141—142 页，图版 19，图 16，19；标本保存在中国科学院南京地质古生物研究所标本库。

3—7 亚洲拟异颚刺 *Idiognathoides asiaticus* Nigmadganov & Nemirovskaya，1992

Pa 分子之口视，×50；3—5 采集号为 LDC150.35，6 和 7 采集号为 NSC155.0 和 LDC143.4；登记号：167260，166718，167261，167262，166717；贵州罗甸纳庆，宾夕法尼亚亚系（上石炭统）；复制于胡科毅，2016，151—152 页，图版 8，图 24—28；标本保存在中国科学院南京地质古生物研究所标本库。

8—12 弱小拟异颚刺 *Idiognathoides macer*（Wirth，1967）

Pa 分子之口视，×50；采集号：LDC143.4，NC143.2，LDC141.7，143.4，LD169.1；登记号:167263，167264，166702，166703，161016；贵州罗甸纳庆，宾夕法尼亚亚系（上石炭统）；8—11 复制于胡科毅，2016，153—154 页，图版 8，图 29—33；标本保存在中国科学院南京地质古生物研究所标本库。

13—14 罗悃拟异颚刺 *Idiognathoides luokunensis* Hu & Qi，2017

Pa 分子之口视，×50；采集号：LKC114.6，114.4；登记号：162620，162622；贵州罗甸罗悃，宾夕法尼亚亚系（上石炭统）；复制于 Hu et al.，2017，p.75，figs.5V，5Xa；标本保存在中国科学院南京地质古生物研究所标本库。

15—29 莱恩斯瓦德刺 *Swadelina lanei* Hu & Qi，2017

Pa 分子之口视，×50；采集号：LDC230.05—230.2，226.55—227.20，230.05—230.2，235.61—235.7，231.7—232.0，NSC227.4，227.6—227.85，226.57—226.85，LD229.8，LDC230.2，230.05—230.2，230.05—230.2，226.57—226.85，230.2，230.05—230.2；登记号：167265，164612，167266，164613，164616，167267，164615，164614，167268，164603，167269，164602，167270，167271，164601；贵州罗甸纳庆，宾夕法尼亚亚系（上石炭统）；复制于胡科毅，2016，168—169 页，图版 22，图 6—20；标本保存在中国科学院南京地质古生物研究所标本库。

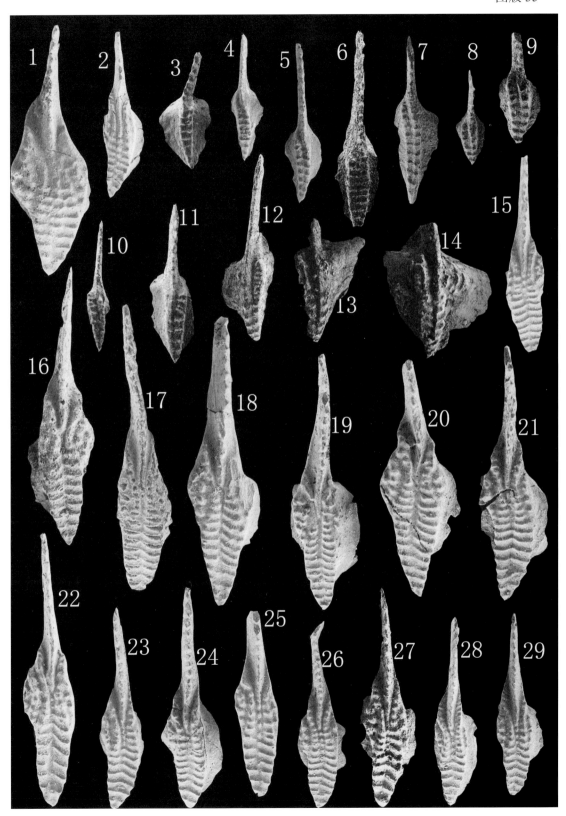

图版 36

1—3 莱恩拟异颚刺 *Idiognathoides lanei* Nemirovskaya，1978

    1 Pa 分子之口视，×41；采集号：Y57—2；登记号：135502；甘肃靖远，宾夕法尼亚亚系（上石炭统）红土洼组；复制于王志浩和祁玉平，2003b，图版 1，图 7；标本保存在中国科学院南京地质古生物研究所标本库。

    2 Pa 分子之口视，×171，×81；采集号：M 古 C—28，75K19；登记号：94—G5—51，38354；新疆玛扎塔格古董山和皮山克孜里奇曼，宾夕法尼亚亚系（上石炭统）吉克拉组和克孜里奇曼组；复制于赵治信等，2000，240 页，图版 63，图 21，27；标本保存在塔里木油田分公司勘探开发研究院。

    3 Pa 分子之口视，×108；采集号：M 古 C—28；登记号：94—G5—60；新疆玛扎塔格古董山，宾夕法尼亚亚系（上石炭统）吉克拉组；复制于赵治信等，241 页，图版 62，图 3；标本保存在塔里木油田分公司勘探开发研究院。

4—9 奥启拟异颚刺 *Idiognathoides ouachitensis*（Harlton，1933）

    4 Pa 分子之口视，×54；采集号：N56；登记号：133221；贵州罗甸纳庆，宾夕法尼亚亚系（上石炭统）；复制于 Wang & Qi，2003a，pl.2，fig.13；标本保存在中国科学院南京地质古生物研究所标本库。

    5—8 Pa 分子之口视，×72，×72，×59，×72；采集号：182.5m，170.7m，179.9m，176.9m；登记号：167429，167430，167431，167432；贵州罗甸纳水，宾夕法尼亚亚系（上石炭统）；复制于祁玉平，2008，74—75 页，图版 22，图 16—17；图版 23，图 15—16；标本保存在中国科学院南京地质古生物研究所标本库。

    9 Pa 分子之口视，×83；采集号：AO—59；登记号：3768；云南广南安乐，宾夕法尼亚亚系（上石炭统）马平组；复制于董致中和王伟，2006，178 页，图版 34，图 29；标本保存在云南省地调院区域地质调查所。

10—13 太平洋拟异颚刺 *Idiognathoides pacificus* Savage & Barkeley，1985

    10—11 Pa 分子之侧方口视和口视，×91，×108；采集号：N56，108；登记号：99130，99181b；贵州罗甸纳庆，宾夕法尼亚亚系（上石炭统）；复制于 Wang and Higgins，1989，pp.280—281，pl.11，figs.3；pl.16，fig.4；标本保存在中国科学院南京地质古生物研究所标本库。

    12—13 Pa 分子之口视，×54；采集号：N40；登记号：99131，00241；贵州罗甸纳庆，宾夕法尼亚亚系（上石炭统）；复制于 Wang & Qi，2003a，pl.3，figs.13—14；标本保存在中国科学院南京地质古生物研究所标本库。

14—18 后槽拟异颚刺 *Idiognathoides postsulcatus* Nemyrovska，1999

    Pa 分子之口视，×45，×45，×54，×72，×59；采集号：167.1m，160.6m，167.1m，169.1m，166.4m；登记号：167433，167434，167435，167436，167437；贵州罗甸纳庆，宾夕法尼亚亚系（上石炭统）；复制于祁玉平，2008，75 页，图版 22，图 3，5，11—12；图版 24，图 7；标本保存在中国科学院南京地质古生物研究所标本库。

19—23 曲拟异颚刺 *Idiognathoides sinuatus* Harris & Hollingsworth，1933

    19 Pa 分子之口视，×54；采集号：N56；登记号：133221；贵州罗甸纳庆，宾夕法尼亚亚系（上石炭统）；复制于 Wang & Higgins，1989，p.281，pl.10，fig.10；标本保存在中国科学院南京地质古生物研究所标本库。

    20—21 Pa 分子之口视，×81；采集号：NB57，Ln253；登记号：126053，126075；广西南丹巴坪和贵州罗甸纳庆，宾夕法尼亚亚系（上石炭统）；复制于王志浩，1996，270 页，图版 1，图 10；图版 2，图 5；标本保存在中国科学院南京地质古生物研究所标本库。

    22 Pa 分子之口视，×54；采集号：N35；登记号：99178；贵州罗甸纳庆，宾夕法尼亚亚系（上石炭统）；复制于 Wang & Qi，2003a，pl.2，fig.17；标本保存在中国科学院南京地质古生物研究所标本库。

    23 Pa 分子之口视，×42；采集号：AAK51；登记号：136057；贵州盘县滑石板村，宾夕法尼亚亚系（上石炭统）滑石板组；复制于王志浩和祁玉平，2004a，284 页，图版 1，图 16；标本保存在中国科学院南京地质古生物研究所标本库。

24—26 槽拟异颚刺小亚种 *Idiognathoides sulcatus parva* Higgins & Bouckaert，1968

    24—25 Pa 分子之口视，×59，×72；采集号：N50；登记号：133208，133209；贵州罗甸纳庆，宾夕法尼亚亚系（上石炭统）；复制于 Wang & Qi，2003a，pl.1，figs.13，18；标本保存在中国科学院南京地质古生物研究所标本库。

    26 Pa 分子之口视，×90；采集号：N54；登记号：134640；贵州罗甸纳庆，宾夕法尼亚亚系（上石炭统）；复制于王志浩和祁玉平，2002a，图版 1，图 17；标本保存在中国科学院南京地质古生物研究所标本库。

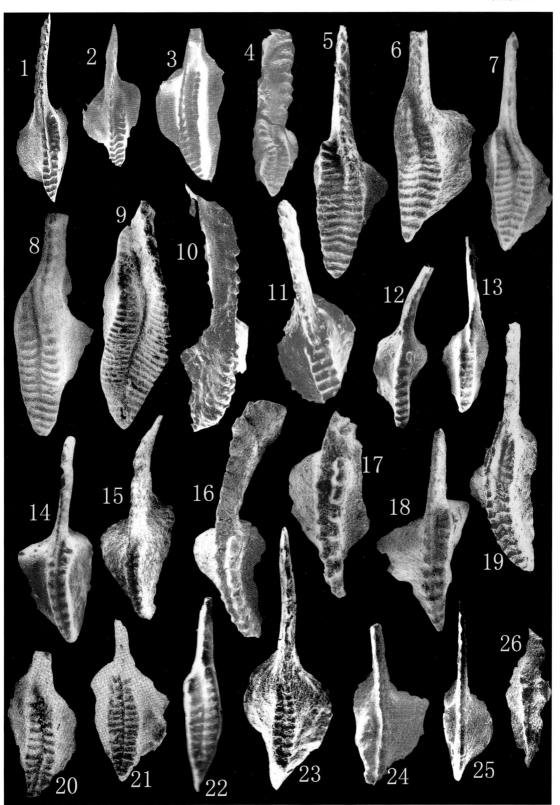

图版 37

1 槽拟异颚刺小亚种 *Idiognathoides sulcatus parva* Higgins & Bouckaert，1968

    Pa 分子之口视，×72；采集号：N61；登记号：9139；贵州罗甸纳庆，宾夕法尼亚亚系（上石炭统）；复制于 Wang & Higgins，1989，p.281，pl.12，fig.3；标本保存在中国科学院南京地质古生物研究所标本库。

2—7 槽拟异颚刺槽亚种 *Idiognathoides sulcatus sulcatus* Higgins & Bouckaert，1968

    2—4 Pa 分子之口视，×66，×72，×66；采集号：N48，78，38；登记号：99006，99142，99143；贵州罗甸纳庆，宾夕法尼亚亚系（上石炭统）；复制于 Wang & Higins，1989，p.281，pl.1，fig.3；pl.12，figs.6—7；标本保存在中国科学院南京地质古生物研究所标本库。

    5 Pa 分子之口视，×81，×108，×108；采集号：Ln545，NB56，Ln503；登记号：126072—126074；贵州罗甸纳庆，宾夕法尼亚亚系（上石炭统）；复制于王志浩，1996a，270 页，图版 2，图 3—4，15；标本保存在中国科学院南京地质古生物研究所标本库。

    6 Pa 分子之口视，×54；采集号：N38；登记号：1133199；贵州罗甸纳水，宾夕法尼亚亚系（上石炭统）；复制于 Wang and Qi，2003a，pl.1，fig.3；标本保存在中国科学院南京地质古生物研究所标本库。

    7 Pa 分子之口视，×72；采集号：AAK7；登记号：136046；贵州罗甸纳庆，宾夕法尼亚亚系（上石炭统）；复制于王志浩和祁玉平，2004a，284 页，图版 1，图 5；标本保存在中国科学院南京地质古生物研究所标本库。

8—11 结节状拟异颚刺 *Idiognathoides tuberculatus* Nemirovskaya，1978

    8 Pa 分子之口视，×54；采集号：N57；登记号：133245；贵州罗甸纳庆，宾夕法尼亚亚系（上石炭统）；复制于 Wang and Qi，2003a，pl.3，fig.18；标本保存在中国科学院南京地质古生物研究所标本库。

    9—11 Pa 分子之口视，×72，×48，×59；采集号：154.7m，167.1m，167.5m；登记号：167438，167439，167440；贵州罗甸纳水，宾夕法尼亚亚系（上石炭统）；复制于祁玉平，2008，75—76 页，图版 22，图 1；图版 23，图 13；图版 25，图 1；标本保存在中国科学院南京地质古生物研究所标本库。

12—15 巴斯勒新颚刺 *Neognathodus bassleri*（Harris & Hollingsworth，1933）

    12 Pa 分子之口视，×43；采集号：SB4—5；登记号：133245；贵州水城滥坝老街，宾夕法尼亚亚系（上石炭统）滑石板组；复制于杨式溥和田树刚，1988，图版 2，图 21；标本保存在中国地质科学院地质研究所。

    13 Pa 分子之口视，×76；登记号：11169；新疆尼勒克县阿恰勒河剖面，宾夕法尼亚亚系（上石炭统）东图津河组；复制于赵治信等，2000，242 页，图版 62，图 23；标本保存在塔里木油田分公司勘探开发研究院。

    14 Pa 分子之口视，×54；登记号：86A143；新疆尼勒克县阿恰勒河剖面，宾夕法尼亚亚系（上石炭统）东图津河组；复制于 Zhao，1989，pl.1，fig.7；标本保存在塔里木油田分公司勘探开发研究院。

    15 Pa 分子之口视，×72；采集号：N44；登记号：99134；贵州罗甸纳庆，宾夕法尼亚亚系（上石炭统）；复制于 Wang & Qi，2003a，pl.2，fig.23；标本保存在中国科学院南京地质古生物研究所标本库。

16—21 双索新颚刺 *Neognathodus bothrops* Merrill，1972

    16—17 Pa 分子之口视，×54，×77；采集号：ZK7—2，W2D1 下；登记号：94602，94603；山西武乡温庄和长治南宋，宾夕法尼亚亚系（上石炭统）太原组；复制于王志浩和文国忠，1987，284 页，图版 2，图 6—7；标本保存在中国科学院南京地质古生物研究所标本库。

    18—19 同一 Pa 分子之口视和反口视，×80；采集号：W2D2 上；登记号：94604；山西武乡温庄，宾夕法尼亚亚系（上石炭统）太原组；复制于王志浩和文国忠，1987，284 页，图版 2，图 8—9；标本保存在中国科学院南京地质古生物研究所标本库。

    20 Pa 分子之口视和反口视，×63；采集号：W2D2—1；登记号：101866；山西武乡温庄，宾夕法尼亚亚系（上石炭统）本溪组；复制于 Wang et al.，1987b，p.130，pl.3，fig.9；标本保存在中国科学院南京地质古生物研究所标本库。

    21 Pa 分子之口视，×54；采集号：D1hui；登记号：135521；山西太原，宾夕法尼亚亚系（上石炭统）太原组；复制于王志浩和祁玉平，2003b，236—237 页，图版 1，图 30；标本保存在中国科学院南京地质古生物研究所标本库。

22—27 哥伦布新颚刺 *Neognathodus colombiensis*（Stibane，1967）

    Pa 分子之侧向口视和口视，×117，×117，×63，×117，×108，×212；采集号：C45，C45，TH1—4517.2m，霍艾林场6—620，Ln56—4597.01m，Ln56—4597.7m；登记号：94—G5—67，94—G5—68，94Y2—32，94—Y1—17，94—G4—10，99—2—3—33；新疆玛扎塔格古董山、玛扎塔格古董山、塔河 1 井、霍艾林场、轮南 56 井和轮南 56 井，宾夕法尼亚亚系（上石炭统）；复制于赵治信等，2000，242 页，图版 61，图 3，6，17，28；图版 62，图 35；图版 80，图 16；标本保存在塔里木油田分公司勘探开发研究院。

图版 38

1—7 卡希尔新颚刺 *Neognathodus kashiriensis* Goreva，1984

    1 Pa 分子之口视，×48；采集号：GH9—3；登记号：97422；宁夏中卫校育川干柴沟，宾夕法尼亚亚系（上石炭统）靖远组；复制于王成源，1987，183—184 页，图版 2，图 17；标本保存在中国科学院南京地质古生物研究所标本库。

    2—3 Pa 分子之口视，×138，×128；采集号：Ln56—4597.7m，塔河 1 井—4512.27m；登记号：2000—2—18，2000—2—36；新疆轮南 56 井和塔河 1 井，宾夕法尼亚亚系（上石炭统）；复制于赵治信等，2000，243 页，图版 80，图 15，20；标本保存在塔里木油田分公司勘探开发研究院。

    4—7 Pa 分子之口视，×48，×48，×48，×64；采集号：GH9—3，GH9—3，GH9—3，SH9—1 登记号：97419，97420，97421，97423；宁夏中卫校育川干柴沟和上校育川，宾夕法尼亚亚系（上石炭统）靖远组；复制于王成源，1987，183—184 页，图版 2，图 1—4；标本保存在中国科学院南京地质古生物研究所标本库。

8—15 长尾新颚刺 *Neognathodus longiposticus* Ying，1993

    8，11 Pa 分子之口视，×32；采集号：D—1，Ghs；登记号：CY098，122；安徽广德独山和江苏镇江赣船山，宾夕法尼亚亚系（上石炭统）黄龙组；复制于应中锷等（见王成源），1993，228—229 页，图版 44，图 17，19；标本保存在南京地质矿产研究所。

    9—10 同一 Pa 分子之口视和反口视，×64；采集号：Jde9—2；登记号：Cy098；江苏宜兴东岭水库，宾夕法尼亚亚系（上石炭统）黄龙组；复制于应中锷等（见王成源），1993，228—229 页，图版 44，图 18a—b；标本保存在南京地质矿产研究所。

    12—15 两个同一 Pa 分子之口视和反口视，×32；采集号：Ghs；登记号：Cy123（正模），121；江苏宜兴东岭水库，宾夕法尼亚亚系（上石炭统）黄龙组；复制于应中锷等（见王成源），1993，228—229 页，图版 45，图 1a—b，2a—b；标本保存在南京地质矿产研究所。

16—17 中后新颚刺 *Neognathodus medadultimus* Merrill，1972

    Pa 分子之口视，×40；采集号：Jde7—1；登记号：CY093，094；江苏宜兴东岭水库，宾夕法尼亚亚系（上石炭统）黄龙组；复制于应中锷等（见王成源），1993，228—229 页，图版 44，图 13—14；标本保存在南京地质矿产研究所。

18—19，24—25 中前新颚刺 *Neognathodus medexultimus* Merrill，1972

    18—19 同一 Pa 分子之口视和反口视，×40，×32；采集号：D—1；登记号：Cy125；安徽广德独山，宾夕法尼亚亚系（上石炭统）黄龙组；复制于应中锷等（见王成源），1993，229 页，图版 44，图 11a—b；标本保存在南京地质矿产研究所。

    24—25 Pa 分子之口视，×42，×54；采集号：N66，61；登记号：99109，99114；贵州罗甸纳庆，宾夕法尼亚亚系（上石炭统）；复制于 Wang & Higgins，1989，p.282，pl.9，figs.8，13；标本保存在中国科学院南京地质古生物研究所标本库。

20—23 娜塔拉新颚刺 *Neognathodus nataliae* Alekseev & Geretzezeg，2001

    20—21 Pa 分子之口视，×64；采集号：N53；登记号：99128，133244；贵州罗甸纳庆，宾夕法尼亚亚系（上石炭统）；复制于 Wang & Qi，2003a，pl.3，figs.16—17；标本保存在中国科学院南京地质古生物研究所标本库。

    22—23 Pa 分子之口视，×80，×48；采集号：177.7m，160.6m；登记号：167441，167442；贵州罗甸纳庆，宾夕法尼亚亚系（上石炭统）；复制于祁玉平，2008，图版 21，图 4—5；标本保存在中国科学院南京地质古生物研究所标本库。

26—29 朗第新颚刺 *Neognathodus roundyi*（Gunnel，1931）

    26，29 Pa 分子之口视和侧向口视，×60，×80；采集号：N53；登记号：99128，99129；贵州罗甸纳庆，宾夕法尼亚亚系（上石炭统）；复制于 Wang & Higgins，1989，p.282，pl.11，figs.1—2；标本保存在中国科学院南京地质古生物研究所标本库。

    27—28 同一 Pa 分子之口视和反口视，×48；采集号：Jde9—1；登记号：Cy095；江苏宜兴东岭水库，宾夕法尼亚亚系（上石炭统）黄龙组；复制于应中锷等（见王成源），1993，229 页，图版 44，图 12a—b；标本保存在南京地质矿产研究所。

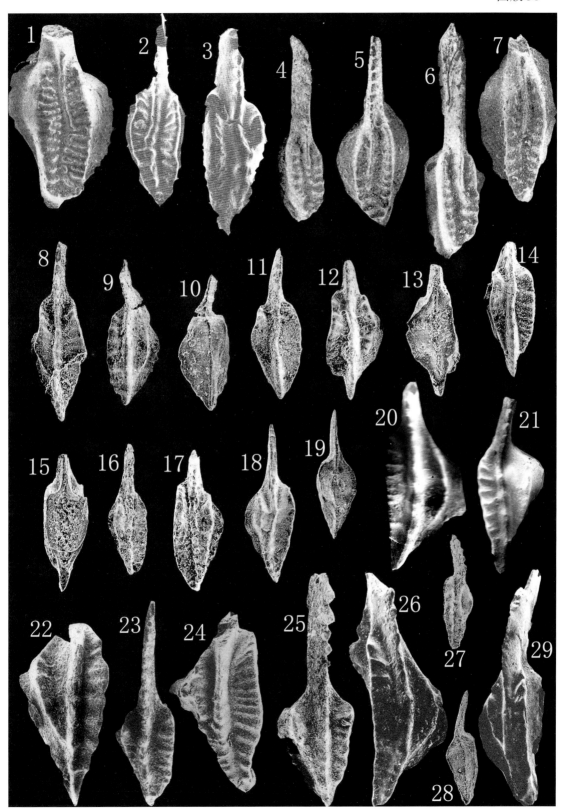

图版 39

1—7 阿列克赛窄曲颚刺 *Streptognathodus alekseevi* Barskov，Isakova & Stahastivzeva，1981

    1—3 Pa 分子之口视、侧方口视和侧方口视，×77，×77，×90；采集号：75K—146，75K—146，75K—241；登记号：38211，38212，38189；新疆皮山克孜里奇曼剖面，宾夕法尼亚亚系（上石炭统）塔哈奇组；复制于赵治信等，2000，251 页，图版 71，图 9，17，19；标本保存在塔里木油田分公司勘探开发研究院。

    4—7 Pa 分子之口视，×90，×117，×135，×108；采集号：88I5—WGF—6；登记号：900444，890241，890239，890242；新疆阿尔金山安南坝向阳煤矿，下二叠统；复制于赵治信等，2000，251 页，图版 71，图 20，22，24—25.；标本保存在塔里木油田分公司勘探开发研究院。

8—11 窄曲颚刺 *Streptognathodus angustus* Dunn，1966

    Pa 分子之侧向口视，×108，×80，×90，×135；采集号：88I5—WGF—6，88I5—WGF—6，88I5—WGF—6，G3；登记号：05384，05383，050912007，05406；西藏申扎水珠地区，宾夕法尼亚亚系（上石炭统）水珠组；复制于纪占胜等，2007，图版 1，图 16—18；图版 2，图 2；标本保存在中国地质科学院地质研究所。

12—13 巴尔斯科夫曲颚刺 *Streptognathodus barskovi*（Kozur，1976）

    Pa 分子之口视，×81，×108；采集号：Zy21，K5—1；登记号：111580，111581；贵州紫云羊场和山西太原西山，宾夕法尼亚亚系（上石炭统）紫松组和太原组；复制于王志浩，1991，29 页，图版 1，图 10，14；标本保存在中国科学院南京地质古生物研究所标本库。

14—18 对称新颚刺 *Neognathodus symmetricus*（Lane，1967）

    14—17 Pa 分子之口视，×66，×60，×90，×108；采集号：N39，40，40，40；登记号：99018—99021；贵州罗甸纳庆，宾夕法尼亚亚系（上石炭统）；复制于 Wang & Higgins，1989，pp.282—283，pl.2，figs.1—4；标本保存在中国科学院南京地质古生物研究所标本库。

    18 Pa 分子之口视，×51；采集号：AAK21；登记号：136049；贵州盘县滑石板村，宾夕法尼亚亚系（上石炭统）滑石板组；复制于王志浩和祁玉平，2004a，284 页，图版 1，图 8；标本保存在中国科学院南京地质古生物研究所标本库。

19—22 艾诺斯瓦德刺 *Swadelina einori* Nemirovskaya & Alekseev，1993

    Pa 分子之口视，×45；采集号：LKC115.4，LDC178.8，LKC121.0，LKC113.2；登记号：162653，162688，162656，162654；贵州罗甸罗悃（LKC）和纳庆（LDC），宾夕法尼亚亚系（上石炭统）；19，21—22 复制于 Hu et al.，2017，p.76，figs.7Ma，P，N；20 复制于 Hu & Qi，2017，p.202，pl.1，fig.4；标本保存在中国科学院南京地质古生物研究所标本库。

图版 40

1—6 格子曲颚刺 *Streptognathodus cancellosus*（Gunnell，1933）

　　1—4 Pa 分子之口视，×54；采集号：SB7—3；贵州水城滥坝老街水库，宾夕法尼亚亚系（上石炭统）达拉阶；复制于杨式溥和田树刚，1988，图版 3，图 29—32；标本保存在中国地质科学院地质研究所。

　　5—6 Pa 分子之口视，×59，×45；采集号：N87，90；登记号：133268，133270；贵州罗甸纳庆，宾夕法尼亚亚系（上石炭统）；复制于 Wang & Qi，2003a，pl.4，figs.20，22；标本保存在中国科学院南京地质古生物研究所标本库。

7—8 棒形曲颚刺 *Streptognathodus clavatulus* Gunnell，1933

　　Pa 分子之口视，×48，×41；采集号：N82，83；登记号：133258，133259；贵州罗甸纳庆，宾夕法尼亚亚系（上石炭统）；复制于 Wang & Qi，2003a，pl.4，figs.8，10；标本保存在中国科学院南京地质古生物研究所标本库。

9—26 精巧斯瓦德刺 *Swadelina concinna*（Kossenko，1975）

　　9—10 Pa 分子之口视，×45，×72；采集号：H2—1；登记号：1114，1095；新疆克拉麦里，宾夕法尼亚亚系（上石炭统）石钱滩组；复制于赵治信等，1986，201—202 页，图版 1，图 6—7；标本保存在塔里木油田分公司勘探开发研究院。

　　11—26 Pa 分子之口视，×90，×90，×90，×90，×90，×90，×180，×90，×90，×90，×90，×90，×90，×108，×90，×135；采集号：84H—9，84H—9，84H—2—1，84H—2—1，84H—2—1，84H—2—1，84H—19，84H—2—1，84H—2—1，84H—9，84H—9，84H—2—1，84H—9，84H—9，1512/82，84H—2—1；登记号：900255，900256，1118，1113，1096，1094，1121，900297，无登记号，900252，900253，900274，900259，900254，1158，1268；新疆克拉麦里，宾夕法尼亚亚系（上石炭统）石钱滩组；复制于赵治信等，2000，251 页，图版 65，图 1，3，13—14，16—17，22；图版 66，图 1—8，23；标本保存在塔里木油田分公司勘探开发研究院。

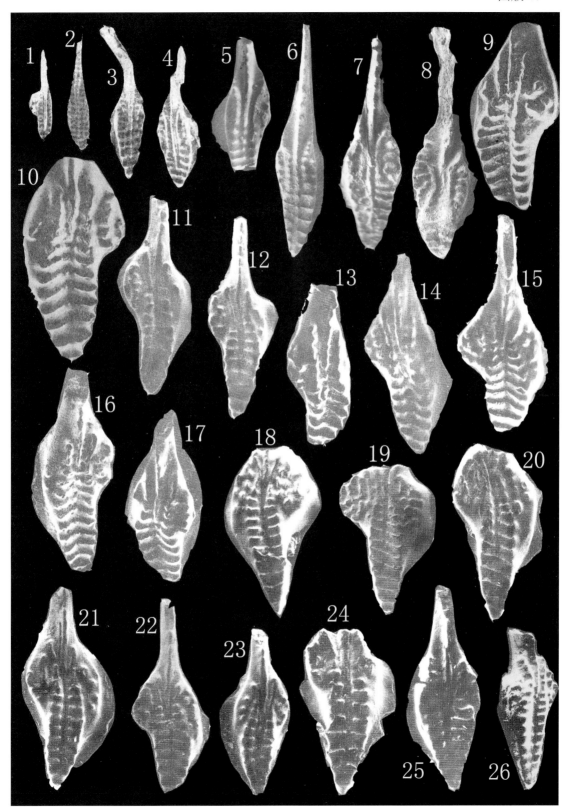

图版 41

1—2 连续曲颚刺 *Streptognathodus conjunctus* Barskov，Isotakova & Stahastlivzeva，1981

　　Pa 分子之侧向口视，×99，×153；采集号：75Q—240，8815—WGF—12；登记号：900073，890234；新疆叶城棋盘和阿尔金安南坝向阳煤矿，宾夕法尼亚亚系（上石炭统）；复制于赵治信等，2000，252 页，图版 67，图 7，15；标本保存在塔里木油田分公司勘探开发研究院。

3—5 偏心曲颚刺 *Streptognathodus eccentricus* Ellison，1941

　　3 Pa 分子之侧向口视，×90；采集号：75Q—240；登记号：900074；新疆叶城棋盘，宾夕法尼亚亚系（上石炭统）塔哈奇组；复制于赵治信等，2000，252 页，图版 72，图 8；标本保存在塔里木油田分公司勘探开发研究院。

　　4—5 Pa 分子之口视，×43；采集号：SB5—6，5—12；贵州水城滥坝老街水库，宾夕法尼亚亚系（上石炭统）达拉阶；复制于杨式溥和田树刚，1988，图版 3，图 21—22；标本保存在中国地质科学院地质研究所。

6—16 优美曲颚刺 *Streptognathodus elegantulus* Stauffer & Plummer，1932

　　6—9 Pa 分子之口视，×90，×66，×66，×60；采集号：N118，111，111，111；登记号：99056—99059；贵州罗甸纳庆，宾夕法尼亚亚系（上石炭统）；复制于 Wang & Higgins，1989，p.286，pl.5，figs.1—4；标本保存在中国科学院南京地质古生物研究所标本库。

　　10—11 Pa 分子之口视，×36；采集号：N111；登记号：99059，133263；贵州罗甸纳庆，宾夕法尼亚亚系（上石炭统）；复制于 Wang & Qi，2003a，pl.4，figs.12，14；标本保存在中国科学院南京地质古生物研究所标本库。

　　12 Pa 分子之口视，×45；采集号：L0；登记号：135522；山西太原地区，宾夕法尼亚亚系（上石炭统）晋祠组；复制于王志浩和祁玉平，2003b，237 页，图版 1，图 31；标本保存在中国科学院南京地质古生物研究所标本库。

　　13—14 Pa 分子之侧向口视，×90，×126；采集号：375K—146，75K241；登记号：8213，38187；新疆皮山克孜里曼奇和叶城棋盘，夕法尼亚亚系（上石炭统）塔哈其组；复制于赵治信等，252 页，图版 69，图 1—2；标本保存在塔里木油田分公司勘探开发研究院。

　　15 Pa 分子之口视，×180；采集号：88I5—WGF—6；登记号：900450；新疆阿尔金山安南坝向阳煤矿，下二叠统；复制于赵治信等，252 页，图版 71，图 23；标本保存在塔里木油田分公司勘探开发研究院。

　　16 Pa 分子之口视，×45；采集号：N101；登记号：133235；贵州罗甸纳庆，宾夕法尼亚亚系（上石炭统）；复制于 Wang & Qi，2003a，pl.3，fig.6；标本保存在中国科学院南京地质古生物研究所标本库。

17—24 细长曲颚刺 *Streptognathodus elongatus* Gunnell，1933

　　17—18 Pa 分子之口视，×45；采集号：N124；登记号：99120，99121；贵州罗甸纳水，宾夕法尼亚亚系（上石炭统）顶部；复制于 Wang & Higgins，1989，p.286，pl.10，figs.6—7；标本保存在中国科学院南京地质古生物研究所标本库。

　　19 Pa 分子之口视，×96；采集号：K2；登记号：135495；山西太原地区，下二叠统太原组；复制于王志浩和祁玉平，2003b，237—238 页，图版 1，图 2；标本保存在中国科学院南京地质古生物研究所标本库。

　　20—21 Pa 分子之口视，×54，×72；采集号：CN—1306—k5，F—53—k5；登记号：94617，94618；山西长南探区和陵川附城，下二叠统太原组；复制于 Wang et al.，1987b，p.132，pl.5，figs.11—12；标本保存在中国科学院南京地质古生物研究所标本库。

　　22—23 Pa 分子之口视，×108；采集号：N125；登记号：111578，111586；贵州罗甸纳水，下二叠统底部；复制于王志浩，1991，30 页，图版 1，图 6；图版 4，图 3；标本保存在中国科学院南京地质古生物研究所标本库。

　　24 Pa 分子之口视，×54；采集号：N125；登记号：133218；贵州罗甸纳庆，下二叠统底部；复制于 Wang & Qi，2003a，pl.2，fig.7；标本保存在中国科学院南京地质古生物研究所标本库。

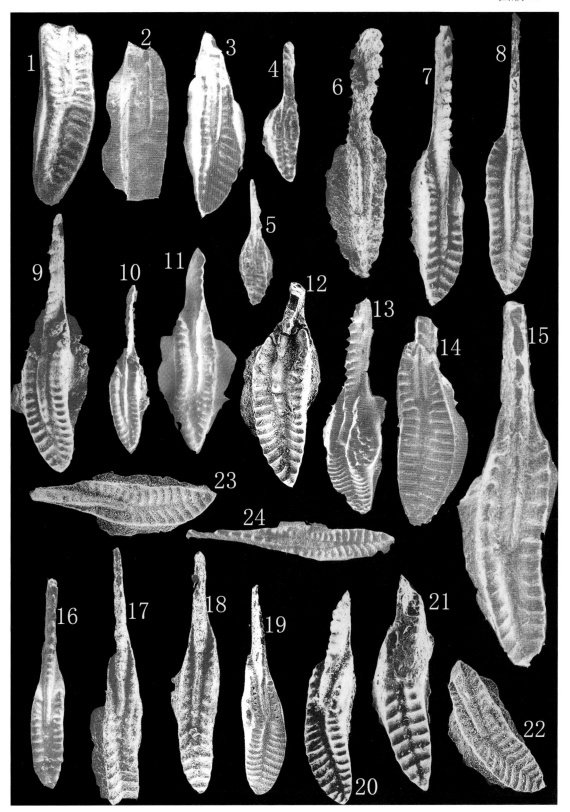

图版 42

1—2 浅槽曲颚刺 Streptognathodus tenuialveus Chernykh & Ritter，1997

Pa 分子之口视，×60，×50；采集号：N116，113；登记号：133261，133262；复制于 Wang & Qi，2003，pl.4，figs.11，13；标本保存在中国科学院南京地质古生物研究所标本库。

3—7 高大曲颚刺 Streptognathodus excelsus Stauffer & Plummer，1932

3 Pa 分子之口视，×48；采集号：SBg5—12；贵州水城滥坝郭家垭，宾夕法尼亚亚系（上石炭统）达拉阶；复制于杨式溥和田树刚，1988，图版 2，图 12；标本保存在中国地质科学院地质研究所。

4—6 Pa 分子之口视，×54，×72，×54；采集：N53，90，82；登记号：99125—99127；贵州罗甸纳庆，宾夕法尼亚亚系（上石炭统）；复制于 Wang & Higgins，1989，p.286，pl.10，figs.11—13；标本保存在中国科学院南京地质古生物研究所标本。

7 Pa 分子之口视，×36；采集号：N90 登记号：133232；贵州罗甸纳庆，宾夕法尼亚亚系（上石炭统）；复制于 Wang & Qi，2003a，pl.3，fig.1；标本保存在中国科学院南京地质古生物研究所标本库。

8—13 膨大曲颚刺 "Streptognathodus" expansus Igo & Koike，1964

8—9 "Streptognathodus" expansus Igo et Koike，1964，M1

Pa 分子之口视，×40；采集号：LKC120.3，NSC168.15；登记号：162642，160979；贵州罗甸罗梱（LKC）和纳庆（NSC），宾夕法尼亚亚系（上石炭统）；复制于胡科毅，2016，图版 14，图 4，3；标本保存在中国科学院南京地质古生物研究所标本库。

10—13 "Streptognathodus" expansus Igo & Koike，1964，M2

10 Pa 分子之口视，×78；采集号：N153 登记号：99042；贵州罗甸纳庆，宾夕法尼亚亚系（上石炭统）；复制于 Wang and Higgins，1989，p.286，pl.3，fig.11；标本保存在中国科学院南京地质古生物研究所标本库。

11 Pa 分子之口视，×133；采集号：N54 登记号：102956；贵州罗甸纳庆，宾夕法尼亚亚系（上石炭统）；复制于 Wang et al.，1987a，pl.1，fig.6；标本保存在中国科学院南京地质古生物研究所标本库。

12—13 Pa 分子之口视，×54，×57；采集号：169.1m，172.3m；贵州罗甸纳庆，宾夕法尼亚亚系（上石炭统）；复制于祁玉平，2008，图版 21，图 17，23；标本保存在中国科学院南京地质古生物研究所标本库。

14—15 纤细曲颚刺 Streptognathodus gracilis Stauffer & Plummer，1932

14 Pa 分子之口视，×72；采集号：N90；登记号：133265；贵州罗甸纳庆，宾夕法尼亚亚系（上石炭统）；复制于 Wang & Qi，2003a，pl.4，fig.17；标本保存在中国科学院南京地质古生物研究所标本库。

15 Pa 分子之口视，×54；采集号：K2；登记号：135523；山西太原西山，宾夕法尼亚亚系（上石炭统）太原组；复制于王志浩和祁玉平，2003b，238 页，图版 1，图 32；标本保存在中国科学院南京地质古生物研究所标本库。

16—18 孤立曲颚刺 Streptognathodus isolatus Chenykh，Ritter & Wardlaw，1997

16—17 Pa 分子之口视，×54，×36；采集号：N125；登记号：133273，99100；贵州罗甸纳庆，宾夕法尼亚亚系（上石炭统）；复制于 Wang & Qi，2003a，pl.4，figs.29—30；标本保存在中国科学院南京地质古生物研究所标本库。

18 Pa 分子之口视，×45；采集号：Xd—K2；登记号：135506；山西太原西山，宾夕法尼亚亚系（上石炭统）太原组；复制于王志浩和祁玉平，2003b，238 页，图版 1，图 10；标本保存在中国科学院南京地质古生物研究所标本库。

19—22 罗苏曲颚刺 Streptognathodus luosuensis Wang & Qi，2003

19，21 Pa 分子之口视，×36，×45；采集号：N107，108 登记号：99106（正模），99105；贵州罗甸纳庆，宾夕法尼亚亚系（上石炭统）；复制于 Wang & Qi，2003a，p.394，pl.3，figs.4—5；标本保存在中国科学院南京地质古生物研究所标本库。

20，22 Pa 分子之口视，×60，×78；采集号：N107；登记号：99104，99105；贵州罗甸纳庆，宾夕法尼亚亚系（上石炭统）；复制于 Wang & Higgins，1989，p.287，pl.9，figs.3—4；标本保存在中国科学院南京地质古生物研究所标本库。

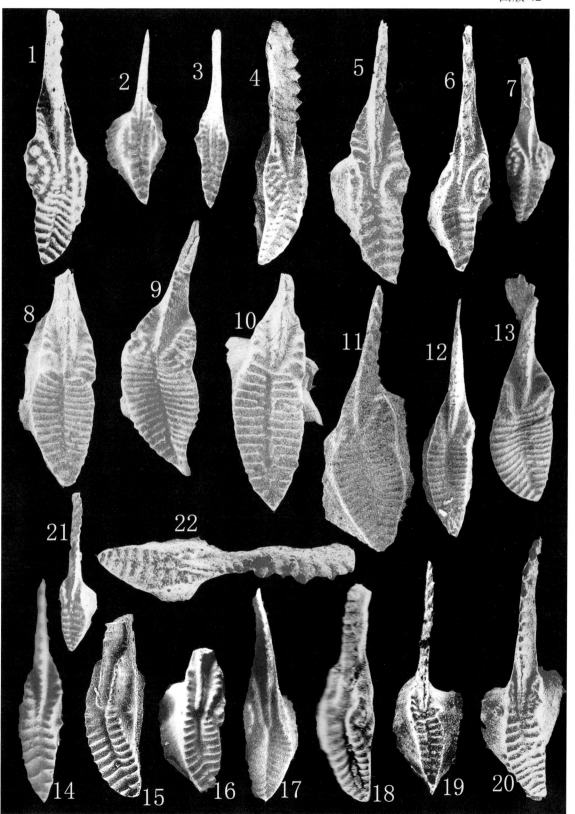

图版 43

1—2 泽托斯曲颚刺 Streptognathodus zethus Chernykh & Reshetkova, 1987

    Pa 分子之口视，×40，×40；采集号：LDC248.6—248.85，255.65—255.90；登记号：171108，171109；贵州罗甸纳庆，宾夕法尼亚亚系（上石炭统）；复制于王秋来，2014，图版2，图2，3；标本保存在中国科学院南京地质古生物研究所标本库。

3—11 微小曲颚刺 Streptognathodus parvus Dunn, 1966

    3—5 Pa 分子之口视，×90；采集号：N160，120，120；登记号：99117—99119；贵州罗甸纳庆，宾夕法尼亚亚系（上石炭统）；复制于 Wang and Higgins, 1989, p.287, pl.10, figs3—5；标本保存在中国科学院南京地质古生物研究所标本库。

    6 Pa 分子之口视，×90；采集号：N88；登记号：133203；贵州罗甸纳庆，宾夕法尼亚亚系（上石炭统）；复制于 Wang and Qi, 2003a, pl.1, figs.6；标本保存在中国科学院南京地质古生物研究所标本库。

    7—10 Pa 分子之口视，×225，×180，×180，×153；采集号：84Sh—106，84H—19，84Sh—111，双井子—122；登记号：1089，1121，1153，92—124—26；新疆克拉麦里，宾夕法尼亚亚系（上石炭统）石钱滩组；复制于赵治信等，254 页，图版 69，图 25，27—28；图版 70，图 3。

    11 Pa 分子之口视，×200；采集号：M 古 C—33；登记号：94—G5—63；新疆玛扎塔格古董山，宾夕法尼亚亚系（上石炭统）小海子组；复制于赵治信等，254 页，图版 70，图 21。

12—17 简单曲颚刺 Streptognathodus simplex Gunnell, 1933

    12—13 Pa 分子之口视，×90；采集号：N120，90；登记号：111574，111575；贵州罗甸纳水和紫云羊场，宾夕法尼亚亚系（上石炭统）马平组和紫松组；复制于王志浩，1991，32 页，图版 1，图 1—2；标本保存在中国科学院南京地质古生物研究所标本库。

    14 Pa 分子之口视，×90；采集：N80；登记号：135503；山西太原西山，宾夕法尼亚亚系（上石炭统）和下二叠统太原组；复制于王志浩和祁玉平，2003b，239 页，图版 1，图 8；标本保存在中国科学院南京地质古生物研究所标本库。

    15—16 Pa 分子之口视，×59，×45；采集号：N117，125；登记号：1332023，11574；贵州罗甸纳庆，宾夕法尼亚亚系（上石炭统）和下二叠统底部；复制于 Wang and Qi, 2003a, pl.2, fig.15；pl.3, fig.8；标本保存在中国科学院南京地质古生物研究所标本库。

    17 Pa 分子之口视，×150；采集号：88I5—WGF—14；登记号：900428；新疆阿尔金山安南坝向阳煤矿，宾夕法尼亚亚系（上石炭统）下二叠统底部；复制于赵治信等，2000，254—255 页，图版 72，图 3；标本保存在塔里木油田分公司勘探开发研究院。

18—21，24—26 长隆脊曲颚刺 Streptognathodus oppletus Ellison, 1941

    18，20 Pa 分子之口视，×77，×63；采集号：S—18，S—5；登记号：101873，94606；山西陵川附城，宾夕法尼亚亚系（上石炭统）和下二叠统太原组；复制于 Wang et al., 1987b, p.133, pl.4, figs.9, 11；标本保存在中国科学院南京地质古生物研究所标本库。

    19，21 Pa 分子之口视，×58，×63；采集号：CN1306—k3；登记号：94608，94605；山西长南探区，宾夕法尼亚亚系（上石炭统）和下二叠统太原组；复制于 Wang et al., 1987b, p.133, pl.4, figs.10, 12；标本保存在中国科学院南京地质古生物研究所标本库。

    24 Pa 分子之口视，×45；采集号：Ya—4；登记号：135516；山西太原地区，宾夕法尼亚亚系（上石炭统）晋祠组；复制于王志浩和祁玉平，2003b，238—239 页，图版 1，图 21；标本保存在中国科学院南京地质古生物研究所标本库。

    25—26 Pa 分子之口视，×90，×125；采集号：A—006；登记号：3751；云南广南安乐，宾夕法尼亚亚系（上石炭统）达拉阶；复制于董致中和王伟，201 页，图版 33，图 3；图版 34，图 26；标本保存在云南省地调院区域地质调查所。

22—23 弗吉尔曲颚刺 Streptognathodus virgilicus Ritter, 1995

    Pa 分子之口视，×50；采集号：LDC265；登记号：171110，171111；贵州罗甸纳庆，宾夕法尼亚亚系（上石炭统）；复制于王秋来，2014，图版 7，图 9，11。

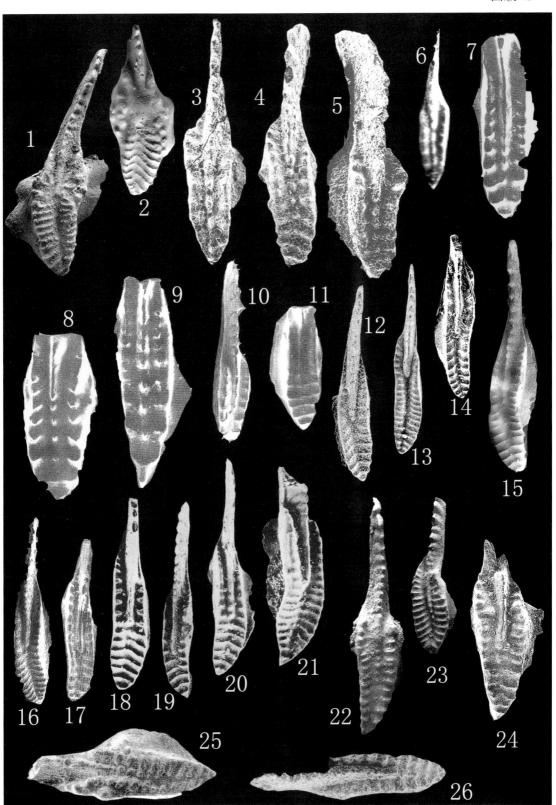

图版 44

1—2 偏向异颚刺 *Idiognathodus simulator* Ellison，1941

    Pa 分子之口视，×50，×50；采集号：NRC229.76，NSC255.65—255.9；登记号：169855，169861；贵州罗甸纳绕（NRC）和纳庆（NSC），宾夕法尼亚亚系（上石炭统）；复制于 Qi et al.，2019，figs.20G，C；标本保存在中国科学院南京地质古生物研究所标本库。

3—17 近直立曲颚刺 "*Streptognathodus*" *suberectus* Dunn，1966

    3—6 Pa 分子之口视，×90，×130，×110，×100；采集号：N53，53，53，51；登记号：99156—99159；贵州罗甸纳庆，宾夕法尼亚亚系（上石炭统）；复制于 Wang and Higgins，1989，p.287，pl.13，figs.8—11；标本保存在中国科学院南京地质古生物研究所标本库。

    7—8 Pa 分子之口视，×80，×60；采集号：N53，51；登记号：133260，133261；贵州罗甸纳庆，宾夕法尼亚亚系（上石炭统）；复制于 Wang and Qi，2003a，pl.1，figs.16，20；标本保存在中国科学院南京地质古生物研究所标本库。

    9—17 Pa 分子之口视，×130，×110，×130，×110，×60，×100，×90，×100×120；采集号：84H—9，84H—9，84H—9，84H—9，84Sh—90—8，84Sh—91，84H—2—1，84Sh—111109，石钱滩—77；登记号：900244，900265，900246，900266，1130，1137，1116，11512，，92—124—18；新疆克拉麦里，宾夕法尼亚亚系（上石炭统）石钱滩组；复制于赵治信等，2000，255 页，图版 65，图 2，7，11；图版 69，图 14，19，22，26，29；图版 70，图 1，4；标本保存在塔里木油田分公司勘探开发研究院。

18—20 尤杜拉异颚刺 *Idiognathodus eudoraensis* Barrick，Heckel & Boardman，2008

    Pa 分子之口视，×50，×50，×50；采集号：LDC253—253.35，NRC229.76—230，LDC249.35—249.50；登记号：171112，171113，169712，；贵州罗甸纳庆（LDC）和纳饶（NRC），宾夕法尼亚亚系（上石炭统）；复制于王秋来，2014，图版 3，图 11，1，8；标本保存在中国科学院南京地质古生物研究所标本库。

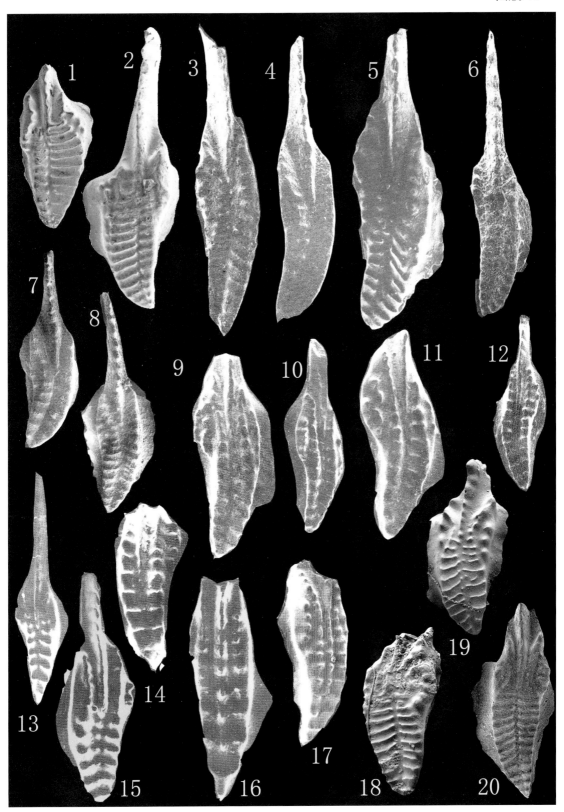

图版 45

1—7 近高大斯瓦德刺 *Swadelina subexcelsa*（Alekseev & Goreva，2001）

    Pa 分子之口视，×50，×50，×50，×50，×50，×50，×50；采集号：NSC224.9，LDC223.8—
223.88，NSC222.25，NSC224.9，LDC223.8—223.88，LDC223.44—223.6，NSC223.75；登记号：
164544，164546—164548，164552—164554；贵州罗甸纳庆，宾夕法尼亚亚系（上石炭统）；复
制于 Hu & Qi，2017，pl.1，figs.10，12—14，18—20；标本保存在中国科学院南京地质古生物研
究所标本库。

8—9 近简单曲颚刺 *Streptognathodus subsimplex* Wang & Qi，2003

    Pa 分子之口视，×100，×80；采集号：N53，554；登记号：133242（正模），133243；贵州罗甸纳庆，
宾夕法尼亚亚系（上石炭统）；复制于 Wang & Qi，2003a，p.394，pl.3，figs.15，21；标本保存
在中国科学院南京地质古生物研究所标本库。

10—19 瓦包恩曲颚刺 *Streptognathodus wabaunsensis* Gunnell，1933

    10—11 Pa 分子之口视，×53，×60；采集号：N136，123；登记号：99099，99101；贵州罗甸纳庆，
宾夕法尼亚亚系（上石炭统）；复制于 Wang & Higgins，1989，pp.287—288，pl.8，figs.10，
12；标本保存在中国科学院南京地质古生物研究所标本库。

    12—14 Pa 分子之口视，×90，×100，×100；采集号：N53，53，53，51；登记号：99156—99159；
新疆皮山克孜里奇曼，宾夕法尼亚亚系（上石炭统）塔哈奇组；复制于赵治信等，2000，255—
256 页，图版 71，图 1，7，12；标本保存在塔里木油田分公司勘探开发研究院。

    15 Pa 分子之口视，×40；采集号：K5；登记号：135515；山西太原地区，宾夕法尼亚亚系（上石炭统）
和下二叠统太原组；复制于王志浩和祁玉平，2003b，239 页，图版 1，图 20；标本保存在中国
科学院南京地质古生物研究所标本库。

    16 Pa 分子之口视，×50；采集号：Fu—15；登记号：94620；山西陵川附城，宾夕法尼亚亚系（上石炭统）
和下二叠统太原组；复制于 Wang et al.，1987b，pl.5，fig.1；标本保存在中国科学院南京地质古
生物研究所标本库。

    17，19 Pa 分子之口视，×50，×70；采集号：CN1306—k5；登记号：94628，101874；山西长南探区，
宾夕法尼亚亚系（上石炭统）和下二叠统太原组；复制于 Wang et al.，1987b，pl.5，figs.1，4；
标本保存在中国科学院南京地质古生物研究所标本库。

    18 Pa 分子之口视，×50；采集号：Li—k5；登记号：946281；山西柳义探区，宾夕法尼亚亚系（上石
炭统）和下二叠统太原组；复制于 Wang et al.，1987b，pl.5，fig.3；标本保存在中国科学院南京
地质古生物研究所标本库。

20—22 马克里娜斯瓦德刺 *Swadelina makhlinae*（Alekseev & Goreva，2001）

    Pa 分子之口视，×60，×60，×50；采集号：N82；登记号：140190—140192；贵州罗甸纳庆，宾夕
法尼亚亚系（上石炭统）；复制于王志浩和祁玉平，2007 页数，图版 1，图 4—6；标本保存在
中国科学院南京地质古生物研究所标本库。

23—25 哈玛拉满颚刺 *Mestognathus harmalai* Sandberg & Bitter，1986

    Pa 分子之口视、侧视和反口视，×75，×100，×100；采集号：10FWXIII—09—5；登记号：
119641；陕西凤县，密西西比亚系（下石炭统）杜内阶界河街组；复制于王平和王成源，2005，
图版 5，图 1，16，15；标本保存在中国科学院南京地质古生物研究所标本库。

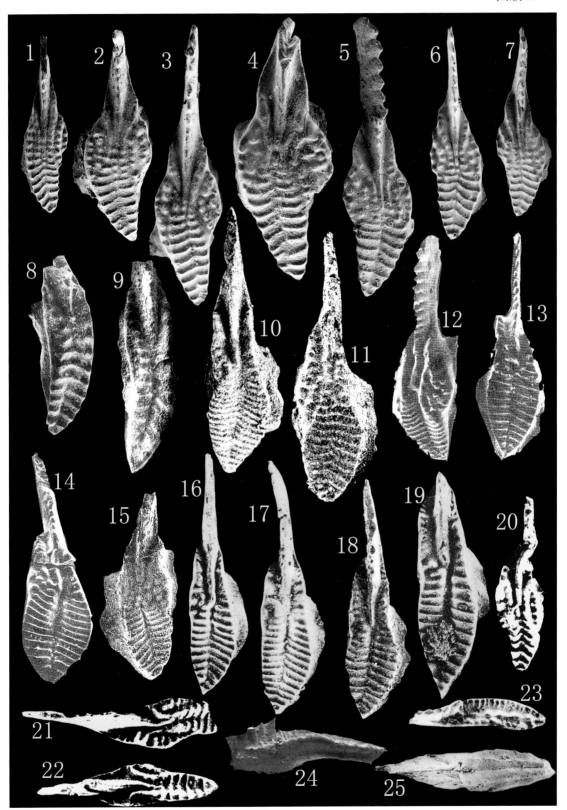

图版 46

1—3 贵州马什卡刺 *Mashkovia guizhouensis*（Xiong，1983）

　　正模 Pa 分子之侧视、口视和反口视，放大倍数不清；登记号：76—015；贵州惠水雅水，密西西比亚系（下石炭统）岩关组；复制于熊剑飞，1983，337—338 页，图版 74，图 2a—c；标本保存在原地质矿产部第八普查大队。

4，6—7 瘤脊斯瓦德刺 *Swadelina nodocarinata*（Jones，1941）

　　4　Pa 分子之口视，×64；采集号：N76；登记号：1133240；贵州罗甸纳庆，宾夕法尼亚亚系（上石炭统）；复制于王志浩和祁玉平，2007，图版 1，图 21；标本保存在中国科学院南京地质古生物研究所标本库。

　　6—7　Pa 分子之口视，×54；采集号：235.5m，235.2m；登记号：164594，167272；贵州罗甸纳水，宾夕法尼亚亚系（上石炭统）；复制于胡科毅，2012，41 页，图版 2，图 8—9；标本保存在中国科学院南京地质古生物研究所标本库。

5　马克里娜斯瓦德刺 *Swadelina makhlinae*（Alekseev & Goreva，2001）

　　Pa 分子之口视，×54；采集号：LDC233.4—233.6；登记号：NIGP164582；贵州罗甸纳庆，宾夕法尼亚亚系（上石炭统）；复制于 Hu & Qi，2017，p.203，pl.3，fig.3；标本保存在中国科学院南京地质古生物研究所标本库。

8—12 贝克曼满颚刺 *Mestognathus beckmanni* Bischoff，1957

　　8—9　Pa 分子之口视，×60；采集号：Ya22；登记号：Gu3245，Gu3246；云南宁蒗老龙洞，密西西比亚系（下石炭统）尖山营组；复制于董致中和季强，1988，54 页，图版 3，图 15—16；标本保存在云南省地调院区域地质调查所。

　　10　Pa 分子之口视，×60；采集号：Ya22；登记号：3246；云南宁蒗老龙洞，密西西比亚系（下石炭统）尖山营组；复制于董致中和王伟，2006，191 页，图版 30，图 3；标本保存在云南省地调院区域地质调查所。

　　11—12　Pa 分子之反口视与口视，×48；采集号：SBgyO—1；贵州水城滥坝郭家哑口，密西西比亚系（下石炭统）大塘阶；复制于杨式溥和田树刚，1988，图版 1，图 30a—b；标本保存在中国地质科学院地质研究所。

13—14 先贝克曼满颚刺 *Mestognathus praebeckmanni* Sandberg，Jonestone，Orchard & von Bitter，1986

　　Pa 分子之侧视，×36，×38；采集号：Lp64，Lp1；广西柳州碰冲，密西西比亚系（下石炭统）鹿寨组；复制于田树刚和科恩，2004，图版 1，图 20—21；标本保存在中国地质科学院地质研究所。

15—22 比布鲁提满颚刺 *Mestognathus bipluti* Higgins，1961

　　15—16　同一 Pa 分子之口视和反口视，×48；采集号：Sj5179—12—9；登记号：G119；云南宁蒗老龙洞，密西西比亚系（下石炭统）尖山营组；复制于董致中和季强，1988，图版 3，图 12—13；标本保存在云南省地调院区域地质调查所。

　　17—22　除 19 为侧视外，其余都为 Pa 分子之口视或侧向口视，×48，×54，×54，×30，×42；采集号：N8，2，7，8，2；登记号：99032—99035，99037；贵州罗甸纳庆，密西西比亚系（下石炭统）；复制于 Wang and Higgins，p.282，pl.3，figs.1—6。

23—24 满颚刺未定种 A *Mestognathus* sp. A（sp. nov.），Ji，1987

　　同一 Pa 分子之口视和反口视，×32；采集号：HJDS 36—19；登记号：70564；湖南江华，密西西比亚系（下石炭统）石磴子组；复制于季强，1987a，图版 1，图 28—29；标本保存在中国科学院南京地质古生物研究所标本库。

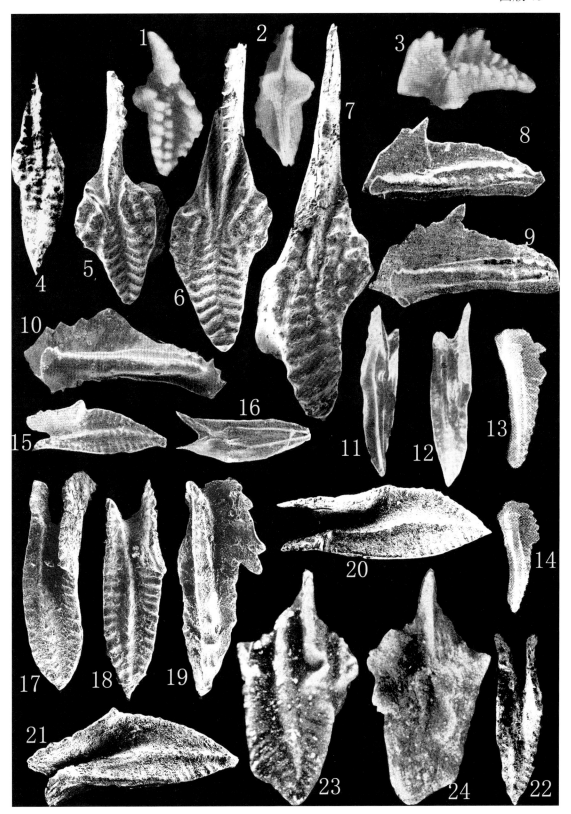

图版 47

1—6 毕肖夫多颚刺 *Polygnathus bischoffi* Rhodes，Austin & Druce，1969

    Pa 分子之口视，×40；采集号：NBII—73—3，707—9，72—5，73—6，707—15；登记号：107299，107308，107309，107310，107313；广西桂林南边村泥盆—石炭系界线 2 号剖面，泥盆—石炭系界线层 73，73，72，73，73 层；复制于 Wang & Yin in Yu，1988，pp.124—125，pl.29，figs.1，10—12，15；标本保存在中国科学院南京地质古生物研究所标本库。

7—12 大坡上多颚刺 *Polygnathus dapoushangensis* Ji et al.，1989

    三个 Pa 分子之反口视和口视，×45，×54，×45；采集号：DPSR11，13，11；登记号：89122，89123，89124；贵州大坡上，石炭系底部；复制于 Ji et al.，1989，p.90，pl.21，figs.4a—6b；标本保存在中国地质科学院地质研究所。

13 短枝多颚刺 *Polygnathus brevilaminus* Branson & Mehl，1934

    Pa 分子之口视，×40；采集号：NBIV—2—2；登记号：107366；广西桂林南边村泥盆—石炭系界线 4 号剖面，泥盆—石炭系界线层 22 层；复制于 Wang & Yin in Yu，1988，p.125，pl.31，fig.7；标本保存在中国科学院南京地质古生物研究所标本库。

14—15 普通多颚刺分叉亚种 *Polygnathus communis bifurcatus* Hass，1959

    同一 Pa 分子之口视，×34，×96；采集号：GMII—32；登记号：DC84528；贵州睦化 2 号剖面，密西西比亚系（下石炭统）王佑组；复制于季强等（见侯鸿飞等），1985，112 页，图版 35，图 20—21；标本保存在中国地质科学院地质研究所。

16—27 普通多颚刺细脊亚种 *Polygnathus communis carinus* Hass，1959

    16—17 Pa 分子之口视，×34；采集号：GMII—23；登记号：DC84526，84527；贵州睦化 2 号剖面，上泥盆统代化组；复制于季强等（见侯鸿飞等），1985，112 页，图版 35，图 18—19；标本保存在中国地质科学院地质研究所。

    18—19 同一 Pa 分子之口视和反口视，×32；采集号：HJDS31—11；登记号：70586；湖南江华大圩三百工村，密西西比亚系（下石炭统）大圩组；复制于季强，1987a，255 页，图版 3，图 7—8；标本保存在中国科学院南京地质古生物研究所标本库。

    20—21 同一 Pa 分子之口视和反口视，×40；采集号：NBIII—15；登记号：107278；广西桂林南边村 3 号剖面，泥盆—石炭系界线层 36 层；复制于 Wang & Yin in Yu，1988，p.125，pl.27，figs.2a—b；标本保存在中国科学院南京地质古生物研究所标本库。

    22 Pa 分子之口视，×48；采集号：NBII—71—11；登记号：107283；广西桂林南边村 2 号剖面，泥盆—石炭系界线层 71 层；复制于 Wang & Yin in Yu，1988，p.125，pl.27，fig.7；标本保存在中国科学院南京地质古生物研究所标本库。

    23—24 Pa 分子之口视，×64；采集号：Ya18 登记号：Gu33，34；云南宁蒗老龙洞剖面，密西西比亚系（下石炭统）尖山营组；复制于董致中和季强，1988，图版 1，图 17—18；标本保存在云南省地调院区域地质调查所。

    25—26 Pa 分子之口视，×96，×120；采集号：满参 1 井 4736—4736.05m，4738—4738.05m；登记号：93—2—11，93—2—12；新疆塔里木盆地满参 1 井，密西西比亚系（下石炭统）生屑灰岩段；复制于赵治信等，2000，246 页，图版 59，图 29，26；标本保存在塔里木油田分公司勘探开发研究院。

    27 Pa 分子之口视，×173；采集号：TZ4—3552.8m；登记号：93—2—5；新疆塔里木盆地塔中 4 井，密西西比亚系（下石炭统）巴楚组；复制于赵治信等，2000，246 页，图版 59，图 34；标本保存在塔里木油田分公司勘探开发研究院。

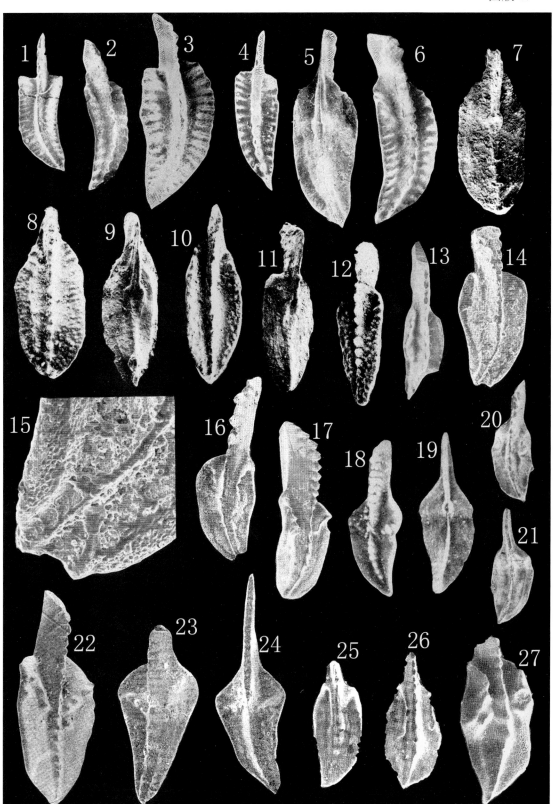

图版 48

1—15 普通多颚刺普通亚种 *Polygnathus communis communis* Branson & Mehl，1934

　　1 Pa 分子之口视，×40; 采集号：NBII—12; 登记号：107255; 广西桂林南边村泥盆—石炭系界线 2 号剖面，泥盆—石炭系界线层 68 层；复制于 Wang & Yin in Yu，1988，pp.125—126，pl.25，fig.11；标本保存在中国科学院南京地质古生物研究所标本库。

　　2—9 同一 Pa 分子之反口视分口视，×40；采集号：NBII—2，4b，5f，3b；登记号：107256—107258，103659；广西桂林南边村泥盆—石炭系界线 2 号剖面，泥盆—石炭系界线层 52，64，64，55 层；复制于 Wang & Yin in Yu，1988，pp.125—126，pl.25，figs.11—15；标本保存在中国科学院南京地质古生物研究所标本库。

　　10 Pa 分子之口视，×40；采集号：NBII—67；登记号：107259；广西桂林南边村泥盆—石炭系界线 2 号剖面，泥盆—石炭系界线层 67 层；复制于 Wang & Yin in Yu，1988，pp.125—126，pl.25，fig.11；标本保存在中国科学院南京地质古生物研究所标本库。

　　11—13 同一 Pa 分子之侧向口视、反口视与口视，×40；采集号：NBII—11；登记号：103660；广西桂林南边村泥盆—石炭系界线 2 号剖面，泥盆—石炭系界线层 68 层；复制于 Wang & Yin in Yu，1988，pp.125—126，pl.25，fig.17；标本保存在中国科学院南京地质古生物研究所标本库。

　　14—15 Pa 分子之反口视与口视，×32；采集号：Ya18；登记号：Gu1003，1004；云南宁蒗老龙洞剖面，密西西比亚系（下石炭统）尖山营组；复制于董致中和季强，1988，图版 1，图 19—20；标本保存在云南省地调院区域地质调查所。

16—20 干草湖普通多颚刺 *Polygnathus communis gancaohuensis* Xia & Chen，2004

　　Pa 分子之口视、侧视、反口视、口视与反口视，×96，×96，×120，×80，×80；采集号：NIJP132954；登记号：SEM002734，002790，002770，0736，0816；复制于夏凤生和陈中强，2004，图版 1，图 1—4，6；标本保存在中国科学院南京地质古生物研究所标本库。

21—24 普通多颚刺有脊亚种 *Polygnathus communis porcatus* Ni，1984

　　21—22 正模 Pa 分子之口视与反口视，×32；采集号：Ng15；登记号：IV—80014；湖北长阳资丘桃山淋湘溪，密西西比亚系（下石炭统）金陵组；复制于倪世钊，1984，289 页，图版 44，图 14a—b；标本保存在宜昌地质矿产研究所。

　　23—24 Pa 分子之反口视与口视，×32；采集号：锈G—19—2；登记号：IV—80015；湖北视滋三望锈水沟，密西西比亚系（下石炭统）金陵组；复制于倪世钊，1984，289 页，图版 44，图 14—15；标本保存在宜昌地质矿产研究所。

25—28 畸形多颚刺 *Polygnathus distortus* Branson & Mehl，1934

　　25—26 同一 Pa 分子之口视与反口视，×43；采集号：GMII—39；登记号：DC84485；贵州睦化 2 号剖面，密西西比亚系（下石炭统）王佑组；复制于季强等（见侯鸿飞等），1985，113 页，图版 32，图 19—20；标本保存在中国地质科学院地质研究所。

　　27—28 同一 Pa 分子之口视与反口视，×40；采集号：NBII—72—9；登记号：107298；广西桂林南边村泥盆—石炭系界线 2 号剖面，泥盆—石炭系界线层 72 层；复制于 Wang & Yin in Yu，1988，p.126，pl.28，figs.7a—b；标本保存在中国科学院南京地质古生物研究所标本库。

29—30 独山多颚刺 *Polygnathus dushanensis* Xiong，1983

　　正模 Pa 分子之口视与反口视，放大倍数和采集号不详；登记号：78—51；贵州独山铁坑，密西西比亚系（下石炭统）岩关阶；复制于熊剑飞，1983，330 页，图版 74，图 7；标本保存在原地质矿产部第八普查大队。

31 拱曲多颚刺 *Polygnathus fornicatus* Ji，Xiong & Wu，1985

　　Pa 分子之口视与反口视，×43；采集号：GMII—35；登记号：DC84610（正模）；贵州睦化 2 号剖面，密西西比亚系（下石炭统）王佑组；复制于季强等（见侯鸿飞等），1985，114 页，图版 34，图 17；标本保存在中国地质科学院地质研究所。

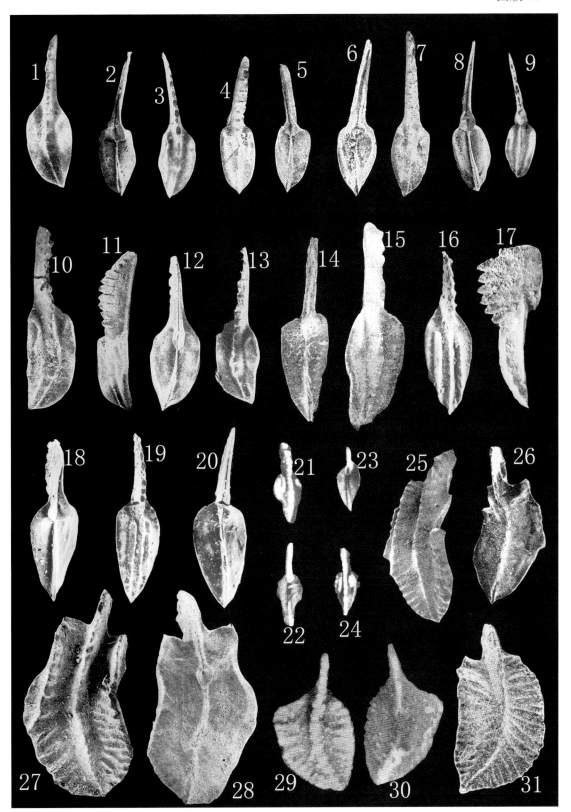

图版 49

1—11 无饰多颚刺无饰亚种 *Polygnathus inornatus inornatus* Branson E.R.，1934

    1—2 同一 Pa 分子之口视与反口视，×43；采集号：GMII—37；登记号：DC84483；贵州睦化 2 号剖面，密西西比亚系（下石炭统）王佑组；复制于季强等（见侯鸿飞等），1985，114—115 页，图版 32，图 15—16；标本保存在中国地质科学院地质研究所。

    3—4 同一 Pa 分子之反口视与口视，×43；采集号：GMII—40；登记号：DC84484；贵州睦化 2 号剖面，密西西比亚系（下石炭统）王佑组；复制于季强等（见侯鸿飞等），1985，114—115 页，图版 32，图 17—18；标本保存在中国地质科学院地质研究所。

    5—6 同一 Pa 分子之反口视与口视，×32；采集号：HJDS30—5；登记号：70587；湖南江华大圩三百工村，上泥盆统—密西西比亚系（下石炭统）孟公坳组；复制于季强，1987a，256 页，图版 3，图 9—10；标本保存在中国科学院南京地质古生物研究所标本库。

    7 Pa 分子之口视，×60；采集号：GF14；登记号：Gu0111；云南宁滇老龙洞剖面，密西西比亚系（下石炭统）尖山营组；复制于董致中和季强，1988，图版 1，图 16；标本保存在云南省地调院区域地质调查所。

    8—9 Pa 分子之口视，×56，×76；采集号：JX—14—C15；登记号：5228，5229；新疆巴楚小海子，密西西比亚系（下石炭统）巴楚组；复制于李罗照等，1996，63 页，图版 25，图 1—2；标本保存在原江汉石油学院地质系古生物教研室。

    10 Pa 分子之口视，×176；采集号：满参 1 井 4738—4738.05 m；登记号：93—2—22；新疆塔里木盆地满参 1 井，密西西比亚系（下石炭统）生屑灰岩段；复制于赵治信等，2000，246—247 页，图版 59，图 19；标本保存在塔里木油田分公司勘探开发研究院。

    11 Pa 分子之口视，×128；采集号：TZ10—4157.1 m；登记号：93—3—36；新疆塔里木盆地塔中 10 井，密西西比亚系（下石炭统）生屑灰岩段；复制于赵治信等，2000，246—247 页，图版 59，图 22；标本保存在塔里木油田分公司勘探开发研究院。

12—13 裂缝多颚刺叶状亚种 *Polygnathus lacinatus perlobatus* Rhodes，Austin & Druce，1969

    Pa 分子之反口视和侧向口视，×34；采集号：GMII—40；登记号：DC84477；贵州睦化 2 号剖面，密西西比亚系（下石炭统）王佑组；复制于季强等（见侯鸿飞等），1985，118 页，图版 32，图 6—7；标本保存在中国地质科学院地质研究所。

14—16 梅尔多颚刺 *Polygnathus mehli* Thompson，1967

    一个 Pa 分子之口视和另一个 Pa 分子之口视和反口视，×32；采集号：61/2，68d/1；登记号：CQL14020079，14020080；贵州独山，密西西比亚（下石炭统）汤耙沟组。复制于 Qie et al.，2016，figs.10，18a，19a—b；标本保存在中国科学院南京地质古生物研究所。

17—18 裂缝多颚刺不对称亚种 *Polygnathus lacinatus asymmetricus* Rhodes，Austin & Druce，1969

    同一 Pa 分子之口视和反口视，×32；采集号：HJDS30—4；登记号：70592；湖南江华大圩三百工村，上泥盆统—密西西比亚系（下石炭统）孟公坳组；复制于季强，1987a，116—117 页，图版 3，图 17—18；标本保存在中国科学院南京地质古生物研究所标本库。

19—20 裂缝多颚刺圆周亚种 *Polygnathus lacinatus circaperipherus* Rhodes，Austin & Druce，1969

    Pa 分子之反口视与口视，×32；采集号：HJDS26—4；登记号：70607；湖南江华大圩三百工村，上泥盆统—密西西比亚系（下石炭统）孟公坳组；复制于季强，1987a，116—117 页，图版 3，图 15—16；标本保存在中国科学院南京地质古生物研究所标本库。

21—25 无饰多颚刺吻脊亚种 *Polygnathus inornatus rostratus* Rhodes，Austin & Druce，1969

    Pa 分子之口视，×48；采集号：JX—14—C14；登记号：5295，5225，5293，5237，5234；新疆巴楚小海子，密西西比亚系（下石炭统）巴楚组；复制于李罗照等，1996，64 页，图版 24，图 1—5；标本保存在原江汉石油学院地质系古生物教研室。

26—27 裂缝多颚刺裂缝亚种 *Polygnathus lacinatus lacinatus* Huddle，1934

    同一 Pa 分子之反口视和口视，×43；采集号：GMII—39；登记号：DC84481；贵州睦化 2 号剖面，密西西比亚系（下石炭统）王佑组；复制于季强等（见侯鸿飞等），1985，116 页，图版 32，图 12—13；标本保存在中国地质科学院地质研究所。

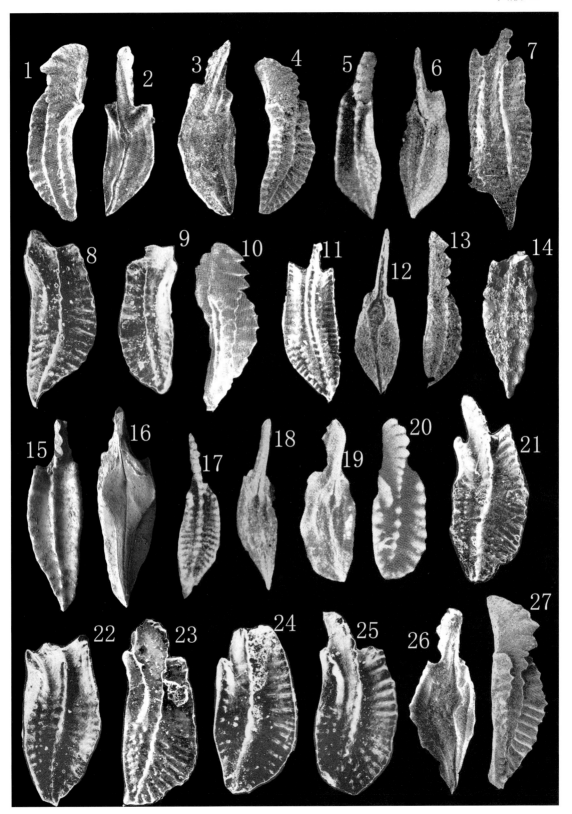

图版 50

1—14 叶状多颚刺 *Polygnathus lobatus* Branson & Mehl，1934

　　1—2　同一 Pa 分子之口视与侧视，×32；采集号：HJDS30—13；登记号：70593；湖南江华大圩三百工村，上泥盆统—密西西比亚系（下石炭统）孟公坳组；复制于季强，1987b，图版 3，图 21—22；标本保存在中国科学院南京地质古生物研究所标本库。

　　3—4　同一 Pa 分子之口视与反口视，×40；采集号：NBII—707—15；登记号：107288；广西桂林南边村泥盆—石炭系界线 2 号剖面，泥盆—石炭系界线层 73 层；复制于 Wang & Yin in Yu，1988，p.127，pl.27，figs.12a—b；标本保存在中国科学院南京地质古生物研究所标本库。

　　5—6　同一 Pa 分子之口视与反口视，×40；采集号：NBII—3b—1；登记号：107307；广西桂林南边村泥盆—石炭系界线 2 号剖面，泥盆—石炭系界线层 55 层；复制于 Wang & Yin in Yu，1988，p.127，pl.29，figs.9a—b；标本保存在中国科学院南京地质古生物研究所标本库。

　　7　Pa 分子之口视，×40；采集号：NBII—4b—1；登记号：107311；广西桂林南边村泥盆—石炭系界线 2 号剖面，泥盆—石炭系界线层 57 层；复制于 Wang & Yin in Yu，1988，p.127，pl.27，figs.12a—b；pl.29，figs.9a—b，13，14a—b，16；标本保存在中国科学院南京地质古生物研究所标本库。

　　8—9　同一 Pa 分子之口视与反口视，×40；采集号：NBIV—20；登记号：107312；广西桂林南边村泥盆—石炭系界线 4 号剖面，泥盆—石炭系界线层 20 层；复制于 Wang & Yin in Yu，1988，p.127，pl.29，figs.14a—b；标本保存在中国科学院南京地质古生物研究所标本库。

　　10　Pa 分子之侧视，×40；采集号：NBIIa—1d；登记号：107314；广西桂林南边村泥盆—石炭系界线 2a 号剖面，泥盆—石炭系界线层 50 层；复制于 Wang & Yin in Yu，1988，p.127，pl.29，fig.16；标本保存在中国科学院南京地质古生物研究所标本库。

　　11—12　Pa 分子之口视，×128，×120；采集号：TZ10—4157.7m；登记号：93—5—4，93—3—35；新疆塔里木盆地塔中 10 井，密西西比亚系（下石炭统）生屑灰岩段；复制于赵治信等，2000，247 页，图版 59，图 17，25；标本保存在塔里木油田公司勘探开发研究院。

　　13—14　Pa 分子之口视，×48，×56；采集号：TZ2—3825.7m；登记号：94—Y3—2，94—Y3—3；新疆塔里木盆地塔中 10 井，密西西比亚系（下石炭统）生屑灰岩段；复制于赵治信等，2000，247 页，图版 61，图 27，31；标本保存在塔里木油田分公司勘探开发研究院。

15—22 后长多颚刺 *Polygnathus longiposticus* Branson & Mehl，1934

　　15—16　Pa 分子之口视和反口视，×32；采集号：马—47；登记号：HC005；湖南祁阳马栏边，密西西比亚系（下石炭统）天鹅坪组；复制于董振常，1987，80—81 页，图版 7，图 17—18；标本保存在湖南省地质博物馆。

　　17—18　同一 Pa 分子之反口视与口视，×32；采集号：HJDS30—5；登记号：70588；湖南江华大圩三百工村，上泥盆统—密西西比亚系（下石炭统）孟公坳组；复制于季强，1987a，257 页，图版 3，图 11—12；标本保存在中国科学院南京地质古生物研究所标本库。

　　19—20　同一 Pa 分子之侧向口视与口视，×40；采集号：NBIV—22；登记号：107300；广西桂林南边村泥盆—石炭系界线 4 号剖面，泥盆—石炭系界线层 22 层；复制于 Wang & Yin in Yu，1988，pp.127—128，pl.29，figs.2a—b；标本保存在中国科学院南京地质古生物研究所标本库。

　　21—22　Pa 分子之口视，×40；采集号：NBII—3b—3，NBII—02；登记号：107301，107302；广西桂林南边村泥盆—石炭系界线 2 号剖面，泥盆—石炭系界线层 55 层和 48 层；复制于 Wang & Yin in Yu，1988，p.127，pl.29，figs.3—4；标本保存在中国科学院南京地质古生物研究所标本库。

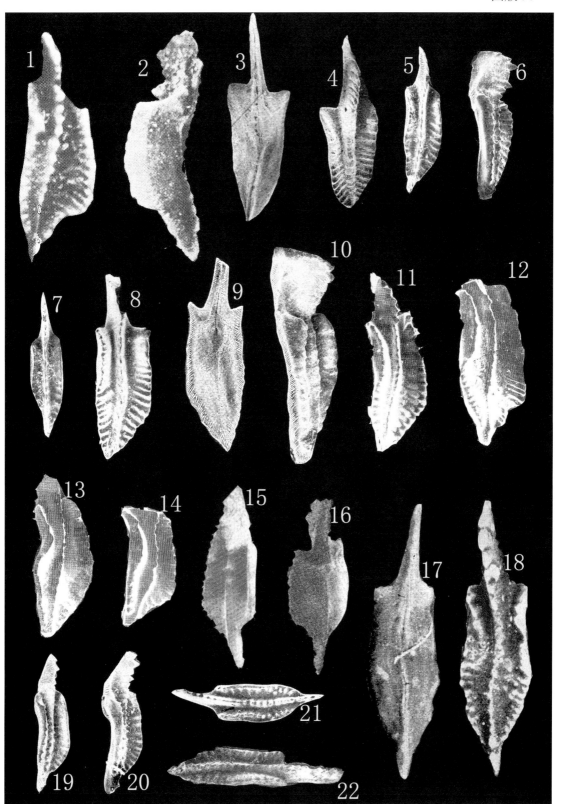

图版 51

1—2 卷边多颚刺 *Polygnathus marginvolutus* Gedik，1969

　　Pa 分子之口视与反口视，放大倍数和采集号不详；登记号：79—53；贵州独山铁坑，密西西比亚系（下石炭统）岩关阶；复制于熊剑飞，1983，330 页，图版 74，图 9；标本保存在原地质矿产部第八普查大队。

3—4 多节多颚刺 *Polygnathus nodosarinus* Ji，Xiong & Wu，1985

　　Pa 分子之口视，×40；采集号：GMII—35，32；登记号：DC84479，84480；贵州睦化 2 号剖面，密西西比亚系（下石炭统）王佑组；复制于季强等（见侯鸿飞等），1985，117 页，图版 32，图 10—11；标本保存在中国地质科学院地质研究所。

5—7 瘤齿管刺形多颚刺 *Polygnathus nodosiponellus* Wang & Ying，1985

　　5—6 同一 Pa 分子之口视与反口视，×43；采集号：ADZ55；登记号：84096（正模）；广西宜山峡口，上泥盆统—密西西比亚系（下石炭统）融县组；复制于王成源和殷保安，1985，38 页，图版 2，图 19a—b；标本保存在中国科学院南京地质古生物研究所标本库。

　　7 Pa 分子之口视，×43；采集号：ADZ56；登记号：84097；广西宜山峡口，上泥盆统—密西西比亚系（下石炭统）融县组；复制于王成源和殷保安，1985，38 页，图版 2，图 20；标本保存在中国科学院南京地质古生物研究所标本库。

8—17 蛹多颚刺 *Polygnathus pupus* Wang & Wang，1978

　　8—11 两个同一 Pa 分子之口视与反口视，×34；采集号：ACE359；登记号：36591（正模），36592；贵州惠水王佑老凹坡，密西西比亚系（下石炭统）王佑组；复制于王成源和王志浩，1978，77 页，图版 7，图 7—10；标本保存在中国科学院南京地质古生物研究所标本库。

　　12—17 三个同一 Pa 分子之反口视与口视，×34；采集号：GMII—39，60，39；登记号：DC84502—84504；贵州睦化 2 号剖面，密西西比亚系（下石炭统）王佑组；复制于季强等（见侯鸿飞等），1985，117—118 页，图版 34，图 1—6；标本保存在中国地质科学院地质研究所。

18—34 洁净多颚刺洁净亚种 *Polygnathus purus purus* Voges，1959

　　18—19 同一 Pa 分子之口视与反口视，×40；采集号：NBII—709—14；登记号：107277；广西桂林南边村泥盆—石炭系界线 2 号剖面，泥盆—石炭系界线层 76 层；复制于 Wang & Yin in Yu，1988，p.128，pl.27，figs.1a—b；标本保存在中国科学院南京地质古生物研究所标本库。

　　20—21 Pa 分子之口视，×40；采集号：NBII—72—10，NBII—71—11；登记号：107281，107282；广西桂林南边村泥盆—石炭系界线 2 号剖面，泥盆—石炭系界线层 72，71 层；复制于 Wang & Yin in Yu，1988，p.128，pl.27，figs.5—6；标本保存在中国科学院南京地质古生物研究所标本库。

　　22—23 同一 Pa 分子之口视和反口视，×34；采集号：GMII—28，29；登记号：DC84542，84543；贵州睦化 2 号剖面，密西西比亚系（下石炭统）王佑组；复制于季强等（见侯鸿飞等），1985，118 页，图版 36，图 14—15；标本保存在中国地质科学院地质研究所。

　　24—25 同一 Pa 分子之口视和反口视，×34；采集号：GMII—28，29；登记号：DC84542，84543；贵州睦化 2 号剖面，密西西比亚系（下石炭统）王佑组；复制于季强等（见侯鸿飞等），1985，118 页，图版 36，图 16—17；标本保存在中国地质科学院地质研究所。

　　26—27 同一 Pa 分子之反口视和口视，×34；采集号：GMII—35；登记号：DC84544；贵州睦化 2 号剖面，密西西比亚系（下石炭统）王佑组；复制于季强等（见侯鸿飞等），1985，118 页，图版 36，图 18—19；标本保存在中国地质科学院地质研究所。

　　28 Pa 分子之口视，×34；采集号：GMII—40；登记号：DC84545；贵州睦化 2 号剖面，密西西比亚系（下石炭统）王佑组；复制于季强等（见侯鸿飞等），1985，118 页，图版 36，图 20；标本保存在中国地质科学院地质研究所。

　　29—30 Pa 分子之侧视和口视，×34；采集号：GMII—55；登记号：DC84548；贵州睦化 2 号剖面，密西西比亚系（下石炭统）王佑组；复制于季强等（见侯鸿飞等），1985，118 页，图版 36，图 21—22；标本保存在中国地质科学院地质研究所。

　　31—32 同一 Pa 分子之口视和反口视，×34；采集号：GMII—49；登记号：DC84542，84543；贵州睦化 2 号剖面，密西西比亚系（下石炭统）王佑组；复制于季强等（见侯鸿飞等），1985，118 页，图版 36，图 23—24；标本保存在中国地质科学院地质研究所。

　　33—34 同一 Pa 分子之反口视和口视，×34；采集号：GMII—55；登记号：DC84549；贵州睦化 2 号剖面，密西西比亚系（下石炭统）王佑组；复制于季强等（见侯鸿飞等），1985，118 页，图版 36，图 25—26；标本保存在中国地质科学院地质研究所。

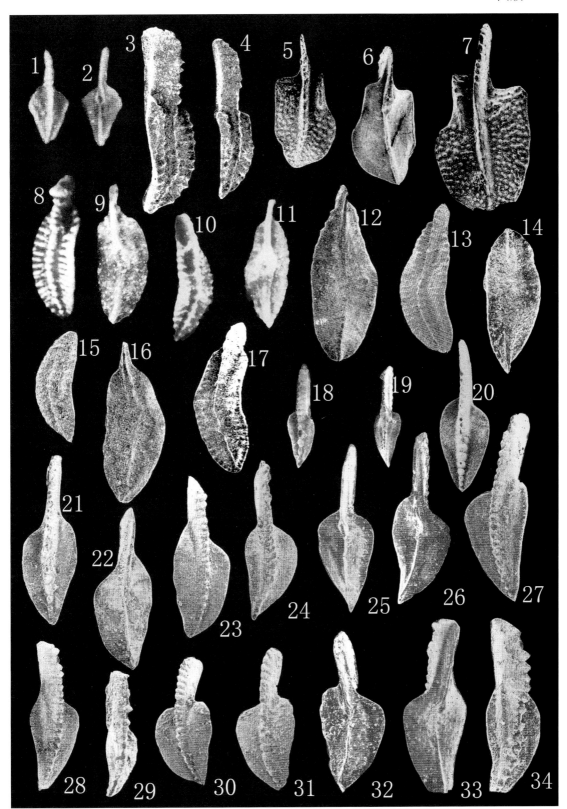

图版 52

1—7 洁净多鄂刺亚宽平亚种 *Polygnathus purus subplanus* Voges，1959

    1—3，6 Pa 分子之口视，×38，采集号：GMII—35，32，25，40；登记号：DC84536—84538，84540；贵州睦化 2 号剖面，密西西比亚系（下石炭统）王佑组；复制于季强等（见侯鸿飞等），1985，119 页，图版 36，图 8—10，13；标本保存在中国地质科学院地质研究所。

    4—5 同一 Pa 分子之口视与反口视，×42；采集号：GMII—25；登记号：DC84539；贵州睦化 2 号剖面，密西西比亚系（下石炭统）王佑组；复制于季强等（见侯鸿飞等），1985，119 页，图版 36，图 11—12；标本保存在中国地质科学院地质研究所。

    7 Pa 分子之口视，×45；采集号：NBIII—22；登记号：107279；广西桂林南边村泥盆—石炭系界线 3 号剖面，泥盆—石炭系界线层 37 层；复制于 Wang & Yin in Yu，1988，pp.128—129，pl.27，fig.3；标本保存在中国科学院南京地质古生物研究所标本库。

8—9 洁净多鄂刺接近亚种 *Polygnathus purus vicinus* Xiong，1983

    正模 Pa 分子之口视与反口视，放大倍数和采集号不详；登记号：79—51；贵州独山铁坑，密西西比亚系（下石炭统）岩关阶；复制于熊剑飞，1983，337—338 页，图版 74，图 8；标本保存在原地质矿产部第八普查大队。

10—11 半网多颚刺 *Polygnathus semidictyus* Ji，1987

    同一 Pa 分子之反口视与口视，×36；采集号：HJDS36—8；登记号：70604（正模）；湖南江华大圩三百工村，密西西比亚系（下石炭统）石磴子组；复制于季强，1987a，259—260 页，图版 4，图 14—15；标本保存在中国科学院南京地质古生物研究所标本库。

12—17 斯特利尔多颚刺 *Polygnathus streeli* Dreesen，Dursar & Groessens，1976

    12—15 两个同一 Pa 分子之口视与反口视，×36；采集号：HJDS28—1，28—4；登记号：70594，70595；湖南江华大圩三百工村，上泥盆统—密西西比亚系（下石炭统）孟公坳组；复制于季强，1987a，260 页，图版 3，图 23—26；标本保存在中国科学院南京地质古生物研究所标本库。

    16—17 同一 Pa 分子之口视与反口视，×28；采集号：ADS937；登记号：70208；湖南邵东，上泥盆统邵东组；复制于 Wang & Ziegler，1982，pl.1，figs.14a—b；标本保存在中国科学院南京地质古生物研究所标本库。

18—27 对称多颚刺 *Polygnathus symmetricus* Branson，1934

    18—19 Pa 分子之口视和反口视，×63；采集号：大塘背 31；登记号：HC003；湖南贵阳大塘背，密西西比亚系（下石炭统）贵阳组；复制于董振常，1984，80 页，图版 7，图 3—4；标本保存在湖南省地质博物馆。

    20—21 Pa 分子之口视和反口视，×81；采集号：马—37；登记号：HC004；湖南祁阳马栏边，密西西比亚系（下石炭统）天鹅坪组；复制于董振常，1984，80 页，图版 7，图 5—6；标本保存在湖南省地质博物馆。

    22—27 三个 Pa 分子之反口视和口视，×45，×38，×38；采集号：GMII—40，32，39；登记号：DC84494，84496，84498；贵州睦化 2 号剖面，密西西比亚系（下石炭统）王佑组；复制于季强等（见侯鸿飞等），1985，119 页，图版 33，图 9—10，13—14，17—18；标本保存在中国地质科学院地质研究所。

28 对称多颚刺比较种 *Polygnathus* cf. *symmetricus* Branson，1934

    Pa 分子之口视，×45；采集号：GMII—32；登记号：DC84495；贵州睦化 2 号剖面，密西西比亚系（下石炭统）王佑组；复制于季强等（见侯鸿飞等），1985，119 页，图版 33，图 11；标本保存在中国地质科学院地质研究所。

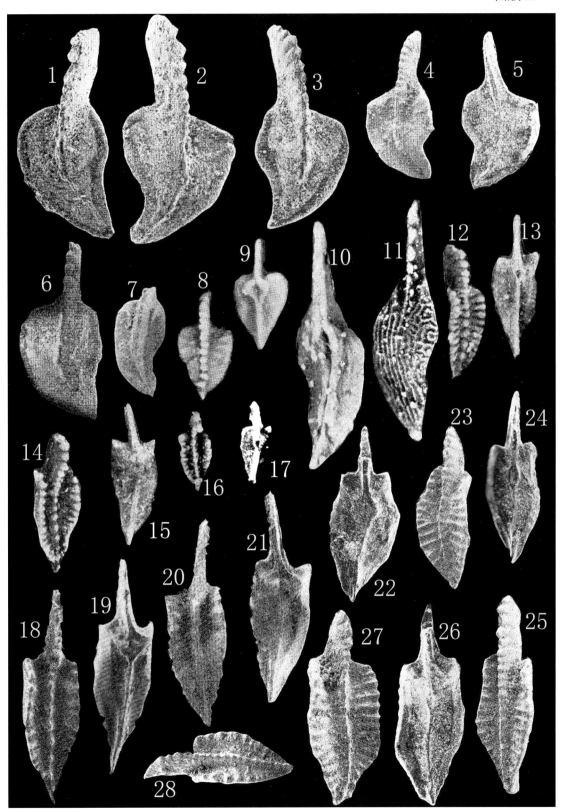

图版 53

1—3 对称多颚刺比较种 Polygnathus cf. symmetricus Branson，1934

    1 Pa 分子之反口视，×45；采集号：GMII—32；登记号：DC84495；贵州睦化 2 号剖面，密西西比亚系（下石炭统）王佑组；复制于季强等（见侯鸿飞等），1985，119 页，图版 33，图 12；标本保存在中国地质科学院地质研究所。

    2—3 同一 Pa 分子之口视和反口视，×38；采集号：GMII—39；登记号：DC84497；贵州睦化 2 号剖面，密西西比亚系（下石炭统）王佑组；复制于季强等（见侯鸿飞等），1985，119 页，图版 33，图 15—16；标本保存在中国地质科学院地质研究所。

4—7 长钉形多颚刺 Polygnathus spicatus Branson E.R.，1934

    两个 Pa 分子之口视和反口视，×80；采集号：10/1；登记号：CQL14020016，14020017；贵州独山，密西西比亚（下石炭统）汤耙沟组；复制于 Qie et al.，2016，figs.6.1a，6.1b，6.2a，6.2b；标本保存在中国科学院南京地质古生物研究所。

8—17 沃格斯多颚刺 Polygnathus vogesi Ziegler，1962

    8—9 同一 Pa 分子之反口视和口视，×49；采集号：Lms—8；登记号：DC84506；贵州睦化栗木山剖面，上泥盆统代化组；复制于季强等（见侯鸿飞等），1985，120 页，图版 34，图 11—12；标本保存在中国地质科学院地质研究所。

    10—13 两个同一 Pa 分子之口视和反口视，×49；采集号：Lms—3，2；登记号：DC84508，84509；贵州睦化栗木山剖面，上泥盆统代化组；复制于季强等（见侯鸿飞等），1985，120 页，图版 34，图 13—16；标本保存在中国地质科学院地质研究所。

    14—17 两个同一 Pa 分子之反口视和口视，×36；采集号：ACE367，370；登记号：36596，36597；贵州长顺代化剖面，上泥盆统代化组；复制于王成源和王志浩，1978，78 页，图版 7，图 13—16；标本保存在中国科学院南京地质古生物研究所标本库。

18—19 多颚刺未定种 A Polygnathus sp. A（sp. nov.）Ji，1987a

    同一 Pa 分子之口视与反口视，×36；采集号：HJDS28—1；登记号：70589；湖南江华大圩三百工村，上泥盆统—密西西比亚系（下石炭统）孟公坳组；复制于季强，1987a，260 页，图版 3，图 13—14，插图 18；标本保存在中国科学院南京地质古生物研究所标本库。

20—21 多颚刺未定种 D Polygnathus sp. D（sp. nov.）Ji，1987a

    同一 Pa 分子之反口视与口视，×36；采集号：HJDS28—3 登记号：70607；湖南江华大圩三百工村，上泥盆统—密西西比亚系（下石炭统）孟公坳组；复制于季强，1987a，261 页，图版 4，图 19—20；标本保存在中国科学院南京地质古生物研究所标本库。

22—23 断续脊假多颚刺？Pseudopolygnathus? abscarina（Zhu，1996）

    Pa 分子之口视与反口视，×108，×90；无采集号；登记号：22/75376，22/75877；甘肃迭部益哇沟，密西西比亚系（下石炭统）洛洞克组；复制于朱伟元（见曾学鲁等），1996，239 页，图版 43，图 9a—b；标本保存在甘肃省区调队。

24—26 贯通脊假多颚刺？Pseudopolygnathus? percarinata（Zhu，1996）

    Pa 分子之口视、反口视与口视，×108，×90，×72；无采集号；登记号：33/75388，33/75885，32/75387；甘肃迭部益哇沟，密西西比亚系（下石炭统）洛洞克组；复制于朱伟元（见曾学鲁等），1996，239 页，图版 43，图 4a—b，5a；标本保存在甘肃省区调队。

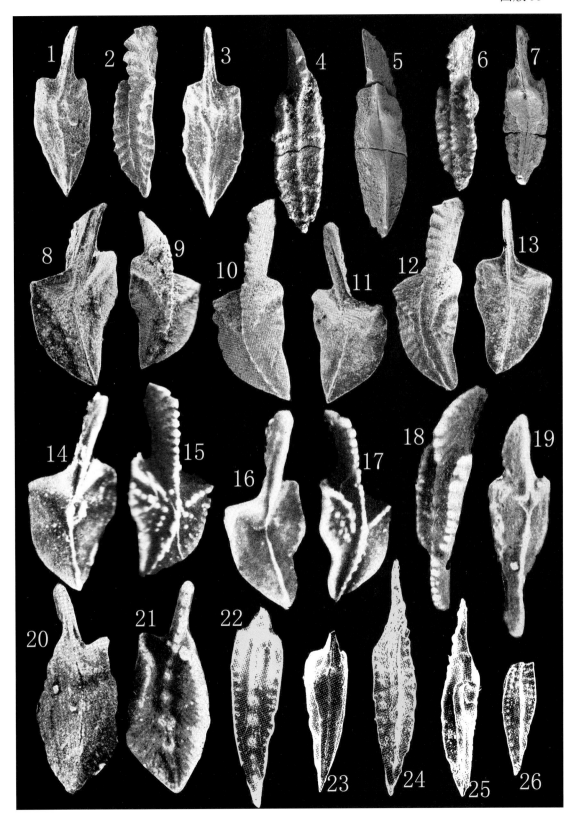

图版 54

1—2 普通多颚刺隆安亚种 *Polygnathus communis lonanensis* Qie，Zhang，Du，Yang，Ji & Luo，2014

　　Pa 分子之口视和反口视，×60；采集号：Sample 31/2；登记号：CLA731201；贵州独山，密西西比亚（下石炭统）汤粑沟组；复制于 Qie et al.，2014，fig.5.8；标本保存在中国科学院南京地质古生物研究所。

3—6 都结多颚刺 *Polygnathuis dujieensis* Qie，Zhang，Du，Yang，Ji et Luo，2014

　　3—4，6 同一 Pa 分子之口视、反口视和侧视，×60；采集号：Sample 33/3；登记号：CLA733301；贵州独山，密西西比亚（下石炭统）汤粑沟组；复制于 Qie et al.，2014，figs.5.9a—9c；标本保存在中国科学院南京地质古生物研究所。

　　5 Pa 分子之口视，×60；采集号：Sample 34/6；登记号：CLA734601；贵州独山，密西西比亚（下石炭统）汤粑沟组；复制于 Qie et al.，2014，fig.5.10；标本保存在中国科学院南京地质古生物研究所。

7—8 洁净多鄂刺亚宽平亚种 *Polygnathus purus subplanus* Voges，1959

　　同一 Pa 分子之口视、反口视，×60；采集号：FWXIII10—3；登记号：119618；陕西凤县熊家山，密西西比亚系（下石炭统）界河街组；复制于王平和王成源，2005，图版 2，图 1—2；标本保存在中国科学院南京地质古生物研究所。

9—10 普通多颚刺细脊亚种 *Polygnathus communis carinus* Hass，1959

　　同一 Pa 分子之口视、反口视，×60；采集号：FWXIII01—1；登记号：119621；陕西凤县熊家山，密西西比亚系（下石炭统）界河街组；复制于王平和王成源，2005，图版 3，图 3—4；标本保存在中国科学院南京地质古生物研究所。

11—12 普通多颚刺普通亚种 *Polygnathus communis communis* Branson & Mehl，1934

　　同一 Pa 分子之口视、反口视，×36；采集号：FWXIII12—3；登记号：119648；陕西凤县熊家山，密西西比亚系（下石炭统）界河街组；复制于王平和王成源，2005，图版 4，图 6—7；标本保存在中国科学院南京地质古生物研究所。

13—15 伊娃始沟刺 *Eotaphrus evae* Lane，Sandberg & Ziegler，1980

　　13—14 同一 Pa 分子之口视、反口视，×36；采集号：FWXIII04—5；登记号：119643；陕西凤县熊家山，密西西比亚系（下石炭统）界河街组；复制于王平和王成源，2005，图版 4，图 3—4；标本保存在中国科学院南京地质古生物研究所。

　　15 Pa 分子之口视，×36；采集号：FWXIII04—5；登记号：119644；陕西凤县熊家山，密西西比亚系（下石炭统）界河街组；复制于王平和王成源，2005，图版 4，图 5；标本保存在中国科学院南京地质古生物研究所。

16—19 威尔纳布兰梅尔刺 *Branmehra werneri* Ziegler，1962

　　16，19 侧视，×50；采集号：NBII—48—7，5g；登记号：107367，107340；广西桂林南边村泥盆—石炭系界线 2 号剖面，泥盆—石炭系界线层 48，65 层；复制于 Wang & Yin in Yu，1988，pp.116—117，pl.31，fig.8；pl.32，fig.16；标本保存在中国科学院南京地质古生物研究所标本库。

　　17—18 侧视，×50；采集号：NBIIa—3b—2，3b—4；登记号：107337，107339；广西桂林南边村泥盆—石炭系界线 2 号剖面，泥盆—石炭系界线层 48，65 层；复制于 Wang & Yin in Yu，1988，pp.116—117，pl.32，figs.9，15；标本保存在中国科学院南京地质古生物研究所标本库。

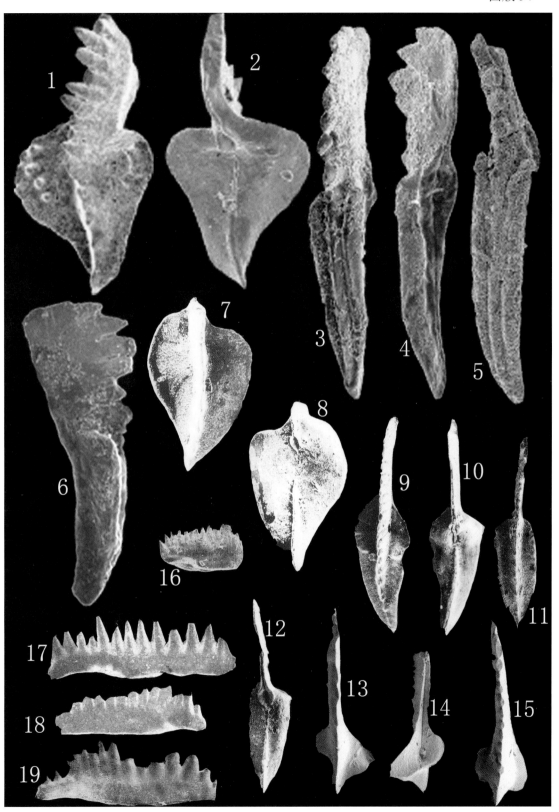

图版 55

1—2 三齿双铲刺 *Bispathodus tridentatus*（Branson，1934）

　　同一 Pa 分子之侧视和口视，×40；采集号：ACE359；登记号：36472；贵州惠水王佑，密西西比亚系（下石炭统）王佑组；复制于王成源和王志浩，1978，59 页，图版 1，图 33—34；标本保存在中国科学院南京地质古生物研究所标本库。

3—14 尖锐双铲刺尖锐亚种 *Bispathodus aculeatus aculeatus*（Branson & Mehl，1933）

　　3—4 Pa 分子之口视，×50；采集：NBII—10，NB4a—1；登记号：107235，107236；广西桂林南边村 II 号剖面，泥盆—石炭系界线层 68 层和 56 层；复制于 Wang & Yin in Yu，1988，p.115，pl.24，figs.8—9；标本保存在中国科学院南京地质古生物研究所标本库。

　　5 Pa 分子之口视，×70；采集号：Ya13；登记号：Gu115；云南宁蒗老龙洞，密西西比亚系（下石炭统）尖山营组；复制于董致中和季强，1988，图版 1，图 21；标本保存在云南省地调院区域地质调查所。

　　6—7 Pa 分子之口视，×80，×100；采集号：AEF1038；新疆巴楚小海子，密西西比亚系（下石炭统）巴楚组；复制于王志浩，1996b，图版 1，图 1—2；标本保存在中国科学院南京地质古生物研究所标本库。

　　8，10—11 Pa 分子之口视或侧方口视，×110，×110，×95；采集号：满参 1 井 4736—4736.05m，4736—4736.05m，4732.9—4732.95m；登记号：93—2—10，93—2—7，93—1—22；新疆满参 1 井，密西西比亚系（下石炭统）巴楚组；复制于赵治信等，2000，234 页，图版 59，图 5，10；图版 61，图 15；标本保存在塔里木油田分公司勘探开发研究院。

　　9，12 Pa 分子之口视，×140，×85；采集号：TZ4—3544.5m，TZ—3825.7m；登记号：92—125—31，94—Y2—34；新疆塔中 4 井和 2 井，密西西比亚系（下石炭统）生屑灰岩段；复制于赵治信等，2000，234 页，图版 59，图 8；图版 61，图 16；标本保存在塔里木油田分公司勘探开发研究院。

　　13—14 同一 Pa 分子之口视和侧视，×40；采集号：WP674.60；登记号：Cy067；江苏宝应黄埔井，密西西比亚系（下石炭统）老坎组；复制于应中锷等（见王成源），1993，220 页，图版 40，图 4a—b；标本保存在南京地质矿产研究所。

15—21 尖锐双铲刺先后角亚种 *Bispathodus aculeatus anteposicornis*（Scott，1961）

　　15 Pa 分子之口视，×120；采集号：AEF1038；新疆巴楚小海子，密西西比亚系（下石炭统）巴楚组；复制于王志浩，1996b，图版 1，图 5；标本保存在中国科学院南京地质古生物研究所标本库。

　　16—17 Pa 分子之口视和侧视，×40；采集号：锈 G19—2；登记号：IV—80001；湖北松滋三望，密西西比亚系（下石炭统）金陵组；复制于倪世钊，1984，279 页，图版 44，图 2；标本保存在宜昌地质矿产研究所。

　　18—19 Pa 分子之口视，×50；采集号：NBIII—11，NBIII—9；登记号：107232，107233；广西桂林南边村 III 号剖面，泥盆—石炭系界线层 36 层；复制于 Wang & Yin in Yu，1988，p.115，pl.24，figs.5—6；标本保存在中国科学院南京地质古生物研究所标本库。

　　20—21 Pa 分子之侧视，×120，×170；采集号：满参 1 井 4736—4736.05m，4728.8—4728.85m；登记号：93—2—9，93—1—20；新疆满参 1 井，密西西比亚系（下石炭统）生屑灰岩段；复制于赵治信等，234 页，图版 60，图 2—3；标本保存在塔里木油田分公司勘探开发研究院。

22—26 针刺双铲刺羽毛亚种 *Bispathodus aculeatus plumulus*（Rhodes，Austin & Druce，1969）

　　22—24 Pa 分子之口视，×179.8，×200；采集号：TZ4—3542.2m，TZ4—3550.3m，TZ2—3825.7m；登记号：92—6—17，92—5—9，94—Y2—33；新疆塔中 4 井和 2 井，密西西比亚系（下石炭统）生屑灰岩段；复制于赵治信等，2000，234 页，图版 59，图 1—2；图版 61，图 37；标本保存在塔里木油田分公司勘探开发研究院。

　　25—26 同一 Pa 分子之侧视和口视，×40；采集号：HJDS23—4；登记号：70600；湖南江华大圩三百工村，上泥盆统—密西西比亚系（下石炭统）孟公坳组；复制于季强，1987a，239 页，图版 4，图 8—9；标本保存在中国科学院南京地质古生物研究所标本库。

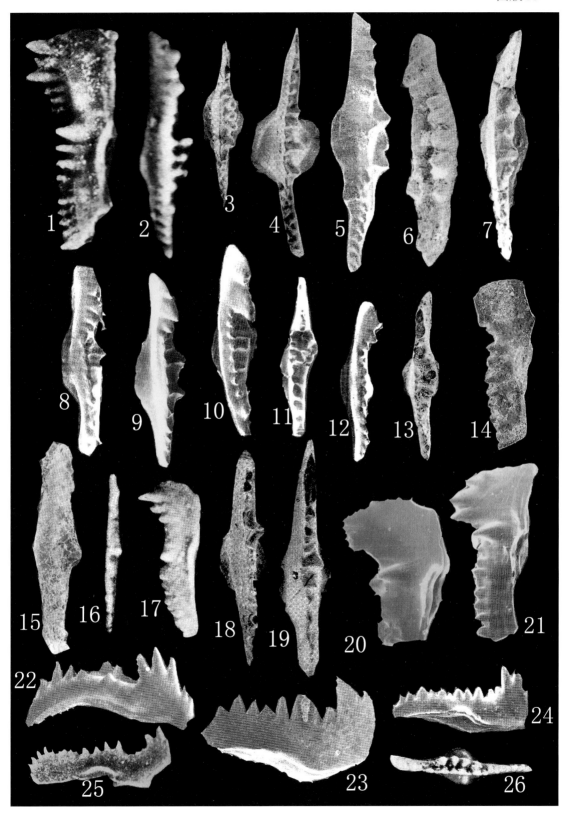

图版 56

1—6 针刺双铲刺羽毛亚种 *Bispathodus aculeatus plumulus*（Rhodes，Austin & Druce，1969）

> 1，3 为 Pa 分子之侧视；2，5，6 为 Pa 分子之侧方口视；4 为 Pa 分子之口视，分别 ×105，×95，×140，×105，×60，×70；采集号：JX（II）—9—C12，JX—14—C15，C10，C13，C13，C13，C15；登记号：5255，5242，5259，5382，5384，53872；新疆巴楚小海子，密西西比亚系（下石炭统）巴楚组；复制于李罗照等，1996，61 页，图版 21，图 22—27；标本保存在原江汉石油学院地质系古生物教研室。

7—13 肋脊双铲刺 *Bispathodus costatus*（Branson E.R.，1934）

> 7—8 同一 Pa 分子之口视和侧视，×40；采集号：HJDS18—9；登记号：70598；湖南江华大圩三百工村，上泥盆统三百工村组；复制于季强，1987a，239—240 页，图版 4，图 4—5；标本保存在中国科学院南京地质古生物研究所标本库。

> 9 Pa 分子之口视，×50；采集号：NBIII—13；登记号：103661；广西桂林南边村 III 号剖面，泥盆—石炭系界线层 33 层；复制于 Wang & Yin in Yu，1988，pp.115—116，pl.24，fig.1；标本保存在中国科学院南京地质古生物研究所标本库。

> 10—11 同一 Pa 分子之口视与侧视，×50；采集号：NBIII—19；登记号：107229；广西桂林南边村 III 号剖面，泥盆—石炭系界线层 37 层；复制于 Wang & Yin in Yu，1988，pp.115—116，pl.24，figs.2a—b；标本保存在中国科学院南京地质古生物研究所标本库。

> 12—13 同一 Pa 分子之侧视与口视，×50；采集号：NBIV—18；登记号：107241；广西桂林南边村泥盆—石炭系界线 4 号剖面，泥盆—石炭系界线层 18 层；复制于 Wang & Yin in Yu，1988，pp.115—116，pl.24，figs.14a—b；标本保存在中国科学院南京地质古生物研究所标本库。

14—18 棘肋双铲刺 *Bispathodus spinulicostatus*（Branson E.R.，1934）

> 14，16 同一 Pa 分子之口视和反口视，×40；采集号：HJDS31—11；登记号：70596；湖南江华大圩三百工村，密西西比亚系（下石炭统）大圩组；复制于季强，1987a，240 页，图版 4，图 1，3；标本保存在中国科学院南京地质古生物研究所标本库。

> 15 Pa 分子之口视，×40；采集号：HJDS31—9；登记号：70597；湖南江华大圩三百工村，密西西比亚系（下石炭统）大圩组；复制于季强，1987a，240 页，图版 4，图 2；标本保存在中国科学院南京地质古生物研究所标本库。

> 17—18 Pa 分子之口视，分别 ×70，×95；采集号：JX—9—C15，JX（II）—9—C30；登记号：5227，52471；新疆巴楚小海子，密西西比亚系（下石炭统）巴楚组；复制于李罗照等，1996，61 页，图版 22，图 21—22；标本保存在原江汉石油学院地质系古生物教研室。

19—25 稳定双铲刺 *Bispathodus stabilis*（Branson & Mehl，1934）

> 19—22 两枚 Pa 分子的口视与侧视；复制于王成源和王志浩，1978，84—85 页，图版 3，图 33—34；图版 4，图 6—7；标本保存在中国科学院南京地质古生物研究所标本库。

> 23—24 同一 Pa 分子之口视与侧视，×40；采集号：HJDS18—1；登记号：70605；湖南江华大圩三百工村，上泥盆统三百工村组；复制于季强，1987a，269—270 页，图版 4，图 16—17；标本保存在中国科学院南京地质古生物研究所标本库。

> 25 Pa 分子之口视，×50；采集号：NBII—4b—2；登记号：107230；广西桂林南边村泥盆—石炭系界线 2 号剖面，泥盆—石炭系界线层 57 层；复制于 Wang & Yin in Yu，1988，p.116，pl.24，fig.3；标本保存在中国科学院南京地质古生物研究所标本库。

26—27 齐格勒双铲刺 *Bispathodus ziegleri*（Rhodes，Austin & Druce，1969）

> 同一 Pa 分子之口视和反口视，×54；采集号：GMII—1；登记号：DC84595；贵州睦化 2 号剖面，上泥盆统代化组；复制于季强等（见侯鸿飞等），1985，101—102 页，图版 40，图 1—2；标本保存在中国地质科学院地质研究所。

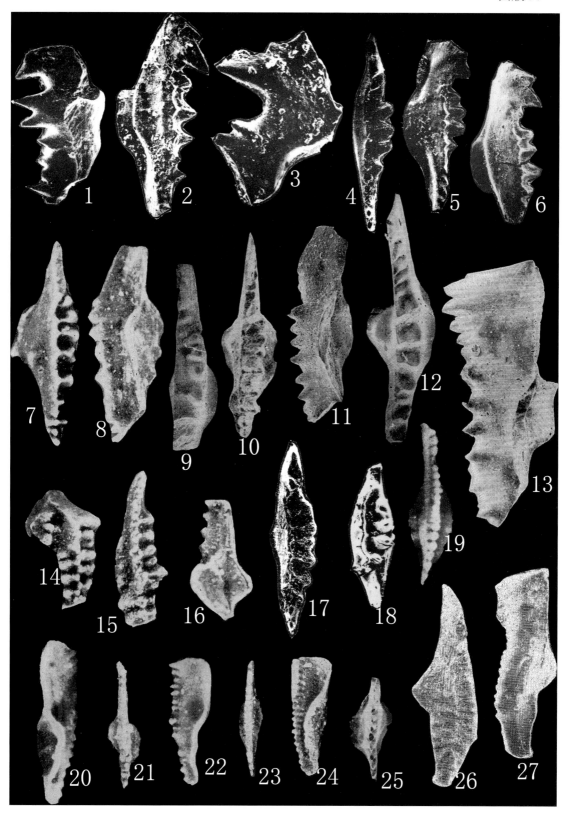

图版 57

1—3 变异洛奇里刺 *Lochriea commutata*（Branson & Mehl，1933）

　　Pa 分子之口视，×64，×40，×60；采集号：Sj5179，Ya21，Sj5179；登记号：Gn3629，Gu116，

　　　　Gu154；云南宁蒗老龙洞，密西西比亚系（下石炭统）尖山营组；复制于董致中和季强，1988，

　　　　图版5，图1—3；标本保存在云南省地调院区域地质调查所。

4 十字形洛奇里刺 *Lochriea cruciformis*（Clarke，1960）

　　Pa 分子之口视，×80；采集号：N8；登记号：136034；贵州罗甸纳庆，密西西比亚系（下石炭统）底部；

　　　　复制于 Qi & Wang，2005，pl.1，fig.16；标本保存在中国科学院南京地质古生物研究所标本库。

5—9 单瘤齿洛奇里刺 *Lochriea mononodosa*（Rhodes，Austin & Druce，1969）

　　5 Pa 分子之口视，×133；采集号：N5；登记号：136031；贵州罗甸纳庆，密西西比亚系（下石炭统）

　　　　底部；复制于 Qi & Wang，2006，pl.1，fig.9；标本保存在中国科学院南京地质古生物研究所标本库。

　　6 Pa 分子之口视，×100；采集号：X44；登记号：102973；甘肃靖远，密西西比亚系（下石炭统）靖远组；

　　　　复制于 Wang et al.，1987a，pl.2，fig.11；标本保存在中国科学院南京地质古生物研究所标本库。

　　7 Pa 分子之口视，×63；采集号：Ya62；登记号：GnL3464；云南宁蒗老龙洞，密西西比亚系（下石炭统）

　　　　尖山营组；复制于董致中和季强，1988，图版5，图9；标本保存在云南省地调院区域地质调查所。

　　8—9 Pa 分子之口视，×60，×70；采集号：X44—3，44—5；登记号：101837，101838；甘肃靖远，

　　　　密西西比亚系（下石炭统）靖远组；复制于 Wang et al.，1987b，p.131，pl.1，figs.1—2；标本保

　　　　存在中国科学院南京地质古生物研究所标本库。

10—12 多瘤齿洛奇里刺 *Lochriea multinodosa*（Writh，1967）

　　10—11 Pa 分子之口视，×90，×100；采集号：N25；登记号：99168，99167；贵州罗甸纳庆，密西

　　　　西比亚系（下石炭统）底部；复制于 Wang & Higgins，1989，p.285，pl.14，figs.9，8；标本保存

　　　　在中国科学院南京地质古生物研究所标本库。

　　12 Pa 分子之口视，×60；采集号：N14；登记号：136032；贵州罗甸纳庆，密西西比亚系（下石炭统）

　　　　底部；复制于 Qi & Wang，2005，pl.1，fig.11；标本保存在中国科学院南京地质古生物研究所标本库。

13—15 瘤齿洛奇里刺 *Lochriea nodosa*（Bischoff，1957）

　　Pa 分子之口视，×60，×50，×55；采集号：X44—3，44—3，44—5；登记号：101839—101941；甘

　　　　肃靖远，密西西比亚系（下石炭统）靖远组；复制于 Wang et al.，1987b，p.131，pl.1，figs.3—5；

　　　　标本保存在中国科学院南京地质古生物研究所标本库。

16 森根堡洛奇里刺 *Lochriea senckenbergica* Nemirovskaya，Perret & Meichner，1994

　　Pa 分子之口视，×80；采集号：N25；登记号：136067；贵州罗甸纳庆，密西西比亚系（下石炭统）顶部；

　　　　复制于 Qi & Wang，2005，pl.1，fig.15；标本保存在中国科学院南京地质古生物研究所标本库。

图版 58

1—7 撒哈拉洛奇里刺 *Lochriea saharae* Nemyrovska，Perret & Weyant，2006

　　1—3 Pa 分子之口视，×72；采集号：47.3m，61m，51.6m；登记号：167443，167444，167445；贵州罗甸纳庆，密西西比亚系（下石炭统）谢尔普霍夫阶；复制于祁玉平，2008，79 页，图版 12，图 1—3；标本保存在中国科学院南京地质古生物研究所标本库。

　　4—7 撒哈拉洛奇里刺至变异洛奇里刺过渡种 *Lochriea saharae* Nemyrovska，Perret & Weyant，2006 transitions to *L. commutata*（Branson & Mehl，1941）。Pa 分子之口视，×72；采集号：4 为 44.5m，5—7 为 45.4m；登记号：167446，167447，167448，167449；贵州罗甸纳庆，密西西比亚系（下石炭统）谢尔普霍夫阶；复制于祁玉平，2008，79 页，图版 12，图 4—7；标本保存在中国科学院南京地质古生物研究所标本库。

8—14 苏格兰洛奇里刺 *Lochriea scotiaensis*（Globensky，1967）

　　Pa 分子之口视，×36；采集号：8—9 为 49.75m，10 为 50.2m，11 为 51.15m，12 为 51.50m，13—14 为 51.6m；登记号：167450，167451，167452，167453，167454，167455，167456；贵州罗甸纳庆，密西西比亚系（下石炭统）谢尔普霍夫阶；复制于祁玉平，2008，79—80 页，图版 13，图 1—7；标本保存在中国科学院南京地质古生物研究所标本库。

15—16 石磴子洛奇里刺 *Lochriea shihtengtzeensis*（Ding & Wan，1989）

　　正模 Pa 分子之侧视和口视，×108；采集号：K262C33—5；登记号：1646；广东韶关大塘，密西西比亚系（下石炭统）石磴子组；复制于丁惠和万世禄，1989，167 页，图版 2，图 3a—b；标本保存在原山西矿业学院微体古生物教研室。

17，19—20 齐格勒洛奇里刺 *Lochriea ziegleri* Nemirovskaya，Perret & Meichner，1994

　　Pa 分子之口视，×90，×90，×48；采集号：N8，4，8；登记号：136036，136035，99096；贵州罗甸纳庆，密西西比亚系（下石炭统）顶部；复制于 Qi and Wang，2005，pl.1，fig.18，17，14；标本保存在中国科学院南京地质古生物研究所标本库。

18，27 等班假颚刺 *Pseudognathodus homopunctatus*（Ziegler，1960）

　　Pa 分子之口视，×90，×72；采集号：N1；登记号：99004，99005；贵州罗甸纳庆，密西西比亚系（下石炭统）顶部；复制于 Wang & Higgins，1989，p.278，pl.1，figs.1—2；标本保存在中国科学院南京地质古生物研究所标本库。

21—24 规则奥泽克刺 *Ozarkodina regularis* Branson & Mehl，1933

　　Pa 分子之侧视，×36；采集号：ACE359；登记号：36550—365521；贵州惠水代化，密西西比亚系（下石炭统）王佑组；复制于王成源和王志浩，1978，70 页，图版 4，图 33—36；标本保存在中国科学院南京地质古生物研究所标本库。

25—26 郎迪奥泽克刺 *Ozarkodina roundyi*（Hass，1953）

　　正模 Pa 分子之两侧视，放大倍数和采集号不详；登记号：78—132；贵州望谟桑朗，密西西比亚系（下石炭统）；复制于熊剑飞，1983，329 页，图版 73，图 12；标本保存在原地质矿产部第八普查大队。

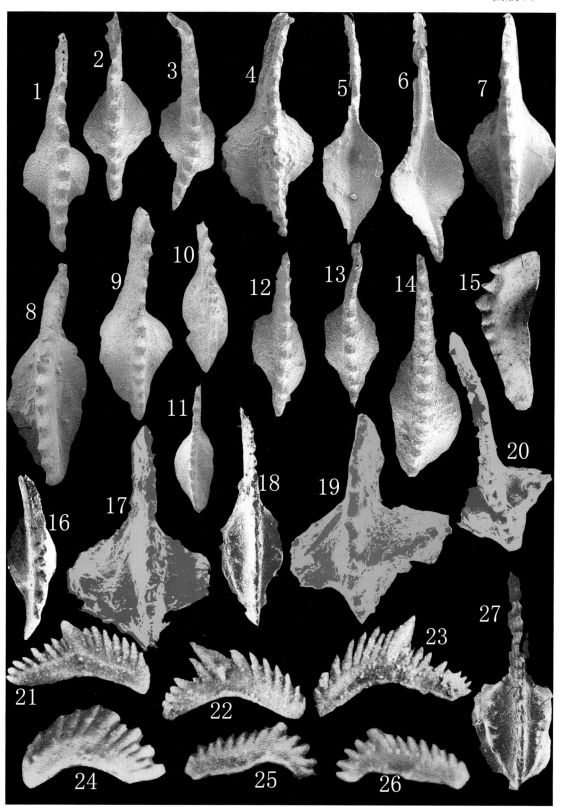

图版 59

1—13 线齿状假多颚刺 *Pseudopolygnathus dentilineatus* Branson E.R.，1934

　　1—2 同一 Pa 分子之侧视和口视，×38；采集号：GMII—29；登记号：DC84555；贵州睦化 2 号剖面，密西西比亚系（下石炭统）王佑组；复制于季强等（见侯鸿飞等），1985，123 页，图版 37，图 11—12；标本保存在中国地质科学院地质研究所。

　　3—5 同一 Pa 分子之口视、口视和反口视，×38；采集号：GMII—32，40，40；登记号：DC84556，84557，84558；贵州睦化 2 号剖面，密西西比亚系（下石炭统）王佑组；复制于季强等（见侯鸿飞等），1985，123 页，图版 37，图 13—15；标本保存在中国地质科学院地质研究所。

　　6 Pa 分子之口视，×38；采集号：Lms—11；登记号：DC84559；贵州睦化栗木山剖面，密西西比亚系（下石炭统）王佑组；复制于季强等（见侯鸿飞等），1985，123 页，图版 37，图 16；标本保存在中国地质科学院地质研究所。

　　7—8 同一 Pa 分子之口视和反口视，×38；采集号：GMII—34；登记号：DC84560；贵州睦化 2 号剖面，密西西比亚系（下石炭统）王佑组；复制于季强等（见侯鸿飞等），1985，123 页，图版 37，图 17—18；标本保存在中国地质科学院地质研究所。

　　9—11 Pa 分子之口视，×90，×90，×86；采集号：JX（II）—9—C4，C7，C12；登记号：5345，5359，5354；新疆巴楚小海子，密西西比亚系（下石炭统）巴楚组；复制于李罗照等，1996，64 页，图版 22，图 23，27，29；标本保存在原江汉石油学院地质系古生物教研室。

　　12—13 Pa 分子之口视，×130，×99；采集号：83HB—2，洪 3；登记号：1343，1365；新疆和布克河和洪古勒楞，上泥盆统洪古勒楞组；复制于赵治信等，248 页，图版 56，图 15—16；标本保存在塔里木油田分公司勘探开发研究院。

14—20 纺锤形假多颚刺 *Pseudopolygnathus fusiformis* Branson & Mehl，1934

　　14—15 同一 Pa 分子之口视和侧视，×36；采集号：ACE359；登记号：36575；贵州惠水王佑老凹坡剖面，密西西比亚系（下石炭统）王佑组；复制于王成源和王志浩，1978，图版 6，图 6—7；标本保存在中国科学院南京地质古生物研究所标本库。

　　16—17 同一 Pa 分子之口视和侧视，×38，×45；采集号：GMII—49；登记号：DC84553；贵州睦化 2 号剖面，密西西比亚系（下石炭统）王佑组；复制于季强等（见侯鸿飞等），1985，124 页，图版 37，图 7—8；标本保存在中国地质科学院地质研究所。

　　18 Pa 分子之口视，×45；采集号：NBII—7708—1；登记号：107361；广西桂林南边村泥盆—石炭系界线 2 号剖面，泥盆—石炭系界线层 73 层；复制于 Wang & Yin in Yu，1988，p.132，pl.31，fig.2；标本保存在中国科学院南京地质古生物研究所标本库。

　　19—20 同一 Pa 分子之口视和反口视，×36；采集号：ADZ339；登记号：104663，广西忻城里苗，密西西比亚系（下石炭统）里苗组；复制于王成源和徐珊红，1989，40 页，图版 3，图 3—4；标本保存在中国科学院南京地质古生物研究所标本库。

21—31 边缘假多颚刺 *Pseudopolygnathus marginatus*（Branson & Mehl，1934）

　　21—24 两个同一 Pa 分子之反口视和口视，×36；采集号：ACE359；登记号：36599，36600；贵州长顺王佑老凹坡剖面，密西西比亚系（下石炭统）王佑组；复制于王成源和王志浩，1978，79 页，图版 7，图 19—22；标本保存在中国科学院南京地质古生物研究所标本库。

　　25—26 同一 Pa 分子之口视和反口视，×38；采集号：GMII—60；登记号：DC84575；贵州睦化 2 号剖面，密西西比亚系（下石炭统）王佑组；复制于季强等（见侯鸿飞等），1985，125—126 页，图版 38，图 16—17；标本保存在中国地质科学院地质研究所。

　　27—28 Pa 分子之侧向口视，×38；采集号：GMII—60，64；登记号：DC84576，84577；贵州睦化 2 号剖面，密西西比亚系（下石炭统）王佑组；复制于季强等（见侯鸿飞等），1985，125—126 页，图版 38，图 18—19；标本保存在中国地质科学院地质研究所。

　　29 Pa 分子之口视，×38；采集号：Lms—14；登记号：DC84578；贵州睦化栗木山剖面，密西西比亚系（下石炭统）王佑组；复制于季强等（见侯鸿飞等），1985，125—126 页，图版 38，图 21；标本保存在中国地质科学院地质研究所。

　　30—31 Pa 分子之口视，×38；采集号：GMII—62；登记号：DC84579，84580；贵州睦化 2 号剖面，密西西比亚系（下石炭统）王佑组；复制于季强等（见侯鸿飞等），1985，125—126 页，图版 38，图 22，25；标本保存在中国地质科学院地质研究所。

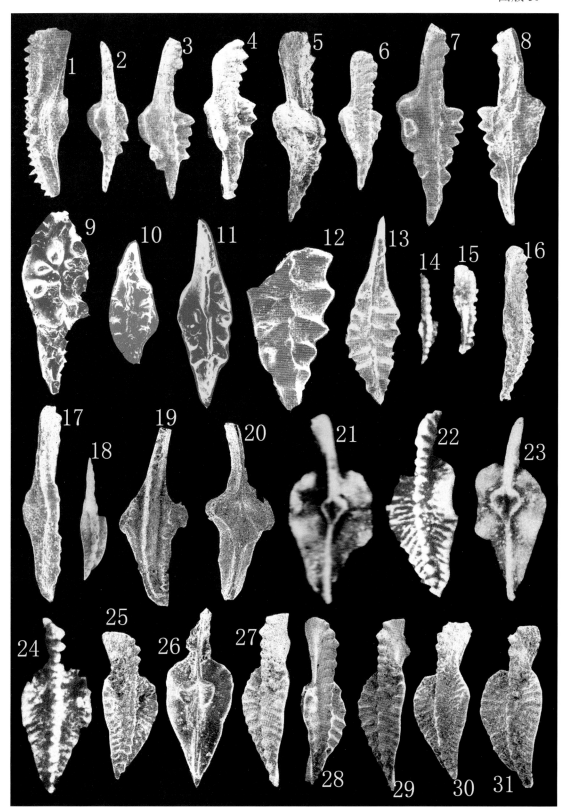

图版 60

1—3 多肋假多颚刺 *Pseudopolygnathus multicostatus* Ji，1987

    同一 Pa 分子之口视、反口视与侧视，×36；采集号：HJDS36—18；登记号：70575（正模）；湖南江华大圩三百工村，密西西比亚系（下石炭统）石磴子组；复制于季强，1987a，263 页，图版 2，图 16—18；标本保存在中国科学院南京地质古生物研究所标本库。

4—17 多线假多颚刺 *Pseudopolygnathus multistriatus* Mehl & Thomas，1947

    4—6 同一 Pa 分子之口视、反口视和侧视，×36；采集：ACE358；登记号：36603；贵州惠水王佑水库剖面，密西西比亚系（下石炭统）王佑组；复制于王成源和王志浩，1978，80 页，图版 8，图 5—7；标本保存在中国科学院南京地质古生物研究所标本库。

    7—8 同一 Pa 分子之口视与反口视，×45；采集号：GMII—70；登记号：DC84554；贵州睦化 2 号剖面，密西西比亚系（下石炭统）王佑组；复制于季强等（见侯鸿飞等），1985，126 页，图版 37，图 9—10；标本保存在中国地质科学院地质研究所。

    9—10 同一 Pa 分子之口视与反口视，×45；采集号：NBIII—22 登记号：107318；广西桂林南边村泥盆—石炭系界线 3 号剖面，泥盆—石炭系界线层 34 层；复制于 Wang & Yin in Yu，1988，p.133，pl.30，figs.4a—b；标本保存在中国科学院南京地质古生物研究所标本库。

    11—12 同一 Pa 分子之口视与反口视，×45；采集号：NBIII—22；登记号：107319；广西桂林南边村泥盆—石炭系界线 3 号剖面，泥盆—石炭系界线层 34 层；复制于 Wang & Yin in Yu，1988，p.133，pl.30，figs.5a—b；标本保存在中国科学院南京地质古生物研究所标本库。

    13—14 Pa 分子之口视视，×45；采集号：NBII—71—6，NBII—20；登记号：107322，107321；广西桂林南边村泥盆—石炭系界线 2 号剖面，泥盆—石炭系界线层 71 层和 72 层；复制于 Wang & Yin in Yu，1988，p.133，pl.30，figs.6—7；标本保存在中国科学院南京地质古生物研究所标本库。

    15—17 Pa 分子之口视视，×52，×45，×52；采集号：Ya20，18，20；登记号：G1016，L3307，3170；复制于董致中和季强，1988，图版 2，图 5—7；标本保存在云南省地调院区域地质调查所。

18，21 边瘤齿假多颚刺 *Pseudopolygnathus nodomarginatus*（Branson E.R.，1934）

    同一 Pa 分子之口视与反口视，×36；采集号：HJDS31—10；登记号：70581；湖南江华大圩三百工村，密西西比亚系（下石炭统）大圩组；复制于季强，1987a，263 页，图版 2，图 27，30；标本保存在中国科学院南京地质古生物研究所标本库。

19—20，24—30 尖角假多颚刺形态 2 *Pseudopolygnathus oxypageus* Lane，Sandberg & Ziegler，1980，Morphotype 2

    19—20 同一 Pa 分子之口视与反口视，×45；采集号：NBII—73—1；登记号：107324；广西桂林南边村泥盆—石炭系界线 3 号剖面，泥盆—石炭系界线层 73 层；复制于 Wang & Yin in Yu，pp.133—134，pl.30，figs.10a—b；标本保存在中国科学院南京地质古生物研究所标本库。

    24—26 Pa 分子之口视、反口视与口视，×108；无采集号；登记号：18/79858，18/79915，71/75468；甘肃迭部益哇沟，上泥盆统顶部陡石山组；复制于朱伟元（见曾学鲁等），1996，241 页，图版 40，图 10b，10a；图版 39，图 14；标本保存在甘肃省区调队。

    27—30 Pa 分子之口视、反口视、口视与反口视，×108，×108，×90，×90；无采集号；登记号：16/75370，16/75871，10/75364，10/75865；甘肃迭部益哇沟，密西西比亚系（下石炭统）石门洞组；复制于朱伟元（见曾学鲁等），1996，240 页，图版 40，图 7a—b，6a—b；标本保存在甘肃省区调队。

22—23 原始假多颚刺 *Pseudopolygnathus originalis* Ni，1984

    正模 Pa 分子之侧视与口视，×36；采集号：Ng9；登记号：IV—80008；湖北长阳资丘桃山淋湘溪，密西西比亚系（下石炭统）长阳组；复制于倪世钊，1984，289—290 页，图版 44，图 6a—b；标本保存在宜昌地质矿产研究所。

图版 61

1—4 初始假多颚刺 *Pseudopolygnathus primus* Branson & Mehl，1934

    1—2 同一 Pa 分子之反口视与口视，×38；采集号：GMII—32；登记号：DC84561；贵州睦化 2 号剖面，密西西比亚系（下石炭统）王佑组；复制于季强等（见侯鸿飞等），1985，126—127 页，图版 37，图 19—20；标本保存在中国地质科学院地质研究所。

    3—4 Pa 分子之反口视与口视，×38；采集号：GMII—37；登记号：DC84562；贵州睦化 2 号剖面，密西西比亚系（下石炭统）王佑组；复制于季强等（见侯鸿飞等），1985，126—127 页，图版 37，图 21—22；标本保存在中国地质科学院地质研究所。

5—17 翼状假多颚刺 *Pseudopolygnathus pinnatus* Voges，1959

    5—6，9 Pa 分子之口视，×54，×36，×54；采集号：Ya21，20，21；登记号：G3308，02085，G3310；云南宁蒗老龙洞，密西西比亚系（下石炭统）尖山营组；复制于董致中和季强，1988，图版 2，图 10—11，9；标本保存在云南省地调院区域地质调查所。

    7—8 同一 Pa 分子之口视与反口视，×36；采集号：HJDS31—7；登记号：70580；湖南江华大圩三百工村，密西西比亚系（下石炭统）大圩组；复制于季强，1987a，264 页，图版 2，图 26，31；标本保存在中国科学院南京地质古生物研究所标本库。

    10—17 三个同一 Pa 分子之口视与反口视，×36；采集号：ADZ335；登记号：104668—104670；广西忻城里苗，密西西比亚系（下石炭统）里苗组；复制于王成源和徐珊红，1989，40 页，图版 3，图 10—13；图版 4，图 1—2；标本保存在中国科学院南京地质古生物研究所标本库。

18—19 后瘤齿假多颚刺 *Pseudopolygnathus postinodosus* Rhodes，Austin & Druce，1969

    同一 Pa 分子之口视与反口视，×36；采集号：DPSR16—2；登记号：89134；贵州大坡上，石炭系底部；复制于 Ji et al.，1989，p.93，pl.22，figs.7a—b。

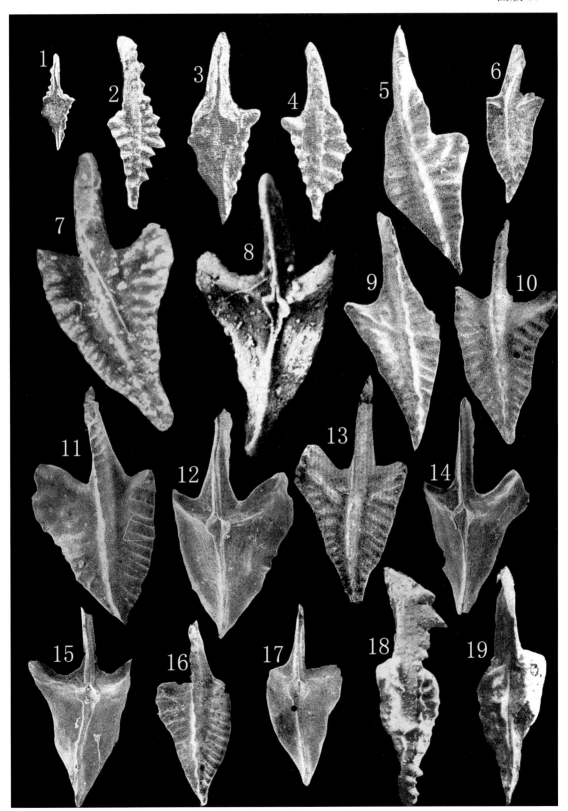

图版 62

1—6 美丽假多颚刺 *Pseudopolygnathus scitulus* Ji，Xiong & Wu，1985

    1—2 正模 Pa 分子之反口视与口视，×38；采集号：GMII—32；登记号：DC84550；贵州睦化 2 号剖面，密西西比亚系（下石炭统）王佑组；复制于季强等（见侯鸿飞等），1985，127—128 页，图版 37，图 1—2；标本保存在中国地质科学院地质研究所。

     3—4 同一 Pa 分子之反口视与口视，×38；采集号：GMII—35；登记号：DC84551；贵州睦化 2 号剖面，密西西比亚系（下石炭统）王佑组；复制于季强等（见侯鸿飞等），1985，127—128 页，图版 37，图 3—4；标本保存在中国地质科学院地质研究所。

    5—6 同一 Pa 分子之反口视与口视，×38；采集号：GMII—44；登记号：DC84552；贵州睦化 2 号剖面，密西西比亚系（下石炭统）王佑组；复制于季强等（见侯鸿飞等），1985，127—128 页，图版 37，图 5—6；标本保存在中国地质科学院地质研究所。

7—8 简单假多颚刺 *Pseudopolygnathus simplex* Ji，1987

    同一 Pa 分子之口视与侧视，×36；采集号：HJDS31—13；登记号：70582；湖南江华大圩三百工村，密西西比亚系（下石炭统）大圩组；复制于季强，1987a，264 页，图版 2，图 28—29；标本保存在中国科学院南京地质古生物研究所标本库。

9—10 三角形假多颚刺湖北亚种 *Pseudopolygnathus triangulus hubeiensis* Ni，1984

    正模 Pa 分子之口视与侧视，×36；采集号：Ng9；登记号：IV—80008；湖北长阳资丘桃山湘溪，密西西比亚系（下石炭统）长阳组；复制于倪世钊，1984，290 页，图版 44，图 8；标本保存在宜昌地质矿产研究所。

11—20 三角形假多颚刺不等亚种 *Pseudopolygnathus triangulus inaequalis* Voges，1959

    11—12 同一 Pa 分子之反口视与口视，×49，×38；采集号：GMII—35；登记号：DC84567；贵州睦化 2 号剖面，密西西比亚系（下石炭统）王佑组；复制于季强等（见侯鸿飞等），1985，128 页，图版 38，图 1—2，标标本保存在中国地质科学院地质研究所。

    13—16 两个同一 Pa 分子之反口视与口视，×38；采集号：Lms—11；登记号：DC84568，84569；贵州睦化栗木山剖面，密西西比亚系（下石炭统）王佑组；复制于季强等（见侯鸿飞等），1985，128 页，图版 38，图 3—6；标本保存在中国地质科学院地质研究所。

    17—20 两个同一 Pa 分子之反口视与口视，×38；采集号：GMII—40；登记号：DC84570，84571；贵州睦化 2 号剖面，密西西比亚系（下石炭统）王佑组；复制于季强等（见侯鸿飞等），1985，128 页，图版 38，图 7—10；标本保存在中国地质科学院地质研究所。

21—27 三角形假多颚刺三角形亚种 *Pseudopolygnathus triangulus triangulus* Voges，1959

    21 Pa 分子之口视，×32；采集号：GMII—55；登记号：DC84572；贵州睦化 2 号剖面，密西西比亚系（下石炭统）王佑组；复制于季强等（见侯鸿飞等），1985，129 页，图版 38，图 12；标本保存在中国地质科学院地质研究所。

    22 Pa 分子之反口视，×32；采集号：GMII—60；登记号：DC84570，84573；贵州睦化 2 号剖面，密西西比亚系（下石炭统）王佑组；复制于季强等（见侯鸿飞等），1985，129 页，图版 38，图 13；标本保存在中国地质科学院地质研究所。

    23—24 同一 Pa 分子之反口视与口视，×32；采集号：GMII—64；登记号：DC84574；贵州睦化 2 号剖面，密西西比亚系（下石炭统）王佑组；复制于季强等（见侯鸿飞等），1985，129 页，图版 38，图 13；标本保存在中国地质科学院地质研究所。

    25 Pa 分子之口视，×36；采集号：Ya15；登记号：Gu114；云南宁蒗老龙洞剖面，密西西比亚系（下石炭统）尖山营组；复制于董致中和季强，1988，图版 2，图 2；标本保存在云南省地调院区域地质调查所。

    26—27 同一 Pa 分子之口视与反口视，×36；采集号：ADZ338；登记号：104662；广西忻城里苗，密西西比亚系（下石炭统）里苗组；复制于王成源和徐珊红，1989，40 页，图版 3，图 1—2；标本保存在中国科学院南京地质古生物研究所标本库。

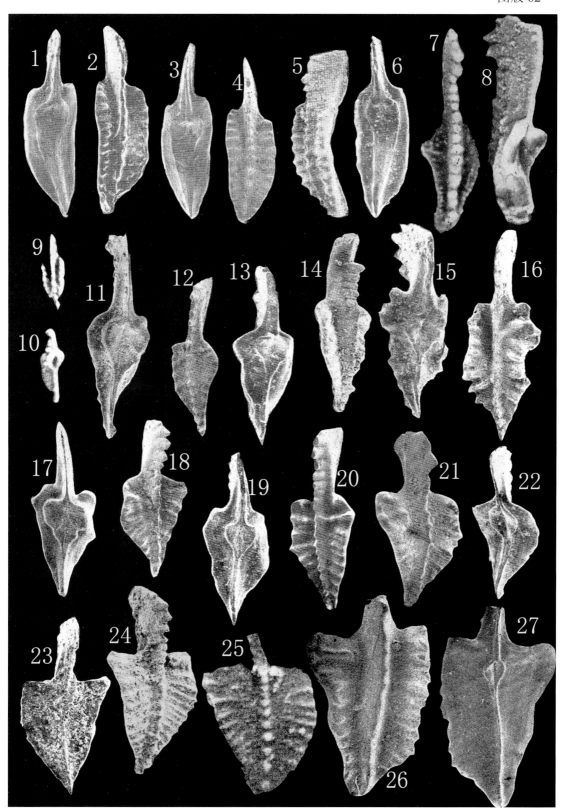

图版 63

1—4 边缘细齿状假多颚 *Pseudopolygnathus dentimarginatus* Qie，Wang，Zhang，Ji，Grossman，Huang，Liu
& Luo，2016

两个 Pa 分子之口视和反口视，×72；采集号：Sample 9/1；登记号：CQL14020015，14020036；贵州独山，
密西西比亚（下石炭统）汤耙沟组；复制于 Qie et al.，2016，figs.6.15，8.8；标本保存在中国科
学院南京地质古生物研究所。

5—8 边缘平行状假多颚刺 *Pseudopolygnathus heteromarginatus* Qie，Wang，Zhang，Ji，Grossman，Huang，
Liu & Luo，2016

两个 Pa 分子之口视和反口视，×72；采集号：Sample 10；登记号：CQL14020034，14020035，
14020052；贵州独山，密西西比亚（下石炭统）汤耙沟组；复制于 Qie et al.，2016，figs.8.6—8.7；
标本保存在中国科学院南京地质古生物研究所。

9—10 尖角假多颚刺形态 1 *Pseudopolygnathus oxypageus* Lane，Sandberg & Ziegler，1980，Morphotype 1

同一 Pa 分子之口视、反口视，×53；采集号：FWXIII01—1；登记号：119624；陕西凤县熊家山，密
西西比亚系（下石炭统）界河街组；复制于王平和王成源，2005，图版 3，图 1—2；标本保存在
中国科学院南京地质古生物研究所。

11—12 似多线假多颚刺 *Pseudopolygnathus paramultistriatus* Wang & Wang，2005

同一 Pa 分子之口视、反口视，×32；采集号：FWXIII01—1；登记号：119631；陕西凤县熊家山，密
西西比亚系（下石炭统）界河街组；复制于王平和王成源，2005，图版 3，图 7—8；标本保存在
中国科学院南京地质古生物研究所。

13—14 尖角假多颚刺形态 2 *Pseudopolygnathus oxypageus* Lane，Sandberg & Ziegler，1980，Morphotype 2

同一 Pa 分子之口视、反口视，×54；采集号：FWXIII04—1；登记号：119625；陕西凤县熊家山，密
西西比亚系（下石炭统）界河街组；复制于王平和王成源，2005，图版 3，图 9—10；标本保存
在中国科学院南京地质古生物研究所。

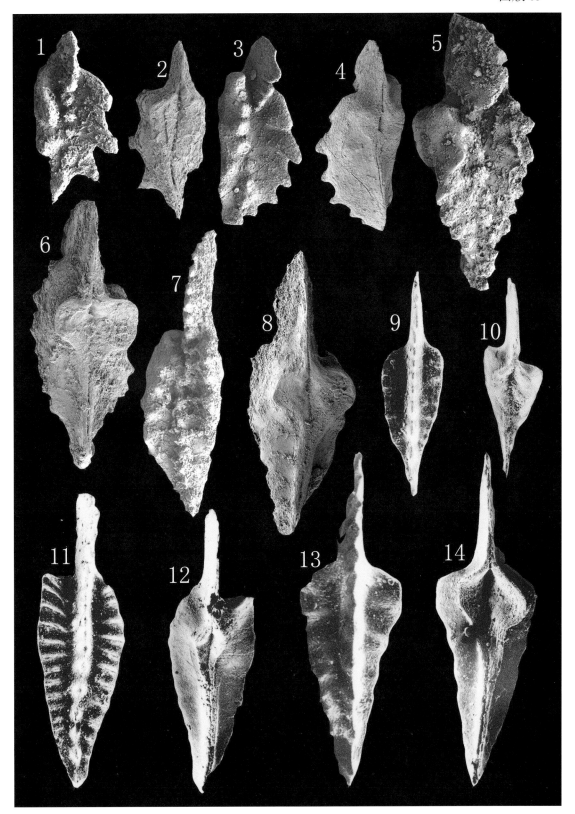

图版 64

1—2 多线假多颚刺 *Pseudopolygnathus multistriatus* Mehl & Thomas，1947

    同一 Pa 分子之反口视和口视，×27，×30；采集号：FWXIII04—1；登记号：119642；陕西凤县熊家山，密西西比亚系（下石炭统）界河街组；复制于王平和王成源，2005，图版 4，图 9—10；标本保存在中国科学院南京地质古生物研究所。

3—6 三角形假多颚刺三角形亚种 *Pseudopolygnathus triangulus triangulus* Vogas，1959

    3—4 同一 Pa 分子之反口视和口视，×36；采集号：FWXIII04—1；登记号：119626；陕西凤县熊家山，密西西比亚系（下石炭统）界河街组；复制于王平和王成源，2005，图版 4，图 11—12；标本保存在中国科学院南京地质古生物研究所。

    5—6 同一 Pa 分子之口视与反口视，×40；采集号：ADZ340；登记号：104672；广西忻城里苗，密西西比亚系（下石炭统）里苗组；复制于王成源和徐珊红，1989，40 页，图版 4，图 3—4；标本保存在中国科学院南京地质古生物研究所标本库。

7—8 似多线假多颚刺 *Pseudopolygnathus paramultistriatus* Wang & Wang，2005

    同一 Pa 分子之反口视和口视，×54，×36；采集号：FWXIII06—1；登记号：119630；陕西凤县熊家山，密西西比亚系（下石炭统）界河街组；复制于王平和王成源，2005，图版 4，图 16，15；标本保存在中国科学院南京地质古生物研究所。

9—10 翼状假多颚刺 *Pseudopolygnathus pinnatus* Vogas，1959

    同一 Pa 分子之反口视和口视，×36；采集号：FWXIII01—1；登记号：119628；陕西凤县熊家山，密西西比亚系（下石炭统）界河街组；复制于王平和王成源，2005，图版 4，图 13—14；标本保存在中国科学院南京地质古生物研究所。

11—14 瘤齿假多颚刺 *Pseudopolygnathus nodosus* Wang & Wang，2005

    两个 Pa 分子之口视和反口视，×36；采集号：FWXIII03—1；登记号：119637，119638；陕西凤县熊家山，密西西比亚系（下石炭统）界河街组；复制于王平和王成源，2005，图版 5，图 6—7，10—11；标本保存在中国科学院南京地质古生物研究所。

15—16 边缘假多颚刺 *Pseudopolygnathus marginatus*（Branson & Mehl，1934）

    同一 Pa 分子之反口视和口视，×60；采集号：FWXIII01—1；登记号：119633；陕西凤县熊家山，密西西比亚系（下石炭统）界河街组；复制于王平和王成源，2005，图版 5，图 8—9；标本保存在中国科学院南京地质古生物研究所。

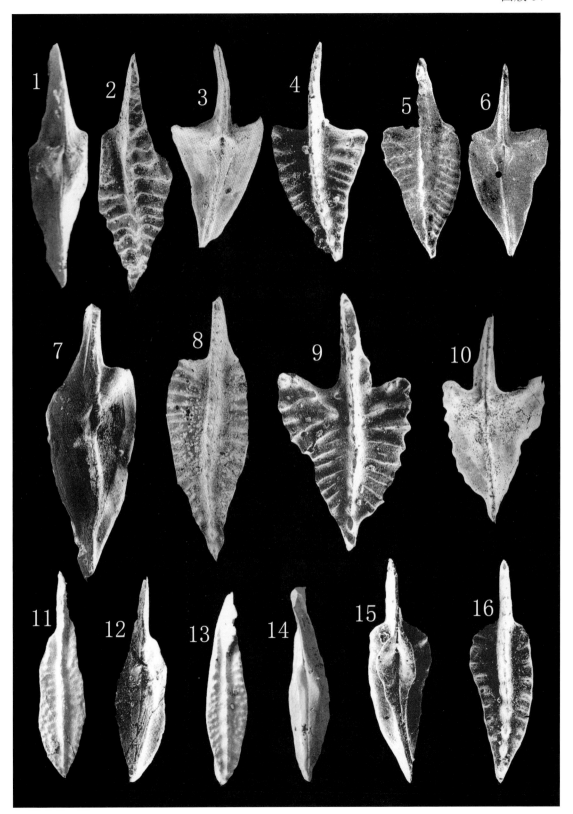

图版 65

1—5 云南假多颚刺 *Pseudopolygnathus yunnanensis* Dong & Ji，1988

    1—2 Pa 分子之口视，×60；采集号：Sj5179—11—1，5179；登记号：Gu149，116；云南宁蒗老龙洞剖面，密西西比亚系（下石炭统）尖山营组；复制于董致中和季强，1988，45—46 页，图版 2，图 12，16；标本保存在云南省地调院区域地质调查所。

    3—5 正模 Pa 分子之口视、反口视与前齿片局部放大，×94，×94，×220；采集号：Ya22；登记号：Gu3282；云南宁蒗老龙洞剖面，密西西比亚系（下石炭统）尖山营组；复制于董致中和季强，1988，45—46 页，图版 2，图 13—15；标本保存在云南省地调院区域地质调查所。

6—9 尖刺裂颚刺 *Rhachistognathus muricatus*（Dunn，1965）

    6—7 Pa 分子之口视，×60；采集号：86A—65；登记号：11151；新疆尼勒克阿恰勒河剖面，密西西比亚系（下石炭统）东图津河组；复制于 Zhao et al.，1989，figs.2.15—2.16；标本保存在塔里木油田分公司勘探开发研究院。

    8—9 同一 Pa 分子之口视与侧向口视，×84；采集号：86A—64；登记号：11156；新疆尼勒克阿恰勒河剖面，密西西比亚系（下石炭统）阿恰勒河组；复制于赵治信等，2000，249 页，图版 62，图 25，31；标本保存在塔里木油田分公司勘探开发研究院。

10—16 伸展裂颚刺 *Rhachistognathus prolixus* Baeseman & Lane，1985

    10—11 Pa 分子之口视，×80，×67；采集号：N32；登记号：99007，99008；贵州罗甸纳庆，密西西比亚系（下石炭统）；复制于 Wang & Higgins，1989，p.286，pl.1，figs.4—5；标本保存在中国科学院南京地质古生物研究所标本库。

    12—16 Pa 分子之口视、反口视、口视、口视和侧视，×50；采集号：LDC149.45；登记号：164653（图 12—13），164652（图 14），162273（图 15），162274（图 16）；贵州罗甸纳庆，密西西比亚系（下石炭统）；复制于胡科毅，2016，图版 7，图 1—5；标本保存在中国科学院南京地质古生物研究所标本库。

17—20 微小裂颚刺微小亚种 *Rhachistognathus minutus minutus*（Higgins & Bouckaert，1968）

    两个 Pa 分子之口视和反口视，×50；采集号：LDC149.8；登记号：162275（图 17—18），166623（图 19—20）；贵州罗甸纳庆，密西西比亚系（下石炭统）；复制于胡科毅，2016，图版 7，图 16a—b，17a—b；标本保存在中国科学院南京地质古生物研究所标本库。

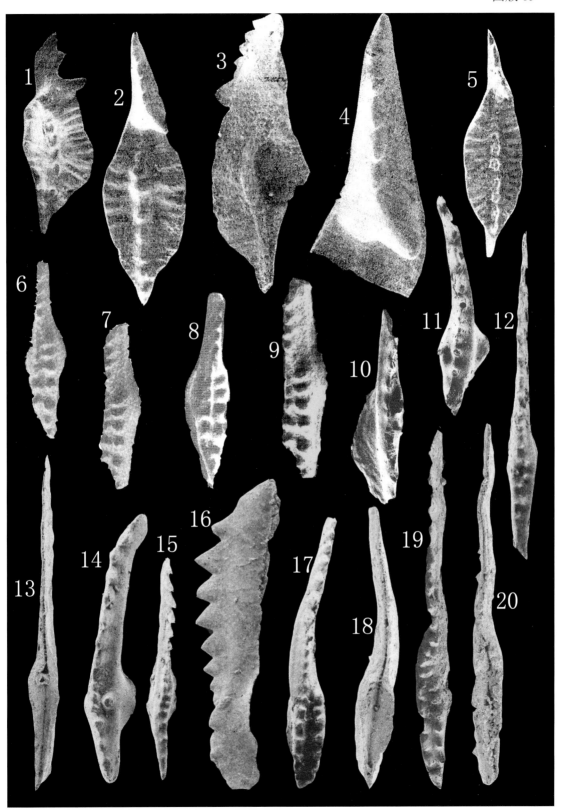

图版 66

1—2 堪宁窄颚刺 *Spathognathodus canningensis* Nicoll & Druce，1979

　　Pa 分子之侧视，×144，×90；采集号：满参 1 井 47332.9—4732.95m，TZ2—3825.7m；登记号：93—1—27，94—Y2—35；新疆塔里木盆地满参 1 井和塔中 2 井，密西西比亚系（下石炭统）生屑灰岩段；复制于赵治信等，2000，250 页，图版 58，图 23；图版 61，图 35；标本保存在塔里木油田分公司勘探开发研究院。

3—6，9—11 厚齿窄颚刺 *Spathognathodus crassidentatus*（Branson & Mehl，1934）

　　3—4 同一 Pa 分子之口视和侧视，×36；采集号：S—3；登记号：IV80005；湖北松滋刘家场三溪口，密西西比亚系（下石炭统）金陵组；复制于倪世钊，1984，291—292 页，图版 44，图 5a—b；标本保存在宜昌地质矿产研究所。

　　5 Pa 分子之侧视，×36；采集号：锈 G19—2；登记号：IV80001；湖北松滋三望锈水沟，密西西比亚系（下石炭统）金陵组；复制于倪世钊，1984，291—292 页，图版 44，图 1；标本保存在宜昌地质矿产研究所。

　　6 侧视，×49；采集号：GMII—30；登记号：DC84605；贵州睦化 2 号剖面，密西西比亚系（下石炭统）王佑组；复制于季强等（见侯鸿飞等），1985，143 页，图版 40，图 14；标本保存在中国地质科学院地质研究所。

　　9—11 Pa 分子之侧视，×63，×90，×86，×90；采集号：JX—14—C14，C15，C14，C10；登记号：52762，5238，52852，5261；新疆巴楚小海子，密西西比亚系（下石炭统）巴楚组；复制于李罗照等 1996，64 页，图版 23，图 8—9，11—12；标本保存在江汉石油学院地质系古生物实验室。

7—8 羽状窄颚刺 *Spathognathodus pennatus* Ji，1987

　　Pa 分子之侧视和口视，×36；采集号：HJDS30—14；登记号：70640（正模）；湖南江华大圩三百工村，上泥盆统—密西西比亚系（下石炭统）孟公坳组；复制于季强，1987a，269 页，图版 6，图 15—16；插图 28；标本保存在中国科学院南京地质古生物研究所标本库。

12—18 平凸型窄颚刺 *Spathognathodus planiconvexus* Wang & Ziegler，1982

　　12 P 分子之口视，×49；采集号：GMII—10；登记号：DC84603；贵州睦化 2 号剖面，上泥盆统代化组至密西西比亚系（下石炭统）王佑组；复制于季强等（见侯鸿飞等），1985，144 页，图版 40，图 8；标本保存在中国地质科学院地质研究所。

　　13—14 同一 P 分子之口视与侧视，×49；采集号：GMII—10；登记号：DC84604；贵州睦化 2 号剖面，上泥盆统代化组；复制于季强等（见侯鸿飞等），1985，144 页，图版 40，图 9—10；标本保存在中国地质科学院地质研究所。

　　15，18 同一 P 分子之两侧视，×45；采集号：NBII—24；登记号：107330；广西桂林南边村泥盆—石炭系界线 2 号剖面，泥盆—石炭系界线 74 层；复制于 Wang & Yin in Yu，1988，p.145，pl.32，figs.3a—b；标本保存在中国科学院南京地质古生物研究所标本库。

　　16 P 分子之口视，×45；采集号：NBII—4a—1；登记号：107329；广西桂林南边村泥盆—石炭系界线 2 号剖面，泥盆—石炭系界线 56 层；复制于 Wang & Yin in Yu，1988，p.145，pl.32，fig.2；标本保存在中国科学院南京地质古生物研究所标本库。

　　17 P 分子之侧视，×45；采集号：NBIIa—1d；登记号：107331；广西桂林南边村泥盆—石炭系界线 2 号剖面，泥盆—石炭系界线 50 层；复制于 Wang & Yin in Yu，1988，p.145，pl.32，fig.4；标本保存在中国科学院南京地质古生物研究所标本库。

19—22 枭窄颚刺 *Spathognathodus strigosus*（Branson & Mehl，1934）

　　Pa 分子之侧视，×36；采集号：ACE366，368，368，367；登记号：36534—36537；贵州长顺代化，上泥盆统代化组；复制于王成源和王志浩，1978，85 页，图版 4，图 8—11；标本保存在中国科学院南京地质古生物研究所标本库。

23—24 高位窄颚刺 *Spathognathodus supremus* Ziegler，1962

　　Pa 分子之侧视和反口视，放大倍数和采集号不详；登记号：78—152；贵州惠水王佑，密西西比亚系（下石炭统）；复制于熊剑飞，1983，336 页，图版 73，图 4a—b；标本保存在原地质矿产部第八普查大队。

25 带形"窄颚刺" "*Spathognathodus*" *taeniatus* Ni，1984

　　正模 Pa 分子之侧视，×36；采集号：锈 G15—2；登记号：IV80012；湖北松滋三望锈水沟，密西西比亚系（下石炭统）金陵组；复制于倪世钊，1984，292 页，图版 44，图 12；标本保存在宜昌地质矿产研究所。

26—28 王佑窄颚刺 *Spathognathodus wangyuensis* Wang & Wang，1978

　　正模 Pa 分子之口视、侧视和反口视，×36；采集号：ACE359；登记号：36538；贵州惠水王佑老凹坡，密西西比亚系（下石炭统）王佑组；复制于王成源和王志浩，1978，85 页，图版 4，图 12—14；标本保存在中国科学院南京地质古生物研究所标本库。

29—30 尖齿窄颚刺 *Spathognathodus aciedentatus*（Branson E.R.，1934）

　　Pa 分子之口视，×198，×117；采集号：满参 1 井 47332.9—4732.95m，4019.46—4019.50m；登记号：93—1—28，93—1—7；新疆塔里木盆地满参 1 井，密西西比亚系（下石炭统）生屑灰岩段；复制于赵治信等，2000，249—250 页，图版 60，图 1，6；标本保存在塔里木油田分公司勘探开发研究院。

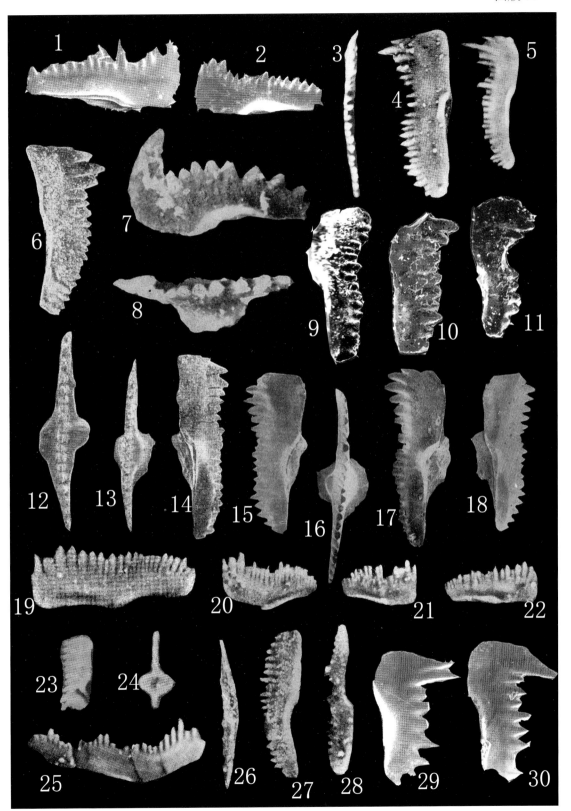

图版 67

1—5 大腔窄颚刺？*Spathognathodus? valdecavatus*（Gedik，1969）

P 分子之口视、口视、侧视侧视、侧视与口视，×38，×68，×68，×68，×68；采集号：GMII—67、67、23F、23F、23F；登记号：DC84606—84610；贵州睦化 2 号剖面、2 号剖面、格董关剖面、格董关剖面和格董关剖面，密西西比亚系（下石炭统）睦化组；复制于季强等（见侯鸿飞等），1985，145 页，图版 40，图 16—20；标本保存在中国地质科学院地质研究所。

6—14 坎佩尔福格尔颚刺 *Vogelgnathus campbelli*（Rexroad，1957）

Pa 分子之侧视，×108，×108，×108，×108，×90，×100，×108，×90，×90；采集号：60.3m、60.3m、60.6m、60.3m、60.3m、60.6m、60.6m、60.6m、60.3m；登 记 号：167457、155754、167458、167459、167460、167461、167462、167463、155755；贵州罗甸纳水，密西西比亚系（下石炭统）；复制于祁玉平，2008，84—85 页，图版 1，图 4—12；标本保存在中国科学院南京地质古生物研究所标本库。

15—16 后坎佩尔福格尔颚刺 *Vogelgnathus postcampbelli*（Austin & Husr，1974）

Pa 分子之侧视，×100，×100；采集号：45.4m；登记号：167464、167465；贵州罗甸纳水，密西西比亚系（下石炭统）；复制于祁玉平，2008，85—86 页，图版 2，图 1—2；标本保存在中国科学院南京地质古生物研究所标本库。

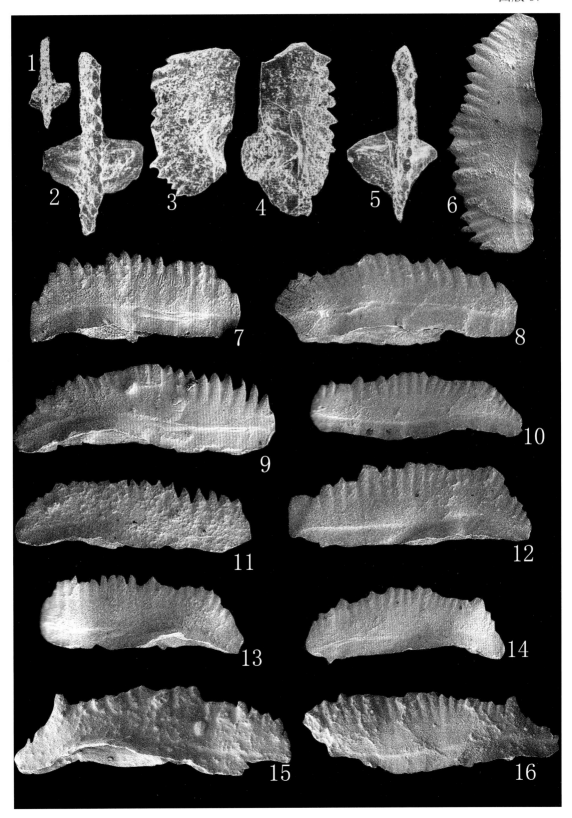

图版 68

1—6 后坎佩尔福格尔颚刺 *Vogelgnathus postcampbelli*（Austin & Husr，1974）

    Pa 分子之侧视，×108，×117，×108，×108，×108，×126；采集号：45.4m，45.4m，45.4m，45.4m，60.6m，60.3m；登记号：167466，167467，167468，167469，167470，167471；贵州罗甸纳庆，密西西比亚系（下石炭统）；复制于祁玉平，2008，85—86 页，图版 2，图 3—8；标本保存在中国科学院南京地质古生物研究所标本库。

7—12 古铃福格尔颚刺 *Vogelgnathus palentinus* Nemyrovska，2005

    Pa 分子之侧视，×108，×108，×135，×135，×108，×135；采集号：52.8m，52.8m，52.8m，52.8m，52.8m，55.35m；登记号：167472，167473，167474，167475，167476，167477；贵州罗甸纳庆，密西西比亚系（下石炭统）；复制于祁玉平，2008，85 页，图版 3，图 1—6；标本保存在中国科学院南京地质古生物研究所标本库。

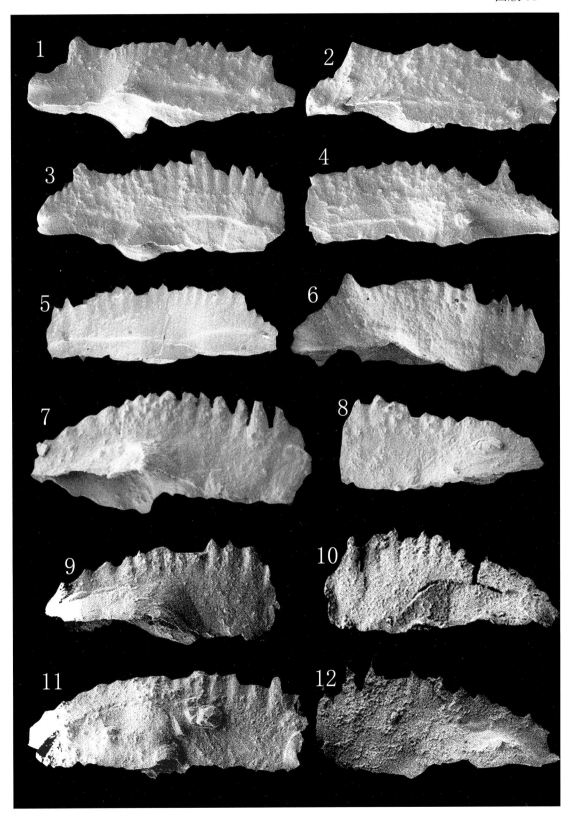

图版 69

1—5 宽道力颚刺 *Doliognathus latus* Branson & Mehl，1941

  1 Pa 分子之侧视，×91；采集号：洞—8；登记号：0142；云南施甸鱼洞，密西西比亚系（下石炭统）香山组；复制于董致中和王伟，2006，181 页，图版 28，图 11；标本保存在云南省地调院区域地质调查所。

  2—3 Pa 分子之侧视，×40；采集号：Ysy15—1；登记号：0142；云南施甸鱼洞，密西西比亚系（下石炭统）香山组；复制于田树刚和科恩，2004，图版 2，图 12，14；标本保存在中国地质科学院地质研究所。

  4—5 Pa 分子之口视、反口视，×54；采集号：FWXIII09—6；登记号：119620；陕西凤县熊家山，密西西比亚系（下石炭统）界河街组；复制于王平和王成源，2005，图版 2，图 7—8；标本保存在中国科学院南京地质古生物研究所。

6—11 鲍克特多利梅刺 *Dolllymae bouckaerti* Groessens，1971

  6—7 同一 Pa 分子之口视、反口视，×32；采集号：FWXIII08—1；登记号：119605；陕西凤县熊家山，密西西比亚系（下石炭统）界河街组；复制于王平和王成源，2005，图版 2，图 9—10；标本保存在中国科学院南京地质古生物研究所。

  8 Pa 分子之口视、反口视，×32；采集号：FWXIII08—1；登记号：119606；陕西凤县熊家山，密西西比亚系（下石炭统）界河街组；复制于王平和王成源，2005，图版 2，图 11；标本保存在中国科学院南京地质古生物研究所。

  9—10 同一 Pa 分子之口视、反口视，×108；登记号：18/75372；甘肃迭部益哇沟，密西西比亚系（下石炭统）石门塘组；复制于朱伟元（见曾学鲁等），1996，225 页，图版 40，圆 1a—b；标本保存在甘肃省区调队。

  11 Pa 分子之口视，×144；登记号：19/75374；甘肃迭部益哇沟，密西西比亚系（下石炭统）石门塘组；复制于朱伟元（见曾学鲁等），1996，225 页，图版 40，图 2a；标本保存在甘肃省区调队。

12—13 哈斯多利梅刺形态种 1 *Dollymae hassi* Voges，Morphotype 1，Dong & Ji，1988

  Pa 分子之口视，×58，×85；采集号：QB11WG424—5；登记号：0096，0097；云南广南那苏，密西西比亚系（下石炭统）岩关阶；复制于董致中和王伟，2006，181 页，图版 27—1，图 9—10；标本保存在云南省地调院区域地质调查所。

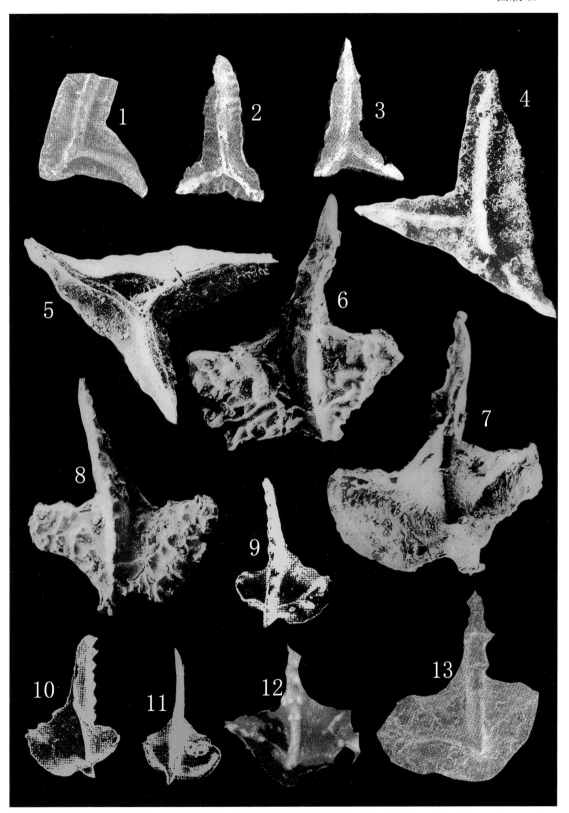

图版 70

1 董氏多利梅刺 *Dollymae dongi* sp. nov.

    正模标本 Pa 分子之口视，×110；采集号：WAN9—7；登记号：3916；云南施甸，密西西比亚系（下石炭统）香山组；复制于董致中和王伟，2006，182 页，图版 27-1，图 13；标本保存在云南省地调院区域地质调查所。

2 哈斯多利梅刺形态种 1 *Dollymae hassi* Voges，Morphotype 1，Dong & Ji，1988

    Pa 分子之口视，×80；采集号：Ya—14；登记号：45；云南宁蒗老龙洞，密西西比亚系（下石炭统）尖山营组；复制于董致中和王伟，2006，181 页，图版 28，图 6；标本保存在云南省地调院区域地质调查所。

3—4 哈斯多利梅刺形态种 2 *Dollymae hassi* Voges，Morphotype 2，Dong & Ji，1988

    Pa 分子之反口视和口视，×110；采集号：Ya—14；登记号：41，42；云南宁蒗老龙洞，密西西比亚系（下石炭统）尖山营组；复制于董致中和王伟，2006，182 页，图版 27—1，图 14，17；标本保存在云南省地调院区域地质调查所。

5—6 顺良多利梅刺 *Dollymae shunlianiana* Dong & Ji，1988

    Pa 分子之口视，×60，×87；采集号：Ya—14；登记号：48，47；云南宁蒗老龙洞，密西西比亚系（下石炭统）尖山营组；复制于董致中和王伟，2006，182 页，图版 27—1，图 12，15；标本保存在云南省地调院区域地质调查所。

7—8 线脊多利梅刺 *Dollymae linealata* Tian & Coen，2004

    Pa 分子之口视，×48；采集号：Lsc—28；广西柳江龙殿山，密西西比亚系（下石炭统）都安组；复制于田树刚和科恩，2004，743 页，图版 3，图 10—11；标本保存在中国地质科学院地质研究所。

9 新月形多利梅刺 *Dollymae meniscus* Dong & Ji，1988

    正模 Pa 分子之口视，×87；采集号：LDH6；登记号：Gu46；云南宁蒗老龙洞，密西西比亚系（下石炭统）尖山营组；复制于董致中和季强，1988，44 页，图版 3，图 7；标本保存在云南省地调院区域地质调查所。

10—12 网饰多利梅刺 *Dollymae reticulata* Tian & Coen，2004

    Pa 分子之口视，×36；采集号：Lsc—42；广西柳江龙殿山，密西西比亚系（下石炭统）都安组；复制于田树刚和科恩，2004，743 页，图版 3，图 12—14；标本保存在中国地质科学院地质研究所。

13—15 尖刺多利梅刺 *Dollymae spinosa* Tian & Coen，2004

    Pa 分子之口视，×48；采集号：Lsc—14；广西柳江龙殿山，密西西比亚系（下石炭统）隆安组；复制于田树刚和科恩，2004，742—743 页，图版 3，图 6，17—18；标本保存在中国地质科学院地质研究所。

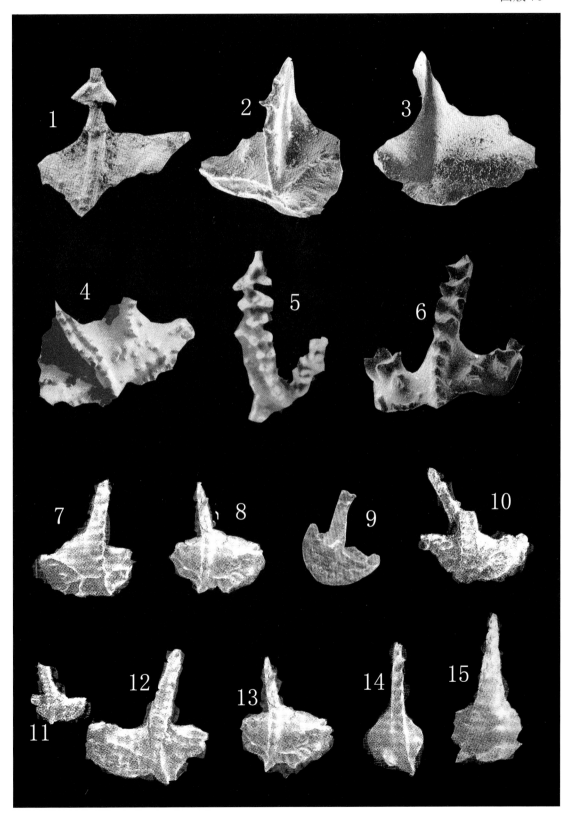

图版 71

1—8 锚锄颚刺 *Scaliognathus anchoralis* Branson & Mehl，1941

    1—2 同一 Pa 分子之口视和反口视，×40；采集号：HJDS31—10；登记号：70626；湖南江华大圩，密西西比亚系（下石炭统）大圩组；复制于季强，1987a，264—265 页，图版 5，图 28—29；标本保存在中国科学院南京地质古生物研究所标本库。

    3—4 Pa 分子之口视和反口视，×100；登记号：7/75769，7/75962；甘肃迭部益哇沟，密西西比亚系（下石炭统）洛洞克组；复制于朱伟元（见曾学鲁等），1996，242 页，图版 44，图 10a—b；标本保存在甘肃省区调队。

    5—6 Pa 分子之口视，×100；登记号：8/75770，6/75359；甘肃迭部益哇沟，密西西比亚系（下石炭统）洛洞克组；复制于朱伟元（见曾学鲁等），1996，242 页，图版 43，图 6a，8a；标本保存在甘肃省区调队。

    7—8 Pa 分子之口视和反口视，×50，×72；采集号：11—8—7；登记号：1681，1598；云南宁蒗，密西西比亚系（下石炭统）尖山营组；复制于董致中等，1987，图版 1，图 12，14；标本保存在云南省地调院区域地质调查所。

9—10 前锚锄颚刺 *Scaliognathus praeanchoralis* Lane，Sandberg & Ziegler，1980

    同一 Pa 分子之口视和反口视，×40；采集号：HJDS31—10；登记号：70627；湖南江华大圩，密西西比亚系（下石炭统）大圩组；复制于季强，1987a，265 页，图版 5，图 32—33；标本保存在中国科学院南京地质古生物研究所标本库。

11—14 半锚锄颚刺 *Scaliognathus semianchoralis* Ji，1987

    11—12 副模标本 Pa 分子之口视和反口视，×40；采集号：HJDS31—9；登记号：70629；湖南江华大圩，密西西比亚系（下石炭统）大圩组；复制于季强，1987a，265—266 页，图版 5，图 34—35；标本保存在中国科学院南京地质古生物研究所标本库。

    13—14 正模标本 Pa 分子之口视和反口视，×40；采集号：HJDS31—8；登记号：70628；湖南江华大圩，密西西比亚系（下石炭统）大圩组；复制于季强，1987a，265—266 页，图版 5，图 36—37；标本保存在中国科学院南京地质古生物研究所标本库。

15 多卡利锄颚刺 *Scaliognathus dockali* Chauff，1981

    Pa 分子之口视，×68；采集号：Ysy 9—3；云南施甸鱼硐，密西西比亚系（下石炭统）香山组；复制于田树刚和科恩，2004，图版 2，图 3；标本保存在中国地质科学院地质研究所。

16 欧洲锄颚刺? *Scaliognathus? europensis* Lane & Ziegler，1983

    Pa 分子之口视，×54；采集号：Ysy 12—0；云南施甸鱼硐，密西西比亚系（下石炭统）香山组；复制于田树刚和科恩，2004，图版 2，图 6；标本保存在中国地质科学院地质研究所。

17—19 费尔查尔德锄颚刺 *Scaliognathus fairchildi* Lane & Ziegler，1983

    17—18 Pa 分子之口视，×46；采集号：Ysy 1—1；云南施甸鱼硐，密西西比亚系（下石炭统）香山组；复制于田树刚和科恩，2004，图版 2，图 2，4；标本保存在中国地质科学院地质研究所。

    19 Pa 分子之口视，×48；采集号：Lsc—28；广西柳江龙殿山，密西西比亚系（下石炭统）隆安组；复制于田树刚和科恩，2004，图版 3，图 15；标本保存在中国地质科学院地质研究所。

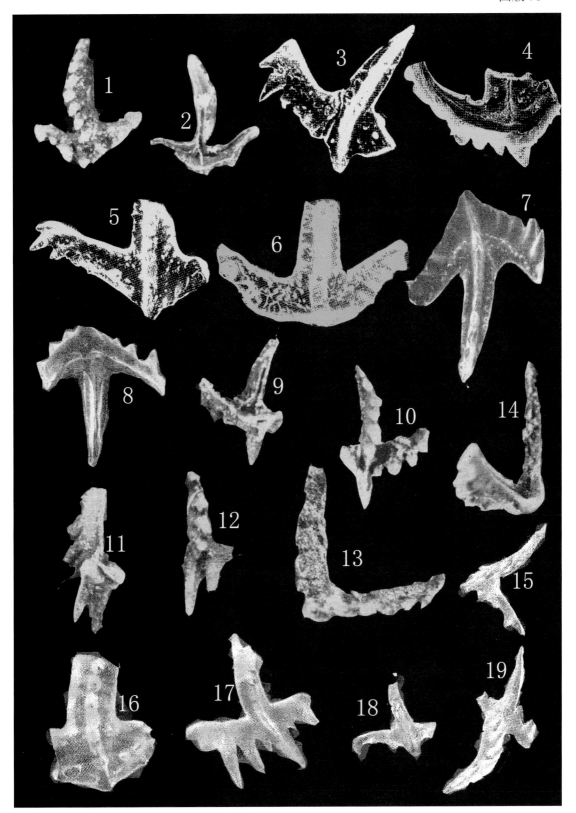

图版 72

1—8 欧洲锄颚刺？*Scaliognathus? europensis* Lane & Ziegler，1983

4 个 Pa 分子之口视和反口视，×36，×39，×36，×36；采集号：FWX10—1，9—6，11—9，11—1；登记号：119592，119601，119603，119600；陕西凤县熊家山，密西西比亚系（下石炭统）界河街组；复制于王平和王成源，2005，图版 1，图 3—8，图版 2，图 5—6；标本保存在中国科学院南京地质古生物研究所标本库。

9—10 费尔查尔德锄颚刺 *Scaliognathus fairchildi* Lane & Ziegler，1980

Pa 分子之口视和反口视，×60；采集号：FWX06—1；登记号：11595；陕西凤县熊家山，密西西比亚系（下石炭统）界河街组；复制于王平和王成源，2005，图版 1，图 9—10；标本保存在中国科学院南京地质古生物研究所标本库。

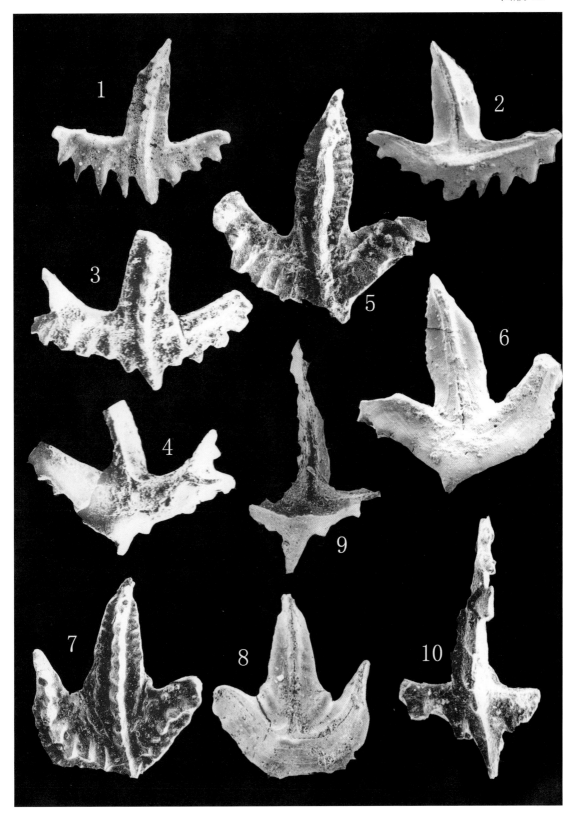

图版 73

1—6 等班假颚刺 *Pseudognathodus homopunctatus*（Ziegler，1960）

    1 Pa 分子之口视，×72；采集号：N1；登记号：99005；贵州罗甸纳庆，密西西比亚系（下石炭统）维宪阶；复制于 Qi & Wang，2005，pl.1，fig.1；标本保存在中国科学院南京地质古生物研究所标本库。

    2—3 同一 Pa 分子之口视和反口视，×72；采集号：ADZ331；登记号：104648；广西忻城里苗，密西西比亚系（下石炭统）里苗组；复制于王成源和徐珊红，1989，38 页，图版 1，图 12—13；标本保存在中国科学院南京地质古生物研究所标本库。

    4 Pa 分子之口视和反口视，×80；采集号：ADZ331；登记号：104649；广西忻城里苗，密西西比亚系（下石炭统）里苗组；复制于王成源和徐珊红，1989，38 页，图版 1，图 15；标本保存在中国科学院南京地质古生物研究所标本库。

    5—6 Pa 分子之口视，×54，×58；采集号：Ya20；登记号：104，107；云南宁蒗老龙洞，密西西比亚系（下石炭统）尖山营组；复制于董致中和王伟，2006，184 页，图版 29，图 11，20；标本保存在云南省地调院区域地质调查所。

7—11 克拉克中舟刺 *Mesogondolella clarki* Koike，1967

    7—8 Pa 分子之口视，×90，×60；登记号：N64，75；登记号：99086，99087；贵州罗甸纳庆，宾夕法尼亚亚系（上石炭统）；复制于 Wang & Higgins，1989，p.283，pl.7，figs.9—10；标本保存在中国科学院南京地质古生物研究所标本库。

    9—11 Pa 分子之口视，×54，×45，×54；采集号：N64，65，82；登记号：133247—133249；贵州罗甸纳庆，宾夕法尼亚亚系（上石炭统）；复制于 Wang & Qi，2003a，pl.3，figs.24—26；标本保存在中国科学院南京地质古生物研究所标本库。

12—14 顿巴茨中舟刺 *Mesogondolella donbassica* Kossenko，1975

    12 Pa 分子之口视，×45；采集号：N82；登记号：133250；贵州罗甸纳庆，宾夕法尼亚亚系（上石炭统）；复制于 Wang & Qi，2003a，pl.3，fig.27；标本保存在中国科学院南京地质古生物研究所标本库。

    13—14 Pa 分子之口视，×58，×116；采集号：84H—2—1，霍艾林场 628；登记号：1280，94—Y1—24；新疆克拉麦里，宾夕法尼亚亚系（上石炭统）石钱滩组；复制于赵治信等，2000，238 页，图版 63，图 10，18；标本保存在塔里木油田分公司勘探开发研究院。

15—16 亚克拉克中舟刺 *Mesogondolella subclarki*（Wang & Qi，2003）

    正模和副模 Pa 分子之口视，×36；采集号：N69；登记号：99089，99088；贵州罗甸纳庆，宾夕法尼亚亚系（上石炭统）；复制于 Wang & Qi，2003a，p.392，pl.3，figs.22—23；标本保存在中国科学院南京地质古生物研究所标本库。

17—20 滥坝舟刺 *Gondolella lanbaensis* Yang & Tian，1988

    Pa 分子之口视、口视、反口视和口视，×24；采集号：SB5—5；贵州水城滥坝老街水库，宾夕法尼亚亚系（上石炭统）达拉阶；复制于杨式溥和田树刚，1988，66 页，图版 4，图 28—30b；标本保存在中国地质科学院地质研究所。

21—22 裸舟刺 *Gondolella gymna* Merrill & King，1967

    Pa 分子之口视，×72，×63；采集号：N56；登记号：99132，99133；贵州罗甸纳庆，宾夕法尼亚亚系（上石炭统）；复制于 Wang & Higgins，1989，p.279，pl.11，figs.5—6；标本保存在中国科学院南京地质古生物研究所标本库。

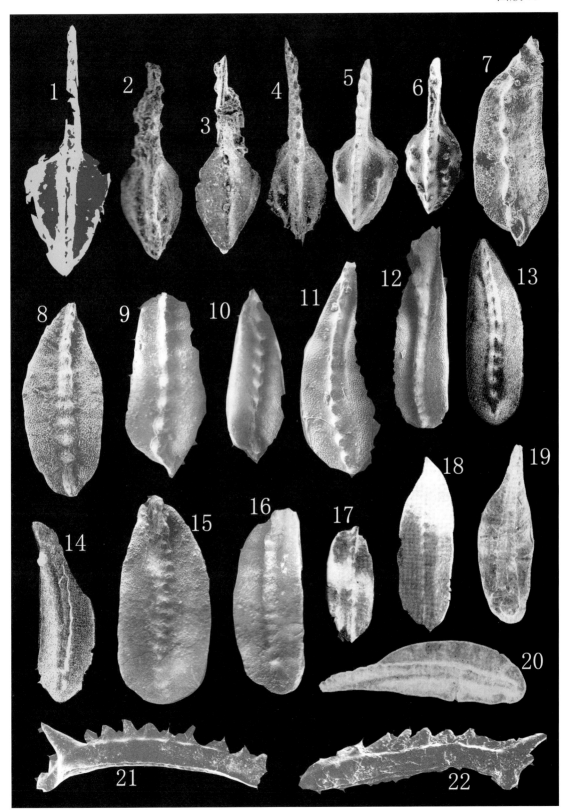

图版 74

1—4 新疆舟刺 *Gondolella xinjiangensis* Zhao，Yang & Zhu，1986

    Pa 分子之反口视和侧方口视，×65，×65，×65，×120；采集号：84H2—1，H2—1，H2—2，霍艾林场 628；登记号：1100，1280，1280，94—Y1—24；新疆克拉麦里，宾夕法尼亚亚系（上石炭统）石钱滩组；复制于赵治信等，2000，图版 63，图 1，8—9，18；标本保存在塔里木油田分公司勘探开发研究院。

5—11，17 华美舟刺 *Gondolella elegantula* Stauffer & Plummer，1932

    5—11 Pa 分子之口视、侧方口视、口视和反口视，×100，×120，×140，×140，×125，×155，×190；采集号：75k—60，75k—60，75k—60，75k—60，TZ4—3246.25m，3246.7m，3246.35m；登记号：38021，38342，38022，38073，92—G5—13，—30，21；5—8 产自新疆皮山，宾夕法尼亚亚系（上石炭统）阿孜干组；8—11 产自新疆塔中，宾夕法尼亚亚系（上石炭统）小海子组；复制于赵治信等，2000，图版 63，图 3—5，7，17，20，26；标本保存在塔里木油田分公司勘探开发研究院。

    17 Pa 分子之口视，×50；采集号：N87；登记号：99038；贵州罗甸纳庆，宾夕法尼亚亚系（上石炭统）；复制于 Wang & Qi，2003a，pl.3，fig.19；标本保存在中国科学院南京地质古生物研究所标本库。

12—16，20 光滑中舟刺 *Mesogondolella laevis* Kossenko & Kozikzkaya，1978

    Pa 分子之口视，×161，×140，×145，×140，×125，×100；采集号：TZ4—3246.35m，3246.35m，3246.35m，3246.35m，3246.4m，3246.35m；登记号：92—G5—25，22，15，18，12，24；新疆塔里木盆地塔中 4 井，宾夕法尼亚亚系（上石炭统）小海子组；复制于赵治信等，2000，238 页，图版 63，图 8，13，16，19；标本保存在塔里木油田分公司勘探开发研究院。

18—19 后齿舟刺 *Gondolella postdenuda* von Bitter & Merrill，1980

    Pa 分子之口方侧视和反口方侧视，×106，×130；采集号：TZ4—3246.8m—3246.9m，3246.8m—3246.9m；登记号：92—G7—21，20；新疆塔里木盆地塔中 4 井，宾夕法尼亚亚系（上石炭统）小海子组；复制于赵治信等，2000，238 页，图版 63，图 11—12；标本保存在塔里木油田分公司勘探开发研究院。

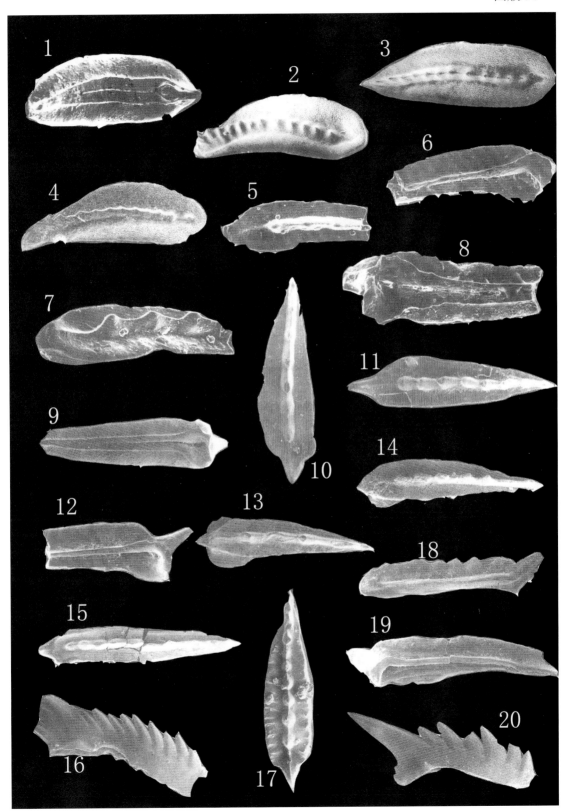

图版 75

1 双犁颚刺 *Apatognathus gemina*（Hinde，1900）

后视，×50；采集号：Qw—5；登记号：Cy076；安徽王家村，密西西比亚系（下石炭统）老虎洞组；复制于应中锷等（见王成源），1993，219 页，图版 43，图 13；标本保存在南京地质矿产研究所。

2—3 科拉培犁颚刺 *Apatognathus klapperi* Druce，1969

2 口视，×33；湖南邵东，上泥盆统顶部东段；复制于 Wang & Ziegler，1982，pl.2，fig.3；标本保存在中国科学院南京地质古生物研究所标本库。

3 S 分子之后视，×72；采集号：马—65；登记号：HC056；湖南邵阳马栏边，密西西比亚系（下石炭统）孟公坳组；复制于董振常，1987，69 页，图版 3，图 12；标本保存在湖南省地质博物馆。

4 扁犁颚刺 *Apatognathus petilus* Varker，1967

S 分子之后视，×72；采集号：E 牛 7；登记号：HC052；湖南邵阳马栏边，密西西比亚系（下石炭统）孟公坳组；复制于董振常，68 页，图版 3，图 6；标本保存在湖南省地质博物馆。

5—8，10 梯形犁颚刺 *Apatognathus scalenus* Varker，1967

5—6 Pa 分子之两侧视，×40；采集号：HJDS18—4；登记号：70618；湖南江华大圩三百工村，上泥盆统三百工村组；复制于季强，1987a，237 页，图版 5，图 15—16；标本保存在中国科学院南京地质古生物研究所标本库。

7—8，10 Pa 分子之后视，×50，×90，×80；采集号：N3，4，8；登记号：99191—99193；贵州罗甸纳水，密西西比亚系（下石炭统）；复制于 Wang & Higgins，1989，pl.17，figs.6—8；标本保存在中国科学院南京地质古生物研究所标本库。

9 梯形犁颚刺 *Apatognathus subaculeatus* Zhu，1996

Pa 分子之侧视，×100；无采集号；登记号：79841；甘肃迭部益哇沟，密西西比亚系（下石炭统）麻路组；复制于朱伟元（见曾学鲁等），1996，219 页，图版 45，图 20；标本保存在甘肃省区调队。

11—14 变化犁颚刺 *Apatognathus varians* Branson & Mehl，1934

11—13 侧视，×42，×42，×54；采集号：GMII—9，15，15；登记号：DC84632—84634；贵州睦化 2 号剖面，上泥盆统代化组；复制于季强等（见候鸿飞等），1985，100 页，图版 41，图 17，21，27；标本保存在中国地质科学院地质研究所。

14 口视，×50；采集号：NBII—3b—3，3b—4；登记号：107350；广西桂林南边村泥盆—石炭系界线 2 号剖面，泥盆—石炭系界线层 54 层；复制于 Wang & Yin in Yu，1988，p.114，pl.33，fig.9；标本保存在中国科学院南京地质古生物研究所标本库。

15 原棍颚刺比较种 *Kladognathus* cf. *prima* Rexroad，1957

Pa 分子之侧视，放大倍数和采集号不详；登记号：78—103；贵州望谟桑朗，密西西比亚系（下石炭统）；复制于熊剑飞，1983，327 页，图版 73，图 6；标本保存在原地质矿产部第八普查大队。

16 双翼漩涡刺 *Dinodus bialatus* Zhu，1996

S 分子之后视，×100；登记号：80/75696；甘肃迭部益哇沟，密西西比亚系（下石炭统）益哇组；复制于朱伟元（见曾学鲁等），1996，223 页，图版 37，图 10；标本保存在甘肃省区调队。

17，19 具尾漩涡刺 *Dinodus caudatus*（Zhu，1996）

P 分子之侧视，×120，×100；登记号：88/75703，87/75704；甘肃迭部益哇沟，密西西比亚系（下石炭统）石门洞组；复制于朱伟元（见曾学鲁等），1996，226 页，图版 38，图 10—11；标本保存在甘肃省区调队。

18 分开漩涡刺 *Dinodus diffluxus* Zhu，1996

S 分子之侧视，×120；登记号：89/75705；甘肃迭部益哇沟，密西西比亚系（下石炭统）益哇组；复制于朱伟元（见曾学鲁等），1996，223 页，图版 39，图 3；标本保存在甘肃省区调队。

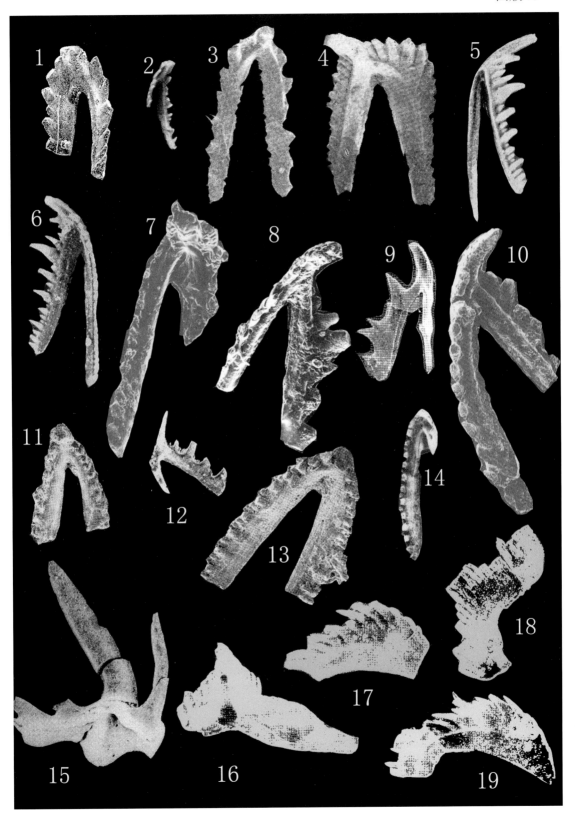

图版 76

1—3 破漩涡刺 *Dinodus fragosus*（Branson E.R.，1934）

    1，3 S 分子之侧视，×50；采集号：NBII—72—8，72—10；登记号：107370，107344；广西桂林南边村，密西西比亚系（下石炭统）Chuanbutou 组；复制于 Wang & Yin in Yu，1988，p.117，pl.31，fig.11；pl.33，figs.4；标本保存在中国科学院南京地质古生物研究所标本库。

    2 S 分子之侧视，×40；采集号：HJDS27—13；登记号：70630；湖南江华大圩，上泥盆统—密西西比亚系（下石炭统）孟公坳组；复制于季强，1987a，242 页，图版 6，图 1；标本保存在中国科学院南京地质古生物研究所标本库。

4 细漩涡刺 *Dinodus leptus* Cooper，1939

    S 分子之侧视，×40；采集号：HJDS28—1；登记号：70606；湖南江华大圩，密西西比亚系（下石炭统）孟公坳组；复制于季强，1987a，242—243 页，图版 4，图 18；标本保存在中国科学院南京地质古生物研究所标本库。

5 扬克斯特漩涡刺 *Dinodus youngquisti* Klapper，1966

    S 分子之后视，×100；登记号：91/75706；甘肃迭部益哇沟，密西西比亚系（下石炭统）益哇组；复制于朱伟元（见曾学鲁等），1996，224 页，图版 39，图 1；标本保存在甘肃省区调队。

6—8 角镰刺 *Falcodus angulus* Huddle，1934

    6 S 分子之侧视，放大倍数不清；登记号：78—152；贵州望谟桑朗，宾夕法尼亚亚系（上石炭统）；复制于熊剑飞，1983，323 页，图版 73，图 17；标本保存在原地质矿产部第八普查大队。

    7—8 S 分子之侧视，×51；采集号：GMII—29，60；登记号：DC84485，84487；贵州睦化剖面，密西西比亚系（下石炭统）王佑组；复制于季强等（见侯鸿飞等），105 页，图版 32，图 21—22；标本保存在中国地质科学院地质研究所。

9—10 中间镰刺 *Falcodus intermedius* Ji，1985

    S 分子之侧视，×51；采集号：GMII—240，45；登记号：DC84488，84489；贵州睦化剖面，密西西比亚系（下石炭统）王佑组；复制于季强等（见侯鸿飞等），105—106 页，图版 32，图 23—24；标本保存在中国地质科学院地质研究所。

11—12 变异镰刺 *Falcodus variabilis* Sannemann，1955

    11 S 分子之侧视，×51；采集号：GMII—14；登记号：DC84635；贵州睦化剖面，上泥盆统代化组；复制于季强（见侯鸿飞等），1985，106 页，图版 41，图 22；标本保存在中国地质科学院地质研究所。

    12 S 分子之侧视，×40；采集号：ACE360；登记号：36477；贵州王佑代化剖面，上泥盆统代化组；复制于王成源和王志浩，1978，63 页，图版 2，图 6；标本保存在中国科学院南京地质古生物研究所标本库。

13—14 铁坑弯曲颚刺 *Camptognathus tiekunensis* Xiong，1983

    正模 Pa 分子之两侧视，放大倍数和采集号不详；登记号：79—52；贵州独山铁坑，密西西比亚系（下石炭统）岩关阶；复制于熊剑飞，1983，321 页，图版 74，图 1；标本保存在原地质矿产部第八普查大队。

15—16 精美精美颚刺 *Finognathodus finonodus* Tian & Coen，2004

    Pa 分子之口视，×48；采集号：Lsc—37；无登记号；广西柳江龙殿山，密西西比亚系（下石炭统）隆安组；复制于田树刚和科恩，2004，742 页，图版 3，图 4—5；标本保存在中国地质科学院地质研究所。

17—19 粗瘤精美颚刺 *Finognathodus rudenodus* Tian & Coen，2004

    Pa 分子之口视，×60；采集号：Lsc—14；无登记号；广西柳江龙殿山，密西西比亚系（下石炭统）隆安组；复制于田树刚和科恩，2004，图版 3，图 1—3；标本保存在中国地质科学院地质研究所。

20—22 双生叶颚刺 *Phyllognathus binatus* Ni，1984

    侧视，×40；采集号：Ng9；登记号：IV—80016（正模）—80018；贵州望谟桑朗，密西西比亚系（下石炭统）；复制于倪世钊，1984，288 页，图版 44，图 16，20—21；标本保存在宜昌地质矿产研究所。

23—25 薄片半轮刺 *Semirotulognathus laminatus* Ji，Xiong & Wu，1985

    侧视，×42；采集号：GMII—32，29，15；登记号：DC84511—84513；贵州睦化 2 号剖面，上泥盆统代化组至密西西比亚系（下石炭统）王佑组；复制于季强等（见侯鸿飞等），1985，130 页，图版 34，图 18—20；标本保存在中国地质科学院地质研究所。

26 威尔逊漩涡刺？ *Dinodus? wilsoni* Druce，1969

    S 分子之侧视，×54；登记号：28/HC083；湖南桂阳大塘背，密西西比亚系（下石炭统）桂阳组；复制于董振常，1987，71—72 页，图版 4，图 18；标本保存在湖南省地质博物馆。

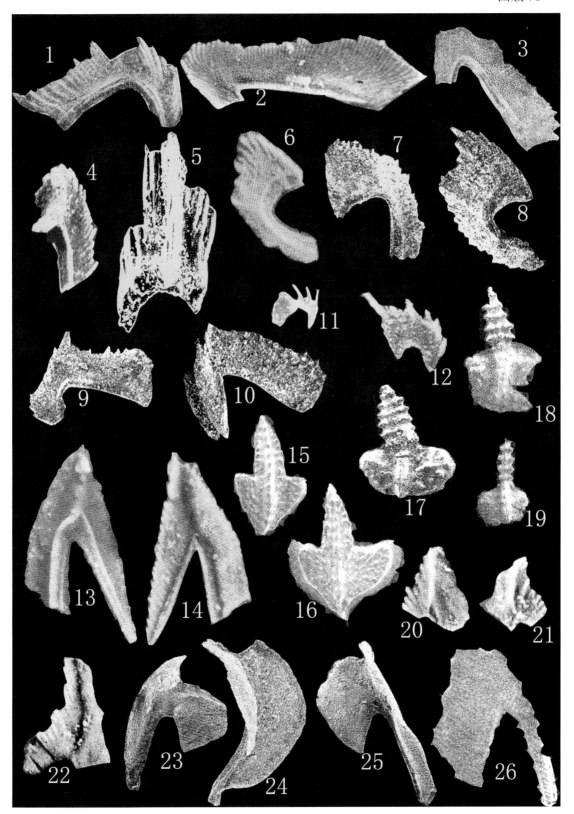